令和6年版

食料・農業・農村白書

農林水産省　編

食料・農業・農村白書の刊行に当たって

農林水産大臣

坂本哲志

　農林水産省の最も重要な使命は、国民に食料を安定的に供給する、食料安全保障の確保です。しかしながら、昨今の食料や農業生産資材価格の高騰を始め、気候変動による食料生産の不安定化、世界的な人口増加等に伴う食料争奪の激化、国際情勢の不安定化等により、いつでも安価に食料を輸入できるわけではないことが明白となるなど、近年の世界及び我が国の食をめぐる情勢は、大きく変化しています。

　一方、国内に目を向ければ、国内の人口全体が減少局面に転じ、生産者の減少・高齢化も進んでおり、将来にわたって持続可能で強固な食料供給基盤を構築することが急務となっています。

　令和5(2023)年度においては、農政の憲法とも言われる食料・農業・農村基本法の制定から四半世紀が経過する中で検証が行われ、食をめぐる情勢の変化等に対応した見直しを行うべく、第213回通常国会に「食料・農業・農村基本法の一部を改正する法律案」を提出しました。

　これらを踏まえ、今回の白書では、「食料・農業・農村基本法の検証・見直し」を特集のテーマとし、基本法見直しの経緯や、基本法制定後の情勢の変化と今後20年を見据えた課題、食料・農業・農村政策の新たな展開方向等について記述しています。農業政策が大きな転換点に立っているとの自覚を持ち、関連施策の実現に全力を尽くしてまいります。

　また、トピックスにおいては、食料安全保障の強化に向けた構造転換対策や地域計画の策定の推進、農林水産物・食品の輸出、カーボン・クレジット、スマート農業、農福連携を取り上げて、今後の取組の展開方向等を紹介しています。あわせて、令和5(2023)年度における特徴的な動きとして、「物流の2024年問題」への対応や、令和6年能登半島地震への対応についても記述しています。

　この白書が、農業や食品関連の職業に従事されている皆様はもとより、一人でも多くの国民の皆様に、食料・農業・農村の役割や重要性についての御理解を更に深めていただく一助となれば幸いです。

令和6年5月

令和5年度
食料・農業・農村の動向

第213回国会（常会）提出

○　本資料については、特に断りがない限り、令和6(2024)年3月末時点で把握可能な情報を基に記載しています。

○　本資料に記載した数値は、原則として四捨五入しており、合計等とは一致しない場合があります。

○　本資料に記載した地図は、必ずしも、我が国の領土を包括的に示すものではありません。

○　本資料では、食料・農業・農村とSDGsの関わりを示すため、以下の17の目標のうち、特に関連の深い目標のアイコンを付けています。なお、関連する目標全てを掲載している訳ではありません。

目次

特集

トピックス

第1章

第2章

第3章

第4章

第5章

農林水産祭

特集

トピックス

第1章

第2章

第3章

第4章

第5章

農林水産祭

特集

トピックス

第1章

第2章

第3章

第4章

第5章

農林水産祭

特集

トピックス

第1章

第2章

第3章

第4章

第5章

農林水産祭

vii

第1部
食料・農業・農村の動向

は じ め に

　「令和5年度食料・農業・農村の動向」(以下「本報告書」という。)は、食料、農業及び農村の動向並びに食料、農業及び農村に関して講じた施策に関する報告として、また、「令和6年度食料・農業・農村施策」は、動向を考慮して講じようとする施策を明らかにした文書として、食料・農業・農村基本法に基づき、毎年、国会に提出しているものです。

　昨今の食料や農業生産資材の価格高騰を始め、気候変動による食料生産の不安定化、世界的な人口増加等に伴う食料争奪の激化、国際情勢の不安定化等により、いつでも安価に食料を輸入できるわけではないことが明白となるなど、近年の世界及び我が国の食をめぐる情勢は、大きく変化しています。一方、国内に目を向ければ、国内の人口全体が減少局面に転じ、生産者の減少・高齢化も進んでおり、将来にわたって持続可能で強固な食料供給基盤を構築することが急務となっています。令和5(2023)年度においては、農政の憲法とも言われる食料・農業・農村基本法の制定から四半世紀が経過する中で検証が行われ、食をめぐる情勢の変化等に対応した見直しを行うべく、第213回通常国会に「食料・農業・農村基本法の一部を改正する法律案」を提出しました。

　このような背景を踏まえ、本報告書では、冒頭の特集において、「食料・農業・農村基本法の検証・見直し」と題し、基本法見直しの経緯、基本法制定後の情勢の変化と今後20年を見据えた課題、食料・農業・農村政策の新たな展開方向等について記述しています。

　また、トピックスでは、令和5(2023)年度における特徴的な動きとして、「食料安全保障の強化に向け、構造転換対策や地域計画の策定を推進」のほか、「「物流の2024年問題」への対応を推進」、「農業分野におけるカーボン・クレジットの取組拡大を推進」、「令和6年能登半島地震への対応を推進」等の七つのテーマを取り上げています。

　特集、トピックスに続いては、食料、農業及び農村の動向に関し、食料自給率の動向や円滑な食品アクセスの確保等を内容とする「食料安全保障の確保」、みどりの食料システム戦略の推進等を内容とする「環境と調和のとれた食料システムの確立」、担い手の育成・確保や主要な農畜産物の生産動向等を内容とする「農業の持続的な発展」、農村人口の動向や農村における活力の創出等を内容とする「農村の振興」の四つの章立てを行い、記述しています。また、これらに続けて、「災害からの復旧・復興や防災・減災、国土強靱化等」の章を設け、東日本大震災や大規模自然災害からの復旧・復興、令和5(2023)年度に発生した災害の状況と対応等について記述しています。

　本報告書の記述分野は多岐にわたりますが、統計データの分析や解説だけでなく、全国各地で展開されている取組事例等を可能な限り紹介し、写真も交えて分かりやすい内容とすることを目指しました。また、QRコードも活用し、関連する農林水産省Webサイト等を参照できるようにしています。本報告書を通じて、我が国の食料・農業・農村に対する国民の関心と理解が一層深まることを期待します。

特集
食料・農業・農村基本法の検証・見直し

特集 食料・農業・農村基本法の検証・見直し

　食料・農業・農村基本法(以下「現行基本法」という。)は、食料・農業・農村政策の基本理念や、その下での基本的な施策の方向性を示すものです。しかしながら、制定から四半世紀が経過する中、我が国の食料・農業・農村は、制定時には想定していなかった、又は想定を超えた情勢の変化や課題に直面しています。

　具体的には、(1)世界的な人口増加に伴う食料争奪の激化、気候変動による食料生産の不安定化に起因する食料安全保障上のリスクの高まり、(2)地球温暖化、生物多様性といった環境等の持続可能性に配慮した取組への関心の高まり、(3)国内の人口減少に先駆けて農村人口が急激に減少する中で、農業者の急減等による食料供給を支える力への懸念の高まり等が見られ、大きな歴史的転換点に立っています。

　このような状況を踏まえ、令和4(2022)年9月から、食料・農業・農村政策審議会に設置された基本法検証部会の下で、現行基本法に基づく政策全般の検証・見直しの議論が行われ、令和5(2023)年5月に同審議会の考え方を中間とりまとめとして公表し、その後、地方意見交換会や国民からの意見・要望の募集を経て、同年9月に答申が取りまとめられました。

　また、同年6月には、「食料安定供給・農林水産業基盤強化本部」(本部長は内閣総理大臣)において、「食料・農業・農村政策の新たな展開方向」を決定し、平時からの国民一人一人の食料安全保障の確立、環境等に配慮した持続可能な農業・食品産業への転換、人口減少下でも持続可能で強固な食料供給基盤の確立といった新たな三つの柱に基づく政策の方向性を取りまとめました。

　さらに、同年12月には、同本部において「食料・農業・農村基本法の改正の方向性について」を決定するとともに、「食料・農業・農村政策の新たな展開方向」に基づく施策の工程表を策定し、現行基本法の改正内容を実現するために必要な関連法案やその他の具体的な施策について取りまとめました。

　これらを受けて、第213回通常国会に「食料・農業・農村基本法の一部を改正する法律案」を提出しました。

　以下では、その内容について紹介します。

第1節 食料・農業・農村基本法見直しの経緯

(1) 食料・農業・農村基本法見直しの経緯

(現行基本法制定後、食料・農業・農村を取り巻く情勢が変化)

　現行基本法の制定から四半世紀が経過する中、途上国を中心として世界人口は急増し、食料需要も増加する一方、気候変動による異常気象の頻発化や、地政学的リスクの高まり等により、世界の食料生産・供給は不安定化しています(図表 特1-1)。

　また、我が国では、長期にわたるデフレ経済下で経済成長が鈍化したのに対して、中国やインド等の新興国の経済は急成長した結果、世界における我が国の相対的な経済的地位は低下し、必要な食料や農業生産資材を容易に輸入できる状況ではなくなりつつあります。

　国内農業に目を向けると、農業者の減少・高齢化や農村におけるコミュニティの衰退が懸念される状況が続く中、平成21(2009)年には、総人口も減少傾向に転じ、国内市場の縮小は避け難い課題となっています。

　くわえて、SDGs[1](持続可能な開発目標)の取組・意識が世界的に広く浸透し、自然資本や環境に立脚した農業・食品産業に対しても、環境や生物多様性等への配慮・対応が社会的に求められ、持続可能性は農業・食品産業の発展や新たな成長のための重要課題として認識されるに至っています。

図表 特1-1　世界の食料生産・供給の不安定化の事例

干ばつによる不作

高温・乾燥により単収が低下した大豆圃場(アルゼンチン)

洪水による浸水

洪水により浸水した稲作圃場(タイ)

＊写真の撮影者は、ラチャグリット・タンヤジャラットポーン氏

害虫の大発生

農作物を食べ荒らすサバクトビバッタ(ケニア)

＊© FAO/Sven Torfinn

家畜伝染病の発生

高病原性鳥インフルエンザの発生に伴い飼養鶏の殺処分が行われる養鶏場(青森県)

＊写真の出典は、防衛省

感染症による流通の混乱

新型コロナウイルス感染症の感染拡大に伴い流通が混乱し、空になった商品棚(豪州)

＊写真の出典は、独立行政法人農畜産業振興機構

肥料需給の逼迫

国際情勢の変化に伴う調達リスクの高まりを受け、備蓄を開始した肥料原料(茨城県)

資料：農林水産省作成

(食料・農業・農村政策審議会において答申を取りまとめ)

　我が国の食料安全保障にも関わる大きな情勢の変化や課題が顕在化したことを踏まえ、令和4(2022)年9月に農林水産大臣から食料・農業・農村政策審議会に諮問が行われました。これを受けて同審議会の下に学識経験者や生産者、食関連事業者、関係団体等の様々な分野の委員から成る基本法検証部会が設置され、計17回[2]にわたって有識者へのヒアリングや

---

[1] Sustainable Development Goalsの略
[2] 令和6(2024)年3月に、第18回基本法検証部会が開催され、食料・農業・農村基本法改正法案等についての報告が行われた。

施策の検証等の活発な議論が行われました。

　令和5(2023)年5月には、中間とりまとめが公表され、全国11ブロックで地方意見交換会を実施するとともに、Webサイト等を通じた国民からの意見募集を行い、広く国民の声を聴きながら検討が進められ、同年9月に答申が取りまとめられました。

食料・農業・農村政策審議会会長、
基本法検証部会長から答申を
受け取る農林水産大臣

基本法検証部会
URL：https://www.maff.go.jp/j/council/seisaku/
kensho/index.html

(コラム) 地方意見交換会を実施するとともに、国民から意見・要望を募集

　食料・農業・農村基本法の検証・見直しに関して、全国11ブロックにおいて地方意見交換会を実施するとともに、Webサイトを通じた国民からの意見・要望の募集が実施されました。

　地方意見交換会においては、主に、(1)適正な価格形成に向けた食料システム全体での仕組みの構築、食育等を通じた国民の理解醸成、(2)物流の効率化等による食品アクセスの改善、(3)人口減少下における農地・農業インフラの維持等が必要ではないかといった意見が出されました。

　また、Webサイトを通じた国民からの意見・要望の募集においては、提出された意見・要望の総計は1,179件でした。その内訳を見ると、「全般」が306件で最も多く、「農業分野」(295件)、「食料・農業・農村基本計画等」(171件)の順となりました。また、寄せられた意見・要望のキーワードを見ると、「種子関係」が540件で最も多く、次いで「肥料関係」(107件)、「食料自給率関係」(107件)、「生物多様性関係」(106件)、「価格関係」(105件)、「有機農業関係」(99件)の順となりました。

　このような結果を踏まえ、食料・農業・農村政策審議会の答申が取りまとめられました。

北海道帯広市での地方意見交換会

石川県金沢市での地方意見交換会

---

(2) 食料・農業・農村基本法の制定の経緯

(平成11(1999)年に現行基本法を制定)

　現行基本法は、農業基本法(以下「旧基本法」という。)が制定された昭和36(1961)年から30年以上が経過する中で、旧基本法の掲げる政策目標と実勢の乖離、国際的な農産物貿易の自由化の進展、農業・農村に対する国民の期待の高まり等を背景として、農業の発展

と農業者の地位向上を目的とした旧基本法に代わり、国民から求められる農業・農村の役割を明確化し、その役割を果たすための農政の方向性を示すものとして平成11(1999)年に制定されました。

（フォーカス）農業基本法制下の農政の大きな流れ

　農業基本法は、農業の近代化・合理化により、農業と他産業の間の生産性や従事者の所得の格差を縮小させることを目的としていました。その後、我が国の経済が想像を超える成長を見せる中、農業と他産業の生産性には依然として大きな格差が残りました。農村では、農業から他産業への労働力の流出が急増しましたが、機械化の進展や農地の資産的価値の高まり等を背景に、農村に残る農業者の多くが兼業化し、農業構造の改善や自立経営の育成は進みませんでした。

　一方で、兼業収入の増加により農業者と他産業従事者との所得格差が解消する方向にあったものの、農村から都市へ、特に若年層の労働力が流出したことにより、社会減による農村人口の減少や高齢化等の問題が顕在化し、農業生産活動の停滞や農村活力の低下等の懸念が高まりました。

　また、農業基本法は、価格政策により農業者の所得確保を図ることとしていましたが、輸入農産物との関係においては、価格政策だけでは競争力をカバーできない場合には、関税や輸入割当等の措置を講じることとし、バランスを保つこととしていました。その後、国際的な農産物貿易の自由化が進展する中で、価格支持等の貿易歪曲的な国内助成の見直しを行いつつ、輸入農産物との直接的な競争にも耐え得る農業経営や農業構造の確立が求められることとなりました。

　このような当時の経済情勢において、非効率な農業から国際的な競争力のある産業へ転換していくべきとの意見もあった一方で、国民がゆとり、安らぎ、心の豊かさを従来以上に意識するように変わっていく中で、食料の安定的な供給や多面的機能の発揮を担うものとして農業・農村に対する国民の期待が高まっていました。

　これらを踏まえ、「農業」に加え、「食料」、「農村」という視点から施策を構築するとともに、効率的・安定的な経営体の育成や市場原理の一層の導入を基本的課題とする「新しい食料・農業・農村政策の方向」を平成4(1992)年に取りまとめ、平成11(1999)年には食料・農業・農村基本法に基づく農政を展開することとしました。

農業基本法制下の農政の大きな流れ

	昭和20(1945)年　　昭和36(1961)年		平成4(1992)年	平成11(1999)年
	戦後農政	基本法農政	新政策	新基本法農政
基本的課題	農村の貧困追放と都市への食料供給	①生産性、所得の農工間格差の是正 ②米麦中心の生産から、畜産、野菜、果樹等需要が拡大する作物へ生産転換 （選択的拡大）	①「農業」に加え、「食料」、「農村」という視点から施策を構築 ②効率的・安定的な経営体の育成 ③市場原理の一層の導入	①食料の安定供給の確保 ②多面的機能の十分な発揮 ③農業の持続的な発展 ④農村の振興 ⇒食料自給率目標の導入
農地担い手・経営	広範な自作農の創設・定着のための農地改革	農地流動化の推進	担い手の育成・確保	効率的・安定的な農業経営が農業生産の相当部分を担う農業構造の確立
米	食料が絶対的に不足し食糧増産が大命題	米の生産調整開始	国の全量管理から民間主導の流通へ	米政策改革

資料：農林水産省作成

(3) 食料・農業・農村基本法の基本理念

(四つの基本理念を位置付け)

　現行基本法はその制定に際し、食料・農業・農村に関する施策について、基本理念及び
その実現を図る上で基本となる事項を定めるとともに、国及び地方公共団体の責務等を明
らかにすることにより、食料・農業・農村に関する施策を総合的かつ計画的に推進し、も
って国民生活の安定向上及び国民経済の健全な発展を図ることを目的としました。

　また、現行基本法は、国民全体の視点から農業・農村に期待される役割として「食料の
安定供給の確保」と「多面的機能の十分な発揮」があることを明確化しつつ、その役割を
果たすために「農業の持続的な発展」と「農村の振興」が必要であることを基本理念とし
て位置付けました**(図表 特1-2)**。

図表 特1-2	農業基本法及び食料・農業・農村基本法の基本理念

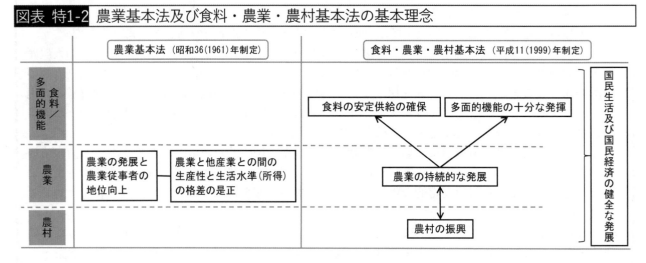

資料：農林水産省作成

(国の政策の第一の理念として「食料の安定供給の確保」を位置付け)

　平成10(1998)年には世界の人口は60億人に達し、将来的には、急増する世界人口に応じ
た食料を確保していくことについて不安視されていました。世界の食料需給と貿易に不安
があることから、国の政策の第一の理念として、将来にわたって良質な食料を合理的な価
格で供給することを掲げました。また、食料の供給については、国内の農業生産の増大を
図ることを基本としつつも、全ての食料供給を国内の農業生産で賄うことは現実に困難で
あることから、輸入及び備蓄を適切に組み合わせて行わなければならないと明記しました。

　さらに、「消費のないところに生産はない」との考えの下、食料の価格を市場メカニズム
に委ねることとしました。これにより、需給や品質評価を適切に反映して価格が形成され、
価格がシグナルとなってそれらが生産現場に伝達されることを通じて需要に即した農業生
産が行われ、国内農業生産の増大とこれを基本とした食料安定供給が可能となることが期
待されていました。

　また、当時の経済状況では、総量として必要な食料を確保できれば、それを国民に供給
していくことについては、民間の事業者が自立的に行うことができ、国民も経済的に豊か
で、必要な食料を入手できる購買力があるとの前提の下で、平時においては、食料の安定
供給さえ確保されれば食料の安全保障は確保できるとの考えに立脚していました。一方、
国際貿易が極度に制限されるような不測の事態が発生した場合には、食料供給にも支障が

生じ、国内でどう分配するのか、不足分をどう調達するのかについて、生産、流通、販売全体にわたる取組が必要になることから、不測時における食料安全保障との限定的な意味合いで食料安全保障という用語が用いられました。

(外部経済効果として「多面的機能の十分な発揮」を位置付け)

　農村において継続的に農業が営まれることにより、その外部経済効果として、国土の保全、水源の涵養、自然環境の保全等の機能があることを明確にし、このような食料等の供給機能以外の多面にわたる機能である「多面的機能」の十分な発揮を位置付けました。これにより、国内農業生産やそれを支える農村の重要性を位置付け、国内で農業生産を維持することの必要性を説明することが狙いとされていました。

(国民の視点に立ち、「農業の持続的な発展」を位置付け)

　旧基本法においては、農業・農業者に関して、他産業との間の生産性や所得水準の格差を縮小させるという、農業・農業者の視点に立った政策目標を掲げていましたが、現行基本法では、食料の安定供給の確保と多面的機能の十分な発揮という基本理念を実現するためには、農業の持続的な発展が必要という「国民の視点」に立った農業の意義付けに変更しました。

　農業の持続的な発展を図るためには、効率的な生産により高い生産性と収益性を確保し、所得を長期にわたって継続的に確保できる経営体が、農業生産の相当部分を担う「望ましい農業構造」を実現することが重要であるとの考えの下、このような経営体を「効率的かつ安定的な経営」と定義し、育成すべき対象と位置付けました。また、そのような望ましい農業構造の実現に向けて、生産基盤整備の推進や農業経営の規模拡大等を進めていくこととしました。

(基盤たる役割を踏まえ、「農村の振興」を位置付け)

　農村は、農業が持続的に発展し、食料を安定的に供給する機能や多面的機能が適切に発揮されるための基盤たる役割を果たしていることを踏まえ、その振興が図られなければならないとしました。

　当時、我が国の経済発展に伴い、農村から都市への人口流出が進むとともに、高齢化が進行し、将来的に農村が農業生産や農業者の生活の場としての機能を果たすことができなくなることが懸念されていたことから、農業の生産条件の整備や生活環境の整備によって、その振興を図ることが謳われました。

第2節　食料・農業・農村基本法制定後の情勢の変化と
　　　今後20年を見据えた課題

(1) 食料・農業・農村基本法が前提としていた状況の変化と新たな課題
(現行基本法制定以降、食料・農業・農村をめぐる内外の情勢は大きく変化)

　現行基本法制定以降、食料・農業・農村をめぐる内外の情勢は大きく変化しました。その中には、政策の前提となる情勢が大きく変化したものや、政策の目的は変わらないものの目的の遂行についての考え方や実現手法が変化したもの等が見られ、その態様は多岐にわたっています。

　特に令和4(2022)年2月に始まったロシアによるウクライナ侵略等により、世界の食料生産・供給は不安定化しており、食料安全保障をめぐる情勢は大きく変化しています。

　また、現行基本法制定後、環境保全や持続可能性をめぐる国際的な議論は大きく進展し、農業や食品産業と持続可能性との考え方も大きく変化しています。

　現行基本法の基本理念が前提としていた状況が大きく変わりつつあり、新たな課題も生じています。

(2) 平時における食料安全保障リスク
(世界情勢の変化により食料安全保障に係る地政学的リスクが高まり)

　近年、新型コロナウイルス感染症のまん延、エネルギー価格の高騰、気候変動、紛争等による複合的リスクが顕在化しています。そのような中、ロシアによるウクライナ侵略等により、黒海(こっかい)経由の穀物輸出の停滞、国際的な小麦相場や肥料原料価格の高騰といった世界の食料供給を一層不安定化させる事態が発生し、これを契機として、地政学的リスクの高まりが世界の食料供給や国内外の物流に大きな影響を及ぼすことが改めて認識されました。

　地政学的な情勢の不安定化は、輸入依存度の高い我が国の食料供給に深刻な影響を及ぼす可能性があります。

ウクライナ情勢をめぐり開催された
G7首脳会合(令和4(2022)年3月)

資料：首相官邸ホームページ
URL：https://www.kantei.go.jp/jp/101_kishida/actions/
　　　202203/24g7.html

(食料安全保障に関する国際的な議論が進展)

　FAO[1](国際連合食糧農業機関)は、世界規模で食料問題に関する議論が行われた平成8(1996)年の世界食料サミットにおいて、食料安全保障について「全ての人が、いかなる時にも、活動的で健康的な生活に必要な食生活上のニーズと嗜好(しこう)を満たすために、十分で安全かつ栄養ある食料を、物理的にも社会的にも経済的にも入手可能である」ことと定義

---

[1] Food and Agriculture Organization of the United Nationsの略

しました(**図表 特2-1**)。

図表 特2-1 FAOにおける食料安全保障の定義

【FAOにおける食料安全保障の定義】
　食料安全保障は、<u>全ての人が、いかなる時にも、活動的で健康的な生活に必要な食生活上のニーズと嗜好</u>を満たすために、<u>十分で安全かつ栄養ある食料を、物理的にも社会的にも経済的にも入手可能</u>であるときに達成される。

【食料安全保障の四つの要素】

Food Availability(供給面)	Utilization(利用面)
適切な品質の食料が十分に供給されているか。	安全で栄養価の高い食料を摂取できるか。
Food Access(アクセス面)	Stability(安定面)
栄養ある食料を入手するための合法的、政治的、経済的、社会的な権利を持ち得るか。	いつ何時でも適切な食料を入手できる安定性があるか。

資料：農林水産省作成

(経済的理由により十分な食料を入手できない人が増加)

　厚生労働省の調査によると、所得金額階級別世帯数の相対度数分布について、平成9(1997)年と令和3(2021)年を比較すると、高所得世帯の減少のほか、200万円未満の世帯割合の増加が見られています(**図表 特2-2**)。このような状況の下、経済的理由により十分な食料を入手できない人が増加していることがうかがわれます。

図表 特2-2 所得金額階級別世帯数の相対度数分布の変化

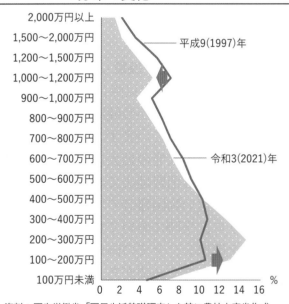

資料：厚生労働省「国民生活基礎調査」を基に農林水産省作成

(食料を届ける力が減退)

　農林水産物・食品の流通は約97%をトラック輸送に依存していますが、トラックドライバー不足が深刻化しています。このまま推移すると、令和12(2030)年には、トラックを含む自動車運転者の時間外労働の上限規制が適用される、いわゆる「物流の2024年問題[1]」の影響と併せて輸送能力の約3割が不足する可能性もあるとの推計があり、食品流通に支障が生じる懸念が高まっています。

---

[1] トピックス2を参照

また、国内市場の縮小の影響は、特に過疎地で顕在化・深刻化しています。都市部と比べて生活環境の整備等が立ち遅れている中山間地等で人口減少・高齢化が先行して進むことから、小売業や物流等の採算が合わなくなり、スーパーマーケット等の閉店が進むこととなりました。この結果、高齢者等を中心に食品の購入や飲食に不便や苦労を感じる人、いわゆる「買い物困難者[1]」が増加しています。令和6(2024)年2月に農林水産政策研究所が公表した調査によると、令和2(2020)年の食料品アクセス困難人口は全国で904万3千人と推計され、平成27(2015)年と比べ9.7%増加しました(図表特2-3)。食品アクセス[2]の問題は、当初は中山間地等の問題として認識されていましたが、今日では都市部でも発生し、全国的な問題となっています。

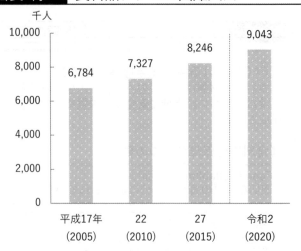

図表 特2-3　食料品アクセス困難人口

資料：農林水産政策研究所「食料品アクセス困難人口の推計結果」(令和6(2024)年2月公表)

注：1) 店舗まで直線距離で500m以上、かつ、65歳以上で自動車を利用できない人を「食料品アクセス困難人口」として推計

2) 店舗は、生鮮食料品小売業、百貨店、総合スーパー、食料品スーパー及びコンビニエンスストア。ただし、令和2(2020)年はドラッグストアを含む。

3) 令和2(2020)年は、食料品アクセス困難人口の推計方法が異なるため、平成27(2015)年以前とは連続しない。

(平時における食料安全保障リスクに対応する必要)

　我が国では、1990年代以降、非正規雇用の増加等により、低所得者層が増加しつつあり、経済的理由により十分かつ健康的な食事がとれない人等に食品を提供するフードバンクの取組が広がりを見せています。一方、我が国のフードバンクは、米国等と比べても歴史が浅く、食品の提供機能の拡大に向けた組織基盤の強化が課題となっています。

　また、産地から消費地まで農産物・食品を輸送する幹線物流の持続性確保が課題となっているほか、買い物困難者の増加等が課題となっています。

　このように、平時において食品アクセスに困難を抱える国民が増加傾向にある中、平時から食料を確保し、全ての国民が入手できるようにするため、関係省庁・地方公共団体等が連携して対応する必要があります。

(3) 食料安定供給に係る輸入リスク

(新興国や途上国を中心に世界人口が増加)

　平成11(1999)年当時に約60億人であった世界人口は、平成22(2010)年には約69億人、令和5(2023)年には80億1千万人、令和32(2050)年には約97億人になると推計されています(図表 特2-4)。

---

[1] 第1章第4節を参照
[2] 第1章第4節を参照

一方、平成22(2010)年に21億3千万tであった穀物生産量は、令和32(2050)年には36億4千万tになると推計されています。人口増加に対応し、世界の穀物生産量も増加していますが、自然条件に左右される農業の特性上、豊凶による生産量の変動によって、豊作時には膨大な在庫を抱え、不作時には価格が急騰する状況が繰り返されています。

また、令和4(2022)年2月に始まったロシアによるウクライナ侵略は、小麦等の主要生産国であるウクライナの輸出量の減少を招き、小麦の国際価格は同年3月に過去最高値となりました。これらの不安定さは、経済的に豊かな先進国・新興国、貧しい途上国の配分の問題を背景に、途上国の飢餓を始め、世界的な食料安全保障に大きな影響を及ぼしています。

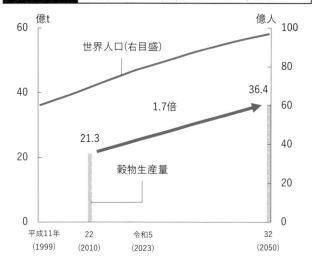

図表 特2-4 世界人口と穀物生産量の見通し

資料：国際連合「World Population Prospects 2022」、農林水産省「2050年における世界の食料需給見通し」（令和元(2019)年9月公表）を基に農林水産省作成
注：世界人口は国際連合の推計値

（気候変動による異常気象の頻発に起因し、食料生産が不安定化）

地球温暖化の影響により、高温、干ばつ、大規模な洪水等の異常気象が頻発し、2000年代に入ってからは、毎年のように世界各地で局所的な不作が発生しています。

このような要因もあいまって、世界的な食料生産の不安定化が助長されており、穀物価格の高騰と暴落が繰り返されるようになっています。

食料や農業生産資材を輸入に依存している我が国では、中長期的に見て安定的な調達が困難になるリスクが高まるといった影響が顕在化しています。

例えば我が国の年平均気温は、過去100年当たりで1.35℃の割合で上昇しています（**図表 特2-5**）。農林水産業は気候変動の影響を受けやすく、高温による品質低下等が既に発生しています。

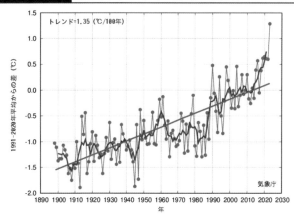

図表 特2-5 我が国の年平均気温偏差

資料：気象庁「日本の年平均気温偏差の経年変化（1898～2023年）」（令和6(2024)年1月公表）
注：黒の細線は、各年の平均気温の基準値からの偏差。青の太線は、偏差の5年移動平均値。赤の直線は、長期変化傾向。平均気温の基準値は、平成3(1991)～令和2(2020)年の平均値

（輸入国としての影響力が低下）

我が国では約30年にわたるデフレ経済下で経済成長が著しく鈍化したのに対し、世界的には中国やインド等の新興国の経済が急成長しました。その結果、令和2(2020)年時点で、我が国のGDP（国内総生産）は世界第3位を維持していますが、1人当たりGDPでは世界第

13位[1]まで低下しており、今後我が国の経済的地位は更に低下することが予想されています。また、新興国等においては、食料のほか、肥料等の農業生産資材の需要が増加しているため、それらの輸入量も急増しています。

（フォーカス）世界の穀物在庫量における中国の割合は突出して高い水準

　令和6(2024)年3月末時点での米国農務省の推計によると、2023/24年度における中国の穀物等の輸入量の見通しは、とうもろこしが2,300万t、米が210万t、小麦が1,100万t、大豆が1億500万tとなっており、いずれの品目においても世界有数の輸入国となっています。

　世界における中国の輸入量の割合(前後3か年平均)の変化を見ると、とうもろこし、米、小麦、大豆については、2002/03年度と比べて2022/23年度はいずれの品目においても上昇しています(**図表1**)。

　また、2022/23年度末時点における世界の穀物在庫に占める中国の割合を見ると、とうもろこし68.3%、米60.2%、小麦51.2%、大豆31.7%となっており、突出して高い水準となっています(**図表2**)。

　一方、我が国では長期にわたるデフレ経済下で経済成長が鈍化し、世界における輸入国としての地位は低下しています。近年では、中国が最大の純輸入国となっており、このような情勢の中で調達競争が激化し、いわゆる「買い負け」の懸念も生じています。

　世界の穀物消費量が増加傾向で推移する中、今後とも中国の穀物需給の動向を注視していく必要があります。

図表1　世界における中国の輸入量の割合

品目	2002/03年度	2022/23年度
とうもろこし	0.03%	11.6%
米	2.2%	7.8%
小麦	1.7%	5.4%
大豆	28.5%	60.7%

資料：米国農務省「PS&D」を基に農林水産省作成
注：令和6(2024)年3月末時点の数値

図表2　主な穀物等の国・地域別の期末在庫(2022/23年度)

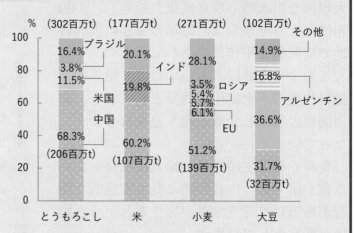

資料：米国農務省「PS&D」を基に農林水産省作成
注：令和6(2024)年3月末時点の数値

　このような状況の中、世界最大の農林水産物純輸入国は、平成10(1998)年には日本(シェア40%)でしたが、令和3(2021)年には中国(シェア29%)となっており、中国が食料貿易のプライスメーカーとなっています(**図表　特2-6**)。

　我が国が輸入に大きく依存している穀物、油糧種子、肥料や飼料等の農業生産資材の調達競争が激化しており、世界中から必要な食料や農業生産資材を思うような条件で調達できない状況となってきています。

---

[1] 人口1千万人以上でGDP上位60か国・地域を対象とした場合の順位

図表 特2-6 農林水産物純輸入額の国・地域別割合

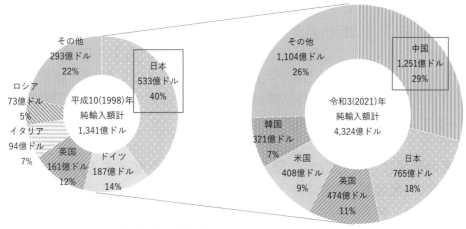

その他
293億ドル
22%

ロシア
73億ドル
5%

イタリア
94億ドル
7%

英国
161億ドル
12%

ドイツ
187億ドル
14%

日本
533億ドル
40%

平成10(1998)年
純輸入額計
1,341億ドル

その他
1,104億ドル
26%

韓国
321億ドル
7%

米国
408億ドル
9%

英国
474億ドル
11%

中国
1,251億ドル
29%

日本
765億ドル
18%

令和3(2021)年
純輸入額計
4,324億ドル

資料：S&P Global「Global Trade Atlas」を基に農林水産省作成
注：経済規模とデータ制約を考慮して対象とした41か国・地域のうち、純輸入額(輸入額-輸出額)がプラスとなった国・地域の純輸入額を集計したもの

(食料安定供給に係る輸入リスクに対応する必要)

世界的な食料需要が高まる一方、異常気象等による不作が頻発し、中国のような経済力のある食料の輸入大国が新たに現れる状況において、輸入価格は上昇し、安定的な輸入にも懸念が生じています。

このため、輸入に依存する食料や農業生産資材においては、国内生産の拡大に一層取り組むとともに、輸入の安定化や備蓄の有効活用等にも取り組む必要があります。

(4) 合理的な価格の形成と需要に応じた生産

(価格形成機能の問題が顕在化)

GDPデフレータは、平成10(1998)年以降、各国で上昇していますが、我が国では2000年代に低下し続けるなど、平成10(1998)年を下回る水準で推移しており、デフレ下に置かれています(**図表 特2-7**)。

図表 特2-7 主要国におけるGDPデフレータ(平成10(1998)年を100とする指数)

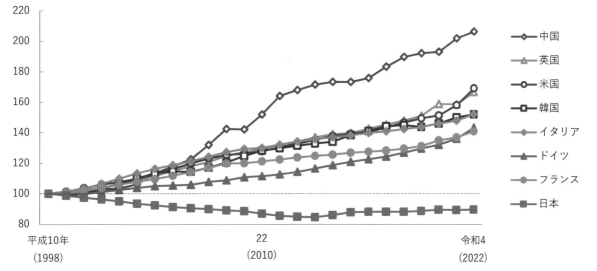

中国
英国
米国
韓国
イタリア
ドイツ
フランス
日本

平成10年
(1998)

22
(2010)

令和4
(2022)

資料：世界銀行「経済に関するデータ」を基に農林水産省作成
注：GDPデフレータとは、名目GDPを実質GDPで除して算出される、国内要因による物価動向を示す指標

　約30年にわたるデフレ経済下で、国内の農産物・食品価格はほとんど上昇しないまま推移してきました。消費者も低価格の食料を求めるようになる中で、安売り競争が常態化し、サプライチェーン[1]全体を通じて食品価格を上げることを敬遠する意識が醸成・固定化されました。生産コストが増加しても価格を上げることができない問題が深刻化し、農産物や生産資材の価格が急騰した際にも製品価格に速やかに反映できず、事業継続にも関わる事態が生じています。

（合理的な価格の形成に向けた取組や需要に応じた生産を推進する必要）

　主要な農畜産物の需要量（国内消費仕向量）は、平成14（2002）年度以降の約20年間で、高齢化による総カロリー摂取の減少はあるものの、増加している肉類を除いておおむね横ばい又は減少傾向で推移しています（**図表 特2-8**）。

　我が国では、他品目に比べ農外収入が大きく兼業主体の生産構造や他作物への転換が進まなかった稲作を始め、生産サイドにおいては、その需要に合わせた対応が必ずしもできていません。このため、農産物市場の動向だけでは農業者の経営が変更される状況に至っていないことがうかがわれます。

　また、長期にわたるデフレ経済下で、価格の安さによって競争する食品販売が普遍化し、その結果、価格形成において生産コストが十分考慮されず、また、生産コストが上昇しても販売価格に速やかに反映することが難しい状況を生み出しています。

　このため、合理的な価格の形成が行われるような仕組みの構築を検討するとともに、需要に応じた生産を政策として推進することが求められています。

図表 特2-8 主要な農畜産物の需要量（国内消費仕向量）

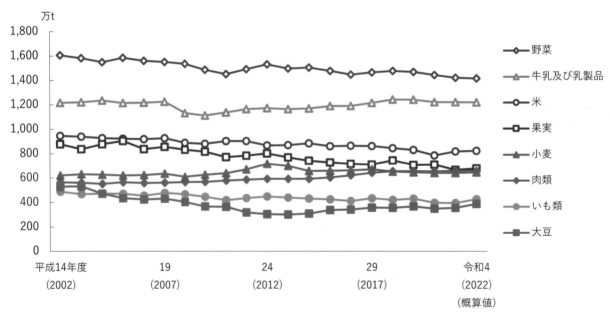

資料：農林水産省「食料需給表」

---

[1] 第1章第3節を参照

(5) 農業・食品産業における国際的な持続可能性の議論

(環境に配慮した持続可能な農業を主流化する政策の導入が進展)

　地球環境の保全や貧困問題の解消といった持続的な社会・経済の形成に向けた国際的な議論が進み、そのような議論の動向が農業や食品産業の在り方にも大きな影響を及ぼすようになっています。特に世界の農業・林業・その他土地利用由来の温室効果ガス(GHG[1])排出量については、令和元(2019)年は排出量全体の22%を占めることから、温室効果ガスの排出削減や土壌・水資源の保全等が求められています(**図表 特2-9**)。

　また、農業が環境に負の影響を与え、持続可能性を損なう側面があることへの関心が高まる中で、食料供給が地力の維持や自然景観の保全等の生態系サービスに与える悪影響を最小化していくことが重要という考え方が国際的に浸透しています(**図表 特2-10**)。

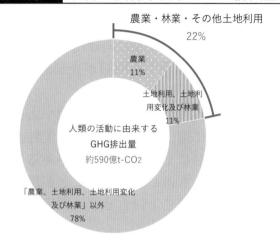

図表 特2-9　世界の農林業由来のGHG排出量

農業・林業・その他土地利用
22%

農業
11%

土地利用、土地利用変化及び林業
11%

人類の活動に由来する
GHG排出量
約590億t-CO2

「農業、土地利用、土地利用変化及び林業」以外
78%

資料:IPCC「Climate Change 2022: Mitigation of Climate Change」
（令和4(2022)年4月公表)を基に農林水産省作成
注:1) 参考文献一覧を参照
　　2) 令和元(2019)年の推定値
　　3) 排出量は二酸化炭素換算

　このような中、農業生産活動においても、環境への負荷を最小限にする取組が求められるようになり、各国・地域において持続可能な農業を主流化する政策の導入が進みました。

図表 特2-10　地球環境問題リスクとして指摘されている事項

主な項目	気候変動・生物多様性への影響
施肥(肥料)	・過剰施肥による一酸化二窒素の発生、水質悪化 ・肥料の生産・調達に伴う化石燃料の使用
防除(農薬)	・不適切な農薬の使用による生物多様性の損失
農業機械・加温施設等	・化石燃料の使用による二酸化炭素の発生 ・農業機械作業による土壌の鎮圧
プラスチック資材等	・廃棄段階での処理 ・製造段階における燃料燃焼 ・マイクロプラスチックによる海洋生物等への影響 ・不適切な処理等による生態系の攪乱
家畜飼養	・牛等反すう動物の消化管内発酵によるメタンの発生 ・家畜排せつ物処理に伴うメタン、一酸化二窒素の発生 ・硝酸態窒素による水質汚染
圃場管理	・水田土壌等からのメタンの発生 ・土壌粒子の流亡等による水質汚濁、富栄養化

資料:農林水産省作成

　農林水産省では、食料・農林水産業の生産力向上と持続性の両立をイノベーションで実

---

[1] Greenhouse Gasの略

現させるため、令和3(2021)年5月に「みどりの食料システム戦略」（以下「みどり戦略」という。）を策定し、中長期的な観点から、調達、生産、加工・流通、消費の各段階での取組を推進しています（**図表 特2-11**）。さらに、令和4(2022)年には、みどりの食料システム法[1]が制定され、農業の環境負荷低減を図る取組が進められています。

くわえて、食品産業も、環境や人権に配慮して生産された原材料の使用や食品ロスの削減といった持続性の確保に向けた取組が求められるようになりました。ビジネスにおいても持続可能性を確保する取組が企業評価やESG[2]投資等を行う上での重要な判断基準となりつつあります。

今後、国内外の市場において環境や人権等の持続性に配慮していない農産物・食品は消費者・事業者に選ばれにくくなる可能性があること、持続性に配慮していない食品産業等は資金調達がしにくくなる可能性があること、諸外国・地域の規制・政策が持続可能性により重点を置くものに移行することが想定されることを踏まえ、我が国としても、慣行的な農業・食品産業で十分とせず、環境等に配慮した持続可能な農業・食品産業を主流化していく必要があります。

あわせて、温室効果ガスの吸収や生物多様性の保全といった農業分野が有する効果についても評価をしながら、民間投資の呼び込みにつなげる必要があります。

これらの持続可能な農業・食品産業に向けた取組を進めていく上では、消費者・事業者の理解と行動変容が不可欠となっています。

みどりの食料システム戦略
URL：https://www.maff.go.jp/j/kanbo/kankyo/seisaku/midori/index.html

---

図表 特2-11 みどり戦略の各分野での具体的な取組

調達

1. 資材・エネルギー調達における脱輸入・脱炭素化・環境負荷軽減の推進
(1)持続可能な資材やエネルギーの調達
(2)地域・未利用資源の一層の活用に向けた取組
(3)資源のリユース・リサイクルに向けた体制構築・技術開発

生産

2. イノベーション等による持続的生産体制の構築
(1)高い生産性と両立する持続的生産体系への転換
(2)機械の電化・水素化等、資材のグリーン化
(3)地球にやさしいスーパー品種等の開発・普及
(4)農地・森林・海洋への炭素の長期・大量貯蔵
(5)労働安全性・労働生産性の向上と生産者のすそ野の拡大
(6)水産資源の適切な管理

・持続可能な農山漁村の創造
・サプライチェーン全体を貫く基盤技術の確立と連携(人材育成、未来技術投資)
・森林・木材のフル活用によるCO_2吸収と固定の最大化

✓ 雇用の増大
✓ 地域所得の向上
✓ 豊かな食生活の実現

消費

4. 環境にやさしい持続可能な消費の拡大や食育の推進
(1)食品ロスの削減など持続可能な消費の拡大
(2)消費者と生産者の交流を通じた相互理解の促進
(3)栄養バランスに優れた日本型食生活の総合的推進
(4)建築の木造化、暮らしの木質化の推進
(5)持続可能な水産物の消費拡大

加工・流通

3. ムリ・ムダのない持続可能な加工・流通システムの確立
(1)持続可能な輸入食料・輸入原材料への切替えや環境活動の促進
(2)データ・AIの活用等による加工・流通の合理化・適正化
(3)長期保存、長期輸送に対応した包装資材の開発
(4)脱炭素化、健康・環境に配慮した食品産業の競争力強化

資料：農林水産省作成

---

[1] 正式名称は「環境と調和のとれた食料システムの確立のための環境負荷低減事業活動の促進等に関する法律」
[2] Environment(環境)、Social(社会)、Governance(ガバナンス(企業統治))を考慮した投資活動や経営・事業活動のこと

(6) 海外も視野に入れた市場開拓・生産

(人口減少・高齢化に伴い国内市場が縮小)

　我が国の人口は平成20(2008)年をピークに減少に転じており、今後とも人口減少や高齢化により、食料の総需要と1人当たり需要の両方が減少することが見込まれ、国内の食市場が急速に縮小していくことが避けられない状況となっています。また、少子化や高齢化の進展により単身世帯が増えることも見込まれており、家庭で直接又は調理を経て消費される生鮮食品から調理済み等の加工食品に需要がシフトすることが予想されています(**図表 特2-12**)。総世帯の1人当たり食料消費支出における生鮮食品の割合は、平成27(2015)年の27.4%から令和22(2040)年には21.0%にまで縮小することが見込まれています。

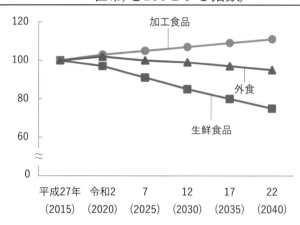

図表 特2-12　食料消費支出の将来推計(平成27(2015)年の食料支出総額(総世帯)を100とする指数)

資料:農林水産政策研究所「我が国の食料消費の将来推計(2019年版)」
注:生鮮食品は、米、生鮮魚介、生鮮肉、牛乳、卵、生鮮野菜、生鮮果物の合計。加工食品は、生鮮食品と外食以外の品目

　我が国の農業は、これまで主として国内市場への供給を想定し、また、生鮮品を生産・販売する志向が強い傾向にありました。このため、これまでの国内需要を想定した農業・食品生産を続けていく場合、農業の経済規模も急速に縮小していくおそれがあります。

(国際的な食市場が拡大)

　世界人口の増加に伴い、国際的な食市場は拡大傾向にあり、主要国・地域の飲食料マーケット規模は平成27(2015)年から令和12(2030)年にかけて1.5倍になると予測されています(**図表 特2-13**)。特にアジア地域は、世界の経済発展の中心地であり、高所得者層の増加等により、日本食が受け入れられ、我が国の農産物や加工食品の需要も高まりつつあります。令和3(2021)年には我が国の農林水産物・食品の輸出額が初めて1兆円を超え、更なる拡大の余地が見込まれています。

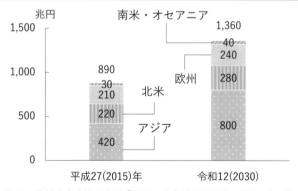

図表 特2-13　世界主要34か国・地域の飲食料市場規模

資料:農林水産政策研究所「世界の飲食料市場規模の推計」(平成31(2019)年3月公表)
注:主要34か国・地域は、平成27(2015)年のGDP上位20か国(日本を除く。)のほか、これらに含まれないEU加盟国の上位5か国及びAPEC参加国・地域の上位10か国・地域を加えた国・地域

(海外も視野に入れた市場開拓・生産を推進する必要)

　人口減少とともに国内市場の縮小が避けられない状況において、国内市場のみを指向し

　続けることは、農業・食品産業の成長の阻害要因となるおそれがあります。

　一方、輸出は堅調に増加していることから、今後、国内需要に応じた生産に加え、輸出向けの生産を増加させていくことは、農業・食品産業の持続的な成長を確保し、農業の生産基盤を維持していく上で極めて重要です。

　持続的な成長とリスク分散、農業の生産基盤の維持の観点から、国内市場だけでなく海外市場も視野に入れた農業・食品産業への転換を推進していく必要があります。

(7) 人口減少下においても食料の安定供給を担う農業経営体の育成・確保

(農業者の急減と経営規模の拡大が進行)

　我が国の人口減少は、農村で先行し、農業者の減少・高齢化が著しく進展しています。基幹的農業従事者[1]数は、平成12(2000)年の約240万人から令和5(2023)年には約116万人と半減し、その年齢構成のピークは70歳以上層となっています。20年後の基幹的農業従事者の中心となることが想定される60歳未満層は、全体の約2割の24万人程度にとどまっています(図表 特2-14)。

　このような急激な農業者の減少の中で、農地等を引き受けてきたのは比較的規模の大きい農業経営体であり、その結果、平成17(2005)年から令和2(2020)年にかけて、経営耕地面積20ha以上の農業経営体は約37%、農産物販売金額5千万円以上の農業経営体は約42%増加しています。1経営体当たりの経営耕地面積・農産物販売金額の拡大傾向は、今後とも継続することが見込まれています。

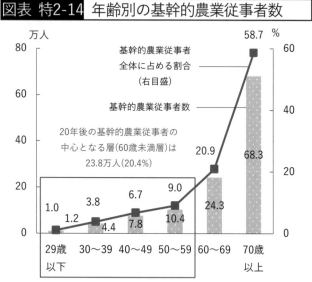

図表 特2-14　年齢別の基幹的農業従事者数

資料：農林水産省「令和5年農業構造動態調査」を基に作成
注：令和5(2023)年2月1日時点の数値

(スマート農業技術等の生産性向上等に資する技術革新が進展)

　情報通信技術の進展やこれを支える通信インフラの整備等が進んだことを背景に、ロボット、AI[2](人工知能)、IoT[3]等の先端技術やデータを活用したスマート農業技術といった農業の生産性向上等に資する技術革新が見られています。

　今後、農業者の減少が見込まれる中、食料の供給基盤の維持を図っていくとともに、生産性の高い農業を確立するためには、デジタル変革の進展を踏まえ、スマート農業を一層推進していくことが重要です。

ドローンを活用した農薬散布
資料：ヤマハ発動機株式会社

[1] 15歳以上の世帯員のうち、ふだん仕事として主に自営農業に従事している者
[2] Artificial Intelligenceの略
[3] Internet of Thingsの略で、モノのインターネットのこと

令和元(2019)年度からスマート農業実証プロジェクトを全国217地区で推進し、作業時間の大幅な削減効果が明らかになったほか、草刈り等の危険な作業や重労働からの解放、水田の水管理や家畜の体調管理等の現場のはり付きからの解放といった効果、環境負荷低減によるみどり戦略の実現への貢献を確認しています。一方で、スマート農業機械等の導入コストの高さやそれを扱える人材の不足、従来の栽培方式にスマート農業技術をそのまま導入してもその効果が十分に発揮されないこと、スマート農業技術の開発が不十分な領域があり開発の促進を図る必要があること等の課題が判明しました。

(人口減少下においても食料の安定供給を担う農業経営体の育成・確保が重要)

農業者が大幅に減少することが予想される中で、今日よりも相当程度少ない農業経営体で国内の食料供給を担う必要が生じています。

今後、離農者の農地の受け皿となる経営体や付加価値の向上を目指す経営体が食料供給の大宗を担うことが想定されることから、これらの経営体への農地の集積・集約化に加え、安定的な経営を行うための経営基盤の強化や限られた資本と労働力で最大限の生産を行うための生産性の向上が求められています。

また、昨今普及しつつあるスマート農業技術や新品種を活用し、生産性を重視する農業経営が必要となっています。

(8) 農村における地域コミュニティの維持や農業インフラの機能確保

(農村人口の減少、集落の縮小により農業を支える力が減退)

我が国の農村では都市に先駆けて人口減少・過疎化が進んできました。

その結果、集落機能の維持に支障を来す事態も生じており、集落内の戸数が9戸以下になると用排水路の管理や農地の保全等の集落が担ってきた共同活動が著しく減退するといった状況も見られています(**図表特2-15**)。

農村人口の減少や集落機能の低下は食料安全保障上のリスクとして認識されるべき課題となっています。

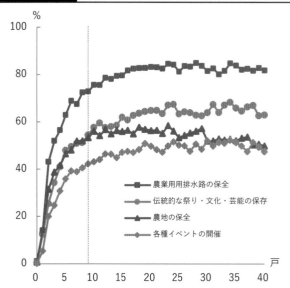

図表 特2-15 総戸数別の集落活動の実施率

農業用排水路の保全
伝統的な祭り・文化・芸能の保存
農地の保全
各種イベントの開催

資料:農林水産政策研究所「日本農業・農村構造の展開過程-2015年農業センサスの総合分析-」(平成30(2018)年12月公表)を基に農林水産省作成
注:集落活動とは、「集落の活性化のための活動」、「地域資源の保全活動」を指す。

(農村における地域コミュニティの維持や農業インフラの機能確保が重要)

農村の人口減少は、これまで、農村から都市への人口流出による社会減を主として想定していたため、このような社会減が原因の人口減少に対しては、都市との生活環境の格差

の是正により、農村からの人口流出を押しとどめる対策が有効と考えられてきました。しかしながら、過疎地域では、特に中山間地域[1]での高齢化が顕著であること等を背景として、平成21(2009)年度以降、社会減より自然減が大きくなっています(**図表 特2-16**)。このため、今後、農村への移住等により社会減が一定程度緩和されたとしても、それを上回る規模で自然減が進行することが予想されています。農村でも人口減少が特に著しい地域では、集落の存続が危惧されており、これまで集落の共同活動により支えられてきた農業生産活動の継続が懸念される状況となっています。

　このため、農業以外の産業との連携の強化、農村における生活利便性の向上等により、都市から農村への移住、都市と農村の二地域居住の増加促進のほか、都市農業や農泊等を通じ、都市住民等と農業・農村との関わりを創出し、農村地域の関係人口である「農村関係人口」の拡大・深化により、農村コミュニティの集約的な維持を図っていくことが重要となっています。

　一方、都市からの移住等は、農村の人口減少を完全に充足できるわけではなく、農村の人口減少は避けられない状況にあります。各地域では、それぞれが置かれている状況等を踏まえ、地域農業を維持する方策を考える必要があります。その際、特に農村に一定の住民がいることを前提にこれまで地域で支えてきた用排水路や農道といった末端の農業インフラの保全管理等への対応を考える必要があります(**図表 特2-17**)。

図表 特2-16 過疎地域における要因別の人口増減

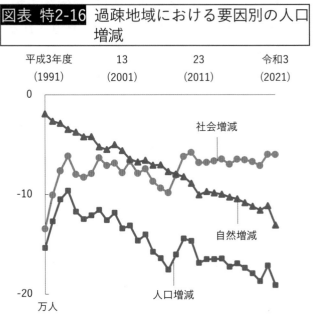

資料：総務省「令和3年度版 過疎対策の現況」(令和5(2023)年3月公表)を基に農林水産省作成

図表 特2-17 農業用用排水施設の維持管理に係る役割分担のイメージ

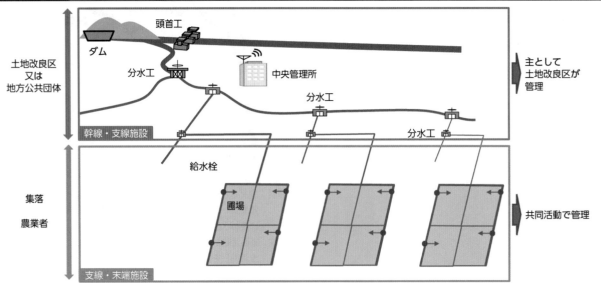

資料：農林水産省作成

[1] 第4章第6節を参照

第3節 食料・農業・農村基本法の見直しに向けて

(1) 食料・農業・農村政策の新たな展開方向

(「食料・農業・農村政策の新たな展開方向」を決定)

　食料安定供給・農林水産業基盤強化本部では、令和5(2023)年6月に、現行基本法の見直しに当たり、特に基本的施策の追加又は見直しが必要となっている事項について、政策の方向性を整理した「食料・農業・農村政策の新たな展開方向」を決定し、(1)平時からの国民一人一人の食料安全保障の確立、(2)環境等に配慮した持続可能な農業・食品産業への転換、(3)人口減少下でも持続可能で強固な食料供給基盤の確立という新たな三つの柱に基づく政策の方向性を明らかにしました(**図表 特3-1**)。

図表 特3-1 「食料・農業・農村政策の新たな展開方向」の概要

資料：食料安定供給・農林水産業基盤強化本部資料を基に農林水産省作成

(食料・農業・農村基本法の改正の方向性を取りまとめ)

　食料安定供給・農林水産業基盤強化本部は、令和5(2023)年12月に「食料・農業・農村基本法の改正の方向性について」を策定するとともに、「食料・農業・農村政策の新たな展開方向」に基づく施策の工程表を策定し、食料・農業・農村基本法の改正内容を実現するために必要な関連法案やその他の具体的な施策について取りまとめました。今後、令和7(2025)年には次期食料・農業・農村基本計画を策定し、工程表に基づいて施策の進捗管理を行うこととしています。

① 食料安全保障の在り方

(国民一人一人の食料安全保障を確立)

　食料安全保障について、基本理念において柱として位置付け、全体としての食料の確保

23

に加えて、国民一人一人が食料にアクセスでき、健康な食生活を享受できるようにすることを含むものへと再整理することとしています。

　その際、農地・水等の農業資源、担い手、技術等の生産基盤が強固なものであることは食料安全保障の前提である旨を位置付けるとともに、食料システムを持続可能なものとするため、国・地方公共団体・農業者・事業者・消費者が一体となって取組の強化を進めることとしています。

(食料安全保障の状況を平時から評価する仕組みを検討)

　食料安全保障の確立の観点から、現状の把握、分析を行うには、英国の食料安全保障報告書が参考になります。同報告書はテーマとして、(1)世界の食料供給能力、(2)英国の食料供給源、(3)フードサプライチェーンの強靭性、(4)家庭レベルの食料安全保障、(5)食品の安全性と消費者の信頼の五つが設定され、テーマごとの指標、ケーススタディで構成されています。また、指標ごとに現状を分析するレポートの作成が義務付けられています。

(フォーカス)英国では、食料安全保障に係る報告書を作成し、議会に報告

　英国では、EU離脱後の同国の農業政策の法的な基礎を規定するものとして、令和2(2020)年11月に「農業法2020」が法制化されており、同法に基づき、食料安全保障の報告書の作成や、農産物の購入者への公正取引義務等が位置付けられています。

　同法第19条では、国務大臣は、少なくとも3年に1度、英国の食料安全保障に係る統計データの分析を含む報告書を作成し、議会に提出しなければならない旨が規定されています。また、同条に基づき報告書で分析されるデータは、(1)世界の食料供給能力、(2)英国の食料供給源、(3)フードサプライチェーンの強靭性、(4)家庭レベルの食料安全保障、(5)食品の安全性と消費者の信頼に関するものを含むことができるとされています。

　Defra*(環境・食料・農村地域省)の責任の下、令和3(2021)年に公表された「英国食料安全保障報告書2021」においては、人口増加と対比させた世界の農業・食料生産に関するトレンド、気候変動やその他の要因による食料生産への影響、労働・水・肥料等の農業生産上の鍵となる投入要素の状態についての検証、英国が世界の食料市場にアクセスする上で重要となる世界の食料貿易のトレンド等について分析しています。その上で、国内生産だけでなく世界市場から食料を調達することは、英国の食料の強靭性に貢献していると評価する一方、世界貿易への過度な依存は、食料供給を世界的なリスクにさらす可能性があるとも指摘しています。

* Department for Environment, Food and Rural Affairs の略

英国食料安全保障報告書2021の重要構成要素

重要構成要素	内容
世界の食料供給能力	世界的規模での食料需給、リスク、トレンド、これらの英国の食料供給に対する影響等
英国の食料供給源	英国における食料消費に対する供給源となっている主な国内生産や輸入元等
フードサプライチェーンの強靭性	フードサプライチェーンを下支えする物的、経済的、人的インフラやこれらの脆弱性等
家庭レベルの食料安全保障	食料の入手のしやすさ、食品アクセス等
食品の安全性と消費者の信頼	食料に係る安全性、食料に関連する犯罪等

資料：農林水産政策研究所「プロジェクト研究［主要国農業政策・貿易政策］研究資料 第9号」を基に農林水産省作成

　農林水産省では、英国等の先進的な事例も参考とし、様々な指標を活用・分析することにより、我が国の食料安全保障の状況を定期的に評価する仕組みを検討することとしています。

　また、食料自給率やその他の食料安全保障の確保に関する事項の目標を定め、目標の達成状況を少なくとも毎年一回調査し、その結果を公表するなど、目標の達成状況を踏まえてPDCAを回す新たな仕組みの導入を検討することとしています。

(不測時における食料安全保障の対応を強化)

　世界的な食料需給の変化や生産の不安定化等により、我が国の食料安全保障上のリスクが高まっている中、食料供給が大幅に減少する不測の事態への対応が必要となっています。このため、政府は、令和5(2023)年8月に、生産・流通・消費や法律・リスク管理等の幅広い分野の有識者や関係省庁から成る「不測時における食料安全保障に関する検討会」を立ち上げ、不測の事態への対応について法的な根拠の整理や必要な対策の検討等を行いました。

　同検討会では、その基本的な考え方として、(1)農業者を始めとする事業者の自主的な取組を基本とすること、(2)食料の供給不足が予想される段階から対策を講じ、食料供給不足が国民生活や国民経済に与える影響を早期に防止すること、(3)食料の供給確保対策は、事態の進行に合わせて段階的に追加していくこと等を整理し、同年12月に取りまとめました。

　これを受け、政府は、米穀、小麦、大豆その他の国民の食生活上又は国民経済上重要な食料の供給が大幅に不足し、又は不足するおそれが高い事態に対応するため、食料供給困難事態対策本部の設置、当該食料等の安定供給の確保のための出荷若しくは販売の調整又は輸入若しくは生産の促進の要請等の措置を定める「食料供給困難事態対策法案」を第213回通常国会に提出したところです(**図表 特3-2**)。

図表 特3-2　不測時の食料安全保障の強化のための新たな法的枠組み

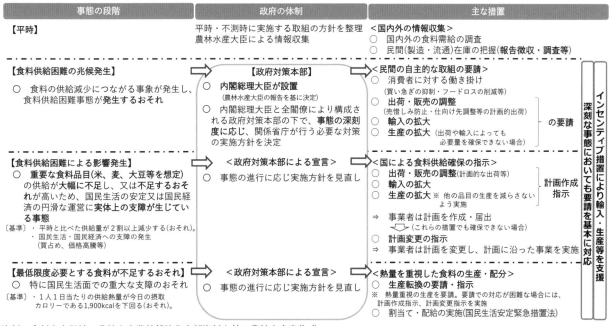

資料：食料安定供給・農林水産業基盤強化本部資料を基に農林水産省作成

②　食料の安定供給の確保

(食料の安定供給の確保に向けた構造転換を推進)

　国内の農業生産の増大を図ることを基本に、輸入・備蓄を行うという食料安定供給の基本的考え方は堅持することとしています。そのため、小麦や大豆、飼料作物といった海外依存度の高い品目の生産拡大を推進するなどの構造転換を進めていくこととしています。

　また、食料安定供給を図る上での生産基盤等の重要性、国内供給に加えて輸出を通じた食料供給能力の維持、安定的な輸入・備蓄の確保といった新たな視点も追加し、輸入相手国の多角化や輸入相手国への投資の促進等についても位置付けることとしています。

　さらに、農業生産に不可欠な資材である肥料について、主要な原料の大部分を海外に依存する化学肥料の使用量の低減に向けて、堆肥・下水汚泥資源等の国内資源の利用拡大や適正施肥等の構造転換を進めていくこととしています。飼料については、飼料作物を含めた地域計画の策定を促進するとともに、耕畜連携や飼料生産組織の強化等の取組を進め、国産飼料の生産・利用拡大を図っていくこととしています。

　くわえて、農業生産資材について、その安定確保の視点を加えるとともに、農業生産資材の価格高騰に対する農業経営への影響緩和の対応も明確化することとしています。

(輸出促進を国内の農業生産基盤の維持に不可欠なものと位置付け)

　人口減少に伴い国内市場が縮小する中で、輸出の促進については、国内の農業生産基盤の維持を図るために不可欠なものとして政策上位置付けることとしています。

　その際、農業者等へ真に裨益するよう、地域ぐるみで海外の規制・ニーズに対応した生産・流通へ転換することにより、高い付加価値を創出する輸出産地の形成を進めるとともに、マーケットインの発想の下、輸出促進法[1]に基づく認定農林水産物・食品輸出促進団体の取組や輸出支援プラットフォームによる支援の強化等により、生産から加工、物流、販売までのサプライチェーン関係者が一体となった戦略的な輸出の体制の整備・強化を行うこととしています。あわせて、育成者権管理機関の取組を推進すること等により、海外への流出防止や競争力強化等に資する知的財産等の保護・活用の強化等の施策を講じることとしています。

(合理的な価格の形成に向けた対応を推進)

　食料の合理的な価格の形成に当たっては、農業者、食品事業者、消費者といった関係者の相互理解と連携の下に、農業生産等に係る合理的な費用や環境負荷低減のコストといった食料の持続的な供給に要する合理的な費用が考慮されるようにしなければならないことを明確化することとしています。

　その上で、食料の持続的な供給の必要性に対する国民理解の増進や、関係者による食料の持続的な供給に要する合理的な費用の明確化の促進、消費者の役割として持続的な食料供給に寄与すること等を明確化することとしています。

　また、農林水産省では、令和5(2023)年8月に、生産者、製造事業者、流通事業者、小売事業者、消費者等から成る食料システムの各段階の関係者の協議の場として「適正な価格形成に関する協議会[2]」を設立しました。本協議会では、生産から消費に至る食料システム全体で適正取引が推進される仕組みの構築を検討しており、合理的な価格の形成について、

---

[1] 正式名称は「農林水産物及び食品の輸出の促進に関する法律」
[2] 第1章第4節を参照

生産から消費までの関係者の理解醸成を図ることとしています。

（全ての国民が健康的な食生活を送るため、円滑な食品アクセスの確保を推進）

　全ての国民が健康的な食生活を送ることができるよう、円滑な食品アクセスの確保を図るため、産地から消費地までの幹線物流について、関係省庁と連携し、パレット化や検品作業の省力化、トラック予約システムの導入、鉄道や船舶へのモーダルシフト、中継共同物流拠点の整備等を促進することとしています。さらに、関係省庁と連携し、物流の生産性向上に向けた商慣行の見直しや物流標準化・効率化の推進、荷主企業等の行動変容を促す仕組みの導入等を進めることとしています。

　また、消費地内での地域内物流、特に中山間地域でのラストワンマイル物流について、関係省庁と連携しながら、地方公共団体、スーパーマーケット、宅配事業者等と協力し、食品アクセスを確保するための仕組みを検討することとしています。

　くわえて、福祉政策、孤独・孤立対策等を所管する関係省庁と連携し、物流体制の構築、寄附を促進する仕組みといった生産者・食品事業者からフードバンク、こども食堂等への多様な食料の提供を進めやすくするための仕組みを検討することとしています。

（事例）移動販売による買い物支援と併せ、高齢者の見守り活動を実施（島根県）

　島根県奥出雲町の「NPO法人ともに」では、買い物支援の取組として、食料品や日用品を購入できるスーパーマーケットを運営するほか、移動販売事業を実施しています。販売品目は、利用者からの要望を基に生鮮食品を始め食料品全般を取り扱っています。

　同町の三沢地区では、地域内の商店が閉店したことに伴い、平成31（2019）年4月から地域住民が食料品や日用品を販売する「買い物サロン」を開始しました。その後、利用者から多様な品揃えを求められたことを受けて、令和3（2021）年7月に販売品目を見直し、「ともにマーケット」をオープンしました。

　また、同年10月に開始した移動販売事業については、冷蔵・冷凍庫を完備した移動販売車「ともに号」に、ドライバーと見守り活動を行うスタッフが同乗し、食料品の販売を行っています。販売は地域の約80軒を対象とし、週に1回ずつ5地区を巡回しています。移動販売訪問時には、ゴミ捨てや電球の付替え等の生活上の小さな困り事の解決も請け負っています。

　同地区では、当該事業の運営に地域住民が参画することで雇用の創出につながっているほか、移動販売事業と併せて見守り活動を実施することで、高齢者の様子や健康面等について定期的に確認することが可能になっています。

　同法人では、今後とも買い物困難者が増加することを見据え、行政の支援も受けながら、事業の継続・強化を図っていくこととしています。

奥出雲町　島根県　広島県

移動販売車「ともに号」
資料：NPO法人ともに

ともにマーケット
資料：NPO法人ともに

③　環境負荷低減に向けた取組の強化

（環境と調和のとれた食料システムの確立を位置付け）

　農業者、食品事業者、消費者等の関係者の連携の下、生産から加工、流通・販売まで食料システムの各段階で環境負荷の低減を図ることが重要であることを踏まえ、環境と調和のとれた食料システムの確立を図っていく旨を柱として政策上位置付けることとしています。

　その際、農業・食品産業における環境への負荷の低減に向けて、令和4(2022)年7月に施行された「みどりの食料システム法[1]」に基づいた取組の促進を基本としつつ、最低限行うべき環境負荷低減の取組を明らかにし、各種支援の実施に当たっても、そのことが環境に負荷を与えることにならないよう、補助金の支給要件として最低限行うべき環境負荷低減の取組を義務化するクロスコンプライアンスの導入とともに、先進的な環境負荷低減の取組の支援について検討することとしています(**図表 特3-3**)。

　また、食料システム全体で環境負荷低減の取組を進めやすくなるよう、環境負荷低減の取組の「見える化」の推進、脱炭素化の促進に向けたＪ－クレジット制度等の活用、食品事業者等の実需者との連携や消費者の理解の醸成に係る施策を講ずることとしています。

　このほか、食品産業についても、食料供給等に向けて重要な役割があり、より主体的な取組が期待される中で、その持続的な発展に向けた施策について明確化することとしています。

図表 特3-3　クロスコンプライアンスで求める最低限行うべき環境負荷低減の取組

適正な施肥

例）・肥料の使用状況の記録・保存
・作物の生育や土壌養分に応じた施肥等

適正な防除

・農薬の使用状況の記録・保存
・農薬ラベルの確認・遵守、農薬の飛散防止等

エネルギーの節減

・電気・燃料の使用状況の記録・保存等

悪臭・害虫の発生防止

・家畜排せつ物の適正な管理等

廃棄物の発生抑制・循環利用・適正処分

・プラスチック製廃棄物の削減や適正処理等

生物多様性への悪影響の防止

・病害虫の発生状況に応じた防除の実施等

環境関係法令の遵守等

・営農時に必要な法令の遵守
・農作業安全に配慮した作業環境の改善等

資料：農林水産省作成

---

[1] 特集第2節を参照

（事例）直販事業者との契約栽培により安定的な有機農業を実現(群馬県)

　群馬県高崎市の農業者グループである「くらぶち草の会」では、同市倉渕地区で環境負荷低減に資する取組を推進するとともに、人材の確保・育成等の取組に注力し、安定的な有機農業を実現しています。

　同グループは、令和5(2023)年9月時点で41人の会員で構成され、約71haの農地で、レタス、キャベツ等の50品目以上の野菜を、農薬や化学肥料に頼らずに栽培し、販売事業者との契約に基づく計画生産により、安定した所得を確保しています。

　有機栽培は「土づくり」を基礎とし、家畜ふん尿やコーヒーかす等の地域資源を活用した堆肥を利用しています。また、研修会を実施し、地域全体での技術を底上げすることで、ベテランの有機農業者は慣行と同程度の収量を、地域全体でも慣行比約8割の安定した生産を実現しています。収穫後は、会員の共同出資により設置した予冷・集出荷施設で、野菜の鮮度維持を図りつつ、ロットの確保による効率的な出荷を実現しています。

　さらに、同市では、同地区に滞在型の研修施設を整備し、安心して生産から出荷調整まで学べる環境を整備しているほか、就農相談会等を開催し、関心を示した就農希望者に対して農業体験を実施することにより、人材の確保に積極的に取り組んでいます。研修中は、生産から出荷に係る技術に加え、農地や空き家の確保、地域住民との交流等も積極的に支援しています。くわえて、研修後も、新規就農者を頻繁に訪問し、孤立させないよう手助けするとともに、販路開拓は同グループが担うことで、新規就農者が生産に集中できる環境を整備しています。

　同グループでは、令和6(2024)年4月を目途に2人の農業者がみどりの食料システム法に基づく計画の認定を受ける予定となっており、今後とも技術の向上に努めながら、直販事業者との契約栽培や新規就農支援等の取組を推進していくこととしています。

地域資源を活用した土づくり
資料：くらぶち草の会

有機農業の指導を
受ける新規就農者
資料：くらぶち草の会

④　農業の持続的な発展

（農業の持続的発展に向けた取組を推進）

　農業について、人口減少等の諸情勢が変化する中においても、農産物の供給機能や多面的機能が発揮されるよう、効率的かつ安定的な農業経営の育成・確保を引き続き図ることとしています。

　また、スマート農業技術や新品種の開発等を通じた生産性向上、知的財産の保護・活用等を通じた付加価値向上といった農業を持続的に発展させるための政策の方向性を位置付けることとしています。

　さらに、人材の育成・確保に加えて、農業法人の経営基盤の強化や農業支援サービス事業体の育成・確保も位置付けることとしています。

（多様な農業者を育成・確保）

　今後、人口減少が避けられない中で、食料の生産基盤を維持していくためには、中長期的に農地の維持を図ろうとする者を地域の大切な農業人材として位置付けていくことが必要です。その上で、生産水準を維持するためには、「受け皿となる経営体と付加価値向上を目指す経営体(効率的かつ安定的な経営体)」が円滑に生産基盤を継承できる環境の整備が不可欠です。このため、受け皿となる経営体と付加価値向上を目指す経営体を育成・確保しながら、多様な農業者とともに生産基盤の維持・強化が図られるよう、新規就農の推進を始めとして、将来の農業人材の育成・確保を図ることとしています。

（農地の確保と適正・有効利用を推進）

　目標地図を含む「地域計画[1]」に基づき、目標地図上の受け手に対する農地の集約化等を着実に進めるほか、世界の食料事情が不安定化する中で、我が国の食料安全保障を強化するため、国が責任を持って食料生産基盤である農地を確保するとともに、その適正かつ効率的な利用を図る必要があります。

　政府は、我が国の食料及び農業をめぐる諸情勢の変化に鑑み、国民に対する食料の安定供給を確保するため、国及び都道府県において確保すべき農用地の面積の目標の達成に向けた措置の強化、農地の違反転用に対する措置の強化、農地所有適格法人の食品事業者等との連携による経営の発展に関する計画認定制度の創設等の措置を講ずることを内容とする「食料の安定供給のための農地の確保及びその有効な利用を図るための農業振興地域の整備に関する法律等の一部を改正する法律案」を第213回通常国会に提出したところです（**図表 特3-4**）。

図表 特3-4	食料の安定供給のための農地の確保及びその有効な利用を図るための農業振興地域の整備に関する法律等の一部を改正する法律案の概要

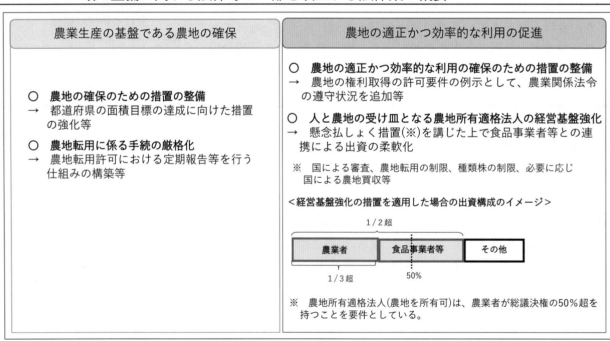

資料：農林水産省作成

――――――――――――――

[1] トピックス1を参照

（農業生産基盤の整備や適切な保全に向けた取組を推進）

農業者が減少する中で、スマート農業技術等を活用した営農が進めやすくなるよう、圃場（ほじょう）の一層の大区画化やデジタル基盤の整備を推進すること等により、農地の受け皿となる者への農地の集積・集約化を促進することとしています。このほか、需要に応じた生産を促進するため、水田の汎用化に加えて、水田の畑地化を推進することとしています。

また、農業生産基盤の整備については、災害の頻発化・激甚化が顕著となる中、災害の防止・軽減を図るためにも行う旨や、施設の老朽化等が進む中、人口減少により施設の点検・操作や集落の共同活動が困難となる地域でも生産活動が維持されるよう、農業水利施設等の農業生産基盤の保全管理も適切に図っていく必要がある旨を、それぞれ位置付けるとともに、必要な事業や仕組みの見直し等も行うこととしています。

さらに、農業生産基盤の保全管理に当たって、頭首工（とうしゅこう）等の基幹施設については省エネルギー化や再生可能エネルギーの利用、集約・再編、ICT[1]（情報通信技術）等の新技術活用等を、用水路等の末端施設については開水路の管路化、畦畔（けいはん）拡幅、法面（のりめん）被覆等を、それぞれ推進することとしています。

（スマート農業技術の導入による生産性の高い農業への転換を推進）

政府は、農業の生産性の向上を図るため、スマート農業技術の活用及びこれと併せて行う農産物の新たな生産の方式の導入に関する計画並びにスマート農業技術等の開発及びその成果の普及に関する計画の認定制度を設け、これらの認定を受けた者に対する株式会社日本政策金融公庫（にっぽんせいさくきんゆうこうこ）（以下「公庫」という。）による貸付けの特例等の措置を講ずることを内容とする「農業の生産性の向上のためのスマート農業技術の活用の促進に関する法律案」を第213回通常国会に提出したところです（**図表 特3-5**）。

図表 特3-5 スマート農業技術の活用促進のための法的枠組み

国（基本方針の策定・公表）
スマート農業技術等の研究開発・実用化や、
生産・流通・販売方式の変革の促進の意義・目標等

↑申請 ↓認定　　↑申請 ↓認定

①スマート農業技術の活用とこれに適合するための生産・流通・販売方式の見直し（生産方式革新実施計画（仮称））	**②スマート農業技術等の研究開発・実用化（開発供給実施計画（仮称））**
【取組内容】 ・スマート農業技術活用 ＋生産・流通・販売方式の見直し 【取組主体】 ・農業者、食品事業者、農業支援サービス事業体（農業者は必須） 【支援措置】 ・公庫の長期低利融資 ・投資促進税制（法人税・所得税）　等	【取組内容】 ・スマート農業技術等の研究開発・実用化 【取組主体】 ・研究開発等を行おうとする者 【支援措置】 ・農研機構の施設等供用 ・公庫の長期低利融資 ・登録免許税の軽減　等

資料：農林水産省作成

[1] Information and Communication Technologyの略

　また、スマート農業技術の導入効果を十分に発揮するため、生産現場において、スマート農業技術の活用を支援する農業支援サービス事業体等と連携しながら、スマート農業技術に適合した栽培体系の見直し等の生産・流通・販売方式への転換を促進することとしています(**図表 特3-6**)。

図表 特3-6　スマート農業技術に適合した栽培方法転換のイメージ

(現状) 　　　　　　　　　　　　　(将来の姿)

樹木が圃場内に散在し
作業動線が複雑

樹木を直線的に配置し
機械作業を容易化

資料：農林水産省作成

(事例) 圃場規格の整備と高畝栽培での自動収穫ロボットの開発を推進(神奈川県)

　神奈川県鎌倉市のinaho株式会社では、人手による作業を前提とした栽培方式の変革に向け、高畝栽培の改良・普及とアスパラガスを自動収穫するロボットを開発しており、少人数でより大きな面積に対応できる栽培方式の実現を目指しています。

　アスパラガス栽培においては、従来の平畝栽培では、圃場内の茎葉の密度が高く、機械導入による栽培管理が困難であるほか、一本一本目視で確認しながらの人手による収穫作業となり、生産性の向上に結び付かないことが課題となっています。

　このため、同社では、通路幅が広く、機械導入・栽培管理が容易になる圃場規格の整備とアスパラガス自動収穫ロボットの開発を一体的に進めています。高畝栽培で自動収穫ロボットを用いると、平畝栽培と比較して、作業時間が約5分の1に短縮することが確認されています。また、推奨圃場規格においては、春芽で80%、夏芽で65%の収穫を達成しています。

通路幅の広い高畝栽培の圃場
資料：inaho株式会社

　同社では、令和2(2020)年度からは、アスパラガス生産における働き方改革の実現を目指し、枠板式高畝栽培を基盤とした省力安定栽培システムの開発を産学連携で進めています。また、令和3(2021)年からは、自動収穫機の効率的な稼働を目指し、香川県や北海道にて実証導入を行っています。実証圃場では、株当たり3.3本程度の親茎を立てるところ、株当たり2本と疎植栽培にすることにより、自動収穫ロボットがアスパラガスを認識・アクセスすることが容易になることが確認されています。

　同社では、今後とも関係機関と連携しながら、収量性と親茎密度の適切な関係性の確認を進め、枠板式高畝栽培の普及に向けた取組を推進し、若手農業者の参入促進を図っていくこととしています。

アスパラガスの
自動収穫ロボット
資料：inaho株式会社

　さらに、スマート農業技術には、開発が不十分な領域があること等の課題を踏まえ、国が主導で実装まで想定した重点開発目標を明確にした上で、これに沿って研究開発等に取り組むスタートアップ等の事業者に対する国立研究開発法人農業・食品産業技術総合研究機構(以下「農研機構」という。)の施設供用等を通じた産学官連携の強化により研究開発を促進することとしています。

(家畜伝染病、病害虫等への対応を強化)

　家畜伝染病や病害虫の侵入・まん延リスクが高まる中で、これらの発生予防・まん延防止等について新たに位置付けるとともに、効果的に動植物検疫を実施する体制や予防を重視した生産現場での防疫体制を構築することとしています。具体的には、(1)家畜防疫官・植物防疫官の体制の充実、ICT技術等の活用による効果的な検疫体制の構築と厳格な水際措置の実施、(2)家畜診療所等における産業動物獣医師の確保、遠隔診療等による適時適切な獣医療の提供、データに基づく農場指導等による飼養衛生管理水準の向上、(3)病害虫発生予測の迅速化・精緻化や防除対策の高度化等による総合防除体系の構築等の施策を講じることとしています。

⑤　農村の振興

(農村の活性化に向けた取組を推進)

　農村に関わりを持つ人材を増やすため、地産地消・6次産業化[1]や農泊といった地域資源を活用した農山漁村発イノベーションを推進するとともに、関係人口も交えて地域に根ざした経済活動が安定的に営まれるよう、地方公共団体と民間企業の連携による取組の支援を行うこととしています。農村の活性化や地域課題の解決に向けた取組も広がっており、有機農業のブランド化・販路拡大、地域農業の条件に合ったスマート農業技術の導入による農作業の効率化といった事例も見られています。このような取組の拡大に向け、これまで農業・農村に関するビジネスに携わっていなかった事業者と農業・農村の活性化に関わる関係者とのマッチング機会を創出し、課題解決に協力可能な企業を農村に呼び込むこととしています。

　また、中山間地域等において複数の集落の機能を補完して、農用地の保全活動や農業を核とした経済活動と併せて、生活支援等地域コミュニティ維持に資する取組を行う組織である農村RMO[2]の形成を推進することとしています。

　さらに、中山間地域等において棚田の振興を始め、地域に「活力」を創出するための社会貢献やビジネスの展開を図る企業の活動を後押しし、企業と地域との相互補完的なパートナーシップの構築を推進することとしています。

　くわえて、中山間地域における農地保全のための地域ぐるみの話合い、農地の粗放的な利用、基盤・施設整備等にきめ細やかに取り組めるよう支援し、農村の持続的な「土地利用」を推進することとしています。

---

[1] 第4章第2節を参照
[2] Region Management Organizationの略

（事例）地域課題の解決に向け、農業や観光等の街づくり事業を展開（山形県）

　山形県鶴岡市のYAMAGATA DESIGN株式会社では、「官民共創」による地域課題の解決に向け、産学官連携による農業人材の育成・確保や観光・教育等の街づくり事業を展開しています。

　同社は、庄内地域を拠点に地方都市の課題を希望に変える街づくり会社として、観光、教育、人材、農業の四つの事業で分野横断的な取組を展開しています。

　また、同社が令和元(2019)年11月に設立した有機米デザイン株式会社*では、有機米のマーケット拡大と有機農業に取り組む農業者の所得向上を目指した活動を推進しています。除草作業を省力化する自動抑草ロボット「アイガモロボ」の開発・製造では全国の農業者や地方公共団体、普及機関と連携し、有機農業の推進に向けた技術実証や有機農産物の販路確保に取り組んでいます。

　また、令和4(2022)年8月には、一般社団法人ヴァンフォーレスポーツクラブ及び山梨県北杜市と包括連携協定を締結し、農業や観光等の振興を始め、子供達を中心とした新たな食育の展開により、循環型社会の形成や地域の活性化を図る取組を推進しています。

　さらに、令和5(2023)年8月には、宮城県大崎市と「持続可能な農業推進に関する協定」を締結し、グリーンな栽培体系への転換に協働で取り組み、世界農業遺産「大崎耕土」での有機農業や環境保全型農業の普及を図る取組を推進しています。

　このほか、YAMAGATA DESIGN株式会社では、平成30(2018)年9月に、庄内平野の水田の上に浮かぶように建つホテル「スイデンテラス」を開業し、自社農園で栽培した野菜を用いた料理を始め、地域の魅力を体感できるサービスを提供しており、年間約5万人が宿泊しています。

　同社では、「地方の希望であれ」という新たなビジョンを掲げ、令和6(2024)年4月から、創業の地を表す「株式会社SHONAI」に社名変更することとしており、庄内という起点を強化しながら、そこで生まれたモデルを通じて日本全国の地方都市の課題を希望に変えるアクションを創発していくこととしています。

＊　令和6(2024)年4月から「株式会社NEWGREEN」に社名変更し、農業のグリーン化を通じて農業者の所得を向上する取組を加速化することとしている。

宮城県大崎市との協定式
資料：YAMAGATA DESIGN 株式会社

ホテル「スイデンテラス」
資料：YAMAGATA DESIGN 株式会社

（農村の振興について、地域社会の維持を図っていく旨を位置付け）

　農村振興の政策の方向性について、「基盤整備」、「生活環境整備」の二本柱に加え、農泊の推進等を念頭に農村との関わりを持つ者(農村関係人口)の増加に資する「産業の振興」や多面的機能支払を位置付けることとしています。また、農村RMOの促進を始めとして、中山間地域の振興等を念頭に「地域社会の維持」を図っていくほか、鳥獣害対策や農福連携等について明確化することとしています。

⑥ 多面的機能の発揮

(地域が一体となった共同活動により多面的機能の発揮を促進)

　農業・農村は、国土の保全、水源の涵養、良好な景観の形成等の多面的機能を有しており、これを適切かつ十分に発揮させるためにも農業生産活動の継続に加えて、共同活動による地域資源の保全を図ることが重要です。

　このため、日本型直接支払制度については、農業・農村の人口減少等を見据えた上で、持続可能で強固な食料供給基盤の確立が図られるよう、具体化を図ることとしています。このうち中山間地域等直接支払制度については、引き続き地域施策の柱として推進するとともに、農業生産活動の基盤である集落機能の再生・維持を図るため、農地保全やくらしを支える農村RMO等の活動を促進する仕組みを検討することとしています。

(事例) 大学・企業と連携した棚田保全の取組を推進(香川県)

　香川県小豆島町の小豆島町中山棚田協議会は、地域の文化や伝統の源である千枚田を守るため、大学・企業と連携した棚田保全の取組を推進しています。

　小豆島のほぼ中央の中山間地域に位置する中山地区は、古くから棚田による稲作が行われてきていますが、特に「つなぐ棚田遺産」にも選ばれている「中山千枚田」での米作りは、保水や生態系の保全、景観の形成だけにとどまらず、「農村歌舞伎」や「虫送り」等の伝統や文化が蓄積されており、地域文化の軸となっています。

　一方、同地区では、地域の過疎化・高齢化の進行により、棚田の荒廃や水循環機能の低下、農作業効率の更なる悪化等のほか、地域文化の伝承にも影響が及んでいることから、地域住民が主体となって同協議会を立ち上げ、中山間地域等直接支払交付金を活用しながら、多様な保全活動を実施しています。

　同協議会では、香川大学と連携し、用水路清掃等のボランティア活動や耕作体験、伝統行事への参加を通じて、様々な交流を行っています。大学生によるボランティア活動の受入れ等により、棚田での耕作が地域の活力づくりにつながり、耕作放棄地の解消にも寄与しています。

　また、地元酒造会社と連携して、日本酒の原料となる酒米の作付けを平成27(2015)年度から実施しています。休耕田の解消・予防を図るとともに、収穫した酒米を使って醸造した酒を地酒として販売しています。

　このような取組の結果、協議会の発足から約10年で水田面積は約1割増加しました。同協議会では、先人達が築き守ってきた美しい棚田と、棚田を中心に培われてきた文化・伝統を後世に残すため、今後とも大学や企業と連携し、担い手の確保、農産物の販売、伝統行事への参加等を促進していくこととしています。

つなぐ棚田遺産
「中山千枚田」

酒米の籾まき作業

資料：小豆島町中山棚田協議会

　また、多面的機能支払制度については、草刈りや泥上げ等の集落の共同活動が困難となることに対応するため、市町村も関与して最適な土地利用の姿を明確にし、活動組織にお

ける非農業者・非農業団体の参画促進や土地改良区による作業者確保等を図る仕組みを検討することとしています。

さらに、環境保全型農業直接支払制度については、先進的な環境負荷低減への移行期の取組を重点的に後押しするとともに、これらの取組を下支えする農地周辺の雑草抑制等の共同活動を通じて面的な取組を促進する仕組みを検討することとしています。

これらとともに、地域計画を始めとする人・農地関連施策やみどり戦略との調和等を図っていくこととしています。

(2) 食料安全保障強化政策大綱の改訂

（食料安全保障強化政策大綱を改訂）

食料安定供給・農林水産業基盤強化本部は、令和4(2022)年12月に、食料安全保障の強化に向けて構造転換を図るため、継続的に講ずべき対策とその目標を明らかにするものとして「食料安全保障強化政策大綱」（以下「政策大綱」という。）を策定しました。

その後、現行基本法の見直しに向けた検討が進められる中で、「食料・農業・農村政策の新たな展開方向」においては、平時から食料安全保障を抜本的に強化するための政策を確立することとされました。これらの食料安全保障の考え方を踏まえ、川上から川下までサプライチェーン全体の強靱化につながる構造転換を集中的に進めていく観点から、令和5(2023)年12月に政策大綱を改訂し、施策の拡充を図りました。

政策大綱の改訂を発表する内閣総理大臣
資料：首相官邸ホームページ
URL：https://www.kantei.go.jp/jp/101_kishida
/actions/202312/27nourin.html

また、政策大綱においては、新しい資本主義の下、農林水産業・食品産業の生産基盤を強固にする観点から、食料安全保障の強化のための対策に加え、スマート農林水産業等による成長産業化、農林水産物・食品の輸出促進、農林水産業のグリーン化についても、改めてその目標等を整理し、その実現に向けた主要施策を取りまとめています。

(3) 食料・農業・農村基本法の一部を改正する法律案の国会提出

（第213回通常国会に食料・農業・農村基本法の一部を改正する法律案を提出）

政府は、近年における世界の食料需給の変動、地球温暖化の進行、我が国における人口の減少その他の食料、農業及び農村をめぐる諸情勢の変化に対応し、食料安全保障の確保、環境と調和のとれた食料システムの確立、農業の持続的な発展のための生産性の向上、農村における地域社会の維持等を図るため、基本理念を見直すとともに、関連する基本的施策等を定める「食料・農業・農村基本法の一部を改正する法律案」を、第213回通常国会に提出したところです（**図表　特3-7**）。

**食料・農業・農村基本法の一部を改正する法律案
新旧対照条文**
URL：https://www.maff.go.jp/j/council/seisaku
/kensho/attach/pdf/18siryo-5.pdf

図表 特3-7 食料・農業・農村基本法の一部を改正する法律案の概要

食料安全保障の確保

(1) 基本理念について、
　① 「食料安全保障の確保」を規定し、その定義を「良質な食料が合理的な価格で安定的に供給され、かつ、国民一人一人がこれを入手できる状態」とする。 (第2条第1項関係)

　② 国民に対する食料の安定的な供給に当たっては、農業生産の基盤等の確保が重要であることに鑑み、国内への食料の供給に加え、海外への輸出を図ることで、農業及び食品産業の発展を通じた食料の供給能力の維持が図られなければならない旨を規定 (第2条第4項関係)

　③ 食料の合理的な価格の形成については、需給事情及び品質評価が適切に反映されつつ、食料の持続的な供給が行われるよう、農業者、食品事業者、消費者その他の食料システムの関係者によりその持続的な供給に要する合理的な費用が考慮されるようにしなければならない旨を規定 (第2条第5項関係)

(2) 基本的施策として、
　① 食料の円滑な入手(食品アクセス)の確保(輸送手段の確保等)、農産物・農業資材の安定的な輸入の確保(輸入相手国の多様化、投資の促進等) (第19条及び第21条関係)

　② 収益性の向上に資する農産物の輸出の促進(輸出産地の育成、生産から販売までの関係者が組織する団体(品目団体)の取組促進、輸出の相手国における需要の開拓の支援等) (第22条関係)

　③ 価格形成における費用の考慮のための食料システムの関係者の理解の増進、費用の明確化の促進等を規定 (第23条及び第39条関係)

環境と調和のとれた食料システムの確立

(1) 新たな基本理念として、食料システムについては、食料の供給の各段階において環境に負荷を与える側面があることに鑑み、その負荷の低減が図られることにより、環境との調和が図られなければならない旨を規定 (第3条関係)

(2) 基本的施策として、農業生産活動、食品産業の事業活動における環境への負荷の低減の促進等を規定 (第20条及び第32条関係)

農業の持続的な発展

(1) 基本理念において、生産性の向上・付加価値の向上により農業の持続的な発展が図られなければならない旨を追記 (第5条関係)

(2) 基本的施策として、効率的かつ安定的な農業経営以外の多様な農業者による農地の確保、農業法人の経営基盤の強化、農地の集団化・適正利用、農業生産の基盤の保全、先端的な技術(スマート技術)等を活用した生産性の向上、農産物の付加価値の向上(知財保護・活用等)、農業経営の支援を行う事業者(サービス事業体)の活動促進、家畜の伝染性疾病・有害動植物の発生予防、農業資材の価格変動への影響緩和等を規定 (第26条から第31条まで、第37条、第38条、第41条及び第42条関係)

農村の振興

(1) 基本理念において、地域社会が維持されるよう農村の振興が図られなければならない旨を追記 (第6条関係)

(2) 基本的施策として、農地の保全に資する共同活動の促進、地域の資源を活用した事業活動の促進、農村への滞在機会を提供する事業活動(農泊)の促進、障害者等の農業活動(農福連携)の環境整備、鳥獣害対策等を規定 (第43条から第49条まで関係)

施行期日 公布の日

資料：農林水産省作成

トピックス

トピックス 1 **食料安全保障の強化に向け、構造転換対策や地域計画の策定を推進**

　食料や生産資材について過度な輸入依存度を低減していくため、小麦や大豆、飼料作物といった海外依存度の高い品目の生産拡大を推進するとともに、生産資材の国内代替転換を推進するなどの構造転換を進めていくことが重要です。

　また、令和5(2023)年4月に改正農業経営基盤強化促進法[1]が施行され、地域での話合いにより目指すべき将来の農地利用の姿を明確化する「地域計画」が法定化されています。

　以下では、食料安全保障の強化に向けた構造転換対策や地域計画の策定に向けた取組等について紹介します。

（世界の食料需給等をめぐるリスクが高まり）

　昨今、気候変動等による世界的な食料生産の不安定化、世界的な食料需要の拡大に伴う調達競争の激化等に、ウクライナ情勢の緊迫化等も加わり、輸入する食品原材料や農業生産資材の価格高騰を招くとともに、産出国が偏り、食料以上に調達切替えが難しい化学肥料の輸出規制や、コロナ禍における国際物流の混乱等による供給の不安定化も経験するなど、世界の食料需給等をめぐるリスクが高まっています（**図表　トピ1-1**）。食をめぐる国内外の状況が刻々と変化する中、食料安全保障の強化が国家の喫緊かつ最重要課題となっています。

図表　トピ1-1　令和5(2023)年の諸外国での主な動き

資料：農林水産省作成

---

[1] 正式名称は「農業経営基盤強化促進法等の一部を改正する法律」

（食料安全保障の強化に向けた構造転換対策を推進）

　食料安全保障については、国内の農業生産の振興を図りながら、安定的な輸入と適切な備蓄を組み合わせて強化していくこととしています。このような中、農林水産物・食品の過度な輸入依存は、原産国の不作等による穀物価格の急騰のほか、化学肥料の原料産出国の輸出規制による調達量の減少が生じた場合等には、国際情勢の変化により、思うような条件での輸入が困難となること等から、平時でも食料の安定供給を脅かすリスクを高めることとなります。

　一方、小麦や大豆、米粉等の国産の農林水産物については、品質の向上が進む中で、海外調達の不安定化とあいまって、活用の拡大が期待されています。飼料については、牧草、稲わら等の粗飼料を中心に国内の生産を拡大する余地があり、生産者である耕種農家と利用者である畜産農家との連携や広域流通の仕組み、利用者の利便を考慮した提供の在り方等を実現することにより、活用の更なる拡大が期待されています。このほか、青刈りとうもろこしを始め、輸入に代わる国産飼料の生産拡大・普及等が期待されています。

　また、肥料についても、国内には、畜産業由来の堆肥や下水汚泥資源等があり、これらの資源の有効活用が期待されるほか、主要な原料の大部分を輸入している化学肥料の使用量の低減や化学肥料原料の備蓄等の取組の重要性が高まっています。

　このため、農林水産物・生産資材ともに、過度に輸入に依存する構造を改め、農業生産資材の国産化や備蓄、輸入食品原材料の国産転換等を進め、耕地利用率や農地集積率等も向上させつつ、更なる食料安全保障の強化を図ることとしています。

（事例）共同大型機械の導入や農地の高度利用等により、小麦の増産を推進（大分県）

　大分県中津市の集落営農法人である農事組合法人おぶくろ営農では、大型機械の活用や農地の高度利用等により、小麦の増産を推進しています。

　同法人は、「地域の水田は地域で守る」を合言葉に、加入全戸の出資による共同大型機械の導入等により生産性の高い土地利用型農業を実践しています。

　経営農地面積は45.3haで、集落内農地の89%を集積しており、団地化による効率の良い農業を実践しています。夏作では主食用米20.7ha、大豆21.0ha、冬作では麦41.9haを作付けしています。

　同法人では、畦畔除去による区画拡大等の基盤整備により効率化を図るとともに、連作障害回避や団地化による効率的な管理作業を可能にするためブロックローテーションを徹底し、地域を二つのブロックに分けて、水稲と大豆を毎年交代しながら、冬作ではほとんどの農地で麦を作付けするなど、農地の高度利用を図っています。

大型機械による小麦の収穫
資料：農事組合法人おぶくろ営農

　同法人の小麦の作付面積については、令和4(2022)年産は36.2ha(はるみずき)となり、令和元(2019)年産(ミナミノカオリ)と比べて約3割増加しています。

　大型機械を駆使した大規模経営に取り組みつつ、基本技術の励行に加え、作物の生育状況に応じた施肥管理や土壌の状態を見て麦踏み時期や回数を調整するなど、きめ細かな管理により、収量・品質の高位安定化とコスト低減を実現しています。

　今後は、実需と結び付いた醤油用小麦の生産を推進するとともに、新品種小麦である「はるみずき」の品種特性を把握しながら、施肥時期や施肥量を研究し、実需者の求める製品づくりを追求していくこととしています。

（特定農産加工業者の経営改善と原材料の調達安定化を促進）

　経済連携協定の締結等により農産加工品等の輸入に係る事情の著しい変化による影響が継続している状況を踏まえ、特定農産加工業者[1]の経営の改善を引き続き促進するため、特定農産加工業経営改善臨時措置法の有効期限を5年間延長するとともに、輸入小麦・大豆の価格水準の上昇等によりその調達が困難となっている状況を踏まえ、原材料の調達の安定化を図るための措置に関する計画承認制度を設け、当該承認を受けた特定農産加工業者に対する公庫による貸付けの特例の措置等を講ずる「特定農産加工業経営改善臨時措置法の一部を改正する法律案」を第213回通常国会に提出したところです。

（令和5（2023）年4月に改正農業経営基盤強化促進法が施行）

　高齢化や人口減少の本格化により農業者の減少や耕作放棄地が拡大し、地域の農地が適切に利用されなくなることが懸念される中、農地が利用されやすくなるよう、農地の集積・集約化に向けた取組を加速化することが、喫緊の課題です。令和5（2023）年4月に施行した改正農業経営基盤強化促進法では、市街化区域を除き、基本構想を策定している市町村において、これまでの「人・農地プラン」を土台とし、農業者等による話合いを踏まえて、将来の地域農業の在り方や目指すべき将来の農地利用の姿を明確化した目標地図を含めた「地域計画」を策定することとしています（**図表 トピ1-2**）。

図表 トピ1-2 地域計画策定の流れ

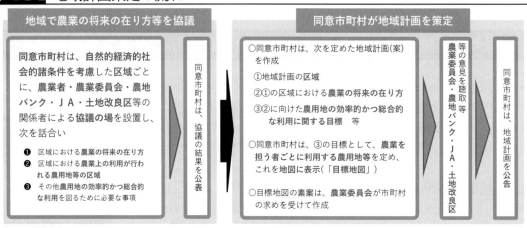

資料：農林水産省作成

　地域計画の策定は、食料安全保障の強化やスマート農業技術の導入による生産性の向上、環境と調和のとれた食料システムの確立等にも重要な意義を有することから、令和7（2025）年3月までに各市町村において策定が着実に進められるよう、関係機関・団体が一体となって計画的に取組を推進していく必要があります。

（「地域計画」の策定を推進）

　地域計画は、地域農業の将来設計図となるものであり、若年者や女性を含む幅広い意見を取り入れながら、地域の農業関係者が一体となって話し合い、策定することが重要です。

---

[1] 特定農産加工業者とは、農産加工品等の輸入に係る事情の著しい変化の影響を受ける農産加工業であって農林水産省令で定める業種に属する事業を行う者のこと

　市町村は、幅広い関係者に参加を呼び掛け、協議の場を設置するとともに、協議の場では、区域の現状や課題を踏まえ、米から輸入依存度の高い小麦・大豆等への転換、輸出向け農産物の生産、有機農業の導入、耕畜連携等による飼料の増産、水田の畑地化といった地域の実情を踏まえた目指すべき将来の地域農業について協議することが重要です。

　また、地域の農地を次世代に着実に引き継いでいくため、農業上の利用が行われる農地は、農地中間管理機構(以下「農地バンク」という。)を活用した農地の集積・集約化を進めるとともに、農業上の利用が困難な農地は、計画的な土地利用を推進するなど、一体的に推進していくことによって地域の農地の利用・保全を計画的に進め、農地の適切な利用を確保することとしています。

　農林水産省では、地域計画の策定に向け、市町村等による協議の実施・取りまとめ、地域計画案の取りまとめ等の取組を支援するほか、農業委員会による目標地図の素案作成の取組支援、都道府県による市町村等への説明会や研修会の開催等の取組を支援することとしています。

(事例) エリアごとでの話合いを進め、地域計画の策定を推進(島根県)

　島根県江津市では、コーディネーターを活用し、地域単位における将来の農業の方向性や、将来の農用地利用の姿である目標地図をまとめた地域計画の作成を進めています。

　同市では、狭隘な農地においても収益を上げるため、有機農業を中心に、付加価値を高めるための取組が進められてきました。一方で、人口減少や高齢化が進む中、農地の減少は住民の生活圏域の圧迫につながる課題であり、担い手への農地の集積を始めとした農地を維持するための取組が課題となっています。

　このため、同市では、令和元(2019)年7月に、市や農業委員会、農地バンクを核とした推進体制を構築し、市全体の人・農地施策の方針調整を定期的に開催し、話合いを進めてきました。

　令和3(2021)年度には、人・農地プランで実質化した市内45集落を9エリアに広域化するとともに、各エリアにエリア・ビジョン会議を設置し、コーディネーターを活用しながら、担い手の意向に重心を置いたエリア・ビジョンを作成しました。また、農地に対する担い手の意向を「見える化」し、農地利用の将来を描いた図表である「人・農地利用ゾーニング」を作成することにより、農地の集約を促進させる手法を整理しました。

　さらに、令和5(2023)年9月には、担い手からの意向の聞き取りやエリア・ビジョン会議を経て作成した人・農地利用ゾーニングを「分析できる地図」として整理した上で、令和6(2024)年1月に、協議の場での意見を反映した地域計画と目標地図の素案を作成し、同年7月を目途に地域計画を取りまとめることとしています。

　今後は、耕作者・地権者に対し、人・農地利用ゾーニングに係る説明を丁寧に行っていくほか、担い手が守ることが困難な農地に対しては、集落が主体となって打開策を考え、長期にわたって営農が続けられるようサポートをしていくこととしています。

集落のゾーニング例
資料：島根県江津市

エリア・ビジョン会議
資料：島根県江津市

「物流の2024年問題」への対応を推進

令和6(2024)年度からトラックドライバーの時間外労働に上限が適用され、何も対策を講じなければ物流が停滞しかねない、「物流の2024年問題」が懸念されています。

以下では、労働時間規制等による物流への影響や物流の効率化に向けた取組等について紹介します。

(「物流の2024年問題」に直面)

物流は農林水産業・食品産業を始めとする経済活動や国民生活を支える社会インフラです。その一方で、人手不足や労働生産性の低さといった課題に直面しており、さらに、令和6(2024)年4月に、物流産業における長時間労働の改善のため、トラックドライバーの時間外労働に年間960時間の上限が適用され、物流効率化に取り組まなかった場合、労働力不足により物流需給がさらに逼迫（ひっぱく）する事態が懸念されています。

株式会社ＮＸ総合研究所（エヌエックスそうごうけんきゅうじょ）の試算等によれば、令和元(2019)年度の輸送能力と比べると、令和6(2024)年度には14.2%(トラックドライバー14万人相当)の不足、さらに令和12(2030)年度には34.1%(トラックドライバー34万人相当)の不足となるなど、これまでのようには運べなくなる可能性があると推計されています(**図表 トピ2-1**)。

また、公庫が令和5(2023)年7月に実施した調査によると、「物流の2024年問題」に対応するために必要な対策としては、物流業者との「運賃・手数料の交渉」の割合が40.4%で最も高くなっており、次いで「共同配送の活用」が25.9%、「ロットの変更」が19.1%となっています(**図表 トピ2-2**)。

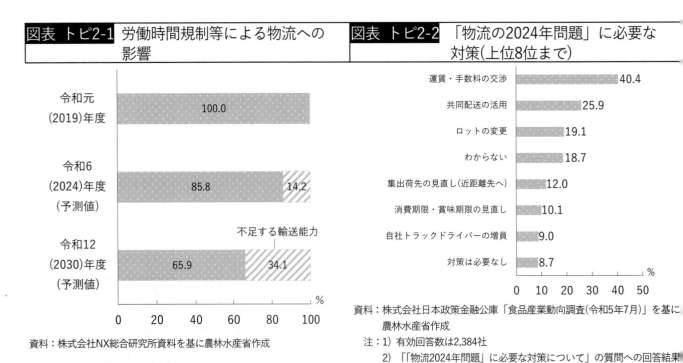

図表 トピ2-1 労働時間規制等による物流への影響

資料：株式会社NX総合研究所資料を基に農林水産省作成

図表 トピ2-2 「物流の2024年問題」に必要な対策(上位8位まで)

資料：株式会社日本政策金融公庫「食品産業動向調査(令和5年7月)」を基に農林水産省作成
注：1) 有効回答数は2,384社
　　2) 「「物流2024年問題」に必要な対策について」の質問への回答結果(複数回答)

(「物流革新に向けた政策パッケージ」を取りまとめ)

政府は、令和5(2023)年6月、「我が国の物流の革新に関する関係閣僚会議」において、緊急に取り組むべき抜本的・総合的な対策として「物流革新に向けた政策パッケージ」(以下「政策パッケージ」という。)を取りまとめました。当該施策の実施により、令和6(2024)

年度において、全体で輸送力を14.5ポイント[1]改善させることが期待されています。

　また、政策パッケージに基づく施策の一環として、農林水産省、経済産業省及び国土交通省は、令和5(2023)年6月に、発荷主事業者・着荷主事業者・物流事業者が早急に取り組むべき事項をまとめた「物流の適正化・生産性向上に向けた荷主事業者・物流事業者の取組に関するガイドライン」を策定しました。農林水産省では、これを参考に青果物、花き、加工食品等の各品目の分野や、生産者、卸売業者等の業界ごとに、物流改善に向けた「自主行動計画」を作成するよう呼び掛けを行っており、同年12月時点で103団体・事業者が策定しています。くわえて、同年10月に「物流革新緊急パッケージ」を取りまとめ、輸送力不足の解消に向け可能な施策の前倒しを図ったほか、同年12月には、全国各地・各品目の農林水産業者等の物流確保に向けた取組への後押しや負担軽減を図るため、農林水産大臣を本部長とする「農林水産省物流対策本部」を設置しました。

　さらに、「物流の2024年問題」に対応し、物流の持続的成長を図るため、「流通業務の総合化及び効率化の促進に関する法律及び貨物自動車運送事業法の一部を改正する法律案」が第213回通常国会に提出されたところです。

(農林水産物・食品の物流確保に向けた取組を推進)

　農林水産物・食品の流通については、その9割以上をトラック輸送に依存しており、産地が消費地から遠方に位置し長距離輸送が多い、手積み・手降ろし等の手荷役作業が多い、卸売市場や物流センターでの荷待ち時間が長いといった課題を抱えています。

　農林水産省では、中継輸送による長距離輸送の削減、標準仕様のパレットやトラック予約システムの導入による荷待ち・荷役時間の削減、共同輸送による積載効率向上・大ロット化、鉄道・船舶へのモーダルシフトによるトラック輸送への依存度の軽減を進めることにより、農林水産物・食品の物流の確保に取り組んでいます。

(事例) 花き物流の中継共同物流拠点を整備し、対応エリアを拡大(愛知県)

　愛知県名古屋市の花き卸売業者である株式会社名港フラワーブリッジは、「物流の2024年問題」に対応するため、花きの中継共同物流拠点を整備し、対応エリアの拡大を図っています。

　同社は、令和4(2022)年11月に日本植物運輸株式会社と共同で、愛知名港花き地方卸売市場内に「名港ハブセンター」を整備しました。同施設は、高速道路のインターチェンジに隣接し、関東・関西へのアクセスが便利な地域に立地しており、同年度の取扱数量は7万3千ケースとなっています。

　花きは、需要に応じた様々な品種を消費地市場に揃える必要があることから、長距離トラック等による遠隔産地からの輸送も行われています。一方で、鮮度を保持した状態で市場経由で小売店等まで輸送することが重要であることから、中継共同物流拠点を活用して集荷・幹線輸送・配送を分離しつつ、輸送効率を向上させていく必要があります。

　同施設では、当初は中部圏の8市場に中継を行っていましたが、関東や関西、北陸、長野県方面にも対応エリアを拡大しています。

　今後とも、「物流の2024年問題」への対応を着実に進め、東海地域最大の花き市場として、花き産業の成長に貢献していくこととしています。

中継共同物流拠点で
荷下ろしされる花き
資料：株式会社名港フラワーブリッジ

---

[1] 荷待ち・荷役の削減で4.5ポイント、積載率向上で6.3ポイント、モーダルシフトで0.7ポイント、再配達率削減で3.0ポイントの輸送力向上に寄与。輸送力1ポイントは、トラックドライバー1万人に相当

トピックス3　農林水産物・食品の輸出を促進

　農林水産物・食品の輸出について、政府は令和7(2025)年までに2兆円、令和12(2030)年までに5兆円とする目標の達成に向け、更なる輸出拡大に取り組んでいます。

　以下では、農林水産物・食品の輸出をめぐる動きや政府一体となった輸入規制の緩和・撤廃に向けた取組等について紹介します。

(農林水産物・食品の輸出額が1兆4,541億円に拡大し、過去最高を更新)

　コロナ禍から平時へと移行する中、世界的に人々が外出して飲食する機会が増え、また、円安による海外市場での競争環境の改善が寄与したこと等により、令和5(2023)年の農林水産物・食品の上半期における輸出額は前年に比べ9.6%増加と比較的順調に推移しました。一方、下半期においては、中国等が日本産水産物等の輸入停止等を行ったため、中国等向け輸出が大幅に減少しました。この結果、1年間を通した輸出額としては、前年に比べ2.8%増加し、過去最高の1兆4,541億円となりました(**図表　トピ3-1**)。

　品目別では、真珠や緑茶、牛肉等の増加額が大きくなりました。

　国・地域別では、中国向けが最も多く、次いで香港、米国、台湾、韓国の順となっています(**図表　トピ3-2**)。

図表　トピ3-1　農林水産物・食品の輸出額	図表　トピ3-2　国・地域別の農林水産物・食品の輸出額

億円

	平成30年 (2018)	令和元 (2019)	2 (2020)	3 (2021)	4 (2022)	5 (2023)
合計	9,068	9,121	9,860	12,382	14,140	14,541
少額貨物				756	767	961
水産物	3,031	2,873	604	3,015	3,873	3,901
林産物	376	370	2,276	570	638	621
農産物	5,661	5,878	429	8,041	8,862	9,059
			6,552			

資料：財務省「貿易統計」を基に農林水産省作成

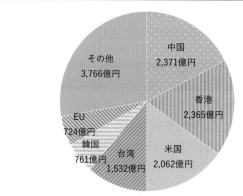

中国 2,371億円
香港 2,365億円
米国 2,062億円
台湾 1,532億円
韓国 761億円
EU 724億円
その他 3,766億円

資料：財務省「貿易統計」を基に農林水産省作成
注：1) 令和5(2023)年実績値
　　2) 少額貨物を含まない数値

(ALPS処理水の海洋放出に伴う水産物の輸入停止等に対応)

　東京電力ホールディングス株式会社では、多核種除去設備(ALPS[1])等により、トリチウム以外の放射性物質について安全に関する規制基準を確実に下回るまで浄化処理した水(以下「ALPS処理水」という。)を、トリチウムについても1,500Bq/L未満になるまで海水で大幅に希釈した上で、令和5(2023)年8月から海洋への放出を開始しました。

　これに伴い、従来の原発事故に伴う輸入規制に加えて、中国、ロシア、香港及びマカオは日本産水産物等の輸入停止を行いました。このため、我が国は、政府一丸となって、国際的な議論の場において、科学的根拠に基づかない規制の即時撤廃に向けた働き掛けを行

---

[1] Advanced Liquid Processing Systemの略

っています。

　中国等が行っている輸入停止により影響を受けている水産物の輸出先の転換に向けた対策として、「水産業を守る」政策パッケージに基づき、独立行政法人日本貿易振興機構(以下「JETRO」という。)では、海外見本市への出展やバイヤーの招へい等による商談機会の組成、日本食品海外プロモーションセンター(以下「JFOODO」という。)では、国際会議等での水産物のプロモーションイベント、海外の飲食・小売店等と連携した水産物フェア等を行っています。

　また、中国へ冷凍両貝の形で輸出されたホタテ貝の一部は、中国で剥き身に加工された後に米国向けに輸出されていたことから、農林水産省は、JETRO等と連携しベトナム、メキシコ等で殻剥き加工を行い米国等へ輸出するルートの構築等を進めるなど、輸出先の多角化に取り組んでいます。

（コラム）輸出先の多角化に向け、ホタテ加工地の開拓を後押し

　ALPS処理水の海洋放出後の中国による日本産水産物に対する輸入停止措置に伴い、輸出が困難となったホタテ等の水産物については、「水産業を守る」政策パッケージに基づき、輸出先の多角化に向けて様々な取組が進められています。特にこれまで主に中国で殻剥き等加工がなされていたホタテ貝については、中国以外の第三国での殻剥き等加工の実施に向けた支援が進められています。

　令和6(2024)年1月、JETROはベトナムに初めてホタテ加工施設等の視察・商談ミッション(以下「ミッション」という。)を派遣しました。ミッションには、生産者や加工業者、商社といったホタテの加工地開拓を目指す日本企業12社が参加しました。同国は、新たな加工地として、(1)ASEAN*諸国の中でも安価な人件費、(2)エビやカキ等の水産物の加工実績、(3)タイ等に比べて再輸出を前提とした場合の輸入障壁の低さといった特徴があり、我が国の水産事業者の関心が高まっています。

　ミッションに参加した日本企業は、ホタテ加工地の開拓を検討する上で必要な加工技術の水準や工場の衛生管理状況を直接確認できる機会となり、「新たなホタテの加工地として前向きに検討できる企業と出会うことができ、ほかの参加企業ともコミュニケーションを取れたことは大きな経験になった」、「ベトナムでのホタテ加工に取り組む上で絶好の機会となった」等のコメントが寄せられました。

ホタテ加工施設等の
視察・商談ミッション
資料：独立行政法人日本貿易振興機構(JETRO)

　JETROでは、今後とも安定的に輸出を継続できるサプライチェーンの構築に向け、輸出先を多角化する取組を後押ししていくこととしています。

＊　第1章第10節を参照

(令和7(2025)年に2兆円、令和12(2030)年に5兆円の目標達成に向け、輸出拡大を推進)

　令和5(2023)年度においても為替相場が円安傾向で推移している中、そのメリットを最大限引き出し、拡大傾向にある国際的な食市場をより一層獲得していくため、農林水産物・食品の輸出拡大を強力に進めていくことが重要です。

　農林水産省では、農林水産物・食品の輸出額を令和7(2025)年までに2兆円、令和12(2030)年までに5兆円とする目標の達成に向けて、認定農林水産物・食品輸出促進団体を中核としたオールジャパンでの輸出促進、輸出支援プラットフォームによる海外現地での支援、大ロット輸出に向けたモデル産地の形成、戦略的サプライチェーンの構築、知的財産の保護・活用といった輸出拡大の取組を強力に推進しています。

農業分野におけるカーボン・クレジットの取組拡大を推進

　気候変動問題への対応に加え、ロシアによるウクライナ侵略を受け、エネルギーの安定供給の確保が世界的に大きな課題となる中、我が国においては「グリーントランスフォーメーション」（以下「GX[1]」という。）を通じて脱炭素、エネルギー安定供給、経済成長の三つを同時に実現する取組を推進しています。農業分野においては、みどり戦略を踏まえ、森林、農地、家畜等の自然由来の温室効果ガスの排出削減・吸収に資する取組の後押しとして、カーボン・クレジット[2]の取組拡大等を推進しています。

　以下では、Ｊ－クレジット制度の普及・推進に向けた取組等について紹介します。

（脱炭素に向けた民間投資を促進）

　2050年カーボンニュートラルの実現に向けて、脱炭素に向けた民間投資を促進し、化石エネルギー中心の産業構造・社会構造をクリーンエネルギー中心へ転換するGXを加速していくことが重要です。

　農林水産業の生産活動の場である森林・農地・藻場等は、温室効果ガスの吸収源として、2050年カーボンニュートラルの実現に向けて不可欠な役割を担っており、それらの機能強化を図ることが重要となっています。このため、みどり戦略に基づき、有機農業や堆肥・緑肥の利用等の推進を図るとともに、民間資金を呼び込むＪ－クレジット制度の活用や関係者の行動変容を促すといった食料・農林水産業分野における脱炭素・環境負荷低減に向けた変革の取組を推進しています。

（Ｊ－クレジット制度において農業分野では六つの方法論を承認）

　世界的にカーボン・クレジットの取引市場が急拡大する中、我が国においても、森林、農地、家畜等の農林水産分野から創出されるカーボン・クレジットの取組拡大への期待が高まっています。令和5(2023)年10月には、株式会社東京証券取引所がカーボン・クレジット市場を開設したところであり、価格公示による取引の透明化や流動化を通じた取引の更なる拡大が期待されています。

　温室効果ガスの排出削減・吸収量をクレジットとして国が認証し、民間資金を呼び込む取引を可能とする「Ｊ－クレジット制度」は、経済産業省、環境省、農林水産省の3省により運営されており、農林漁業者等が温室効果ガス排出削減・吸収の取組による温室効果ガスの削減量をクレジット化して売却することで収入を得ることができるものです。

　同制度により創出されたクレジットは、「地球温暖化対策の推進に関する法律」に基づく温室効果ガス排出量の報告に利用できるほか、海外イニシアティブへの報告、企業の自主的な取組といった様々な用途に活用することが可能です。Ｊ－クレジット制度では、令和6(2024)年3月末時点で70の方法論を承認しており、このうち農業分野では、令和5(2023)年4月に追加[3]された「水稲栽培における中干し[4]期間の延長」や、11月に追加された「肉用

---

[1] Green Transformationの略。GXのXは、Transformation(変革)のTrans(X)に当たり、「超えて」等を意味する。
[2] ボイラーの更新や太陽光発電設備の導入、森林管理等のプロジェクトを対象に、そのプロジェクトが実施されなかった場合の排出量及び炭素吸収・炭素除去量(以下「排出量等」という。)の見通し(ベースライン排出量等)と実際の排出量(プロジェクト排出量等)の差分について、測定・報告・検証を経て、国や企業等の間で取引できるよう認証したもの
[3] 令和5(2023)年3月に承認され、4月に施行
[4] 水稲の栽培期間中、出穂前に一度水田の水を抜いて田面を乾かすことで、過剰な分げつを防止し、成長を制御する作業をいう。有害ガスの除去、刈取り時等の作業性の向上等の目的も含まれる。

牛へのバイパスアミノ酸の給餌」を含め、六つの方法論[1]が承認されています。

（農業分野におけるJ-クレジット制度の登録件数は27件）

J-クレジット制度におけるプロジェクトの登録件数については、令和6(2024)年3月末時点で608件であり、農業者が取り組むプロジェクトは、再エネ・省エネ分野の方法論を含めて27件、このうち農業分野の方法論を用いたプロジェクトは17件となっています（**図表 トピ4-1**）。

令和5(2023)年度においては、「水稲栽培における中干し期間の延長」に取り組むプロジェクト10件、「バイオ炭の農地施用」に取り組むプロジェクト4件、その他のプロジェクト1件が新たに承認されています。

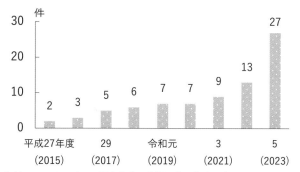

図表 トピ4-1 J-クレジット制度の登録プロジェクト(農業関連)件数(累計)

資料：J-クレジット制度事務局資料を基に農林水産省作成
注：1）登録件数はプロジェクト登録申請年度を基に作成
　　2）令和5(2023)年度末時点の数値

（事例）J-クレジット制度を活用し中干しの延長によるメタン削減を推進（福井県）

福井県大野市の広域営農組織である「3らいず」では、水稲の栽培期間中、出穂前に一度水田の水を抜いて田面を乾かす「中干し」の期間を延長することで削減できる温室効果ガスの数量をクレジット化する取組を推進しています。

同組織は、平成17(2005)年に設立され、3集落にまたがる約46haの水田で主食用米やWCS*用稲の生産を行っています。

同組織は、令和5(2023)年3月に、J-クレジット制度において「水稲栽培における中干し期間の延長」が新たな方法論として承認されたことを受け、プロジェクトの運営・管理者である株式会社クボタと連携し、水田からのメタン排出削減プロジェクトに取り組んでいます。

水田からのメタンの発生を減らすには、中干し期間を長くすることが重要ですが、作業上は特に負担なく取り組むことができるため、同組織では、制度が適用可能となった令和5(2023)年産の作付けから中干し期間を延長する取組を開始しています。

水稲栽培における中干し
資料：株式会社クボタ

プロジェクトにおいては、同組織が水稲栽培における中干し期間を直近2か年以上の実施日数の平均より7日間以上延長し、モニタリング情報を提供することにより、プロジェクトの運営・管理者からクレジット収益が分配されることとなっています。

同組織では、今後とも中干し期間の延長の取組を推進し、環境負荷の低減につなげていくこととしています。

* 第3章第1節を参照

（方法論の新規策定等を支援）

農林水産省では、農業分野のJ-クレジット制度の取組推進に向け、普及用マニュアルや認証されるクレジットの見込量の簡易算定ツール等を作成するとともに、取組の間口を広げるため、方法論の新規策定等を実施しています。

---

[1] 排出削減・吸収に資する技術ごとに、適用範囲、排出削減・吸収量の算定方法及びモニタリング方法を規定したもの

トピックス5 スマート農業技術の導入による生産性の高い農業を推進

農業従事者が減少する中にあっても、食料の供給基盤の維持を図っていくため、生産性の高い農業を確立することが求められています。デジタル変革が進展する中、スマート農業の基盤となるデジタル技術の更なる活用により、農業の生産性を向上させていくことが重要です。

以下では、スマート農業の社会実装を加速するための取組やスマート農業技術の導入による生産性の高い農業への転換に向けた取組について紹介します。

（多様なスマート農業技術を活用した取組が各地で展開）

令和元(2019)年度から実施してきたスマート農業実証プロジェクト(以下「実証プロジェクト」という。)では、スマート農業は、大規模法人だけでなく、中小・家族経営にとっても、現場の課題解決に役立つ一方、スマート農業機械の導入コストが課題となることから、農業支援サービス事業体の活用が有効であることが明らかになりました。

農業支援サービス事業体には、スマート農業技術を開発し、それらを用いて地域に合わせたサービスを提供するスタートアップも参入しています。中小・家族経営にも活用できるスマート農業技術では、例えばスタートアップが自ら開発した農薬散布ロボットを活用し、防除作業を行う農業支援サービスが登場しています(**図表 トピ5-1**)。

図表 トピ5-1 スマート農業技術の事例

中小・家族経営にも活用できるスマート農業技術

農薬散布ロボット
＊写真の出典は、株式会社レグミン

中山間地域で活用できるスマート農業技術

電動アシストスーツ
＊写真の出典は、パワーアシストインターナショナル株式会社

みどり戦略の実現に資するスマート農業技術
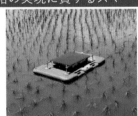
アイガモロボット
＊写真の出典は、有機米デザイン株式会社

農福連携の推進に資するスマート農業技術

スマート選果システム
＊写真の出典は、長崎びわ生産コンソーシアム

資料：農林水産省作成

また、中山間地域においてもスマート農業技術が活用できるよう、狭小で傾斜の強い圃場に導入可能なスマート農業技術の開発や地域ぐるみでの農業機械のシェアリング等を推進する必要があります。中山間地域で活用できるスマート農業技術では、例えば果樹園での電動アシストスーツの導入による収穫物の持上げや運搬作業等の軽労化、急傾斜地でのリモコン式草刈機の導入による作業の軽労化・省力化といった事例が見られています。

さらに、化学農薬や化学肥料の使用量の低減を始め、環境負荷の低減にもスマート農業技術は貢献しています。みどり戦略の実現に資するスマート農業技術では、例えば水田の泥をかき混ぜて雑草の生長を抑制し除草剤の使用を削減するアイガモロボットの活用、ドローンによる農薬のピンポイント散布、土壌センシングデータに基づく施肥量の自動制御の取組といった環境負荷の低減を図る動きが見られています。

くわえて、農福連携を推進する上でもスマート農業技術の活用は有効です。農福連携の推進に資するスマート農業技術では、例えばびわの選果作業において、等級等の選別結果を果実の表面に投影するスマート選果システムにより、容易に箱詰め作業が行えるようにするなど、障害を持った人の農作業をサポートする技術も登場しています。

（事例）スマート農業機械の導入による省力化と作業精度の向上を推進（広島県）

広島県庄原市の農地所有適格法人である株式会社vegetaでは、中山間地域における大規模野菜作経営での収益性向上に向け、スマート農業機械の導入による省力化と作業精度の向上等の取組を進めています。

同社は、令和4(2022)年12月時点で約130ha以上の農地を集積し、キャベツやトマト等の露地栽培を中心とした大規模生産を行っており、お好み焼き向けや加工・業務用等の出荷に積極的に取り組んでいます。

同社では、標高差を活かしたリレー出荷に取り組む一方、中山間地の圃場が過半であり、小規模な農地が多いことから作業の効率化が課題となっています。このため、令和元(2019)年度から実証プロジェクトに参画し、キャベツについてオートトラクターの技術体系の確立や全自動収穫機による作業の省力化等の実証を行いました。

**全自動収穫機による
キャベツの収穫**

資料：株式会社vegeta

このうち全自動収穫機の実証においては、10〜12月収穫の品種では、作業者1人1時間当たりで、手収穫が150玉に対し、機械収穫は289玉となり、収穫に要する作業時間が48%削減できました。

従来の収穫方法は、作業者が包丁を持って畑に入り、キャベツの根元を切り、大きな外葉を捨てながら収穫していくものでしたが、全自動収穫機の導入により収穫作業の省力化が可能となっています。

また、中山間地では、圃場が畦畔に囲まれているため、機械に踏まれる圃場内の外縁部分をあらかじめ手収穫する労力を必要としていましたが、手収穫と機械収穫との常時セット作業を行うことにより、収穫作業は1.5倍の効率が図られています。

同社では、拡大する農地を少人数で省力的に管理できるよう、今後ともスマート農業機械を活用し、加工・業務用野菜の生産拡大を図りながら、地域社会の持続的発展に貢献していくこととしています。

（G7宮崎農業大臣会合においてスマート農業技術を紹介）

令和5(2023)年4月22〜23日にかけて宮崎県宮崎市で開催されたG7宮崎農業大臣会合において、農林水産省ではスマート農業技術の展示や現地での実演を実施しました。展示会場では、ピーマン自動収穫ロボットやスマートグラス等を紹介するとともに、実演会場となった宮崎県立宮崎農業高等学校では、同校の生徒も参加して自動走行トラクタやドローン等を実演し、各国の農業大臣等の高い関心を集めました。

**スマート農業技術の実演
を行う農業高校生**

資料：G7宮崎農業大臣会合協力推進協議会

6 農業と福祉の課題を解決する「農福連携」を推進

　「農福連携」は、障害者の農業分野での活躍を通じて、農業経営の発展とともに、障害者の自信や生きがいを創出し、社会参画を実現する取組です。近年、農業分野での労働力の確保が喫緊の課題となる中で、農福連携の取組が各地で盛んになっています。

　以下では、農業と福祉の双方の課題解決につながる農福連携の取組について紹介します。

(農福連携に取り組む主体数は前年度に比べ15％増加)

　令和元(2019)年6月に農福連携等推進会議において決定された「農福連携等推進ビジョン」においては、農福連携に取り組む主体を令和6(2024)年度までに新たに3千創出することが目標として設定されています。

　令和4(2022)年度の調査によると、農福連携に取り組む主体数は、前年度に比べ15.1％増加し6,343主体となりました(**図表 トピ6-1**)。令和元(2019)年度からの3年間で2,226主体増加しています。

　農福連携に取り組む障害者就労施設の中には、認定農業者として地域農業の担い手となっているものや農業に加えて農産物の加工・販売、レストランの運営等を行うものもあり、地域農業の維持や農村の活性化の観点から重要な取組となっています。

　障害者が行える仕事を増やそうとしている社会福祉法人等が増加している中、障害者の賃金や工賃の引上げの観点からも農業への期待が高まっています。

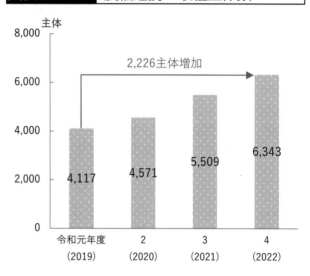

図表 トピ6-1 農福連携の取組主体数

資料：農林水産省作成
注：各年度末時点の数値

(農業と福祉の双方が農福連携に取り組む効果を認識)

　令和5(2023)年3月に一般社団法人日本基金が実施した調査によると、農福連携に取り組んだ農業経営体のうち77.3％が、農福連携の取組による収益性向上の効果が「あり」と回答しています(**図表 トピ6-2**)。また、障害者等を受け入れることの効果について、「人材として、障がい者等が貴重な戦力となっている」、「農作業等の労働力が確保できたことで、営業等の別の仕事に充てる時間が増えた」との回答が50％を超えており、農福連携の取組が農業分野での労働力の確保や農業経営の発展に繋がっていることがうかがわれます。

　他方、同調査によると、農福連携の取組によるプラス効果について、農福連携に取り組んだ障害者就労施設のうち87.5％が「あり」と回答しています。このうち身体面・健康面への効果では、「体力が付き長い時間働けるようになった」が80.5％で最も多くなりました。また、精神面・情緒面への効果では、「物事に取り組む意欲が高まった」が59.1％で最も多く、次いで「表情が明るくなった」の順となっており、農福連携の取組による心身の健康維持への効果がうかがわれています。

図表 トピ6-2 農福連携の取組による効果

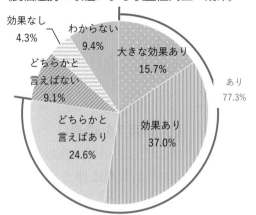
（農福連携の取組による収益性向上の効果）

（農福連携の取組によるプラス効果の有無）

資料：一般社団法人日本基金「令和4年度 農福連携に関するアンケート調査結果」（令和5(2023)年3月公表）を基に農林水産省作成
注：1) 農福連携の取組による収益性向上の効果は、農業経営体を対象とした調査(回答数395)
　　2) 農福連携の取組によるプラス効果の有無は、福祉事業所を対象とした調査(回答数776)

（農福連携を通じた地域共生社会の実現を推進）

　農福連携等推進ビジョンにおいては、農福連携を農業分野における障害者の活躍促進の取組にとどまらず、高齢者、生活困窮者、ひきこもりの状態にある者等の就労・社会参画支援、犯罪・非行をした者の立ち直り支援等にも対象を広げていくこととしています。

　農林水産省は、今後とも、関係省庁と連携しつつ、農福連携を通じた農業・農村の活性化と地域共生社会の実現を推進していくこととしています。

（事例）農福連携により障害者の能力を引き出せる作業環境を整備(群馬県)

　群馬県前橋市の社会福祉法人ゆずりは会は、令和3(2021)年1月に認定農業者となるとともに、農福連携の取組を通じ、障害者の能力を引き出せる作業環境を作り、工賃向上による障害者の自立した生活を促し、一般事業所での就職チャレンジを支援しています。

　同法人のうち、障害のある人が利用する就労継続支援B型事業所である「菜の花」では、平成26(2014)年の開設当初から農福連携の取組を実施しており、近隣の離農者から農地を借り受けることで生産規模を拡大しています。令和4(2022)年度は14.7haの農地で、えだまめ、たまねぎ、ブロッコリー、ほうれんそう、長ねぎ、キャベツ等を栽培しています。

　同事業所では、障害者の農作業は、職員が一人一人の特性を見極めて作業に配慮しながら実施しており、同年度の平均工賃は月額約7万6千円で、県内第1位となっています。

たまねぎの収穫作業
資料：社会福祉法人ゆずりは会

　さらに、同法人では、出荷規格に合わない野菜を地元の食品企業へ持ち込み、「ノウフク餃子」として外注製造するなど、加工販売にも取り組んでいます。

　農福連携の取組は、障害者等の就労や生きがいづくりの場を生み出すだけでなく、担い手不足や高齢化が進む地域農業における新たな働き手の確保にもつながっており、今後とも地域と連携しながら、取組を推進していくこととしています。

令和6年能登半島地震への対応を推進

　令和6(2024)年1月に石川県能登地方で発生した地震は、石川県を中心に、人的被害のほか、農作物等や農地・農業用施設等に大きな被害をもたらしました。

　以下では、「令和6年能登半島地震[1]」について、被害の状況と復旧に向けた取組について紹介します。

(令和6(2024)年1月1日に石川県能登地方で地震が発生し、最大震度7を観測)

　令和6(2024)年1月1日に、石川県能登地方を震源とするマグニチュード7.6の地震が発生し、同県輪島市(わじまし)及び志賀町(しかまち)では震度7を観測したほか、沿岸部では津波に伴う海面変動も観測されました(**図表 トピ7-1、図表 トピ7-2**)。

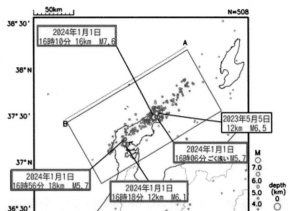

図表 トピ7-1 令和6年能登半島地震の震央分布図

資料：気象庁「「令和6年能登半島地震」について(第3報)」
注：1) 令和2(2020)年12月1日〜6(2024)年1月1日19時50分、深さ0〜30km、M3.0以上
　　2) 令和6(2024)年1月1日の地震を赤枠で表示

図表 トピ7-2 令和6(2024)年1月1日に発生した地震の震度

震度	都道府県	市町村名
震度7	石川県	志賀町、輪島市
震度6強	石川県	七尾市、珠洲市、穴水町、能登町
震度6弱	石川県	中能登町
	新潟県	長岡市
震度5強	石川県	金沢市、小松市、加賀市、羽咋市、かほく市、能美市、宝達志水町
	新潟県	新潟中央区、新潟南区、新潟西区、新潟西蒲区、三条市、柏崎市、見附市、燕市、糸魚川市、妙高市、上越市、佐渡市、南魚沼市、阿賀町、刈羽村
	富山県	富山市、高岡市、氷見市、小矢部市、南砺市、射水市、舟橋村
	福井県	あわら市

資料：内閣府「令和6年能登半島地震に係る被害状況等について(令和6年3月26日14時00分現在)」を基に農林水産省作成
注：令和6(2024)年1月1日16時10分の地震における各地の震度(震度5強以上)

　同地震により、石川県を中心に、人的被害のほか、建物の倒壊や火災の発生、交通インフラ・ライフラインの損壊等の甚大な被害がもたらされました。

　能登地方は半島地域として三方を海に囲まれ、平地が少なく幹線交通体系から離れているなどの制約下にあることから、同地震の発生を受け、一部の地域では道路、水道、電気等の復旧に時間を要し、生活再建の動きを始められない状況や外部からのアクセスが途絶する孤立集落が発生する状況が見られました。

(災害対策本部を設置)

　政府は、発災直後から、警察、消防、自衛隊等を被災地に派遣し、被害状況の把握や救命救助、捜索活動等に当たるとともに、非常災害現地対策本部を設置し、各府省から多数の職員を被災地に派遣して、道路の啓開やプッシュ型による物資の支援、避難されている

---

[1] 気象庁が定めた名称で、令和6(2024)年1月1日に石川県能登地方で発生したM7.6の地震及び令和2(2020)年12月以降の一連の地震活動のことを指す。

人々の命と健康を守るための二次避難の実施を行い、政府一体となって災害応急対策を進めてきています。

農林水産省においても、令和6(2024)年1月1日に、農林水産大臣を本部長とする農林水産省緊急自然災害対策本部を設置しました。

農林水産省緊急自然災害対策本部で
発言する農林水産大臣

(被災地への食料支援を実施)

政府は、令和6(2024)年1月1日、被災後直ちに「食料・物資支援チーム」を設置するとともに、被災地の要望を踏まえ、翌2日に、業界団体を通じた調達要請の結果、パン、パックご飯、即席麺及び乳児用ミルクについて、食品企業から輸送拠点への発送を開始しました。さらに、1月2日から3月23日までの間に、アレルギー対応食、介護食品、ベビーフード、栄養補助食品等を含む約514万点の飲食料及び約1万8千kgの無洗米等を広域物資輸送拠点に供給し、関係省庁と連携して被災地へ順次配送しました。

配送トラックへの食料等の積込み

(コラム) キッチンカーを活用し、被災地での温かい食事の無償提供を実施

令和6(2024)年1月1日に石川県能登地方で発生した地震により甚大な被害を受け、被災後も厳しい冷え込みが続く被災地では、避難者から温かい食事を求める声が多数寄せられました。

このため、農林水産省では、外食業界団体である一般社団法人日本フードサービス協会と連携し、被災地方公共団体と調整の上、牛丼、カレー、うどんといった複数の外食事業者の協力を得て、キッチンカーを活用した食事提供の取組を実施しました。

外食事業者による取組は令和6(2024)年1月11日から開始され、石川県七尾市、輪島市、珠洲市、穴水町、能登町において温かい食事の無償提供が行われました。機動性の高いキッチンカーによる支援は、災害時に温かい食事を避難者に届けられる利点があります。キッチンカーの前には、避難者が列を作り、出来立ての料理を久しぶりに口にし、束の間のひとときに笑顔になる人も多数見られました。温かい食べ物は避難者の心の支えともなっており、避難者の食の質の改善に大いに寄与しています。

キッチンカーによる温かい食事の提供
資料：一般社団法人日本フードサービス協会

(農林水産省職員の現地派遣等を実施)

農林水産省では、食料供給・物流の円滑化や農地・農業用施設の早期復旧を図るため、職員の現地派遣等を行いました。

　具体的には、令和6(2024)年3月末時点で農林水産省や地方農政局等の延べ8千人以上の職員をMAFF-SAT(農林水産省・サポート・アドバイス・チーム)として石川県等に派遣し、被災状況の迅速な把握や応急対策、物流の確実な提供の実現等に向けた取組等を実施しました。早期の災害復旧に向けた復旧計画の策定、復旧工法の検討の指導を行うために災害査定官を石川県や被災市町村に派遣したほか、農村振興技術者を中心に全国から延べ7千人以上の職員を石川県、富山県、新潟県、福井県の37

被害状況の調査

市町村に派遣し、関係団体との連携の下、農地やため池を含む農業用施設の被害状況の確認、応急措置、復旧方針の指導、査定設計書の作成に必要な業務支援を行いました。
　また、農村のライフラインである農業集落排水施設や営農飲雑用水施設についても、関係団体との連携・協力の下、全国から派遣された技術者により迅速な点検が行われました。
　さらに、農業用施設等の復旧・復興に早急に対応していくため、令和6(2024)年3月末までに北陸農政局管内の3か所に拠点を設け、直轄災害復旧事業等を実施しています。

(石川県を中心に甚大な農林水産被害が発生)
　令和6(2024)年1月1日に石川県能登地方で発生した地震により、農地・農業用施設、畜舎や山林施設等の損壊、大規模な山腹崩壊、海底地盤の隆起等による漁港、漁場等の損壊等が発生し、石川県を始めとする各県の農林水産業に甚大な被害がもたらされました。
　政府は、同年1月11日に、「令和6年能登半島地震による災害」を激甚災害として指定しました。激甚災害の指定により、農業関係では、農地、農業用施設、共同利用施設等の災害復旧事業について、被災農業者等の負担軽減を図りました。

(被災地方公共団体と連携し、被災農家に寄り添った対応を実施)
　石川県能登地方の畜産農家においては、断水、停電、施設損壊、生産物廃棄・家畜被害、道路損傷等の甚大な被害が生じています。農林水産省では、畜産経営が継続できるよう、被災地方公共団体等と連携しながら、畜産・酪農に係る被害について、水や電気の確保、配合飼料の緊急運搬等のほか、経営安定対策の特例措置の実施や負債整理資金の緊急融通等の支援を実施しています。

損壊した畜舎

　また、同地方においては、水稲の作付けに必要な農地・農業用施設、共同利用施設等への甚大な被害が生じています。農林水産省では、同地方の基幹産業である水稲作が継続できるよう、被災地方公共団体と連携しながら、令和6(2024)年産の作付けに向けて、水田や農業用用排水路等の応急復旧や水稲の作付継続に必要な農業機械の再取得や修繕、レンタル等の支援のほか、水稲の作付けを断念せざるを得ない場合には、他作物への転換に際しての種子・種苗供給等の支援を実施しています。

破損した農業用パイプライン

（石川県を中心に食品企業においても被害が発生）

　令和6(2024)年1月1日に石川県能登地方で発生した地震により、醤油や味噌、菓子、水産加工品等の食品企業においても製造・保管設備の損壊等が発生し、石川県を始め各県の食品産業にも甚大な被害がもたらされました。

（「被災者の生活と生業支援のためのパッケージ」を取りまとめ）

　政府は、令和6(2024)年1月25日に、緊急に対応すべき施策を「被災者の生活と生業支援のためのパッケージ」として取りまとめました。

　施策を実行するために必要となる財政措置については、令和5(2023)年度及び令和6(2024)年度の予備費を活用し、復旧・復興の段階に合わせて、数次にわたって機動的・弾力的に手当することとしています。

　農林水産分野においては、地域の将来ビジョンを見据えて、世界農業遺産である「能登の里山里海」等のブランドを活かした創造的復興に向け、被災農林漁業者が一日も早い生業の再建に取り組めるよう、災害復旧事業の促進や営農再開に向けた支援等を行うこととしています。具体的には、災害復旧事業の促進、共済金等の早期支払、災害関連資金の特例措置の実施、農業用機械や農業用ハウス・畜舎等の再建・修繕への支援、営農再開に向けた支援、被災農業法人等の雇用の維持のための支援、農地・農業用施設等の早期復旧等の支援等を実施しています。

　政府は、被災地の声にしっかりと耳を傾けながら、「被災地・被災者の立場に立って、できることはすべてやる」という決意で、被災者の生活と生業の再建支援に全力で取り組むこととしています（**図表　トピ7-3**）。

図表　トピ7-3　令和6年能登半島地震に関する農林水産省の取組

被災した農地、用排水施設等の復旧のための人的・技術的支援

- 発災直後から、国の職員(MAFF-SAT)が、県や関係団体と連携しながら、ため池を含む農業用施設等の点検・調査を実施(ため池 約2千か所)

- MAFF-SATの市町村担当チームが個別に巡回する形で、農地、用排水施設等の復旧に向けた制度・手続の説明や査定設計書の作成を支援

- 机上査定件数の拡大による災害査定効率化、査定前着工制度の活用促進を実施

MAFF-SATによる災害応急対策の支援
(ため池における排水ポンプの設置)

支援策の周知活動・伴走支援

- 国と石川県で合同チームを作り、県下の農協等で説明会を開催

- 農業関係については、県下の農協等に県・農協・農林水産省の職員が常駐し、相談窓口を設置。これらの拠点を活用し、作付けシーズンに向け、きめ細かな伴走支援を加速化

- 漁業関係については、石川県漁業協同組合の本所及び各支所にて現地説明会を開催

農業関係相談窓口での対応

資料：農林水産省作成

珠洲会場での漁業関係説明会

第1章
食料安全保障の確保

第1節　食料自給率と食料自給力指標

　令和2(2020)年3月に閣議決定した「食料・農業・農村基本計画」において、令和12(2030)年度を目標年度とする総合食料自給率の目標を設定するとともに、国内生産の状況を評価する食料国産率の目標を設定しました。また、食料の潜在生産能力を評価する食料自給力指標についても同年度の見通しを示しています。

　本節では、食料自給率・食料国産率、食料自給力指標等の動向等について紹介します。

(1) 食料自給率・食料国産率の動向

(供給熱量ベースの食料自給率は38%、生産額ベースの食料自給率は58%)

　食料自給率は、国内の食料消費が国内生産によってどれくらい賄えているかを示す指標です。供給熱量ベースの総合食料自給率は、生命と健康の維持に不可欠な基礎的栄養価であるエネルギー(カロリー)に着目したものであり、消費者が自らの食料消費に当てはめてイメージを持つことができるなどの特徴があります。

　令和4(2022)年度の供給熱量ベースの総合食料自給率は、前年産において豊作だった小麦が平年並みの単収へ減少(作付面積は増加)し、魚介類の生産量が減少した一方、原料の多くを輸入に頼る油脂類の消費減少等により、前年度と同じ38%となりました(**図表1-1-1**)。

図表1-1-1　総合食料自給率

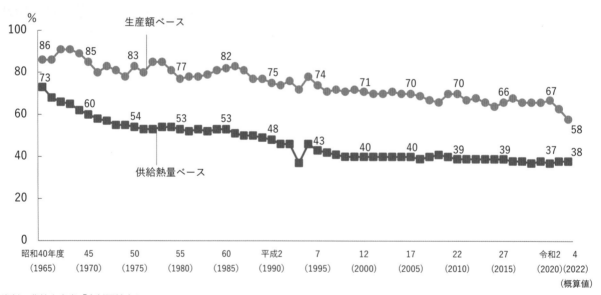

資料：農林水産省「食料需給表」
　注：平成30(2018)年度以降の食料自給率は、イン(アウト)バウンドによる食料消費増減分を補正した数値

　一方、生産額ベースの総合食料自給率は、食料の経済的価値に着目したものであり、畜産物、野菜、果実等のエネルギーが比較的少ないものの高い付加価値を有する品目の生産活動をより適切に反映させることができます。令和4(2022)年度の生産額ベースの総合食料自給率は、輸入された食料の量は前年度と同程度でしたが、国際的な穀物価格や飼料・

肥料・燃油等の農業生産資材の価格上昇、物流費の高騰、円安等を背景として、総じて輸入価格が上昇し、輸入額が増加したことにより、前年度に比べ5ポイント低下し58%となりました。

　食料・農業・農村基本計画においては、総合食料自給率について、令和12(2030)年度を目標年度として、供給熱量ベースで45%、生産額ベースで75%に向上させる目標を定めています。

(食生活の変化等に伴い、過去60年間で食料自給率は大きく変動)

　供給熱量ベースの総合食料自給率は、分母である国内総供給熱量(国内消費)と、分子である国産総供給熱量(国内供給)から算出されますが、過去60年間を振り返ると、総人口の変動や食生活の変化等の影響を受け、大きな変動が見られています(**図表1-1-2**)。

図表1-1-2 　供給熱量ベースの総合食料自給率と総人口の変化

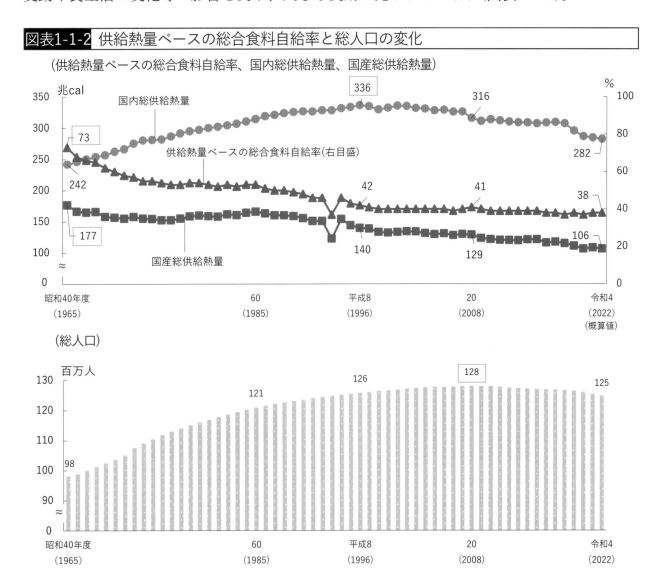

資料：農林水産省「食料需給表」、総務省「人口推計」を基に農林水産省作成
　注：国内総供給熱量は、1人1日当たりの供給熱量に総人口を掛けて算出したもの。また、国産総供給熱量は1人1日当たりの国産供給熱量に総人口を掛けて算出したもの

　我が国の食料自給率は、長期的には低下傾向にあり、供給熱量ベースの総合食料自給率は平成10(1998)年度に40%まで低下し、以降はおおむね40%程度で推移しています。長期

的に食料自給率が低下してきた主な要因としては、食生活の多様化が進み、国内で自給可能な米の消費が減少したこと、輸入依存度の高い飼料を多く使用する畜産物の消費が増加したこと等が考えられます(**図表1-1-3**)。

　平成20(2008)年以降は、総人口が減少基調に転換する中、国内消費は減少傾向で推移している一方、米の消費減少等を背景として国内供給も減少傾向で推移しており、食料自給率は横ばい傾向で推移しています。

図表1-1-3 昭和40(1965)年度と令和4(2022)年度の食料消費構造の比較

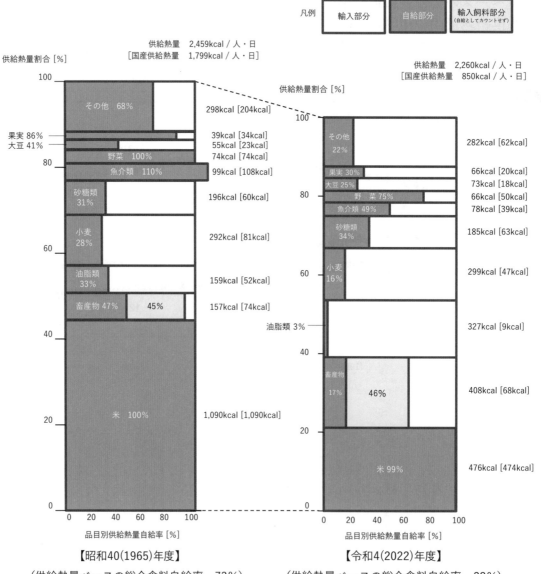

資料：農林水産省作成

食料自給率・食料自給力について
URL：https://www.maff.go.jp/j/zyukyu/zikyu_ritu/011_2.html

（供給熱量ベースの食料国産率は47%、飼料自給率は26%）

　食料国産率は、飼料が国産か輸入かにかかわらず、畜産業の活動を反映し、国内生産の状況を評価するものです。需要に応じて増頭・増産を図る畜産農家の努力が反映され、また、国産畜産物を購入する消費者の実感に合うという特徴があります。

　令和4（2022）年度の供給熱量ベースの食料国産率は、前年度と同じ47%となりました。また、飼料自給率は、前年度と同じ26%となりました。その内訳を見ると、粗飼料自給率は前年度に比べ2ポイント上昇し78%となった一方、濃厚飼料自給率は前年度と同じ13%となりました（**図表1-1-4**、**図表1-1-5**）。

　食料自給率は輸入飼料による畜産物の生産分を除いているため、畜産業の生産基盤強化による食料国産率の向上と、国産飼料の生産・利用拡大による飼料自給率の向上を共に図っていくことで、食料自給率の向上が図られます。

図表1-1-4	令和4（2022）年度の食料国産率と飼料自給率

（単位：%）

		供給熱量 ベース	生産額 ベース
食料国産率		47 （38）	65 （58）
畜産物の食料国産率		63 （17）	67 （47）
	牛肉	47 （13）	62 （49）
	豚肉	49 （6）	57 （36）
	鶏肉	64 （9）	64 （44）
	鶏卵	97 （13）	96 （53）
	牛乳乳製品	62 （27）	70 （57）
飼料自給率			26
	粗飼料自給率		78
	濃厚飼料自給率		13

資料：農林水産省作成
注：1)（　）内の数値は、総合食料自給率又は各品目の食料自給率
　　2) 飼料自給率は、粗飼料及び濃厚飼料を可消化養分総量(TDN)
　　　に換算して算出

図表1-1-5	食料国産率と飼料自給率

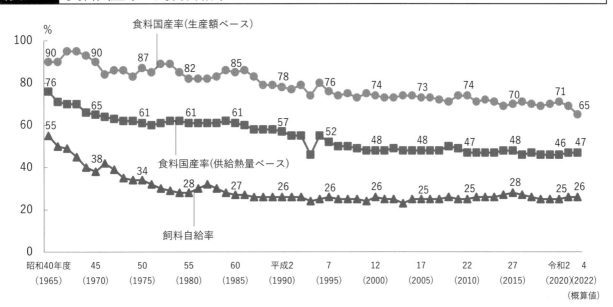

資料：農林水産省「食料需給表」
注：飼料自給率は、粗飼料及び濃厚飼料を可消化養分総量(TDN)に換算して算出

（事例）飼料自給率の向上に向け、とうもろこしの二期作を大規模展開（熊本県）

熊本県菊池市の菊池地域農業協同組合（以下「JA菊池」という。）では、畜産経営の自給飼料の確保に向け、コントラクター利用組合を中核とした、飼料用とうもろこしの二期作を大規模に展開しています。

JA菊池の管内は、九州地方でも有数の畜産地帯ですが、地域の担い手が減少する中、自給飼料の確保や労働負担の軽減が課題となっています。このため、JA菊池では、三つのコントラクター利用組合を組織し、管内3地区で、プランタや自走式ハーベスタ等の大型機械の共同利用による自給飼料生産の拡大・効率化の取組を進めています。

このうち平成12(2000)年に設立された七城コントラクター利用組合では、飼料用とうもろこしの二期作を行っており、春播きとうもろこしを4月に播種し7月に収穫した後、夏播きとうもろこしを8月に播種し11月に収穫しています。飼料用とうもろこしの収穫面積は増加傾向で推移しており、令和5(2023)年は260haとなっています。

飼料用とうもろこしの収穫
資料：菊池地域農業協同組合

同組合では、飼料用とうもろこしの播種・収穫に関する作業を受託し、同組合で雇用した人材が作業を請け負うことで、畜産農家の作業負担を軽減しています。生産された飼料用とうもろこしは、全て管内の畜産農家が利用しており、飼料価格高騰対策として生産コストの低減につながっているほか、循環型農業の推進にも寄与しています。

このほか、JA菊池では、飼料自給率の向上や飼料輸送に係るCO_2削減等を図るため、飼料用米を配合飼料に20%程度混ぜて給餌した乳用種去勢牛を、「えこめ牛」として販売する取組を推進しており、あっさりとした食味で食べやすい牛肉として注目を集めています。

JA菊池では、今後とも、とうもろこしを始めとした飼料作物の生産を推進することで、飼料自給率の向上を図り、飼料生産基盤に立脚した力強い畜産経営を確立することを目指しています。

（2）食料自給力指標の動向

（いも類中心の作付けでは推定エネルギー必要量を上回る）

食料自給力指標は、食料の潜在生産能力を評価する指標であり、栄養バランスを一定程度考慮した上で、農地等を最大限活用し、熱量効率が最大化された場合の1人1日当たりの供給可能熱量を試算したものです。

令和4(2022)年度の食料自給力指標は、今日の食生活に比較的近い「米・小麦中心の作付け」で試算した場合、農地面積の減少、魚介類の生産量減少、小麦の単収減少等により、前年度を26kcal/人・日下回る1,720kcal/人・日となり、日本人の平均的な推定エネルギー必要量2,168kcal/人・日を下回っています（**図表1-1-6**）。

一方、供給熱量を重視した「いも類中心の作付け」で試算した場合は、労働力（延べ労働時間）の減少、農地面積の減少、魚介類の生産量減少等により、前年度を53kcal/人・日下回る2,368kcal/人・日となりましたが、日本人の平均的な推定エネルギー必要量を上回っています。

図表1-1-6 令和4(2022)年度の食料自給力指標

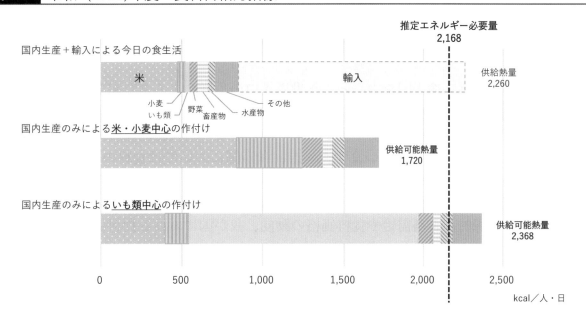

資料：農林水産省作成

注：1) 推定エネルギー必要量とは、1人1日当たりの「そのときの体重を保つ(増加も減少もしない)ために適当なエネルギー」の推定値をいう。

2) 農地面積432.5万ha(令和4(2022)年)に加え、再生利用可能な荒廃農地面積9.1万ha(令和3(2021)年)の活用を含めて推計

　食料自給力指標は、近年、農地面積が減少する中で、米・小麦中心の作付けでは小麦等の単収向上により横ばい傾向となっている一方、より労働力を要するいも類中心の作付けでは、労働力(延べ労働時間)の減少により減少傾向となっています(**図表1-1-7**)。

図表1-1-7 食料自給力指標

資料：農林水産省作成

65

第2節　国際的な食料需給と我が国における食料供給の状況

　世界の食料需給は、途上国を中心とした世界人口の急増による食料需要の増加、気候変動による異常気象の頻発化、地政学リスクの高まり等により不安定化しています。また、食料の国際価格は、新興国の需要やエネルギー向け需要の増大、地球規模の気候変動の影響等により上昇傾向で推移しています。一方、我が国においては食料の6割以上を輸入に依存しており、増大する輸入リスクに対応し、将来にわたって食料の安定的な供給を図ることが重要となっています。

　本節では、国際的な食料需給や食料価格の動向、我が国における食料供給の状況、食料の輸入状況等について紹介します。

(1) 国際的な食料需給の動向

(2023/24年度における穀物の生産量、消費量は前年度に比べて増加)

　令和6(2024)年3月に米国農務省が発表した資料によると、2023/24年度における世界の穀物消費量は、途上国の人口増加、所得水準の向上等に伴い、前年度に比べて5千万t(1.8%)増加し28億1千万tとなる見込みです(**図表1-2-1**)。

　また、生産量は、主に単収の伸びにより消費量の増加に対応しており、2023/24年度は前年度に比べて6千万t(2.2%)増加し28億1千万tとなる見込みです。

　2023/24年度の期末在庫率は、前年度に比べて0.7ポイント低下し27.5%となる見込みです。FAO[1]が安全在庫水準としている17〜18%を上回っていますが、中国を除いた場合の期末在庫率は12.3%にとどまっており、世界的な不作が発生した場合には、食料不足や価格高騰が起こりやすい状況にあります。

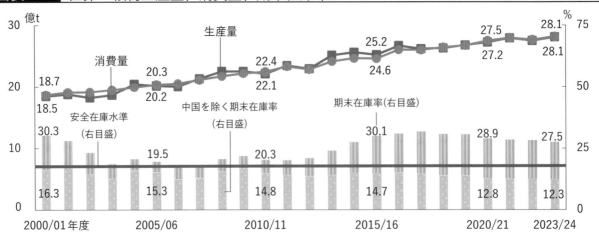

図表1-2-1　世界の穀物生産量、消費量、期末在庫率

資料：米国農務省「PS&D」、「World Agricultural Supply and Demand Estimates」を基に農林水産省作成
注：1) 穀物は、小麦、粗粒穀物(とうもろこし、大麦等)、米(精米)の合計
　　2) 昭和49(1974)年にFAOが試算した結果によると、安全在庫水準は穀物全体で17〜18%とされている。
　　3) 令和6(2024)年3月時点の見通し

---

[1] 特集第2節を参照

2023/24年度における世界の穀物等の生産量を品目別に見ると、小麦はインド、米国等で増加するものの、豪州、カザフスタン等で減少することから、前年度に比べて0.3%減少し7億9千万tとなる見込みです（**図表1-2-2**）。

とうもろこしは、ブラジル、メキシコ等で減少するものの、米国、アルゼンチン等で増加することから、前年度に比べて6.3%増加し12億3千万tとなる見込みです。

米は、インド等で減少するものの、米国等で増加することから、前年度に比べて0.2%増加し5億2千万tとなる見込みです。

大豆は、ブラジル、米国等で減少するものの、アルゼンチン等で増加することから、前年度に比べて5.0%増加し4億tとなる見込みです。

期末在庫率については、小麦、米は前年度に比べて低下する一方、とうもろこし、大豆は前年度に比べて上昇する見込みです。

図表1-2-2 2023/24年度における穀物等の生産量、消費量、期末在庫率

品目	生産量(百万t)	対前年度増減率(%)	消費量(百万t)	対前年度増減率(%)	期末在庫量(百万t)	対前年度増減率(%)	期末在庫率(%)	対前年度差(ポイント)
小麦	786.70	-0.3	798.98	1.0	258.83	-4.5	32.4	-1.9
とうもろこし	1,230.24	6.3	1,212.24	3.9	319.63	6.0	26.4	0.5
米	515.39	0.2	522.87	0.5	169.70	-4.2	32.5	-1.6
大豆	396.85	5.0	381.90	4.4	114.27	11.9	29.9	2.0

資料：米国農務省「World Agricultural Supply and Demand Estimates」、「Oilseeds：World Markets and Trade」を基に農林水産省作成
注：1）期末在庫率(%)＝期末在庫量÷消費量×100
　　2）令和6(2024)年3月時点の数値

（世界の経済成長の鈍化等により、中期的には穀物等の需要の伸びは鈍化の見込み）

世界経済は、中期的には、中国の成長の鈍化や人口減少が見込まれる一方、インド等の新興国・途上国において相対的に高い経済成長率が維持されると見られています。将来的に先進国だけでなく途上国の多くの国で、経済成長はコロナ禍以前より鈍化すると見られ、世界経済はこれまでより緩やかな成長となる見込みです。

このような中、令和14(2032)年における世界の穀物等の需給について、需要面においては、途上国の総人口の増加、新興国・途上国を中心とした相対的に高い所得水準の向上等に伴って食用・飼料用需要の増加が中期的に続くものの、先進国だけでなく新興国・途上国においても今後の経済成長の弱含みを反映して、穀物等の需要の伸びは鈍化してコロナ禍以前より緩やかとなる見通しとなっています。供給面では、今後、全ての穀物の収穫面積が僅かに減少する一方、穀物等の生産量は、主に生産性の上昇によって増加する見通し[1]となっています。

世界の食料需給は、農業生産が地域や年ごとに異なる自然条件の影響を強く受け、生産量が変動しやすいこと、世界全体の生産量に比べて貿易量が少なく輸出国の動向に影響を受けやすいこと等から、不安定な要素を有しています。

---

[1] 農林水産政策研究所「2032年における世界の食料需給見通し」(令和5(2023)年3月公表)

　また、気候変動や大規模自然災害、高病原性鳥インフルエンザ等の家畜伝染病、新型コロナウイルス感染症等の流行、ロシアによるウクライナ侵略といった多様化するリスクを踏まえると、食料の安定供給の確保に万全を期す必要があります。

（フォーカス）ウクライナの穀物輸出量は前年度に比べ減少する見通し

　令和6(2024)年3月に米国農務省が公表した資料によると、ウクライナの2023/24年度における小麦生産量は、史上最高の単収となる見通しを受け、前年度比8.8%増加の2,340万tの見通しとなっていますが、輸出量は、前年度比6.5%減少の1,600万tの見通しとなっています。また、2023/24年度におけるとうもろこし生産量は、天候に恵まれたことにより前年度比9.3%増加の2,950万tの見通しとなっている一方、輸出量は前年度比9.7%減少の2,450万tの見通しとなっています。

　また、ウクライナ農業政策・食料省による令和5(2023)年8月時点の予測によると、2023/24年度の穀物・油糧種子の作付面積は、前年度比6%減少の1,949万haの見通しとなっています。

　さらに、同省の令和5(2023)年12月時点の予測によると、2023/24年度の穀物・油糧種子の生産量は、天候に恵まれたことから、前年度比7%増加の8,130万tの見通しとなっています。一方で、ロシアによるウクライナ侵略以前において過去最高を記録した、2021/22年度の1億600万tと比較すると、23%減少しています。

　一方、令和4(2022)年7月の国際連合(以下「国連」という。)、ウクライナ、ロシア、トルコの4者によるウクライナ産穀物の黒海経由での輸出再開に関する合意により、穀物等3,283万tが輸出されていましたが、令和5(2023)年7月にロシアの離脱で停止し、その後、再開については決定されていません。

　代替輸出ルートとして、臨時回廊からの輸出や、ドナウ川沿いの運河等を利用しルーマニアのコンスタンツァ港等を経由した輸出が行われています。代替輸出ルートのうち、陸路の輸送は減少傾向にある一方、臨時回廊からの輸出量は同年10月以降増加しています。

　我が国ではウクライナから穀物をほとんど輸入していませんが、今後ともウクライナ情勢が国際穀物貿易や価格に与える影響等について注視していく必要があります。

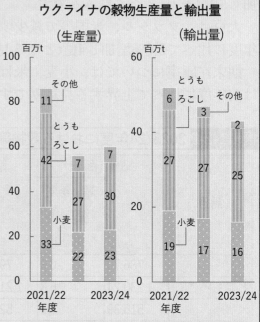

ウクライナの穀物生産量と輸出量

資料：米国農務省「PS&D」を基に農林水産省作成
注：1) 「その他」は、他の穀物(大麦等)
　　2) 令和6(2024)年3月時点の数値

分げつ期における冬小麦(ウクライナ)

（世界のバイオ燃料用農産物の需要は増加の見通し）

　近年、米国、EU等の国・地域において、化石燃料への依存の改善や温室効果ガス排出量の削減、農業・農村開発等の目的から、バイオ燃料の導入・普及が進展しており、とうもろこしやさとうきび、なたね等のバイオ燃料用に供される農産物の需要が増大しています。

　令和5（2023）年6月にOECD[1]（経済協力開発機構）及びFAOが公表した予測によると、令和4（2022）年から令和14（2032）年までに、バイオエタノールの消費量は1億2,917万kLから1億5,098万kLへ、バイオディーゼルの消費量は5,718万kLから6,694万kLへとそれぞれ増加する見通しとなっています（**図表1-2-3**）。

図表1-2-3　世界のバイオ燃料の消費量と見通し

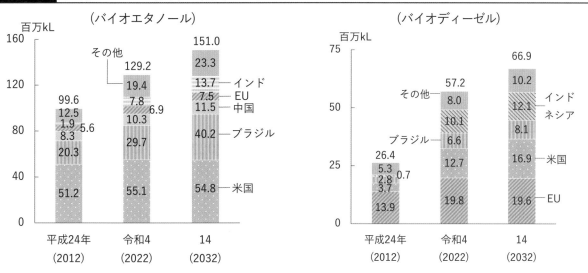

資料：OECD、FAO「OECD-FAO Agricultural Outlook 2023-2032」を基に農林水産省作成
　注：参考文献一覧を参照

（2）国際的な食料価格の動向

（小麦・とうもろこし・大豆の国際価格は、おおむねウクライナ侵略前の水準まで低下）

　穀物等の国際価格は、新興国の畜産物消費の増加等を背景とした需要やバイオ燃料等のエネルギー向け需要の増大、地球規模の気候変動の影響等のほか、令和4（2022）年のロシアによるウクライナ侵略が重なったこともあり、近年上昇傾向で推移しています。

　小麦の国際価格は、主要輸出国である南米や北米での高温乾燥等の天候不良が続いたことに加え、ロシアによるウクライナ侵略等により、令和4（2022）年3月に過去最高値を更新し、523.7ドル/tとなりました。令和6（2024）年3月時点では、令和2（2020）年以前と比較して高い水準にあるものの、おおむねウクライナ侵略前の水準まで低下しています（**図表1-2-4**）。

　また、とうもろこし、大豆の国際価格については、南米での乾燥等もあり、令和6（2024）年3月時点では、令和2（2020）年以前と比較して高い水準にあるものの、おおむねウクライナ侵略前の水準まで低下しています。

---

[1] Organisation for Economic Co-operation and Developmentの略

図表1-2-4　穀物等の国際価格

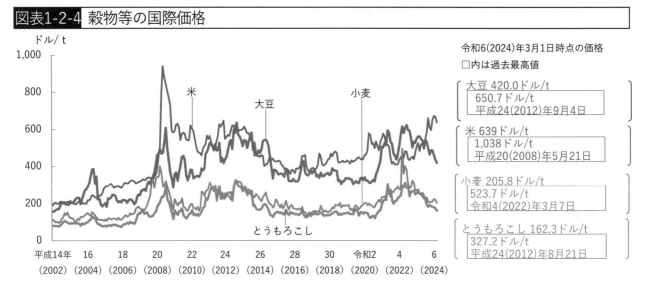

ドル/t

令和6(2024)年3月1日時点の価格
□内は過去最高値

大豆 420.0ドル/t
650.7ドル/t
平成24(2012)年9月4日

米 639ドル/t
1,038ドル/t
平成20(2008)年5月21日

小麦 205.8ドル/t
523.7ドル/t
令和4(2022)年3月7日

とうもろこし 162.3ドル/t
327.2ドル/t
平成24(2012)年8月21日

資料：シカゴ商品取引所、タイ国家貿易取引委員会のデータを基に農林水産省作成
注：令和6(2024)年3月時点の数値

（食料価格指数は世界的に緩やかに下落）

　FAOが公表している食料価格指数[1]については、令和4(2022)年3月に食料品全体で160.3に達して以降緩やかに下落しており、令和6(2024)年3月は118.3となりました（**図表1-2-5**）。

　品目別では、穀物、植物油の価格指数は低下傾向にあります。砂糖は、足下の需給逼迫の懸念や原油価格の上昇を受け、令和5(2023)年9月に162.7と前年同月比で48.4%上昇しました。

図表1-2-5　FAOの食料価格指数

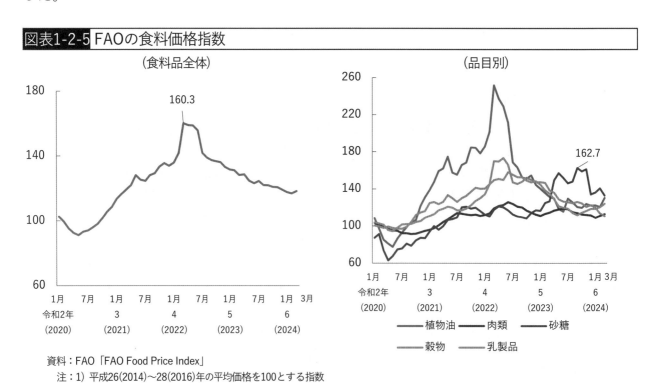

資料：FAO「FAO Food Price Index」
注：1) 平成26(2014)〜28(2016)年の平均価格を100とする指数
　　2) 令和6(2024)年3月時点の数値

[1] 国際市場における五つの主要食料(穀物、肉類、乳製品、植物油及び砂糖)の国際価格から計算される世界の食料価格の指標

（小麦に続き、とうもろこし・大豆も売越しに転換）

　有利な投資先を求める投機資金は、令和2(2020)年後半以降、需給が引き締まり価格上昇が見込まれた穀物市場に流入し、投機筋の買越枚数については、とうもろこしでは令和3(2021)年1月に53万5千枚となり、小麦や大豆でも高水準となりました。その後、小麦は令和4(2022)年8月以降、とうもろこしは令和5(2023)年8月以降、大豆は令和6(2024)年1月以降、いずれも売越しの状況となっています(**図表1-2-6**)。

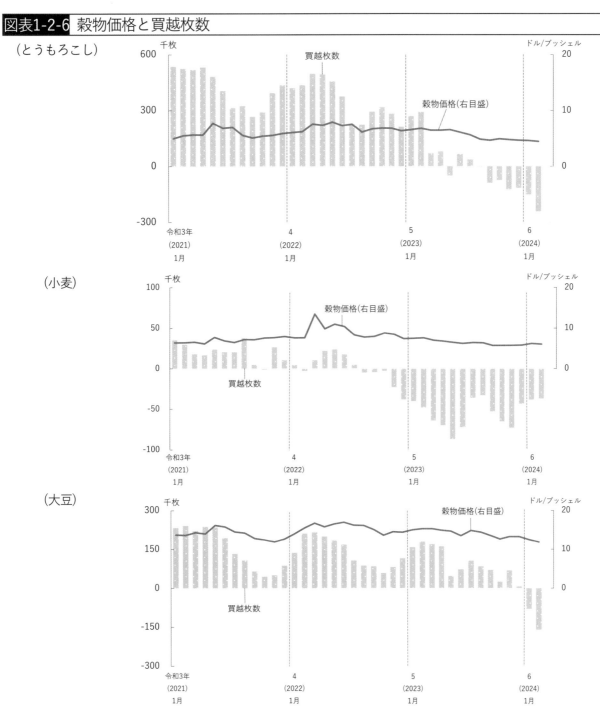

図表1-2-6　穀物価格と買越枚数

資料：米国商品先物取引委員会「Futures Only Reports」、シカゴ商品取引所のデータを基に農林水産省作成
　注：1）買越枚数は、シカゴ商品取引所における投機筋(Non-Commercial)のとうもろこし、小麦、大豆の数値。1枚は5,000ブッシェル
　　　2）穀物価格は、シカゴ商品取引所の各月第1金曜日の期近終値の価格

　穀物や原油等の商品市場の規模は、株式市場や債券市場と比較して極めて小さく、まとまった金額の買いによって相場が上がりやすいという特徴を有しています。巨額の運用資金を有するヘッジファンド等からの投機資金の穀物市場への流入については、引き続き注視していく必要があります。

(令和5(2023)年4月期の輸入小麦の価格を抑制)

　輸入小麦の政府売渡価格は、国際相場の変動の影響を緩和するため、4月期と10月期の年2回、価格改定を行っていますが、ロシアによるウクライナ侵略等を受け、令和4(2022)年10月期と令和5(2023)年4月期に価格高騰対策を実施しました。

　令和4(2022)年10月期には、通常6か月間の算定期間を1年間に延長してその影響を平準化し、同年10月期の政府売渡価格は同年4月期の価格を適用し、実質的に据え置く緊急措置を実施しました(**図表1-2-7**)。

　また、令和5(2023)年4月期には、物価上昇全体に占める食料品価格上昇の影響の高まりを受け、価格の予見可能性、小麦の国産化の方針、消費者の負担等を総合的に判断した結果、ウクライナ侵略直後の急騰による影響を受けた期間を除く直近6か月間の買付価格を反映した水準まで上昇幅を抑制し、令和4(2022)年10月期と比べて5.8%上昇となる7万6,750円/tとする激変緩和措置を実施しました。

　一方、令和5(2023)年10月期からは、買付価格がウクライナ情勢前の水準に落ち着きつつあることを踏まえ、直近6か月間の買付価格をベースに算定しています。

図表1-2-7　輸入小麦の政府売渡価格

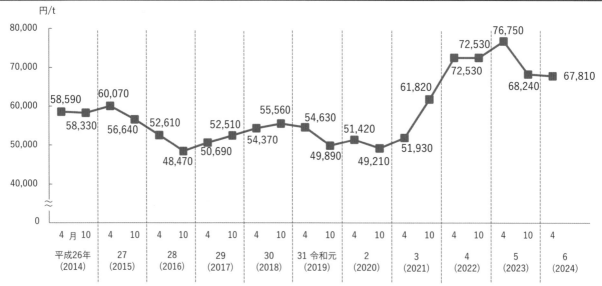

資料：農林水産省作成

　注：政府売渡価格は5銘柄の加重平均、税込価格。5銘柄とは、カナダ産ウェスタン・レッド・スプリング、米国産ウェスタン・ホワイト、ダーク・ノーザン・スプリング、ハード・レッド・ウィンター及び豪州産スタンダード・ホワイト

(3) 我が国における食料供給の状況

(国産と輸入先上位4か国による食料供給の割合は約8割)

　我が国の食料供給は、国産と輸入先上位4か国(米国、豪州、カナダ、ブラジル)で、供給熱量の約8割を占めています(**図表1-2-8**)。今後の食料供給の安定性を維持していくためには、これらの輸入品目の国産への置換えを着実に進めるとともに、主要輸入先国との安定的な関係を維持していくことも必要となっています。

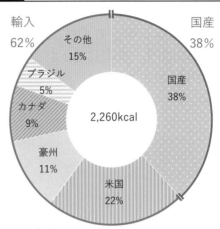

図表1-2-8　供給熱量の国・地域別構成(試算)

資料：農林水産省作成
注：1) 令和4(2022)年度の数値
　　2) 輸入熱量は供給熱量と国産熱量の差とし、輸出、在庫分を除く。
　　3) 主要品目の国・地域別の輸入熱量を、農林水産省「令和4年農林水産物輸出入概況」の各品目の国・地域ごとの輸入量で按分して試算
　　4) 輸入飼料による畜産物の生産分は輸入熱量としており、この輸入熱量については、主な輸入飼料の国・地域ごとの輸入量(可消化養分総量(TDN)換算)で按分

(生産努力目標の達成に向け、国内農業の生産基盤を強化)

　食料・農業・農村基本計画においては、官民総力を挙げて取り組んだ結果、農業生産に関する課題が解決された場合に実現可能な国内の農業生産の水準として、令和12(2030)年度における生産努力目標を主要品目ごとに示しています。

　令和4(2022)年度における生産努力目標の達成状況を見ると、大麦・はだか麦が101%、米が100%、鶏肉が99%、豚肉が98%となっている一方、大豆は71%、かんしょは83%、さとうきびは83%となっています(**図表1-2-9**)。

　農林水産省では、生産努力目標の達成に向け、担い手の育成・確保や農地の集積・集約化、農地の大区画化、水田の畑地化・汎用化、スマート農業技術の導入、国産飼料の生産・利用拡大等により国内農業の生産基盤強化を図るとともに、今後も拡大が見込まれる加工・業務用需要や海外需要に対応した生産を進めています。

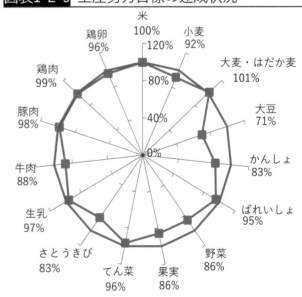

図表1-2-9　生産努力目標の達成状況

資料：農林水産省作成
注：1) 令和4(2022)年度の数値
　　2) 米は米粉用米、飼料用米を除く。
　　3) 各品目の達成状況(%)＝令和4(2022)年度実績値÷令和12(2030)年度目標値×100
　　4) 令和4(2022)年度実績値が令和12(2030)年度目標値を上回っていれば赤実線(100%)の外側、下回っていれば内側となる。

（4）我が国における食料輸入の状況

（農産物の輸入額は前年に比べ2.0%減少）

　令和5（2023）年の農産物輸入額は、前年に比べ2.0%減少し9兆536億円となりました（**図表1-2-10**）。このうち農産品は1.9%減少し6兆6,340億円、畜産品は2.4%減少し2兆4,174億円となりました。

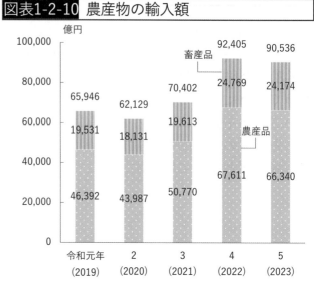

図表1-2-10　農産物の輸入額

資料：財務省「貿易統計」を基に農林水産省作成

（我が国の主要農産物の輸入構造は少数の特定国に依存）

　令和5（2023）年の農産物輸入額を国・地域別に見ると、米国が1兆8,154億円で最も高く、次いで中国、豪州、ブラジル、タイ、カナダの順で続いており、上位6か国が占める輸入割合は約6割程度になっています（**図表1-2-11**）。

図表1-2-11　主要農産物の国・地域別輸入額

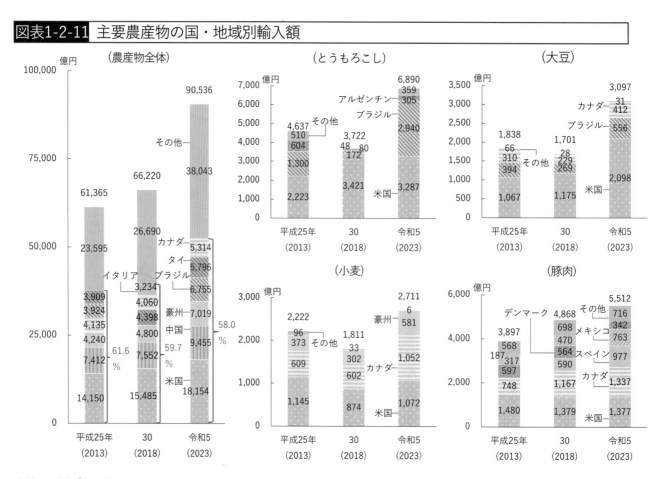

資料：財務省「貿易統計」を基に農林水産省作成

品目別に見ると、とうもろこし、大豆、小麦の輸入は、特定国への依存傾向が顕著となっており、上位2か国で8～9割を占めています。小麦については、米国、カナダ、豪州の上位3か国に99.8%を依存している状況です。

豚肉や果実類といった一部の品目では輸入先の多角化が進みつつあるものの、我が国の農産物の輸入構造は、依然として米国を始めとした少数の特定国への依存度が高いという特徴があります。

海外からの輸入に依存している主要農産物の安定供給を確保するためには、輸入相手国との良好な関係の維持・強化や関連情報の収集等を通じて、輸入の安定化や多角化を図ることが重要です。一方、食料・農業生産資材の価格高騰の影響やウクライナ情勢等を踏まえると、国内の農業生産の増大に向けた取組がますます重要となっています。

（コラム）国内の食料消費全ての生産に必要な農地面積は、国内農地面積の約 3.1 倍

小麦や、油脂類・飼料の原料となる大豆、なたね、とうもろこし等については、我が国の限られた農地では大量に生産することが難しく、生産に適した気候で広大な農地を有する米国や豪州、カナダ等で大規模に生産されたものが輸入されています。我が国における品目別自給率は、令和4(2022)年度においては、それぞれ小麦が15%、大豆が6%、油脂類が14%と低い状況となっています。

このように今日の豊かな食生活は、国内で生産された食料だけでなく、輸入された食料や飼料に多くを支えられています。国内で消費される食料全てを生産するために必要な農地面積は、国内の農地面積の約3.1倍に相当する1,355万haとなっており、現状においては、全てを国産で賄うことは不可能な状況にあります。

このため、食料の安定的な供給については、国内の農業生産の増大と併せて安定的な輸入と備蓄の確保を図ることにより、国内農業が様々な課題を抱えている中で、その力が衰退することなく将来にわたって発揮され、また、その力が増進していくように効率的に取り組んでいく必要があります。

一方、主食用米については、食の多様化や簡便化、少子高齢化、人口減少等により、需要量は減少しており、作付面積も減少しています。食料安全保障の観点からは、農地の有効利用が不可欠であり、水田を畑地等に転換し、麦や大豆等の需要のある作物を生産していくことが重要となっています。

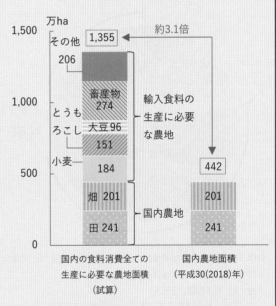

国内で消費される食料全てを生産するために必要な農地面積

万ha

国内の食料消費全ての生産に必要な農地面積（試算）
- その他 206
- 畜産物 274
- 大豆 96
- とうもろこし 151
- 小麦 184
- 畑 201
- 田 241
- 計 1,355

約3.1倍

国内農地面積（平成30(2018)年）
- 442
- 201
- 241

輸入食料の生産に必要な農地

国内農地

資料：農林水産省「食料需給表」、「耕地及び作付面積統計」等を基に作成
注：1）1年1作を前提とし、海外に依存している輸入品目別の農地面積は、平成28(2016)～30(2018)年の数値
2）「その他」は、なたねや大麦等を含む。
3）畜産物は、輸入している畜産物の生産に必要な牧草・とうもろこし等の数量を当該輸入相手国の単収を用いて面積に換算したもの

我が国においては、農産物の過度な輸入依存からの脱却を図るため、小麦、大豆等の本作化、米粉の利用拡大、食品原材料の国産切替えといった食料安全保障の強化に向けた構造転換を進め、早期に食料安全保障の強化を実現していく必要があります。

（将来の食料輸入に不安を持つ消費者の割合は約8割）

　将来の食料輸入に対する消費者の意識について、公庫が令和6(2024)年1月に実施した調査によると、77.8%の人が日本の将来の食料輸入に「不安がある」と回答しました（**図表1-2-12**）。また、日本の将来の食料輸入について「不安がある」と回答した人にその理由を聞いたところ、「国際情勢の変化により、食料や生産資材の輸入が大きく減ったり、止まったりする可能性があるため」と回答した人が58.4%と最も高くなりました（**図表1-2-13**）。世界的な食料需要の増加や国際情勢の不安定化等に伴う食料安全保障上のリスクが高まる中、将来にわたって食料を安定的に確保していくことが求められています。

　農林水産省では、農産物や農業生産資材等の安定輸入のための海外の情報収集、事業者と政府の間での情報共有を図るとともに、海外生産・物流といった我が国への輸入に係る事業への投資拡大を推進することとしています。また、輸入先との間で、政府間・民間事業者間で安定的な輸入に係る枠組み作り等を進めることとしています。

図表1-2-12　日本の将来の食料輸入についての考え	図表1-2-13　日本の将来の食料輸入について不安があると考える理由

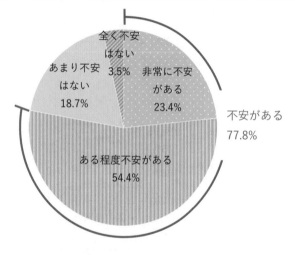

資料：株式会社日本政策金融公庫「消費者動向調査(令和6年1月)」
　　　を基に農林水産省作成
　注：1) 回答総数は2千人
　　　2) 「ある程度不安がある」、「非常に不安がある」の合計を
　　　　「不安がある」としている。

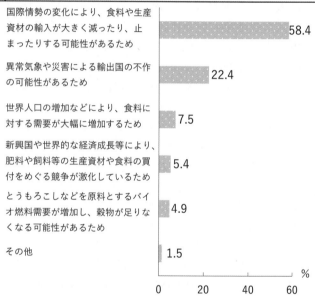

資料：株式会社日本政策金融公庫「消費者動向調査(令和6年1月)」
　注：1) 回答総数は2千人
　　　2) 日本の将来の食料輸入について、「ある程度不安がある」、「非常に不安がある」と回答した人に対し、その理由を聞いた際の回答結果

安定的な輸入の確保
URL：https://www.maff.go.jp/j/zyukyu/anpo/yunyu.html

第3節	**食料供給のリスクを見据えた総合的な食料安全保障の確立**

食料は人間の生活に不可欠であり、食料安全保障は、国民一人一人に関わる国全体の問題です。しかしながら、世界的な人口増加等に伴う食料需要の増大を始め、気候変動や異常気象の頻発化に伴う食料生産の不安定化、ロシアによるウクライナ侵略等による食料品・農業生産資材の価格高騰等により我が国の食料をめぐる情勢は大きく変化しており、サプライチェーン[1]の混乱等の様々な要因により大幅な食料供給不足が発生するリスクが増大しています。

本節では、サプライチェーンの状況や食料安全保障の強化を図る取組等について紹介します。

(1) サプライチェーンの状況

(サプライチェーンの強靱化に向けた取組が一層重要)

食をめぐる情勢が大きく変化する中、サプライチェーンの持続性を高め、その強靱性を確保することが重要な課題となっています。

食料安全保障の観点で見ると、サプライチェーンの混乱は食料供給に与える影響が大きいことから、その強靱化に向けた取組が一層重要になっています。

令和6(2024)年1月に公庫が実施した調査によると、食品事業者が仕入れ・調達段階で取り組んでいるリスク対策については、「事前契約により原材料などを確保」を挙げた企業が40.0%で最も多く、次いで「主要な仕入れ・調達先から代替可能な仕入れ・調達先を確保」、「仕入れ・調達先の地域を分散」の順となっています(**図表1-3-1**)。食品事業者がサプライチェーンの強靱化に向けて、原材料の安定調達等に必要な措置を講じる動きが見られています。

図表1-3-1	食品事業者が仕入れ・調達段階で取り組んでいるリスク対策（上位5位まで）

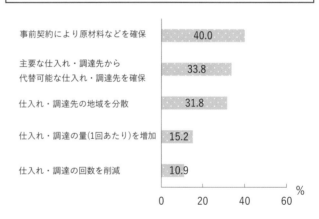

資料：株式会社日本政策金融公庫「食品産業動向調査(令和6年1月)」
注：有効回答数は2,137社(複数回答)

また、農林水産省では、令和4(2022)年6月に公表した「食料の安定供給に関するリスク検証(2022)」において、食料安全保障上のリスクの一つとして「サプライチェーンの混乱」を取り上げ、国内物流の混乱、保管施設、加工処理施設等の稼働に支障が生じるなど、国内のサプライチェーンに影響が生じた場合に、国内の農林水産業や食品産業に与えるリスクについて、分析・評価を実施しました。

国内生産の側面では、季節や品目により主産地が変化し、生鮮品で穀物等と比較して日持ちしない野菜や果実、生乳、水産物に加え、食肉処理施設や小売店における食肉カット技術者の人材不足等が懸念される国産の牛肉、豚肉、鶏肉は、サプライチェーンに影響が

---

[1] 農林水産物を生産し、食品加工、流通、販売により消費者に食品が届き、最終的に廃棄されるまでの一連の流れを指す。

及ぶことが懸念されています。

　輸入の側面では、小麦や大豆、なたね、砂糖類、飼料穀物については、製粉・油脂製造・精製糖・飼料工場が太平洋側に偏在しており、南海トラフ地震等の大地震が発生した場合、代替地での製造が難しいことから、サプライチェーンに大きな影響が及ぶことが懸念されています。

（農林水産業分野では、エネルギー利用の約9割以上を化石燃料に依存）

　経済産業省の調査によると、令和3(2021)年度における農林水産業のエネルギー消費量は、前年度並みの23万8千ＴＪ[1]となっています(**図表1-3-2**)。

　農林水産業分野では、エネルギー利用の約9割以上を化石燃料に依存しており、電力の利用は全体の5.4%となっています(**図表1-3-3**)。化石燃料の中では、A重油の消費が最も多く、次いで軽油、ガソリン、灯油の順となっています。特にA重油は、農業分野では施設園芸の暖房に用いられる燃焼式加温機で多く消費されています。軽油やガソリンは農業機械、灯油は穀物を乾燥させる乾燥機で利用されることが多くなっています。

図表1-3-2　農林水産業のエネルギー消費量

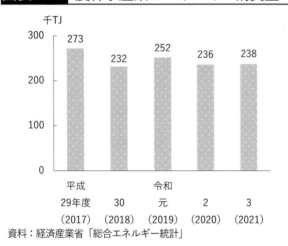

資料：経済産業省「総合エネルギー統計」

図表1-3-3　農林水産業におけるエネルギー源別のエネルギー消費量

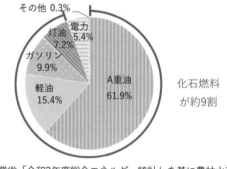

資料：経済産業省「令和3年度総合エネルギー統計」を基に農林水産省作成
注：「その他」は、潤滑油、LPG、都市ガス、熱を含む。

　また、原油価格は、ロシアによるウクライナ侵略直後に大きく上昇し、令和4(2022)年度以降はおおむね下落基調にあるものの、高い水準で不安定に推移しています(**図表1-3-4**)。

　化石燃料については、その価格は地政学上のリスクや国際的な市場の影響等の他律的な要因に左右されやすいことから、農業経営に係る価格の見通しを立てることが難しい農業生産資材と言えます。農林水産分野の持続的な発展に向けては、地域の再生可能エネルギー資源の一層の活用といった化石燃料に依存しない持続可能なエネルギ

図表1-3-4　原油価格

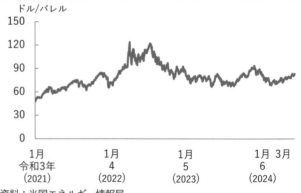

資料：米国エネルギー情報局
注：1) 原油価格は、米国の代表的な指標原油であるWTI(West Texas Intermediate)原油の価格。1バレル=42ガロン≒159ℓ
　　2) 令和6(2024)年4月17日時点の数値

---

[1] テラ・ジュールの略。テラは10の12乗のこと。ジュールは熱量単位

ー調達も重要となっています。

(2) 食料安全保障の確保を図るための体制

(輸入の安定的確保と不測の事態に的確に対処するための対応を推進)

　農林水産省では、輸入食料の安定的確保に向け、国際協調を通じた輸出規制措置の透明性向上と規律の明確化を推進するとともに、諸外国・地域等との情報交換や国際機関との協力を通じた国際的な食料需給状況の分析の強化を推進しています。

　また、不測の要因により食料の供給に影響が及ぶおそれのある事態に的確に対処するため、政府として講ずべき対策の基本的な内容、実施手順等を示した「緊急事態食料安全保障指針」に基づき、不測時のレベルに応じて必要な措置を講ずることとしています。

　一方、同指針は法令に基づくものではなく、政府の意思決定や指揮命令についての法令上の根拠となるものではないこと等の課題が存在することから、我が国の食料安全保障上のリスクが高まる中、不測時の対応根拠となる法制度を検討することとし、令和5(2023)年8月に「不測時における食料安全保障に関する検討会」を立ち上げ、その基本的な考え方を取りまとめた上で、「食料供給困難事態対策法案[1]」を第213回通常国会に提出したところです。

食料安全保障について
URL：https://www.maff.go.jp/j/zyukyu/anpo/index.html

(不測時に備えた穀物の備蓄を実施)

　政府は国内の米の生産量の減少によりその供給が不足する事態に備え、米を100万t程度[2]備蓄しています。あわせて、海外における不測の事態の発生による供給途絶等に備えるため、食糧用小麦については国全体として外国産食糧用小麦の需要量の2.3か月分を、飼料穀物についてはとうもろこし等100万t程度をそれぞれ民間で備蓄しています。

　食料の備蓄強化に向けては、国内外の食料安全保障の状況を適切に把握・分析の上、これらを踏まえて、備蓄の基本的な方針を明確にしていくことを検討することとしています。

(平時からの取組が不測時の取組にも有効)

　農業者の減少や高齢化が急速に進み、農業の生産基盤の脆弱化(ぜいじゃくか)や地域コミュニティの衰退等の国内農業をめぐる厳しい情勢がある中で、不測時に備えて平時から食料の安定供給に向けた取組を進め、過度な輸入依存度を低減していくとともに、国内外の食料需給を平時から把握しておくことは、不測の事態の未然防止や不測の事態における対応力の強化にも有効です。このため、国内の生産基盤やサプライチェーンの維持・強化に向けた各種施策とともに、(1)適切かつ効率的な備蓄の運用、(2)主要な輸入相手国の生産や輸出能力の把握、(3)国内外の食料需給に関する情報の収集といった取組を平時から推進することが重要となっています。

(食料・農業生産資材等の安定的な輸入の確保を推進)

　国内生産で国内需要を満たすことができない一部の食料・農業生産資材については、国

---

[1] 特集第3節を参照
[2] 10年に1度の不作や、通常程度の不作が2年連続した事態にも国産米をもって対処し得る水準

内の需要を満たすために一定の輸入が不可欠である中、気候変動によるリスクや地政学的リスクの高まり等も踏まえ、平時から安定的な輸入を確保するための環境整備が重要となっています。このため、輸入相手国における穀物等の集出荷・港湾施設等への投資案件の形成を支援するとともに、輸入先国の多角化に向けて、輸入相手国との政府間対話の活用、官民による情報共有等を推進することとしています。

（食料の安定的な輸入に向け、港湾機能を強化）

　我が国では、食料や農業生産資材の多くを海外に依存しており、その多くが海運を通じて輸入されています。輸入された物資は、例えば飼料用とうもろこしについては、港湾付近に立地するサイロに一時保管された後、飼料工場で加工され、最終需要者である畜産農家で利用されています。輸入穀物の多くは、バルク船と呼ばれる貨物船で輸送されていますが、世界で利用されるバルク船は、輸送効率化のために大型化される傾向にあります。一方、我が国の港湾では、岸壁の水深が10〜14mであることが多く、大型バルク船が接岸できる水深14m以上の港湾は限られていることから、食料の安定供給のためにも、大型船に対応できる港湾整備等が重要となっています。

　国土交通省では、ばら積み貨物の安価で安定的な輸入を実現するため、大型船に対応した港湾機能の拠点的確保や企業間連携の促進等による効率的な海上輸送網の形成に向けた取組を推進しています。また、国際海上コンテナターミナルや国際物流ターミナルの整備といった港湾機能の強化を推進しています。

（事例）港湾整備により飼料穀物の大量一括輸送を実現（北海道）

　北海道釧路市では、穀物を運搬する船舶が入港する釧路港において、大型船に対応した国際物流ターミナルを整備することにより、飼料原料となる穀物の大量一括輸送体制を構築しています。

　同港は、全国の約5割の乳牛を飼養する生乳・乳製品の一大産地である北海道東部地域を背後圏とし、乳牛等の飼料となるとうもろこし等の飼料原料を、令和4(2022)年度には年間166万t取り扱っています。また、埠頭周辺には、穀物用サイロ、飼料工場等が集積しており、飼料供給拠点として重要な役割を担っています。

　一方、釧路港を始め、我が国の港湾は水深不足のため、パナマックス船等の大型船が満載で入港できる港湾は少なく、積載量を減らし、大型船は他港で貨物を卸してから入港するなど、非効率な輸送を余儀なくされています。このような非効率な輸送を解消するため、釧路港においては大型船の接岸が可能となる水深14mの岸壁を擁する国際物流ターミナルを平成30(2018)年11月に整備しました。

釧路港の国際物流ターミナル
資料：釧路西港開発埠頭株式会社

　同施設の整備により、穀物の主要生産地域である北米に最も近い釧路港に大型船が最初に寄港し、同港で多くの穀物を降ろすことで、船が軽くなり船底が上がるため、その後、他港へ穀物を運ぶことが可能となり、大量一括輸送による安定的かつ効率的な海上輸送網の形成を実現しています。

　同港の周辺では、飼料原料保管用サイロを始めとした受入設備の整備も進められています。同市では、今後とも、食料の安定供給の確保に不可欠な拠点施設として、港湾の管理・運営を行なっていくこととしています。

第4節	円滑な食品アクセスの確保と合理的な価格の形成に向けた対応

我が国においては、全ての国民が健康的な生活を送るために必要な食品を入手できない、いわゆる「食品アクセス」の問題への対応が重要な課題となっています。また、長期にわたるデフレ経済下で、農業・食品産業においては、生産コストが上昇しても、それを販売価格に反映することが難しい状況も見られています。

本節では、円滑な食品アクセスの確保に向けた対応や合理的な価格の形成のための取組等について紹介します。

(1) 円滑な食品アクセスの確保に向けた対応

(食品へのアクセスが十分でない者が一定数存在)

公庫が令和6(2024)年1月に実施した調査によると、食料品店舗へのアクセスについて、「公共交通手段の利用又は徒歩により、15分以内で食料品店舗にアクセスすることができる」と回答した人は65.8%となっている一方、「15分以内ではできない」と回答した人は34.2%となっています(図表1-4-1)。

また、同調査によると、健康的な食事のための食料品の購入が手頃な価格でできているかどうかについて、「できている」と回答した人は59.9%となっている一方、「できていない」と回答した人は40.1%となっています(図表1-4-2)。我が国においては、平常時においても円滑な食品アクセスの確保に課題があることがうかがわれます。

図表1-4-1 食料品店舗へのアクセス状況	図表1-4-2 手頃な価格での飲食料品の購入
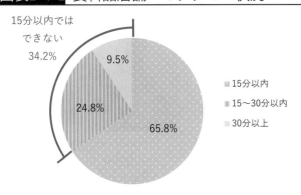	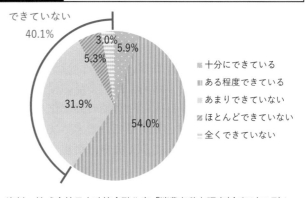

資料：株式会社日本政策金融公庫「消費者動向調査(令和6年1月)」を基に農林水産省作成
注：回答総数は2千人

資料：株式会社日本政策金融公庫「消費者動向調査(令和6年1月)」を基に農林水産省作成
注：1) 回答総数は2千人
2) 「あまりできていない」、「ほとんどできていない」、「全くできていない」の合計を「できていない」としている。

(地域の関係者が連携する体制づくりや買い物支援等の取組を促進)

人口減少・高齢化等により小売業や物流等の採算がとれない地域が発生し、このような地域を中心に、食品を簡単に購入できない、買い物困難者等が増加しています。このような問題に対処するため、地方公共団体や民間事業者では、地域の特色に応じてコミュニテ

第1章

ィバスや乗合タクシーの運行、移動販売車の運営、買い物代行サービスの提供等の取組を行っていますが、対応が追いつかない状況にあります。くわえて、「物流の2024年問題」により物を届けられない問題は一層深刻化することも考えられます。

また、非正規雇用の増加等により、低所得者層が増加しつつあり、生活困窮者等の経済的理由で十分かつ健康的な食事が取れていない者に対し、フードバンクやこども食堂等による無償又は安価で食品や食事を提供する取組が広がっています。一方、取り扱う食品には偏りがあり、フードチェーンがつながっていないなど、地域の関係者による各々の取組では不十分な状況も見られます。

このため、農林水産省では、産地から消費地までの幹線物流の効率化とともに、地域ごとに、食品アクセスに関する課題や実態を把握し、その課題解決に向けて、地方公共団体を中心に、生産者・食品事業者、農業協同組合(以下「農協」という。)、社会福祉協議会、特定非営利活動法人(以下「NPO[1]法人」という。)等の地域の関係者が連携する体制づくりを図ることとしています。また、移動販売、無人型店舗、ドローン配送等の地域に応じたラストワンマイル物流の強化に向けた取組や買い物支援の取組、フードバンクやこども食堂等の取組を後押しすることとしています。

(事例) フードバンク協議会が中心となり県域単位で食料支援を展開(福岡県)

福岡県古賀市に本拠を置く一般社団法人福岡県フードバンク協議会では、フードバンク活動に関わる関係者が一体となって、地域で生じた未利用食品を地域福祉に活用する取組を県内全域で展開しています。

同協議会は、未利用食品を必要とする人に無償で提供するフードバンク活動が県内で安定的に継続・発展していくことを目指し、福岡県の支援の下、生活協同組合(以下「生協」という。)や全国農業協同組合連合会福岡県本部、NPO法人等を構成員として、平成31(2019)年4月に設立されました。

フードバンク活動においては、同協議会が関係者間の調整役となり、協力企業の新規開拓、寄贈食品の受付・管理や食品の分配、合意書の一括締結等を行い、活動の効率化・一元化を図ることで円滑な食品の受け渡しを実現しています。また、既存のフードバンク団体の活動範囲を拡大する支援や、新規フードバンク団体の立上げ支援等も実施しています。

フードバンク団体へのレタスの斡旋

資料：一般社団法人福岡県フードバンク協議会

このような取組の結果、フードバンク団体の近隣の事業所等が冷凍・冷蔵を含めた商品保管に協力する取組や、各フードバンク団体が協力企業店舗の店頭等で定期的にフードドライブを開催する取組等が行われています。食品の提供に関わる関係者の連携が促進されたことで、令和5(2023)年度の県内のフードバンクの食品取扱量は、同協議会設立の令和元(2019)年度時点と比較して約4倍に拡大し、より多くの人に食料を提供することができるようになりました。

同協議会では、今後とも県内で生じた未利用食品は県内の福祉に活用するという循環型社会の実現を目指し、フードバンク活動の普及・促進に一層尽力していくこととしています。

---

[1] Non Profit Organizationの略で、非営利団体のこと

（フードバンク活動の支援を強化）

　生産・流通・消費等の過程で発生する未利用食品を食品企業や農家等からの寄附を受けて、福祉施設や生活困窮者等に無償で提供する「フードバンク」と呼ばれる団体の役割が拡大しています。フードバンク活動は、未利用食品を必要とする者に届ける流通の一形態であり、食品ロスの削減に直結するほか、生活困窮者への支援等の観点からも意義のある取組であり、国民に対してフードバンク活動への理解を促進することが重要となっています。

　フードバンク活動を行っている団体数（農林水産省Webサイトに掲載の希望があった団体に限る。）は、令和6(2024)年3月末時点で、全国で273団体となっています（**図表1-4-3**）。公益財団法人流通経済研究所の調査によると、フードバンクの運営上の課題については、「予算(活動費)の不足」が82%で最も多く、次いで「人員の不足」、「食品を保管する倉庫や冷蔵・冷凍庫、運搬する車の不足」の順となっています（**図表1-4-4**）。

　農林水産省では、未利用食品の提供等を通じた食品ロスの削減を推進するため、その受け皿となる大規模かつ先進的な取組を行うフードバンク等を支援しているほか、円滑な食品アクセスの確保の観点から、生活困窮者等への食料提供の充実を図るため、都道府県を通じてフードバンク等の新規立上げや取組拡大を支援することとしています。

図表1-4-3	フードバンク活動を行っている団体数

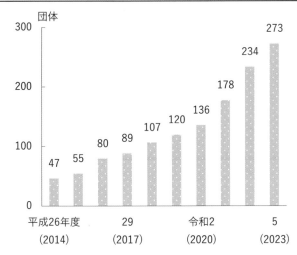

資料：農林水産省作成
注：各年度末時点の数値

図表1-4-4	フードバンクの運営上の課題（上位5位まで）

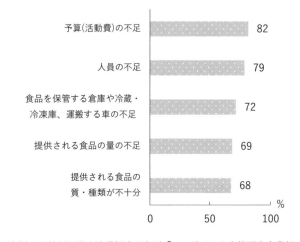

資料：公益財団法人流通経済研究所「フードバンク実態調査事業報告書」(令和2(2020)年3月公表)
注：有効回答数は94団体（複数回答）

フードバンク
URL：https://www.maff.go.jp/j/shokusan/recycle/syoku_loss/foodbank.html

（事例）「おもいやり食料」を提供するフードバンク活動を展開（愛媛県）

愛媛県新居浜市の特定非営利活動法人eワーク愛媛では、未利用食品を「おもいやり食料」として活用するフードバンク活動を展開しています。

同法人では、平成24(2012)年からフードバンク事業を展開しており、安全性や品質に問題がなく、まだ食べられるにもかかわらず、パッケージの印刷ミスや缶のへこみ、規格外品であるといった様々な理由で廃棄されている「もったいない食料」を橋渡しして、食料を必要としている個人や団体に活用してもらう活動を推進しています。

令和4(2022)年度においては、食品の寄贈元は86団体まで増加しており、提供先は87団体に拡大しています。また、同年度の食料取扱量は61tとなっており、食材購入費換算では約3,673万円に相当しています。

「おもいやり食料」の提供
資料：特定非営利活動法人eワーク愛媛

生活困窮者への直接提供では、スタッフが対面で対応し、食品の提供時に困り事の相談に応じるなど、単なる食品提供で終わらない支援活動を行っています。

同法人では、フードバンクの役割を食品ロス削減と生活困窮者支援のみにとどまらないものと位置付け、「もったいない食料」を大切にして「ありがとう」につなげる「おもいやり食料」として活用することを重視しています。

今後は、家庭からの食品の寄贈先として位置付けている「フードドライブ」の設置箇所の拡充を含め、より良い食文化への転換や、住みやすく活気ある地域の創出を図ることを目指し、フードバンク活動を展開していくこととしています。

フードドライブへの食品の持込み
資料：特定非営利活動法人eワーク愛媛

（こども食堂等による食料提供の取組を推進）

こども食堂は、子供たちを中心に無料又は安価で栄養のある食事や温かな団らん、共食の場を提供する、地域住民等による自主的な取組です。特定非営利活動法人全国こども食堂支援センター・むすびえが令和5(2023)年9〜11月に実施した調査によると、こども食堂の箇所数は全国で9,132か所となっています。

こども食堂は、共食の場の提供のほか、子供の居場所づくりや生活困窮者等への食品アクセスの確保の観点からも重要な取組です。

農林水産省では、食育を推進する観点から、こども食堂等地域での様々な共食の場を提供する取組を支援してきており、令和2(2020)年度からは政府備蓄米の無償交付を行っています。令和5(2023)年度の交付数量は、学校等給食向けが約10t、こども食堂向けが約13t、こども宅食向けが約127t、合計で約150tとなっています。

また、生活困窮者等への食料提供の充実を図るため、都道府県を通じてこども食堂等の新規立上げや取組拡大を支援することとしています。

（事例）子育て世帯を対象として「こども食堂」の取組を推進(東京都)

東京都文京区の「動坂ごはん」では、子育て世帯を対象として、こども食堂の取組を推進しています。

同団体は、地域の催し等で食事の手伝いを行う中で、支援できることがないかとの思いから、令和元(2019)年6月にこども食堂を開設し、弁当を配付する取組を開始しました。

同団体によるこども食堂は、同区内の子育て世帯を対象として、毎月1回開催しており、弁当配付を中心とした運営を行っています。食品の調達については、社会福祉協議会からの支援や大人の参加者から徴収した参加費を基に、スーパーマーケットから購入しているほか、農業者や企業から食材提供を受けています。

また、こども食堂での居場所づくり等の取組を通して、母子家庭の情報を社会福祉協議会と共有することで、困っている家庭の橋渡し役としての活動も展開しています。

このような取組を行う中で、母子家庭で食事を作る時間が取れない家庭からは、喜びや感謝の声が寄せられています。また、訪れたついでに気軽に悩み事等を相談できるほか、地域での交流の機会を提供する場所としても役立てられています。

同団体では、対面形式での開催への変更や、食材の調達先の確保等に課題を有していますが、今後とも、地域で連携しながら、子供の食育や見守り支援等を含め、こども食堂の取組を推進していくこととしています。

こども食堂を運営するスタッフ
資料：動坂ごはん

（2）合理的な価格の形成に向けた対応

（農業生産資材価格の上昇と比べて農産物価格の上昇は緩やか）

農業経営体が購入する農業生産資材価格に関する指数である農業生産資材価格指数については、令和3(2021)年以降、飼料や肥料等の価格高騰により上昇し、令和5(2023)年4月に122.3となりました。その後は横ばい傾向で推移しており、令和6(2024)年2月時点で120.9となっています（図表1-4-5）。

一方、農業経営体が販売する農産物の生産者価格に関する指数である農産物価格指数については、令和4(2022)年以降、野菜や花き等の価格が上昇したことを受け、おおむね上昇基調で推移し、令和6(2024)年2月時点では108.9となっています。

図表1-4-5　農業生産資材価格指数と農産物価格指数

資料：農林水産省「農業物価統計調査」
注：1）令和2(2020)年の平均価格を100とした各年各月の数値
　　2）令和5(2023)、6(2024)年は概数値

両者の推移を比較すると、農産物価格指数の上昇率は、令和5(2023)年10月に野菜等の価格高騰により119.6となる一時的な上昇はあったものの、農業生産資材価格指数の上昇率と比べて緩やかな動きとなっています。飼料や肥料原料の高騰等により農業生産資材価格が高い水準で推移する一方、農産物価格への転嫁は円滑に進んでいないことがうかがわれ

ます。

（農業交易条件指数は令和2（2020）年を下回る水準で推移）

農産物価格と農業生産資材価格の相対的な関係の変化を示す農業交易条件指数については、令和5（2023）年は88.9となりました。引き続き、令和2（2020）年を下回る水準で推移しており、生産者の収益環境が厳しい状況下に置かれていることがうかがわれます（**図表1-4-6**）。

農業経営の安定化を図り、農産物が将来にわたって安定的に供給されるようにするためには、生産コストの上昇等が、食料システム全体で考慮されることが重要となっています。

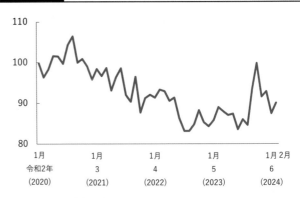

図表1-4-6　農業交易条件指数

資料：農林水産省作成
注：1）農業交易条件指数＝農産物価格指数÷農業生産資材価格指数×100
　　2）令和2（2020）年の平均値を100とした各年各月の数値から算出
　　3）令和5（2023）、6（2024）年は概数値から算出

（コスト高騰に伴う農産物・食品への価格転嫁が課題）

農産物の価格については、品目ごとにそれぞれの需給事情や品質評価に応じて形成されることが基本となっていますが、流通段階での価格競争の厳しさといった様々な要因で、農業生産資材等のコスト上昇分を適切に取引価格に転嫁することが難しい状況にあります。

公益社団法人日本農業法人協会が令和4（2022）年10月～5（2023）年2月に実施した調査によると、調査時点で抱えている経営課題について、「価格転嫁ができない」と回答した農業者の割合は36.7％で4番目に多い結果となりました（**図表1-4-7**）。

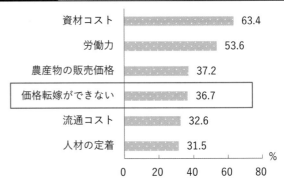

図表1-4-7　農業法人の経営課題（上位6位まで）

	%
資材コスト	63.4
労働力	53.6
農産物の販売価格	37.2
価格転嫁ができない	36.7
流通コスト	32.6
人材の定着	31.5

資料：公益社団法人日本農業法人協会「2022年版 農業法人白書」を基に農林水産省作成
注：令和4（2022）年10月～5（2023）年2月に実施した調査で、有効回答数は1,380者（複数回答）

また、中小企業庁が令和5（2023）年10～12月に実施した調査[1]によると、食品製造業（中小企業）におけるコスト増に対する価格転嫁の割合は53.1％となっています。

飼料、肥料、燃油等の農業生産資材や原材料の価格高騰は、生産者や食品企業の経営コストの増加に直結し、最終商品の販売価格まで適切に転嫁できなければ、食料安定供給の基盤自体を弱体化させかねません。

このため、農業生産資材や原材料価格の高騰等による農産物・食品の生産コストの上昇等について、消費者の理解を得つつ、食料システム全体で、合理的な費用を考慮した価格形成の仕組みづくりに向けて環境整備を進めていくことが必要です。

---

[1] 中小企業庁「価格交渉促進月間（2023年9月）フォローアップ調査」（令和6（2024）年1月公表）

(農業者自らがコスト構造を把握・説明できることが重要)

　合理的な価格の形成の取組に向けては、生産コストの実態を消費者まで伝達することが必要です。生産・加工・流通・小売等の各事業者を通じて、消費者までコスト構造を伝達するためには、フードバリューチェーンの起点である農業者自らがコスト構造を把握し、説明できるようにする必要があります。そのためにも、農業者による経営管理能力の向上が必要となっています。

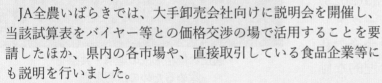

(事例) 生産コストを「見える化」し、取引先との交渉に活用(茨城県)

　茨城県茨城町(いばらきまち)に本拠を置く全国農業協同組合連合会茨城県本部(いばらきけん)(以下「JA全農いばらき」という。)では、価格転嫁の理解促進に向けて、主要品目・作型別に生産費の上昇額の試算表を作成し、生産コスト上昇の「見える化」を推進しています。

　農業生産資材の高騰の影響を受ける中、取引先に対して産地側のコストの状況が伝わりにくいことが課題となっています。このため、JA全農いばらきでは、生産費が考慮された価格形成の実現に向け、農業生産資材の価格高騰の影響を数値で示すため、野菜や果樹、花き等の36品目について、県の統計を基に、6項目(肥料、農薬、光熱動力、出荷資材、労働賃金、運賃)に関し、平成30(2018)年度と令和4(2022)年度の生産費を比較し、その上昇額を算出した試算表を、県内JAの理解を得て完成させました。

　JA全農いばらきでは、大手卸売会社向けに説明会を開催し、当該試算表をバイヤー等との価格交渉の場で活用することを要請したほか、県内の各市場や、直接取引している食品企業等にも説明を行いました。

　これらの取組により、取引価格の値上げに応じる取引先も見られており、価格交渉の場で生産費の上昇を客観的に示すことの重要性が再認識されています。

　JA全農いばらきでは、管内の農協が地域の生産状況に応じて独自の試算表を作成するなど、生産コスト上昇の「見える化」の取組が更に拡大することを期待しています。

取引先向けの説明会
資料：全国農業協同組合連合会茨城県本部

主な品目の1ケース当たり生産費上昇額の試算表

(単位：円)

品名	生産出荷に係る資材等別上昇額(1ケース当たり)						1ケース当たり上昇額
	肥料	農薬	出荷資材	光熱動力費	労働賃金	運賃	
ピーマン	26.3	9.1	9.7	5.7	38.1	5.0	93.9
結球レタス	160.3	2.8	39.2	2.0	54.0	8.0	266.3
はくさい	25.9	8.4	17.4	1.7	10.0	10.0	73.4
かんしょ	33.3	7.6	9.3	4.5	27.1	6.0	87.9
れんこん	53.3	1.9	23.0	7.5	31.9	6.0	123.6
春メロン	86.8	12.4	20.6	3.1	52.1	10.0	185.0

資料：全国農業協同組合連合会茨城県本部
注：令和5(2023)年6月時点の試算値

(円滑な価格転嫁や取引の適正化に係る取組を推進)

　政府は、令和3(2021)年に決定した「パートナーシップによる価値創造のための転嫁円滑化施策パッケージ」に基づき、中小企業等が賃上げの原資を確保できるよう、取引事業者全体のパートナーシップにより、労務費、原材料費、エネルギーコストの上昇分を価格

に適切に転嫁できる環境整備に取り組んでいます。具体的には、公正取引委員会において、独占禁止法[1]の「優越的地位の濫用」に関して、労務費、原材料費、エネルギーコスト等の上昇分の価格転嫁が適切に行われているか等を把握するための更なる調査を実施するなど、コスト上昇分を適正に転嫁できる環境の整備を進めています。

　農林水産省では、令和3(2021)年12月に食品製造業者と小売業者との取引関係において、問題となり得る事例等を示した「食品製造業者・小売業者間における適正取引推進ガイドライン」を策定するとともに、令和6(2024)年3月には、卸売市場の仲卸業者等と小売業者との取引関係において、問題となり得る事例等を示した「卸売市場の仲卸業者等と小売業者との間における生鮮食料品等の取引の適正化に関するガイドライン」を策定しました。これらを普及させることで、取引上の法令違反の未然防止、食品製造業者、卸売市場の仲卸業者等や小売業者の経営努力が報われる適正な取引の推進を図っています。

(フェアプライスプロジェクトを開始)

　国際情勢の影響により、食品の原材料や農業生産資材、エネルギー価格の高騰に加え、円安の進行で、様々な食品の生産・流通コストが上昇し、農林水産業・食品産業は深刻な影響を受けています。

　このため、農林水産省では令和5(2023)年7月に「フェアプライスプロジェクト」を立ち上げ、農林水産業の現状や今後の我が国の食の未来について考え、合理的な価格の形成による持続可能な食料供給の実現

適正な価格形成の理解・共感を
深めるための広報動画

に向けた理解と共感を深めることを狙いとした広報活動を行っています。

(合理的な価格の形成のための取組を推進)

　持続可能な食料供給を実現するためには、生産だけでなく、流通、加工、小売等のフードチェーンの各段階の持続性が確保される必要があり、また、これらが実現することは消費者の利益にもかなうものです。

　このような持続可能な食料供給の実現に向けて、農林水産省では令和5(2023)年8月に「適正な価格形成に関する協議会」を設立しました。同協議会では、適正取引を推進するための仕組みについて、統計調査の結果等を活用し、食料システムの関係者の合意の下でコスト指標を作成し、これをベースに各段階で価格に転嫁されるようにするなど、取引の実態・課題等を踏まえて構築することとしています。

　令和5(2023)年度においては、まずは「飲用牛乳」と「豆腐・納豆」を対象として、実務に精通した取引担当者等によるワーキンググループで検討を進めるとともに、その他の品目についても、コストデータの把握・収集、価格交渉や契約においてどのような課題があるか等について協議会で検討を進めています。

---

[1] 正式名称は「私的独占の禁止及び公正取引の確保に関する法律」

| 第5節 | 食料消費の動向 |

我が国においては、人口減少や高齢化により食市場が縮小することが見込まれるほか、社会構造やライフスタイルの変化に伴い、食の外部化や簡便化が進展することが見込まれています。また、足下では、食料品価格の上昇が見られるほか、食料品の価格高騰が食料消費に大きな影響を及ぼすことが懸念されています。

本節では、食料消費や農産物・食品価格の動向、国産農林水産物の消費拡大の取組について紹介します。

(1) 食料消費の動向

(食料の消費者物価指数は上昇傾向で推移)

消費者物価指数は上昇基調で推移しており、総合の消費者物価指数は令和5(2023)年10月に107.1となっています(**図表1-5-1**)。また、生鮮食品を除く食料の消費者物価指数は、同年11月に115.2となり、前年同月比で6.7%上昇しました。

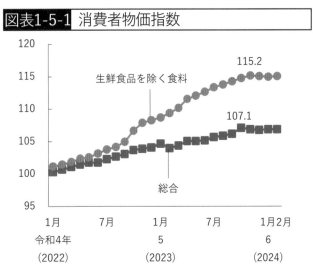

図表1-5-1 消費者物価指数

資料:総務省「消費者物価指数」(令和2(2020)年基準)

(食料品の価格上昇に直面する消費者の購買行動に変化)

食料の消費者物価指数が上昇傾向で推移する中、食料品の価格上昇に直面する消費者の購買行動に変化が見られています。

内閣府が令和5(2023)年9〜10月に実施した世論調査によると、食品価格値上げの許容度について、「1割高までであれば許容できる」と回答した人が37.5%で最も多くなりました(**図表1-5-2**)。また、値上げを許容できると考えている人は75.5%となっています。一方、直近2年の食品価格の高騰への対応として、「価格の安いものに切り替えた」が59.5%で最も多く、次いで「外食の機会を減らした」が42.2%となっています(**図表1-5-3**)。

食料品は、購入頻度の高い品目が多く、消費者が生活の中でその価格変化に直面しやすい商品であることから、食料品の価格高騰が食料消費に大きな影響を及ぼすことが懸念されています。

第1章

図表1-5-2 食品価格値上げの許容度

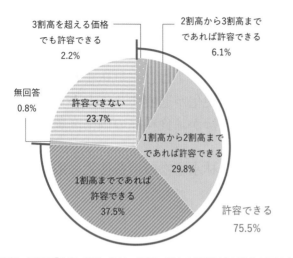

- 3割高を超える価格でも許容できる 2.2%
- 2割高から3割高までであれば許容できる 6.1%
- 無回答 0.8%
- 許容できない 23.7%
- 1割高から2割高までであれば許容できる 29.8%
- 1割高までであれば許容できる 37.5%
- 許容できる 75.5%

資料：内閣府「食料・農業・農村の役割に関する世論調査」(令和6(2024)年2月公表)を基に農林水産省作成

注：令和5(2023)年9〜10月に実施した調査で、有効回収数は2,875人

図表1-5-3 食品価格の高騰への対応（上位5位まで）

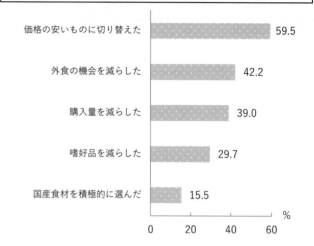

	%
価格の安いものに切り替えた	59.5
外食の機会を減らした	42.2
購入量を減らした	39.0
嗜好品を減らした	29.7
国産食材を積極的に選んだ	15.5

資料：内閣府「食料・農業・農村の役割に関する世論調査」(令和6(2024)年2月公表)

注：令和5(2023)年9〜10月に実施した調査で、有効回収数は2,875人(複数回答)

（消費者世帯の食料消費支出は名目で増加、実質で減少）

消費者世帯(二人以上の世帯)における1人当たり1か月間の「食料」の支出額(以下「食料消費支出」という。)について、令和5(2023)年の平均値[1]は、名目で約2万8千円となり、前年に比べ6.0%上昇しました。一方、物価変動の影響を除いた実質[2]では約2万5千円となり、前年に比べ1.8%減少しました。

また、同年における食料消費支出を前年同月比で見ると、実質では前年を下回る状況が続いた一方、名目では前年を上回る状況が続きました(**図表1-5-4**)。食料価格の上昇により、食料消費支出が増加し、家計の負担感の増加につながっていることがうかがわれます。

図表1-5-4 令和5(2023)年における名目と実質の1人当たり1か月間の食料消費支出(前年同月比)

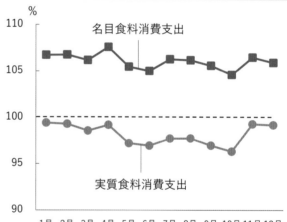

名目食料消費支出

実質食料消費支出

1月 2月 3月 4月 5月 6月 7月 8月 9月 10月 11月 12月

資料：総務省「家計調査」(全国・用途分類・二人以上の世帯)等を基に農林水産省作成

注：1) 算出方法は、令和5(2023)年当月金額÷令和4(2022)年同月金額×100
2) 1)の「金額」について、名目は世帯員数で除した1人当たりのもの。実質は消費者物価指数(令和2(2020)年基準)を用いて物価の上昇・下落の影響を取り除き、世帯員数で除した1人当たりのもの

---

[1] 各月ごとに算出した1人当たり1か月間の食料消費支出を基に、年間の平均値を算出したもの
[2] 令和5(2023)年各月の食料消費支出について、消費者物価指数(令和2(2020)年基準)を用いて物価の上昇・下落の影響を取り除いた上で、年間の平均値を算出したもの

（和牛肉の需要が減退し、和牛枝肉の卸売価格が下落）

　物価高騰に伴う消費者の生活防衛意識の高まりにより、小売向けの引合いが弱まったこと等から、和牛肉の需要の減退が見られ、令和5(2023)年の和牛枝肉の卸売価格は、同年1月から11月まで前年同月の価格を下回って推移しました（**図表1-5-5**）。

　農林水産省では、緊急的かつ強力に和牛肉の需要を喚起し、需給状況を改善させるため、令和5(2023)年度補正予算において、和牛肉の新規需要開拓、消費拡大・理解醸成やインバウンド需要の喚起を支援しています。

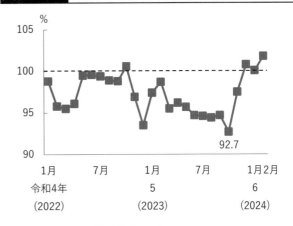

図表1-5-5　和牛枝肉の卸売価格（前年同月比）

資料：農林水産省「畜産物流通調査」
注：1）食肉中央卸売市場10市場の平均価格の前年同月比
　　2）和牛の枝肉卸売価格は、全規格（和牛去勢・めす・おす）の加重平均価格

（令和5(2023)年の外食支出は、令和元(2019)年の約9割の水準で推移）

　家計における食料支出の状況を見ると、外食への支出は、令和2(2020)年3月以降、新型コロナウイルス感染症の影響により大きく減少しました。その後、コロナ禍から平時へと移行する中、令和5(2023)年の外食支出は、インバウンド需要が回復基調にある一方、物価上昇による消費者の生活防衛意識の高まり等の影響もあり、令和元(2019)年の約9割の水準で推移しています（**図表1-5-6**）。

図表1-5-6　1人当たり1か月間の食料支出（令和元(2019)年同月比）

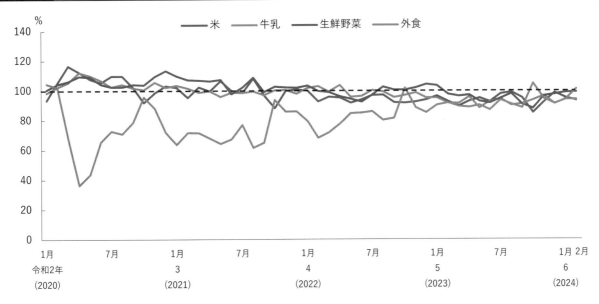

資料：総務省「家計調査」（全国・用途分類・二人以上の世帯）等を基に農林水産省作成
注：1）算出方法は、当月金額÷令和元(2019)年同月金額×100
　　2）1）の「金額」は、消費者物価指数（令和2(2020)年基準）を用いて物価の上昇・下落の影響を取り除き、世帯員数で除した1人当たりのもの

(パブレストラン・居酒屋の売上高は、令和元(2019)年の約6〜7割の水準で推移)

　一般社団法人日本フードサービス協会の調査によると、令和5(2023)年1月以降の外食産業全体の売上高は、コロナ禍以前である令和元(2019)年同月を上回る100〜120%の間で推移しました。

　一方、一部の業態、特にパブレストラン・居酒屋の売上高については、令和元(2019)年同月比で見ると約6〜7割の水準で推移しており、他の業態を大きく下回っています(**図表1-5-7**)。新型コロナウイルス感染症の影響下では接触機会や対面の機会が減少し、宴会の機会等も減少しましたが、コロナ禍から平時へと移行する中にあっても、夜間に酒類を提供する業態ではコロナ禍以前の宴会需要が十分には戻っておらず、消費者の価値観や生活様式が変化している様子がうかがえます。

図表1-5-7　外食産業における業態別売上高(令和元(2019)年同月比)

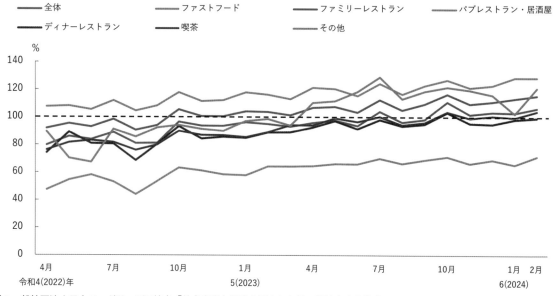

資料：一般社団法人日本フードサービス協会「外食産業市場動向調査」を基に農林水産省作成
　注：1) 協会会員社を対象とした調査
　　　2) 「その他」は、総合飲食、宅配ピザ、給食等を含む。

(食品類のEC市場は年々拡大)

　経済産業省の調査によると、令和4(2022)年の「食品、飲料、酒類」(以下「食品類」という。)のEC[1]市場規模(BtoC)は、前年に比べ9.2%増加し2兆7,505億円となりました。この結果、令和4(2022)年の食品類のEC化率は、前年と比べ0.4ポイント増加し4.2%となりました(**図表1-5-8**)。食品類のEC市場は年々拡大しており、スマートフォン等の身近なIT端末の普及や共働き世帯の増加といった社会構造の変化と共に、多くの人々にとって日常的な取引形態となっています。

　また、近年、料理の調理手順等を動画で視聴できる、いわゆる「料理レシピ動画」を利用する消費者が増加しており、Webサイトやアプリで多様な料理レシピを配信するサービスも広がりを見せています。マルハニチロ株式会社が令和2(2020)年7月に実施した調査によると、使用している料理レシピは、「レシピサイト・レシピアプリ」が74.3%で最も多くなっています(**図表1-5-9**)。今後、このようなサービスの活用と合わせ、消費者が料理や食

---

[1] Electronic Commerceの略で、電子商取引のこと

により一層関心を持ち、食の楽しさを実感する機会が増えることが期待されています。

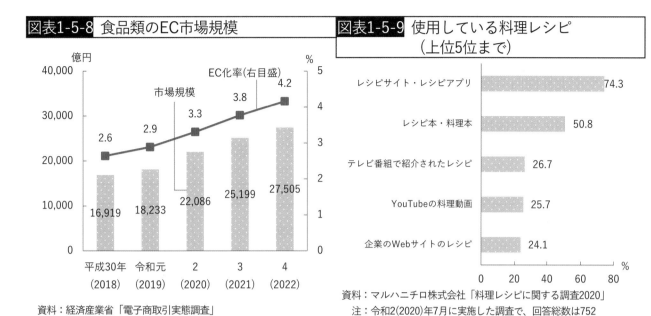

図表1-5-8 食品類のEC市場規模

億円
EC化率(右目盛)
市場規模

平成30年(2018): 16,919 / 2.6
令和元(2019): 18,233 / 2.9
2(2020): 22,086 / 3.3
3(2021): 25,199 / 3.8
4(2022): 27,505 / 4.2

資料:経済産業省「電子商取引実態調査」

図表1-5-9 使用している料理レシピ（上位5位まで）

レシピサイト・レシピアプリ 74.3
レシピ本・料理本 50.8
テレビ番組で紹介されたレシピ 26.7
YouTubeの料理動画 25.7
企業のWebサイトのレシピ 24.1

資料:マルハニチロ株式会社「料理レシピに関する調査2020」
注:令和2(2020)年7月に実施した調査で、回答総数は752

（食の外部化・簡便化が進展）

　我が国においては、単身世帯の増加や女性の雇用者の増加等が見られ、社会情勢が変化する中、食に関して外部化・簡便化の進展が見られています。

　一般社団法人日本惣菜協会の調査によると、中食(惣菜)市場の売上高については近年増加傾向で推移しており、令和4(2022)年は平成25(2013)年比で117.6%の10兆5千億円となっています(**図表1-5-10**)。

　また、米の消費については、家庭でごはんを炊いて食べる家庭内消費の割合が減少し、中食や外食で食べる業務用消費の割合が拡大しています(**図表1-5-11**)。令和4(2022)年度の業務用向けの米の消費は全体の3割を超えており、今後も業務用需要のウェイトは拡大傾向で推移していくものと見込まれています。

　農林水産省では、食の外部化・簡便化の進展に合わせ、中食・外食における国産農産物の需要拡大を図ることとしています。

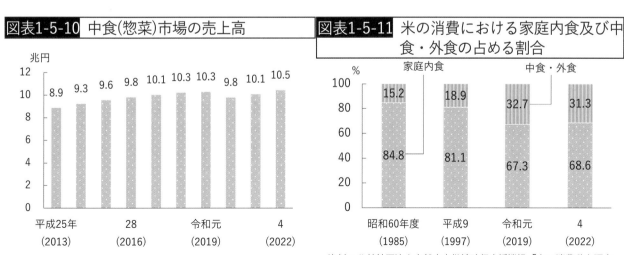

図表1-5-10 中食(惣菜)市場の売上高

兆円
平成25年(2013): 8.9
9.3
9.6
28(2016): 9.8
10.1
10.3
令和元(2019): 10.3
9.8
10.1
4(2022): 10.5

資料:一般社団法人日本惣菜協会「惣菜白書」

図表1-5-11 米の消費における家庭内食及び中食・外食の占める割合

%
家庭内食 / 中食・外食
昭和60年度(1985): 84.8 / 15.2
平成9(1997): 81.1 / 18.9
令和元(2019): 67.3 / 32.7
4(2022): 68.6 / 31.3

資料:公益社団法人米穀安定供給確保支援機構「米の消費動向調査結果」等を基に農林水産省作成

(2) 農産物・食品価格の動向

(牛肉・豚肉・鶏肉の小売価格はやや上昇、鶏卵の小売価格は下落基調に転換)

　令和5(2023)年度における国産牛肉の小売価格は、流通コストの上昇等に伴い、やや上昇傾向で推移しました(**図表1-5-12**)。また、豚肉の小売価格は、輸入豚肉価格の高騰等により、やや上昇傾向で推移しました。さらに、鶏肉の小売価格は、輸入鶏肉の価格の高騰等により、やや上昇傾向で推移しました。

　一方、鶏卵の小売価格は、高病原性鳥インフルエンザの影響による供給減等により上昇傾向で推移していましたが、夏季以降は需給が緩和し下落基調に転換しています。

図表1-5-12　国産牛肉・豚肉・鶏肉・鶏卵の小売価格

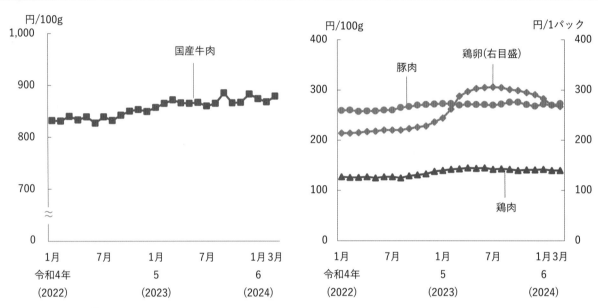

資料：農林水産省「食品価格動向調査」

(米の相対取引価格は前年産より上昇、野菜の小売価格は品目ごとの供給動向に応じ変動)

　令和5(2023)年産米の令和6(2024)年2月までの相対取引価格は、民間在庫が減少したこと等から年産平均で玄米60kg当たり1万5,276円となり、前年産に比べ10.3%上昇しました(**図表1-5-13**)。

　また、野菜は天候によって作柄が変動しやすく、短期的には価格が大幅に変動する傾向があります。令和5(2023)年においては、レタスは7〜8月の好天の影響により出荷量が増加し、8月の小売価格は平年と比べて低下した一方、11〜12月の干ばつ等の影響により出荷量が減少し、12月に大きく上昇しました(**図表1-5-14**)。トマトは夏の高温の影響による着果不良や生育前進によって出荷量が減少し、9〜11月の小売価格は平年と比べて大きく上昇しました。たまねぎは北海道における8〜9月の高温・干ばつの影響により出荷量が減少し、11月以降小売価格は平年と比べて大きく上昇しました。

図表1-5-13	米の相対取引価格

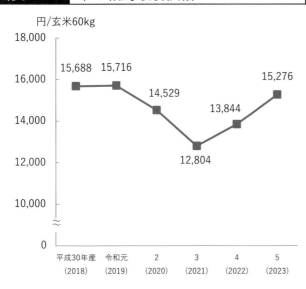

円/玄米60kg

15,688 15,716 14,529 12,804 13,844 15,276

| | 平成30年産
(2018) | 令和元
(2019) | 2
(2020) | 3
(2021) | 4
(2022) | 5
(2023) |

資料：農林水産省作成

注：1) 相対取引価格とは、出荷団体(事業者)・卸売業者間で取引
されている価格
　　2) 出回り～翌年10月(令和5(2023)年産は令和6(2024)年2月
まで)の全銘柄平均価格

図表1-5-14	主な野菜の小売価格(平年比)

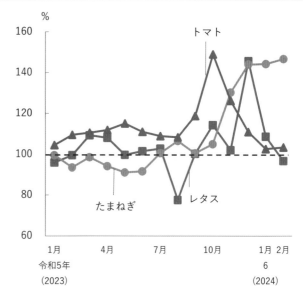

%

トマト

たまねぎ　レタス

| | 1月
令和5年
(2023) | 4月 | 7月 | 10月 | 1月 2月
6
(2024) |

資料：総務省「小売物価統計調査」(東京都区部)を基に農林水産省
作成

注：1) 直近5か年における同月の小売価格の平均との比
　　2) 1)の直近5か年における同月の小売価格の平均とは、令和
5(2023)年1月の場合、平成30(2018)～令和4(2022)年の1
月の小売価格の平均

(食パン・豆腐の小売価格は上昇傾向で推移)

　穀物等の国際価格の上昇により、輸入原料を用いた加工食品の小売価格は上昇傾向で推移しています(**図表1-5-15**)。

　食パンの小売価格は、原料小麦や包材、燃料等の価格上昇を受けて、令和5(2023)年12月には551円/kgとなり、前年同月比で5.8%上昇しました。また、豆腐の小売価格は、原料大豆や包材、燃料等の価格上昇を受け、一部の小売事業者において価格転嫁が進んだことから、令和5(2023)年6月には265円/kgとなり、前年同月比で11.8%上昇しました。このほか、食用油(サラダ油)の小売価格は、令和5(2023)年4月に506円/kgとなって以降、横ばい傾向で推移しています。

図表1-5-15	加工食品の小売価格

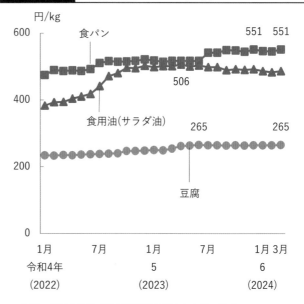

円/kg

食パン　551 551

食用油(サラダ油)　506

豆腐　265 265

| | 1月
令和4年
(2022) | 7月 | 1月
5
(2023) | 7月 | 1月 3月
6
(2024) |

資料：農林水産省「食品価格動向調査」を基に作成

第1章

(3) 国産農林水産物の消費拡大

(「米・米粉消費拡大推進プロジェクト」を開始)

　米[1]の1人当たりの年間消費量については、食生活の変化等により減少傾向で推移しており、令和4(2022)年度は前年度に比べ0.5kg減少し50.9kgとなりました(**図表1-5-16**)。

　農林水産省では、米の消費を喚起する取組として「やっぱりごはんでしょ！」運動を展開しており、「BUZZ MAFF[2]」での動画投稿やSNS・Webサイトでの情報発信等を実施しています。

　また、令和5(2023)年8月から、国内で自給可能な食料である米や米粉の魅力を広め、消費拡大を図ることを目的として、「米・米粉消費拡大推進プロジェクト」を立ち上げました。令和5(2023)年度は、テレビCMの放映や特設サイト・SNSでの情報発信、米粉アンバサダーによる米粉料理の紹介等の取組を実施しました。

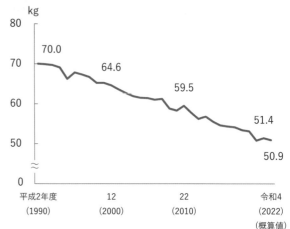

図表1-5-16　米の1人当たりの年間消費量

資料：農林水産省「食料需給表」

(「野菜を食べようプロジェクト」を展開)

　野菜の1人当たりの年間消費量については、食生活の変化等により減少傾向で推移していますが、令和4(2022)年度は前年度と同じ88.1kgとなりました(**図表1-5-17**)。また、厚生労働省の調査によると、1人1日当たりの野菜摂取量は、年齢階層別で若い世代ほど少ない傾向が見られています。

　農林水産省では、1人1日当たりの野菜摂取量を、目標値の350gに近づけることを目的として、「野菜を食べようプロジェクト」を実施しています。令和5(2023)年度は、同プロジェクトの一環として、漬物を通じた野菜の消費拡大を図るため、チラシによる情報発信、Webシンポジウム等の取組を実施しました。また、8月31日の「野菜の日」に合わせ、日頃の野菜摂取状況が把握できる測定機器を農林水産省内に設置し、職員や来庁者に対して日頃の食生活に適量の野菜を取り入れる習慣づくりを促す機会を設けました。

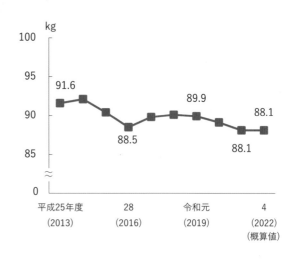

図表1-5-17　野菜の1人当たりの年間消費量

資料：農林水産省「食料需給表」

---

[1] 主食用米のほか、菓子用・米粉用の米を含む。
[2] 第1章第8節を参照

(茶の消費拡大に向け「出かけよう、味わおう！キャンペーン」を開始)

　緑茶[1]の1世帯当たりの年間消費量については近年減少傾向で推移しており、令和5(2023)年は前年に比べ25g減少し676gとなりました(**図表1-5-18**)。

　農林水産省では、令和5(2023)年の新茶シーズンの本格化に併せて、観光需要が回復する機会を捉え、産地や事業者と連携して「出かけよう、味わおう！キャンペーン」を、同年4月から開始しました。

　全国の茶産地での茶摘み体験や消費地も含めたお茶の淹れ方体験、新茶の試飲会等の情報発信を行い、多くの消費者に日本茶の良さを体験してもらうなど、一層の消費拡大に取り組んでいます。

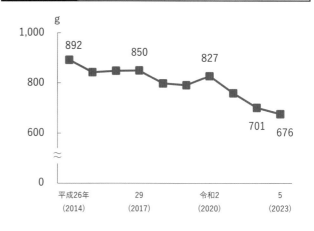

図表1-5-18　緑茶の1世帯当たりの年間消費量

資料：総務省「家計調査」(全国・品目分類・二人以上の世帯)
注：平成30(2018)年1月から調査世帯の半数において記載様式を改正した家計簿を用い、平成31(2019)年1月からは、全調査世帯において記載様式を改正した家計簿を用いて調査しているため、これらの改正による影響が結果に含まれている。

(砂糖の需要拡大に向け「ありが糖運動」を展開)

　砂糖の年間消費量については近年減少傾向で推移していますが、令和4(2022)砂糖年度は経済活動の回復等もあり前砂糖年度に比べ2千t増加し174万8千tとなりました(**図表1-5-19**)。

　農林水産省では、砂糖の新規需要拡大のための商品開発等を支援しています。また、砂糖関連業界等による取組と連携しながら、砂糖の需要や消費の拡大を図る「ありが糖運動」を展開しており、WebサイトやSNSを活用しながら、情報発信を行っています。

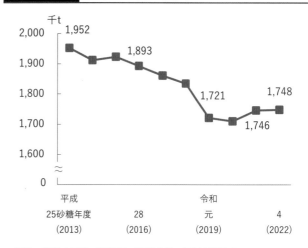

図表1-5-19　砂糖の年間消費量

資料：農林水産省「砂糖及び異性化糖の需給見通し」
注：1) 分蜜糖の消費量
　　2) 砂糖年度とは、当該年の10月1日から翌年の9月30日までの期間

---

[1] 緑茶には、茶飲料を含まない。

(「花いっぱいプロジェクト」を展開)

　切り花の1世帯当たりの年間購入額については近年減少傾向で推移していますが、令和5(2023)年は前年に比べ42円増加し8,034円となりました(**図表1-5-20**)。

　農林水産省では、令和9(2027)年に神奈川県横浜市で開催される2027年国際園芸博覧会を契機とした需要拡大を図るため、「花いっぱいプロジェクト」を展開しています。花きをより身近に感じてもらうため、花き業界と協力し、クリスマスやバレンタイン等のイベントに合わせた花贈りの提案や花きの暮らしへの取り入れ方等について、BUZZ MAFF等による広報活動を進めています。

図表1-5-20　切り花の1世帯当たりの年間購入額

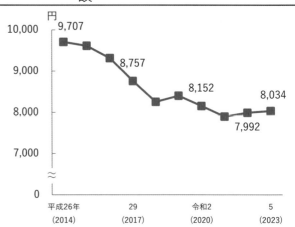

資料：総務省「家計調査」(全国・品目分類・二人以上の世帯)
注：平成30(2018)年1月から調査世帯の半数において記載様式を改正した家計簿を用い、平成31(2019)年1月からは、全調査世帯において記載様式を改正した家計簿を用いて調査しているため、これらの改正による影響が結果に含まれている。

(「牛乳でスマイルプロジェクト」を展開)

　牛乳乳製品の1人当たりの年間消費量については、チーズや生クリームの消費量増加に伴い増加傾向にありましたが、令和4(2022)年度はヨーグルト等の原料となる脱脂粉乳の需要低迷等により前年度に比べ0.5kg減少し93.9kgとなりました(**図表1-5-21**)。

　農林水産省では、酪農・乳業関係者のみならず、企業・団体や地方公共団体等の幅広い参加者と共に、共通ロゴマークにより一体感を持って、更なる牛乳乳製品の消費拡大に取り組むため、一般社団法人Jミルクと共に、「牛乳でスマイルプロジェクト」を展開しています。令和5(2023)年度においては、6月1日の「牛乳の日」、6月の「牛乳月間」に併せて、牛乳乳製品の消費拡大に向けた取組を実施しました。

図表1-5-21　牛乳乳製品の1人当たりの年間消費量

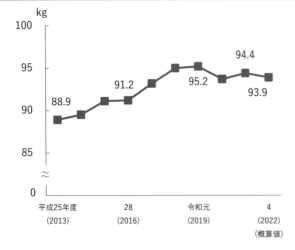

資料：農林水産省「食料需給表」

「牛乳でスマイルプロジェクト」のポスター

（コラム）訪日外国人旅行者に国産牛乳乳製品の魅力を発信

　酪農経営は飼料価格の高止まり等により生産コストが上昇し厳しい状況にある一方、生乳の需給は脱脂粉乳を中心に緩和傾向で推移しており、牛乳乳製品の需要拡大を図ることが不可欠となっています。

　このような中、一般社団法人Jミルクでは、令和5(2023)年度において、今後増加が期待される訪日外国人旅行者に牛乳乳製品の魅力を発信し、国内外の需要を拡大する取組を実施しています。

　同団体は、訪日外国人旅行者に我が国の牛乳乳製品のおいしさを知ってもらい、インバウンドの需要喚起を図るため、同年6月に、成田空港で常温保存可能なロングライフ牛乳をウェルカムミルクとして配布しました。受け取った訪日外国人旅行者からは「とてもおいしい」、「どこで購入できるか教えてほしい」といった声が聞かれ、消費拡大に弾みがつくことが期待されています。

　また、全国の主要国際空港でもウェルカムミルクの配布イベントを実施したほか、国内の観光地等で外国人旅行者に国産牛乳乳製品を用いた料理やデザート等の試食販売を実施しました。

　同団体では、今後とも訪日外国人旅行者に国産牛乳乳製品の魅力を知ってもらい、帰国後も日本産の牛乳乳製品を購入してもらうことで、牛乳乳製品の輸出促進につなげることを目指しています。

ウェルカムミルクを受け取った訪日外国人旅行者

資料：一般社団法人Jミルク

第1章

（「#食べるぜニッポン」キャンペーンを展開）

　令和5(2023)年8月に開始されたALPS処理水[1]の海洋放出に伴い、中国等による全面的な輸入規制措置等が導入されたことにより、影響を受ける水産物の国内での消費拡大が重要となりました。このような状況の中、農林水産省では、水産物の国内消費を応援するため、同年9月からSNSを中心に「#食べるぜニッポン」キャンペーンを実施しています。「#食べるぜニッポン」という共通のハッシュタグやロゴ画像を用いて水産物の写真の投稿を呼び掛けるとともに、農林水産省Webサイトに専用ページを開設し、水産物消費に対する応援の輪の拡大に努めています。

#食べるぜニッポン

#食べるぜニッポン
URL：https://www.maff.go.jp/j/pr/social_media/taberuze.html

---

[1] トピックス3を参照

第6節　新たな価値の創出による需要の開拓

　食品産業は、農業と消費者の間に位置し、食料の安定供給を担うとともに、国産農林水産物の主要な仕向先として、消費者ニーズを生産者に伝達する役割を担っています。また、多くの雇用・付加価値を生み出すとともに、環境負荷の低減等にも重要な役割を果たしています。

　本節では、食品産業の動向やJAS[1]を始めとした規格・認証の活用等について紹介します。

(1) 食品産業の競争力の強化

(食品産業の国内生産額は96兆1千億円)

　食品産業の国内生産額については、近年おおむね横ばい傾向で推移しており、令和4(2022)年は新型コロナウイルス感染症の影響で落ち込んだ外食支出が回復しつつあること等から、前年に比べ4.9%増加し96兆1千億円となりました(**図表1-6-1**)。このうち食品製造業では水産食料品や清涼飲料の生産額が増加したこと等から前年に比べ3.7%増加し38兆4千億円となり、関連流通業は前年に比べ2.6%増加し36兆4千億円となりました。

　一方、全経済活動に占める食品産業の割合は前年に比べ0.2ポイント減少し8.6%となりました。このほか、食品産業の企業規模別の構成を見ると、大半が中小零細規模の企業となっています(**図表1-6-2**)。

図表1-6-1　食品産業の国内生産額

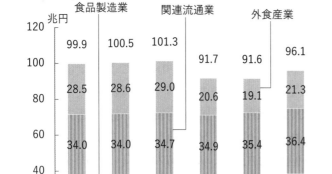
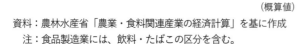

資料：農林水産省「農業・食料関連産業の経済計算」を基に作成
注：食品製造業には、飲料・たばこの区分を含む。

図表1-6-2　食品産業の企業規模別構成

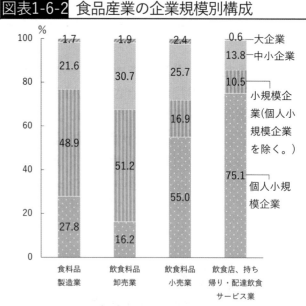

資料：総務省・経済産業省「令和3年経済センサス-活動調査」を基に農林水産省作成
注：令和3(2021)年の数値

---

[1] Japanese Agricultural Standardsの略で、日本農林規格のこと

(経営者の高齢化により事業継承の課題を抱える企業が多数存在)

中小企業が大半を占める食品産業では、経営者の高齢化により事業継承の課題を抱える企業が多くなっています(**図表1-6-3**)。

国内市場を対象としてきた食品事業者の中には、国内市場が縮小傾向にあること等を背景として、自身の世代での廃業を考え、将来に向けた生産拡大や設備の更新等の追加投資を控えるなど、撤退を視野に入れている事業者も見られています。

食料には食品製造業による加工を経て消費者に届くものが多いほか、地域の農林水産業と密接に関係し地域の食文化を反映する加工食品も多いことから、食品製造業を次世代につなげていくことが重要であり、食品製造業の事業継承の円滑化や食品産業の体質強化を図っていく必要があります。

図表1-6-3 個人事業主等の年齢別割合、事業承継の意向

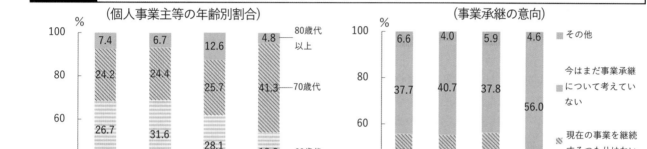

資料：中小企業庁「令和3年中小企業実態基本調査」を基に農林水産省作成
注：1) 令和2(2020)年度決算実績の数値
　　2) 個人事業主等は、法人企業の社長を含む。
　　3) 「その他」は「会社への引継ぎを考えている」、「個人への引継ぎを考えている」、「その他の方法による事業承継を考えている」等と回答した者の割合

(食品産業と農業の連携を推進)

食品産業を持続可能なものとするため、食品産業における国産原材料の利用促進や生産性の向上等を推進し、その体質強化・事業継続を図ることによって、消費者に食品や豊かな食文化を提供するとともに、原材料調達や製造工程等において持続性に配慮した食品産業への移行を一層推進していくことが重要となっています。

このため、農林水産省では、国産原材料への切替えによる新商品開発や産地との連携強化等を支援しています。

また、地域の食品産業を中心とした多様な関係者が参画するプラットフォームを形成し、地域の農林水産物を活用したビジネスを継続的に創出する仕組みである「地域食品産業連携プロジェクト」(LFP[1])を推進しています。

---

[1] Local Food Projectの略

地域食品産業連携プロジェクト(LFP)推進事業
URL：https://www.maff.go.jp/j/shokusan/seisaku/lfp-pj.html

(事例) 契約栽培を通じて原料の安定調達と産地との連携強化を推進(兵庫県)

　　兵庫県神戸市の食品事業者である株式会社マルヤナギ小倉屋では、契約栽培を通じて原料の安定調達を図るとともに、産地との連携を強化する取組を推進しています。

　　同社は、豆、昆布、もち麦等の製造販売を行っており、独自の蒸し技術により開発した「蒸し大豆」は、大豆のおいしさと栄養価値を併せ持ち、食の洋風化にも対応する商品として市場規模が拡大しています。

　　一方で、蒸し大豆に適した品種である「北海道産トヨムスメ」は、農業者にとって作りにくく衰退品種となっていることから、トヨムスメの契約栽培を維持・拡大するために、栽培奨励金を支給するなどの施策を講じています。また、同社では、より安全で安心な商品を消費者に提供するため、環境に優しい農業を目指し、減農薬・減化学肥料による特別栽培大豆の契約栽培を奨励しています。さらに、我が国では栽培が難しい有機無農薬栽培大豆についても、技術力の高い農業者に依頼し、契約栽培による原料の確保に取り組んでいます。

　　このほか、同社では、食物繊維の摂取不足の解消に優れた「蒸しもち麦」を開発し、基幹工場が立地する同県加東市や地元の農協と連携し、地元産原料の確保に努めるとともに、もち麦の健康価値を伝える啓発活動に取り組み、地域農業の振興にも寄与しています。

　　同社では、「伝統食材のすばらしさを、次の世代へ」つなげていくことを目標としており、今後とも国内原料産地との連携を深化させていくこととしています。

生産者と連携した大豆作り
資料：株式会社マルヤナギ小倉屋

契約栽培を行っている大豆の圃場
資料：株式会社マルヤナギ小倉屋

(フードテック推進ビジョンに基づき、新市場創出のための環境整備を推進)

　　世界の食料需要の増大に対応した持続可能な食料供給のほか、個人の多様なニーズを満たす豊かで健康な食生活や食品産業の生産性の向上の実現が求められている中、フードテック[1]を活用した新たなビジネスの創出への関心が世界的に高まっています。

　　そのような中、食品企業、ベンチャー企業、研究機関、関係省庁等に所属する者で構成される「フードテック官民協議会」では、令和5(2023)年2月に「フードテック推進ビジョン」を策定し、今後のフードテックの推進に当たり、目指す姿や必要な取組等を整理し、フードテックの6分野[2]について、具体的な課題を工程表として整理しています。

---

[1] 生産から流通・加工、外食、消費等へとつながる食分野の新しい技術及びその技術を活用したビジネスモデルのこと
[2] 6分野は、植物由来の代替たんぱく質源、昆虫食・昆虫飼料、スマート育種のうちゲノム編集、細胞性食品、食品産業の自動化・省力化、情報技術による人の健康実現

農林水産省では、これらに沿って、オープンイノベーションとスタートアップの創業を促進するとともに、新たな市場を作り出すための環境整備を進め、フードテックの積極的な推進に取り組んでいくこととしています。

(コラム) 2025年の大阪・関西万博に向けて、食の多様性に配慮した環境を整備

　我が国では、令和7(2025)年に、大阪湾の人工島である夢洲を会場として、「2025年日本国際博覧会」(以下「大阪・関西万博」という。)を開催することとしており、「いのち輝く未来社会のデザイン」をテーマとし、ポストコロナの時代に求められる社会像を世界と共に提示していくこととしています。

　公益社団法人関西経済連合会では、参画団体とともに、大阪・関西万博の開催を見据え、ムスリムやベジタリアン(菜食主義者)、ヴィーガン(完全菜食主義者)、食物アレルギーのある人等に配慮するといった食の多様性に対応でき、多様な信条や考えを持つ訪日外国人旅行者が安心して食事ができる環境を整える「食の多様性推進ラウンドテーブル*」を設立し、取組を推進しています。

　今後は、食の多様性に対応した新たな名物料理の開発・販売や、ピクトグラム等を活用したメニュー表示の普及等を進めることにより、訪日外国人旅行者等が安心して食事を楽しめる環境の実現を後押しすることとしています。

　なお、農林水産省では、大阪・関西万博に向けて、輸出拡大やインバウンド需要の拡大を図るため、和食や食文化、農泊体験といった我が国の農林水産・食品産業の有する魅力を世界に向けて発信するとともに、みどり戦略が目指す、環境と調和した持続可能な食料システムの姿を発信することとしています。

* 株式会社JTB及び株式会社YRK andが座長を務めている。

会場のイメージ
資料：公益社団法人2025年日本国際博覧会協会

食材表示ツールのピクトグラム
資料：株式会社フードピクト

(2) 食品流通の合理化

(農林水産物・食品分野で物流効率化に取り組む事業者数は増加傾向)

　農林水産物・食品を消費者に届ける役割を担う食品流通業は、売上高に占める経費(販売費及び一般管理費)の割合が高く、営業利益率が低い状態にあります。また、食品流通はトラック輸送に大きく依存しており、「物流の2024年問題」による輸送費の上昇も懸念されています。このような中、食品流通業を持続的に発展させていくためには、技術の活用等を通じた流通の非効率性の解消が不可欠です。

　このため、農林水産省では、パレットや段ボールサイズ等の物流標準化、ICTやロボット技術を活用した業務の省力化・自動化、コールドチェーンの整備による流通の高度化等の取組を支援しています。具体的には、青果物と花きの流通標準化ガイドラインの現場へ

の普及、産地と卸売業者の間で出荷情報を共有するデータ連携システムの構築、流通合理化に対応した卸売市場や中継共同物流拠点の整備等を行っています。

　また、「物流革新に向けた政策パッケージ[1]」に基づき、自主行動計画の着実な実施のほか、一層の物流標準化や中継共同物流拠点の整備等を推進しています。

　このような中、農林水産物・食品等の流通合理化に取り組む事業者数[2]については、令和4(2022)年度は前年度に比べ42件増加し164件となりました(**図表1-6-4**)。

　他方、農林水産物・食品の物流の現場での取組も進展しており、九州では、青果卸売業者が、九州各県の荷物を集約して大ロット輸送、モーダルシフトを行うための中継共同物流拠点を整備する取組を進めています。また、東北・北陸では、生産者団体が鉄道事業者と連携し、青森県から北陸を経由して大阪府へ米等を輸送する貨物列車の定期運行を開始しています。さらに、食品製造業者と生産者団体が、産地から加工工場に米を運ぶトラックを活用し、加工工場から産地に加工食品を運ぶことにより空車区間を解消する「ラウンド輸送」を開始するといった取組も見られています。

図表1-6-4　流通合理化に取り組む事業者数

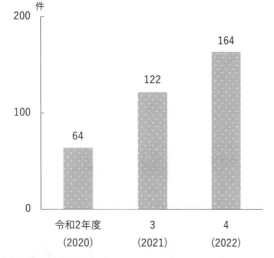

資料：農林水産省作成

休日の運休列車を活用した米の鉄道輸送
資料：全国農業協同組合連合会

(卸売市場の物流機能を強化)

　卸売市場は、野菜、果物、魚、肉、花き等の日々の食卓に欠かすことのできない生鮮品等を、国民に円滑かつ安定的に供給するための基幹的なインフラであり、多種・大量の物品の効率的・継続的な集分荷、公正で透明性の高い価格形成等の重要な機能を担っています。

　食料安全保障の強化が求められる中、持続的に生鮮食料品等の安定供給を確保していくため、単に老朽化に伴う施設の更新のみならず、物流施策全体の方向性と調和し、標準化・デジタル化に対応した卸売市場の物流機能を強化することが必要となっています。

　農林水産省では、物流機能を強化するために、コールドチェーンの確保等に資する整備や中継共同物流拠点の施設整備を支援することとしています。

---

[1] トピックス2を参照
[2] 「流通業務の総合化及び効率化の促進に関する法律」に基づく総合効率化計画又は「食品等の流通の合理化及び取引の適正化に関する法律」に基づく食品等流通合理化計画の認定件数

(3) 規格・認証の活用

(JAS普及推進月間に新たな取組を展開)

　近年、輸出の拡大や市場ニーズの多様化が進んでいることから、農林水産省では、JAS法[1]に基づき、農林水産物・食品の品質だけでなく、事業者による農林物資の取扱方法、生産方法、試験方法等について認証する新たなJAS制度を推進しています。令和5(2023)年度は新たに木質ペレット燃料のJASを制定したほか、規格の更なる活用を視野に、既存のJASの見直しを行いました。さらに、令和5(2023)年11月のJAS普及推進月間に、新たな取組として、JASの認知を高め、活用を促進するためのポスターを作成し、周知活動を行いました。事業者や産地の創意工夫により生み出された多様な価値・特色が戦略的に活用され、我が国の食品・農林水産分野の競争力の強化につながることが期待されています。

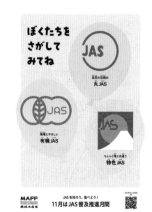

　また、有機農産物加工食品について既に同等性を相互承認している米国やEU等と有機酒類の同等性交渉を進めています。令和5(2023)年8月にはカナダ、令和6(2024)年1月には台湾との間で、有機酒類の同等性が相互承認されました。今後、我が国の有機食品の輸出拡大につながることが期待されています。

　このほか、農林水産省では、輸出促進に向け海外との取引を円滑に進めるための環境整備として、産官学の連携により、ISO[2]規格等の国際規格の制定・活用を進めています。

JAS普及推進月間を
呼び掛けるポスター

(JFS規格の取得件数は2,509件に増加)

　食品の民間取引において、安全管理の適正化・標準化が求められるようになりつつあり、食品安全マネジメント規格への関心が高まっています。

　日本発の食品安全マネジメントに関する認証規格である「JFS[3]規格」の国内取得件数(JFS-A/B/C規格)は、運用開始以降、年々増加してきており、令和6(2024)年3月末時点で2,509件[4]となりました(図表1-6-5)。

　今後、JFS規格の更なる普及により、我が国の食品安全レベルの向上や食品の輸出力強化が期待されます。

　農林水産省では、JFS規格の認証取得の前提となるHACCP[5]に沿った衛生管理の円滑な実施を図るための研修や海外における認知度向上のための周知、取得ノウハウ等を情報発信して横展開する取組等を支援しています。

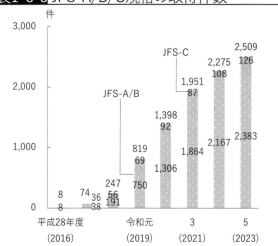

図表1-6-5　JFS-A/B/C規格の取得件数

資料：一般財団法人食品安全マネジメント協会資料を基に農林水産省作成
注：1) 集計基準は適合証明書発行日
　　2) 平成28(2016)年度の8件は全てJFS-C規格
　　3) 各年度末時点の数値

---

[1] 正式名称は「日本農林規格等に関する法律」
[2] International Organization for Standardizationの略で、国際標準化機構のこと
[3] Japan Food Safetyの略
[4] 製造セクター以外の規格を含めた国内取得総件数は2,548件(令和6(2024)年3月末時点)
[5] Hazard Analysis and Critical Control Pointの略で、危害要因分析及び重要管理点のこと。我が国においては、令和3(2021)年6月から、原則全ての食品等事業者についてHACCPに沿った衛生管理が義務化されている。

第7節　グローバルマーケットの戦略的な開拓

　人口減少や高齢化により農林水産物・食品の国内消費の減少が見込まれる中、農業・農村の持続性を確保し、農業の生産基盤を維持していくためには、我が国の農林水産物・食品の輸出拡大に向けた取組を強力に推進し、今後大きく拡大すると見込まれる世界の食市場を出荷先として取り込んでいくことが重要です。

　本節では、政府一体となっての輸出環境の整備、輸出に向けた海外への商流構築、プロモーションの促進、食産業の海外展開の促進等について紹介します。

(1) 農林水産物・食品の輸出促進に向けた環境の整備

(2兆円目標の達成に向け、輸出戦略を着実に推進)

　人口減少に伴い国内市場が縮小する一方、海外市場が拡大する中で、国内の農業生産基盤を維持し、地方の「稼ぎ」の柱とするために、輸出の促進を図ることとしています。

　令和5(2023)年12月には「農林水産物・食品の輸出拡大実行戦略」(以下「輸出戦略」という。)を改訂し、輸出先国・地域の多角化の推進、都道府県やJAグループと連携した地域ぐるみでの輸出産地の形成、輸出先国・地域における商流開拓や食品事業者の海外展開への支援を通じた戦略的サプライチェーンの構築、海外ライセンス指針も踏まえた知的財産の戦略的な保護・活用等を行うこととしています。

(生産者の所得向上にも寄与)

　令和5(2023)年3月に公庫が実施した調査によると、輸出の収益性について、「国内向けより高い」と回答した農業者の割合は24.8%となっており、特に施設花きや施設野菜において高い水準となっています(**図表1-7-1**)。

図表1-7-1　輸出の収益性

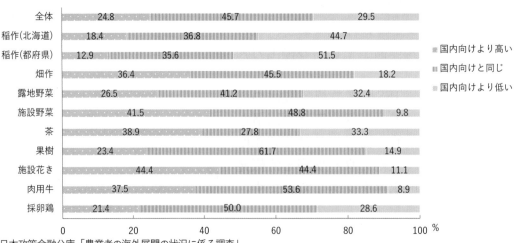

資料：株式会社日本政策金融公庫「農業者の海外展開の状況に係る調査」
注：令和5(2023)年3月に実施した調査で、有効回答数は4,803先

　国内の食市場の規模が縮小する中、今後大きく拡大することが見込まれる世界の食市場を出荷先として取り込み、国内の生産基盤を維持・拡大するためには、農林水産物・食品の輸出を拡大していくことが不可欠です。

　農林水産物・食品の輸出を通じ、国内仕向けを上回る単価で販売することは、生産者の所得向上や海外需要拡大による国内価格の下支え等にもつながるものです。また、加工食品の中には、例えば日本酒のように国産原料を使用しているものがあります。このような国産原料の使用は、地域の生産者に安定的な販路を提供し、その所得の向上につながるものと考えられます。さらに、輸入原料を使用する場合でも、食品製造業が輸出により収益を上げることは、国産原料の買い手としての機能が地域で維持・強化されることにつながります。

（認定品目団体として新たに6団体を認定）

　輸出戦略に基づき、農林水産省は、海外で評価される日本の強みを有し、輸出拡大の余地が大きく、関係者が一体となった輸出促進活動が効果的な29品目を輸出重点品目に選定し、ターゲット国・地域、輸出目標、手段を明確化しています。

　また、輸出促進法[1]に基づき、輸出重点品目ごとに、生産から販売に至る関係者が連携し、輸出の促進を図る法人を、法人からの申請により、国が「認定農林水産物・食品輸出促進団体」（以下「認定品目団体」という。）として認定しています。認定品目団体は、市場調査やジャパンブランドによる共同プロモーションといった個々の産地・事業者では取り組み難い非競争分野の輸出促進活動を行い、業界全体での輸出拡大に取り組んでいます。令和5(2023)年度は、新たに6団体(10品目)が認定され、合計15団体(27品目)となりました(**図表1-7-2**)。

図表1-7-2　認定農林水産物・食品輸出促進団体

認定番号	団体名	品目
1	一般社団法人全日本菓子輸出促進協議会	菓子
2	一般社団法人日本木材輸出振興協会	製材、合板
3	一般社団法人日本真珠振興会	真珠
4	日本酒造組合中央会	清酒(日本酒)、本格焼酎・泡盛
5	一般社団法人全日本コメ・コメ関連食品輸出促進協議会	コメ・パックご飯・米粉及び米粉製品
6	一般社団法人全国花き輸出拡大協議会	切り花
7	一般社団法人日本青果物輸出促進協議会	りんご、ぶどう、もも、かんきつ、かき・かき加工品、いちご、かんしょ・かんしょ加工品・その他の野菜
8	公益社団法人日本茶業中央会	茶
9	一般社団法人全日本錦鯉振興会	錦鯉
10	全国醤油工業協同組合連合会	味噌・醤油のうち醤油
11	全国味噌工業協同組合連合会	味噌・醤油のうち味噌
12	一般社団法人日本ほたて貝輸出振興協会	ホタテ貝
13	一般社団法人日本養殖魚類輸出推進協会	ぶり、たい
14	一般社団法人日本畜産物輸出促進協会	牛肉、豚肉、鶏肉、鶏卵、牛乳乳製品
15	全日本カレー工業協同組合	ソース混合調味料のうちカレールウ及びカレー調製品

資料：農林水産省作成

---

[1] 特集第3節を参照

（GFPの会員数は8,942に増加）

　輸出産地・事業者の育成や支援を行うGFP[1]（農林水産物・食品輸出プロジェクト）は、令和6（2024）年2月末時点で会員数が8,942となっていますが、輸出の熟度・規模が多様化しており、輸出事業者のレベルに応じたサポートを行う必要があるほか、新たに輸出に取り組む輸出スタートアップを増やしていく必要があります。このため、地方農政局等や都道府県段階で、現場に密着したサポート体制を強化することとしています。

　また、公庫融資（農林水産物・食品輸出基盤強化資金[2]）や税制特例（輸出事業用資産の割増償却）の積極的な活用により、輸出に取り組む事業者を強力に後押しすることとしています。

　さらに、輸出促進法に基づく輸出事業計画を策定した者に対し、輸出産地の形成に必要な施設整備等を重点的に支援するとともに、輸出産地・事業者をサポートするため、専門的な知見を持つ外部人材を「輸出産地サポーター」として地方農政局等に配置し、輸出事業計画の策定と実行を支援しています。

（旗艦的な輸出産地モデルを形成）

　農林水産物・食品の輸出の拡大に向けて、残留農薬や植物検疫といった規制の問題に対応することが求められるため、輸出先国・地域ごとや品目ごとに、産地が一体となって生産方式を転換していく必要があります。

　また、青果物の輸出は、輸送中の品質保持が重要となることから、流通段階のみならず、産地における取組も重要となります。さらに、流通コストの削減のためには、安定的にコンテナを満載していくことも必要です。

アスノツガル輸出促進協議会による
輸出産地の形成に向けた、りんごの栽培指導
資料：株式会社日本農業

　農林水産省では、海外の規制や大ロット等のニーズに対応する輸出産地を形成するため、都道府県や農協が先導し都道府県版GFPを組織化するとともに、輸出支援プラットフォーム等との連携の下、輸出重点品目の生産を大ロット化し、流通コストの低減も図る旗艦的な輸出産地のモデル形成を推進しています。

　令和5（2023）年度は、全国で12地区が採択されており、採択地区では、都道府県や農協、地域商社等の生産から流通・販売に至る関係者が一体となって輸出の推進体制の整備を図っています。

（輸入規制措置の撤廃・緩和が進展）

　東京電力福島第一原子力発電所の事故に伴い、55か国・地域において、日本産農林水産物・食品の輸入停止や放射性物質の検査証明書等の要求、検査の強化といった輸入規制措置が講じられていました。これらの国・地域に対し、政府一体となってあらゆる機会を捉えて規制の撤廃に向けた粘り強い働き掛けを行ってきた結果、令和5（2023）年度におい

---

[1] Global Farmers/Fishermen/Foresters/Food Manufacturers Projectの略
[2] 沖縄振興開発金融公庫でも貸付が行われている。

ては、輸入規制措置がEU等で撤廃され、規制を維持する国・地域は7にまで減少しました。

動植物検疫協議については、農林水産業・食品産業の持続的な発展に寄与する可能性が高い輸出先国・地域や品目から優先的に協議を進めています。令和5(2023)年度は、タイ及びニュージーランド向けのかんきつ類の輸出検疫条件が緩和されました。また、国内では各地で高病原性鳥インフルエンザや豚熱が発生していますが、発生等がない地域から鶏卵・鶏肉や豚肉の輸出が継続できるよう、主な輸出先国・地域との間で協議を行っています。

このほか、輸出向けHACCP[1]等対応の施設・機器整備や、地域の食品製造事業者等が連携した加工食品の輸出促進の取組等を支援しています。

(2) 主な輸出重点品目の取組状況

(コメ・コメ加工品の輸出額は前年に比べ増加)

商業用のコメの輸出額は、日本食レストランやおにぎり店等の需要開拓により、近年増加傾向にあります。令和5(2023)年は、前年に比べ27.5%増加し94億1千万円となりました(図表1-7-3)。また、パックご飯や米粉・米粉製品を含めた輸出額は、前年に比べ26.8%増加し104億9千万円となりました。

農林水産省では、輸出ターゲット国・地域として設定している香港、シンガポール、米国、中国、台湾を中心に、海外市場開拓や大ロットでの輸出用米の生産に取り組む産地の育成を進めていくこととしています。

図表1-7-3 商業用のコメの輸出額

資料：財務省「貿易統計」を基に農林水産省作成
注：政府による食糧援助分を除く。

(牛肉の輸出額は前年に比べ増加)

牛肉の輸出額は、我が国が誇る和牛の品質の高さが世界中で認められ、人気が高まっていることを背景として、近年増加傾向で推移しています。令和5(2023)年は、台湾や香港で外食需要が回復したこと等から、前年に比べ11.2%増加し578億円となりました(図表1-7-4)。

農林水産省では、畜産農家、食肉処理施設、輸出事業者等が連携して産地主導で取り組む新たな商流構築等を支援するとともに、輸出認定食肉処理施設の増加に向けた施設整備を支援しています。

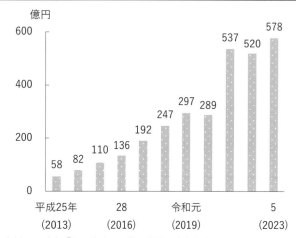

図表1-7-4 牛肉の輸出額

資料：財務省「貿易統計」を基に農林水産省作成
注：令和4(2022)年以降は、加工品を含む。

---

1 第1章第6節を参照

（緑茶の輸出額は前年に比べ増加）

　緑茶の輸出額は、海外の日本食ブームや健康志向の高まり等を背景として近年増加傾向で推移しています。令和5(2023)年は、前年に比べ33.3%増加し292億円となっており、平成25(2013)年と比べると約4.4倍に増加しています（**図表1-7-5**）。

　また、有機栽培茶は海外でのニーズも高く、有機同等性[1]の仕組みを利用した輸出量は増加傾向にあります。令和4(2022)年は前年に比べ2.3%増加し過去最高の1,342tとなりました。特にEUや米国が大きな割合を占めています。

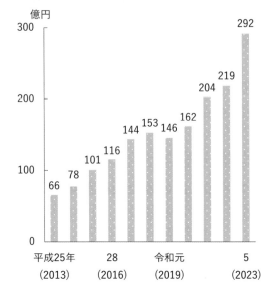

図表1-7-5　緑茶の輸出額

（億円）

- 平成25年(2013)：66
- 78
- 101
- 116
- 144
- 153
- 146
- 162
- 204
- 219
- 令和5(2023)：292

資料：財務省「貿易統計」を基に農林水産省作成

（事例）海外に現地合弁企業を設立し、日本茶の販路開拓・拡大を推進（静岡県）

　静岡県静岡市の丸善製茶株式会社では、茶の集積地であるモロッコでの加工・販売拠点の整備により、日本茶を世界に届ける取組を展開しています。

　同社は、主に同県産原料茶の卸売のほか、緑茶等の茶製品の加工・製造を手掛けています。

　平成30(2018)年には、海外販路の拡大に向け、茶の包装機械・資材を扱う日本企業と、加工を担うモロッコ企業と組み、現地に3社の合弁会社である「Maruzen Tea Morocco」（マルゼン　ティー　モロッコ）を設立しました。令和元(2019)年には、茶の集積地であるモロッコでの営業許可を受け、日本産茶葉を現地工場で加工・包装し、本格的に輸出を開始しました。

　海外輸出の茶を扱うためには、輸出先国・地域の残留農薬基準を満たす必要があり、基準を満たした茶葉を生産者から安定的に購入できるよう、GFPのサポートも活用しながら生産者への指導を実施しています。

　同社では、有機JAS認証やエコサート*認証、ISO22000を取得し、安全・安心なお茶を海外に届ける体制を整えており、今後は、米国や中東地域での販路開拓・拡大を目指しています。

モロッコを拠点に
海外販売される日本茶
資料：Maruzen Tea Morocco

＊　エコサートは、フランスに本拠を置く有機農産物・加工食品等の国際認証機関。我が国においては、日本法人のエコサート・ジャパン株式会社が有機登録認証機関となっている。

---

[1] 相手国・地域の有機認証を自国・地域の有機認証と同等のものとして取り扱うこと

(果実の輸出額は前年に比べ減少)

果実の輸出額は、我が国の高品質な果実が諸外国・地域で評価され、りんご、ぶどうを中心に近年増加傾向で推移しています。一方、令和5(2023)年は、夏季の高温の影響により収量が減少したこと等から、前年に比べ8.2%減少し290億円となりました(**図表1-7-6**)。

農林水産省では、りんご等の果樹について、既存園地の活用や水田への新植、省力樹形の導入等によって生産力を強化し、輸出拡大に対応できる生産量の確保を図っていくこととしています。

図表1-7-6 果実の輸出額

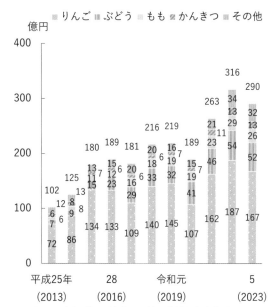

資料:財務省「貿易統計」を基に農林水産省作成
注:1) 「その他」は、なし、かき等を含む。
　　2) 令和4(2022)年以降は干し柿を含む。

(事例) 自社選果場を基盤とした共同出荷体制を構築し、輸出拡大を推進(山梨県)

山梨県山梨市のアグベル株式会社では、自社選果場を活用した共同出荷体制を構築し、シャインマスカットの輸出拡大や人材育成に注力しています。

令和元(2019)年から香港等向けに輸出を開始した同社では、輸出ロットを確保するため、出荷組合を形成し、同県峡東地域の農業者約80軒と連携して共同で出荷する体制を構築しています。輸出に当たっては、自社運営の選果場を活用し、選果や梱包の手間等といった生産者の作業負担を軽減するとともに、残留農薬等の基準を満たす栽培を担保しています。また、市場を通さないことで中間コストを削減しつつ、最短のリードタイムで配送できる仕組みを構築しています。

また、現地ニーズへの細やかな対応のため、自社オリジナルのパッケージを制作し、見た目の上でも差別化するとともに、品質管理担当のスタッフを配置し、海外で好まれる品質の確保を追求しています。

シャインマスカットの栽培管理
資料:アグベル株式会社

さらに、同社では、業界の若返りを図るため、将来に向けて輸出産地の中核となる若手人材を育成しています。植付けから収入発生までのリードタイムが3〜4年を要するぶどうの特性を加味し、独立までの収入の保証や、生産技術の伝授等の独立に向けた支援を実施しています。

同社では、長野県の農業者とも提携し、産地リレーによる持続的で安定した輸出体制を築いており、日本産シャインマスカットの普及に向けて一層の輸出拡大を図っていくこととしています。

(3) 海外への商流構築、プロモーションの促進と食産業の海外展開の促進

（海外における日本食レストラン数が拡大）

令和5(2023)年の海外における日本食レストラン数(概数)は、令和3(2021)年の15万9千店から約2割増加し18万7千店となりました(**図表1-7-7**)。特にアジアでは、コロナ禍を経て、レストラン営業の再開や外出制限の解除、日本食人気の高まり、チェーン展開する食品企業の進出等により約2割の増加となっています。

また、日本産食材を積極的に使用する海外の飲食店や小売店を民間団体等が主体となって認定する「日本産食材サポーター店」は、令和6(2024)年3月末時点で約6千店が認定されています。日本食品海外プロモーションセンター(以下「JFOODO」という。)では、世界各地の日本産食材サポーター店等と連携して、日本産食材等の魅力を訴求するプロモーションを実施しています。

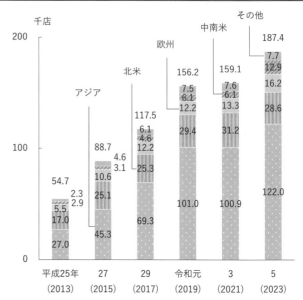

図表1-7-7　海外における日本食レストラン数（概数）

千店

	平成25年(2013)	27(2015)	29(2017)	令和元(2019)	3(2021)	5(2023)
合計	54.7	88.7	117.5	156.2	159.1	187.4
アジア	27.0	45.3	69.3	101.0	100.9	122.0
北米	17.0	25.1	25.3	29.4	31.2	28.6
欧州	5.5	10.6	12.2	12.2	13.3	16.2
中南米	2.9	3.1	4.6	6.1	6.1	12.9
その他	2.3		4.6	7.5	7.6	7.7

資料：農林水産省作成

（JETRO・JFOODOによる海外での販路開拓支援を実施）

JETRO[1]では、輸出セミナーの開催、輸出関連制度やマーケット情報の提供、相談対応等の輸出事業者等へのサポートを行っています。また、海外見本市への出展支援、国内外での商談会の開催、サンプル展示ショールームの設置等によるビジネスマッチング支援等により、輸出に取り組む国内事業者への総合的な支援を実施しています。

また、JFOODOでは、「日本産が欲しい」という現地の需要を作り出すため、認定品目団体等と連携した取組を強化するとともに、品目横断的な取組にも着手し、新聞・雑誌や屋外、デジタルでの広告展開、PRイベントの開催といった現地での消費者向けプロモーションを戦略的に実施しています。

海外見本市での日本のブース
資料：独立行政法人日本貿易振興機構(JETRO)

米国の高級和食店の関係者を対象とした日本茶のセミナー
資料：日本食品海外プロモーションセンター(JFOODO)

---

[1] トピックス3を参照

（コラム）大規模展示・商談会を活用した農林水産物・食品輸出の取組が進展

コロナ禍を経て、日本産農林水産物・食品への関心が高まる中、海外バイヤーにアピールする大規模展示・商談会が対面形式で開催され、積極的な商談等が行われています。

公庫では、魅力ある農林水産物づくりに取り組んでいる農林水産業者や、地元産品を活用したこだわりの食品を製造する食品企業を対象に、広域的な販路拡大の機会を提供する商談会「アグリフードEXPO」を開催しています。令和5(2023)年8月に東京都で開催された同商談会では、国内の農林水産業者や食品企業等465社が出展し、2日間で8,889人の来場者を集めました。展示会場では、輸出向けの特別フロアを設置し、出展者の輸出拡大につながる商談機会を提供したほか、地域性豊かで海外からの評価も高い国産酒類について、専用のパビリオンに集約し、一堂に集まるバイヤーに提案することで、国内外の販路拡大を支援しました。

また、JETROは、同会場内に日本産農林水産物・食品の取扱いを希望する世界18か国19人の海外バイヤーを招へいし、対面形式での食品輸出商談会の開催により、出展者等131社との間で206件の直接商談を実施しました。

海外市場での需要・商流づくりに当たっては、世界各国の優良バイヤーを招へいする国内での大規模展示・商談会や、海外現地での見本市等の場は、重要な商談機会となります。今後とも国内外の大規模展示・商談会等の活用を通じ、我が国農林水産物・食品の輸出拡大が一層進展することが期待されています。

国産酒類専用のパビリオン
資料：株式会社日本政策金融公庫

JETROによる食品輸出商談会
資料：独立行政法人日本貿易振興機構
（JETRO）

（輸出の後押しとなる事業者の海外展開を支援）

主要な輸出先国・地域において、農林水産物・食品の輸出を行う事業者を包括的・専門的・継続的に支援するため、現地発の情報提供や新たな商流の開拓支援等を行う輸出支援プラットフォームを設置しています。

令和5(2023)年度は、新たに中国(北京、上海、広州、成都)、台湾(台北)、EU(ブリュッセル)、米国(ヒューストン)において輸出支援プラットフォームの拠点を設立し、合計で8か国・地域となっています[1]（**図表1-7-8**）。

図表1-7-8 輸出支援プラットフォームの拠点設置国・地域

資料：農林水産省作成

また、食産業事業者の海外展開を支援するため、海外現地において設備投資等を行う場合の案件形成への支援や資金供給の促進を行うとともに、投資円滑化法[2]に基づき、輸出に

---

[1] （ ）内は事務局設置都市
[2] 正式名称は「農林漁業法人等に対する投資の円滑化に関する特別措置法」

取り組む事業者に投資する民間の投資主体への資金供給の促進に取り組むこととしています。

（インバウンドの本格的な回復の動きを捉え、訪日外国人への日本食の理解・普及を推進）

日本政府観光局[1]（JNTO）の調査によると、個人旅行再開等の水際措置の緩和以降、インバウンドの回復が進む中、令和5（2023）年の訪日外客数は、前年から増加し2,506万6千人にまで回復しています（**図表1-7-9**）。

このような中、農林水産省を始めとする関係省庁は、海外の消費者に対して我が国の食品の調理方法、食べ方、食体験等を通じた地域の文化とのつながりの発信等を行うとともに、インバウンドの本格的な回復の動きを捉え、訪日外国人旅行者への日本食や食文化の理解・普及を図ることにより、我が国の農林水産物・食品の輸出市場とインバウンド消費を拡大する取組を支援しています。

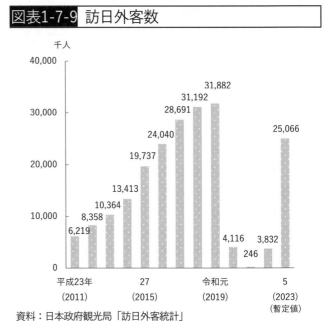

図表1-7-9　訪日外客数

資料：日本政府観光局「訪日外客統計」

これを受けて、JETRO・JFOODOとJNTOは、デジタルマーケティングや海外でのプロモーションイベント等で連携し、我が国の農林水産物・食品の輸出市場とインバウンド消費を相乗的に拡大することを目指しています。

（「SAVOR JAPAN」認定地域に2地域を追加）

増大するインバウンドが、訪日外国人旅行者の更なる増加と農林水産物・食品の輸出増大につながるといった好循環を構築するためには、訪日外国人旅行者を日本食・食文化の「本場」である農山漁村に呼び込むことが重要です。このため、農林水産省は、食と食文化によりインバウンド誘致を図る農泊地域等を「農泊 食文化海外発信地域（SAVOR JAPAN）」に認定することで、ブランド化を推進する取組を行っています。インバウンドの本格的な回復に伴う訪日外国人旅行者の増加を見据え、令和5（2023）年度については新たに2地域[2]を認定し、認定地域は令和5（2023）年10月時点で42地域となりました。

「SAVOR JAPAN(農泊 食文化海外発信地域)」について
URL：https://www.maff.go.jp/j/shokusan/eat/savorjp/

---

[1] 正式名称は「独立行政法人国際観光振興機構」
[2] 令和5（2023）年度に認定された地域は、静岡県富士山麓・伊豆半島地域（わさび）、福岡県八女市（八女茶）の2地域。（　）内は、その地域の食

第8節　消費者と食・農とのつながりの深化

　国産農林水産物が消費者や食品関連事業者に積極的に選択されるようにするためには、消費者と農業者・食品関連事業者等との交流を進め、消費者が我が国の食や農を知り、それらに触れる機会を拡大することが必要です。また、次世代への和食文化の継承や海外での和食の評価をさらに高めるための取組等も重要となっています。

　本節では、食育や地産地消の推進等の消費者と食・農とのつながりの深化を図るための様々な取組を紹介します。

(1) 食育の推進

(「第4次食育推進基本計画」の実現に向けた取組を推進)

　食育の推進に当たっては、国民一人一人が自然の恩恵や「食」に関わる人々の様々な活動への感謝の念や理解を深めつつ、「食」に関して信頼できる情報に基づく適切な判断を行う能力を身に付けることによって、心身の健康を増進する健全な食生活を実践することが重要です。令和3(2021)年度からおおむね5年間を計画期間とする「第4次食育推進基本計画」では、基本的な方針や目標値を掲げるとともに、食育の総合的な促進に関する事項として取り組むべき施策等を定めています。

　令和5(2023)年度においては、農林水産省、富山県と第18回食育推進全国大会富山県実行委員会は、同年6月に「第18回食育推進全国大会inとやま」を開催しました。また、農林水産省では、第7回食育活動表彰を実施し、ボランティア活動や教育活動、農林漁業、食品製造・販売等の事業活動を通じて、食育の推進に取り組む者(以下「食育関係者」という。)による優れた取組を表彰しました。

　また、農林水産省では、最新の食育活動の方法や知見を食育関係者間で情報共有するとともに、異業種間のマッチングによる新たな食育活動の創出、食育の推進に向けた研修を実施できる人材の育成等に取り組むため、全国食育推進ネットワークを活用した取組を推進しています。

　さらに、食育を推進していく上では、国、地方公共団体による取組のほか、地域において、学校、保育所、農林漁業者、食品関連事業者等様々な関係者の緊密な連携・協働の下で取組を進めていく必要があります。このため、農林水産省では、地域の関係者が連携して取り組む食育活動を支援しています。

「第18回食育推進全国大会inとやま」
の周知ポスター

全国食育推進ネットワーク
「みんなの食育」
URL：https://www.maff.go.jp/j/syokuiku/
network/index.html

（コラム）子供に茶の魅力を伝える「茶育」プロジェクトが始動

　茶は日本人の生活と文化に不可欠なものであり、中山間地域等における基幹作物として地域経済においても重要な役割を担っています。しかしながら、その消費量は長期的に減少傾向にあり、特に若い世代で顕著となっています。このような状況を踏まえ、茶業関係者等においては、子供の頃から茶に親しむ習慣を育むことができるよう、学校教育の場で茶を活用した食育(以下「茶育」という。)に取り組んでいます。

　一方で、地域によっては認知が十分に進んでいないなどの課題もあることを踏まえ、農林水産省では、令和5(2023)年1月から「茶業関係者×農林水産省『茶育』プロジェクト」(以下「「茶育」プロジェクト」という。)を開始しました。

校舎の蛇口からお茶が出る
「茶飲み場」
(京都府宇治市)
資料：京都府

　具体的には、小・中学校向けの茶育に取り組む茶業関係者を募集し、茶の淹れ方体験や茶の植樹・摘採、茶製造工場の見学といった各地域で提供可能な茶育の取組をリスト化してWebサイト等で情報発信し、学校関係者に共有することで、茶育の実施を希望する小・中学校関係者とのマッチングを図っています。

　各地域での茶育の取組として、京都府宇治市では、同市内にある22校の小学校のうち20校に蛇口からお茶が出る「お茶飲み場」を設置しています。児童の水分補給の補完的役割を果たすとともに、「お茶のまち」である同市の市民としての愛郷心の醸成を図っています。

小学校での茶の淹れ方体験
(東京都墨田区)
資料：東京都茶協同組合

　また、東京都港区に所在する東京都茶協同組合では、日本茶インストラクターの協力を得ながら小学校5年生を中心にお茶の淹れ方、飲み方等を体験してもらう日本茶教室を開催するなど、出張授業等による啓発活動に力を入れています。子供たちを始めとして、多くの人々に日本茶の魅力と文化を広める取組を推進しています。

　今後とも「茶育」プロジェクトを契機として、より多くの子供たちがお茶に関わる様々な体験を実践し、茶に親しむ習慣を育むとともに、茶育の実践を通じて、健康的で豊かな食生活の実現を図っていくことが期待されています。

(2) 地産地消の推進

(約6割が「地元で生産された食品を選ぶ」と回答)

　内閣府が令和5(2023)年9～10月に実施した調査によると、我が国の農業を維持する上で消費者ができることとして、「買い物や外食時に、国産食材を積極的に選ぶ」が73.0%で最も高く、次いで「地元で生産された食品を選ぶ」が63.8%となっています(**図表1-8-1**)。

　地域で生産された農林水産物をその地域内で消費する「地産地消」の取組は、国産農林水産物の消費拡大につながるほか、地域活性化や農林水産物の流通経費の削減等にもつながります。少子・高齢化やライフスタイルの変化等により国内マーケットの構造が変化する中、消費者の視点を重視し、地産地消等を通じた新規需要の掘り起こしを行うことが重要となっています。

　特に地域の農産物を直接消費者に販売する直売所は、販売金額における地場産物商品の割合が約9割を占め、地産地消の核となるものであり、消費者にとっては、生産者との顔の見える関係が築け、安心して地域の新鮮な農林水産物を消費できるほか、生産者にとっては、消費者ニーズに対応した生産が展開できるなどの利点があります。農林水産省では、直売所における観光需要向けの商品開発や直売所の施設等の整備を支援しています。

他方、消費者は、食や農との関係が消費のみにとどまることが多いことから、食や農に関する体験活動に参加する機会を持つことも重要になっています。農林漁業体験の実施後、産地や生産者を意識して農林水産物を選ぶ者の割合は増加しており、農林漁業体験は地元産や国産の食材購入等の行動変容に大きく寄与しています。

　このほか、近年では、JA全中[1]を始めとしたJAグループが提唱している、私たちの「国」で「消」費する食べ物は、できるだけこの「国」で生「産」するという考え方である「国消国産」に基づく取組も広がりを見せています。

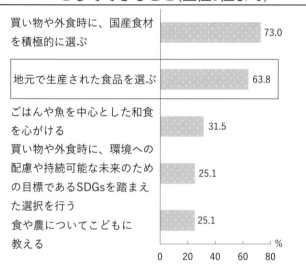

図表1-8-1 農業を維持していくために消費者としてできること（上位5位まで）

- 買い物や外食時に、国産食材を積極的に選ぶ　73.0
- 地元で生産された食品を選ぶ　63.8
- ごはんや魚を中心とした和食を心がける　31.5
- 買い物や外食時に、環境への配慮や持続可能な未来のための目標であるSDGsを踏まえた選択を行う　25.1
- 食や農についてこどもに教える　25.1

資料：内閣府「食料・農業・農村の役割に関する世論調査(令和6(2024)年2月公表)」を基に農林水産省作成
注：1) 令和5(2023)年9〜10月に実施した調査で、有効回収数は2,875人
　　2)「消費者から見た現在の農業を維持する上での課題への対応策」の質問への回答結果(複数回答)

「国消国産」を呼び掛けるポスター
資料：JA全中

（学校給食における地場産物の使用を推進）

　学校給食は、栄養バランスの取れた食事を提供することにより、子供の健康の保持・増進を図ること等を目的に、学校の設置者により実施されています。文部科学省の調査によると、令和3(2021)年5月時点で、小学校では18,923校(全小学校数の99.0%)、中学校では9,107校(全中学校数の91.5%)、特別支援学校等も含めた全体で29,614校において実施されており、約930万人の子供を対象に給食が提供されています。

　学校給食において地場産農林水産物を使用することは、地産地消を推進するに当たって有効な手段であり、地域の関係者の協力の下、未来を担う子供たちが持続可能な食生活を実践することにつながる取組となっています。

　文部科学省が令和4(2022)年6月及び11月に実施した調査によると、学校給食における地場産物、国産食材の使用割合を都道府県別に見ると、地場産物の使用割合にばらつきが見られる一方、国産食材の使用割合はほとんどの都道府県で80%以上となっており、全国的に使用割合が高い状況となっています(**図表1-8-2**)。都道府県ごとに農業生産の条件が異なる中、学校給食における地場産物や国産食材の活用に向けた取組が全国各地で進められて

---

[1] 正式名称は「一般社団法人全国農業協同組合中央会」

います。

　地場産農林水産物の利用については、一定の規格等を満たし、数量面で不足なく安定的に納入する必要があるなど、多くの課題が見られるため、農林水産省では、学校等の現場と生産現場の双方のニーズや課題の調整役となる「地産地消コーディネーター」を全国の学校給食の現場に派遣しています。また、食育の推進の観点から、地域で学校給食に地場産物を供給・使用する連携体制づくりや献立の開発等の活動を支援しています。

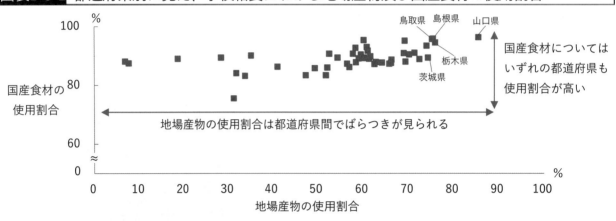

図表1-8-2　都道府県別に見た、学校給食における地場産物及び国産食材の使用割合

資料：文部科学省「令和4年度学校給食における地場産物・国産食材の使用状況調査」を基に農林水産省作成
注：1) 令和4(2022)年度の数値
　　2) 金額ベースの数値

（事例）学校給食コーディネーターを中心に学校給食の地場産活用を強化（神奈川県）

　神奈川県寒川町では、栄養分野のほか学校給食や地域農業にも知見を持ち、同町と生産者をつなぐ架け橋としての役割を担える人材を「学校給食コーディネーター」として位置付け、学校給食における地場産活用の拡大を進めています。

　同町では、小学校に加えて中学校でも完全給食を実施し、数十年先まで、安全・安心でおいしい給食を提供することを目指し、より質の高い学校給食を児童・生徒に提供できるよう、地場産食材の活用等を推進しています。

　令和4(2022)年度には、消費・安全対策交付金を活用し、学校給食における地場産農産物の活用促進に向けたマッチング調査や、地域の農業者との面談等を実施したほか、生産者と給食センターの間での調整を行う学校給食コーディネーターを中心に、地場産の中でも特に同町産の農産物が納品できる体制づくりを進め、地場産農産物の供給体制の強化を図りました。

　また、学校給食センターでの地場産活用の拡大に向け、役場内の関係部局やさがみ農業協同組合と連携し、学校給食における地場産食材の活用促進に取り組んだところ、町内の小学校全5校で同町産物の使用回数が約3倍に増加するなどの成果が見られています。

　同町では、令和5(2023)年9月から学校給食センターが本格稼働しており、今後とも、同町産を中心に、県内で生産された新鮮な食材を活用した献立や、食育の取組を通して、地域性を感じながら給食が楽しめる工夫を行っていくこととしています。

学校給食に地場産野菜を供給する農業者
資料：神奈川県寒川町

(3) 和食文化の保護・継承

(和食文化の保護・継承に向けた取組を推進)

　食の多様化や家庭環境の変化等を背景に、和食[1]や地域の郷土料理、伝統料理に触れる機会が少なくなってきており、和食文化の保護・継承に向けて、郷土料理等を受け継ぎ、次世代に伝えていくことが課題となっています。このため、農林水産省では、食文化を保護・継承することを目的として、伝統的な加工食品の情報を発信するWebサイト「にっぽん伝統食図鑑」を開設しています（**図表1-8-3**）。

| 図表1-8-3 | 「にっぽん伝統食図鑑」に登録されている伝統食 |

ぬかにしん(北海道)

ずんだ(宮城県)

干し芋(茨城県)

だし巻き(京都府)

蘇(奈良県)

阿蘇高菜漬け(熊本県)

---

[1] 「和食」は、「自然を尊重する」というこころに基づいた日本人の食慣習。「和食；日本人の伝統的な食文化」として平成25(2013)年12月にユネスコ無形文化遺産に登録

　また、身近で手軽に健康的な和食を食べる機会を増やしてもらい、将来にわたって和食文化を受け継いでいくことを目指した、官民協働の取組である「Let's！和ごはんプロジェクト」や、子供や子育て世代に対して和食文化の普及活動を行う中核的な人材である「和食文化継承リーダー」を育成する取組を実施しています。

　このほか、文化庁では、我が国の豊かな風土や人々の精神性、歴史に根差した多様な食文化を次の世代へ継承するために、文化財保護法に基づく保護を進めるとともに、各地の食文化振興の取組に対する支援、食文化振興の機運醸成に向けた情報発信等を行っています。

和食文化継承リーダーによる
和食文化の普及活動の取組

（和食のユネスコ無形文化遺産登録10周年を契機に普及イベントを開催）

　「和食；日本人の伝統的な食文化」がユネスコ[1]無形文化遺産に登録されてから、令和5(2023)年12月に10周年を迎えました。これを契機として、日本の伝統的な食文化を守り、和食文化を未来に伝えるため、農林水産省では、和食文化の普及イベントを開催しました。

　また、和食文化の保護・継承活動の機運を高め、和食文化が着実に次世代へ継承されるよう、様々な主体による和食文化の保護・継承に向けたイベント開催を推奨し、全国各地で行われるイベントの開催情報等を紹介するページを設けました。

　さらに、新たな発想で「和食文化の魅力」を若者・子育て世帯に発信していく「行くぜっ！にっぽんの和食」キャンペーンを実施しています。

和食文化普及イベントで
調理実演する料理人

(4) 消費者と生産者の関係強化
（消費者と生産者の交流の促進に向けた取組を推進）

　消費者と生産者の交流を促進することにより、農村の活性化や農業・農村に対する消費者の理解増進が図られるなどの効果が期待されています。また、国民の食生活が自然の恩恵の上に成り立っていることや食に関わる人々の様々な活動に支えられていること等に関する理解を深めるために、農業者が生産現場に消費者を招き、教育ファーム等の農業体験の機会を提供する取組等も行われています。

　このほか、苗の植付け、収穫体験を通じて食材を身近に感じてもらい、自ら調理し、おいしく食べられることを実感してもらう取組や生産現場の見学会、産地との交流会等も行われています。

　このような取組を通じ、消費者が自然の恩恵を感じるとともに、食に関わる人々の活動の重要性と地域の農林水産物に対する理解の向上、健全な食生活への意識の向上が図られるなど、様々な効果が期待されています。農林水産省は、これらの取組を広く普及するため、教育ファーム等による農林漁業体験機会の提供への支援のほか、どこでどのような体験ができるか等についての情報発信を行っています。

---

[1] United Nations Educational, Scientific and Cultural Organizationの略で、国際連合教育科学文化機関のこと

（事例） 「農のある暮らし」を多くの人に体験してもらう取組を展開(埼玉県)

埼玉県さいたま市のファーム・インさぎ山では、「農のある暮らし」を多くの人々に体験してもらうため、農業体験や食育活動等の取組を展開しています。

同団体では、「農のある暮らし」をテーマに、環境との共存・共生を目指し、農業、料理、伝統行事といった食や自然の大切さを学ぶ農業体験を継続して行っています。年間の延べ参加者数は約1万人で、年間を通して100品種以上の作物を化学農薬・化学肥料を使用せずに栽培しています。参加者は調理体験を通して、野菜の皮等の野菜くずを始め、竈門でご飯を炊いた後の灰も肥料になることや、かつての農家は資源を循環させて環境に配慮した生活を行っていたことを学んでいます。また、農業体験を通して、採れたての本物の味を知り、収穫した野菜には様々な個性があることに気付き、その体験から多様性を学んでいます。

特別支援学級の生徒と
地域の小学生による
さといもの植付け作業
資料：ファーム・インさぎ山

また、同市と連携し、特別支援学級の生徒等に対し農業体験の場を提供しており、参加した子供たちは自らが行った一つ一つの作業で野菜が大きくおいしく育つ様子を見て感動を覚えるとともに、農作業体験では草むしり一つでも無駄な作業はないことを学んでいます。農場では障害の有無にかかわらず、共に土いじりや作物づくりの楽しさを体験でき、相互に交流できる場となっています。

さらに、埼玉県警察本部少年課と連携し、少年たちの立ち直り支援の場を提供しています。農業体験を通して自信を持ってもらい社会復帰につなげるなど、社会福祉にも貢献しています。

同団体では、今後とも、未就学児から高齢者まで幅広い年齢層の人々と地域交流を図り、体験を通して食と農の大切さを伝えていくこととしています。

（国民運動「ニッポンフードシフト」を通じ、食と農の魅力を発信）

食料の持続的な確保が世界的な共通課題となる中で、我が国においては食と農の距離が拡大し、農業や農村に対する国民の意識・関心が薄れています。

このような中、農林水産省は、食と農のつながりの深化に着目した、官民協働で行う国民運動「食から日本を考える。ニッポンフードシフト」（以下「ニッポンフードシフト」という。）を展開しています。

ニッポンフードシフトは、未来を担う1990年代後半から2000年代生まれの「Z世代」を重点ターゲットとして、食と環境を支える農林水産業・農山漁村への国民の理解と共感・支持を得つつ、国産農林水産物の積極的な選択といった行動変容につなげるために、全国各地の農林漁業者の取組や地域の食、農山漁村の魅力を発信しています。

令和5(2023)年度には、東京都、宮城県、広島県、熊本県、大阪府で、食について考えるきっかけとなるトークセッションやマルシェ等のイベントを開催しました。また、多くの人々にとって身近な食である「カレー」や「餃子」、「おにぎり」をテーマに、食から日本を考える契機を創出する取組や、ニッポンフードシフトの趣旨に賛同した「推進パートナー」等と連携した取組等について、テレビ、新聞、雑誌、Webサイト、SNS等のメディアを通じた官民協働による情報発信を実施しました。

餃子から日本を考える。アニメーション動画
URL：https://nippon-food-shift.maff.go.jp/gyoza/

食から日本を考える。
NIPPON FOOD SHIFT
FES.東京2023

（消費者と農林水産業関係者等を結ぶ広報を推進）

　デジタル技術の活用を始めとした生活様式の変化により、消費者はSNS等のインターネット上の情報を基に購買行動を決定し、生産者もこれに合わせて積極的にSNS上で情報発信をするようになりつつあります。これらを踏まえ、農林水産省は、職員がYouTuberとなって、我が国の農林水産物や農山漁村の魅力等を伝える省公式YouTubeチャンネル「BUZZ MAFF」や、農林水産業関連の情報や施策を消費者目線で発信する省公式X(旧Twitter)、食卓や消費の現状、暮らしに役立つ情報等を毎週発信するWebマガジン「aff(あふ)」等を通じて、消費者と農林水産業関係者、農林水産省を結ぶための情報発信を強化しています。

　特に令和元(2019)年度から開始したBUZZ MAFFは、令和5(2023)年度末時点で動画の総再生回数は4,500万回を超え、チャンネル登録者数は17万3千人を超えています。

　また、令和5(2023)年度の「こども霞が関見学デー」の一環として、農林水産省でワークショップを開催したほか、食や農林水産業について学べる夏の特設Webサイト「マフ塾～明日のごはんを考える～」を開設し、小学生から大人まで楽しめるクイズを始め、全国どこからでも農業・林業・水産業を学べるコンテンツを公開しました。

G7宮崎農業大臣会合開催の
機運醸成のためのBUZZ MAFF動画

「こども霞が関見学デー」での
非常食に関するイベント

第9節 国際的な動向に対応した食品の安全確保と消費者の信頼の確保

　食品の安全性を向上させるためには、食品を通じて人の健康に悪影響を及ぼすおそれのある有害化学物質・有害微生物について、科学的根拠に基づいたリスク管理[1]等に取り組むとともに、農畜水産物・食品に関する適正な情報提供を通じて消費者の食品に対する信頼確保を図ることが重要です。

　本節では、国際的な動向等に対応した食品の安全確保と消費者の信頼の確保のための取組について紹介します。

(1) 科学的知見等を踏まえた食品の安全確保の取組の強化
(リスク評価機関とリスク管理機関が相互に連携し、食品の安全を確保)

　食品安全基本法は、「国民の健康保護が最も重要」、「農場から食卓まで」、「科学的知見に基づき、後始末より未然防止」といった考え方に基づき、国や食品事業者等の関係者の責務・役割、施策策定の基本的な方針等を規定しています。

　この基本理念は、食品安全行政に関する世界的な考え方であり、食品安全に関する国際基準の策定機関であるコーデックス委員会[2]のリスク分析の原則とも整合するものです。

　食品安全を守る仕組みは、「リスク評価」、「リスク管理」、「リスクコミュニケーション」の3要素から構成されており、我が国では、リスク評価機関(食品安全委員会)とリスク管理機関(厚生労働省、農林水産省、環境省等)が、相互に連携しつつ、食品安全を確保するための取組を推進しています(**図表1-9-1**)。

図表1-9-1　食品安全におけるリスク分析の枠組み

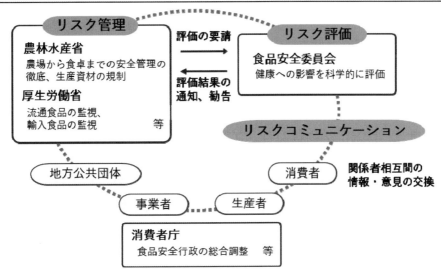

資料：農林水産省作成
注：令和6(2024)年度から、規格基準の策定は厚生労働省から消費者庁に移管

---

[1] 全ての関係者と協議しながら、リスク低減のための政策・措置について技術的な実行可能性、費用対効果等を検討し、適切な政策・措置の決定、実施、検証、見直しを行うこと
[2] 消費者の健康の保護、食品の公正な貿易の確保等を目的として、昭和38(1963)年にFAO及びWHO(世界保健機関)により設置された国際的な政府間機関

第1章

令和6(2024)年4月から、食品安全行政の司令塔機能を担う消費者庁に、厚生労働省が所管している食品衛生に関する規格基準の策定等を移管することで、食品衛生についての科学的な安全を確保し、消費者利益の更なる増進を図ることとしています。

(食中毒発生件数は前年に比べ増加)

食中毒の発生は、消費者に健康被害が生じるばかりでなく、原因と疑われる食品の消費の減少にもつながることから、農林水産業や食品産業にも経済的な影響が及ぶおそれがあります。このため、農林水産省は、食品の安全や消費者の信頼を確保するため、科学的根拠に基づき、生産から消費に至るまでの必要な段階で有害化学物質・有害微生物の汚染の防止や低減を図る措置の策定・普及に取り組んでいます。

令和5(2023)年の食中毒の発生件数は、前年に比べ59件増加し1,021件となりました(**図表1-9-2**)。

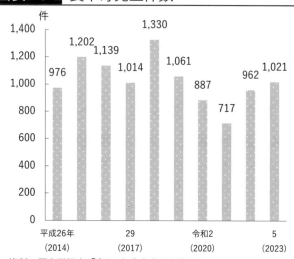

図表1-9-2　食中毒発生件数

資料：厚生労働省「令和5年食中毒発生状況」

(最新の科学的知見・動向を踏まえリスク管理を実施)

農林水産省は、食中毒の発生件数の増減等の最新の科学的知見、消費者・食品関連事業者等関係者の関心、国際的な動向を考慮して、食品の安全確保に取り組んでいます。

農林水産省では、優先的にリスク管理の対象とする有害化学物質・有害微生物を選定した上で、5年間の中期計画及び年度ごとの年次計画を策定し、サーベイランス[1]やモニタリング[2]を実施しています。また、汚染低減のための指針等の導入・普及や衛生管理の推進等の安全性向上対策を食品関連事業者と連携して実施し、その効果の検証のための調査を行い、最新の情報に基づいて指針等を更新しています。さらに、食品安全に関する国際基準・国内基準や規範の策定、リスク評価に貢献するため、これらの取組により得た科学的知見やデータをコーデックス委員会や関連する国際機関、関係府省へ提供しています。

令和5(2023)年度は、有害化学物質21件、有害微生物16件の調査を実施しました。また、これまでの調査の評価・解析の結果をWebサイトに掲載しています。さらに、それらの結果を活用し、有害化学物質・有害微生物の汚染の防止・低減のための措置の必要性や効果について検証・評価し、科学的な根拠に基づき、食品の安全性の向上のための取組を推進しています。

このほか、消費者向けの食品安全に関する情報の発信にも積極的に取り組んでおり、ノロウイルスや有毒植物、毒キノコ等による食中毒の防止について、Webサイトに掲載するとともに、SNS、動画等を活用して注意喚起を行っています。令和5(2023)年度は、食中毒を予防するため、肉類や魚介類等の適切な取扱いのポイントをまとめた動画を作成しました。動画には、オリジナルのキャラクターを登場させるなど、子供を含む幅広い世代を

---

[1] 問題の程度又は実態を知るための調査のこと
[2] 矯正的措置をとる必要があるかどうかを決定するために、傾向を知るための調査のこと

対象に、親しみやすい内容としました。また、食品安全の取組を可視化して消費者理解の醸成を図るため、食品事業者が行っている製品中のアクリルアミド低減の取組に関する動画を作成し、SNSやYouTube等を通じて情報発信しました。

食中毒を予防するための魚介類の
適切な取扱いのポイントをまとめた動画

（コラム）食品業界において製品中のアクリルアミド低減の取組が進展

　食品を加熱調理する過程において、食品中では様々な化学物質が生成・分解されています。このような化学物質の中には、風味や保存性を高めるといった有益な効果をもたらすものがある一方で、健康に影響を及ぼす可能性がある副産物が生成されることもあります。その一つが「アクリルアミド」であり、高温加熱した様々な食品に含まれています。我が国においては、食品メーカーや事業者団体による食品中のアクリルアミドの低減に向けた自主的な取組を始めとして、様々な取組が実施されています。

　例えば日本スナック・シリアルフーズ協会では、会員企業が製造する製品中のアクリルアミドの濃度を低減し、消費者の健康に資するための取組に力を入れています。コーデックス委員会が策定した「食品中のアクリルアミド低減に関する実施規範」や農林水産省が策定した「食品中のアクリルアミドを低減するための指針」等に基づき、各社が原料調達やレシピ等を自社の工程に合わせて改善を行うほか、低減に向けたノウハウを各社で持ち寄り、定期的に情報交換を行っています。また、自主的な目標値等を設定し、毎年、低減対策の効果の検証を実施しています。

　このような取組の結果、アクリルアミド濃度の低減が裏付けられた事例も見られています。例えばポテトスナックについて、平成29(2017)〜30(2018)年度に農林水産省が実施した調査では、平成18(2006)〜19(2007)年度の調査と比べて、アクリルアミド濃度は有意に低く、平均値は5割程度に減少しています。

　一方、事業者が取り扱う食品の種類、製造設備、製造方法等は様々であり、事業者によってアクリルアミド低減に効果的な対策は異なっています。農林水産省では、今後とも、食品事業者のアクリルアミド低減に向けた自主的な取組への支援やアクリルアミド低減に資する試験研究を実施していくこととしています。

アクリルアミド低減の実例

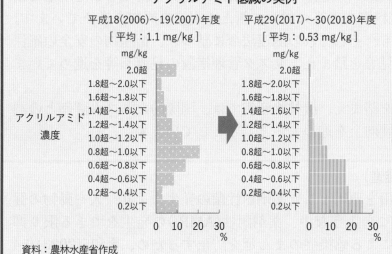

資料：農林水産省作成

焦げた製品等を除去する工程
資料：カルビー株式会社

安全で健やかな食生活を送るために
URL：https://www.maff.go.jp/j/fs/index.html

ポテトチップスのひみつ
〜アクリルアミドを少なくするために〜
URL：https://www.maff.go.jp/j/syouan/syoku_anzen/
manabu/r0603/acryl_amide.html

（輸入食品の安全管理の取組を実施）

　我が国の食料は、カロリーベースで約6割が輸入食品によって賄われており、輸入食品の安全性確保は重要な課題となっています。

　輸入食品についてはリスクに応じた輸入時検査を実施しており、令和4(2022)年度の輸入食品等の検査は、届出件数の8.4%に当たる約20万3千件について実施されています（**図表1-9-3**）。

図表1-9-3　輸入食品等の届出・検査実績

	令和3 (2021)年度	4 (2022)
届出件数(件)	2,455,182	2,400,309
届出重量(t)	31,627,360	31,918,658
検査件数(件)	204,240	202,671
届出件数に 対する割合(%)	8.3	8.4
違反件数(件)	809	781

資料：厚生労働省「輸入食品監視統計」を基に農林水産省作成

（生産資材の安全確保の取組を推進）

　農薬や肥料、動物用医薬品、飼料等の生産資材については、農畜水産物の安全を確保するため、これまでも科学的知見や国際基準に基づき、使用基準や安全基準の設定・見直し等を実施しています。

　農薬については、安全性の一層の向上を図るため、農薬取締法に基づき、再評価を進めています。再評価は、最新の科学的知見に基づき、全ての農薬についておおむね15年ごとに、国内での使用量が多い農薬を優先して順次実施しています。

　また、肥料については、国内資源の利用拡大が重要となる中、肥料の品質の確保等に関する法律に基づき、令和5(2023)年度に汚泥資源の利用拡大に資する新たな公定規格を創設[1]しました。農林水産省では、肥料事業者等に対して新たな規格の周知を進めています。

　動物用医薬品及び飼料についても、それぞれの関連法令に基づき、畜産物の安全の確保を前提としつつ、最新の科学的知見等を踏まえ、リスク管理措置の見直し等を進めています。

　食料生産・供給のグローバル化を踏まえ、農林水産省では、国際的なリスク評価との調和を始め、生産資材の更なる安全性向上を進めていくこととしています。

（薬剤耐性菌の増加を防ぐ対策を推進）

　近年、抗微生物剤の不適切な使用を原因とした薬剤耐性菌の発生により、人や動物の健康への影響が懸念されています。このような中、薬剤耐性(AMR[2])の発生をできる限り抑制するとともに、薬剤耐性微生物による感染症のまん延を防止するため、令和5(2023)年4

---

[1] 第3章第10節を参照
[2] Antimicrobial Resistanceの略で、薬剤耐性のこと

月に「薬剤耐性(AMR)対策アクションプラン(2023-2027)」が策定されました。薬剤耐性対策は、人と動物の健康と環境の保全を担う関係者が緊密な協力関係を構築し、分野横断的な課題の解決のために取り組むワンヘルス・アプローチの観点からも重要です。

同プランでは、令和9(2027)年における畜産分野の動物用抗菌剤の全使用量を対令和2(2020)年比で15%削減すること等を目標値として掲げており、その実現のため、農林水産省は、動物用抗菌剤の農場単位での使用実態を把握できる仕組みの検討やワクチンの開発・実用化の支援等を行っています。令和5(2023)年度においては、薬剤耐性菌のモニタリングがより統合的なものとなるよう、対象菌種・薬剤の見直し等を行いました。

(2) 食品に対する消費者の信頼の確保

(食品の安全や消費者の信頼確保に関する事項への懸念も一定程度存在)

公庫が令和6(2024)年1月に実施した調査によると、食品に対する懸念事項として「食品価格」との回答が68.4%で最も多くなっています(**図表1-9-4**)。食品価格の上昇が見られる中、消費者の価格面での負担感大きくなっている状況がうかがわれます。

また、保存料、甘味料、着色料、香料といった食品の製造過程又は食品の加工・保存の目的で使用される「食品添加物」のほか、「残留農薬」や「食中毒」、「食品表示の偽装」といった食品の安全や消費者の信頼確保に関する事項への懸念も一定程度見られています。

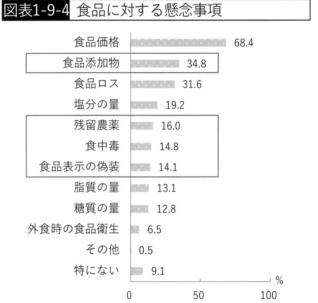

図表1-9-4 食品に対する懸念事項

項目	%
食品価格	68.4
食品添加物	34.8
食品ロス	31.6
塩分の量	19.2
残留農薬	16.0
食中毒	14.8
食品表示の偽装	14.1
脂質の量	13.1
糖質の量	12.8
外食時の食品衛生	6.5
その他	0.5
特にない	9.1

資料：株式会社日本政策金融公庫「消費者動向調査(令和6年1月)」を基に農林水産省作成
注：「普段購入している食品について懸念していること」の質問に対する回答で、回答総数は2千人(三つまで回答)

(新たな遺伝子組換え食品表示制度が施行)

遺伝子組換え食品表示制度については、遺伝子組換え農産物が混入しないように分別生産管理が行われた旨の任意表示に代えて「遺伝子組換えでない」との表示も可能としていました。しかしながら、分別生産流通管理をしても遺伝子組換え農産物が混入している可能性があるにもかかわらず「遺伝子組換えでない」とする表示を認めることは、消費者の誤認防止や表示の正確性の担保の観点から問題があるとして、「遺伝子組換えでない」等の表示ができるのは、遺伝子組換え農産物の混入がないことが科学的に検証できる場合に限定する旨の制度改正を平成31(2019)年4月に行い、令和5(2023)年4月に施行しました。

なお、遺伝子組換え農産物が混入しないように「分別生産流通管理」が行われたことを確認しただけのものについては、遺伝子組換え農産物が混入しないように分別生産流通管理を行った旨、例えば「遺伝子組換え混入防止管理済」等の表示を可能とすることとし、より消費者に分かりやすい表示とすることとしました。

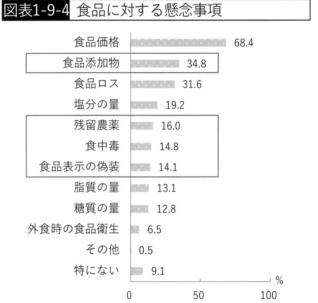

(食品リコールの届出件数について、回収理由別ではアレルゲンが最多)

　食品衛生法及び食品表示法の改正を踏まえ、令和3(2021)年6月から、食品リコールの届出が義務化されています。

　令和5(2023)年9月末時点での食品表示法に基づく自主回収の届出件数(公開件数)は3,930件となっています。回収理由別では、アレルゲンが1,911件で最多となっているほか、品目別では、調理食品が1,481件で最多となっています(**図表1-9-5**)。

図表1-9-5　食品リコールの届出件数

	アレルゲン	期限表示	保存方法	個別的義務表示	その他	合計
調理食品	1,238	173	45	4	21	1,481
水産物	79	311	36	13	36	475
菓子類	151	164	3	1	51	370
畜産物	116	124	13	2	15	270
めん・パン類	126	89	0	1	21	237
飲料、水	0	9	0	0	14	23
その他	201	142	6	4	43	396
合計	1,911	1,012	103	25	201	3,252

資料：消費者庁「食品表示法に基づく自主回収の届出状況(速報値)」
注：1) 公開件数3,930件のうち回収を終了した件数を集計
　　2) 令和5(2023)年9月末時点の数値

(食品トレーサビリティの普及啓発を推進)

　食品トレーサビリティは、食品の移動を把握できることを意味しています。各事業者が食品を取り扱った際の記録を作成・保存しておくことで、食中毒等の健康に影響を与える事故等が発生した際に、問題のある食品がどこから来たのかを遡及して調べ、どこに行ったかを追跡することができます。

　一方、食品の製造工程における内部トレーサビリティは、記録の整理・保存に手間が掛かること、取組の必要性や具体的な取組内容が分からないなどの理由から、特に中小零細企業での取組率が低いことが課題となっています。

　このため、農林水産省では、食品トレーサビリティに取り組むためのポイントを記載したテキスト等を策定し、更なる取組の普及啓発を推進しています。

第10節　国際交渉への対応と国際協力の推進

　国際交渉においては、我が国の農林水産業が「国の 基」として発展し、将来にわたってその重要な役割を果たしていけるよう交渉を行うとともに、我が国の農林水産物・食品の輸出拡大につながる交渉結果の獲得を目指しています。また、途上国の自立的な経済発展を支援するため、様々な形態による農林水産分野の協力を行っています。

　本節では、経済連携交渉等の国際交渉への対応状況や国際協力の推進等について紹介します。

(1) 国際交渉への対応

(複数の国・地域とのEPA/FTAの交渉を実施)

　特定の国・地域で貿易ルールを取り決めるEPA[1]/FTA[2]等の締結が世界的に進み、令和6(2024)年1月時点では399件に達しています。

　我が国においても、令和6(2024)年3月時点で、21のEPA/FTA等が発効済・署名済です(**図表1-10-1**)。これらの協定により、我が国は世界経済の約8割を占める巨大な市場を構築することになります。輸出先国・地域の関税撤廃等の成果を最大限活用し、我が国の強みを活かした品目の輸出を拡大していくため、我が国の農林水産業の生産基盤を強化していくとともに、新市場開拓の推進等の取組を進めることとしています。

図表1-10-1　我が国におけるEPA/FTA等の状況

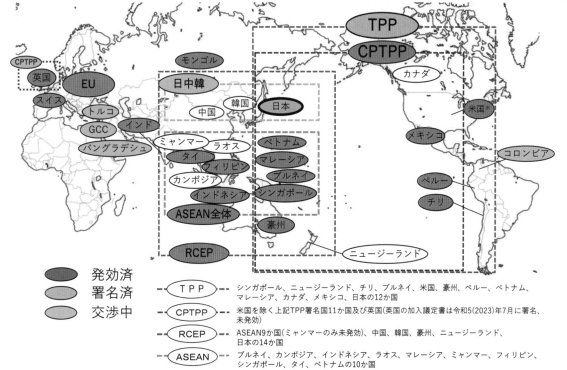

資料：農林水産省作成

　※ 米国とは、令和2(2020)年1月1日に日米貿易協定が発効

---

[1] Economic Partnership Agreementの略で、経済連携協定のこと
[2] Free Trade Agreementの略で、自由貿易協定のこと

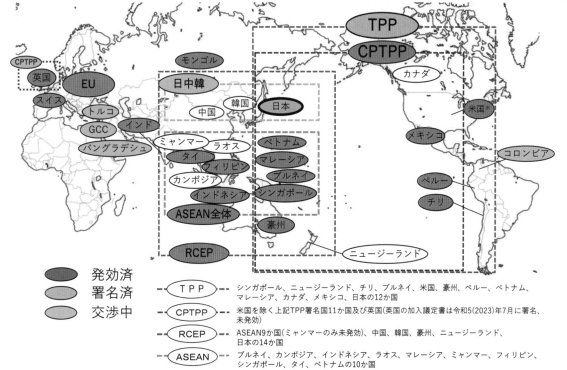

　令和5(2023)年度においては、GCC[1](湾岸協力理事会)との間でFTA交渉を令和6(2024)年中に再開することを発表したほか、イスラエル、バングラデシュ、それぞれとの間で共同研究を実施しました。さらに、令和6(2024)年3月に日・バングラデシュEPA交渉を開始することを決定しました。

　また、世界共通の貿易ルールづくり等が行われるWTO[2](世界貿易機関)においても、これまで数次にわたる貿易自由化交渉が行われてきました。平成13(2001)年に開始されたドーハ・ラウンド交渉においては、依然として途上国と先進国の溝が埋まっていないこと等により、農業分野等の交渉に関する今後の見通しは不透明ですが、我が国としては、世界有数の食料輸入国としての立場から公平な貿易ルールの確立を目指し交渉に臨んでおり、我が国の主張が最大限反映されるよう取り組んでいます。

EPA/FTA 等に関する情報
URL : https://www.maff.go.jp/j/
kokusai/renkei/fta_kanren/

(IPEFの三つの分野で交渉が進展)

　米国、日本、豪州等14か国が参加するインド太平洋経済枠組み(IPEF[3])については、令和5(2023)年11月の閣僚級会合においてIPEFサプライチェーン協定に署名するとともに、クリーン経済及び公正な経済の分野で実質妥結しました。一方、貿易の分野については引き続き協議が行われることとなりました。

(令和5(2023)年7月にCPTPP締約国及び英国が英国加入議定書に署名)

　「環太平洋パートナーシップに関する包括的及び先進的な協定」(CPTPP[4])への英国の加入手続について、CPTPP締約国及び英国の間での協議が進められ、令和5(2023)年7月にCPTPPへの英国加入議定書の署名が行われました。

　日本側の関税に関する措置については、現行のCPTPPの範囲内で合意しました。また、英国側の関税については、短・中粒種の精米等の関税撤廃を獲得しました。

　我が国においては、同年12月に同議定書の効力発生のための国内手続が完了しました。

(インドでG20農業大臣会合が開催)

　令和5(2023)年6月に、インドでG20農業大臣会合が開催されました。同会合において我が国は、ロシアによるウクライナ侵略は明白な国際法違反であるとともに、世界の食料安全保障に大きな悪影響を及ぼすものであるとして、ロシアを最も強い言葉で非難しました。また、G7宮崎農業大臣会合で得た成果を踏まえ、(1)農業の持続可能性の向上は生産性を高める方法で行われるべきであること、(2)既存の国内農業資源を最大限活用すること、(3)あらゆる形のイノベーションが活用されるべきであることを主張しました。なお、会合での議論の内容を踏まえ、議長国インドから「成果文書及び議長総括」が発出されました。

---

[1] Gulf Cooperation Councilの略
[2] World Trade Organizationの略
[3] Indo-Pacific Economic Frameworkの略
[4] Comprehensive and Progressive Agreement for Trans-Pacific Partnershipの略

(WTO農業交渉で、我が国は農産物の輸出規制に係る提案を実施)

　令和5(2023)年10月にスイスで行われたWTO農業交渉会合では、我が国は農産物の輸出規制に係る提案を行いました。その内容は、農産物の輸出規制措置の導入に当たっての条件を明確化することや各加盟国が実施する輸出規制措置の情報共有を進めるものです。農林水産省では、輸出規制の透明性を高める議論をWTOの場で行うことにより、世界的に関心の高まる食料安全保障の確保に向けて、我が国の貢献を各国にアピールしていくこととしています。

　一方、令和6(2024)年2～3月にアラブ首長国連邦で開催された第13回WTO閣僚会議では、農業分野の今後の作業計画等について議論されましたが、合意には至らず、議論が継続されることになりました。

(2) G7宮崎農業大臣会合の開催

(G7宮崎農業大臣会合を開催)

　令和5(2023)年4月22～23日にかけて、宮崎県宮崎市で国内の農業生産を担当する大臣が集まるG7宮崎農業大臣会合を開催しました。会合では、我が国が議長を務め、強靱(きょうじん)で持続可能な農業・食料システムの構築に向けて各国間で議論を行いました。特に農業の持続可能性を向上させるための各国の取組について相互に紹介した上で、G7として世界のために何ができるか、これから注力すべき分野は何かについて議論しました。我が国からは、みどり戦略を紹介し、生産性向上と持続可能性の両立の必要性を強調しながら、イノベーション技術の開発・普及の重要性を主張しました。

G7宮崎農業大臣会合で議論する農林水産大臣

マンゴー農園を視察する各国農業大臣

(「G7農業大臣声明」及び「宮崎アクション」を採択)

　G7宮崎農業大臣会合では、食料安全保障をテーマに、特に強靱で持続可能な農業・食料システムの構築について議論し、今後の農業・食料政策の方向性として、(1)自国の生産資源を持続可能な形で活用すること、(2)農業の生産性向上と持続可能性を両立させること、(3)あらゆる形のイノベーションにより、農業の持続可能性を向上させることについて共通認識を得ました。

　また、会合での議論を取りまとめた「G7農業大臣声明」や、より生産性が高く強靱で持続可能な農業・食料システムを構築するために、G7各国が取り組むべき行動を要約した「宮崎アクション」を採択しました。

　具体的には、(1)既存の国内農業資源を持続的に活用し、貿易を円滑化しつつ、地元・地域・世界の食料システムを強化する途を追求し、サプライチェーンを多様化すること、(2)増え続ける世界人口を養いつつ、ネットゼロを達成するために温室効果ガス排出を削減し、生物多様性の損失を食い止め反転させるなどの長期的な課題に注力すること、(3)あらゆる

形のイノベーションの実施や持続可能な農業慣行の促進により、農業・食料システムの持続可能性を向上させること等が盛り込まれました。

（コラム）G7宮崎農業大臣会合において高校生が提言を発表

　令和5(2023)年4月に開催されたG7宮崎農業大臣会合を機に、宮崎県内の高校生20人が、食や農業についての体験や議論を通して提言をまとめ、各国の農業大臣の前で英語での発表等を行いました。

高校生の提言

資料：G7宮崎農業大臣会合協力推進協議会

　提言の発表を行った「高校生の提言」プロジェクトチームは、14の県立高校の生徒で構成されており、メンバーが相互に協力して、各国代表への提言を準備しました。G7宮崎農業大臣会合では、若者らしいアイデアや情熱を盛り込んだプレゼンテーションビデオが紹介され、提言が発表されました。

　具体的には、(1)自然環境への負荷、廃棄物、格差をゼロにすることを目指した、「国と国、人と人が共に」実施する共同研究、(2)「生産者と消費者が共に」農業の魅力をもっと知るため、若者に人気のある媒体や機会を利用して農業の魅力発信を行う「クールアグリキャンペーン」の実施、(3)「食と文化が共に」つながり続け、「食」に感謝することが当たり前な社会になるよう、子供たちに本物の農業を体験させる教育活動という三つの内容を提言しました。

　「共に」をキーワードとした提言は、各国の大臣や関係者から高い評価を受けるとともに、G7宮崎農業大臣会合の成功に大きく貢献するものとなりました。

（日・IFAD共同声明に署名し、ELPSイニシアティブを立上げ）

　G7宮崎農業大臣会合の機会に先立ち、令和5(2023)年4月に、農林水産大臣は、国際農業開発基金(IFAD[1])総裁と会談し、日・IFAD共同声明の署名・発出を行うとともに、先進国等の民間企業による途上国の小規模農業者等への支援を促進するための「民間セクター・小規模生産者連携強化(ELPS[2])」イニシアティブを立ち上げました。日本政府からの任意拠出金を用いてIFADが実施するもので、我が国のリーダーシップによる新たな国際協力の取組として、G7農業大臣声明に明記され、G7各国から歓迎されました。

（第5回G7 CVOフォーラムを開催）

　G7宮崎農業大臣会合では、鳥インフルエンザ等の越境性動物疾病や薬剤耐性(AMR[3])等の世界的な課題について、G7各国の獣医当局が協力し、情報交換するためG7 CVO[4]（首席獣医官）フォーラムの開催が合意されました。これを受けて、令和5(2023)年9月に東京都で第5回G7 CVOフォーラムが開催されました。

　G7各国の首席獣医官や獣医当局の専門家のほか、FAOやWOAH[5]（国際獣疫事務局）の代表者等が出席し、アフリカ豚熱等の越境性動物疾病対策、AMR対策、鳥インフルエンザ対策の三つの世界共通の課題について議論等を行いました。

---

[1] International Fund for Agricultural Developmentの略
[2] Enhanced Linkages between Private sector and Small-scale producersの略
[3] 第1章第9節を参照
[4] Chief Veterinary Officersの略
[5] World Organisation for Animal Healthの略

(3) 国際協力の推進

(ウクライナへ農業分野での支援・協力に向けた取組を開始)

　農林水産省とウクライナ農業政策・食料省は、令和5(2023)年10月に「日ウクライナ農業復興戦略合同タスクフォース」の設置に合意し、同年11月には、第1回タスクフォースを開催しました。我が国からは農林水産省のほか、ウクライナの農業復興に取り組む関係機関、農業機械メーカー等の民間企業から約100人が参加し、両国の関係省庁・関係企業の初会合を行いました。また、同年12月には、ウクライナ農業政策・食料省の幹部等を我が国に招へいしました。

　令和6(2024)年2月に東京都で開催された「日・ウクライナ経済復興推進会議」では、両国首脳立会の下、農業機械メーカー等日本企業6社とウクライナ農業政策・食料省等との間で計8本の覚書を締結しました。また、日本企業のウクライナ農業復興への参画を促し、農業生産力の回復を通じたウクライナ復興支援に貢献するため、農業生産力の回復に向けた全体設計に必要な調査や日本企業による実現可能性調査の実施支援を進めています。

(アフリカへの農業協力を推進)

　アフリカ各国が食料安全保障を強化し、経済発展を達成するためには、各国の農業生産の増加や所得の向上が不可欠です。我が国は、アフリカに対して農業の生産性向上や持続可能な食料システム構築等に向けた様々な支援を通じ、アフリカ農業の発展に貢献しています。

　令和5(2023)年度は、アフリカにおける市場ニーズに適合したイネの開発や栽培方法の確立を支援したほか、我が国企業が有する先端技術や農業生産資材等を導入し、農業生産性の向上やフードバリューチェーンの強化に貢献しました。

イネの有望系統の開発支援
資料：アフリカ稲センター

　今後ともアフリカ各国や関連する国際機関等との連携を図りつつ、農業分野の課題解決を図ることとしています。また、各国の投資環境や消費者ニーズを捉え、我が国の食産業の海外展開や農林水産物・食品の輸出に取り組む企業を支援していくこととしています。

(「ASEAN＋3緊急米備蓄」を推進)

　我が国は東アジア地域(ASEAN[1]10か国、日本、中国及び韓国)における食料安全保障の強化と貧困の撲滅を目的とした米の備蓄制度である「ASEAN＋3緊急米備蓄」(APTERR[2])について、平成24(2012)年の協定発効以来、現物備蓄事業への拠出や事務局への日本人専門家の派遣等を通じ、積極的に支援しています。令和5(2023)年度には、我が国からラオスとフィリピンにコメの支援を行ったほか、我が国が提案した「持ち帰り支援」の最初の事例として、フィリピンの小学校の児童に対しコメを提供しました。また、APTERRについて

**フィリピンでの
支援米の放出式典**

は、ASEAN+3首脳会議において、食料安全保障の確保に向けた効果的な実施や協力の強化が求められており、我が国は活動の更なる発展に貢献していくこととしています。

---

[1] Association of South-East Asian Nationsの略で、東南アジア諸国連合のこと
[2] ASEAN Plus Three Emergency Rice Reserveの略

第2章
環境と調和のとれた食料システムの確立

　我が国の食料・農林水産業は、大規模自然災害の増加、地球温暖化、生産基盤の脆弱化、地域コミュニティの衰退、生産・消費の変化といった持続可能性に関する様々な政策課題に直面しています。また、SDGs[1]や環境を重視する動きが加速し、あらゆる産業に浸透しつつあり、我が国の食料・農林水産業においても的確に対応していく必要があります。これらを踏まえ、農林水産省は令和3(2021)年5月に「みどり戦略[2]」を策定し、さらに、令和4(2022)年7月には「みどりの食料システム法[3]」が施行されました。

　本節では、みどり戦略の意義のほか、調達、生産、加工・流通、消費の各段階での取組の推進状況を紹介します。

(1) みどり戦略の実現に向けた施策の展開

(食料・農林水産業の生産力向上と持続性の両立をイノベーションで実現)

　みどり戦略は、食料・農林水産業の生産力向上と持続性の両立をイノベーションで実現させるため、中長期的な観点から戦略的に取り組む政策方針です。

　みどり戦略では、令和32(2050)年までに目指す姿として、農林水産業のCO_2ゼロエミッション化の実現、化学農薬使用量(リスク換算)の50%低減、鉱物資源や化石燃料を原料とした化学肥料使用量の30%低減、耕地面積に占める有機農業の取組面積の割合を25%に拡大といった14の数値目標(KPI[4])を掲げています。また、その実現のために、調達から生産、加工・流通、消費までの各段階での課題の解決に向けた行動変容、既存技術の普及、革新的な技術・生産体系の開発と社会実装を、時間軸をもって進めていくこととしています。

(みどりの食料システム法に基づき環境負荷低減に向けた取組を推進)

　みどりの食料システム法においては、環境負荷低減に取り組む生産者の事業活動(環境負荷低減事業活動)や、環境負荷の低減に役立つ機械や資材の生産・販売、研究開発、環境負荷低減の取組を通じて生産された農林水産物の流通の合理化等により環境負荷低減事業活動を支える事業者の取組(基盤確立事業)を、それぞれ都道府県、国が認定し、認定を受けた生産者や事業者に対し、税制特例や融資制度等の支援措置を講ずることとしています。

　令和5(2023)年3月末までに全ての都道府県においてみどりの食料システム法に基づく基本計画が作成され、生産者の計画認定については、令和6(2024)年3月末時点で4千人以上が認定されています。また、事業者の計画認定については、同年3月末時点で64の事業計画が認定されています(**図表2-1-1**)。

　さらに、みどりの食料システム法では、地域ぐるみの取組の創出を図るため、市町村等の発意で特定区域(モデル地区)を設定し、有機農業を促進するための栽培管理協定の締結等が可能となっています。令和6(2024)年3月末時点で、全国16道県29区域で特定区域が設

---

[1] 特集第1節を参照
[2] 特集第2節を参照
[3] 特集第2節を参照
[4] Key Performance Indicatorの略で、重要業績評価指標のこと

定されており、このうち2県3区域で地域ぐるみの取組を行う生産者の計画認定、1区域で同協定の締結が行われ、具体的な取組が開始されています。

図表2-1-1	みどりの食料システム法に基づく計画認定の取組例

中道農園株式会社(滋賀県野洲市)

もみ殻ぼかし肥料や土壌診断を有効に活用し、水稲有機栽培の面積拡大を推進。環境負荷低減事業活動実施計画の認定を受け、税制特例を活用し水田除草機を導入

資料:中道農園株式会社

松元機工株式会社(鹿児島県南九州市)

防除効果を維持しながら農薬散布量を削減できる乗用型茶園防除機を開発。基盤確立事業実施計画の認定を受け、税制特例の対象となった防除機の普及を推進

資料:松元機工株式会社

(地球温暖化防止のために環境に配慮した生産手法を推進すべきと考える人が約6割)

内閣府が令和5(2023)年9〜10月に実施した世論調査によると、温室効果ガスの排出量の削減や化学農薬・化学肥料の使用量削減等の環境に配慮した生産手法を推進することについて、「地球温暖化を防止するために推進すべき」を挙げた人が57.8%で最も多く、次いで「持続可能な未来のための目標であるSDGsの流れを踏まえると推進すべき」が43.0%となっています(**図表2-1-2**)。

図表2-1-2	環境に配慮した生産手法の推進に対する意識(上位5位まで)

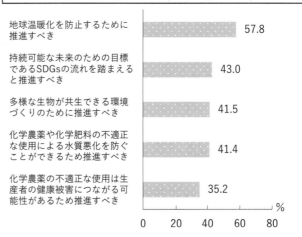

- 地球温暖化を防止するために推進すべき ... 57.8
- 持続可能な未来のための目標であるSDGsの流れを踏まえると推進すべき ... 43.0
- 多様な生物が共生できる環境づくりのために推進すべき ... 41.5
- 化学農薬や化学肥料の不適正な使用による水質悪化を防ぐことができるため推進すべき ... 41.4
- 化学農薬の不適正な使用は生産者の健康被害につながる可能性があるため推進すべき ... 35.2

資料:内閣府「食料・農業・農村の役割に関する世論調査」(令和6(2024)年2月公表)を基に農林水産省作成
注:令和5(2023)年9〜10月に実施した調査で、有効回収数は2,875人(複数回答)

(みどり戦略に対する国民の認知・理解が一層進むよう取組を強化)

みどりの食料システム法では、国が講ずべき施策として、関係者が環境と調和のとれた食料システムに対する理解と関心を深めるよう、環境負荷の低減に関する広報活動の充実等を図ることとしています。

農林水産省は、みどり戦略に係る意見交換を実施するとともに、令和6(2024)年1月から、将来を担う若い世代の環境に配慮した取組を促すため、「みどり戦略学生チャレンジ(全国版)」を開催し、大学生や高校生等の個人・グループによる、みどり戦略に基づいた活動の実践と、その内容を発信する取組を募集しています。

(2) みどり戦略に基づく取組の状況

(農林水産業のゼロエミッション化に向けた取組を推進)

　政府が掲げる2050年カーボンニュートラルの実現に向け、みどり戦略においては、令和32(2050)年までに農林水産業のCO_2ゼロエミッション化の実現を目指すこととしています。

　その実現に向けて、農林水産業の燃料燃焼によるCO_2排出量の削減、燃料使用量削減に資する農業機械の担い手への普及、省エネルギーなハイブリッド型園芸施設等への転換、農山漁村における再生可能エネルギー導入を推進することとしています。

　特に施設園芸に関しては、加温設備を備えた温室の大部分が化石燃料に依存している状況にあり、令和3(2021)年の加温面積に占めるハイブリッド型園芸施設等の割合は10.6%となっています(**図表2-1-3**)。

　農林水産省では、環境負荷低減の技術を活用した持続可能な園芸施設への転換を促進するため、SDGsに対応し、環境負荷低減と収益性向上を両立したモデル産地を育成する取組を支援しています。

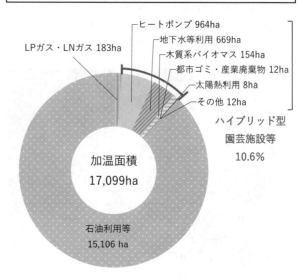

図表2-1-3　園芸用施設における加温設備の種類別設置実面積

- LPガス・LNガス 183ha
- ヒートポンプ 964ha
- 地下水等利用 669ha
- 木質系バイオマス 154ha
- 都市ゴミ・産業廃棄物 12ha
- 太陽熱利用 8ha
- その他 12ha

ハイブリッド型園芸施設等 10.6%

加温面積 17,099ha

石油利用等 15,106 ha

資料：農林水産省「園芸用施設の設置等の状況(令和3年)」(令和5(2023)年9月公表)を基に作成

注：1) 令和2(2020)年11月～3(2021)年10月までの栽培に使用したものの数値
2)「その他」は、もみがら、たい肥発酵熱、家畜し尿メタンガス、ろうそく等を熱源とするもの
3) 複数機器の導入等による面積の重複分を含む。

(化学肥料の使用量の更なる低減に向けた取組を推進)

　りんや窒素は、作物の生育に不可欠な栄養素であり、化学肥料にも含まれる一方、不適切な使用が行われた場合には、水圏の富栄養化等の原因となることから、その資源を適切に利用しつつ、収支バランスを健全に保つことが重要です。

　令和3(2021)年の化学肥料使用量は、85万t(NPK総量[1]・生産数量ベース)で、基準年である平成28(2016)年比で約6%の低減となっています。

　肥料の施用については、土壌や作物によって異なるため、単純に比較することはできませんが、我が国における窒素収支とりん収支は諸外国と比べ比較的高い水準となっています(**図表2-1-4**)。我が国は、りんや窒素等の成分を含有する、主要な化学肥料原料の大部分を海外に依存しており、食料安全保障の観点からも化学肥料使用量の更なる低減を図ることが必要となっています。

　農林水産省では、みどりの食料システム法に基づき化学肥料の使用低減等に係る計画の認定を受けた生産者やその活動を支える事業者に対し、税制特例や融資制度等の支援措置を講じているほか、土壌診断による適正な肥料の施用や堆肥等の活用を促進しています。

---

[1] 肥料の三大成分である窒素(N)、りん酸(P)、加里(K)の全体での出荷量のこと

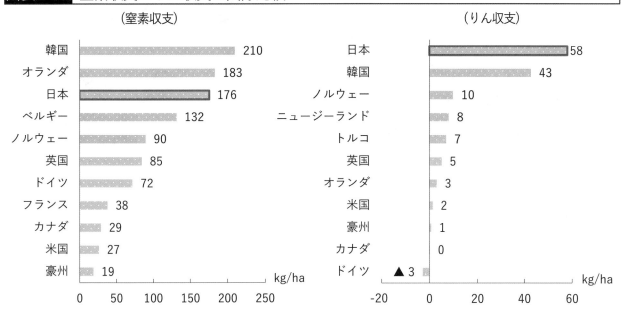

図表2-1-4 窒素収支とりん収支の国際比較

（窒素収支）

韓国	210
オランダ	183
日本	176
ベルギー	132
ノルウェー	90
英国	85
ドイツ	72
フランス	38
カナダ	29
米国	27
豪州	19

kg/ha

（りん収支）

日本	58
韓国	43
ノルウェー	10
ニュージーランド	8
トルコ	7
英国	5
オランダ	3
米国	2
豪州	1
カナダ	0
ドイツ	▲3

kg/ha

資料：OECD「OECD.Stat」を基に農林水産省作成

注：1）参考文献一覧を参照

2）収支とは、食飼料生産に関わる投入量(化学肥料、家畜ふん尿等)から支出量(主に作物収穫)を差し引き、食飼料作物を生産する全農地面積で除したもの

3）窒素収支及びりん収支の数値は、平成26(2014)～28(2016)年の平均値。ただし、ベルギーの窒素収支は平成26(2014)～27(2015)年の平均値

（化学農薬の使用による環境負荷の低減に向けた取組を推進）

みどり戦略においては、環境負荷低減のため、化学農薬を使用しない有機農業の拡大、化学農薬のみに依存しない病害虫の発生予防に重点を置いた「総合防除」等を推進しています。

コロナ禍に伴う国際的な農薬原料の物流停滞の影響により、農薬の製造・出荷が減少したこと等の特殊事情があった令和3(2021)農薬年度[1]の化学農薬使用量(リスク換算)は、令和元(2019)農薬年度比で約9%低減となっていたところ、令和4(2022)農薬年度は、リスクの低い農薬への切替えといった取組の効果が現れたことにより、約4.7%の低減となりました。

農林水産省では、みどりの食料システム法に基づき、化学農薬の使用低減等の環境負荷低減に係る計画の認定を受けた生産者やその活動を支える事業者に対し、税制特例や融資制度等の支援措置を講じているほか、化学農薬のみに依存せず、病害虫の予防・予察に重点を置いた総合防除を推進するため、産地に適した技術の検証、栽培マニュアルの策定等の取組を支援しています。

---

[1] 農薬年度は、前年10月から当年9月までの期間

(天敵温存植物のソルゴーとオクラの組合せ)　(土着天敵のナナホシテントウムシ)

総合防除の導入による化学農薬の使用量低減
資料：いぶすき農業協同組合(左)、鹿児島県指宿市(右)

(グリーンな栽培体系への転換に向けた取組を推進)

　化学肥料・化学農薬の使用量低減、有機農業面積の拡大、農業における温室効果ガスの排出量削減を推進するため、堆肥、緑肥等の活用、自動抑草ロボットによる雑草防除、水稲栽培における中干し期間の延長等の産地に適した環境に優しい栽培技術と省力化に資する技術を取り入れたグリーンな栽培体系への転換を図ることが求められています。

　このため、農林水産省では、みどりの食料システム戦略推進交付金等により、スマート農業技術の活用、化学肥料・化学農薬の使用量低減、有機農業の推進、温室効果ガスの排出量削減等の環境負荷低減に取り組む水稲や野菜等の産地を創出することとしています。

　令和5(2023)年度においては、産地に新たに取り入れる技術の検証、グリーンな栽培体系の実践に向けた栽培マニュアルの作成等を支援しました。

乗用型除草機による雑草防除
資料：秋田県にかほ市

(みどり戦略の実現に向けた技術の開発・普及を推進)

　農林水産省では、みどり戦略の実現に向け、スマート農業技術にも対応した品種開発の加速化、農林漁業者等のニーズを踏まえた現場では解決が困難な技術問題に対応する研究開発等を国主導で推進しています。例えば少ない施肥でも生育可能なトマト等の果菜類の開発、省農薬で機械化に適するりんごの開発等を進めています(**図表2-1-5**)。

　また、令和3(2021)年度に、みどり戦略で掲げた各目標の達成に貢献し、現場への普及が期待される技術について、「「みどりの食料システム戦略」技術カタログ」として取りまとめており、令和5(2023)年5月には、「現在普及可能な技術」を作目別に追加収録したVer.3.0を公開しました。

　この中では、技術の概要、技術導入の効果、みどり戦略における貢献分野(温室効果ガス削減等)、導入の留意点、価格帯、研究開発・改良、普及の状況、技術の問合せ先等を記載しています。

　さらに、同カタログに掲載された技術をテーマとして、農業者・関係者が持つ技術情報を交流・議論・発展させる「みどり技術ネットワーク会議」を全国9か所で開催したほか、全国各地での議論内容を踏まえて、令和6(2024)年3月に「第1回みどり技術ネットワーク全国会議」を開催しました。

図表2-1-5	みどり戦略の実現に向けた品種の開発例

(低窒素適応性トマトの開発)

資料：農研機構
注：ロックウール耕を用いた低窒素適応性評価において、N100%区は通常量の窒素肥料施用区であり、N50%区は窒素肥料を通常の50%施用したことを示す。

(省農薬で機械化に適するカラムナータイプのりんごの開発)

資料：農研機構
注：「カラムナータイプ」とは、枝が横に広がらず節間が短い円筒形となる樹姿を示す特性を持つ系統のこと

(3) 有機農業の拡大に向けた施策の展開

(世界の有機農業の取組面積は拡大傾向で推移)

　世界の有機農業の取組面積については、令和4(2022)年は9,637万haとなっており、過去15年間で約3倍に拡大しています(**図表2-1-6**)。また、国別の1人当たり年間有機食品消費額は、スイスを始め、欧州諸国で高い傾向にあります(**図表2-1-7**)。一方、我が国は欧米諸国と比較して低位な水準にあり、生産・消費両面での取組が必要となっています。

図表2-1-6	世界の有機農業の取組面積

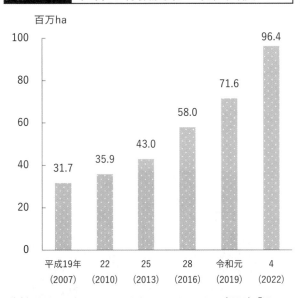

資料：Research Institute of Organic Agriculture(FiBL)「The Statistics.FiBL.org website」を基に農林水産省作成
注：参考文献一覧を参照

図表2-1-7	国別の1人当たり年間有機食品消費額

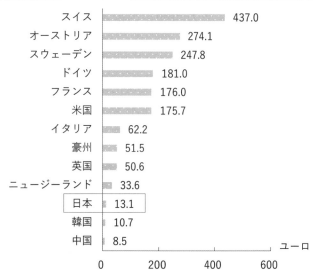

資料：Research Institute of Organic Agriculture(FiBL)「The Statistics.FiBL.org website」を基に農林水産省作成
注：1) 参考文献一覧を参照
　　2) 令和4(2022)年の数値

141

（我が国の有機農業の取組面積は拡大傾向で推移）

　我が国では、有機農業の推進に関する法律において、「有機農業」とは、化学的に合成された肥料及び農薬を使用しないこと並びに遺伝子組換え技術を利用しないことを基本として、農業生産に由来する環境への負荷をできる限り低減した農業生産の方法を用いて行われる農業と定義されています。

　我が国の有機農業の取組面積については、令和3（2021）年度は前年度に比べ5.6%増加し2万6,600haとなっており、その耕地面積に占める割合は0.6%となっています（**図表2-1-8**）。

　農林水産省では、有機農業の拡大に向けた現場の取組を推進するため、広域的に有機農業の栽培技術を提供する民間団体の指導活動、農業者の技術習得支援等による人材育成、有機農業者グループ等による有機農産物の安定供給体制の構築、事業者と連携して行う需要喚起等の取組を支援することとしています。

　また、市町村が主体となり、生産から消費まで一貫した取組により有機農業拡大に取り組むモデル産地である「オーガニックビレッジ」については、令和6（2024）年1月末時点で93市町村において取組が開始されています。

　さらに、令和5（2023）年12月に、茨城県常陸
大宮市において、全国で初めて有機農業を促進するための栽培管理協定が締結され、地域ぐるみで有機農業の団地化の促進を図る取組が開始されています。

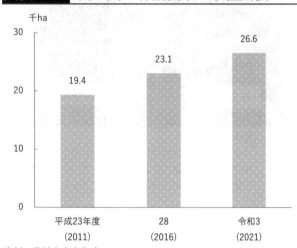

図表2-1-8　我が国の有機農業の取組面積

千ha

- 平成23年度（2011）：19.4
- 28（2016）：23.1
- 令和3（2021）：26.6

資料：農林水産省作成

注：有機JAS認証を取得している農地面積と、有機JAS認証を取得していないが有機農業が行われている農地面積との合計

オーガニックビレッジ

URL：https://www.maff.go.jp/j/seisan/kankyo/yuuki/organic_village.html

　このほか、有機農業を生かして地域振興につなげている又はこれから取り組みたいと考える市町村、都道府県、民間企業・民間団体の情報交換等の場を設けるための「有機農業と地域振興を考える自治体ネットワーク」を設置し、地方公共団体間での有機農業の取組推進に関する情報共有等を促進しています。

有機農業の栽培管理協定区域
資料：茨城県常陸大宮市

オーガニックビレッジに取り組む
市町村長と農林水産大臣

（フォーカス）市町村別の有機農業の取組面積割合は高知県馬路村が首位

　農林水産省は、令和5(2023)年8月に、「有機農業の取組面積が耕地面積に占める割合が高い市町村」及び「有機農業の取組面積が大きい市町村」を公表しました。

　令和3(2021)年度に有機農業の取組面積が耕地面積に占める割合が最も高い市町村は、高知県馬路村で81%となっており、次いで山形県西川町が15%、宮城県柴田町が13%、秋田県小坂町が11%、島根県江津市が10%となっています(図表1)。

　高知県馬路村では、農薬を使用せず、発酵鶏ふんや落ち葉を活用したユズの有機栽培を村全体で推進していることが、取組割合の高さにつながっています。

　一方、令和3(2021)年度に有機農業の取組面積が最も大きい市町村は、北海道標茶町で418haとなっており、次いで福井県大野市が367ha、北海道興部町が314ha、北海道浜中町が294ha、北海道釧路市が223haとなっています(図表2)。

　北海道標茶町では、町域で発生・排出が行われるバイオマス資源をメタン発酵消化液に転換し、有機肥料として可能な限り循環活用する取組の推進等により、有機農業の拡大につなげています。

　各市町村において有機農業の取組面積を拡大していくためには、地域ぐるみで有機農業を推進していくことが重要であり、農林水産省では、地域の農業者や農業者団体、加工・流通事業者、地域の住民といった多様な関係者が参画の下、販路を確保しながら、人材の育成や生産性の向上等を着実に進めることで、将来にわたって持続的な産地を創出していくこととしています。

図表1　有機農業の取組面積が耕地面積に占める割合が高い市町村

	市町村	有機農業の取組面積（ha）	耕地面積に占める割合
1	馬路村（高知県）	52	81%
2	西川町（山形県）	75	15%
3	柴田町（宮城県）	123	13%
4	小坂町（秋田県）	90	11%
5	江津市（島根県）	63	10%
6	大蔵村（山形県）	121	9.8%
7	様似町（北海道）	92	8.9%
8	大野市（福井県）	367	8.7%
9	北中城村（沖縄県）	5	8.7%
10	綾町（宮崎県）	59	8.6%

図表2　有機農業の取組面積が大きい市町村

	市町村	有機農業の取組面積（ha）	耕地面積に占める割合
1	標茶町（北海道）	418	1.4%
2	大野市（福井県）	367	8.7%
3	興部町（北海道）	314	5.0%
4	浜中町（北海道）	294	2.0%
5	釧路市（北海道）	223	2.1%
6	霧島市（鹿児島県）	216	3.8%
7	せたな町（北海道）	204	3.5%
8	北見市（北海道）	203	0.9%
9	豊岡市（兵庫県）	191	3.9%
10	枝幸町（北海道）	174	1.6%

資料：農林水産省作成

注：令和4(2022)年度に実施した調査で、一定程度以上、有機農業の取組面積を把握していると回答した753市町村のうち、公表について「可」との回答があった市町村のみを掲載

（我が国の有機農業の有機食品市場は拡大傾向で推移）

　我が国の有機食品の市場規模は拡大傾向で推移しており、令和4(2022)年11月に実施した調査によると、令和4(2022)年の市場規模は2,240億円と推計されており、平成29(2017)年の1,850億円と比べ約2割増加しています。また、「週に1回以上有機食品を利用」している消費者の割合は、平成29(2017)年と比べ15.1ポイント増加し32.6%となっており、有機食品を利用する消費者の裾野も拡大しています(図表2-1-9)。

　農林水産省では、有機農産物の販路拡大と新規需要開拓を促進するため、有機農産物の

新規取扱いや生産者と事業者とのマッチングの取組を支援しています。

また、国産の有機食品の需要喚起に向け、事業者と連携して取り組むためのプラットフォームである「国産有機サポーターズ」を立ち上げており、令和6(2024)年3月末時点で111社が参画しています。

このほか、令和5(2023)年4月に、生産・加工・流通等の事業者で構成される一般社団法人日本有機加工食品コンソーシアムが設立され、有機加工食品(パン等)の更なる生産拡大に取り組むとともに、産地・実需間の需給調整の仕組みや国産有機原料の活用を発信する取組を試行的に導入するなど、国産有機農産物等に関わる新たな市場の創出に向けた取組も広がりを見せています。

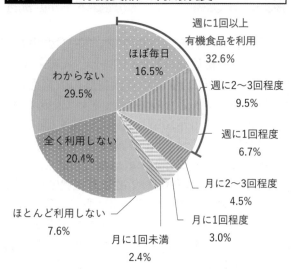

図表2-1-9 有機食品の利用頻度

資料：農林水産省「有機食品の市場規模および有機農業取組面積の推計手法検討プロジェクト」(令和5(2023)年4月公表)
注：令和4(2022)年11月に実施した調査で、回答者数は5千人

(4) 環境保全型農業の推進

(環境保全型農業直接支払制度の実施面積は前年度に比べ増加)

化学肥料・化学農薬の使用を原則5割以上低減する取組と併せて行う地球温暖化防止や生物多様性保全等に効果の高い営農活動に対しては、環境保全型農業直接支払制度による支援を行っています。

令和4(2022)年度の実施面積は、前年度に比べ1千ha増加し8万3千haとなりました(**図表2-1-10**)。また、支援対象取組別に見ると、全国共通の取組では、「堆肥の施用」が25.6%で最も多く、次いで「カバークロップ[1]」、「有機農業」の順となっています(**図表2-1-11**)。

図表2-1-10 環境保全型農業直接支払制度の実施面積

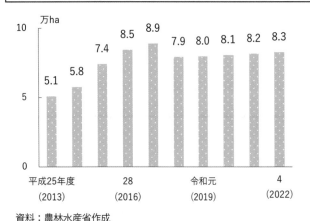

資料：農林水産省作成
注：平成27(2015)～29(2017)年度については、「複数取組(同一圃場における一年間に複数回の取組)」支援の数値を含む。

図表2-1-11 環境保全型農業直接支払制度の支援対象取組別の実施面積

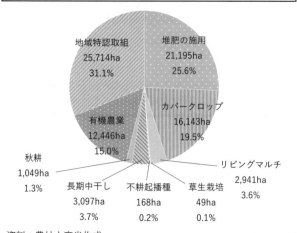

資料：農林水産省作成
注：令和5(2023)年3月末時点の数値

---

[1] 土壌侵食の防止や有機物の供給等を目的として、主作物の休閑期や栽培時の畦間、休耕地、畦畔等に栽培される作物

（事例）環境に配慮して生産した農産物を直接供給する取組を推進（長崎県）

長崎県南島原市の農事組合法人ながさき南部生産組合では、安全・安心な農産物の生産等の環境と調和した持続的な農業生産を推進し、消費者の信頼確保に努めるとともに、地元のみならず全国で多様な販路の確保に取り組んでいます。

同組合は、令和5（2023）年11月時点で142人の生産者で構成されており、約200haの農地で、たまねぎやトマト、ばれいしょ等を生産しています。

同組合では、島原半島内の畜産農家から調達した堆肥や有機質肥料を土壌診断結果に基づいて使用し、有機物資源の地域内循環を推進するとともに、有機農業や化学農薬の使用量を低減する取組を実施しています。また、圃場ごとに栽培記録を作成し、内部監査委員による全筆圃場検査を行っているほか、残留農薬検査結果の公表、バイヤーや消費者を対象とした「公開監査」を全国に先駆けて導入するなど、品質管理を強化し、食の安全の確保に努めています。

直売所での農産物販売
資料：農事組合法人ながさき南部生産組合

販売面では、全国の消費者グループや大手生協との取引が約7割を占めていますが、取引品目・価格等を事前に決め、契約栽培を行うことで、安定的な収益を確保しています。また、同県諫早市に直売所を設けているほか、九州を始め、全国の生協等の店舗にインショップを常設し、組合員の収入確保を図っています。

同組合では、食と農を通じて地域の自立と自然との共生を目指しており、今後とも、環境保全型農業を積極的に推進しながら、島原半島の中山間地で新しい農業のビジネスモデルを構築していくこととしています。

全筆圃場検査
資料：農事組合法人ながさき南部生産組合

（堆肥等の活用による土づくりを推進）

農地土壌は農業生産の基盤であり、農業生産の持続的な維持向上に向けて、土壌の物理性や化学性、生物性を有機物等の施用や緑肥作物の導入等により改善し、生産力を高める「土づくり」に取り組むことが必要です。

土づくりにおいて重要な資材である堆肥の施用量は、農業者の高齢化の進展や省力化の流れの中で長期的に減少を続け、近年は横ばい傾向で推移しています。

農林水産省では、農業現場での土づくりを推進するため、土壌診断とその結果を踏まえた堆肥等の実証的な活用を支援しています。また、土壌診断における簡便な処方箋サービスの創出を目指し、AIを活用した土壌診断技術の開発を推進しています。さらに、土づくりに有効な堆肥の施用を推進するとともに、好気性強制発酵[1]による堆肥の高品質化やペレット化による広域流通等の取組を推進しています。

---

[1] 攪拌装置等を用いて強制的に酸素を供給し、堆肥を発酵させる方法

(農業由来の廃プラスチックの適正処理対策を推進)

　農業及び畜産業の生産現場では、農業用ハウスやマルチ等のプラスチック資材が使用されていることから、その排出による環境への負荷を低減するため、使用量の削減や、使用後に適切に回収し、リサイクル等の適正処理を進めることが重要です。

　生分解性マルチは、作物収穫後に土壌中にすき込むことで、土壌中の微生物の働きにより水と二酸化炭素に分解されるため、使用後の廃プラスチック処理が不要となり、プラスチックの排出抑制に貢献する資材です。また、作物収穫後の撤去・回収作業が不要になるといったメリットもあり、生分解性マルチの利用量(樹脂の出荷量)は、過去15年間で約3倍に増加しています。

　農林水産省では、生分解性マルチへの転換に向けた取組のほか、農業用ハウスの被覆資材やマルチといった農業由来の廃プラスチックの適正処理対策を推進することとしています。

(5) みどり戦略に基づく取組の世界への発信

(国際会議において、みどり戦略に基づく我が国の取組を紹介)

　みどり戦略の実現に向けた我が国の取組事例について、広く世界に共有する取組を進めています。

　令和5(2023)年度においては、我が国を訪問した各国要人との面談の場、国連気候変動枠組条約第28回締約国会議(COP[1]28)、G20といった国際会議等のあらゆる機会を捉え、みどり戦略に基づく我が国の取組を紹介しました。

(農業技術のアジアモンスーン地域での実装を促進)

　気候変動の緩和や持続的農業の実現に資する技術のアジアモンスーン地域での実装を促進するため、国立研究開発法人国際農林水産業研究センター(以下「JIRCAS」という。)において、みどりの食料システム国際情報センターを設置し、技術情報の収集・分析・発信やアジアモンスーン地域での共同研究等の取組を進めています。

　JIRCASでは、国内での研究や国際共同研究で得た成果から、アジアモンスーン地域での活用が期待され、持続可能な食料システムの構築に貢献し得る技術を「技術カタログ[2]」として取りまとめ、令和5(2023)年度においては、G7宮崎農業大臣会合を始めとした様々な国際会議の場において、我が国の農業技術や共同研究の状況を発信しました。

(日ASEANみどり協力プランを採択)

　令和5(2023)年10月にマレーシアで開催された日ASEAN農林大臣会合において、みどり戦略に基づくイノベーションを通して得られた我が国の技術を、ASEAN[3]地域における強靱で持続可能な農業・食料システムの構築に活用することを目的として我が国が提案した「日ASEANみどり協力プラン」が、全会一致で採択されました。同年12月に東京都で開催された日本ASEAN友好協力50周年特別首脳会議においても、内閣総理大臣が同プランに基づく協力を強化していく旨を表明しました。

---

[1] Conference of the Partiesの略
[2] 正式名称は「アジアモンスーン地域の生産力向上と持続性の両立に資する技術カタログ」
[3] 第1章第10節を参照

今後、同プランに基づき、関係省庁や関係機関、民間企業等と連携して、各国と更なる協力プロジェクトの形成を進めていくこととしています。

（コラム）日ASEANみどり協力プランに基づくプロジェクトを展開

　温室効果ガスの排出等に伴う気候変動の影響により食料安全保障上のリスクが高まる中、生産性を高めつつ持続的な農業・食料システムを構築することが、各国の課題となっています。そのための世界共通の技術や手法があるわけではなく、それぞれの地域や国の環境や農業条件に適した措置を採ることが効果的です。

　我が国におけるみどり戦略に基づく取組は、高温多湿で、水田中心の農業が営まれ、中小規模農家の割合が高いといった特徴を共有するASEAN各国の持続的な食料システムの取組モデルとなり得るものです。一方、ASEANにおいても、令和4(2022)年10月に「ASEANにおける持続可能な農業のためのASEAN地域ガイドライン」を策定し、生産性が高く、経済的に実行可能で、環境的に健全な農業への移行を目指しています。

　このような考えから、「日ASEANみどり協力プラン」は、我が国において得られた新技術やイノベーションを活かした協力プロジェクトを盛り込んでいます。具体的には、トラクターや田植機等の自動操舵技術による生産性向上と労働時間の削減、衛星データを活用した農地自動区画化・土壌診断技術による肥料の削減、二国間クレジット制度(JCM*)を活用した農業分野での気候変動の緩和促進、ICTを活用した水田の水管理の高度化による気候変動影響緩和等が挙げられます。

　既に各国において優先的に取り組むプロジェクトの協議・実証が進んでおり、今後はその推進を図っていくこととしています。

*　第2章第2節を参照

日ASEAN農林大臣会合

第2節　気候変動への対応等の環境政策の推進

　我が国では、気候変動対策において、令和32(2050)年までにカーボンニュートラルの実現を目指しており、あらゆる分野ででき得る限りの取組を進めることとしています。また、みどり戦略や令和4(2022)年12月に開催された生物多様性条約第15回締約国会議(COP[1]15)で採択された「昆明・モントリオール生物多様性枠組」等を踏まえ、生物多様性の保全等の環境政策も推進しています。

　本節では、農林水産分野における温室効果ガス排出削減の取組や生物多様性の保全に向けた取組等について紹介します。

(1) 地球温暖化対策の推進

(農林水産分野における温室効果ガスの排出量は4,790万t-CO₂)

　令和4(2022)年度における我が国の農林水産分野の温室効果ガス排出量は4,790万t-CO_2となりました(**図表2-2-1**)。農林水産分野が占める温室効果ガス排出量の割合は全体の約4%であるものの、メタンの排出量は約8割、一酸化二窒素は約5割を占めています。

　農林水産省では、「農林水産省地球温暖化対策計画」及び「農林水産省気候変動適応計画」に基づき、農林水産分野での気候変動に対する緩和・適応策を推進しています。今後、これらの計画やみどり戦略等に沿って、更なる温室効果ガスの排出削減や地球温暖化への適応に資する新技術の開発・普及を推進していくこととしています。

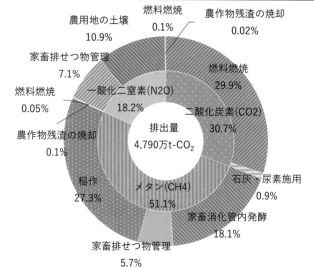

図表2-2-1　農林水産分野の温室効果ガス排出量

排出量 4,790万t-CO_2

二酸化炭素(CO2) 30.7%
　燃料燃焼 29.9%
　石灰・尿素施用 0.9%

一酸化二窒素(N2O) 18.2%
　農用地の土壌 10.9%
　家畜排せつ物管理 7.1%
　燃料燃焼 0.05%
　農作物残渣の焼却 0.1%

メタン(CH4) 51.1%
　稲作 27.3%
　家畜消化管内発酵 18.1%
　家畜排せつ物管理 5.7%

燃料燃焼 0.1%
農作物残渣の焼却 0.02%

資料：国立研究開発法人国立環境研究所 温室効果ガスインベントリオフィス「日本の温室効果ガス排出量データ」(令和6(2024)年4月公表)を基に農林水産省作成
注：1) 令和4(2022)年度の数値
　　2) 排出量は二酸化炭素換算

(食料・農業分野の持続可能な発展と気候変動対応の強化に向けたエミレーツ宣言が公表)

　令和5(2023)年11〜12月にアラブ首長国連邦のドバイで国連気候変動枠組条約第28回締約国会議(COP28)が開催され、農業分野では、持続可能な農業及び強靭な食料システム等の実現、メタンを含む非CO_2ガスについて令和12(2030)年までの大幅な削減の加速等の内容を含む決定文書が採択されました。

　また、同会議の首脳級セッションとして令和5(2023)年12月に開催された世界気候行動サミットでは、「持続可能な農業、強靭な食料システム及び気候行動に関するエミレーツ宣言」が公表され、食料・農業分野の持続可能な発展と気候変動対応の強化を目指し、持続

可能な生産性の向上に向けたイノベーションの推進、あらゆる形態の資源動員の拡大等が提唱されました。同宣言はG7宮崎農業大臣会合の閣僚宣言で盛り込まれた内容を後押しするものとなっています。

このほか、COP28の食料・農業・水デー(12月10日)には、農業分野におけるJCM[1]プロジェクトの形成も見据え、「アジアモンスーン地域における農業分野の温室効果ガスの削減とイノベーション」をテーマとしたセミナーを実施し、みどり戦略や日ASEANみどり協力プランについて発信しました。また、JIRCASにおいてはアジアモンスーン地域への農業技術の実装促進の取組紹介を行いました。

(気候変動の緩和策として農業由来の温室効果ガス排出削減に向けた取組を推進)

農林水産省では、農業由来の温室効果ガス排出削減のため、施設園芸や農業機械の省エネルギー化等を進めています。また、農地土壌から排出されるメタン等の温室効果ガスを削減するため、水稲栽培における中干し期間の延長や秋耕といったメタンの発生抑制に資する栽培技術について、その有効性を周知するとともに、これらの技術を取り入れたグリーンな栽培体系への転換を支援しています。

畜産分野では、家畜排せつ物の管理や家畜の消化管内発酵に由来するメタン等が排出されることから、排出削減技術の開発・普及を進めることとしています。さらに、家畜排せつ物管理方法の変更について、地域の実情を踏まえながら普及を進めるとともに、アミノ酸バランス改善飼料の給餌については、家畜排せつ物に由来する温室効果ガスの発生抑制だけでなく、飼料費削減の効果も期待できることを周知しつつ普及を進めていくこととしています。

(気候変動の影響に適応するための品種・技術の開発・普及を推進)

農業生産は気候変動の影響を受けやすく、各品目で気候変動によると考えられる生育障害や品質低下等の影響が見られています。

農林水産省は、地球温暖化の影響と考えられる農業現場における高温障害等の影響やその適応策等について、報告のあった内容を取りまとめ、「地球温暖化影響調査レポート」として公表しています。

令和5(2023)年10月に公表した調査によると、水稲では、高温耐性品種の作付割合が年々増加しており、令和4(2022)年産は12.8%となっています(**図表2-2-2**)。また、水稲の適応策については、白未熟粒や胴割粒の抑制対策として、「水管理の徹底」が最も多く行われています。

我が国においては、高温等の影響を回避・軽減する適応技術や高温耐性品種の導入、適応策の農業現場への普及指導等の取組が行われています。

また、気温の上昇に適応するため、より温暖な気候を好む作物への転換等の事例も見ら

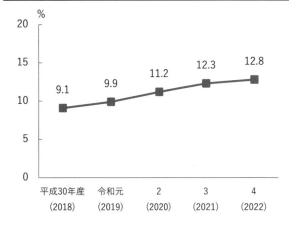

図表2-2-2 高温耐性品種の作付割合

資料:農林水産省「令和4年地球温暖化影響調査レポート」
注:1) 水稲の主食用作付面積に対する高温耐性品種の作付面積の割合
　　2) 高温耐性品種とは、高温にあっても白未熟粒の発生が少ない品種

---

[1] Joint Crediting Mechanismの略で、二国間クレジット制度のこと

れています。

　さらに、農研機構では、高温等の影響を考慮した農産物の収量や品質、栽培適地等の予測モデルを構築する取組を進めています。

　農林水産省では、今後とも、農林水産省気候変動適応計画に基づき、気候変動に適応する生産安定技術・品種の開発・普及等を推進する取組を進めていくこととしています。

高温によるりんごの着色不良
資料：農研機構

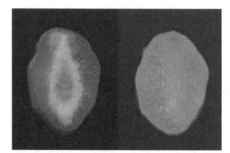

高温による白未熟粒(左)と正常粒(右)の断面
資料：農研機構

(2) 生物多様性の保全と利用の推進

(農林水産業は生物多様性に立脚)

　亜熱帯から亜寒帯までの広い気候帯に属する我が国では、それぞれの地域で、それぞれの気候風土に適応した多様な農林水産業が発展し、地域ごとに独自の豊かな生物多様性が育まれてきました。

　農林水産業は、気候の安定、水の浄化、受粉、病害虫の天敵、土壌形成、光合成や栄養循環等の生物多様性から得られる様々な「生態系サービス[1]」に支えられており、様々な作物は、生物の遺伝的な多様性を利用し改良を重ねて得られたものです。農林水産業は、食料や生活資材等を供給する必要不可欠な活動として、地域経済の発展のみならず、地域の文化や景観を支えると同時に、人間と自然の共存を実現し、多様な生物種の生息・生育に重要な役割を果たしています。

(農業が有する環境・持続可能性への負の影響への関心が高まり)

　農林水産業は、生物多様性に立脚すると同時に、農林水産業によって維持される生物多様性も多く存在し、農山漁村において様々な動植物が生息・生育するための基盤を提供する役割を持っています。一方、経済性や効率性を優先した農地・水路の整備、農薬・肥料の過剰使用等により、生物多様性に負の影響をもたらす側面もあります。

　このため、将来にわたって持続可能な農林水産業を実現し、豊かな生態系サービスを享受していくためには、農林水産業が生態系に与える正の影響を伸ばしていくとともに負の影響を低減し、環境と経済の好循環を生み出していく視点が重要となっています。

　我が国においては、食料供給を生態系サービスの一つと位置付けるという国際的な議論を踏まえ、農業が農地に限らず河川や海洋まで含めて環境に負の影響を与え、持続可能性を損なう側面もあるという前提に立ち、農業による温室効果ガスの排出削減、生物多様性の損失の防止といった

生物多様性の保全・再生
URL：https://www.maff.go.jp/j/kanbo/kankyo/seisaku/c_bd/tayousei.html

---

[1] 人々が生態系から得られる便益のこと

環境への負荷を低減するための取組についても基本的施策に位置付け、環境に配慮した持続可能な農業を主流化する必要があります。

（コラム）「ネイチャーポジティブ（自然再興）」の考え方が広く浸透

　令和4(2022)年12月に、生物多様性条約第15回締約国会議(COP15)で「昆明・モントリオール生物多様性枠組」が採択されました。同枠組には「2030年ミッション」として「ネイチャーポジティブ（自然再興）」の考え方が取り入れられました。

　ネイチャーポジティブは、生物多様性の損失を止めることから一歩前進させ、損失を止めるだけではなく回復に転じさせるという強い決意を込めた考え方です。

　自然の回復力を超えた資本の利用によって、社会は物質的には豊かになった一方で、生態系サービスは過去50年間で劣化傾向にあることが指摘されています。私たちが持続的に生態系サービスを得ていくためには、地球規模で生じている生物多様性の損失を止め、回復軌道に乗せるネイチャーポジティブに向けた行動が急務となっています。

　また、ネイチャーポジティブはいわゆる自然保護だけを行うものではなく、社会・経済全体を生物多様性の保全に貢献するよう変革させていく考え方であり、経済界からも注目を浴びています。投資家の企業に対する気候変動対応への要請が先行している中、更に「ネイチャーポジティブ」を目指しているかどうかも重要な評価指標となってきています。

　農林水産業の観点からは、生産から消費に至る各段階において生物多様性への負の影響を軽減し正の貢献を増大させるための支援を講じ、我が国における持続可能な農林水産業の拡大を図ることが求められています。

　我が国においては、令和5(2023)年3月に閣議決定した「生物多様性国家戦略2023-2030」に基づき、「2030年ネイチャーポジティブ（自然再興）」の実現に向けた取組を推進することとしています。

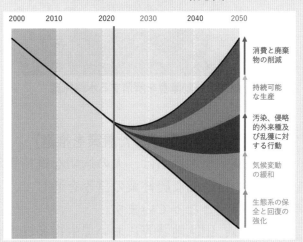

ネイチャーポジティブ概念図

資料：生物多様性条約事務局「Global Biodiversity Outlook5」を基に農林水産省作成

（農林水産省生物多様性戦略を改定）

　令和4(2022)年12月に採択された「昆明・モントリオール生物多様性枠組」では、農林水産関連について、持続的な農林水産業を通じた食料安全保障への貢献、陸と海のそれぞれ30%以上の保護・保全(30by30目標)、環境中に流出する過剰な栄養素や化学物質等(農薬を含む。)による汚染リスク削減等の令和12(2030)年目標が盛り込まれました。

　農林水産省では、みどり戦略や昆明・モントリオール生物多様性枠組等を踏まえ、令和5(2023)年3月に、生物多様性保全を重視した農林水産業を強力に推進するため、「農林水産省生物多様性戦略」を改定しました。

　同戦略では、環境と経済がともに循環・向上する社会を目指しており、農山漁村における生物多様性と生態系サービスの保全、農林水産業による地球環境への影響低減による保全への貢献、生物多様性への理解と行動変容の促進等に加え、サプライチェーン全体での取組を通じた生物多様性の主流化を図ることとしています。

（農村の水辺環境における生態系ネットワークの保全を推進）

　農村の水辺環境においては、多様な生物がその生活史を全うできるよう、河川、水田、水路、ため池等を途切れなく結ぶ生態系ネットワークを保全する必要があります。また、農村の水辺環境を形成する水田や水路等の整備・更新の際には、生物多様性保全に配慮することが重要です。

　農林水産省では、農業農村整備事業の実施に際しては、生態系ネットワーク保全等に配慮した調査計画、設計、施工、維持管理のための留意事項をまとめた資料等を作成するとともに、生態系に配慮した施設の整備を地域住民の理解や参画を得ながら計画的に推進しています。

魚類の移動障害を解消する水路魚道

多様な水深を確保する多自然型護岸

（生物多様性保全に配慮した農業を推進）

　田園地域や里地里山は、人の適切な維持管理により成り立つ多様な環境がネットワークを形成し、持続的な農林業の営みを通じて、多様な野生生物が生息・生育する生物多様性の豊かな空間となっています。

　このため、田園地域等において生物多様性が保全され、国民に安定的に食料を供給し、豊かな自然環境を提供できるよう、農林水産業のグリーン化等を通じて、環境負荷の低減や生物多様性保全をより重視した農業生産、田園地域等の整備・保全を推進することが求められています。

　農林水産省では、土壌の性質を改善し、化学肥料・化学農薬の使用量低減に効果の高い技術を用いた持続性の高い農業生産方式の導入の促進を図るとともに、有機農業や冬期湛水管理といった生物多様性保全に効果の高い営農活動への取組等を支援しています。

（環境保全に配慮した大豆の有機栽培）

（飛来したコウノトリやサギ）

生物多様性を重視した大規模有機栽培

資料：株式会社金沢大地

（事例）地域一体となって生物多様性の保全に配慮した農業を推進(佐賀県)

佐賀県佐賀市の「シギの恩返し米推進協議会」では、化学肥料・化学農薬の使用量低減や冬期湛水の実施といった生物多様性の保全に効果の高い営農活動を実施しています。

同市の東よか干潟付近の農地では、長年、多くの農家が農薬や化学肥料を減らす米づくりを行っており、地域に広がるクリーク*1網等は絶滅危惧種を含む多様な生物の生息地となっています。

平成27(2015)年5月に、東よか干潟がラムサール条約湿地*2として登録されたことを契機として、平成29(2017)年7月に、県、市、農協、大学、民間企業等を構成員として同協議会が設立され、東与賀地区の減農薬・減化学肥料米や特別栽培米をブランド化し付加価値を高める「シギの恩返し米プロジェクト」を開始しました。

同協議会では、「生き物を育む環境づくり」、「安全安心で持続可能な米づくり」等をテーマに、野鳥の餌場・休憩場を生み出すために水張りをする「冬水たんぼ」や下水道由来肥料の活用等の実証試験に取り組みました。また、化学肥料を使用せず、農薬の使用回数を削減し生産された米は、地域の環境保全に貢献するほか、食味にも優れ、販売量は年々拡大しています。

令和4(2022)年度からは生産・販売の取組については農業者主体の「シギの恩返し米生産部会」に引き継がれ、令和5(2023)年度は約4.8haの農地で取組が進められています。同協議会では、今後とも人や生き物と自然環境の永続的な共存を目指し、普及啓発等の取組を進めていくこととしています。

冬水たんぼに飛来した野鳥
資料：佐賀県佐賀市

ブランド化した特別栽培米
資料：佐賀県佐賀市

*1 用水源、用水路、排水路、貯水池、調整池等の機能を持つ河川下流部の低平な水田地帯に掘られた人工水路のこと
*2 「特に水鳥の生息地として国際的に重要な湿地に関する条約」に定められた国際的な基準に従って、締約国が指定した自国の湿地。条約事務局が管理する「国際的に重要な湿地に係る登録簿」に掲載

（TNFD枠組みの最終版が公開）

昆明・モントリオール生物多様性枠組における「2030年ネイチャーポジティブ」の実現に向けて、企業に自社の事業活動が環境に及ぼす影響や依存度に関して情報開示を求める動きが加速しています。

自然に関する企業のリスク管理と開示の枠組みを構築するために設立された国際組織であるTNFD[1](自然関連財務情報開示タスクフォース)では、令和5(2023)年9月に、情報開示の枠組(フレームワーク)の最終版(Ver1.0)を公開しました。

農林水産省では、食料・農林水産業に関わる企業が環境負荷の低減を促進するとともに、自然資本関連の情報開示義務等に関する国際動向について必要な情報を入手し、スムーズな移行を進められるよう、関係省庁と連携して後押ししています。

---

[1] Taskforce on Nature-related Financial Disclosuresの略で、民間企業や金融機関が、自然資本及び生物多様性に関するリスクや機会を適切に評価し、開示するための枠組みを構築する国際的な組織のこと

第2章

第3節　バイオマスや再生可能エネルギーの利活用の推進

　バイオマスの活用は、農山漁村の活性化や地球温暖化の防止、循環型社会の形成といった我が国が抱える課題の解決に寄与するものであり、その推進が求められています。また、エネルギーの安定供給等の観点から、国産の再生可能エネルギーを導入することが重要であるほか、農山漁村における再生可能エネルギーの導入に当たっては、地域に豊富に存在するバイオマス、水、太陽光等の資源を有効活用し、地域の所得向上等につなげることも重要です。

　本節では、バイオマスや再生可能エネルギーの利活用推進の取組について紹介します。

(1) バイオマスの利活用の推進

(農山漁村や都市部におけるバイオマスの総合的な利用を推進)

　持続的に発展する経済社会の実現や循環型社会の形成には、みどり戦略に示された生産力の向上と持続性の両立を推進し、バイオマスを製品やエネルギーとして活用するなど、地域資源の最大限の活用を図ることが重要です。

　我が国には、温暖・多雨な気候条件により、バイオマスが豊富に存在していますが、「広く薄く」存在しているため、その活用に当たっては経済性の向上が課題であり、バイオマスを効果的に活用する取組を総合的に実施することが重要です。令和4(2022)年9月に閣議決定した「バイオマス活用推進基本計画」では、農山漁村だけでなく都市部も含め、新たな需要に対応した総合的なバイオマスの利用を推進することとしています。このため、農山漁村や都市部に存在するバイオマスについて、種類ごとの利用率の目標を設定し、堆肥や飼料等の既存の利用に支障のないよう配慮しつつ、バイオガス等の高度エネルギー利用を始め、より経済的な価値を生み出す高度利用を推進しています。

家畜排せつ物や食品廃棄物等を原料とするバイオガス発電施設
資料：株式会社ビオクラシックス半田

バイオマスの活用の推進
URL：https://www.maff.go.jp/j/shokusan/biomass/

(バイオマスを活用した技術開発が進展)

　製品やエネルギーの各分野において、バイオマスを活用した技術開発が進められており、バイオマス活用推進基本計画では、これらの社会実装を見込むイノベーションを通じて、製品やエネルギーの産業化が進展することを前提とし、製品・エネルギー市場のうち、国産バイオマス関連産業の市場シェアを令和元(2019)年の約1%から令和12(2030)年の約2%に拡大することを目指すこととしています。

例えば植物由来の食用油については、家庭で使用後の廃食用油を回収し、これを原料としてバイオディーゼル燃料を製造し、公共交通機関等の燃料として利用している事例、高純度バイオディーゼル燃料を製造・利用している事例も見られています。また、航空分野の脱炭素化に向け導入促進が求められているSAF[1]については、令和12(2030)年までに本邦エアラインの燃

市民による
廃食用油の回収
資料：京都府京都市

バイオディーゼルを
使用したごみ収集車

料使用量の10%を置き換えるという目標に向けて、廃食用油等を原料としたSAFの製造が始まっています。一方で、原料調達が課題の一つとなっており、多様な原料の収集・確保に向け、関係省庁の連携を図ることとしています。廃食用油は配合飼料等の原料として再利用されているほか、近年輸出も増加していることから、配合飼料原料等としての需要に配慮しつつ、国内で資源循環を円滑に行っていく必要があります。

(バイオマスの活用による農山漁村の活性化や所得向上に向けた取組を推進)

バイオマスを製品やエネルギーとして持続的に活用していくことは、2050年カーボンニュートラルの実現に資するとともに、農山漁村の活性化や地球温暖化の防止、持続可能な循環型社会の形成といった我が国の抱える課題の解決に寄与するものであり、その推進が強く求められています。

意欲ある農林漁業者を始め、地域の多様な事業者が、農山漁村に由来する資源と産業を結び付け、地域ビジネスの展開と新たな業態の創出を促す農山漁村の6次産業化は、我が国の農山漁村を再生させるための重要な取組です。

農林水産省では、みどり戦略に基づき、バイオマスの持続的な活用に向け、その供給基盤である食料・農林水産業の生産力向上と持続性を確保するとともに、重要な地域資源である農地において、荒廃農地の発生防止の観点から資源作物の栽培の可能性についても検討を進めることとしています。

また、下水汚泥の肥料利用の拡大やSAFの導入促進といったバイオマスの活用に向けた新たな取組を関係府省等と連携し推進することにより、地域の活性化や所得向上を推進することとしています。

(バイオマス産業都市を新たに2町選定)

地域のバイオマスを活用したグリーン産業の創出と地域循環型エネルギーシステムの構築を図ることを目的として、経済性が確保された一貫システムを構築し、地域の特色を活かしたバイオマス産業を軸とした環境に優しく災害に強いまち・むらづくりを目指す地域を、関係府省が共同で「バイオマス産業都市」として選定しています。令和5(2023)年度においては新たに2町を選定し、バイオマス産業都市に選定した地域は、累計で103市町村となりました。バイオマス産業都市に選定された地域に対して、地域構想の実現に向けた各種施策の活用、制度・規制面での相談・助言等を含めた支援のほか、バイオマスの活用を促進する情報発信、技術開発・普及、人材の育成・確保等を行っています。

---

[1] Sustainable Aviation Fuel の略であり、持続可能な航空燃料のこと

(2) 再生可能エネルギーの利活用の推進

(農山漁村再生可能エネルギー法に基づく基本計画を作成した市町村数は87に増加)

みどり戦略においては、温室効果ガス削減のため、令和32(2050)年までに目指す姿として、我が国の再生可能エネルギーの導入拡大に歩調を合わせた、農山漁村における再生可能エネルギーの導入に取り組むこととしています。

カーボンニュートラルの実現に向けて、農山漁村再生可能エネルギー法[1]の下、農林漁業の健全な発展と調和のとれた再生可能エネルギー発電を促進することとしています。

農林水産省では、農山漁村再生可能エネルギー法に基づき、市町村、発電事業

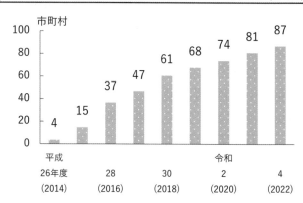

図表2-3-1　農山漁村再生可能エネルギー法に基づく基本計画作成市町村数(累計)

資料：農林水産省作成
注：各年度末時点の数値

者、農業者等の地域の関係者から成る協議会を設立し、地域主導で農林漁業の健全な発展と調和のとれた再生可能エネルギー発電を行う取組を促進しています。

農山漁村再生可能エネルギー法に基づく基本計画を作成し、再生可能エネルギーの導入に取り組む市町村数については、令和4(2022)年度は前年度に比べ6市町村増加し87市町村となりました(**図表2-3-1**)。また、農山漁村再生可能エネルギー法を活用した再生可能エネルギー発電施設の設置数も年々増加しており、設備整備者が作成する設備整備計画の認定数は、令和4(2022)年度末時点で107となりました。

(営農型太陽光発電の取組面積が拡大)

農地に支柱を立て、上部空間に太陽光発電設備を設置し、営農を継続しながら発電を行う営農型太陽光発電は、農業生産と再生可能エネルギーの導入を両立し、適切に取り組めば、作物の販売収入に加え、発電電力の自家利用等による農業経営の更なる改善が期待できる有用な取組です。その取組面積については年々増加しており、令和3(2021)年度は前年度に比べ149ha増加し1,007haとなりました(**図表2-3-2**)。

一方、太陽光パネル下部の農地において作物の生産がほとんど行われないなど、農地の管理が適切に行われず営農に支障が生じている事例も増えており、その件数は令和3(2021)年度末時点で存続している取組のうち約2割となっています(**図表2-3-3**)。

事業者に起因して支障が生じている取組に対しては、農業委員会又は農地転用許可権者により、事業者に対する営農状況の改善に向けた指導が行われていますが、指導に従わなかった結果、事業の継続に必要な農地転用の再許可が認められないようなケースも発生しています。

このため、太陽光パネルの下部の農地における営農が適切に行われるよう、農地法や再エネ特措法[2]等の関係法令に違反する事例に対して、厳格に対処するなどの対応が必要であり、令和6(2024)年3月に一時転用の許可基準等の法令への位置付けのほか、ガイドライン

---

[1] 正式名称は「農林漁業の健全な発展と調和のとれた再生可能エネルギー電気の発電の促進に関する法律」
[2] 正式名称は「再生可能エネルギー電気の利用の促進に関する特別措置法」

の作成を行いました。

図表2-3-2	営農型太陽光発電の取組面積

ha
- 平成27年度(2015): 155
- 29(2017): 315
- (394)
- 546
- 令和元(2019): 726
- 859
- 3(2021): 1,007

資料：農林水産省作成
注：令和3(2021)年度末時点の数値

図表2-3-3	下部農地での営農への支障の発生状況

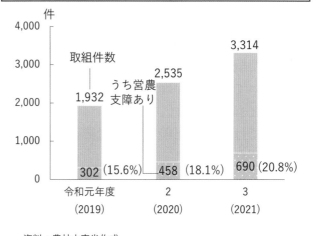

件
- 令和元年度(2019): 取組件数 1,932 / うち営農支障あり 302 (15.6%)
- 2(2020): 2,535 / 458 (18.1%)
- 3(2021): 3,314 / 690 (20.8%)

資料：農林水産省作成
注：各年度末時点で存続している取組件数(各年度新規許可分は除く。)

（事例）営農型太陽光発電を活用し、地域農業の活性化を推進（千葉県）

千葉県匝瑳市の市民エネルギーちば株式会社では、営農型太陽光発電を活用し、地域主導で環境に配慮した市民発電所づくりを展開するとともに、地域農業の活性化を推進しています。

同社は、県内の環境や自然エネルギーに高い関心を持つ有志により設立された発電事業者であり、平成26(2014)年9月に、我が国初の市民出資型営農型太陽光発電として運転を開始して以降、営農型太陽光発電と市民発電所の設置・運営に特化した活動を展開しています。

令和5(2023)年4月には、同社が中心となって「匝瑳おひさま発電所」を開設し、国内最大規模となる地域共生型営農型太陽光発電の事業に取り組んでいます。同市内の約6.5haの耕作放棄地を利用し、発電出力1,920kW、パネル出力2,703kWの発電を行うとともに、下部農地では麦類や大豆の有機栽培を行うことで、脱炭素化や環境保全のほか、雇用の創出、地域農業の活性化を目指すこととしています。

また、同社の子会社として設立された農地所有適格法人では、営農型太陽光発電事業の営農部門として農業経営に取り組むことで、太陽光発電による売電収入が得られるため、一般的には再生産可能な収益の確保が難しい品目でも経営が可能となり、持続可能な農業を確立しつつあります。

同社では、営農型太陽光発電を中心とした自然エネルギーと有機農業の融合による地域再生を目指しており、今後とも耕作放棄地を再生し、地域課題を解決する取組を市内全域で進めるとともに、営農型太陽光発電を学習する拠点となるアカデミーでの研修等を通じて、営農型太陽光発電を総合的に実践できる人材の育成に注力していくこととしています。

営農型太陽光発電の発電設備
資料：市民エネルギーちば株式会社

下部農地での大豆の有機栽培
資料：市民エネルギーちば株式会社

第4節　持続可能な食品産業への転換と消費者の理解醸成の促進

　持続可能な食料システムの構築のため、フードチェーンをつなぐ食品産業においても、持続可能な方法で生産された原材料を使用し、食品ロスを削減するなど、環境や人権に配慮した持続可能な産業に移行することが求められています。また、このような取組の重要性について消費者の理解を深め、環境や持続可能性に配慮した消費行動への変化を促していくことも重要です。

　本節では、持続可能な食品産業の推進に向けた取組や消費者への理解醸成を図る取組について紹介します。

(1) 持続可能な食品産業への転換

(食品産業による持続可能性に配慮した取組を促進)

　農業・食品産業については、温室効果ガスの排出削減や水質汚濁防止等を通じ、一層環境と調和のとれたものに転換していく方向が国際的にも主流化しています。また、一部のプランテーションにおける強制労働や児童労働といった環境に限らず労働者の人権への配慮等を求める声も高まりつつあります。

　このような中、持続可能な食料システムの構築のため、フードチェーンをつなぐ食品産業においても、持続可能な方法で生産された原材料を使用し、食品ロスを削減する取組を始めとして、環境や人権に配慮した持続可能な食品産業に転換することが求められています。

　農林水産省では、食品産業の持続可能性の向上に向けて、国産原材料の利用促進、環境や人権に配慮した原材料調達等を支援することとしています。また、農林水産物を活用する新たなビジネス創出の仕組みの構築等により、地域の食品産業の関係者が連携して行う取組を支援することとしています。

未活用のブロッコリーの茎を
チップスにした製品
資料：オイシックス・ラ・大地株式会社

(「食品産業の持続的な発展に向けた検討会」を開催)

　農林水産省では、令和5(2023)年8月から、食料システムを構成する関係者が参加して議論し、将来にわたって持続可能な食料システムの実現に向けた具体的な食料施策を整理することを目的として、「食品産業の持続的な発展に向けた検討会」を開催しています。

　同検討会では、食品産業の持続的な発展を図るため、環境や人権への配慮を始め、国際的なマーケットに向けた取組や世界の食市場の確保、新たな需要の開拓、原材料の安定調達、食品産業の生産性向上、食品産業の事業継続・労働力確保、食品分野の物流効率化等について検討することとしています。

（食品リサイクル法に基づく基本方針を改定）

農林水産省では環境省とともに、2050年カーボンニュートラルの実現に向け、CO_2排出量削減の観点から、「エネルギー利用の推進」や「焼却・埋立の削減」、「社員食堂等からの食品廃棄物削減」の重要性を明らかにするため、令和6(2024)年2月に食品リサイクル法[1]に基づく基本方針の改定を行いました。

（農業・食品産業分野におけるプラスチックごみ問題への対応を推進）

近年、国内外でプラスチックの持続的な利用が課題となっている中、農業・食品産業分野においても、多くのプラスチック製品を活用していることから、積極的に対応していく必要があります。

農林水産省では、令和4(2022)年4月に施行されたプラスチック資源循環促進法[2]等に基づき、農業・食品産業分野における各企業・団体の自主的な取組を促進するとともに、それらの取組の発信を通じて国民一人一人の意識を高めていくこととしています。

プラスチック包材から紙包材に
パッケージを切り替えた製品
資料：味の素株式会社

(2) ムリ・ムダのない持続可能な加工・流通システムの確立

（食品製造業の労働生産性は前年度に比べ低下）

令和4(2022)年度における食品製造業の労働生産性は、新型コロナウイルス感染症の影響により減少した人員が回復傾向にあることに加え、国際情勢の不安定化に伴う原材料費高騰等の影響を受けて付加価値額が同程度であったことから、前年度に比べ18万8千円/人低下し496万4千円/人となっています（**図表2-4-1**）。食品製造業の人手不足・人材不足が引き続き課題となる中、生産性の向上が急務となっています。

このため、農林水産省では経済産業省等と連携し、労働生産性の向上に資するAI、ロボット、IoT等の先端技術の研究開発、実証・改良から普及までを体系的に支援することとしています。

図表2-4-1 製造業全体と食品製造業の労働生産性

資料：財務省「法人企業統計調査」を基に農林水産省作成
注：1) 労働生産性＝付加価値額÷総人員数
　　2) 食品製造業には、飲料・たばこ・飼料製造業を含む。

---

[1] 正式名称は「食品循環資源の再生利用等の促進に関する法律」
[2] 正式名称は「プラスチックに係る資源循環の促進等に関する法律」

（持続可能性に配慮した輸入原材料調達を促進）

　世界的なSDGsの取組が加速し、輸入原材料に係る持続可能な国際認証等が欧米の食品企業を中心に拡大する中で、食品企業が原材料を調達する際には、生産現場の環境・人権に配慮することが世界的に必要とされています。

　国内においては、上場食品企業のうち「持続可能性に配慮した輸入原材料調達」に関する取組を実施している企業の割合は、令和4(2022)年は38.6%となっています。

　食品企業における持続可能性に配慮した輸入原材料の調達については、売上の向上につながりにくく、コスト増加等の企業負担が増えるなどの課題が見られることから、農林水産省では、食品企業による人権尊重の取組を支援するための手引き作成のほか、セミナーの実施や優良事例の横展開の促進等による業界支援、消費者理解の促進を図っています。

（事例）パームやカカオ等の主原料のサステナブル調達を推進（大阪府）

　大阪府大阪市の不二製油グループ本社株式会社は、重要課題の一つとして「サステナブル調達」を掲げ、「サプライヤー行動規範」の下、パームやカカオ等の主原料の生産地における環境負荷の低減と人権課題の解決に取り組んでいます。

　同社では「責任あるパーム油調達方針」に基づき、購入・使用するパーム油の生産地域や調達ルートを特定するため、トレーサビリティの向上に取り組んでいます。令和元(2019)年度に、搾油工場までのトレーサビリティ100%を達成し、令和4(2022)年度には、農園までのトレーサビリティを93%まで確保しています。

　また、マレーシアのグループ会社においては、専門家やNPO法人等と協働しながら、サプライチェーンの改善活動に取り組んでいます。平成29(2017)年には、サプライヤーである搾油工場や農園で働く200人以上の移民労働者にパスポートが返却され、300人の移民労働者が自らの理解できる言語で雇用契約書を締結するなどの成果が得られています。

パーム農園管理のための研修
資料：不二製油グループ本社株式会社

　さらに、平成30(2018)年には、サプライチェーン上の環境・人権問題を受け付け、改善するための仕組みとして「グリーバンス(苦情処理)メカニズム」の運用を開始しました。受け付けた苦情については、手順書に基づき対応し、直接サプライヤーに対するエンゲージメント(積極的働き掛け)を行うなど、問題の改善に取り組んでいます。

　同社では、これらの取組のほか、インドネシアやマレーシアにおいて、ステークホルダーと協働して地域全体の持続可能性を改善していく活動への参画や、マレーシア・サバ州で、小規模農家の「RSPO*(持続可能なパーム油のための円卓会議)認証」の取得や環境再生型農業の導入を支援しています。今後とも持続可能性に配慮した製品の生産・開発に取り組むとともに、サプライチェーン上での環境・人権等の社会課題の解決を図るため、サプライヤーと相互に信頼を醸成しながら、環境保全、人権尊重、公正な事業慣行、リスクマネジメント等に取り組んでいくこととしています。

持続可能性に配慮した商品
資料：不二製油株式会社

＊ Roundtable on Sustainable Palm Oilの略

(3) 食品ロスの削減の推進

(令和3(2021)年度の食品ロスの発生量は523万t)

我が国の食品ロスの発生量については、令和3(2021)年度は前年度に比べ1万t増加したものの、コロナ禍以前の令和元(2019)年度と比べると47万t減少し523万tと推計されています(**図表2-4-2**)。食品ロスの発生量を場所別に見ると、一般家庭における発生(家庭系食品ロス)は前年度に比べ3万t減少し244万tとなっています。一方、食品産業における発生(事業系食品ロス)は前年度に比べ4万t増加し279万tとなっています。その要因としては、コロナ禍における度重なる行動制限に伴う需要予測の精度の不足のほか、外食市場を中心に市場の縮小が続いていることが考えられます。

図表2-4-2 食品ロスの発生量と発生場所(推計)

万t	平成29年度 (2017)	30 (2018)	令和元 (2019)	2 (2020)	3 (2021)	
合計	612	600	570	522	523	
一般家庭	284	276	261	247	244	一般家庭
食品製造業	121	126	128	121	125	食品製造業
食品卸売業	16	16	14	13	13	食品卸売業
食品小売業	64	66	64	60	62	食品小売業
外食産業	127	116	103	81	80	外食産業
(事業系計)					279	

資料:農林水産省作成

注:事業系食品ロスの発生量は、食品製造業、食品卸売業、食品小売業、外食産業の合計

(事業系食品ロスの削減に向け、納品期限緩和等の商慣習の見直しを推進)

農林水産省では、コロナ禍から平時に移行する中、食品ロス量も増加に転じる可能性があるため、引き続き事業系食品ロスの削減に向けた取組を推進しています。

令和5(2023)年度においては、令和5(2023)年10月30日を「全国一斉商慣習見直しの日[1]」と定め、食品小売事業者が賞味期間の3分の1を経過した商品の納品を受け付けない「3分の1ルール」の緩和や食品製造事業者における賞味期限表示の大括り化(年月表示、日まとめ表示)の取組を呼び掛けました。納品期限の緩和に取り組む事業者は、同年10月時点で297事業者に拡大しています。また、同年10月には、行政・食品業界・消費者で協調して食品ロス削減の取組を更に推進するため「食品廃棄物等の発生抑制に向けた取組の情報連絡会」を開催し、情報共有等を図りました。

消費者への啓発については、食品ロス削減推進アンバサダーを起用した啓発ポスターの作成のほか、小売店舗が消費者に対して、商品棚の手前にある商品を選ぶ「てまえどり」を呼び掛ける取組を促進しています。「てまえどり」を行うことで、販売期限が過ぎて廃棄されることによる小売店での食品ロスを削減する効果が期待されます。

くわえて、食品の売れ残りや食べ残しのほか、食品の製造過程において発生している食品廃棄物について、発生抑制と減量により最終的に処分される量を減少させるとともに、飼料や肥料等の原材料として再生利用するため、食品リサイクルの取組を促進しています。

食品ロス削減月間を
呼び掛けるポスター

---

[1] 令和元(2019)年10月に施行された「食品ロスの削減の推進に関する法律」において、10月が「食品ロス削減月間」、10月30日が「食品ロス削減の日」と定められている。

（賞味期限内食品のフードバンク等への寄附を推進）

　食品ロス削減の取組を行った上で発生する賞味期限内食品については、フードバンクやこども食堂への寄附が進むよう企業とフードバンクとのマッチングやネットワークの構築を官民協働で推進し、経済的弱者支援にも貢献することを目指しています。

　また、企業の様々な情報開示において、食品廃棄量の情報に加えてフードバンクへの寄附量の開示を促進することとしています。

　さらに、国の災害用備蓄食品について、食品ロス削減や生活困窮者支援等の観点から有効に活用するため、農林水産省では「国の災害用備蓄食品の提供ポータルサイト」を設置し、更新により災害用備蓄食品としての役割を終えたものを、原則としてフードバンク団体等に提供しています。

（4）消費者の環境や持続可能性への理解醸成

（「商品購入時の環境、社会への配慮」に対する消費者意識は低調）

　国際的にSDGs等の持続可能性について関心が高まっている中で、我が国においては、諸外国と比較して消費者の持続可能性に対する意識や行動が低調な状況にあります。日常生活の中で社会や環境に配慮してつくられた商品（フェアトレード、再生可能エネルギー使用、環境に優しい原材料等）を購入すると回答した消費者の割合は、我が国では7%であり、米国、英国、中国の2〜3割と比較して低い水準となっています（**図表2-4-3**）。

　一方で、サステナビリティ、フェアトレード、エシカル消費[1]（倫理的消費）といった言葉の認知度については、令和5（2023）年度は令和元（2019）年度と比較して約2〜4倍に高まってきています（**図表2-4-4**）。また、内閣府が令和5（2023）年9〜10月に実施した世論調査によると、

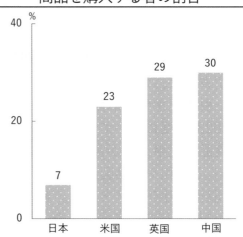

図表2-4-3　社会や環境に配慮してつくられた商品を購入する者の割合

資料：PwC Japanグループ「新たな価値を目指して　サステナビリティに関する消費者調査2022」

注：1）「社会や環境に配慮してつくられた商品」とは、フェアトレードを実施している、再生可能エネルギーを使っている、環境に優しい原材料でできているなどの商品のこと

　　2）令和4（2022）年1月に実施した調査で、サンプル数は各国それぞれ3千ずつ

環境に配慮した生産手法で生産された農産物への価格許容度については、「価格が高くても購入する」としている人が6割以上になっています（**図表2-4-5**）。

　将来にわたって持続可能なフードチェーンを維持していくためには、消費者が取り組むことができる行動や持続可能性に配慮した食料生産はコストを要することを事業者が正しく消費者に伝達することを通じ、消費者の理解を醸成しながら、行動変容を促していくことが必要となっています。

---

[1] 地域の活性化や雇用等も含む、人や社会、地域、環境に配慮した消費行動

| 図表2-4-4 | エシカル消費に関連する言葉の認知度 | 図表2-4-5 | 環境に配慮した生産手法で生産された農産物への価格許容度 |

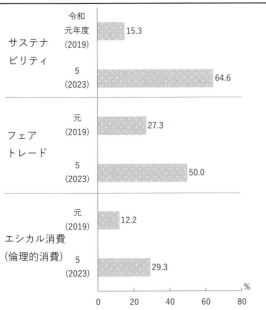

資料：消費者庁「「倫理的消費(エシカル消費)」に関する消費者意識調査報告書」、「令和5年度第3回消費生活意識調査」を基に農林水産省作成

注：1）「「倫理的消費(エシカル消費)」に関する消費者意識調査報告書」は、令和2(2020)年2月に実施した調査で、回答総数は2,803人(複数回答)

2）「令和5年度第3回消費生活意識調査」は、令和5(2023)年10月に実施した調査で、回答総数は5千人。「言葉と内容の両方を知っている」又は「言葉は知っているが内容は知らない」と回答した者の割合

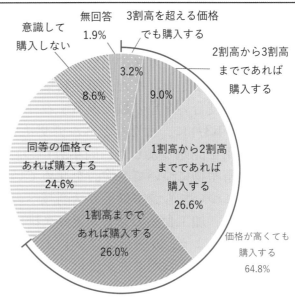

資料：内閣府「食料・農業・農村の役割に関する世論調査」(令和6(2024)年2月公表)を基に農林水産省作成

注：令和5(2023)年9〜10月に実施した調査で、有効回収数は2,875人

(食と農林水産業のサステナビリティを考える取組を推進)

みどり戦略の実現に向け、農林水産省、消費者庁、環境省の連携により、企業・団体が一体となって持続可能な生産消費を促進する「あふの環2030プロジェクト〜食と農林水産業のサステナビリティを考える〜」を推進しており、令和6(2024)年3月末時点で農業者や食品製造事業者等191社・団体等が参画しています。

同プロジェクトでは、食と農林水産業のサステナビリティについて知ってもらうために「サステナウィーク2023」を開催し、「地球の未来のために何を選びますか?」をテーマに、環境に配慮した農産物の販売やその消費に資する情報の発信を集中的に行いました。また、サステナブルな取組についての動画作品を表彰する「サステナアワード2023」を実施したほか、消費者庁・農林水産省の共催で日経SDGsフォーラム特別シンポジウムを開催するなど、持続可能な消費を推進しています。

あふの環2030プロジェクト
URL：https://www.maff.go.jp/j/kanbo/kankyo/seisaku/being_sustainable/sustainable2030.html

（持続可能性の確保に向けた生産者の努力・工夫を「見える化」する取組を推進）

　持続可能な食料システムを構築するためには、サプライチェーン全体で環境負荷低減を推進するとともに、その取組を可視化して持続可能な消費活動を促すことが必要です。

　農林水産省では、生産者による環境負荷低減の努力を可視化するため、農産物の生産段階における温室効果ガス排出量を簡易に算定できる「農産物の温室効果ガス簡易算定シート」を作成しました。また、算定結果に基づき、地域の慣行栽培と比べて温室効果ガスの削減割合の度合いを星の数で表示する「見える化」の取組を推進しています。さらに、令和6(2024)年3月に、新たなラベルデザインを決定し、環境負荷低減の取組の「見える化」の本格運用を開始しました。同年3月末時点で、算定の対象は米や野菜等23品目に拡大しており、畜産物についても検討を進めています。くわえて、米については、生物多様性保全の取組についても温室効果ガス削減への貢献と合わせた表示を開始しました。

　このほか、加工食品の温室効果ガス排出削減に関する取組が国内消費者の選択・行動変容につながるよう、カーボンフットプリント(CFP[1])の算定に関する業界の自主算定ルールの方向性が提案されたことを受け、令和6(2024)年1月に、加工食品のカーボンフットプリントの算定実証を行いました。

「新しいラベルデザイン」を
公表する農林水産大臣

---

[1] Carbon Footprint of Productの略で、製品・サービスのライフサイクルを通じた温室効果ガス排出量のこと

第3章
農業の持続的な発展

第1節　農業生産の動向

　我が国では、各地の気候や土壌等の条件に応じて、畜産、野菜、米、果実等の様々な農畜産物が生産されており、農業総産出額は、近年では9兆円前後で推移しています。品目ごとに需要に応じた生産の推進が求められる中、足下では原油価格・物価高騰の影響等により、我が国の農業生産にも変化が見られています。

　本節では、このような農業生産の動向について紹介します。

(1) 農業総産出額の動向

（農業総産出額は前年に比べ1.8%増加し9兆円）

　農業総産出額は、近年、農畜産物における需要に応じた生産の取組が進められてきたこと等により9兆円前後で推移しており、令和4(2022)年は耕種において米や野菜、畜産において豚や鶏の価格が上昇したこと等から、前年に比べ1.8%増加し9兆15億円となりました（図表3-1-1）。

図表3-1-1　農業総産出額

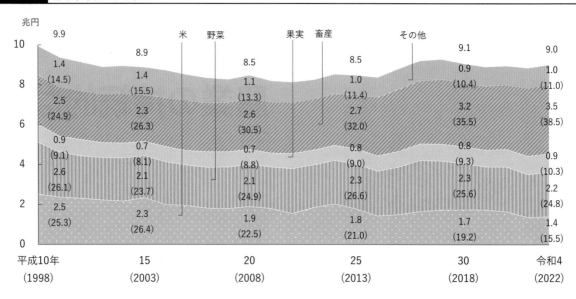

資料：農林水産省「生産農業所得統計」
注：1) 農業総産出額とは、当該年に生産された農産物の生産量(自家消費分を含む。)から農業に再投入される種子、飼料等の中間生産物を控除した品目別生産量に、品目別農家庭先販売価格を乗じて推計したもの
　　2) 「その他」は、麦類、雑穀、豆類、いも類、花き、工芸農作物、その他作物、加工農産物の合計
　　3) (　)内は、各年の農業総産出額に占める部門別の産出額の割合(%)

　部門別の産出額を見ると、米の産出額は前年に比べ1.8%増加し1兆3,946億円となりました。これは、主食用米から他作物への転換といった産地や生産者が中心となった需要に応じた生産の進展により民間在庫量が減少し、主食用米の取引価格が前年から回復したこと等によるものと考えられます。

野菜の産出額は前年に比べ3.9%増加し2兆2,298億円となりました。これは、たまねぎにおいて前年からの価格高騰が継続したことや、トマトやにんじん等の品目で令和4(2022)年8月の北・東日本を中心とした天候不順等の影響により生産量が減少し、価格が前年産に比べて上昇したこと等が寄与したものと考えられます。

果実の産出額は前年に比べ0.8%増加し9,232億円となりました。これは、おうとうやもも等において生産時期の天候に恵まれ順調に生育したことにより、生産量が前年産を上回ったこと等が寄与したものと考えられます。

畜産の産出額は前年に比べ1.9%増加し3兆4,678億円となり、引き続き全ての部門の中で最も大きい数値となりました（**図表3-1-2**）。

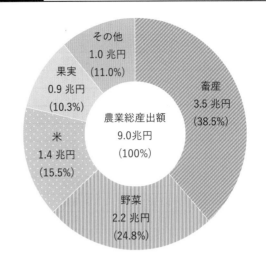

図表3-1-2 令和4(2022)年の農業総産出額

その他 1.0 兆円 (11.0%)
畜産 3.5 兆円 (38.5%)
果実 0.9 兆円 (10.3%)
農業総産出額 9.0兆円 (100%)
米 1.4 兆円 (15.5%)
野菜 2.2 兆円 (24.8%)

資料：農林水産省「令和4年生産農業所得統計」
注：「その他」は、麦類、雑穀、豆類、いも類、花き、工芸農作物、その他作物、加工農産物の合計

このうち肉用牛は、和牛肉の需要が軟調に推移し価格が低下した一方、生産基盤の強化に伴い、引き続き和牛の生産頭数が増加したことにより、産出額が増加したものと考えられます。生乳については、需給バランスの改善に向けて生産者団体が自主的に抑制的な生産に取り組んだことにより生産量が減少したものの、飲用等向けの取引価格が上昇したことにより、産出額が増加したものと考えられます。豚については、出荷頭数は前年を下回ったものの、高騰する輸入品の代替需要や節約志向の高まりによる需要増を背景に価格が上昇したこと等により、産出額が増加したものと考えられます。

(都道府県別の農業産出額は、北海道が1兆3千億円で1位)

令和4(2022)年の都道府県別の農業産出額を見ると、1位は北海道で1兆2,919億円、2位は鹿児島県で5,114億円、3位は茨城県で4,409億円、4位は千葉県で3,676億円、5位は熊本県で3,512億円となっています（**図表3-1-3**）。上位5位の道県で、産出額の1位の部門を見ると、北海道、鹿児島県、熊本県では畜産、茨城県、千葉県では野菜となっています。

令和4(2022)年の市町村別の農業産出額を見ると、1位は宮崎県都城市で911億3千万円、2位は愛知県田原市で900億4千万円、3位は茨城県鉾田市で655億7千万円、4位は北海道別海町で625億3千万円、5位は新潟県新潟市で534億8千万円となっています（**図表3-1-4**）。

図表3-1-3　都道府県別の農業産出額

（単位：億円）

	農業産出額	順位	1位部門		2位部門		3位部門	
北海道	12,919	1	畜産	7,535	野菜	2,228	米	1,067
青森県	3,168	7	果実	1,051	畜産	979	野菜	657
岩手県	2,660	11	畜産	1,714	米	468	野菜	241
宮城県	1,737	18	畜産	752	米	630	野菜	266
秋田県	1,670	19	米	852	畜産	378	野菜	295
山形県	2,394	13	果実	766	米	689	野菜	426
福島県	1,970	17	米	589	畜産	487	野菜	460
茨城県	4,409	3	野菜	1,611	畜産	1,340	米	611
栃木県	2,718	9	畜産	1,262	野菜	749	米	458
群馬県	2,473	12	畜産	1,215	野菜	892	米	126
埼玉県	1,545	21	野菜	744	米	266	畜産	261
千葉県	3,676	4	野菜	1,335	畜産	1,226	米	472
東京都	218	47	野菜	120	花き	38	果実	28
神奈川県	671	38	野菜	347	畜産	147	果実	77
新潟県	2,369	14	米	1,319	畜産	525	野菜	323
富山県	568	42	米	382	畜産	79	野菜	52
石川県	484	43	米	235	畜産	100	野菜	90
福井県	412	44	米	235	野菜	84	畜産	56
山梨県	1,164	28	果実	816	野菜	134	畜産	81
長野県	2,708	10	果実	904	野菜	886	米	402
岐阜県	1,129	29	畜産	422	野菜	385	米	174
静岡県	2,132	15	野菜	624	畜産	543	果実	299
愛知県	3,114	8	野菜	1,119	畜産	919	花き	573
三重県	1,089	31	畜産	474	米	233	野菜	165
滋賀県	602	41	米	301	畜産	116	野菜	116
京都府	699	37	野菜	272	米	156	畜産	147
大阪府	307	46	野菜	142	果実	71	米	54
兵庫県	1,583	20	畜産	622	野菜	427	米	412
奈良県	390	45	野菜	109	米	89	果実	71
和歌山県	1,108	30	果実	752	野菜	132	米	69
鳥取県	745	36	畜産	304	野菜	209	米	121
島根県	646	40	畜産	276	米	167	野菜	126
岡山県	1,526	22	畜産	697	果実	278	米	266
広島県	1,289	25	畜産	582	野菜	271	米	229
山口県	665	39	畜産	208	米	183	野菜	163
徳島県	931	33	野菜	336	畜産	272	米	95
香川県	855	35	畜産	384	野菜	241	米	113
愛媛県	1,232	27	果実	534	畜産	285	野菜	190
高知県	1,073	32	野菜	674	果実	118	米	97
福岡県	2,021	16	野菜	686	畜産	402	米	328
佐賀県	1,307	24	野菜	415	畜産	363	米	229
長崎県	1,504	23	畜産	596	野菜	449	果実	130
熊本県	3,512	5	畜産	1,323	野菜	1,248	果実	362
大分県	1,245	26	畜産	472	野菜	336	米	172
宮崎県	3,505	6	畜産	2,349	野菜	633	果実	145
鹿児島県	5,114	2	畜産	3,473	野菜	531	いも類	305
沖縄県	890	34	畜産	412	工芸農作物	185	野菜	127

資料：農林水産省「令和4年生産農業所得統計」

注：1）農業産出額には、自都道府県で生産され農業へ再投入した中間生産物（種子、子豚等）は含まない。
　　2）部門別の順位は、原数値（単位100万円）により判定

図表3-1-4 市町村別の農業産出額(推計)

(単位：億円)

順位	市町村		農業産出額	1位部門		順位	市町村		農業産出額	1位部門	
1	都城市	(宮崎県)	911.3	豚	283.1	6	浜松市	(静岡県)	522.0	果実	172.2
2	田原市	(愛知県)	900.4	花き	350.5	7	弘前市	(青森県)	504.4	果実	448.7
3	鉾田市	(茨城県)	655.7	野菜	352.2	8	旭市	(千葉県)	501.1	豚	204.0
4	別海町	(北海道)	625.3	乳用牛	591.3	9	鹿屋市	(鹿児島県)	460.1	肉用牛	180.3
5	新潟市	(新潟県)	534.8	米	292.9	10	曽於市	(鹿児島県)	457.5	豚	173.7

資料：農林水産省「令和4年市町村別農業産出額(推計)」

注：都道府県別の農業産出額を農林業センサス等を用いて按分して推計しているため、市町村ごとの価格や単収の差は反映されていない。

(生産農業所得は前年に比べ7.3%減少し3兆1千億円)

　生産農業所得については、長期的には農業総産出額の減少や資材価格の上昇により減少傾向が続いてきましたが、農畜産物において需要に応じた生産の取組が進められてきたこと等から、平成27(2015)年以降は、農業総産出額の増減はあるものの、3兆円台で推移してきました(**図表3-1-5**)。

　令和4(2022)年は、国際的な原料価格の上昇等により、肥料、飼料、光熱動力等の農業生産資材価格が上昇したこと等から、前年に比べ7.3%減少し3兆1,051億円となりました。

図表3-1-5 生産農業所得

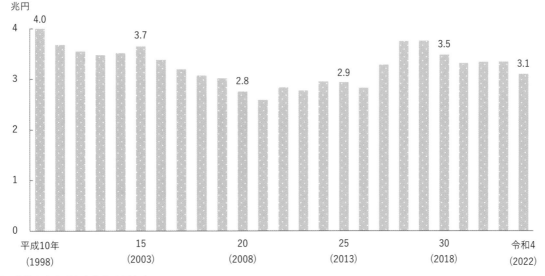

資料：農林水産省「生産農業所得統計」

(2) 主要畜産物の生産動向

(肥育牛の飼養頭数は前年に比べ増加、牛肉の生産量は前年度に比べ増加)

　令和5(2023)年の繁殖雌牛の飼養頭数は、前年に比べ1.3%増加し64万5千頭となりました(**図表3-1-6**)。

　また、令和5(2023)年の肥育牛(肉用種・乳用種)の飼養頭数は、前年に比べ2.1%増加し163万5千頭となりました(**図表3-1-7**)。

第3章

169

図表3-1-6 繁殖雌牛の飼養頭数

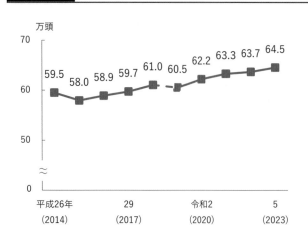

資料：農林水産省「畜産統計調査」
注：1) 各年2月1日時点の数値
　　2) 平成31(2019)年以降の数値は、牛個体識別全国データベース等の行政記録情報等により集計した数値
　　3) 平成30(2018)年以前と平成31(2019)年以降では、算出方法が異なるため、破線でつないでいる。

図表3-1-7 肥育牛の飼養頭数

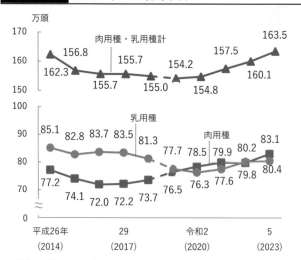

資料：農林水産省「畜産統計調査」
注：1) 各年2月1日時点の数値
　　2) 平成31(2019)年以降の数値は、牛個体識別全国データベース等の行政記録情報等により集計した数値
　　3) 平成30(2018)年以前と平成31(2019)年以降では、算出方法が異なるため、破線でつないでいる。

令和4(2022)年度の牛肉の生産量は、和牛や交雑種が増加したことから、前年度に比べ3.5%増加し34万8千tとなりました（**図表3-1-8**）。

図表3-1-8 牛肉の生産量

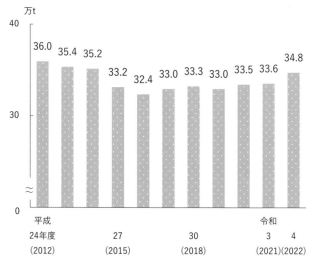

資料：農林水産省「畜産物流通調査」を基に作成
注：部分肉ベースの数値

（乳用牛の飼養頭数は前年に比べ減少、生乳の生産量は前年度に比べ減少）

令和5(2023)年の乳用牛の飼養頭数は、前年に比べ1.1%減少し135万6千頭となりました（**図表3-1-9**）。

また、令和4(2022)年度の生乳の生産量は、生乳需給の緩和等を背景として生産者団体が自主的に抑制的な生産に取り組んだこと等により、都府県では前年度に比べ1.7%減少し327万9千t、北海道では前年度に比べ1.3%減少し425万4千tとなりました（**図表3-1-10**）。その結果、全国では前年度に比べ1.5%減少し753万3千tとなりました。

図表3-1-9 乳用牛の飼養頭数	図表3-1-10 生乳の生産量

資料：農林水産省「畜産統計調査」

注：1) 各年2月1日時点の数値
　　2) 平成31(2019)年以降の数値は、牛個体識別全国データベース等の行政記録情報等により集計した数値
　　3) 平成30(2018)年以前と平成31(2019)年以降では、算出方法が異なるため、破線でつないでいる。

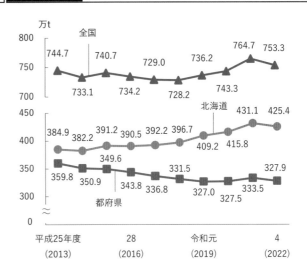

資料：農林水産省「牛乳乳製品統計調査」

（事例）ICTの活用や飼料給餌の自動化を通じた効率的な酪農経営を展開（鳥取県）

鳥取県琴浦町の有限会社岸田牧場は、ICTを活用した飼養管理や飼料給餌の自動化を通じた効率的な酪農経営を推進しています。

同社は、大山山麓の豊かな自然の中で、酪農と肥育の大規模複合経営を行っており、令和5(2023)年11月時点で乳用牛を約260頭、肉用牛を約800頭飼養しています。

同社では、乳用牛のデータをデジタルで管理するため、クラウド牛群管理システムを導入しています。牛の様々な個体情報をクラウド化することで、家畜の飼養状況や健康状況等を一元管理することが可能となっているほか、スタッフは現場にいなくても遠隔で作業状況が把握できるようになり、労働時間の短縮や休日の確保につながっています。

また、同社では、給餌作業の省力化や、多数回給餌による飼養管理の高度化を図るため、自動給餌機を導入しています。牛の発育状況によって給餌のタイミングを変更するなどのきめ細かな対応が可能となっています。

個体情報の把握のため
センサーを付けた乳牛
資料：有限会社岸田牧場

さらに、同社では、搾乳牛だけに特化せず、副産物である雄牛の肥育、堆肥の販売、自社堆肥を利用した小麦の栽培、自社ブランドである牛乳の販売等を進めることにより、酪農の可能性を最大限に生かした経営を行っています。

同社では、今後とも先進技術の追及や衛生管理の向上を図りながら、地域に根ざし、地域から誇りとされる農場を目指し、畜産事業を展開していくこととしています。

（豚の飼養頭数は前年に比べ増加、豚肉の生産量は前年度に比べ減少）

　令和5(2023)年の豚の飼養頭数は、前年に比べ0.1%増加し895万6千頭となりました（**図表3-1-11**）。

　一方、令和4(2022)年度の豚肉の生産量は、同年に飼養頭数が減少したこと等から、前年度に比べ2.4%減少し90万1千tとなりました（**図表3-1-12**）。

図表3-1-11　豚の飼養頭数	図表3-1-12　豚肉の生産量

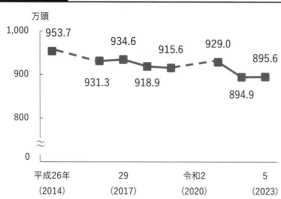

資料：農林水産省「畜産統計調査」
注：1) 各年2月1日時点の数値
　　2) 平成27(2015)年及び令和2(2020)年は、調査を実施していないため、破線でつなげている。

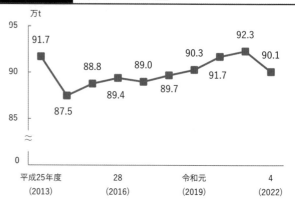

資料：農林水産省「畜産物流通調査」を基に作成
注：部分肉ベースの数値

（鶏肉の生産量は前年度に比べ増加、鶏卵の生産量は前年度に比べ減少）

　令和4(2022)年度の鶏肉の生産量は、安定した需要が継続していることを背景として、前年度に比べ0.2%増加し168万1千tとなりました（**図表3-1-13**）。

　一方、令和4(2022)年度の鶏卵の生産量は、飼料価格等の生産コスト上昇により、ひなの導入が抑制されたことに加え、令和4(2022)年シーズンの高病原性鳥インフルエンザの大規模発生の影響により、前年度に比べ1.9%減少し253万7千tとなりました（**図表3-1-14**）。

図表3-1-13　鶏肉の生産量	図表3-1-14　鶏卵の生産量

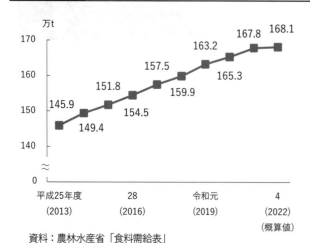

資料：農林水産省「食料需給表」

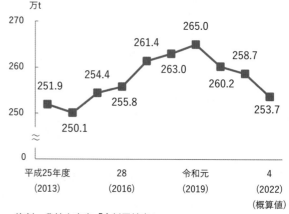

資料：農林水産省「食料需給表」

（飼料作物の収穫量は前年産に比べ増加）

　飼料作物のTDN[1]ベースの収穫量については、令和4(2022)年産は牧草の生育が順調であったことに加え、飼料用米や稲発酵粗飼料(WCS[2]用稲)の作付けが拡大したことから、前年産に比べ5.9%増加し407万3千TDNtとなりました（**図表3-1-15**）。

　また、令和5(2023)年産の飼料作物の作付面積は、前年産に比べ0.8%減少し101万8千haとなりました。

図表3-1-15 飼料作物の作付面積と収穫量

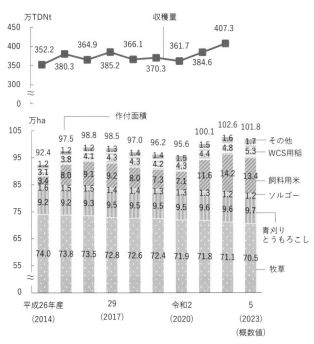

資料：農林水産省「耕地及び作付面積統計」、「作物統計」、「新規需要米の取組計画認定状況」を基に作成

注：1）収穫量は農林水産省「作物統計」等を基にした推計値
　　2）飼料用米及びWCS用稲の作付面積は、農林水産省「新規需要米の取組計画認定状況」の数値

青刈りとうもろこし生産の推進
URL：https://www.maff.go.jp/j/chikusan/sinko/lin/l_siryo/aogari_corn.html

---

（3）園芸作物等の生産動向

（野菜の生産量は前年度に比べ減少、果実の生産量は前年度に比べ増加）

　令和4(2022)年度の野菜の生産量は、主要品目の多くが前年度並みとなった中で、一部の根菜類等において、令和4(2022)年8月の北・東日本を中心とした天候不順等の影響により生産量が減少したことから、前年度に比べ1.0%減少し1,124万tとなりました（**図表3-1-16**）。

　令和4(2022)年度の果実の生産量は、多くの品目で生育期の天候に恵まれ、生産が順調であったことから、前年度に比べ2.2%増加し264万5千tとなりました（**図表3-1-17**）。

かんきつを栽培する農業者
＊写真の出典は、「農林水産省Webマガジンaff(あふ) 2023年1月号」

---

[1] Total Digestible Nutrientsの略で、家畜が消化できる養分の総量
[2] Whole Crop Silageの略で、実と茎葉を一体的に収穫し、乳酸発酵させた飼料のこと

図表3-1-16 野菜の生産量

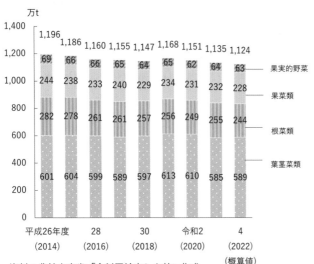

万t

資料：農林水産省「食料需給表」を基に作成
注：1）葉茎菜類は、葉茎を食用に供するもので、はくさい、キャベツ、ほうれんそう、ねぎ、たまねぎ等
　　2）根菜類は、根部又は地下茎を食用に供するもので、だいこん、かぶ、にんじん、ごぼう、れんこん、さといも、やまのいも等
　　3）果菜類は、果実を食用に供するもので、なす、トマト、きゅうり、かぼちゃ、ピーマン等
　　4）果実的野菜は、市場等で果実として扱われているもので、いちご、すいか、メロン

図表3-1-17 果実の生産量

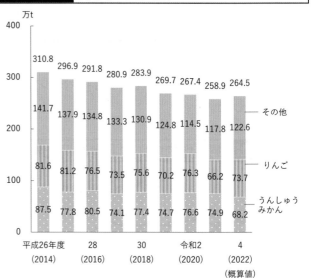

万t

資料：農林水産省「食料需給表」

（事例）水田休耕期間の借地利用によりブロッコリーの作付けを拡大（石川県）

　石川県白山市の有限会社安井ファームでは、期間借地による水田の高度利用を通じ、ブロッコリーを中心とした大規模な複合経営の取組を推進しています。

　平成13(2001)年に設立した当初は水稲の単作を行っていましたが、水田複合経営へ転換を図ってきた結果、令和4(2022)年の栽培面積はブロッコリー84ha、水稲42ha、大豆17ha等となっています。

　ブロッコリーの栽培では、水稲の裏作や近隣市町の水田の期間借地により規模拡大を実現しています。大麦を収穫してから水稲の作付けまでの期間、地域の未利用水田を期間借地し、貸し手と相互にメリットを享受しています。丁寧な仕事ぶりが地域で評価され、当初の地権者ごとの交渉から、地区生産組合との一括交渉による借地へと発展し、他地域にも展開しています。

　また、選果場や冷蔵庫、ライスセンター、集出荷施設等を順次整備し、品質向上や数量の確保により、市場への出荷に加え、食品大手企業への長期安定出荷も拡大しています。

ブロッコリーの収穫
資料：有限会社安井ファーム

　さらに、同社では、目標や成果、課題を従業員自らが設定する目標管理シートの導入のほか、課題に対して、他産業での職務経験で培った少人数での業務改善手法を取り入れることで従業員の主体性を育む人材育成を実践しています。また、各部門に責任者を配置し、意思決定権を移譲するとともに、スマートフォンの活用により、栽培履歴や生育状況、販売状況を全スタッフで共有しています。

　同社では、今後とも水田の高度利用を図るため、水稲、麦、大豆にブロッコリーを組み合わせた2年3作体系を維持しながら、期間借地の更なる活用による水田農業の高収益化を推進していくこととしています。

(花きの産出額は前年産に比べ増加)

令和3(2021)年産の花きの産出額は、前年産に比べ6.8%増加し3,519億円となりました(**図表3-1-18**)。一方、作付面積は前年産に比べ2.4%減少し2万4千haとなりました。

農林水産省では、「物流の2024年問題」に対応した花き流通の効率化、需要のある品目の安定供給を図るための品目の転換や導入、病害虫被害の軽減等の産地の課題解決に必要な技術導入を支援するとともに、花き需要の回復に向けて、新たな需要開拓、花き利用の拡大に向けたPR活動等の前向きな取組を支援することとしています。

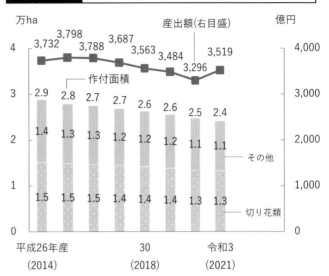

図表3-1-18 花きの産出額と作付面積

資料:農林水産省「花き生産出荷統計」、「花木等生産状況調査」を基に作成

注:「その他」は、球根類、鉢もの類、花壇用苗もの類、花木類、芝、地被植物類の合計

(茶の栽培面積は前年産に比べ減少)

令和5(2023)年産の茶の栽培面積は、前年産に比べ2.4%減少し3万6千haとなりました(**図表3-1-19**)。また、荒茶の生産量は、前年産に比べ2.6%減少し7万5千tとなりました。

農林水産省では、消費者ニーズへの対応や輸出の促進等に向け、茶樹の改植・新植等の支援を行うとともに、有機栽培への転換やスマート農業技術の実証等を支援しています。

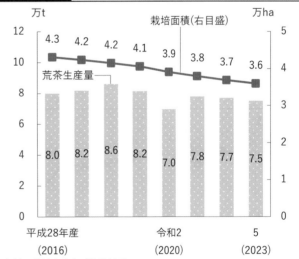

図表3-1-19 茶の栽培面積と荒茶生産量

資料:農林水産省「作物統計」

注:1) 平成28(2016)〜令和元(2019)年産、令和3(2021)〜5(2023)年産の荒茶生産量は、主産県を対象とした調査結果から推計した数値。令和2(2020)年産の荒茶生産量は、全国を対象とした調査結果の数値

2) 令和5(2023)年産の荒茶生産量は概数値

第3章

（薬用作物の栽培面積は前年産に比べ増加）

　漢方製剤等の原料となるミシマサイコやセンキュウ等の薬用作物の栽培面積については、令和3(2021)年産は、原料生薬の安定確保のための国産ニーズが高まっていることを背景として、前年産に比べ2.8%増加し508haとなりました（**図表3-1-20**）。

　農林水産省では、産地と、漢方薬メーカー等の実需者が連携した栽培技術の確立のための実証圃の設置等を支援するとともに、全国的な取組として、販路の確保・拡大に向けた地域相談会の開催等への取組を支援しています。

図表3-1-20　薬用作物の栽培面積

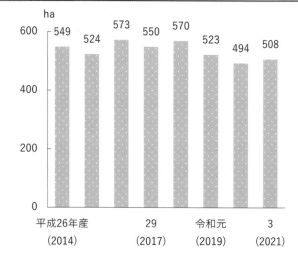

資料：農林水産省作成

（てんさいの収穫量は前年産に比べ減少）

　令和5(2023)年産のてんさいの作付面積は、前年産に比べ7.6%減少し5万1千haとなりました（**図表3-1-21**）。また、収穫量は前年産に比べ4.0%減少し340万3千tとなりました。このほか、糖度は高温多湿の影響で褐斑病が多発したことにより前年産に比べ2.4ポイント低下し13.7度となりました。

　農林水産省では、直播栽培の拡大を始め、省力化や生産コスト低減、高温・病害対策等の取組を推進しています。

図表3-1-21　てんさいの作付面積、収穫量、糖度

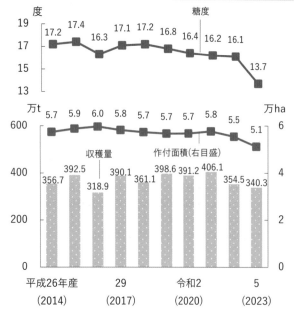

資料：農林水産省作成

注：作付面積及び収穫量は農林水産省「作物統計」、糖度は北海道「てん菜生産実績」の数値

北海道で栽培される「てんさい」

(さとうきびの収穫量は前年産に比べ減少)

　令和4(2022)年産のさとうきびの収穫面積は、前年産並みの2万3千haとなりました（**図表3-1-22**）。一方、収穫量は前年産に比べ6.4%減少し127万2千tとなりました。このほか、糖度は前年産に比べ1.1ポイント低下し14.0度となりました。

　農林水産省では、通年雇用による作業受託組織の強化を始め、地域における生産体制の強化、機械収穫や株出し栽培[1]に適した新品種「はるのおうぎ」の普及等を推進しています。

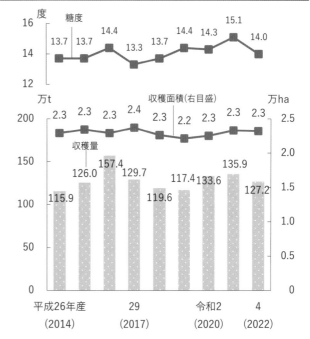

図表3-1-22 さとうきびの収穫面積、収穫量、糖度

資料：農林水産省作成
注：1) 収穫面積及び収穫量は農林水産省「作物統計」の数値
　　2) 糖度は鹿児島県・沖縄県「さとうきび及び甘しゃ糖生産実績」を基に算定した数値

(かんしょの収穫量は前年産に比べ増加)

　令和5(2023)年産のかんしょの作付面積は、前年産並みの3万2千haとなりました（**図表3-1-23**）。一方、収穫量は前年産に比べ0.7%増加し71万6千tとなりました。

　農林水産省では、共同利用施設の整備や省力化のための機械化体系確立等の取組を支援しています。また、サツマイモ基腐病の発生・まん延の防止を図るため、土壌消毒、健全な苗の調達等を支援するとともに、研究事業で得られた成果を踏まえつつ、防除技術の確立・普及に向けた取組を推進しています。

　なお、令和5(2023)年産のかんしょ生産において、一部の圃場でサツマイモ基腐病

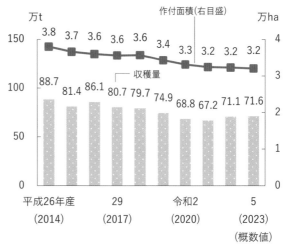

図表3-1-23 かんしょの作付面積と収穫量

資料：農林水産省「作物統計」

と異なる腐敗症状を呈するかんしょが確認されたことから、オープンイノベーション研究・実用化推進事業の緊急対応課題として、腐敗症状の発生原因の特定、効果的な防除対策の提案に向けて、農研機構が鹿児島県、宮崎県、鹿児島県経済農業協同組合連合会と連携して研究を行っています。

――――――――――――――

[1] さとうきび収穫後に萌芽する茎を肥培管理し、1年後のさとうきび収穫時期に再度収穫する栽培方法

（ばれいしょの収穫量は前年産に比べ増加）

令和4(2022)年産のばれいしょの作付面積は、前年産並みの7万1千haとなりました（**図表3-1-24**）。一方、収穫量は前年産に比べ5.0%増加し228万3千tとなりました。

農林水産省では、省力化生産のための機械導入、収穫時の機上選別を倉庫前集中選別等に移行する取組を支援しています。また、ジャガイモシストセンチュウやジャガイモシロシストセンチュウの発生・まん延の防止を図るため、共同施設の整備等の推進や抵抗性品種への転換を推進しています。

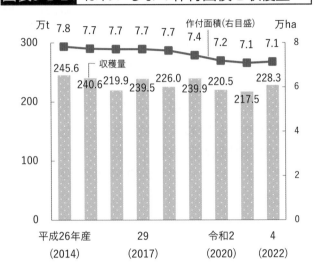

図表3-1-24　ばれいしょの作付面積と収穫量

資料：農林水産省「野菜生産出荷統計」

(4) 米の生産動向

（主食用米の生産量は前年産に比べ減少）

令和5(2023)年産の主食用米の生産量[1]は、需要量の減少や他作物への転換等需要に応じた生産が進んだこと等から、前年産に比べ1.4%減少し661万tとなりました（**図表3-1-25**）。

図表3-1-25　主食用米の生産量と需要量

資料：農林水産省作成

注：1) 生産量は農林水産省「作物統計」、需要量は農林水産省「米穀の需給及び価格の安定に関する基本指針」の数値

　　2) 需要量は、前年7月〜当年6月の1年間の実績値。「平成25/26年(2013/14)」の場合は、平成25(2013)年7月〜26(2014)年6月までの需要量を指す。

---

[1] 農林水産省「作物統計」における主食用米の収穫量の数値

(米粉用米の生産量は前年度に比べ増加)

　令和4(2022)年度の米粉用米の生産量は、主食用米からの作付転換が進んだことから前年度に比べ10.3%増加し4万6千tとなりました(**図表3-1-26**)。また、需要量は、消費者の米粉に対する関心の高まり等を背景として、前年度に比べ9.8%増加し4万5千tとなりました。

図表3-1-26 米粉用米の生産量と需要量

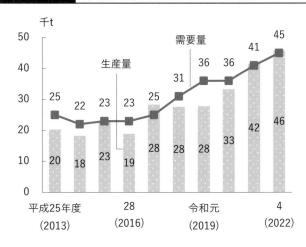

資料：農林水産省作成

広がる！米粉の世界
URL：https://www.maff.go.jp/j/seisan/keikaku/komeko/

(飼料用米の作付面積は前年産に比べ増加)

　令和4(2022)年産の飼料用米の作付面積は、前年産に比べ22.7%増加し14万2千haとなりました(**図表3-1-27**)。また、生産量についても、前年産に比べ21.2%増加し令和12(2030)年度目標(70万t)を上回る80万3千tとなりました。

　今後は、より定着性が高く、安定した供給につながる多収品種への切替えを進めていく観点から、令和6(2024)年産以降、一般品種に対する飼料用米の支援単価を段階的に引き下げていくこととしています。

図表3-1-27 飼料用米の作付面積と生産量

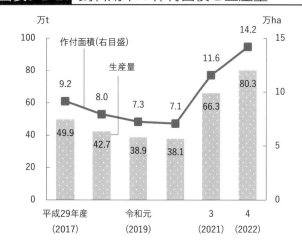

資料：農林水産省作成

(5) 麦・大豆の生産動向

(小麦の作付面積は前年産に比べ増加)

　令和5(2023)年産の小麦の作付面積は、前年産に比べ1.9%増加し23万2千haとなりました(**図表3-1-28**)。また、収穫量は、天候に恵まれ生育が良好に推移したこと等から、前年産に比べ10.1%増加し109万4千tとなりました。このほか、単収は前年産に比べ8.0%増加し472kg/10aとなりました(**図表3-1-29**)。

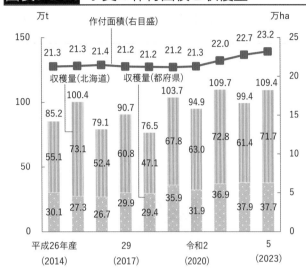

図表3-1-28　小麦の作付面積と収穫量

資料：農林水産省「作物統計」

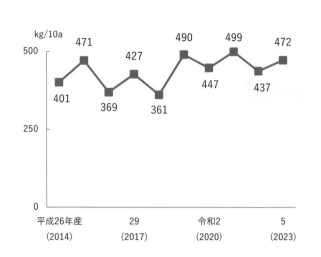

図表3-1-29　小麦の単収

資料：農林水産省「作物統計」

（大豆の作付面積は前年産に比べ増加）

　令和5（2023）年産の大豆の作付面積は前年産に比べ2.0%増加し15万5千haとなりました（**図表3-1-30**）。また、収穫量は生育期間中において北海道や九州でおおむね天候に恵まれ、着さや数が多かったことから、前年産に比べ7.0%増加し26万tとなりました。このほか、単収は前年産に比べ5.0%増加し168kg/10aとなりました（**図表3-1-31**）。

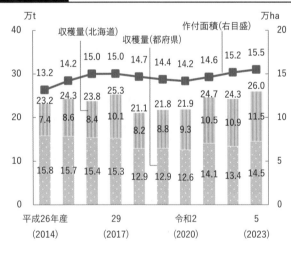

図表3-1-30　大豆の作付面積と収穫量

資料：農林水産省「作物統計」

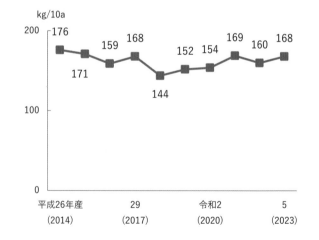

図表3-1-31　大豆の単収

資料：農林水産省「作物統計」

第2節	**力強く持続可能な農業構造の実現に向けた担い手の育成・確保**

　農業者の減少・高齢化等に直面している我が国の農業が、成長産業として持続的に発展していくためには、効率的かつ安定的な農業経営を目指す担い手の育成・確保が必要です。

　本節では、農業経営体の動向、認定農業者制度や法人化、家族経営支援のほか、経営継承・新規就農、女性が活躍できる環境整備等の取組について紹介します。

(1) 農業経営体等の動向

(農業経営体数は減少傾向で推移)

　農業経営体数については減少傾向で推移しており、令和5(2023)年は前年に比べ4.7%減少し92万9千経営体となりました(**図表3-2-1**)。

　このうち個人経営体は前年に比べ5.0%減少し88万9千経営体(全体の95.6%)となった一方、団体経営体は前年に比べ1.5%増加し4万1千経営体(全体の4.4%)となっています。

　なお、個人経営体のうち、主業経営体は19万1千経営体、準主業経営体は11万6千経営体、副業的経営体は58万2千経営体となっています。

図表3-2-1 農業経営体数

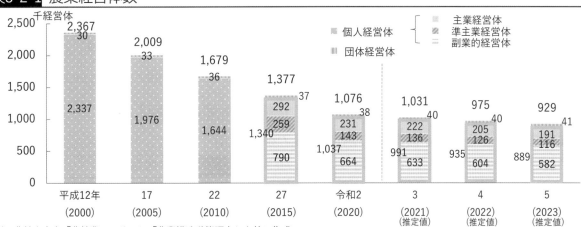

資料:農林水産省「農林業センサス」、「農業構造動態調査」を基に作成

注:1) 各年2月1日時点の数値。ただし、平成12(2000)、17(2005)年の沖縄県については前年12月1日時点の数値
　　2) 平成12(2000)年の個人経営体については販売農家の数値、団体経営体については農家以外の農業事業体及び農業サービス事業体の数値を合計したもの。平成17(2005)年以降は農業経営体の数値
　　3) 主業経営体…65歳未満の世帯員(年60日以上自営農業に従事)がいる農業所得が主の個人経営体
　　　　準主業経営体…65歳未満の世帯員(同上)がいる農外所得が主の個人経営体
　　　　副業的経営体…65歳未満の世帯員(同上)がいない個人経営体
　　4) 令和3(2021)、4(2022)、5(2023)年については、農業構造動態調査の結果であり、標本調査により把握した推定値

(基幹的農業従事者数は約20年間で半減)

　基幹的農業従事者[1]数は約20年間で半減しており、平成12(2000)年の240万人から令和5(2023)年は116万4千人にまで減少しています(**図表3-2-2**)。このうち49歳以下の基幹的農

---

[1] 特集第2節を参照

業従事者数は13万3千人と全体の約1割を占めている一方、65歳以上は82万3千人と全体の約7割を占めています。また、令和5(2023)年の基幹的農業従事者の平均年齢は68.7歳となっており、高齢化が進行しています。

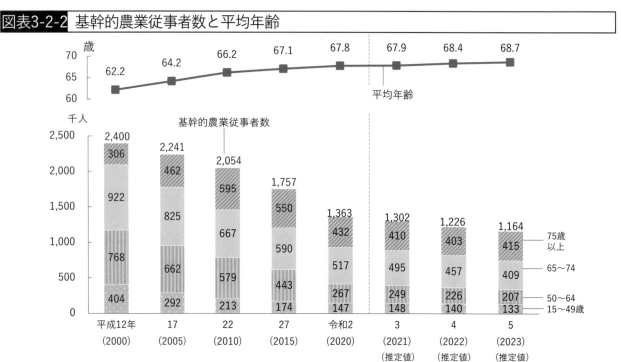

図表3-2-2　基幹的農業従事者数と平均年齢

資料：農林水産省「2000年世界農林業センサス」、「2005年農林業センサス」、「2010年世界農林業センサス」（組替集計）、「2015年農林業センサス」（組替集計）、「2020年農林業センサス」、「農業構造動態調査」を基に作成

注：1）各年2月1日時点の数値。ただし、平成12(2000)、17(2005)年の沖縄県については前年12月1日時点の数値
　　2）平成12(2000)年及び平成17(2005)年については販売農家の数値
　　3）令和3(2021)、4(2022)、5(2023)年については、農業構造動態調査の結果であり、標本調査により把握した推定値

(2) 認定農業者制度や法人化等を通じた経営発展の後押し

（農業経営体に占める認定農業者の割合は23.7%に増加）

　認定農業者制度は、農業者が経営の改善を進めるために作成した農業経営改善計画を市町村等が認定する制度です。同計画の認定数(認定農業者数)については、令和4(2022)年度は前年度に比べ1.1%減少し22万経営体となった一方、農業経営体に占める認定農業者の割合については、令和4(2022)年度は前年度から0.8ポイント増加し23.7%となっています（**図表3-2-3**）。このうち法人経営体の認定数については一貫して増加しており、令和4(2022)年度は前年度に比べ2.7%増加し2万9千経営体となり、法人経営体に占める認定農業者の割合は87.0%となっています。

　農林水産省では、認定農業者が同計画を達成できるよう農地の集積・集約化や経営所得安定対策等の支援措置を講じています。

図表3-2-3　認定農業者数

資料：農林水産省「認定農業者の認定状況」、「農林業センサス」、「農業構造動態調査」を基に作成

注：1）認定農業者数は各年度末時点の数値
　　2）特定農業法人で認定農業者とみなされている法人を含む。

（農業法人の大規模化が進展）

　農業経営の法人化には、経営管理の高度化や安定的な雇用、円滑な経営継承、雇用による就農機会の拡大等の利点があります。令和5(2023)年の法人経営体数は前年から2.5%増加し3万3千経営体となりました（**図表3-2-4**）。農業生産に占める法人経営体等の団体経営体のシェアは年々拡大しており、令和2(2020)年は農産物販売金額の37.9%、経営耕地面積の23.4%を占めています。

　都府県における経営耕地面積規模別の経営体数については、平成12(2000)年以降、5ha未満の経営体数は減少する一方、10ha以上の経営体数は一貫して増加しています（**図表3-2-5**）。特に大規模層ほど法人経営体が占める割合が増加しており、30ha以上の経営体では平成27(2015)年に50.0%であ

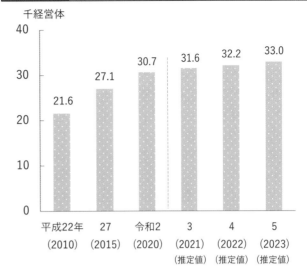

図表3-2-4　法人経営体数

千経営体

資料：農林水産省「農林業センサス」、「農業構造動態調査」
注：1) 各年2月1日時点の数値
　　2) 令和3(2021)、4(2022)、5(2023)年については、農業構造動態調査の結果であり、標本調査により把握した推定値

った法人経営体の割合は令和2(2020)年には60.0%に拡大しています。離農した経営体の農地の受け皿となることにより、農業法人の大規模化が進展している様子がうかがわれます。

　農林水産省では、農業経営の法人化を進めるため、都道府県が整備している農業経営・就農支援センターによる経営相談や、専門家による助言等を通じた支援を行っています。

図表3-2-5　経営耕地面積規模別の経営体数（都府県）

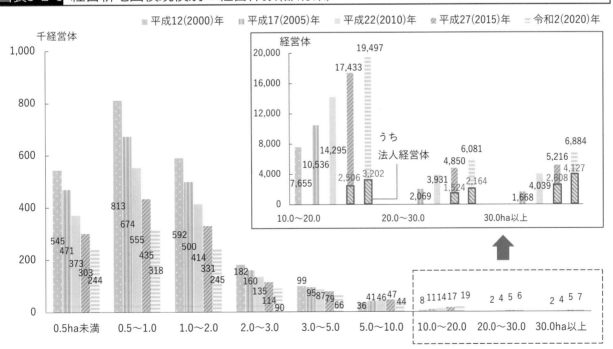

資料：農林水産省「農林業センサス」を基に作成
注：1) 各年2月1日時点の数値。ただし、平成12(2000)、17(2005)年の沖縄県については前年12月1日時点の数値
　　2) 平成12(2000)年は販売農家、平成17(2005)年以降は農業経営体の数値
　　3) 平成12(2000)年における15.0ha以上の経営体数については、10.0〜20.0haの経営体数として表記している。

（事例）中山間地の農地保全と採算性を両立した大規模農業経営を展開（新潟県）

新潟県上越市の有限会社グリーンファーム清里では、中山間地の農地保全という社会的使命と経営体としての採算性を両立した大規模な農業経営を展開しています。

山深い清里地区において平成5（1993）年に設立された同社は、離農者や農作業の委託を希望する者が増加する中、「郷土の農地を守る」との経営理念を掲げ、積極的に農地を引き受けて耕作放棄地の拡大を防止しています。また、集積した農地で効率的な農業を展開しており、令和5（2023）年産では165haの水稲生産を行っています。

一方、同社は、農地を徐々に引き受けてきた結果、自社のみの営農では限界があると判断し、経営規模の無秩序な拡大を回避しています。そのため、近隣地域の集落に呼び掛けて五つの集落法人を立ち上げ、法人同士で農作業の相互協力、農地利用調整、共同販売を行う基盤を構築しています。

くわえて、同社では、中山間地の豪雪地帯にある営農環境を踏まえ、冬期は水稲育苗ハウスでアスパラ菜等の栽培に取り組み、周辺住民に宅配販売しているほか、歩道等の除雪作業の受託等により、従業員の周年雇用と地域貢献を両立しています。

さらに、経営の多角化・複合化を図るため、ワイン用ぶどうの栽培や繁殖和牛の飼育等も進めています。

今後とも女性を含めた若者の雇用を創出し、収益性の高い農業経営を実践することにより、地域農業の発展に貢献していくこととしています。

集積した農地での営農
資料：有限会社グリーンファーム清里

冬期のハウス栽培
資料：有限会社グリーンファーム清里

（集落営農組織の法人化が進展）

集落営農組織は、地域農業の担い手として農地の利用、農業生産基盤の維持に貢献しています。令和5（2023）年の集落営農組織数は前年に比べ137組織減少し1万4,227組織となりました（図表3-2-6）。一方、法人化した集落営農組織数は年々増加しており、任意組織（法人化していない組織）よりも組織基盤が強固な法人が着実に増えています。

農林水産省では、集落営農組織に対し、法人化のほか、機械の共同利用や人材の確保につながる広域化、高収益作物の導入といった各々の状況に応じた取組を促進し、人材の確保や収益力向上、組織体制の強化、効率的な生産体制の確立を支援していくこととしています。

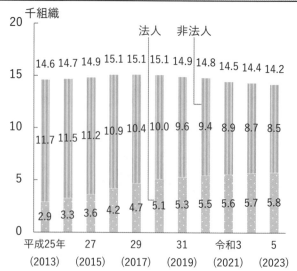
図表3-2-6　集落営農組織数

資料：農林水産省「集落営農実態調査」
注：1）東日本大震災の影響で営農活動を休止している宮城県と福島県の集落営農については調査結果に含まない。
　　2）各年2月1日時点の数値

（雇用労働力の確保等の経営発展に向けた課題に対応する必要）

農業における就業者数のうち雇用者数については、平成12(2000)年の30万人から令和5(2023)年は55万人にまで増加しています(**図表3-2-7**)。

一方、国内の生産年齢人口が今後大幅に減少していくことが避けられない状況において、各産業で人材獲得競争が激化することが見込まれます。

農林漁業の有効求人倍率については、平成26(2014)年以降は1.0倍を超過するなど、人手不足の状況が継続しています(**図表3-2-8**)。

離農の進行が見られる中、農地等の受け皿となる経営体の多くは、雇用労働力が確保できなければ農業経営を拡大していくことは難しい状況にあります。今後、農業分野で雇用労働力の継続的な確保が課題となる中、食料安全保障の観点からも、雇用労働力の確保に関する施策を講じていくことが重要となっています。

農林水産省では、農業における労働力不足を解消するため、国内外からの人材の受入体制整備、呼び込み・確保、育成までを一体的に支援することとしています。また、就労条件の改善や他産地・他産業との連携等による労働力確保のための支援を行っています。

図表3-2-7	農業における就業者のうち雇用者数	図表3-2-8	農林漁業の有効求人倍率

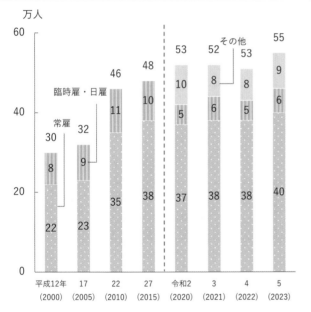

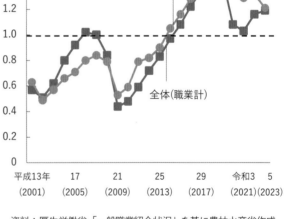

資料：総務省「労働力調査」を基に農林水産省作成
注：1) 平成27(2015)年以前は、役員と一般常雇(1年を超える又は雇用期間を定めない契約で雇われている者で「役員」以外の者)を「常雇」、1か月以上1年以下の期間を定めて雇われている者を「臨時雇」、1か月未満の契約で雇われている者を「日雇」としている。
2) 令和2(2020)年以降は、雇用契約期間に基づき、定めがない者、1年超の者及び従業上の地位が役員の者を「常雇」、1年以下の者を「臨時雇・日雇」、期間が分からない者及び定めがあるか分からない者を「その他」としている。

資料：厚生労働省「一般職業紹介状況」を基に農林水産省作成
注：有効求人倍率は、パートタイムを含む常用の数値

（農業法人の財務基盤は他産業と比べて脆弱な状況）

　農業法人の経営状況については、売上高の減少に対する耐性を示す指標である損益分岐点比率が過半の部門で90％を超えており、概して売上高の減少に対する耐性が低くなっています（**図表3-2-9**）。また、中長期的な財務の安全性を示す指標の一つである自己資本比率はおおむね30％を下回っている一方、借入金依存度は50％を上回る水準となっています。

　経営規模や産業特性の異なる、他産業の中規模企業と一概に比較することはできませんが、農業法人については、総じて、債務超過となるリスクが高く、財務基盤が脆弱であるといった実態にあることがうかがわれます。このため、農業経営の改善を進めるなど、経営基盤の強化を図っていくことが求められています。

図表3-2-9　農業法人の財務基盤に関する指標

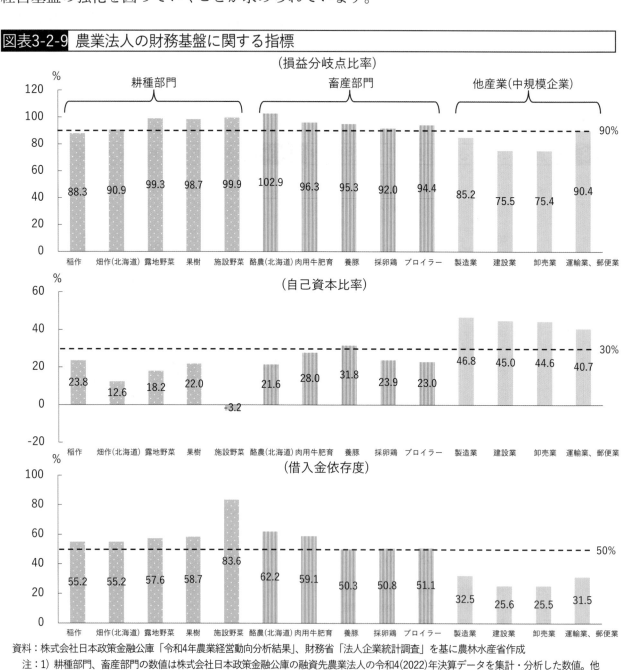

資料：株式会社日本政策金融公庫「令和4年農業経営動向分析結果」、財務省「法人企業統計調査」を基に農林水産省作成
注：1）耕種部門、畜産部門の数値は株式会社日本政策金融公庫の融資先農業法人の令和4(2022)年決算データを集計・分析した数値。他産業の数値は無作為抽出による標本調査によって算出した母集団法人の令和4(2022)年度の推計値
　　2）資本金1千万円以上1億円未満の企業を中規模企業としている。

（農業者の経営管理の向上に向けた努力が重要）

　適正な価格形成、環境負荷低減等の持続可能な農業の取組に向けては、生産コストの実態を消費者まで伝達することが必要です。そのためには、農業者による経営管理能力の向上に向けた取組の強化が必要となっています。

　農林水産省では、適正な価格形成を通じた経営発展・経営基盤の強化の観点から、原価管理を含めた農業者の経営管理能力の向上等を促進する施策を実施することとしています。

　くわえて、雇用確保や事業拡大、環境負荷低減や生産性向上のための新技術の導入等の様々な経営課題に対応できる人材の育成・確保を図るため、農業者のリ・スキリング[1]等を推進することとしています。

　このほか、各都道府県においても、営農しながら体系的に経営を学ぶ場として農業経営塾を開講する取組等により、農業者に対する研修機会の提供に取り組んでいます。

（コラム）農業における「経営力」を養成するオンラインスクールが始動

　AFJ日本農業経営大学校を運営する一般社団法人アグリフューチャージャパンでは、農業における「経営力」を養成するオンラインスクールを、令和5(2023)年6月に開講しました。

　農業を取り巻く情勢が大きく変化する中、長期にわたって経営の持続性を確保していくためには、事業開発やマーケティング等の経営技術を養うことが重要となっています。

オンラインでの講義
資料：一般社団法人アグリフューチャージャパン

　このため、同法人では、農業経営を志す人々を対象に、現場で働きながら学べるオンラインスクールを開講し、経営理論に基づく戦略的思考やノウハウを習得できるカリキュラムを設け、多様な農業の実現に向けた取組を後押ししています。

　例えば次のステージの経営を目指す農業者等を対象とした「経営マスターコース」のカリキュラムは、「経営戦略」、「マーケティング」、「マネジメント」、「ファイナンス」の四つの領域から構成されており、農業の産業特性を踏まえながら、ヒト・モノ・カネに関する知識やスキルを体系的に習得できるよう工夫されています。

　令和5(2023)年度は、農業経営者や後継者、独立を目指す法人従業員等約150人の受講者が、農業経営者として求められる判断力や各種スキル・ノウハウを学び、身に付けています。

　今後は、アグリビジネス分野において、新たな価値を創出し、変革を起こす人材を育成する「イノベーター養成アカデミー」を令和6(2024)年4月に開講することとしており、次世代の農業経営者の育成に向けて精力的に活動を展開していくこととしています。

（農業者年金の被保険者数は減少傾向で推移）

　農業者年金は、農業従事者のうち厚生年金に加入していない自営農業に従事する個人が任意で加入できる年金制度です。同制度においては農業者の減少・高齢化等に対応した積立方式・確定拠出型が採用されており、農林水産省では、青色申告を行っている認定農業者等やその者と家族経営協定を結び経営参画している配偶者・後継者等一定の要件を満たす対象者の保険料負担を軽減するための政策支援を実施し、農業者の老後生活の安定と農業者の確保を図っています。

---

[1] 職業能力の再開発・再教育のこと

農業者年金の被保険者数については減少傾向で推移しており、令和4(2022)年度は前年度に比べ614人減少し4万4,576人となっています(**図表3-2-10**)。一方、受給権者数については増加傾向で推移しており、令和4(2022)年度は前年度に比べ1,861人増加し5万5,376人となっています。

年金等を給付する事業を実施している独立行政法人農業者年金基金では、若者や女性の加入拡大に向け、推進活動を実施しています。

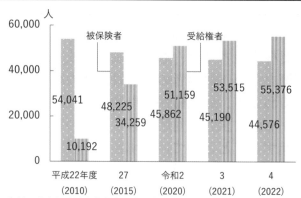

図表3-2-10　農業者年金の被保険者数と受給権者数

資料：独立行政法人農業者年金基金資料
注：平成13(2001)年に改正された農業者年金制度における被保険者数及び受給権者の数値。各年度末時点の数値

(3) 経営継承や新規就農、人材育成・確保等

(約7割の経営体が「後継者を確保していない」と回答)

5年以内の後継者の確保状況については、約7割の経営体が「確保していない」と回答しています(**図表3-2-11**)。農地はもとより、農地以外の施設等の経営資源や、技術・ノウハウ等を次世代の経営者に引き継ぎ、計画的な経営継承を促進することが必要となっています。

農林水産省は、将来にわたって地域の農地利用等を担う経営体を確保するため、地域の担い手から経営を継承した後継者が行う経営発展に向けた取組を市町村と一体となって支援するとともに、都道府県が整備している農業経営・就農支援センターにおいて相談対応や専門家による経営継承計画の策定支援、就農希望者と経営移譲希望者とのマッチングを行うなど、円滑な経営継承を進めています。

図表3-2-11　5年以内の後継者の確保状況別経営体数

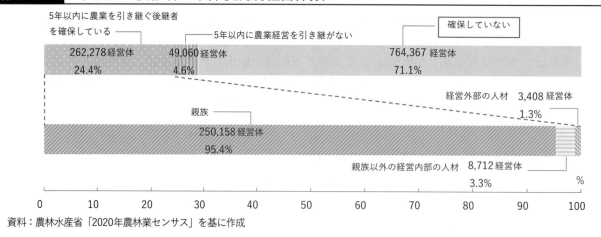

資料：農林水産省「2020年農林業センサス」を基に作成

(新規就農者数が前年に比べ減少)

令和4(2022)年の新規就農者数は、前年に比べ12.3%減少し4万5,840人となりました(**図表3-2-12**)。この要因としては、新型コロナウイルス感染症の影響により落ち込んでいた雇用が回復した影響等によって他産業からの就農者が減少したこと等が考えられます。

図表3-2-12　新規就農者数

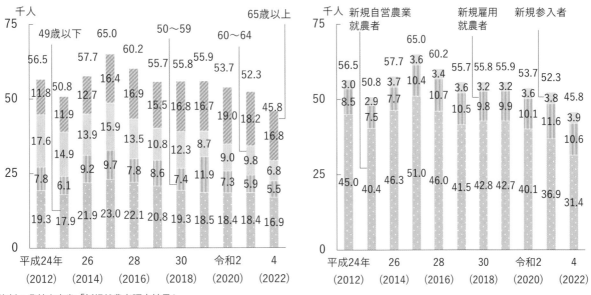

（年齢階層別の新規就農者数）　　　　　　　　　（就農形態別の新規就農者数）

資料：農林水産省「新規就農者調査結果」

注：1）平成26(2014)年以降については、新規参入者は従来の「経営の責任者」に加え、新たに「共同経営者」が含まれる。

　　2）平成26(2014)年以前は当該年の4月1日～翌年の3月31日、平成27(2015)年以降は当該年の2月1日～翌年の1月31日の1年間に新規就農した者の数値

　年齢階層別では、60～64歳の新規就農者数は、前年に比べ30.8%減少し6,750人となりました。また、将来の担い手として期待される49歳以下の新規就農者数は、近年1万8千人前後で推移していましたが、令和4(2022)年は前年に比べ8.4%減少し1万6,870人となりました。さらに、49歳以下の新規就農者数のうち新規雇用就農者の割合は、令和4(2022)年には新規自営農業就農者(38.5%)を上回る45.7%を占めており、新規就農者の受け皿としても法人経営体の役割が大きくなっています。

　就農形態別では、令和4(2022)年の新規自営農業就農者は前年に比べ14.9%減少し3万1,400人、新規雇用就農者は前年に比べ8.6%減少し1万570人、新規参入者は前年に比べ1.0%増加し3,870人となりました。

　農業者の減少・高齢化が進む中、地域農業を持続的に発展させていくためには、農業の内外から若年層の新規就農を促進する必要があります。

　このため、農林水産省では、農業への人材の一層の呼び込みと定着を図るため、就農相談会の開催や、職業としての農業の魅力の発信等について支援を行っています。また、就農準備段階や就農直後の経営確立を支援する資金や雇用就農を促進するための資金の交付に加え、経営発展のための機械・施設等の導入を地方と連携して親元就農も含めて支援するとともに、伴走機関等による研修向け農場の整備、新規就農者への技術サポート等の取組を支援しています。

　このほか、農業経営基盤強化促進法に基づき、青年等就農計画を作成し市町村から計画の認定を受けた認定新規就農者は、令和4(2022)年度は前年度に比べ2.3%増加し1万806人となりました。農林水産省では、将来において効率的かつ安定的な農業経営の担い手に発展するような青年等の就農を促進するため、新規就農施策を重点的に支援しています。

（事例）新規就農の育成支援を受け、夫婦二人で楽しむ農業を実践（宮崎県）

　宮崎県川南町に移住した保坂政孝さん・美幸さん夫妻は、新規就農者の育成サポートを受け、ピーマン農家として独立後、夫婦二人の時間を大切にしながら、二人で楽しむ農業を実践しています。

　保坂さん夫妻は福岡県内で勤務していましたが、夫婦二人の時間が持てない生活を変えたいとの思いを抱えていました。そのような中、宮崎県の移住相談窓口を訪れた際に、同町の農業研修生への応募を勧められ、受入体制や支援制度が充実していたことに加え、自然豊かな環境や農業に魅力を感じたことから、夫婦二人で応募を決めました。

　平成30(2018)年7月～令和2(2020)年6月の2年間にわたって研修施設で実践研修等を受講し、農業機械の取扱いや農作物栽培の基礎のほか、独立に向けた模擬経営研修等の実践的な知識等を習得しました。

　また、独立に向けては、自ら農地を探す必要はなく、リース事業の支援を受けて新設されたハウスを取得できたほか、各種補助金の情報提供や運転資金の無利子融資等のサポートを受け、経営開始の準備を進めました。

　令和2(2020)年7月に独立した後は、尾鈴農業協同組合(以下「JA尾鈴」という。)のピーマン部会に所属し、研修時から指導を受けているベテラン農業者やJA尾鈴の指導員、ピーマン部会員等から巡回指導を受けながら、8月後半に苗を植え、10月から翌年6月まで収穫を行う日々を過ごしています。令和5(2023)年は20aのハウスでピーマンを栽培していますが、宮崎県経済農業協同組合連合会との契約栽培により、就農1年目から市場よりも安定した単価で出荷できるため、目安となる目標(20a規模で1,000万円)を上回る売上高を実現しています。

　保坂さん夫妻は、経験を積み重ねる中でピーマン栽培への自信を深めており、今後とも地域の人々とのつながりやコミュニケーションを大切にするとともに、二人の時間を大切にしながら、楽しんで農業を続けていくこととしています。

保坂政孝さん・美幸さん夫妻
資料：保坂政孝さん

（農業高校・農業大学校による意欲的な取組が進展）

　農業経営の担い手を養成する農業高校は全ての都道府県、農業大学校は41道府県において設置されています。

　このうち農業大学校の卒業生数については、平成26(2014)年度以降はほぼ横ばいで推移しており、令和4(2022)年度の卒業生数は1,735人、卒業後に就農した者は935人（卒業生全体の53.9%）となっています（**図表3-2-13**）。このほか、同年度の卒業生全体に占める自営就農の割合は14.3%、雇用就農の割合は34.1%となりました。

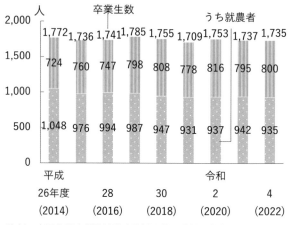

図表3-2-13　農業大学校の卒業生数

資料：全国農業大学校協議会資料を基に農林水産省作成
注：1) 卒業生数は、養成課程の卒業生数を指す。
　　2) 就農者には、雇用就農、自営就農以外にも農家で継続的に研修を行っている者等が含まれる。一度、他の仕事に就いた後に就農した者は含まない。
　　3) 農林業分野における専門職大学の卒業生を含む。

また、近年、GAP[1](農業生産工程管理)に取り組む農業高校・農業大学校も増加しており、令和5(2023)年3月末時点で111の農業高校、31の農業大学校が第三者機関によるGAP認証を取得しています。GAPの学習・実践を通じて、農業生産技術の習得に加えて、経営感覚・国際感覚を兼ね備えた人材の育成に資することが期待されています。

　農林水産省では、若年層に農業の魅力を伝え、将来的に農業を職業として選択する人材を育成するため、スマート農業や有機農業等の教育カリキュラムの強化のほか、地域の先進的な農業経営者による出前授業等の活動を支援しています。

(事例) 全国で初めて農業大学校生が構成員となる法人を設立(山口県)

　山口県防府市の山口県立農業大学校では、全国で初めての取組として、農業大学校生が構成員となる法人を設立・登記し、学修カリキュラムにおいて農産物販売や新商品開発の事業に取り組んでいます。

　同校では、令和5(2023)年4月に、米や麦等の生産や経営について学ぶ「土地利用学科」を新設し、ドローン等の先端技術を導入したスマート農業の授業を強化しています。また、同校と県の農業試験場、林業指導センターを統合した「農林業の知と技の拠点」を整備し、即戦力となる人材の育成や、先端技術開発の加速化のほか、生産から加工、販売まで手掛ける6次産業化の支援も行っています。

　このような中、同校では、法人経営に必要な経営管理能力やビジネス感覚を身に付けるとともに、事業計画の決定プロセスや、会計・決算、経営責任等を実体験として学修できるフィールドとして、同年7月に「一般社団法人やまぐち農大」を設立しました。

　同法人は、同校の全学生を構成員とし、農産物販売や新商品開発の事業に取り組むこととしています。同年度においては、新設された会社経営論等の学修カリキュラムに基づき、設立登記事務や青果物の販売実習に取り組み、同校等で生産された野菜・果実等の農産物や加工品等の仕入れ販売を行ったほか、交流イベント等を実施しました。

　今後は、県内企業と連携して、若者視点に立ったアイデアや発想による6次産業化商品の開発に向けた検討を進めていくこととしています。

農産物販売に取り組む学生
資料:山口県立農業大学校

法人の設立総会
資料:山口県立農業大学校

(4) 女性が活躍できる環境整備

(女性の認定農業者数は前年度に比べ1.5%増加し1万2千経営体)

　令和5(2023)年における女性の基幹的農業従事者数は、前年に比べ5.9%減少し45万2千人となりました(**図表3-2-14**)。女性の基幹的農業従事者は全体の38.8%を占めており、重要な担い手となっています。

　令和4(2022)年度における女性の認定農業者数は、前年度に比べ1.5%増加し1万2千経営体となりました(**図表3-2-15**)。また、全体の認定農業者に占める女性の割合については、令和4(2022)年度は前年度に比べ0.1ポイント増加し5.3%となりました。

　認定農業者制度には、家族経営協定等を締結している夫婦による共同申請が認められて

---

[1] 第3章第7節を参照

おり、その認定数は5,841経営体となっています。

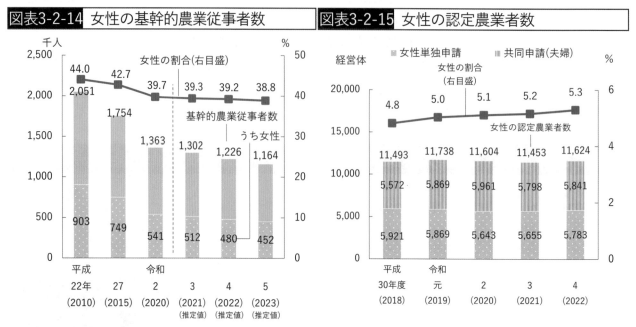

図表3-2-14　女性の基幹的農業従事者数

図表3-2-15　女性の認定農業者数

資料：農林水産省「農林業センサス」、「農業構造動態調査」を基に作成
注：1）各年2月1日時点の数値
　　2）令和3(2021)年、4(2022)、5(2023)年の数値は、農業構造動態調査の結果であり、標本調査により把握した推定値
　　3）平成22(2010)年及び平成27(2015)年の基幹的農業従事者数は販売農家の数値

資料：農林水産省「農業経営改善計画の営農類型別等の認定状況」を基に作成
注：各年度末時点の数値

（女性が継続して経営参画している経営体は経営規模が大きく経営の多角化も進展）

　女性の農業経営への参画動向について見ると、女性が継続して経営参画している経営体は、参画していない経営体に比べ販売金額規模や経営規模が大きいほか、経営の多角化や農業後継者の確保が進展していることがうかがわれます（**図表3-2-16**）。

　一方で、女性が経営参画しなくなった経営体は、経営規模が小さいほか、経営の多角化や農業後継者の確保が進展していないことがうかがわれます。

図表3-2-16　女性の経営参画類型別に見た経営体の状況

	継続	開始	中止	非参画
経営耕地面積(ha/経営体)	3.2	2.5	2.5	1.8
増減率(2015年-2020年)	2.1%	2.7%	0.0%	-0.2%
農産物販売金額(万円/経営体)	706	486	581	322
増減率(2015年-2020年)	14.9%	17.3%	13.9%	14.4%
農業生産関連事業への取組割合	27.1%	22.6%	20.1%	17.1%
増減ポイント数(2015年-2020年)	1.2	3.2	-0.6	0.7
農業経営の後継者がいる経営体割合	28.8%	26.9%	24.0%	20.7%

資料：農林水産政策研究所「激動する日本農業・農村構造-2020年農業センサスの総合分析-」（令和5(2023)年12月公表）
注：1）平成27(2015)年と令和2(2020)年の両年ともに女性が経営参画している経営体を「継続」、令和2(2020)年のみ参画を「開始」、平成27(2015)年のみ参画を「中止」、両年とも参画していない経営体を「非参画」としている。
　　2）令和2(2020)年の数値

(農業委員、農協役員、土地改良区等理事に占める女性の割合は増加)

農業委員会等に関する法律及び農業協同組合法においては、農業委員や農協理事等の年齢や性別に著しい偏りが生じないように配慮しなければならないことが規定されています。

農業委員や農協役員、土地改良区(土地改良区連合を含む。)理事に占める女性の割合については増加傾向で推移しており、令和4(2022)年度の農業委員に占める女性の割合は、前年度に比べ0.2ポイント増加し12.6%に、令和5(2023)年度の農協役員に占める女性の割合は前年度に比べ1.0ポイント増加し10.6%に、令和4(2022)年度の土地改良区等理事に占める女性の割合は前年度に比べ0.2ポイント増加し0.8%になりました(**図表3-2-17**)。

農林水産省では、「女性登用の意識醸成に向けて〜農協の女性員外監事の活躍事例〜」の公表、「土地改良団体における男女共同参画事例」の充実化等を通じて、女性登用の更なる推進に取り組んでいます。

図表3-2-17 農業委員、農協役員、土地改良区等理事に占める女性の割合

資料:農林水産省「農業委員への女性の参画状況」、「総合農協統計表」、「土地改良団体における女性理事登用状況」を基に作成
注:1) 農業委員は各年度10月1日時点、農協役員は各事業年度末時点、土地改良区等理事は各年度末時点の数値
　　2) 令和5(2023)年度の農協役員は、一般社団法人全国農業協同組合中央会が調査した数値

地域計画の策定に向けた話合いを
主導する女性農業委員

店舗運営を改善する女性農協理事

(女性が働きやすく暮らしやすい環境を整備する必要)

農村においては、依然として、家事や育児は女性の仕事であると認識され、男性に比べ負担が重い傾向が残っています。

総務省の調査によると、令和3(2021)年における女性の農林漁業従事者の1日(週全体平均)の家事と育児の合計時間は2時間57分で、男性の26分に比べ長くなっています(**図表3-2-18**)。

男性・女性が家事、育児、介護等と農業への従事を分担できるような環境を整備することは、女性がより働きやすく、暮らしやすい農業・農村をつくるために不可欠です。そのためには、家事や育児、介護は女性の仕事であるとの意識を改革し、女性の活躍に関する周囲の理解を促進する必要があります。

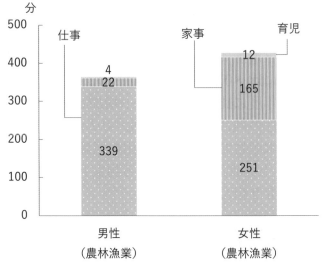

図表3-2-18 男女別仕事・家事・育児時間(週全体平均)

資料：総務省「令和3年社会生活基本調査結果」を基に農林水産省作成

(事例) 地域の女性や若者から選ばれる職場づくりを推進(愛媛県)

愛媛県伊方町(いかたちょう)の農業法人である株式会社ニュウズでは、女性経営者のリーダーシップの下、地域の女性や若者から選ばれる職場づくりを推進しています。

同社は、12.6haの園地で、うんしゅうみかんや清見(きよみ)等の作期の異なる17品種のかんきつを栽培しており、通年出荷のほか、6次産業化や台湾への輸出等にも取り組み、先進的な経営を展開しています。

同社は、「本氣(ほんき)のみかんで幸せを届ける」ことを経営理念に掲げ、その実現に向けて「社員満足を追求し、将来の夢が語り合える会社」となるよう、スタッフが成長できる組織づくりや各スタッフのライフプランに合った働き方を可能にする取組を実践しています。

組織づくりに当たっては、採用の工夫から始め、繁忙期の勤務実態を示した上で、会社のビジョンに共感を持った人材を採用しています。また、定期的な個人面談や評価制度の導入により、各スタッフの夢や目標を実現するための会社のサポート体制や本人のアクションプランを確認しているほか、スタッフが設定した個人目標の達成度を評価して賞与や昇給を決定するなど、スタッフと組織の双方の成長を実現しています。

また、女性スタッフのライフスタイルが変化しても仕事を継続できるよう、配置転換や勤務形態の変更を柔軟に行うほか、個々の作業の見直しにも着手し、作業工程や収支等のデータの把握や業務の「見える化」を行い、業務改善や効率化を推進しています。

このような経営改革の推進により、地域の女性や若者から選ばれる職場として、雇用機会が少ない半島地域における雇用の創出に寄与しています。今後は「愛媛みかん」の可能性を広げるため、女性経営者としての目線も活かしながら、栽培面積の更なる拡大や生産技術の向上、加工品の開発等を推進していくこととしています。

株式会社ニュウズ
代表の土居裕子さん
資料：株式会社ニュウズ

株式会社ニュウズで
働く女性社員
資料：株式会社ニュウズ

農林水産省では、労働に見合った報酬や収益の配分、仕事や家事、育児、介護等の役割分担、休日等について家族で話し合い、明確化する取組である家族経営協定の締結を推進しています。

　また、農業経営における共同経営者としての女性の地位・責任を明確化するため、農業経営改善計画における共同申請を推進しています。

　さらに、農業において女性が働きやすい環境整備に向けて、農業法人等における男女別トイレ、更衣室、託児スペース等の確保に対する支援を行っています。

(地域をリードする女性農業者の育成と農村の意識改革が必要)

　令和5(2023)年における女性の経営への参画状況を見ると、経営主が女性の個人経営体は個人経営体全体の6.5%、経営主が男性だが、女性が経営方針の決定に参画している個人経営体の割合は24.1%となっており、女性が経営に関与する個人経営体は全体の30.7%となっています(図表3-2-19)。

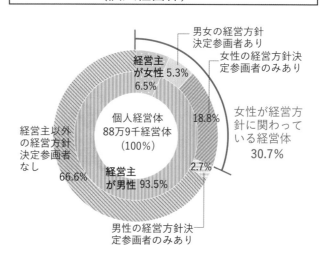

図表3-2-19　女性の経営方針決定への参画状況（個人経営体）

資料：農林水産省「令和5年農業構造動態調査結果」を基に作成
注：令和5(2023)年2月1日時点の数値

　今後の農業の発展、地域経済の活性化のためには、女性の農業経営への参画を推進し、地域農業の方針策定にも参画する女性リーダーを育成していくことが必要です。あわせて、女性活躍の意義について、男性も含めた地域での意識改革を行うことにより、女性農業者の活躍を後押ししていくことが重要です。

　これまで農村を支えてきた女性農業者が直面してきた、生活・経営面での悩みや解決策といった過去の知見や経験を新しい世代に伝えることや、学びの場となるグループを作り、ネットワーク化することは女性農業者の更なる育成に有効と言えます。また、女性農業者が持つ視点を活用し、消費者や教育機関といった農業者の枠を超えた者とのネットワークの形成を進めることも期待されています。

　このように活動の幅を更に広げていくことは、農業・農村に新しい視点をもたらすとともに、女性農業者の農業・農村での存在感の向上にもつながるものと考えられます。

　このため、農林水産省は、地域のリーダーとなり得る女性農業経営者の育成、女性グループの活動支援、家族経営協定の締結や地域における育児・農作業のサポート活動等の女性が働きやすい環境づくり、女性農業者の活躍事例の普及等の取組を支援しています。また、令和5(2023)年10月には、女性リーダーの育成や農村地域の男性の意識改革を促すこと等を狙いとして、女性農業委員の地域での活動等を紹介する動画を公表し、都道府県等における研修での活用を促しました。

(「農業女子プロジェクト」が設立10周年を迎え、多様な活動を展開)

　「農業女子プロジェクト」は、社会全体での女性農業者の存在感を高め、女性農業者自らの意識改革や経営力発展を促すとともに、職業としての農業を選択する若手女性の増加を図ることを目指し、多様な活動を展開しています。

　平成25(2013)年に設立された同プロジェクトは、令和5(2023)年に設立10周年を迎えました。設立当時37人だったメンバーは1千人を超え、地域・世代を超えた全国レベルでの女性ネットワークに成長しました。参画企業や教育機関も徐々に拡大し、メンバーとの協同による商品・サービスの開発や未来の農業女子を育む活動といった多彩な取組が実施されています。

　また、農業女子プロジェクト10周年記念として、女性が活躍する姿をさらに知ってもらうため、同年11月に、一般消費者とメンバーとの交流イベントを開催するとともに、特設Webサイト「わたしたちの未来への種まき」を開設し、女性農業者に出会える全国各地のイベントや女性農業者の未来への想いを紹介する動画を公開しました。

農業女子プロジェクト10年間の
活動から生まれた成果品の例

農業女子プロジェクト
URL：https://www.maff.go.jp/j/keiei/jyosei/noujopj.html

第3節　生産現場を支える多様な農業人材や主体の活躍

地域農業を維持し、持続可能なものとしていくためには、担い手の育成・確保の取組と併せて、地域の話合いを基に、農業を副業的に営む経営体等を始め、多様な農業人材や主体の活躍を促進することも重要です。

本節では、家族経営協定の締結や外国人材の受入れ等の生産現場を支える多様な農業人材や主体の活躍に向けた取組等について紹介します。

(1) 多様な農業人材の育成・確保

(農業経営体に占める経営耕地面積1.0ha未満の割合は約5割)

令和5(2023)年の農業経営体に占める個人経営体の割合は95.6%、経営耕地面積1.0ha未満の農業経営体の割合は51.8%となっており、中小・家族経営等の経営体が農業経営体の大きな割合を占めています(**図表3-3-1**)。

また、生産現場では農業を副業的に営む経営体を始め、多様な農業人材が産地単位で連携・協働して、農業生産や共同販売を行っており、農林水産省では、地域社会の維持に重要な役割を果たしている実態に鑑み、生産基盤の強化に取り組むこととしています。

図表3-3-1　農業経営体に占める個人経営体等の割合

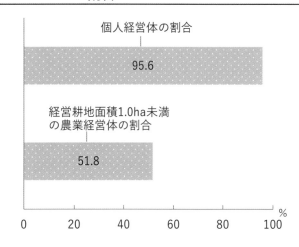

資料：農林水産省「令和5年農業構造動態調査結果」を基に作成
注：1) 令和5(2023)年2月1日時点の数値
　　2) 標本調査により把握した推定値

(多様な農業人材の育成・確保が重要)

農地を保全し、集落の機能を維持するためには、地域の話合いを基に、担い手への農地の集積・集約化を進めるとともに、農業を副業的に営む経営体等の多様な農業人材が一定の役割を果たしていることも踏まえ、これらの者が農地の保全・管理を適正に行う取組を進めることを通じて、地域において持続的に農業生産が行われるようにすることが必要です。

また、農村地域や農業に人材を呼び込み、地域や農業を発展させていく上では、性別や年齢、障害、国籍、価値観等にかかわらず、あらゆる人材が自分らしく働き活躍できる環境を整備していくことも重要です。

このような中、全国の生産現場では、女性農業者や高齢農業者、障害者等の多様な人材を確保し、それぞれの持つ能力を活かす取組が広がっています。農業・農村分野において多様な人材の参画・活躍がますます重要となる中で、今後も引き続きその推進を図ってい

第3章

くことが求められています。

農林水産省では、地域の実情に応じた生産体制の強化を支援するとともに、多様な経営体に対し、専門的に経営・技術等をサポートする農業支援サービス事業体の育成、農業・農村の多面的機能の維持・発揮に資する地域共同での農地・水路等の保全活動の推進、多様な農業人材から成る集落営農の活性化等の取組を支援しています。

（コラム）多様な人材が各々のライフスタイルに応じて関わる「９１農業」を提唱

全国農業協同組合連合会(以下「JA全農」という。)では、人手不足に悩む生産現場を支援し、その地域に人が集まることを目指し、多様な人材が各々のライフスタイルに合わせて農業に関われるよう「９１農業」を提唱しています。

労働力人口の減少、農業就業者の高齢化・減少に伴う農業労働力不足が大きな問題となる中、JA全農では労働力支援の取組を推進しています。生産現場の労働力確保を支援するため、全国を6ブロックに分けてブロック別の協議会を設けるとともに、全国段階の協議会を立ち上げ、各々の活動情報を共有しながら、取組の拡大を進めています。

また、農業に興味・関心のある人材や多種多様な人材を受け入れる取組を推進するため、各県域段階で企業との連携を進めるとともに、全国段階では、令和3(2021)年4月に株式会社JTBと連携協定を締結し、農作業請負による取組の展開や、農福連携の推進も含めた「多様な人材の活用」を図っています。

さらに、JA全農では、人手不足に悩む生産現場を支援し、その地域に人が集まることを目指し、農業へのハードルを下げて農業参加を訴求すること等を目的として、「あなたのライフスタイルに農的生活を1割取り入れませんか？」をコンセプトとする新たなライフスタイル「９１農業」を提唱し、PR活動等を行っています。具体的には、休日に副業で働く「9本業1農業」や子育ての合間に働く「9育児1農業」、旅行の合間に農業に関わる「9旅行1農業」といったライフスタイルに合わせた様々な農業への関わり方を提案しています。

JA全農では、今後とも農業に関心のある人々を農業現場とマッチングすることで、農業分野や地域社会への効果を生み出し、地方創生・地域活性化の実現を目指すこととしています。

９１農業のロゴマーク
資料：全国農業協同組合連合会

さくらんぼ収穫に励む
９１農業参加者
資料：全国農業協同組合連合会

（家族経営協定の締結数は6万戸に増加）

家族経営協定は、家族農業経営に携わる各世帯員が、意欲とやりがいを持って経営に参画できる魅力的な農業経営を目指し、経営方針や役割分担、家族全員が働きやすい就業環境等について、家族間の十分な話合いに基づき取り決めるものです。

家族経営協定の締結数については増加傾向で推移しており、令和4(2022)年度は前年度に比べ505戸増加し6万20戸となり、令和5(2023)年の主業経営体数(19万800経営体)の約3割に相当する水準となっています(図表3-3-2)。

令和4(2022)年度に締結した協定において取り決められた内容を見ると、「労働時間・休日」が95.5%で最も多く、次いで「農業経営の方針決定」が93.7%、「農業面の役割分担」が87.7%、「労働報酬」が79.3%となっています。同協定において役割分担や就業条件等を

明確にすることにより、仕事と家事・育児を両立しやすくなるほか、各々が研修会等に気兼ねなく参加しやすくなるなどの効果があります。

農林水産省では、労働時間・休日や経営方針、役割分担について、家族間の十分な話合いを通じて家族経営協定を締結することを普及・推進しています。

図表3-3-2 家族経営協定の締結数

資料：農林水産省作成
注：各年度末時点の数値

家族経営協定
URL：https://www.maff.go.jp/j/keiei/jyosei/kyoutei.html

(2) 外国人材を始めとした労働力の確保

(農業分野の外国人材の総数は前年に比べ増加)

農村における高齢化・人口減少が進行する中、外国人材を含め生産現場における労働力の確保が重要となっています。

令和5(2023)年における農業分野の外国人材の総数は、特定技能制度の活用が進んだことにより、前年に比べ8千人増加し5万1千人となっています(図表3-3-3)。

図表3-3-3 農業分野における外国人材の受入状況

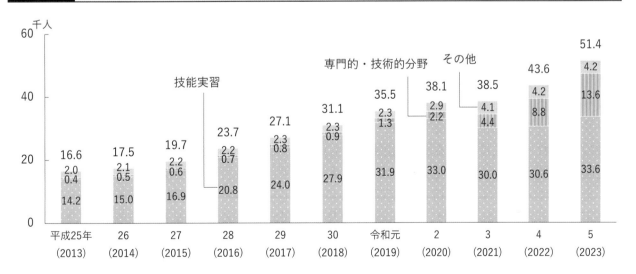

資料：厚生労働省「「外国人雇用状況」の届出状況」(特別集計)を基に農林水産省作成
注：1) 各年10月末時点の数値
　　2) 「専門的・技術的分野」の令和元(2019)年以降の数値には、「特定技能在留外国人」の人数も含まれる。

　このうち特定技能制度は、人手不足が続いている中で、外国人材の受入れのために平成31(2019)年に運用が開始された制度で、「特定技能」の在留資格で一定の専門性・技能を有し即戦力となる外国人を受け入れており、令和6(2024)年3月末時点で受け入れる対象分野は16分野に拡大しています。また、令和5(2023)年8月からは、熟練した技能を要する特定技能2号について、農業分野も新たに対象とする運用が開始されました。

　法務省の調査によると、同年12月末時点での農業分野における特定技能在留外国人数は、前年同月末に比べ7,402人増加し、23,861人となりました。

　農林水産省では、農業分野における外国人材の確保と適正かつ円滑な受入れに向けて、外国人材の知識・技能を確認する試験の実施や働きやすい環境の整備等を支援しています。

（事例）特定技能制度を活用し、労働力の確保と生産拡大を推進(広島県)

　広島県北広島町（きたひろしまちょう）の弘法菜園（こうぼうさいえん）では、特定技能制度を活用し、労働力の確保を図りながら、ほうれんそう等の生産拡大を実現しています。

　同園は、ほうれんそうの周年栽培を主体とした経営を行っており、令和5(2023)年10月時点で栽培面積は露地が6ha、ハウスが1haとなっています。

　同園では、経営者が従前にベトナム人と仕事をした際に、その手際の良さや誠実さを評価していたことから、事業拡大時にはベトナム人を雇用することを視野に入れていました。令和2(2020)年9月に特定技能外国人の採用を開始して以降、その数は増加しており、令和6(2024)年3月時点で、6人の特定技能外国人を雇用しています。内訳は男性2人、女性4人となっており、いずれもベトナム国籍を有しています。

**特定技能制度を活用し
農場で働く外国人材**
資料：弘法菜園

　農場を担当しているベトナム人は技量が極めて高く、野菜栽培において重要な役割を担っています。

　また、同園で雇用している特定技能外国人は、仕事だけでなく、日本での経験を大切にする人材が多く、花見や地域の祭りといった様々な体験を積み重ねています。さらに、近隣への挨拶や地域の清掃活動に参加するなど、地域社会にも順応しています。

　同園では、特定技能外国人の受入れを契機として、人手不足の克服のみならず、職場にも活気や良好な雰囲気が生まれていることから、今後とも積極的に活用していくこととしています。

（技能実習制度を発展的に解消し、人材確保と人材育成を目的とする新制度の創設を検討）

　令和5(2023)年11月に「技能実習制度及び特定技能制度の在り方に関する有識者会議」が取りまとめた最終報告書を踏まえ、安全、安心に暮らせる共生社会の実現や、外国人のキャリアアップ、人権侵害等の防止・是正等を図る観点から、令和6(2024)年2月に「外国人材の受入れ・共生に関する関係閣僚会議」において、現行の技能実習制度[1]を実態に即して発展的に解消し、人手不足分野における人材確保と人材育成を目的とする「育成就労制度」を創設するとともに、特定技能制度は、適正化を図った上で現行制度を存続することを決定しました。これを受け、「出入国管理及び難民認定法及び外国人の技能実習の適正な実施及び技能実習生の保護に関する法律の一部を改正する法律案」を第213回通常国会に提出したところです。

---

[1] 外国人技能実習生への技能等の移転を図り、その国の経済発展を担う人材育成を目的とした制度

第4節	農業経営の安定化に向けた取組の推進

農業の現場では、原油価格・物価高騰等の影響も見られる中、自然災害等の様々なリスクに対応し、農業経営の安定化を図るためには、収入の減少を補償する収入保険や金融面での支援等が重要となっています。

本節では、農業経営の動向、農業経営の安定化に向けた取組について紹介します。

(1) 農業経営の動向

(主業経営体1経営体当たりの農業所得は363万円)

令和4(2022)年における主業経営体1経営体当たりの農業粗収益は、畜産収入が減少したこと等から、前年に比べ36万4千円減少し2,035万9千円となっています(**図表3-4-1**)。

また、農業経営費は、肥料費、飼料費、動力光熱費等が増加したことから、前年に比べ34万2千円増加し1,673万円となりました。この結果、農業粗収益から農業経営費を除いた農業所得は、前年に比べ70万6千円減少し362万9千円となっています。

さらに、収益性を測る指標である売上高経常利益率を見ると、主業経営体1経営体当たりの売上高経常利益率については、近年原油価格や農業生産資材価格が高騰する中、令和元(2019)年以降、低下傾向で推移しており、令和4(2022)年は前年に比べ2.8ポイント低下し20.3%となっています。

なお、産業別の売上高営業利益率を見ると、その水準等は産業ごとに異なっており、一部の産業では、農業と同様に低下傾向で推移しているものも見られています(**図表3-4-2**)。

図表3-4-1 主業経営体1経営体当たりの農業経営収支

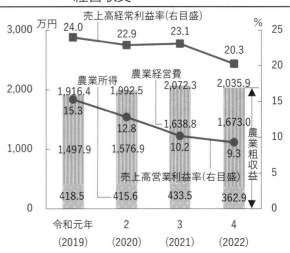

資料:農林水産省「営農類型別経営統計」
注:1) 売上高経常利益率=経常利益÷事業収入×100
　　2) 売上高営業利益率=営業利益÷事業収入×100

図表3-4-2 産業別の売上高営業利益率

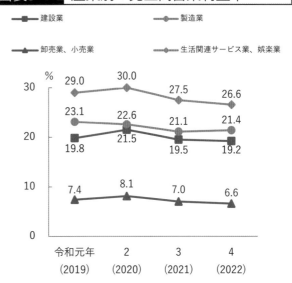

資料:総務省「個人企業経済調査」を基に農林水産省作成
注:個人経営の1企業当たりの売上高営業利益率

第3章

201

(法人経営体1経営体当たりの農業所得は76万円の赤字)

令和4(2022)年における法人経営体1経営体当たりの農業粗収益は、作物収入が増加したこと等から、前年に比べ491万7千円増加し1億2,679万円となっています(図表3-4-3)。

また、農業経営費は、飼料費、動力光熱費が増加したこと等から、前年に比べ992万6千円増加し1億2,755万4千円となりました。この結果、農業所得は前年に比べ500万9千円減少し76万4千円の赤字となっています。

さらに、法人経営体1経営体当たりの売上高経常利益率については、令和4(2022)年は前年に比べ3.4ポイント低下し1.5%となっています。

図表3-4-3　法人経営体1経営体当たりの農業経営収支

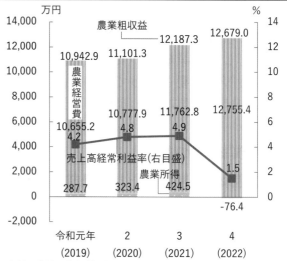

資料：農林水産省「営農類型別経営統計」
注：売上高経常利益率＝経常利益÷事業収入×100

(フォーカス) おおむね横ばい傾向にある農業生産性の一層の向上が重要

生産性とは、生産を行うための労働や資本等に対して得られる産出物の割合を意味しています。生産性を測る指標としては、労働生産性や土地生産性等があります。

このうち労働生産性は、投入した労働量からどれくらいの価値が生み出されたかを表す指標です。農業従事者1人当たりの労働生産性については、令和4(2022)年は前年に比べ6万4千円減少し58万3千円となっています(図表1)。

一方、土地生産性は、単位面積当たりでどれくらいの価値が生み出されたかを表す指標です。経営耕地面積10a当たりの土地生産性については、令和4(2022)年は前年に比べ7千円減少し6万9千円となっています(図表2)。

今後10〜20年先を見ると、基幹的農業従事者の減少が避けられない状況の中で、農業生産を維持・拡大していくためには、おおむね横ばい傾向にある農業生産性の一層の向上を図ることが重要となります。そのためには、担い手への農地の集積・集約化を進めるとともに、スマート農業を始めとした農業生産性改善のための設備投資や、国内外の新規需要の開拓等を更に推進していくことが重要となっています。

図表1　労働生産性

資料：農林水産省「営農類型別経営統計」
注：1) 全農業経営体の1経営体当たりの数値
　　2) 労働生産性は、農業従事者1人当たりの農業付加価値額

図表2　土地生産性

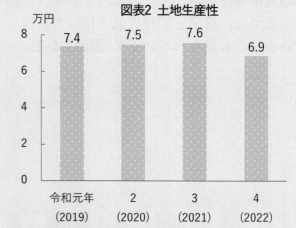

資料：農林水産省「営農類型別経営統計」
注：1) 全農業経営体の1経営体当たりの数値
　　2) 土地生産性は、経営耕地面積10a当たりの農業付加価値額

(2) 経営所得安定対策の着実な実施

（経営所得安定対策の加入申請件数は、前年度に比べ減少）

　経営所得安定対策は、農業経営の安定に資するよう、諸外国との生産条件の格差から生ずる不利を補正するための畑作物の直接支払交付金（以下「ゲタ対策」という。）や農業収入の減少が経営に及ぼす影響を緩和するための米・畑作物の収入減少影響緩和交付金（以下「ナラシ対策」という。）を交付するものです。

　令和5(2023)年度におけるゲタ対策については、加入申請件数は前年度に比べ631件減少し4万521件となった一方、作付計画面積は前年度に比べ3千ha増加し52万9千haとなりました（**図表3-4-4**）。

　また、ナラシ対策については、収入保険への移行のほか、継続加入者についても作付転換や高齢化に伴う規模縮小等により、加入申請件数は前年度に比べ5,654件減少し5万4,161件、申請面積は前年度に比べ3万9千ha減少し59万6千haとなっています。

図表3-4-4 経営所得安定対策の加入申請状況

		令和元年度 (2019)	2 (2020)	3 (2021)	4 (2022)	5 (2023)
ゲタ対策	加入申請件数(件)	43,307	42,185	41,592	41,152	40,521
	作付計画面積(ha)	494,405	500,328	510,459	525,464	528,712
ナラシ対策	加入申請件数(件)	88,209	78,038	68,213	59,815	54,161
	申請面積(ha)	882,505	828,352	718,328	634,938	595,667

資料：農林水産省作成
注：ナラシ対策は、各年産の数値

(3) 収入保険の普及促進・利用拡大

（収入保険の加入者は着実に拡大）

　収入保険は、農業者の自由な経営判断に基づき収益性の高い作物の導入や新たな販路の開拓にチャレンジする取組等に対する総合的なセーフティネットであり、品目の枠にとらわれず、自然災害だけでなく価格低下等の様々なリスクによる収入の減少を補償しています。

　令和5(2023)年の加入経営体数は、農業者の関心が高まったこと等を背景に、前年に比べ1万1,776経営体増加し9万644経営体となりました（**図表3-4-5**）。これは青色申告を行っている農業経営体数（35万3千経営体）の25.7%に当たります。さらに、令和6(2024)年の加入実績は、同年1月末時点で9万3,286経営体となっています。

　品目別に見ると、同年1月末時点の加

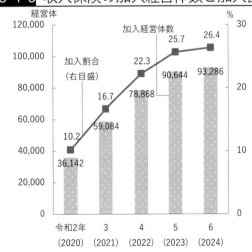

図表3-4-5 収入保険の加入経営体数と加入割合

資料：農林水産省作成
注：1) 令和6(2024)年の加入経営体数は、同年1月末時点の件数
　　2) 加入割合は「2020年農林業センサス」における青色申告を行っている農業経営体数（35万3千経営体(正規の簿記と簡易な記帳の合計)）に対する割合

第3章

入経営体数は、米が5万7,460経営体で最も多く、次いで野菜、果樹の順となっています（**図表3-4-6**）。

自然災害による損害を補償する農業共済と合わせた農業保険全体で見た場合、令和4(2022)年産における水稲の作付面積の81%、麦の作付面積の96%、大豆の作付面積の85%が加入していることになります。

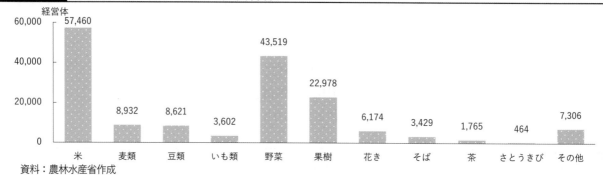

図表3-4-6　収入保険の品目別加入経営体数

資料：農林水産省作成

注：令和6(2024)年1月末時点の品目ごとの延べ経営体数

また、令和4(2022)年12月に、農業保険法の施行後4年を迎えた収入保険の今後の取組方針を決定したことを踏まえ、令和5(2023)年度において、(1)甚大な気象災害による影響を緩和する特例、(2)青色申告1年分のみでの加入、(3)保険方式のみで9割まで補償する新たな補償タイプの創設について、令和6(2024)年に保険期間が始まる収入保険の加入者から実施できるよう措置したところです。

農業経営の収入保険

URL：https://www.maff.go.jp/j/keiei/
nogyohoken/syunyuhoken/

（高温等の影響による一等米比率の減少に対し、高温耐性品種の転換等を推進）

令和5(2023)年産米の農産物検査における水稲うるち玄米の一等米比率は、北陸や東北の日本海側において白未熟粒が発生したこと等により、令和5(2023)年12月末時点で61.3%と、例年に比べ低い水準となりました（**図表3-4-7**）。

高温等の影響による農産物の収量や収入の減少に対しては、農業共済や収入保険によって対応しています。また、水稲共済においては、高温障害の影響が広範に見られる場合に、その影響を加味した損害評価を行う特例があり、令和5(2023)年産について新潟県農業共済組合に適用しました。

一方、農業保険に未加入の農業者も見られることから、農業保険への加入促進に加え、高温環境に適応した栽培体系への転換に向け

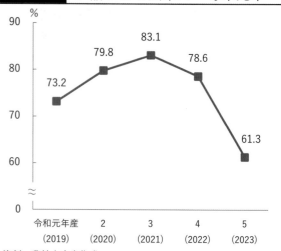

図表3-4-7　水稲うるち玄米の一等米比率

資料：農林水産省作成

注：1) 令和4(2022)年産以前の各年産は、最終確定値である翌年10月末時点における数値

2) 令和5(2023)年産は、当年12月末時点における数値

て、地域の実情や品目に応じた高温耐性品種や栽培技術の導入等の実証や機械導入を支援
しています。

(4) 農業金融・税制

(農業向けの新規貸付額は、農協系統金融機関や公庫では増加傾向)

　農業向けの融資においては、農協系統金融機関(信用事業を行う農協及び信用農業協同組
合連合会並びに農林中央金庫)、地方銀行等の一般金融機関が短期の運転資金や中期の設備
資金を中心に、公庫がこれらを補完する形で長期・大型の設備資金を中心に、農業者への
資金供給の役割を担っています。農業向けの新規貸付額については、平成29(2017)年度と
令和4(2022)年度を比較すると、農協系統金融機関や公庫では増加しています(**図表3-4-8**)。

　農林水産省では、物価高騰等の影響を受けた農業者等が円滑な資金の融通を受けられる
よう、金融支援対策を講じています。

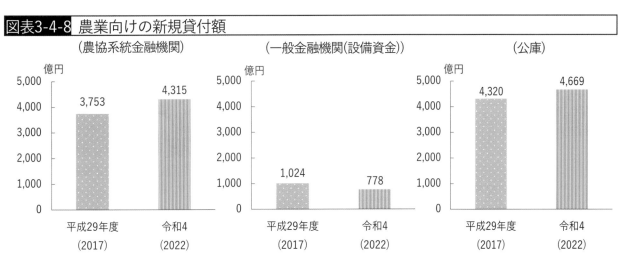

図表3-4-8　農業向けの新規貸付額

資料:日本銀行「貸出先別貸出金」、農林中央金庫「バリューレポート2023」、株式会社日本政策金融公庫資料を基に農林水産省作成
　注:1) 一般金融機関(設備資金)は国内銀行(3勘定合算)と信用金庫の農業・林業向けの新規設備資金の合計
　　　2) 農協系統金融機関は、新規貸付額のうち長期の貸付けのみを計上したもの

(ESGに配慮した農林水産業・食品産業向けの投融資を推進)

　持続可能な経済社会づくりに向けた動きが急速に拡大する中、長期的な視点を持ちESG[1]
の非財務的要素にも配慮することで社会課題の解決と成長の同期を目指す金融の在り方が
注目されています。また、地域金融の領域では、地域の基幹産業である農林水産業・食品
産業を対象とした取組の更なる進展が期待されています。

　農林水産省では、令和6(2024)年3月に、地域金融機関によるESGの要素を考慮した事業
性評価に基づく投融資・本業支援を推進するため、「農林水産業・食品産業に関するESG
地域金融モデル事例集」、「農林水産業・食品産業に関するESG地域金融実践ガイダンス(第
3版)」を公表しました。

---

[1] 特集第2節を参照

（事例）高校等に研究費用を助成し、アグリビジネスの活性化をサポート（岐阜県）

　岐阜県大垣市に本店を置く地方銀行である株式会社大垣共立銀行は、アグリビジネスを支援する専用窓口を設置し、農業者への融資に加え、補助金等に関する情報提供、ビジネスマッチング等の支援を行っています。また、アグリビジネスファンドによる出資支援や独自ブランドによる農産品の販売支援等を通じ、同行グループ全体で農業分野に注力し、事業者に寄り添った支援を行っています。

　このような中、OKBの愛称で知られる同行では、平成26(2014)年3月に「OKBアグリビジネス助成金」制度を創設し、岐阜県、愛知県、三重県及び滋賀県の4県を対象として、アグリビジネスの成長・発展を継続的に支援してきました。同制度の下で、将来のアグリビジネスの担い手による特徴的なアイデアが幾つも具体化しており、地域農業の活性化を支える一つの契機となっています。

　第10回目となる令和5(2023)年度は、同年8月に、SDGs推進等の観点から、9件(高校部門で8件、大学部門で1件)の受賞が決定し、地球に優しい鶏卵開発への挑戦等の研究課題が採択されました。

　同行では、今後とも、同制度の活用・普及等を通じてアグリビジネスの活性化をサポートするとともに、地域と一体となってSDGs達成に向けた取組を強化していくこととしています。

アグリビジネス助成金の贈呈式
資料：株式会社大垣共立銀行

研究課題に挑戦する高校生
資料：株式会社大垣共立銀行

（農業者等向けにインボイス制度への相談対応を実施）

　令和5(2023)年10月から消費税のインボイス制度(適格請求書等保存方式)が開始され、事業者が仕入税額控除の適用を受けるためには、原則として、仕入先からインボイス(適格請求書)の交付を受け、保存しておくことが必要となりました。

　一方で、農業者等が、卸売市場や協同組合等に一定の委託をして小売業者等に販売する場合には、当該小売業者等は、卸売市場や協同組合等が発行する書類に基づいて仕入税額控除の適用を受けることができるなどの特例が設けられています。

　卸売市場や協同組合等以外に出荷している農業者等においては、取引先からインボイスを求められる場合もあるため、取引形態に応じた適切な対応の考え方が分かる資料を作成して公表するなどの対応を行ってきたところです。

　農林水産省では、インボイス制度の円滑な定着に向け、引き続き農業者等を対象とする説明会や専用ダイヤルによる相談対応、広報資料の作成・公表等を行い、制度の周知等に努めるとともに、関係省庁とも連携して農業者等に寄り添ったきめ細やかな対応を行っていくこととしています。

第5節　担い手への農地集積・集約化と農地の確保

　農業者の減少・高齢化等の課題に直面している我が国の農業においては、荒廃農地[1]の拡大が更に加速し、地域の農地が適切に利用されなくなることが懸念されています。このような中、食料安全保障の強化や農業の成長産業化を進めていくためには、生産基盤である農地が持続性をもって最大限利用されるよう取組を進めていく必要があります。

　本節では、農地面積の動向や担い手への農地の集積・集約化の取組、地域計画[2]の策定に向けた取組等について紹介します。

(1) 農地の動向

(農地面積は減少傾向で推移)

　令和5(2023)年の農地面積[3]は、荒廃農地からの再生等による増加があったものの、耕地の荒廃や転用等による減少を受け、前年に比べ2万8千ha減少し430万haとなりました(**図表3-5-1**)。作付(栽培)延べ面積も減少傾向が続いている中、令和4(2022)年の耕地利用率は前年に比べ0.1ポイント低下し91.3%となっています。

図表3-5-1 農地面積、作付(栽培)延べ面積、耕地利用率

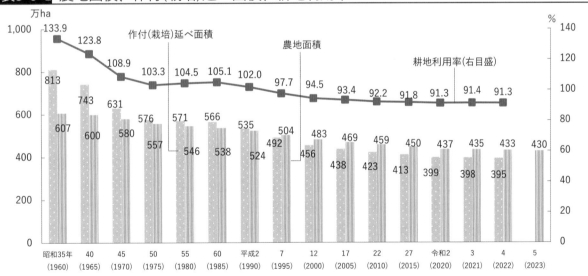

資料：農林水産省「耕地及び作付面積統計」
注：耕地利用率(%)＝作付(栽培)延べ面積÷農地面積×100

(所有者不明農地への対応を推進)

　相続未登記農地の面積は、令和4(2022)年3月末時点で52.0万ha、このうち遊休農地[4]は2万9千haとなっています。また、相続未登記のおそれのある農地の面積は50万9千ha、この

---

[1] 現に耕作に供されておらず、耕作の放棄により荒廃し、通常の農作業では作物の栽培が客観的に不可能となっている農地
[2] トピックス1を参照
[3] 農林水産省「耕地及び作付面積統計」における耕地面積の数値
[4] 以下の(1)、(2)のいずれかに該当する農地をいう。
　(1) 現に耕作の目的に供されておらず、かつ、引き続き耕作の目的に供されないと見込まれる農地
　(2) その農業上の利用の程度がその周辺の地域における農地の利用の程度に比し著しく劣っていると認められる農地((1)に掲げる農地を除く。)

うち遊休農地は2万9千haとなっています。

　通常、所有者不明農地であっても、農業委員会が行う探索・公示の手続により農地中間管理機構(以下「農地バンク」という。)経由で担い手へ貸付けできる仕組みを措置し、担い手への農地の集積・集約化を進めています。農地バンクに貸付けを行った所有者不明農地の面積は、令和5(2023)年3月末時点で168haとなっています。

　また、所有者不明土地の解消に向けて、令和3(2021)年に民法等が改正され、令和6(2024)年4月から相続登記の申請が義務化されることとなっています。

(企業の農業参入は一貫して増加傾向)

　農地を借りて農業経営を行うリース法人数は、平成21(2009)年の農地法改正によりリース方式による参入を全面解禁して以降、一貫して増加傾向で推移しており、令和4(2022)年1月時点では前年に比べ335法人増加し4,202法人となりました(**図表3-5-2**)。また、リース法人の借入面積の合計は1万4,224ha、1法人当たりの平均面積は3.4haとなっています。

　農林水産省では、農地バンクを中心としてリース方式による企業の参入を促進することとしています。

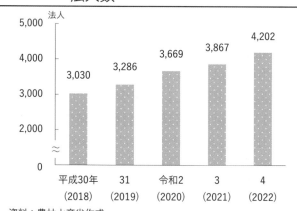

図表3-5-2　農地を借りて農業経営を行うリース法人数

資料：農林水産省作成
注：各年1月1日時点の数値

(一般法人の農地所有の特例について、構造改革特区に移行)

　我が国においては、農地法上、基本的に、農地を所有できる法人は農地所有適格法人に限られており、その他の一般法人は貸借による農地の権利取得が認められています。

　他方、国家戦略特区においては、一定の要件の下、農地所有適格法人以外の法人の農地の所有(法人農地取得事業)を認める農地法の特例が設けられ、その期限である令和5(2023)年8月末まで兵庫県養父市において本特例を活用した農地の権利取得が行われました。

　一般法人の農地所有の特例については、令和5(2023)年9月に改正構造改革特別区域法[1]が施行され、対象となる法人や地域に係る要件、区域計画の認定に係る関係行政機関の長による同意の仕組みを維持した上で、地方公共団体の発意による構造改革特別区域法に基づく事業に移行することとなりました。

　本事業は、(1)市町村が農業者から農地を購入した上で法人に売り渡す、(2)法人が農地を不適正利用した場合には、市町村が買い戻すこと等により、農地の適正利用を担保することとしています。

(外国法人が議決権を有する日本法人等による農地取得は0.1ha)

　令和4(2022)年に外国法人又は居住地が海外にある外国人と思われる者による農地取得はありませんでした[2]。また、外国法人又は居住地が海外にある外国人と思われる者について、これらが議決権を有する日本法人又は役員となっている日本法人による農地取得は1

[1] 正式名称は「国家戦略特別区域法及び構造改革特別区域法の一部を改正する法律」
[2] 居住地が海外にある外国人と思われる者について、平成29(2017)年から令和4(2022)年までの累計は1者、0.1ha

社、0.1haとなっています[1]。

　我が国において農地を取得する際には、農地法において、取得する農地の全てを効率的に利用して耕作を行うこと、役員の過半数が農業に常時従事する構成員であること等の要件を満たす必要があります。このため、地域とのつながりを持って農業を継続的に営めない者は農地を取得することはできず、外国人や外国法人が農地を取得することは基本的に困難であると考えられます。

　このほか、令和5(2023)年9月から、改正構造改革特別区域法に基づく農業委員会への報告事項等に法人の役員の国籍等を追加するとともに、これに合わせ、農地法においても農地所有者の国籍等を申請書の記載事項等に追加することとしました。

(2) 農地の集積・集約化の推進

(農地の総権利移動の面積は近年横ばい傾向で推移)

　農地の総権利移動の面積については、近年横ばい傾向で推移しており、令和3(2021)年は前年に比べ6.7%減少し29万9千haとなりました(**図表3-5-3**)。また、令和3(2021)年の農地の権利移動の件数は、前年に比べ2万2千件減少し53万9千件となりました。

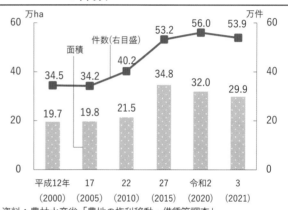

図表3-5-3 農地の総権利移動の面積、権利移動の件数

資料：農林水産省「農地の権利移動・借賃等調査」

(担い手への農地集積率は前年度に比べ0.6ポイント上昇)

　農地中間管理事業を創設した平成26(2014)年4月以降、担い手への農地集積率については増加傾向にあり、令和4(2022)年度は前年度に比べ0.6ポイント上昇し59.5%となりました(**図表3-5-4**)。

　農業者の減少が進行する中、農業の生産基盤を維持する観点から、農地の引受け手となる農業経営体の役割が一層重要となっており、農地バンクの活用や基盤整備の推進により、担い手や目標地図に位置付けられた受け手への農地の集積・集約化を進めていく必要があります。

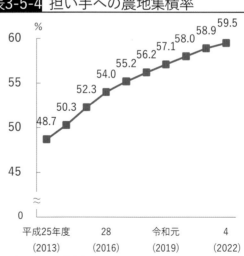

図表3-5-4 担い手への農地集積率

資料：農林水産省作成
注：1) 農地バンク以外によるものを含む。
　　2) 各年度末時点の数値
　　3) 「担い手」とは、認定農業者、認定新規就農者、基本構想水準到達者、集落営農経営を指す。

---

[1] 平成29(2017)年から令和4(2022)年までの累計は6社、67.6ha(売渡面積5.3haを除く。)

（事例）担い手への農地集積率が高い地区において目標地図を先行的に作成（福井県）

　　福井県若狭町では、地域計画の策定に向け、担い手への農地集積率が高い地区において、目標地図を先行的に作成しています。

　　同町では、農業者の高齢化や担い手不足のため、不耕作地が増えることが懸念されており、農地の集積・集約化を早急に進めていくことが必要となっています。また、特産のうめの生産者が減少しており、新たな担い手の育成も急務となっています。

　　このため、同町では分散錯圃を解消し、担い手への農地の集約を図るため、離農する農地所有者等については、原則として農地バンクに貸し付け、人・農地プランに基づき、担い手に農地を集積・集約化することとしています。

　　令和4(2022)年3月には、担い手への農地集積率が高い瓜生地区において、目標地図の素案を先行的に作成しました。同地区での目標地図の作成に当たっては、作成の過程で農地の受け手となる担い手の意識が高まり、担い手同士の連携が高まるなどの変化が見られており、令和3(2021)年には80％台だった担い手への農地集積率が、令和5(2023)年には90％台になりました。

　　今後は、令和6(2024)年度までに町内7地区で地域計画を策定することとしており、10年後の目標地図の姿に向けて、数年ごとに現況地図を確認しながら、農地の集積・集約化等の取組を進めていくこととしています。

瓜生地区の目標地図の素案
資料：福井県若狭町

農業委員と認定農業者との
意見交換会
資料：福井県若狭町

（農地バンクの活用が進展）

　　農業現場においては、農地が分散している状況を改善し、農地を引き受けやすくしていくことが重要となっており、農地バンクにおいては、地域内に分散・錯綜する農地を借り受け、まとまった形で担い手へ再配分し、農地の集積・集約化を実現する農地中間管理事業を行っています。令和4(2022)年度の農地バンクの借入面積は4万5千haとなったほか、転貸面積は5万3千ha、そのうち新規集積面積は1万7千haとなっています。

　　農地の集積・集約化を進めることによって、(1)作業がしやすくなり、生産コストや手間を減らすことができる、(2)スマート農業等にも取り組みやすくなる、(3)遊休農地の発生防止を図れるなどの効果が期待できます。

　　農地バンクは、地域計画の中で、目指すべき将来の農地利用の姿を明確化した目標地図に位置付けられた受け手に対して、農地の集積・集約化を進めていくこととしています。

　　農林水産省では、農地バンクが分散した農地をまとめて借り受けた場合には、農業者の費用負担がない基盤整備、農地の集約化等に取り組む地域等への機構集積協力金の交付、出し手に対する固定資産税の軽減等の支援措置を講じています。

(3) 地域計画の策定の推進

(地域計画の策定に必要な取組を支援)

　地域計画は、令和5(2023)年4月に施行された改正農業経営基盤強化促進法[1]や基本要綱に基づき、これまでの人・農地プランを基礎として、市町村が農業者等との協議の結果を踏まえ、農業の将来の在り方や、農地の効率的かつ総合的な利用に関する目標として農業を担う者ごとに利用する農用地を表示した地図等を明確化し、公表するものです。

　農林水産省では、地域での話合いをコーディネートする専門家の活用を始め、市町村による地域計画の策定に必要な取組や農業委員会の活動経費を支援しています。また、地域計画の策定の参考となる地域計画策定マニュアルや飼料も含めた地域計画策定のポイントの作成、地域計画の策定に向けて参考となる事例の紹介、先進的な地域とのWeb意見交換会を実施しています。

地域計画の策定に向けた先進的な地域との WEB 意見交換会
URL：https://www.maff.go.jp/j/keiei/koukai/chiiki_keikaku_ikenkoukankai.html

(令和6(2024)年度までに地域計画の策定を行う予定がある市町村は1,636)

　令和6(2024)年2月に集計した全国の市町村の取組状況によると、令和5(2023)年11月時点で、令和5(2023)年度に協議の場を設置する予定がある地区は18,798(1,493市町村)、目標地図の素案を作成する予定がある地区は3,896(492市町村)、地域計画の策定・公告を行う予定がある地区は1,488(239市町村)となっています(**図表3-5-5**)。また、令和6(2024)年度までに地域計画の策定を行う予定がある地区は23,326(1,636市町村)となっています。

　地域によって取組状況に濃淡が見られているところ、農林水産省では、令和7(2025)年3月までに各市町村で地域計画の策定が着実に進められるよう、市町村や都道府県、農業委員会、農地バンク、農協、土地改良区等の関係機関・団体と連携しながら、現場の取組を親身になって後押ししていくこととしています。

図表3-5-5 地域計画の策定に向けた取組状況

	令和5年度 (2023)		6 (2024)	
	地区数	市町村数	地区数	市町村数
(1)協議の場の設置	18,798	1,493		
(2)出し手・受け手の意向把握	13,041	1,206		
(3)協議の実施・取りまとめ	6,053	712	23,326	1,636
(4)目標地図の素案作成	3,896	492		
(5)地域計画の策定・公告	1,488	239		

資料：農林水産省作成
注：令和5(2023)年11月末時点での取組予定の数値

---

[1] トピックス1を参照

第6節　農業の成長産業化や国土強靱化に資する農業生産基盤整備

　我が国の農業を成長産業にするとともに、食料安全保障の確立を図るためには、令和3(2021)年に閣議決定した土地改良長期計画を踏まえ、農地を大区画化するなど、農業生産基盤を整備し良好な営農条件を整えるとともに、大規模災害時にも機能不全に陥ることのないよう、国土強靱化の観点から農業水利施設の長寿命化やため池の適正な管理・保全・改廃を含む防災・減災対策を効果的に行うことが重要です。

　本節では、水田の大区画化、畑地化・汎用化等の状況、農業水利施設の保全管理、流域治水の取組等による防災・減災対策の実施状況等について紹介します。

(1) 農業の成長産業化に向けた農業生産基盤整備

(大区画整備済みの水田は12%、畑地かんがい施設整備済みの畑は25%)

　農地等の農業生産基盤は、食料の安定供給の確保や農業の生産性向上を図っていく上で極めて重要であり、今後も効率的な整備を行っていくことが不可欠です。

　令和4(2022)年の水田の整備状況を見ると、水田面積全体(235万ha)に対して、30a程度以上整備済み面積は68.0%(160万ha)、担い手への農地の集積・集約化や生産コストの削減に特に資する50a以上の大区画に整備済みの面積は11.9%(28万ha)、暗渠排水の設置等により汎用化が行われた面積は47.3%(111万ha)となっています(**図表3-6-1**、**図表3-6-2**)。

| 図表3-6-1　水田の整備状況 | 図表3-6-2　水田の大区画化・汎用化の状況 |

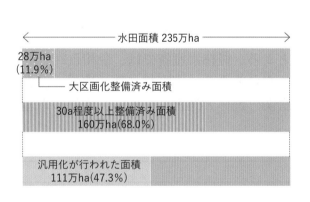

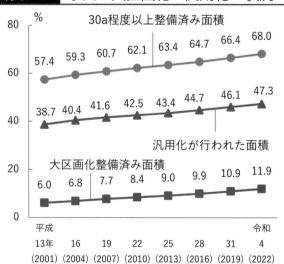

資料：農林水産省「耕地及び作付面積統計」、「農業基盤情報基礎調査」を基に作成
注：1)　「大区画整備済み面積」は、50a以上に区画整備された田の面積
　　2)　「汎用化が行われた面積」は、「30a程度以上整備済み面積」のうち、暗渠排水の設置等が行われ、地下水位が70cm以深かつ湛水排水時間が4時間以下の田の面積
　　3)　「水田面積」は令和4(2022)年7月時点の田の耕地面積の数値、それ以外の面積は令和4(2022)年3月末時点の数値

資料：農林水産省「耕地及び作付面積統計」、「農業基盤情報基礎調査」を基に作成
注：1)　「大区画化整備済み面積」は、50a以上に区画整備された田の面積
　　2)　「汎用化が行われた面積」は、「30a程度以上整備済み面積」のうち、暗渠排水の設置等が行われ、地下水位が70cm以深かつ湛水排除時間が4時間以下の田の面積
　　3)　各年3月末時点の数値

また、畑の整備状況については、畑面積全体(197万ha)に対して、畑地かんがい施設整備済み面積は25.2%(50万ha)、区画整備済み面積は65.3%(129万ha)となりました(**図表3-6-3、図表3-6-4**)。

農林水産省では、農業の競争力や産地の収益力を強化するため、農地の大区画化、水田の畑地化・汎用化、畑地かんがい施設の整備等の農業生産基盤整備を実施し、担い手への農地の集積・集約化、畑作物・園芸作物への転換、産地形成等に取り組んでいます。

図表3-6-3 畑の整備状況

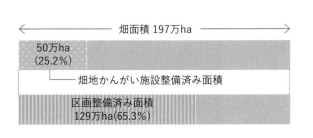

資料：農林水産省「耕地及び作付面積統計」、「農業基盤情報基礎調査」を基に作成

注：「畑面積」は令和4(2022)年7月時点の畑の耕地面積の数値、それ以外の面積は令和4(2022)年3月末時点の数値

図表3-6-4 畑の区画整備・畑地かんがい施設整備の状況

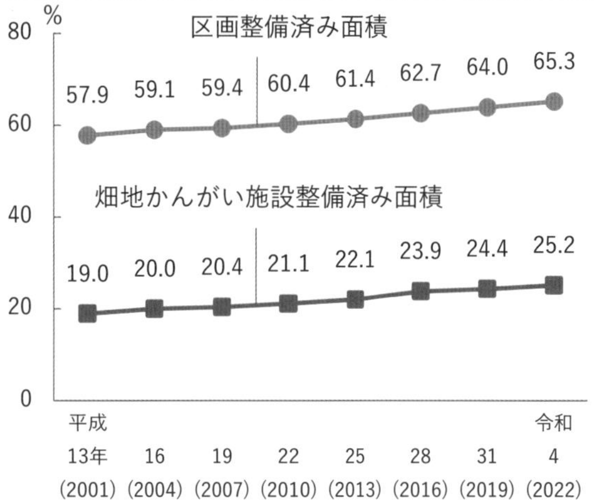

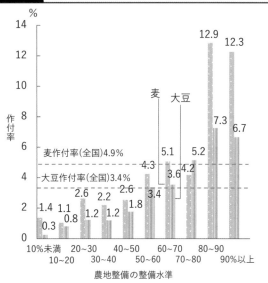

資料：農林水産省「耕地及び作付面積統計」、「農業基盤情報基礎調査」を基に作成

注：各年3月末時点の数値

（食料安全保障の確立を後押しする農業生産基盤整備を推進）

世界の食料需給等をめぐるリスクの顕在化を踏まえ、麦や大豆、飼料作物等の海外依存度の高い品目の生産を拡大していく必要があります。また、農業者が減少する中、持続的な食料供給を確保するためには、これらに対応可能な生産基盤に転換していく必要があります。

我が国においては、これまで麦・大豆等の生産拡大や生産性向上に向けて整備が進められてきていますが、農地整備率の高い市町村ほど麦や大豆の作付けが高い割合となっており、農業生産基盤の整備が畑作物の生産拡大に向けて重要な要素となっていることがうかがわれます(**図表3-6-5**)。

農林水産省では、農業生産基盤整備においても、食料安全保障の強化を図るため、排水改良等による水田の畑地化・汎用化、畑地かんがい施設の整備による畑地の高機

図表3-6-5 農地整備率と麦・大豆作付率

資料：農林水産省「耕地及び作付面積統計」、「農業基盤情報基礎調査」を基に作成

注：1）北海道、沖縄県を除く全国の市町村について、令和4(2022)年3月末時点の農地整備率の分級ごとに令和4(2022)年産の麦・大豆の作付面積と令和4(2022)年7月時点の耕地面積から作付率を算出

2）全国は北海道・沖縄県を除く数値

213

能化、草地整備のほか、農地の大区画化や情報通信といったスマート農業技術等の導入に資する基盤整備、農業水利施設の省力化、省エネルギー化、集約・再編等を推進しています。

（事例） 水田の基盤整備を契機として、ねぎのブランド産地化を推進（秋田県）

秋田県鹿角市の末広地区では、圃場の大区画化・汎用化を契機として、高収益作物である「末広ねぎ」の作付転換とブランド産地化を図る取組を推進しています。

中山間地に位置する同地区は、石礫が多い土質で、営農にも支障が見られていました。また、農地が分散し作業効率が悪いほか、高い地下水位により排水不良が生じ、水はけの悪い圃場条件であったこと等から、戦略作物の導入が進まず、複合経営に大きな支障となっていました。

このため、平成27(2015)年度から令和4(2022)年度にかけて農業競争力強化農地整備事業を実施し、139haの圃場を大区画化し営農の省力化を図りました。また、ストーンクラッシャーを活用した石礫の破砕処理による土層改良を実施するとともに、地下かんがいの導入により水田の汎用化を進め、ねぎを中心とした高収益作物の生産拡大を図っています。

同地区では、機械化の取組と併せ、暗渠排水による地下水位の低下、石礫の破砕処理等の効果が発揮された結果、ねぎの生産に関しては、令和2(2020)年に1,123kg/10aであった単収が、令和3(2021)年には1,717kg/10aにまで拡大しています。

また、令和5(2023)年産のねぎの生産量は144tとなるなど、県内でも有数のねぎの産地として拡大しており、シャキシャキとした食感で、太くて甘い特性を持つ「末広ねぎ」としてブランド化にも力を入れています。

同地区では、大区画圃場への基盤整備を契機として、ねぎの集出荷施設を始めとした園芸メガ団地の整備も行われており、今後とも水稲と野菜の生産基地として、農地の高度利用を進めていくこととしています。

大区画化された圃場
資料：秋田県

年間を通して出荷されるねぎ
資料：農事組合法人末広ファーム

（スマート農業に適した農業生産基盤整備の取組が進展）

農業分野においては、担い手不足や高齢化の進展、耕作者の経営規模拡大に伴う農作業の長期化や水需要の変化等が見られています。農業を取り巻く情勢が変化している中、実用段階に入りつつある自動走行農機やICT水管理等のスマート農業技術の活用は、地域農業の継続に極めて有用であると考えられます。このため、農林水産省は自動走行農機の効率的な作業に適した農地整備、ICT水管理施設の整備、パイプライン化等を通じて、スマート農業技術の実装を促進するための農業生産基盤整備を推進しています。

また、令和5(2023)年3月には「自動走行農機等に対応した農地整備の手引き」を一部改定し、樹園地を含む中山間地域において自動走行農機等の導入・利用に対応するための基盤整備の考え方や留意点を整理したほか、ドローンを活用する場合の基盤整備の留意点等についても追記しました。

(みどり戦略の実現に向け、農業水利施設の省エネ化・再エネ利用を推進)

　みどり戦略では、食料システムを支える持続可能な農山漁村の創造に向けて、環境との調和に配慮しつつ、農業水利施設の省エネルギー化・再生可能エネルギー利用の推進を図ることとしています。

　農業水利施設等を活用した再生可能エネルギー発電施設については、令和4(2022)年度末時点で、農業用ダムや水路を活用した小水力発電施設は169施設、農業水利施設の敷地等を活用した太陽光発電施設、風力発電施設はそれぞれ124施設、4施設の計297施設を農業農村整備事業等により整備しました(**図表3-6-6**)。これにより、土地改良施設の使用電力量に対する小水力発電等再生可能エネルギーの割合は、同年度末時点で30.9%となりました。

　農林水産省は、みどり戦略の実現を後押しするため、農地の大区画化、草刈りの省力化を可能とする畦畔整備、ICT水管理施設整備等の農業生産基盤整備を実施し、草刈りや水管理等の労働時間を短縮することで、慣行農業と比べて労力を要する有機農業や環境保全型農業の推進に寄与しています。また、農林水産業のCO_2ゼロエミッション化の推進に向けて、農業用水を活用した小水力発電等の再生可能エネルギーの導入や電力消費の大きなポンプ場等の農業水利施設の省エネルギー化に取り組んでいます。

図表3-6-6 農業水利施設等を活用した再生可能エネルギー発電施設整備数(累計)

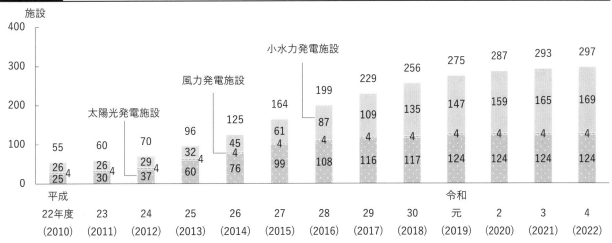

資料：農林水産省作成
注：各年度末時点の数値

(2) 農業水利施設の戦略的な保全管理

(標準耐用年数を超過している基幹的施設は57%、基幹的水路は46%)

　農業者の減少や高齢化、農業水利施設の老朽化等が進行する中、基幹から末端に至る一連の農業水利施設の機能を安定的に発揮させ、次世代に継承していくことが重要です。

　基幹的農業水利施設の整備状況は、令和4(2022)年3月末時点で、基幹的施設の施設数が7,735か所、基幹的水路の延長が5万1,954kmとなっており、これらの施設は土地改良区等が管理しています(**図表3-6-7**)。

　基幹的農業水利施設は、戦後から高度経済成長期にかけて整備され、老朽化が進行して

215

いるものが相当数あり、標準耐用年数[1]を超過している施設数・延長は、基幹的施設が4,445か所、基幹的水路が2万3,832kmで、それぞれ全体の57.5%、45.9%を占めています。

また、経年劣化やその他の原因による農業水利施設の漏水等の突発事故については、令和4(2022)年度は1,623件となっており、依然として高い水準で発生しています(**図表3-6-8**)。

| 図表3-6-7 基幹的農業水利施設の老朽化状況 | | | 図表3-6-8 農業水利施設の突発事故発生状況 |

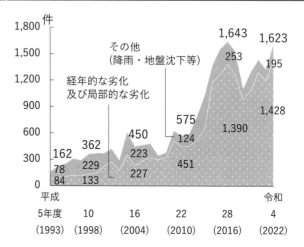

	施設数・延長	うち 標準耐用年数超過	標準耐用年数超過割合(%)
基幹的施設(か所)	7,735	4,445	57.5
貯水池	1,293	133	10.3
取水堰	1,970	859	43.6
用排水機場	3,016	2,365	78.4
水門等	1,138	846	74.3
管理設備	318	242	76.1
基幹的水路(km)	51,954	23,832	45.9

資料：農林水産省「農業基盤情報基礎調査」を基に作成
注：令和4(2022)年3月末時点の数値

資料：農林水産省作成

(農業水利施設の維持管理の効率化・高度化を推進)

都市化の進展や集中豪雨の頻発化・激甚化等により、施設管理者は複雑かつ高度な維持管理を行うことが求められている一方、農村人口の減少等により、施設操作等に係る人員や、土地改良区の賦課金収入の確保が困難となりつつあり、この傾向は今後より深刻化するおそれがあります。

農業水利施設の維持管理の効率化・高度化や突発事故の発生防止に向け、農地面積や営農の変化を踏まえたストックの適正化、操作の省力化・自動化、適期の更新整備といったハード面での対応のほか、管理水準の向上、維持管理要員の確保・育成、土地改良区の運営体制の強化といったソフト面での対応も併せた総合的な対策が必要となっています。

農林水産省では、頭首工等の基幹的農業水利施設について、集約・再編、省エネルギー化・再生可能エネルギー利用、ICT等の新技術活用等を推進し、維持管理の効率化を図ることとしています。あわせて、農業水利施設の長寿命化とライフサイクルコスト[2]の縮減を進めるとともに、突発事故の発生を防止するため、ドローン、ロボット等も活用した農業水利施設の管理水準の向上を図るほか、適期の更新整備を推進することとしています。さらに、土地改良区の合併、区域拡大や土地改良区連合の設立、多様な主体との連携等を促進することを通じて、その運営基盤の強化を図ることとしています。

農業水利施設の保全管理
URL：https://www.maff.go.jp/j/nousin/mizu/sutomane/index.html

---

[1] 所得税法等の減価償却資産の償却期間を定めた財務省令を基に農林水産省が定めたもの
[2] 施設の建設に要する経費、供用期間中の維持保全コストや、廃棄に係る経費に至るまでの全ての経費の総額

更新整備された農業水利施設
資料：長野県伊那西部土地改良区連合

（3）農業・農村の強靱化に向けた防災・減災対策

（時間降水量50mmを超える豪雨の発生頻度は増加傾向）

近年、時間降水量50mmを超える豪雨の発生回数は増加傾向にあり、湛水被害等が激化しています（**図表3-6-9**）。また、南海トラフ地震の被害想定エリアには全国の基幹的水利施設の3割が含まれています。

頻発化・激甚化する豪雨・地震等の自然災害に適切に対応するためには、農業水利施設等の耐震化、排水機場の整備・改修等のハード対策とともに、ハザードマップ作成等のソフト対策を適切に組み合わせながら、防災・減災対策を推進していくことが重要です。

農林水産省では、頻発化・激甚化する豪雨災害を踏まえた流域治水の取組のほか、農業水利施設の安定的な機能の発揮、老朽化対策、豪雨・地震対策、ため池の防災・減災対策等を実施し、防災・減災、国土強靱化を図ることとしています。

図表3-6-9 時間降水量50mm以上の年間発生回数

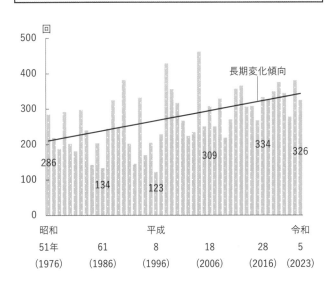

資料：気象庁資料を基に農林水産省作成

（ため池工事特措法に基づくため池の防災・減災対策を推進）

防災重点農業用ため池に係る防災工事等を集中的かつ計画的に推進するため、「ため池工事特措法[1]」に基づき、都道府県知事は防災重点農業用ため池を指定するとともに、防災工事等推進計画を策定しています。令和5(2023)年3月末時点で指定された防災重点農業用ため池は約5万3千か所となっています。

また、国は、防災工事等の的確かつ円滑な実施に向けて、都道府県がため池整備に知見を有する土地改良事業団体連合会の協力を得て設立する「ため池サポートセンター」等の

---

[1] 正式名称は「防災重点農業用ため池に係る防災工事等の推進に関する特別措置法」

活動を支援しています。令和5(2023)年12月時点で38道府県において設立されています。

あわせて、ハザードマップの作成、監視・管理体制の強化等を行うなど、ハード面とソフト面の対策を適切に組み合わせ、ため池の防災・減災対策を推進しています。ハザードマップを作成した防災重点農業用ため池は、令和4(2022)年度末時点で約3万6千か所となっています。

さらに、ため池に水位計や監視カメラ等の遠隔監視機器を設置することにより、豪雨時の水位データや洪水吐の状況等を遠隔地からリアルタイムで把握することが可能となり、災害時における避難指示の判断材料や初動対応の迅速化に役立つことが期待されています。流域治水の観点からも重要な取組であることから、農林水産省では引き続き遠隔監視機器の設置を支援していくこととしています。

ため池に設置された遠隔監視機器

(農地・農業水利施設を活用した流域治水の取組を推進)

「流域治水プロジェクト」は、国、流域地方公共団体、企業等が協働し、各水系で重点的に実施する治水対策の全体像を取りまとめたものであり、令和5(2023)年度末時点で109の一級水系における119のプロジェクトのうち107で農地・農業水利施設の活用が位置付けられています。

農林水産省は、流域全体で治水対策を進めていく中で、水田を活用した「田んぼダム」や農業用ダムの事前放流といった洪水調節機能を持つ農地・農業水利施設の活用による流域治水の取組を関係省庁や地方公共団体、農業関係者等と連携して推進しています。

このうち「田んぼダム」は、小さな穴の開いた調整板等の簡易な器具を水田の排水口に取り付けて流出量を抑えることで、水田の雨水貯留機能の強化を図り、実施する地域の農地・集落や下流域の浸水被害リスクの低減を図る取組です(**図表3-6-10**)。令和4(2022)年度の取組面積は、前年度に比べ1万8千ha増加し7万4千haとなりました。

また、令和5(2023)年度に出水が発生した際には、延べ157基の農業用ダムにおいて事前放流等によって洪水調節容量を確保し、洪水被害の軽減を図りました。

図表3-6-10　田んぼダムの雨水貯留

（「田んぼダム」実施）

雨水を貯留した状態

「田んぼダム」実施（排水量少ない）　「田んぼダム」未実施（排水量多い）

「田んぼダム」を実施した水田と未実施の水田における排水の状況

（「田んぼダム」未実施）

通常の状態

資料：農林水産省作成

第7節　需要構造等の変化に対応した生産基盤の強化と流通・加工構造の合理化

　我が国の農業生産においては、消費者ニーズや海外市場、加工・業務用等の新たな需要に対応し、国内外の市場を獲得していくため、需要構造等の変化に対応した生産供給体制の構築を図ることが重要です。また、食料安全保障の強化に加え、持続可能な農業や海外市場も見据えた農業に転換していく観点からも、需要に応じた生産が重要となっています。

　本節では、各品目の生産基盤の強化や労働安全性の向上等の取組について紹介します。

(1) 需要に応じた生産の推進と流通・加工の合理化

（品目ごとの需要に応じた生産を推進）

　食の外部化・簡便化が進展し、農畜産物の加工・業務用需要の比率が高まる一方、生産サイドではその需要に合わせた対応が必ずしも十分にできていません。特に水田作経営は他品目と比べて農外収入や年金収入等が多く、また、副業的経営体の割合が高くなっています（**図表3-7-1**）。その背景として、稲作経営は、兼業主体の生産構造や他作物への転換が進まなかったことが要因の一つに挙げられています。

　主食用米の需要が減少する中、食料安全保障の観点から水田だけでなく畑も含めて農地を最大限活用していくため、主食用米から輸入依存度の高い小麦や大豆、加工・業務用野菜といった需要のある作物への本格的な転換を一層進めることが重要です。

　また、持続可能な農業や海外市場も見据えた農業に転換していく観点においても、需要に応じた生産は不可欠であることから、今後も品目ごとに需要に応じた生産を推進していくことが重要になります。

　このため、農林水産省では、国産農産物に対する消費者ニーズが堅調であることも踏まえ、輸入品から国産への転換が求められる小麦、大豆、加工・業務用野菜、飼料作物等について、水田の畑地化・汎用化を行うなど、総合的な推進を通じて、国内生産の増大を積極的かつ効率的に図っていくこととしています。また、米粉用、業務用向けの米といった今後の需要の高まりが見込まれる

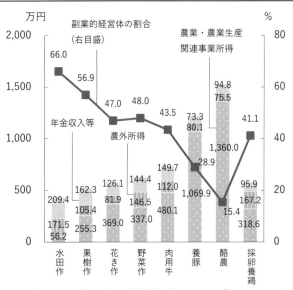

図表3-7-1　営農類型別に見た、個別経営体1経営体当たりの年間所得と副業的経営体の割合

資料：農林水産省「平成30年営農類型別経営統計」、「2020年農林業センサス」を基に作成

注：1）個別経営体1経営体当たりの年間所得は、平成30(2018)年の数値。副業的経営体の割合は、令和2(2020)年の数値

　　2）共済・補助金は農業・農業生産関連事業所得に、兼業先の給与は農外所得に含まれる。

　　3）農外所得とは、「農外収入」（農外事業収入、事業以外の収入）から「農外支出」（農外事業支出、事業以外の支出）を差し引いたもの

　　4）水田作の副業的経営体の割合は、「2020年農林業センサス」における販売目的で水稲を作付けしている個人経営体の数値

　　5）個別経営体とは、世帯による農業経営体（法人格を有する経営体を含む。）をいう。

作物についても、積極的かつ効率的に生産拡大やその定着を図っていくこととしています。

（農産物の生産・流通・加工の合理化等に向けた取組を推進）

　農業が将来にわたって持続的に発展していくためには、農業の構造改革を推進することと併せて、良質で低廉な農業生産資材の供給や農産物流通等の合理化といった、農業者の努力では解決できない構造的な問題を解決していくことが重要です。

　このため、農林水産省では、農業競争力強化支援法に基づき、良質かつ低廉な農業資材の供給、農産物の流通合理化に資する事業再編や事業参入の支援を行っています。令和5(2023)年度においても、農産物の生産・流通・加工分野について、国産農産物の販売拡大に寄与する食品の製造機能の集約等を支援しました。

(2) 畜産・酪農の経営安定を通じた生産基盤の強化

（酪農経営の改善に向けた取組を支援）

　我が国の酪農経営は、ロシアによるウクライナ侵略や為替相場等の影響による飼料費等の生産コストの上昇等により、厳しい状況にあります。このため、農林水産省では、令和5(2023)年度において、酪農経営に対しても、配合飼料価格安定制度や金融支援等により、飼料価格の高止まりによる生産者への影響を緩和しています。

　また、生乳の需給状況については、ヨーグルト需要の減少等により、特に脱脂粉乳の需要低迷が課題となっています。生産者団体においては、需要に応じた生産のために、令和4(2022)〜5(2023)年度にかけて、苦渋の決断で自主的に抑制的な生産に取り組みました。農林水産省では、このような生産者団体の需要に応じた生産を支えるため、脱脂粉乳の在庫低減等を支援しました。

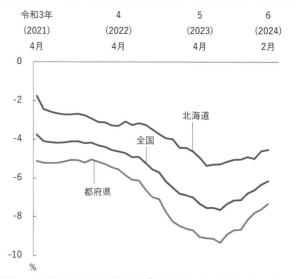

図表3-7-2　指定生乳生産者団体の受託農家戸数変動率(前年同月比)

資料：一般社団法人中央酪農会議「受託農家戸数」(令和6(2024)年3月公表)を基に農林水産省作成

　このような取組の効果もあり、令和4(2022)年度以降、4回にわたって乳価が引き上げられてきました。

　一般社団法人中央酪農会議が令和6(2024)年3月に公表した調査によると、指定生乳生産者団体の受託農家戸数の減少率は、これまでの国による支援や生産者団体の取組等の効果もあり、令和5(2023)年8月以降鈍化しつつありますが、令和6(2024)年2月には前年同月比で6.1%の減少となっており、依然として高い水準で推移しています(**図表3-7-2**)。

　このほか、農林水産省では、酪農乳業界の枠を超えた取組である「牛乳でスマイルプロジェクト[1]」等の消費拡大や販路開拓の取組等を推進しています。さらに、新規需要を開拓するため、訪日外国人旅行者やこども食堂等に対し、牛乳を安価に提供する活動等を緊急的に支援しました。

---

[1] 第1章第5節を参照

(畜産・酪農の適正な価格形成に向けた環境整備を推進)

　総合乳価(全国)については、令和5(2023)年4月は106.6円/kg(税抜き)となっており、同年8月から飲用牛乳等向け乳価が10円/kg(税抜き)、同年12月からバター及び生クリーム向け乳価が6円/kg(税抜き)引き上げられました。

　畜産物を将来にわたって安定的に供給するためには、生産・流通サイドのコスト削減努力のみならず、適正な価格形成の実現が重要となります。

　このため、同年4月に、「畜産・酪農の適正な価格形成に向けた環境整備推進会議」を設置し、生産者、食品事業者、消費者といった国民各層の理解と支援の下で生産コスト等を価格に反映しやすくするための環境整備を図ることについて検討しました。

　同年6月には、「畜産・酪農の適正な価格形成に向けた環境整備に係る中間とりまとめ」を公表し、生産・流通段階の状況や取組等について消費者等の理解醸成を図るとともに、生産コスト等を適正に価格へ反映することを可能とするための仕組みについて検討し、専門家による議論を進めていくこととしました。

　農林水産省では、生産コストを反映した価格形成の第一歩として、広報資材の作成・情報発信についての取組方向を明らかにし、同年8月に「適正価格形成のための情報プラットフォーム」を開設し、消費者等の理解醸成に向けて様々な情報発信を行っています。

(子牛価格の下落に対する支援を実施)

　黒毛和種の子牛の取引価格は、飼料費等の増加に加え、物価高騰に伴う牛肉の消費減退等を背景として、肥育農家の子牛の導入意欲が低下したこと等から、令和4(2022)年5月以降大幅に下落し、一時回復傾向が見られたものの、令和5(2023)年10月には1頭当たり50万円まで下落しました(**図表3-7-3**)。

　その結果、令和5(2023)年度の第2・3四半期において、黒毛和種の子牛の全国平均売買価格が保証基準価格を下回り、肉用子牛生産者補給金が21年ぶりに発動しました。

　農林水産省では、肉用子牛生産者補給金に加え、令和5(2023)年1月から措置した和子牛生産者臨時経営支援事業で繁殖経営を下支えするとともに、より高く取引される優良な肉用子牛の生産に向けて、成長が良く肉質に優れた若い繁殖雌牛への牛群の転換を支援しています。

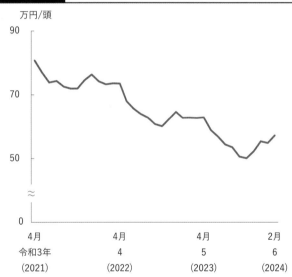

図表3-7-3　黒毛和種の子牛価格

万円/頭

資料:独立行政法人農畜産業振興機構「月別肉用子牛取引状況表(黒毛和種)」
注:1) 月別の全国平均価格
　　2) 令和5(2023)年12月〜6(2024)年2月の数値は、令和6(2024)年3月末時点の集計値

(地域における畜産の収益性向上を図る取組を推進)

　畜産・酪農については、農業者の減少や高齢化、飼料価格の高止まりといった厳しい状況にあります。これらへの対応のほか、畜産物の国内需要への対応と輸出拡大に向け、生産基盤の強化を図ることが重要となっています。

　このため、農林水産省では、地域における畜産の収益性向上等に必要な施設整備や機械導入等を支援するとともに、経営資源を継承する取組や農業生産資材の価格高騰等を踏まえた肉用牛繁殖経営、酪農経営における牛群構成の転換を支援しています。

　また、酪農・肉用牛経営の省力化に資するロボット・AI・IoT等の先端技術の導入や、それらの機器等により得られる生産情報等を畜産経営の改善のために集約し、活用するための体制整備等を支援しています。

　さらに、これまでも推進してきた肉用牛・乳用牛・豚・鶏の改良に加え、肉用牛の肥育期間の短縮・出荷時期の早期化や繁殖肥育一貫生産体制の普及活動、和牛生産に関する信頼確保のための遺伝子型検査の取組を支援することにより、生産基盤の強化と持続可能な畜産物生産の推進を図っています。

　なお、令和4(2022)年4月に施行された畜舎、堆肥舎等の建築に関し建築基準法の特例を定めることを内容とする畜舎特例法[1]について、令和5(2023)年4月に「畜舎等」の対象に畜産業の用に供する農業用機械や飼料・敷料の保管庫等を追加するなど、緩和された構造等の技術基準により農業者や建築士の創意工夫で畜舎等の建築費が抑えられるよう、その活用を推進しています。

(事例) 大規模畜産施設を整備し、肉用牛生産者の負担軽減を推進(沖縄県)

　沖縄県伊江村は、子牛受託施設としての機能と、繁殖牛受託施設としての機能を兼備した大規模複合型畜産施設を整備し、肉用牛生産者の負担軽減を推進しています。

　同村は畜産業が盛んな地域であり、特に希少価値のある「伊江島牛」の生産は地域の基幹産業の一つとして位置付けられています。

　同村では、肥育センターの老朽化もあり、高品質の肉用牛を安定的に供給するための基盤強化を図ることが課題となっていたことから、令和5(2023)年3月に伊江村畜産総合施設の整備を行いました。同施設は、妊娠90日以上の繁殖雌牛や生後4か月前後の子牛といった約800頭の肉用牛を預かり、集中的な飼養管理が可能となっています。

　肉用牛生産では、繁殖経営の飼養頭数を拡大するとともに、繁殖牛受託施設への預託を活用すること等により、地域全体で繁殖基盤の強化を図ることが重要となっています。同施設は同年4月に運用を開始し、沖縄県農業協同組合が指定管理者として運営を担っています。同施設の利用者は、預託によって空いた畜舎のスペースを活用して肉用牛の増頭が可能となるほか、高齢化が進む肉用牛生産者の労働負担の軽減等が図られています。

　今後は、労力軽減としての役割のみならず、伊江島産のブランド牛の確立や、新規就農者を育成する場としての活用も期待されています。

施設で飼養される肉用牛
資料：沖縄県伊江村

(持続可能な畜産物生産のための取組を推進)

　近年、農林水産分野における環境負荷低減の取組が加速する中で、我が国の温室効果ガス排出量の約1%を占める酪農・畜産でも排出削減の取組が求められています。

　農林水産省では、家畜生産に係る環境負荷低減等の展開、耕種農家のニーズに適した高品質堆肥の生産や堆肥の広域流通・資源循環の拡大、国産飼料の生産・利用や有機畜産の

---

[1] 正式名称は「畜舎等の建築等及び利用の特例に関する法律」

取組、アニマルウェルフェアに配慮した飼養管理の普及、畜産GAP認証の推進、消費者の理解醸成等に取り組み、持続的な畜産物の生産を図ることとしています。

（アニマルウェルフェアに関する新たな飼養管理指針を策定）

家畜を快適な環境下で飼養することにより、家畜のストレスや疾病を減らし、家畜の本来持つ能力を発揮させる取組であるアニマルウェルフェアの推進が求められています。

農林水産省では、アニマルウェルフェアに対する相互の理解を深めるため、幅広い関係者による「アニマルウェルフェアに関する意見交換会」を開催しています。また、畜産物の輸出拡大やSDGsへの対応等の国際的な動向を踏まえ、我が国のアニマルウェルフェアの水準を国際水準とするため、令和5(2023)年7月に、WOAHコード[1]に沿った「アニマルウェルフェアに関する飼養管理指針」を策定しました。今後は、実施状況の把握を行い、その結果を踏まえ、「実施が推奨される事項」の達成目標年を設定すること等により、アニマルウェルフェアの普及・推進を加速化することとしています。

ジャケットの着用による
子牛の保温性の確保

(3) 新たな需要に応える園芸作物等の生産体制の強化

（加工・業務用野菜の国産切替えを推進）

家計消費用野菜については、ほぼ全量が国産となっており、国内生産は生鮮野菜を重視する傾向が見られています。一方、需要量の6割を占める加工・業務用野菜は、食品製造業者等の実需者からの国産需要が多いものの、国産割合が7割程度となっており、国産品が出回らない時期がある品目等を中心に輸入が約3割を占めています。

令和4(2022)年産の指定野菜[2]（ばれいしょを除く。）の加工・業務用向け出荷量は、前年産に比べ1.4%増加し101万7千tとなりました（**図表3-7-4**）。

食の外部化を背景に、需要は家計消費用から加工・業務用にシフトしており、今後もその傾向は継続する見込みです。また、昨今の国際情勢から、輸入野菜の価格も上昇しており、特に需要増加が見込まれる冷凍野菜やカット野菜、総菜原料等を視野に入れ、加工・業務用の戦略的な国産切替えの取組を進めていく必要があります。国産切替えに向けては、加工・業務用に求められる安定供給や一定品質、一定価格等の確保に向けた国内生産体制の構築が重要となっています。

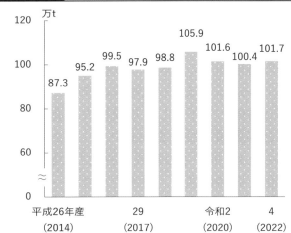

図表3-7-4 指定野菜の加工・業務用向け出荷量

（万t）

平成26年産(2014): 87.3
95.2
29(2017): 99.5
97.9
98.8
令和2(2020): 105.9
101.6
100.4
4(2022): 101.7

資料：農林水産省「野菜生産出荷統計」を基に作成
注：1) 出荷量は指定野菜14品目のうち、ばれいしょを除いたものの合計値
　　2) 加工用向けとは、加工場又は加工する目的の業者に出荷したもの及び加工されることが明らかなもの（長期保存に供する冷凍用を含む。）、業務用向けとは、学校給食、レストラン等の中食・外食業者へ出荷したものをいう。

---

[1] WOAH(国際獣疫事務局)の陸生動物衛生規約
[2] 野菜生産出荷安定法において、消費量が相対的に多い又は多くなることが見込まれる14品目(キャベツ、きゅうり、さといも、だいこん、たまねぎ、トマト、なす、にんじん、ねぎ、はくさい、ばれいしょ、ピーマン、ほうれんそう、レタス)をいう。

　農林水産省では、産地の収益力強化に必要な基幹施設の整備、実需者ニーズに対応した園芸作物の生産・供給を拡大するための園芸産地の育成、農業者等が行う高性能機械・施設の導入等に対して総合的に支援し、野菜の生産振興に取り組んでいます。

　また、加工・業務用野菜の生産体制を一層強化し、輸入野菜の国産切替えを進めるため、新たな園芸産地における機械化一貫体系の導入、新たな生産・流通体系の構築や作柄安定技術の導入等を支援しています。

（果樹産地における生産基盤強化を推進）

　国産果実の生産量が減少する中、「おいしい」、「食べやすい」などの消費者ニーズに対応した優良品目・品種が育成され、主要産地に広く普及しています。また、機能性成分の含有を高めた付加価値の高い品種等への転換が行われています。令和4(2022)年における品目別の果実産出額は、ぶどうが1,925億円で最も多く、次いで、りんごが1,680億円、みかんが1,557億円となっています（**図表3-7-5**）。

　一方、果樹農業は高齢化や人材不足等により生産基盤が弱体化し、国内外の需要に応えきれていない状況にあります。くわえて、我が国の果樹生産は、その特性上、高度な技術が必要な作業が多く、園地の確保や未収益期間等の要因により担い手の参入ハードルが高いほか、収穫等の作業ピークを補う労働力も不足し、規模拡大が進まないことが課題となっています。

　このため、担い手の育成と労働力の確保、省力化を同時に進め、将来的なスマート農業技術の導入も見据えて、省力化した生産体系への転換を図るといった生産供給体制の刷新が必要になっています。

　農林水産省は、省力的な植栽方法への転換や省力樹形の導入、優良品目・品種への新植・改植による労働生産性の向上とともに、担い手や労働力の確保に向けた取組等を通じ、高品質果実の生産基盤の強化を推進しています。

　このほか、中国における火傷病の発生の確認に伴う中国産なし・りんごの花粉の輸入停止への対応として、剪定枝や未利用花を活用した花粉採取技術の実証等の花粉安定生産・供給に向けた産地の取組、全国流通に向けた供給体制の構築等による国産花粉への切替え等を緊急的に支援しています。

図表3-7-5　品目別の果実産出額

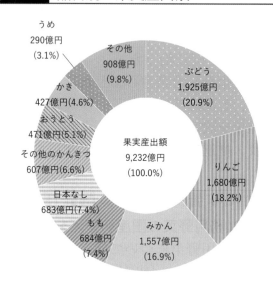

果実産出額
9,232億円
(100.0%)

うめ 290億円 (3.1%)
その他 908億円 (9.8%)
ぶどう 1,925億円 (20.9%)
りんご 1,680億円 (18.2%)
みかん 1,557億円 (16.9%)
かき 427億円 (4.6%)
おうとう 471億円 (5.1%)
その他のかんきつ 607億円 (6.6%)
日本なし 683億円 (7.4%)
もも 684億円 (7.4%)

資料：農林水産省「令和4年生産農業所得統計」を基に作成
　注：1) 令和4(2022)年の数値
　　　2) 都道府県別の品目別果実産出額の合計値
　　　3)「その他のかんきつ」は、しらぬい（デコポン）、ゆず、ブンタン、なつみかん、ポンカン、いよかん、はっさく、清見、カボス、日向夏、きんかん、すだち、たんかん、ネーブルオレンジ、セミノールの産出額の合計値

ぶどうの根圏制御栽培

(4) 米政策改革の着実な推進

(米の需要に応じた生産を推進)

　米については、米価が上昇すると生産減が進まず、その結果として在庫量が増加して価格が下がり、生産量が減少するというサイクルを繰り返しつつ、中長期的には生産量も需要量に合わせて減少しています。

　主食用米の需要量が年間10万t程度減少する中、米の生産においても、主食用だけでなく、麦や大豆、加工・業務用野菜といった需要のある作物への転換を進めていく必要があります。

　また、需要のウェイトが高まっている業務用向けのほか、新たな需要としての米粉・新市場開拓用米等の需要にきめ細かく対応した米生産を進める必要があります。

　このため、農林水産省では、水田活用の直接支払交付金等による作付転換への支援のほか、実需者との結び付きの下、新市場開拓用米、加工用米、米粉用米の低コスト生産等に取り組む生産者の支援を実施しています。

(米の播種前契約を推進)

　主食用米の需要量が減少している中、需要に応じた生産・販売を推進するためには、豊凶変動や価格変動リスクに対応しつつ、事前に販売先や販売数量等を見通すことができる事前契約の拡大が重要です。

　主食用米の播種前契約(複数年契約を含む。)の比率については年々増加しており、令和5(2023)年産は32%となっているものの、需要に応じた生産の推進や経営の安定化等を図るためには、各産地において安定取引のための取組を更に拡げていく必要があります(図表3-7-6)。

　農林水産省では、産地・生産者と実需者が結び付いた事前契約や複数年契約による安定取引の推進のほか、都道府県別の販売進捗、在庫・価格等の情報提供を実施しています。

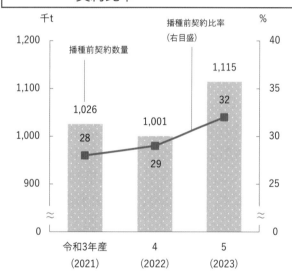

図表3-7-6　主食用米の播種前契約の契約数量と契約比率

資料：農林水産省作成

注：1) 年間取扱数量500t以上の集出荷業者を対象とした数値

　　2) 播種前契約数量は、生産年の3月末までに締結した事前契約(複数年契約を含む。)の数量

　　3) 播種前契約比率は、仕入計画数量に占める播種前契約数量の割合

(米の現物市場が開設)

　農林水産省は、令和3(2021)年9月に「米の現物市場検討会」を設置し、価格形成の公平性・透明性を確保しつつ、米の需給実態を表す価格指標を示す現物市場の創設を検討してきました。これを受けて、令和5(2023)年10月にみらい米市場株式会社[1]が米の現物市場を開設しました。

　今後、需給状況だけではなく、コストを含めた生産者の努力や品質を反映した価格形成が行われ、米の現物市場が活用されることが期待されています。

---

[1] 公益財団法人流通経済研究所等が出資し設立

(令和5(2023)年産米においても引き続き需要に応じた作付転換を実現)

　需要に応じた作付転換が行われた結果、令和5(2023)年産の主食用米の作付面積は、前年産に比べ9千ha減少し124万2千haとなりました(**図表3-7-7**)。

図表3-7-7　水田における作付状況

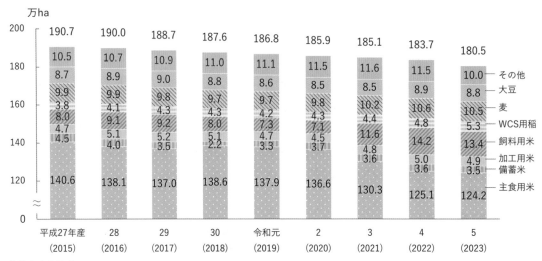

資料：農林水産省作成
　注：1) 主食用米の作付面積は、農林水産省「耕地及び作付面積統計」
　　　2) 「その他」は、米粉用米、新市場開拓用米、飼料作物、そば、なたねの面積
　　　3) 加工用米、飼料用米、WCS用稲、米粉用米、新市場開拓用米は、取組計画の認定面積
　　　4) 麦、大豆、飼料作物、そば、なたねは、地方農政局等が都道府県農業再生協議会等に聞き取った面積(基幹作のみ)
　　　5) 備蓄米は、地域農業再生協議会が把握した面積

　水田活用の直接支払交付金を活用した水田における主食用米以外の作物への作付転換は、近年、飼料用米を始めとする主食用米以外の米を中心に増加していますが、主食用米以外の米については、主食用米の価格動向によっては主食用米の作付けに回帰しやすい性格を有しています。このため、主食用米の価格動向に左右されずに、当該品目の作付けを定着・拡大させていく産地づくりや流通・販売等の体制づくりが重要になっています。

　農林水産省では、食料自給率・食料自給力の向上に資する麦、大豆、米粉用米等の戦略作物の本作化とともに、地域の特色を活かした魅力的な産地づくり、産地と実需者との連携に基づいた低コスト生産の取組、畑地化による高収益作物等の定着等を支援しています。

　また、同交付金は、需要が減少している主食用米から、国産需要のある麦・大豆等への作付転換を支援するためのものであり、その交付対象は水を張る機能を有している「水田」であることが前提となっています。このため、今後5年間に一度も水張りが行われない農地は同交付金の対象としない方針を令和3(2021)年12月に決定しました。

　一方、畑作物の生産が連続して作付けされている水田については、畑作物の産地化に向けた一定期間の継続的な支援や畑地化の基盤整備への支援等を行うこととしました。各産地において水稲と麦、大豆等のブロックローテーション(水田輪作)を行うのか、本格的に畑地化するのか検討が進められているところであり、農林水産省では、いずれの取組も後押しすることとしています。

　なお、同交付金の見直しに当たっては、多くの農業者、地方公共団体、農業団体から現場の意見を聴取しながら、例えば水田機能の確認については、水稲作付けにより確認することを基本としつつ、湛水管理を1か月以上行い、連作障害による収量低下が発生してい

ない場合は、水張りを行ったこととみなすなどの措置を行い、できる限り生産現場の声を反映するよう努めてきたところであり、今後とも生産現場の人々に寄り添いながら、丁寧に対応していくこととしています。

(水田農業の高収益化を推進)

　主食用米の需要量が毎年減少傾向にある中、水田農業の高収益化を図っていくためには、野菜や果樹等の高収益作物を適切に組み合わせて経営を行っていくことが重要です。

　農林水産省では、高収益作物の導入・定着を図るため、水田農業高収益化推進計画に基づき、国のみならず地方公共団体等の関係部局が連携し、水田における高収益作物への転換、水田の畑地化・汎用化のための農業生産基盤整備、栽培技術や機械・施設の導入、販路確保等の取組を計画的かつ一体的に支援しています。水田農業における高収益作物等の産地については、令和5(2023)年11月末時点では408産地まで増加しています。

（作付け開始前に暗渠排水を施工）

（たまねぎの移植作業）

水田の畑地化による高収益作物の生産拡大
資料：株式会社北の風農場

(担い手の米の生産コスト低減に向けた取組を推進)

　業務用や輸出用、パックご飯需要等の様々な需要に対応する上で、米の生産コストを大幅に低減していく必要があります。担い手の米の生産コストについては、認定農業者のいる15ha以上の個別経営体の生産コストで見ると、令和4(2022)年産は肥料費等が高騰したことから、前年産に比べ311円/60kg増加し10,807円/60kgとなっています（**図表3-7-8**）。

　農林水産省では、担い手の米の生産コスト削減に向けて、農地の集積・集約化、直播栽培やスマート農業技術等による省力化、農業生産資材の使用量低減、多収品種の導入等を推進しています。

図表3-7-8 個別経営体における米生産コスト

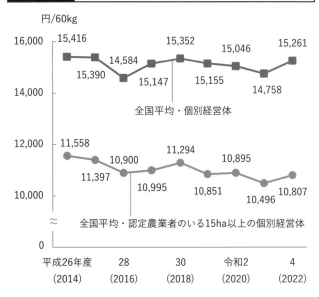

円/60kg

全国平均・個別経営体
15,416　15,390　14,584　15,147　15,352　15,155　15,046　14,758　15,261

全国平均・認定農業者のいる15ha以上の個別経営体
11,558　11,397　10,900　10,995　11,294　10,851　10,895　10,496　10,807

平成26年産(2014)　28(2016)　30(2018)　令和2(2020)　4(2022)

資料：農林水産省「農産物生産費(個別経営)」、「令和4年産農産物生産費(個別経営体)」(組替集計)
注：令和4(2022)年産は、経営耕地面積50ha以上かつ10a当たり資本利子・地代全額算入生産費に対する「賃借料及び料金」の割合が50%以上の経営体を除いた個別経営体の数値

第3章

（スマート・オコメ・チェーンの構築を支援）

　農林水産省では、令和5(2023)年度においては、米の生産から消費に至るまでの情報を関係者間で連携し、生産の高度化や流通の最適化、販売における付加価値向上等を図るスマートフードチェーンとして「スマート・オコメ・チェーン」の構築を支援しました。

　また、令和6(2024)年3月に、フードチェーン情報公表農産物JASについて、新たに米の規格を制定しました。

（グルテンフリー市場も踏まえた利用拡大が重要）

　グルテンフリー市場は、小麦粉に由来するグルテンによるアレルギー対応等に対するニーズにより形成されており、近年はグルテンアレルギー等の懸念がない米粉や米粉製品の製造に取り組むメーカーも増加しています。このため、今後もこのような需要も取り込みながら、国内で自給可能な米を原料とした米粉の利用拡大を進めていくことが重要です。

　農林水産省では、米粉の需要拡大や需要に応じた生産を図るため、生産段階では用途ごとに適した米粉専用品種の開発・生産拡大、製粉段階では製造に適した製粉施設の導入、流通・消費段階では米粉の特徴を活かした新製品開発やパン・麺類等の製造機械・設備の導入等を後押しすることにより、川上から川下まで総合的な取組を進めていくこととしています。

（事例）多彩な米粉・米粉製品の開発や積極的な普及活動を展開(栃木県)

　栃木県佐野市の食品製造企業である株式会社波里では、多彩な米粉・米粉製品の開発を推進するとともに、積極的な普及活動を展開しています。

　同社では、県内の農業者との契約栽培を中心に、原料米を仕入れており、徹底した品質管理の下で粉砕工程も厳格に管理しながら、米の風味・甘みを損なわないよう、米粉の製粉を行っています。小麦粉並みに粒度の細かい製品から粗い製品まで、その使用用途に合わせて米粉の商品設計を行い、業務用・家庭用ともに高い人気を集めています。

　また、同社では、米粉の需要を拡大するには、「ダマにならない」、「油の吸収率が低い」といった米粉の特性に適した用途を追求しており、パンに限らず国内のニーズに合わせた活用方法を提案・啓発しながら、米粉の特徴を生かした製品開発に取り組んでいます。

幅広い料理に活用できる米粉
資料：株式会社波里

　さらに、令和5(2023)年4月に米粉料理のレシピ本を発刊したほか、料理教室での講義を含め、積極的な啓発活動も行っています。

　このほか、同社は、令和3(2021)年6月に、我が国で初めて「ノングルテン米粉の製造工程管理JAS」の認証を取得しました。同社において製造する米粉製品が、グルテンフリー製品と差別化した形で流通することは、国内外での販売拡大につながるものであり、パッケージやチラシ等にJASマークを貼付することにより、日本産米粉の国内普及や輸出拡大に向け、企業間取引で管理能力の高さを訴求することができるものとなっています。

　今後は、小麦粉よりも米粉で作った方が簡単においしく作れる実例を消費者に紹介しながら、家庭向け需要の一層の拡大を図り、それらを業務用需要の更なる開拓につなげていくほか、水田の有効活用にもつながる国産米の需要拡大を推進し、地域農業の活性化にも寄与していくこととしています。

(5) 麦・大豆の需要に応じた生産の更なる拡大

(畑作物の本作化を推進)

　需要に応じた生産が進められる中、令和5(2023)年産においては、約3万5千haの畑地化の意向が示されています。農林水産省では、畑作物の本作化をより一層推進するため、畑作物の定着までの一定期間を支援する畑地化促進事業、低コスト生産等の技術導入や畑作物の導入定着に向けた取組を支援する畑作物産地形成促進事業を措置しています。

(国産小麦の需要拡大に向け、安定した生産供給体制の構築・強化が必要)

　我が国における小麦の需要は、輸入が約8割を占めている一方、生産量については、収穫期における降雨等の天候の影響を受けやすいことに起因して単収の年次変動が大きく、量の観点から需要と供給に差が生じています。

　また、品質については外国産と比べて遜色がない程度まで向上している品種も増えていますが、生産年や生産地によって品質の振れ幅が大きく、安定化が課題となっています。

　これらのことから、実需者としては外国産からの置換えにはリスクがあり、即座に国産への転換に踏み切れない状況にあります。

　国産小麦の更なる需要拡大を図るためには、「量」及び「品質」の両面から安定した生産供給体制を構築・強化していくことが必要となっています。

　農林水産省では、国産小麦の需要拡大に向けた品質向上と安定供給、畑地化の推進、団地化・ブロックローテーションの推進、排水対策の更なる強化やスマート農業技術の活用による生産性の向上等を推進しています。

(国産大豆の需要拡大に向け、安定した生産供給体制の構築・強化が必要)

　食用大豆の需要見込みは増加しており、国産大豆の需要も堅調に推移する見込みである一方、国内生産量はほぼ横ばいであり、また、主な水田地帯において生産性も低下傾向にあるなど、生産体制の抜本的な強化が必要となっています。

　また、国産大豆の更なるシェア拡大を図るためには、用途に応じて大豆に求められる品質が違うことに加え、均等化、大ロット化といった食品製造業者の目線に立った、食品加工原料としての安定化が強く求められています。

　農林水産省では、国産原料を使用した大豆製品の需要拡大に向け、実需者の求める安定した生産量・品質・価格といったニーズに応えるため、作付けの団地化等による生産性の向上、耐病性・加工適正等に優れた新品種の開発・導入等を推進しています。

**団地化等により大豆の
生産性向上を図る農業者**
資料：山形県河北町(農事組合法人
ファームひなの里)

(6) GAP(農業生産工程管理)の推進

(国際水準GAPの取組拡大を推進)

　GAP[1]は、農業生産の各工程の実施、記録、点検及び評価を行うことによる持続的な改善活動であり、食品の安全性向上や環境保全、労働安全の確保等に資するとともに、農業経営の改善や効率化につながる取組です。

---

[1] Good Agricultural Practicesの略

令和元(2019)年9〜12月に実施した調査によると、GAP認証の取得前後で改善した内容としては、「従業員の責任感の向上」が59%で最も多く、次いで「従業員の自主性の向上」、「販売先への信頼(営業のしやすさ)」の順となっており、農業経営面での効果がうかがわれます(**図表3-7-9**)。

農林水産省では、令和4(2022)年3月に「我が国における国際水準GAPの推進方策」を策定するとともに、国際水準GAPの我が国共通の取組基準として「国際水準GAPガイドライン」を策定し、その普及を推進しています。

また、都道府県では、農業者へのGAPの普及に関して、国際水準GAPガイドラインや独自のGAP基準(都道府県GAP)に基づく指導、GAP認証取得を目指した指導等を行っています。このような中、農林水産省では、国際水準GAPの推進方策を受け、都道府県GAPを存続する都道府県に対し、令和6(2024)年度末を目途として、都道府県GAPを国際水準GAPガイドラインに則したものとするよう求めています。

我が国では、主にGLOBALG.A.P.[1]、ASIAGAP[2]、JGAP[3]の3種類のGAP認証が普及しています。令和4(2022)年度のGAP認証取得経営体数は、前年度に比べ162経営体減少し7,815経営体となりました(**図表3-7-10**)。

令和5(2023)年7月には、大阪・関西万博[4]の持続可能性に配慮した農産物の調達基準において、GAP認証農産物や国際水準GAPガイドラインに準拠したGAPに基づき生産された農産物が、調達基準の要件への適合度が高い農産物として位置付けられました。農林水産省では、大阪・関西万博の開催を契機として、国際水準GAPの取組を更に推進していくこととしています。

図表3-7-9 GAP認証の取得前後で改善した内容（上位7位まで）

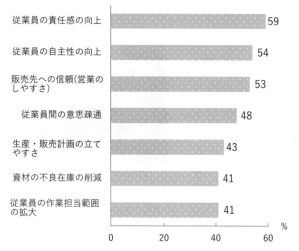

資料：農林水産省作成
注：1) 株式会社政策基礎研究所が令和元(2019)年9〜12月に実施した調査結果を基に農林水産省において集計したもの
2) 「かなり改善した」、「改善した」、「やや改善した」と回答したものの合計値

図表3-7-10 GAP認証取得経営体数

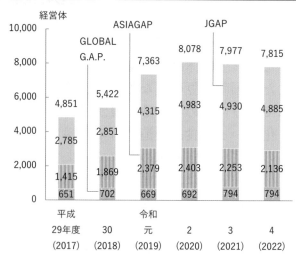

資料：一般社団法人GAP普及推進機構及び一般財団法人日本GAP協会の資料を基に農林水産省作成
注：1) 各年度末時点の数値(ただし、GLOBALG.A.P.の平成29(2017)年度及び令和2(2020)年度以降の各年度の数値は、当該12月末時点の数値)
2) JGAP、ASIAGAP、GLOBALG.A.P.の数値は、それぞれのGAPの認証を取得した経営体数
3) 各年度の合計値は、JGAP、ASIAGAP、GLOBALG.A.P.の総和

---

[1] ドイツのFoodPLUS GmbHが策定した第三者認証のGAP
[2] 一般財団法人日本GAP協会が策定した第三者認証のGAP。対象は青果物、穀物、茶
[3] 一般財団法人日本GAP協会が策定した第三者認証のGAP。対象は青果物、穀物、茶、家畜・畜産物
[4] 第1章第6節を参照

Goodな農業！GAP-info
URL：https://www.maff.go.jp/j/seisan/gizyutu/gap/gap-info.html

（7）効果的な農作業安全対策の展開

（農作業中の事故による死亡者数は、農業機械作業に係る事故が約6割）

　農作業中の事故による死亡者数については、令和4(2022)年は前年に比べ4人減少し238人となりました。要因別に見ると、農業機械作業に係るものが152人(63.9%)で最も多くなっており、このうち乗用型トラクターに係るものが62人(26.1%)となっています(**図表3-7-11**)。

　農林水産省では、令和3(2021)年に取りまとめた「農作業安全対策の強化に向けて(中間とりまとめ)」に基づく対応を引き続き進めています。

　このうち農作業環境の安全対策については、農研機構が農業機械メーカーからの依頼に基づいて農業機械の安全性を確認する安全性検査制度の見直しに向けた検討を進めるとともに、新たな機種に対応した試験・評価手法の確立に向けた農業機械の安全性能アセスメントを行い、より安全な農業機械の普及促進に向けた取組を進めています。

　また、厚生労働省では令和6(2024)年2月から、農業における労働災害の減少を図るため、「農業機械の安全対策に関する検討会」を開催しています。同検討会では、労働安全衛生法令における、車両系農業機械の規制の必要性や具体的な安全対策等について検討を行うこととしており、農林水産省においても農業機械事故の減少に向け、厚生労働省と連携して安全対策を推進することとしています。

　さらに、農業者の安全意識の向上対策については、約5,300人の農作業安全に関する指導者が中心となって、農業者に対し農業機械の転落・転倒対策等に関する研修を実施したほか、ポスター等を用いた啓発を行っています。

図表3-7-11 農作業中の死亡事故発生状況

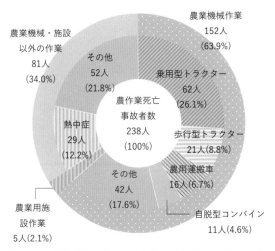

資料：農林水産省「令和4年に発生した農作業死亡事故の概要」を基に作成
注：令和4(2022)年の数値

令和5年「農作業安全ポスターデザインコンテスト」
農林水産大臣賞受賞作品

(農作業中の熱中症による死亡事故の割合は増加傾向)

　令和4(2022)年における農作業中の熱中症による死亡者数は29人となっており、「農業機械・施設以外の作業」での死亡事故要因としては最も多くなっています。また、農作業中の熱中症による死亡事故の割合については、近年増加傾向で推移しており、令和4(2022)年は前年に比べ2.7ポイント増加し12.2%となっています(**図表3-7-12**)。さらに、農作業中の熱中症による死亡事故は、過去10年間の累計では267人に上り、その過半が80歳以上となっていることから、高齢者への対策は特に重要となっています。

　令和5(2023)年5月に閣議決定した「熱中症対策実行計画」に基づき、農作業における熱中症対策強化期間を位置付け、関係機関や農作業安全に関する指導者を通じて、農業者や農業法人等に対して声かけを行うなどの啓発活動を推進するとともに、特に多くの割合を占める高齢農業者に対しては新聞、ラジオ放送等を活用した声かけ運動を展開しました。

　さらに、熱中症対策に関するオンライン研修の実施や啓発資料の充実・強化を図ったほか、農林水産省が運営する「MAFFアプリ」等を活用し、熱中症警戒アラートや熱中症による救急搬送者数の状況等を農業者等に対してきめ細かく情報提供しています。

図表3-7-12 農作業事故死亡者数に占める熱中症による死亡者数の割合

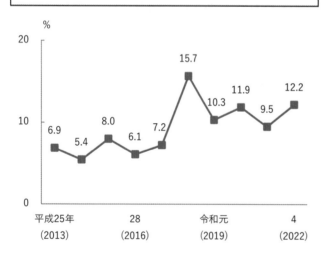

熱中症対策を呼び掛けるポスター

資料：農林水産省「農作業死亡事故調査」を基に作成

<table>
<tr><td>第8節</td><td>スマート農業技術等の活用による生産・流通現場の
イノベーションの促進</td></tr>
</table>

　農業分野における生産・流通現場でのイノベーションの進展や、農業施策に関する各種手続や情報入手の利便性の向上は、高齢化や労働力不足等に直面している我が国の農業において、経営の最適化や効率化に向けた新たな動きとして期待されています。

　本節では、スマート農業技術の導入状況や産学官連携による研究開発の動向、農業・食関連産業におけるデジタル変革に向けた取組等について紹介します。

(1) スマート農業技術の活用の推進

(農作業の自動化等を推進)

　ロボット・AI・IoT等の先端技術やデータを活用し、農業の生産性向上等を図る取組が各地で広がりを見せています。

　生産現場においては、ロボットトラクター、スマートフォンで操作する水田の水管理システム等の活用により、農作業を自動化・省力化する取組が進められているほか、位置情報と連動した営農管理システムの活用により、作業の記録をデジタル化・自動化し、熟練者でなくても生産活動の主体になることも容易となっています。また、ドローン等を活用したセンシングデータや気象データのAI解析により、農作物の生育や病虫害を予測し、高度な農業経営を行う取組等も展開されています。

　農業分野におけるスマート農業技術の導入に関して、例えばGPS等の位置情報とハンドルの自動制御により、高精度な作業や軽労化に資する自動操舵システムの出荷台数については、令和4(2022)年度は前年度に比べ1,350台増加し4,980台となっています(**図表3-8-1**)。一方、農薬散布用ドローンの販売台数については、令和3(2021)年度は前年度に比べ1,975台減少し3,586台となっています(**図表3-8-2**)。

図表3-8-1	自動操舵システムの出荷台数

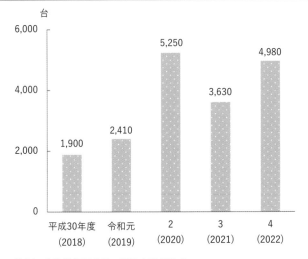

資料：北海道資料を基に農林水産省作成

図表3-8-2	農薬散布用ドローンの販売台数

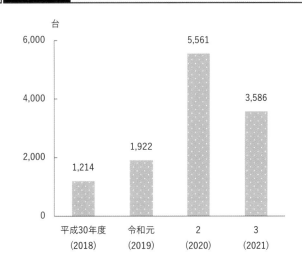

資料：農林水産省作成

233

(スマート農業実証プロジェクトにおいて、作業の省力化や負担軽減の効果を確認)

　農林水産省は、スマート農業技術を、実際の生産現場に導入して効果を明らかにするため、令和元(2019)年度以降、全国217地区で生産性や経営改善に関する実証を行う「スマート農業実証プロジェクト」(以下「実証プロジェクト」という。)を展開しています。水田作、畑作、露地野菜、施設園芸、花き、果樹、茶、畜産等の様々な品目で実証を行うとともに、スマート農業の普及状況や政策課題に合わせて実証プロジェクトのテーマを設定してきました。

　その結果、農業機械の自動運転や遠隔操作による労働時間の削減、環境・生産データを活用した栽培管理による収量・品質の向上や化学農薬・化学肥料の削減、スマート農業機械のシェアリングや農業支援サービス事業体の活用による導入コストの低減等の効果が様々な品目で確認されました。また、農作業経験がない女性や新規就農者であっても、熟練農業者並みの速度・精度で作業が可能となるなどの成果も得られました。

　スマート農業技術の導入効果を品目別に見ると、水田作では各農場の平均で、総労働時間が平均9%削減、単収が9%増加しています。また、技術別に見ると、農薬散布用ドローンで平均61%、自動水管理システムで平均80%、直進アシスト田植機で平均18%の作業時間の短縮を図れること等が明らかになっています(**図表3-8-3**)。

図表3-8-3 スマート農業技術の導入効果

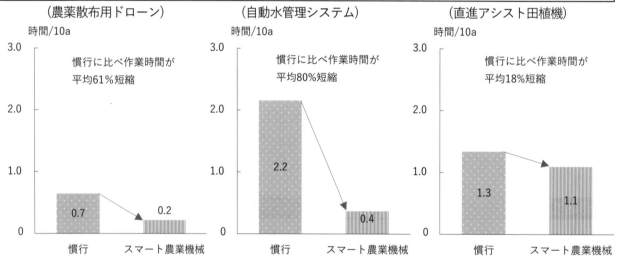

資料：農林水産省作成
注：令和元(2019)〜2(2020)年度に採択した実証課題の取組における数値

スマート農業実証プロジェクト
URL：https://www.affrc.maff.go.jp/docs/smart_agri_pro/smart_agri_pro.htm

(スマート農業の実装に当たって導入コスト等の課題も判明)

　実証プロジェクト等を通じて、労働時間の削減や収量増大の効果等を確認できた一方、様々な課題も明らかになっています。

例えば果樹や野菜の収穫等といった人手に頼っている作物でスマート農業技術の開発が不十分な領域があり、開発の促進を図る必要があります。また、スマート農業機械等の導入コストが高いこと、それらを扱える人材が不足していること、従来の栽培方式にスマート農業技術をそのまま導入してもその効果が十分に発揮されないこと等の課題も判明しました。

農林水産省では、技術開発が不十分な領域が多数あることが明らかになったことを踏まえ、生産現場で必要とされているスマート農業技術の把握を行っています。令和4(2022)年11〜12月に実施した調査によると、「一度の飛行で広範囲の農薬散布が可能なドローン」が277件で最も多く、次いで

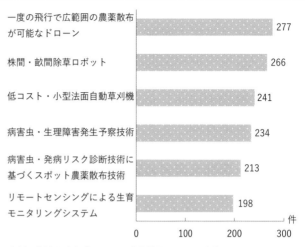

図表3-8-4 スマート農業技術(作物共通)のニーズ(上位6位まで)

項目	件数
一度の飛行で広範囲の農薬散布が可能なドローン	277
株間・畝間除草ロボット	266
低コスト・小型法面自動草刈機	241
病害虫・生理障害発生予察技術	234
病害虫・発病リスク診断技術に基づくスポット農薬散布技術	213
リモートセンシングによる生育モニタリングシステム	198

資料:農林水産省「スマート農業技術の開発・改良に関するアンケート調査」を基に作成
注:令和4(2022)年11〜12月に実施した調査で、回答総数1,095件(複数回答)

「株間・畝間除草ロボット」、「低コスト・小型法面自動草刈機」の順となっており、農業生産の省力化に直結する機械の開発・改良のニーズが高くなっています(**図表3-8-4**)。また、品目別では、露地野菜、施設園芸、果樹・茶の分野でいずれも「自動収穫ロボット」のニーズが高くなっています。

農林水産省では、これらの結果を踏まえ、スマート農業技術・機器の開発が必ずしも十分でない品目や分野を対象に、生産現場で求められるスマート農業技術の開発・改良を推進しています。

(農業支援サービス事業体の育成を推進)

スマート農業機械の導入コストが高いことや、扱える人材が不足していること等の課題に対しては、農業支援サービス事業体の活用が有効です。近年、ドローンやIoT等の最新技術を活用して農薬散布作業を代行するサービスやデータを駆使したコンサルティングといったスマート農業を支える農業支援サービスの取組が人手不足に悩む生産現場で広がっています。

令和5(2023)年度に実施した調査によると、農業支援サービスの利用を希望する農業の担い手のうち実際に利用できている割合は64.0%となっています(**図表3-8-5**)。

より多くの農業者が農業支援サービスを利用できる環境を作るためには、事業参入者の更なる拡大が重要であることから、通年で農業機械を稼働するためのニーズの確

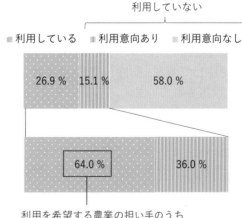

図表3-8-5 農業支援サービスの利用割合

利用していない

■利用している　■利用意向あり　■利用意向なし

26.9 %	15.1 %	58.0 %

64.0 %	36.0 %

利用を希望する農業の担い手のうち実際に利用できている割合

資料:農林水産省「農業支援サービスに関する意識・意向調査結果」(令和5(2023)年12月公表)を基に作成
注:1) 「2020年農林業センサス」の結果を基に、令和5(2023)年8〜9月に実施した調査で、有効回答数は1万351人
2) 「有償の農業支援サービスを利用しているか」及び「(利用していない農業者に対して)今後利用する意向があるか」の質問への回答結果

保、作業に必要な農業機械の導入や専門的な人材の育成、機械化が進展していない労働集約型作物に対するサービスの提供拡大等への対応も進めていく必要があります。

このため、農林水産省では、農業支援サービス事業体の新規参入、既存事業者による新たなサービス事業の育成・普及を進めることとしており、新規事業の立上げ当初のビジネス確立のための取組や他産地への横展開、サービスの提供に必要なスマート農業機械等の導入を支援しています。

また、農業支援サービス事業体に対する農業者の認知度の向上、農業支援サービス提供事業者と農業者のマッチング機会の創出を図るため、「農業支援サービス提供事業者が提供する情報の表示の共通化に関するガイドライン」に沿って情報表示を行う事業者のサービス内容等を農林水産省のWebサイト上で公開しているほか、マッチングサイトの構築を支援しています。

（事例）多様な農業支援サービスを展開し、中山間地の農業生産を後押し（広島県）

広島県尾道市の大信産業株式会社は、中山間地域等の農業生産の維持・発展を図るため、多様な農業支援サービスを展開しています。

同社は、肥料・農薬等の農業生産資材の卸販売やハウス・かん水設備の設計施工等を幅広く行っている一方、近年は農業用ドローンの普及のため、技術講習会を企画するなど、スマート農業の推進に注力しています。

スマート農業を活用した農業支援サービスとしては、農業用ドローンを活用した防除・施肥を始め、リモコン草刈機による樹園地の草刈り、リモートセンシングによる生育診断等の受託作業を実施しています。特に農業用ドローンは、急傾斜地の樹園地等では、自動航行による薬剤散布を行うことで、大幅な省力化を実現でき、高齢化が進む中山間地域での農業生産の維持に大きく貢献することが期待されています。

中山間地の樹園地で
作業するリモコン草刈機
資料：大信産業株式会社

同社では、水稲やかんきつを対象にドローンによる防除を行っており、かんきつについては3Dカメラ付きドローンで撮影した映像を基に飛行ルートを作成し自動で防除作業を行っています。ドローンによる防除実績（延べ面積）は拡大傾向で推移しており、令和4(2022)年度は445haとなっています。防除作業は基本的に農協を経由して受注しており、防除作業料（農薬費を含む。）は水稲で4千円/10a程度、かんきつで8千円/10a程度*に設定されています。

ドローンの利用については、個人での購入はハードルが高い側面もあることから、同社では農業支援サービスの一層の活用・普及に向けて、効率的な自動飛行ルートの設定技術の向上とともに、農協等のオペレーターの育成・技能向上等を図っていくこととしています。今後とも進歩する農業技術に対応し、より高品質で安全な農産物の生産をサポートしていくこととしています。

＊農協によって受託料金が異なる場合がある。

（2）イノベーションの創出・技術開発の推進

（農林水産・食品分野においてもスタートアップの取組が拡大）

我が国における経済成長の実現のためには、新しい技術やアイデアを生み出し、成長の牽引役となるスタートアップの活躍が不可欠です。農林水産業や食品産業の現場において

は、バリューチェーンの川上から川下まで様々な課題を抱えており、これらの課題解決に向けて、独自の技術シーズを新規事業につなげ、イノベーションを創出するスタートアップの研究開発力に大きな期待が寄せられています。

　一方、農林水産・食品分野では、IT系や製薬・創薬等の分野に比べて、研究開発後、サービスを展開し、利益を回収するまでに相対的に長い期間を要するケースが多いといった特性が見られ、成長資金の流入が少ない状況にあります。

　このため、農林水産省では、スマート農業技術にも対応した品種開発の加速化、農林漁業者等のニーズを踏まえ、現場では解決が困難な技術問題に対応する研究開発等を国主導で推進しています。

　さらに、日本版SBIR[1]制度を活用し、農林水産・食品分野において新たな技術・サービスの事業化を目指すスタートアップ・中小企業が行う研究開発等を発想段階から実用化段階まで切れ目なく支援することとしています。また、スタートアップ等が有する先端技術の社会実装を促進するため、新たに中小企業イノベーション創出推進事業を実施し、大規模な技術実証を支援しています。

　このほか、投資円滑化法[2]に基づき、スマート農業技術やフードテックのスタートアップ等に投資する民間の投資主体への資金供給を促進することとしています。

スタートアップによるピーマン自動収穫ロボットの開発
資料：AGRIST株式会社

（ムーンショット型研究開発を推進）

　内閣府の総合科学技術・イノベーション会議（CSTI[3]）では、困難だが実現すれば大きなインパクトが期待される社会課題等を対象とした目標を設定し、その実現に向けた挑戦的な研究開発（ムーンショット型研究開発）を関係府省と連携して実施しています。このうち農林水産・食品分野においては、「2050年までに、未利用の生物機能等のフル活用により、地球規模でムリ・ムダのない持続的な食料供給産業を創出」することを目標として掲げ、食料の生産と消費の両面から八つの研究開発プロジェクトに取り組んでいます。これまでに、AIが害

図表3-8-6　レーザー光による害虫駆除技術

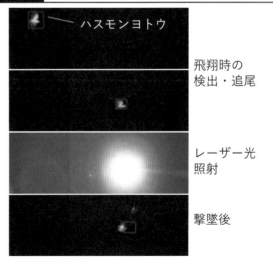

ハスモンヨトウ

飛翔時の
検出・追尾

レーザー光
照射

撃墜後

資料：農林水産省作成

---

[1] Small Business Innovation Researchの略で、中小企業者による研究技術開発と、その成果の事業化を一貫して支援する制度のこと
[2] 第1章第7節を参照
[3] Council for Science, Technology and Innovationの略

虫の不規則な動きを検知し、レーザー光照射で撃ち落とす技術の開発、牛の胃からメタンガス抑制機能を持つ細菌を分離・特定するなどの研究成果が生まれており、引き続き目標の実現に向けて研究開発を進めていくこととしています(**図表3-8-6**)。

(「知」の集積と活用の場によるイノベーションを創出)

食品化学分野の特許出願件数については、欧米や中国等が中長期的に増加しているのに対し、我が国の特許出願件数はおおむね横ばい傾向で推移しています(**図表3-8-7**)。我が国における農林水産・食品分野の研究開発力を強化するためには、多様な分野を含めた産学官連携の量的・質的な深化を図っていく必要があります。

このため、農林水産省では、農林水産・食品分野におけるオープンイノベーションの促進を目的とした「「知」の集積と活用の場」を設け、イノベーションの創出に向けて、基礎から実用化段階までの研究開発やその成果の社会実装・事業化等を推進しています。令和6(2024)年3月時点で、多様な分野の業種から4,800以上の企業・大学等が参画し、海外各地域の嗜好性分析に基づく輸出向けの日本酒、カニ殻由来のキチンナノファイバーを利用した化粧品といった新たな技術・商品の開発等が進められています。さらに、このような優れた研究成果の速やかな社会実装や事業化を推進するため、アグリビジネス創出フェア等を通じて幅広く情報発信を行っています。

図表3-8-7　国・地域別特許出願件数(食品化学分野)

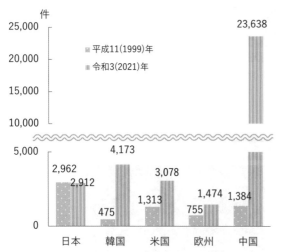

輸出向けに開発された日本酒
資料：株式会社一ノ蔵

資料：世界知的所有権機関「WIPO Statistics database」を基に農林水産省作成
注：1) 令和5(2023)年12月時点の数値
　　2) 食品化学分野は、植物関連技術(遺伝子型を改変するための処理、培養技術等)、食品の保存に関する技術、ベイキング関連技術、飲料関連技術等
　　3) 出願された国・地域における件数を集計
　　4) 欧州は、欧州特許庁の数値

(品種登録の出願件数は減少傾向で推移)

我が国における品種登録の出願件数については近年減少傾向で推移していますが、令和5(2023)年度は前年度に比べ45件増加し422件となっています(**図表3-8-8**)。

優良な新品種は農業の強みの源泉であり、その開発力の低下は我が国の農業競争力にも

影響が及ぶことが懸念されています。食料の安定供給を確保するためには、生産性向上を始めとした課題に対応した画期的な品種を開発していくことが必須であり、そのためには品種開発力の充実・強化が必要です。

図表3-8-8 我が国で育成された品種の品種登録出願件数

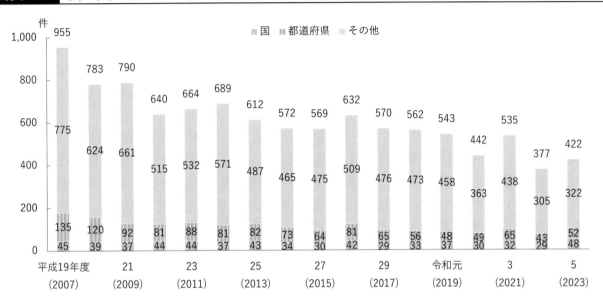

資料：農林水産省作成
注：「その他」は、種苗会社、食品会社、大学、農協、個人の合計

（スマート育種基盤やゲノム編集技術の活用等を推進）

　農林水産省では、みどり戦略の実現に向け、スマート農業技術にも対応した品種開発の加速化や、生産現場の技術問題の解決を図る研究開発等を国主導で推進しています。これらの品種育成の迅速化を図るため、最適な交配組合せを予測するツールといった新品種開発を効率化する「スマート育種基盤」の構築を推進し、国の研究機関、都道府県の試験場、大学、民間企業等による品種開発力の充実・強化に取り組むこととしています。さらに、内閣府の研究開発プログラム「戦略的イノベーション創造プログラム（SIP[1]）」では、令和5(2023)年度から、植物性たんぱく質の供給源として重要な役割を担っている食用大豆について、高収量・高品質な大豆品種開発のための育種プラットフォームの構築等を進めています。

　また、近年では天然毒素を低減したジャガイモを始め、ゲノム編集[2]技術を活用した様々な研究が進んでいます。一方で、ゲノム編集技術は新しい技術であるため、理解の促進が必要です。農林水産省は、ゲノム編集技術を活用した現場を体験できるオープンラボ交流会を実施したほか、大学や高校に専門家を派遣して出前講座等を行うなど、消費者に研究内容を分かりやすい言葉で伝えるアウトリーチ活動を実施しています。

　このほか、令和5(2023)年5月に、花粉症に関する関係閣僚会議で決定された「花粉症対策の全体像」に基づき、花粉症の症状緩和を目指し、農研機構で開発されたスギ花粉米について、実用化に向けた更なる臨床研究等を実施することとしています。

---

[1] Cross-ministerial Strategic Innovation Promotion Programの略
[2] 酵素等を用い、ある生物がもともと持っている遺伝子を効率的に変化させる技術

(3) 農業施策の展開におけるデジタル化の推進

(令和6(2024)年2月に「農業DX構想2.0」を取りまとめ)

農業者の高齢化や労働力不足が進む中、社会の変化に的確に対応しつつ、生産性を向上させ、農業を持続的に成長できる産業としていくためには、発展著しいデジタル技術を積極的に活用して、経営の高度化や生産から流通・加工、販売等の変革を進め、生産性の向上を図ることが不可欠です。

農林水産省では、農業・食関連産業のデジタル変革(DX[1])推進の羅針盤・見取り図として、令和3(2021)年3月に「農業DX構想」を策定し、その後、同構想の実現に向けたプロジェクトとして、食料・農業・農村の各分野の現場や行政実務等に係る様々なプロジェクトに取り組んできました。

他方、農業DX構想の策定以降も、生成AIやWeb3といったデジタル技術の目覚ましい発展が見られること、国内外の情勢が著しく変化していることを踏まえ、令和5(2023)年6月には「農業DX構想の改訂に向けた有識者検討会」が設置され、今後の農業・食関連産業のデジタル化の方向性や進め方等に関する議論が行われました。その結果、令和6(2024)年2月に農業・食関連産業のDXの実現に向けた、農業・食関連産業やテック企業等の関係者に対する「マイルストーンを示すナビゲーター」として「農業DX構想2.0」が取りまとめられました。農業DX構想2.0では、行政のみならず、農業・食関連産業関係者が取り組むべきDXへの道筋、テック企業を含む関係者が留意すべき事項が示されたほか、デジタル技術の導入後の活用方法に習熟するまでの支援策として、他の農業者等の導入事例の紹介、デジタル技術の導入に成功した後のイメージの提示、取組が目指す未来予想図のイメージ等が盛り込まれました。

(eMAFF及びeMAFF地図の活用を推進)

「農林水産省共通申請サービス(eMAFF)」は、農林水産省が所管する行政手続をオンライン化し、利用者の利便性を向上させるものです(図表3-8-9)。

eMAFFは令和4(2022)年度末までに、農林水産省が所管する3,300を超える行政手続のオンライン化を実現しています。農林漁業者等を始め、地方公共団体等への普及活動を進めつつ、市町村等における審査体制の確立、オンライン利用の推進活動等の取組を令和6(2024)年度から本格化することとしており、利用者の声を聞きながら、利便性の向上や操作性の改善にも取り組むこととしています。

また、「農林水産省地理情報共通管理システム(eMAFF地図)」は、農業に必要不可欠な農地に関する様々な制度のデータをデジタル地図の技術を活用して統合し、農地関係業務を抜本的に効率化するものです。

令和4(2022)年度からeMAFF農地ナビや現地確認アプリの運用を開始しており、令和5(2023)年度においては、制度ごと、関係機関ごとに個別に管理されている農地情報を一元的に管理し、農地関連行政手続のオンライン化、現地確認の効率化を図るため、地方公共団体等のほとんどで農地情報の紐付けを実施したところであり、農業現場等においてeMAFF地図等の活用がより一層促進されることが期待されています。

---

[1] Digital Transformationの略で、データやデジタル技術を駆使して、顧客や社会のニーズを基に、経営や事業・業務、政策の在り方、生活や働き方、さらには、組織風土や発想の仕方を変革すること。DXのXは、Transformation(変革)のTrans(X)に当たり、「超えて」等を意味する。

図表3-8-9 eMAFF及びeMAFF地図

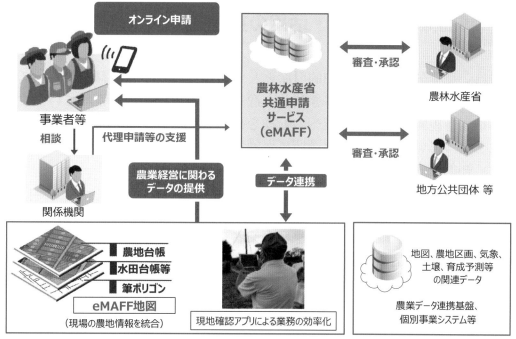

資料：農林水産省作成

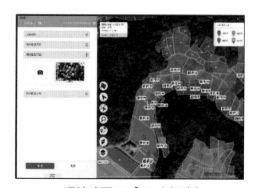

現地確認アプリの活用例
資料：農林水産省作成

（農林水産行政が保有するデータ活用に向けた環境整備等を推進）

　農林水産業の生産・経営やそれらを取り巻く社会情勢の変化・多様化が加速する中、行政においてもデータを活用してその変化を的確に捉え、政策運営に活かしていくことの重要性が高まっています。農林水産省では、保有するデータをより使いやすく整備・蓄積するとともに、その組織的活用や人材育成を進めることによりデータ駆動型の行政を推進するため、「農林水産省データマネジメント・データ活用基本方針書」を令和5(2023)年10月に策定しました。

　また、整備・蓄積されるデータの公開(オープンデータ化)を推進し、農林水産省が提供するオープンデータの充実や利便性向上を図ることとしています。

　このほか、政府において、関係省庁における生成AIの業務利用に関し、令和5(2023)年5月に「ＣｈａｔＧＰＴ等の生成AIの業務利用に関する申合せ」が行われ、農林水産省では、これに留意しつつ、業務の効率化等の観点から生成AIを利用しています。

　我が国では、農業分野における知的財産としての価値に対する認識や保護・活用に関する知識が十分ではなく、得られるべき利益を逸している事例が確認されています。また、今後、海外市場も視野に入れた農業への転換を目指していく中で、我が国における農業の強みの源泉となっている知的財産を適切に保護・活用することが重要となっています。

　本節では、知的財産の保護・活用の取組について紹介します。

(知的財産の保護・活用に関して十分に浸透していない状況)

　我が国の農林水産物・食品は、農林水産事業者や食品等事業者、地方公共団体・試験研究機関の関係者等の高品質・高付加価値なものを作る技術やノウハウ、我が国の食文化や伝統文化等の「知的財産」によって、諸外国に類を見ない特質・強さを有しています(**図表3-9-1**)。

図表3-9-1　農林水産・食品分野における知的財産の種類

○ 植物新品種	○ 地理的表示 (地域で育まれた伝統と特性を有する農林水産物・食品の名称)	○ 古くからある植物品種
○ 発明 (栽培技術や独自の資材)	○ 営業秘密 (秘密管理性、有用性、非公知性の要件を満たすもの)	○ 食文化・伝統文化
○ 商標 (商品のマーク・ブランド)	○ 限定提供データ (特定の者に販売するため蓄積・管理される画像データ等)	○ 生産・保存・製造等の技術
○ 考案 (物品の形状・構造又はその組合せに係る考案)	○ 家畜の遺伝資源	○ ブランド
○ 意匠 (物品の美しい外観、使い勝手の良い外観)	法定された知的財産	その他重要な知的財産

資料：農林水産省作成

　一方、知的財産の保護・活用については、生産技術や品種を無償で共有する慣習や、国・都道府県の品種開発が公的資金により行われていることから、開発費用が価格に上乗せされていないなどの背景があり、十分に浸透していない状況です。

　このため、我が国の農林水産・食品産業分野の知的財産を戦略的に創出・保護・活用することにより、我が国の農林水産業・食品産業の国際競争力の強化を図ることが重要となっています。

(海外への無断流出の事例が複数確認)

　我が国では農業の競争力強化のために、輸入品との差別化に向けた高品質化・ブランド化を重視し、これまで優れた品種や技術の開発・普及を推進してきた結果、世界的に高く評価されるジャパンブランドが確立されるに至っています。

　しかしながら、これまで我が国の農業界では、農業分野における知的財産としての価値に対する認識や、保護・活用に関する知識が十分ではなく、このことが海外や国内他産地への無断流出につながっており、得られるべき利益を逸している事例も複数確認されてい

ます。

　今後、海外市場も視野に入れた農業への転換を目指していく中で、我が国における農業の強みの源泉となっている知的財産を適切に保護・活用していくことは極めて重要な課題です。そのため、知的財産に関する法令に基づく審査・実行体制の充実を始めとして、その実効性を高める取組を進め、我が国の農業競争力の維持・強化だけでなく、適切な対価を得ることを通じて継続的な研究開発を行っていくことが求められています。

中国において「香印翡翠」の名称での
販売が確認されているシャインマスカット

（品種管理体制の強化に向けた育成者権管理機関の取組を推進）

　海外への品種の流出は、品種登録出願中や普及段階において生じている可能性がある一方、育成者権者である公的機関や個人育種家等では、登録品種の適切な管理や侵害対策の徹底が難しい現状にあります。

　このため、植物新品種の育成者権者に代わって海外での登録出願、ライセンスを行うとともに、警告・差止等の侵害対応やこれらの助言・支援を行う育成者権管理機関の取組を、農研機構、JA全農、一般社団法人日本種苗協会、公益社団法人農林水産・食品産業技術振興協会(JATAFF)等が連携して、令和5(2023)年度から開始しました(**図表3-9-2**)。

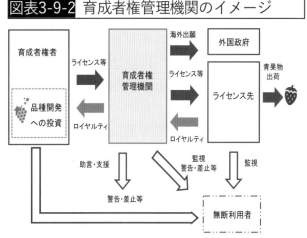

図表3-9-2 育成者権管理機関のイメージ

資料：農林水産省作成

今後、同機関の取組を通じ、海外現地のライセンス先が実効的な監視を行うことで、現地制度に基づく差止等の法的措置も講じやすくなります。

（植物品種の審査のため、米国との間で協力覚書に署名）

　我が国の植物品種の諸外国・地域における侵害に対処するためには、当該国・地域において品種登録が行われることが不可欠です。このため、我が国は、「植物の新品種の保護に関する国際条約」(UPOV[1]条約)の枠組みの下、加盟国・地域が、相手国・地域からの出願品種の審査に当たり、その相手国・地域における審査結果を活用する審査協力を進め、円滑な審査や迅速な登録を推進しています。

　令和5(2023)年10月には、農林水産省と米国農務省との間で、「日米審査協力覚書」について署名を行いました。これにより、我が国から米国への出願品種の審査に当たり、米国は我が国の品種登録審査結果を用いることが可能となりました。我が国からの輸出拡大に向け、米国での審査期間の短縮による我が国における優良品種の保護の迅速化が期待されています。

---

[1] International Union for the Protection of New Varieties of Plantsの略で、植物新品種保護国際同盟のこと

第
3
章

（農林水産物・食品の海外での模倣品疑義情報相談窓口を設置）

　我が国の農林水産物・食品は、海外で高く評価されている一方、海外で模倣品(偽物)の流通が多数発見されています。

　このため、農林水産省では、我が国の農林水産物・食品の海外での模倣品がジャパンブランドの毀損や輸出促進の阻害要因となることから、特許庁、外務省、JETROの関係省庁等と連携して、模倣品疑義情報を受け付ける窓口を設置しました。令和5(2023)年11月にタイ(バンコク)、同年12月に中国(北京、上海、広州、成都)、香港(香港)、令和6(2024)年3月に台湾(台北)の輸出支援プラットフォーム内に相談窓口を設置し、既に海外展開している又は海外展開を検討中の事業者・団体から広く情報提供や相談を受け付けています。これらの情報を基に、現地での商標取得等の権利化を促進するとともに、産地偽装等が疑われる事案については現地当局に情報提供の上、適切な取締りを依頼することとしています。

（和牛遺伝資源の管理・保護を推進）

　和牛は関係者が長い年月をかけて改良してきた我が国固有の貴重な財産であり、和牛の改良を継続的・効果的に促進し、国内の生産振興や和牛肉の輸出拡大を図るためには、精液等の遺伝資源の適正な流通管理を行い、知的財産としての価値を保護することが重要です。

　農林水産省では、和牛遺伝資源の生産事業者と、その譲渡先との間で、使用者の範囲等について制限を付す契約を普及させることにより、知的財産としての保護を図り、和牛遺伝資源の管理・保護を推進しています。

　また、令和4(2022)年度には、家畜改良増殖法に基づき、全国の家畜人工授精所1,175か所への立入検査を実施し、法令遵守の徹底を図りました。

（知的財産の戦略的な活用を推進）

　農業現場には、熟練農業者の優れた技術・ノウハウや栽培データ等の重要な知的財産が多数存在していますが、農業現場ではこれらは保護すべき知的財産であるとの意識が希薄な状況にあります。

　農業者を対象に実施した調査によると、農業者の約4割はノウハウに財産的価値がある可能性を認識しつつも、8割以上はノウハウを管理していないとの結果が見られています(**図表3-9-3**)。一方、知的財産の戦略的な活用により、知的財産の創出や保護に係るコストを回収し、ライセンス収入を得られる知的財産ビジネスが可能になります。

　農林水産省では、育成者権者が、我が国の品種の無断栽培を実効的に抑止しつつ、国内農業の振興や輸出促進に寄与する戦略的な海外ライセンスを行うための指針となるものとして、令和5(2023)年12月に「海外ライセンス指針」を策定しました。

　また、我が国の優れた品種や技術等の知的財産を侵害や流出から守り、収入に変えていくため、農業・食品分野における関係者の知的財産教育を充実させるとともに、知的財産を戦略的に活用できる専門人材の育成・確保に取り組んでいます。また、学生向け教材として作成したテキストの活用や学生向け講座の拡大を図りながら、農業分野の知的財産に明るい次世代人材の育成を図っています。

図表3-9-3 農業現場における知的財産の管理実態

（生産ノウハウに財産的価値がある可能性の認識）

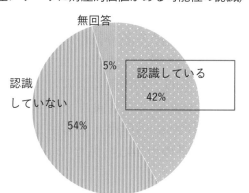

無回答 5%
認識している 42%
認識していない 54%

（生産ノウハウの管理状況）

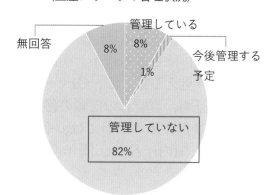

無回答 8%
管理している 8%
今後管理する予定 1%
管理していない 82%

資料：農林水産省「農業分野における生産技術・ノウハウ等の知的財産としての管理に関するアンケート調査 調査結果報告書」（平成30(2018)年3月公表）

注：平成29(2017)年7～8月に実施した調査で、有効回収数は277人

（事例）知的財産権を活用して特産品のブランド価値を向上（長野県）

　長野県飯田市に本所を置く「みなみ信州農業協同組合」（以下「JAみなみ信州」という。）では、地域特産物である「市田柿」の知的財産権の使用や権利の行使を始め、国内外にわたる戦略を構築し、知的財産の活用による輸出促進や地域への貢献等広範囲にわたる活動を展開しています。

　市田柿は、同県飯田市、下伊那郡の各町村及び飯島町、中川村に古くから伝わる伝統加工品の干し柿であり、JAみなみ信州の柿部会では、令和5(2023)年12月時点で1,836人の生産者がおり、令和4(2022)年度の販売額は26億4千万円となっています。

　JAみなみ信州では、海外産の模倣品の流通等を契機に、産地全体での品質向上やブランドの維持・向上を図るため、平成18(2006)年に地域団体商標を取得したほか、平成19(2007)年に市田柿ブランド推進協議会を設立し、平成28(2016)年には地理的表示（GI*）として登録されました。また、海外で模倣品が出回る中、平成21(2009)年に香港、平成22(2010)年に台湾で商標登録を行いました。さらに、GI取得は国・地域単位で必要となるため、これまでにタイ、ベトナム、マレーシア、シンガポールで登録を行っています。

　また、JAみなみ信州では、知的財産を多様な側面から複合的に保護する「知財ミックス」によるブランド力の強化を図ってきており、地域特産品の名称や農業技術の保護、農家所得の向上に向け、知的財産の一層の活用を推進していくこととしています。今後は、市田柿の甘く、もっちりとした品質を維持するため、温暖化等に耐え得る技術改良や機械化に取り組むほか、消費者のニーズに合わせた商品等の開発、海外へのスペシャルティフードとしての輸出も視野に入れた取組を展開していくこととしています。

＊ Geographical Indicationの略

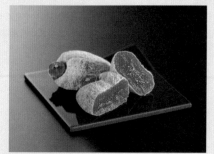

GI登録されている「市田柿」
資料：みなみ信州農業協同組合

台湾でのプロモーション活動
資料：みなみ信州農業協同組合

第3章

(新たに19産品がGI登録)

　地理的表示(GI)保護制度は、その地域ならではの自然的、人文的、社会的な要因の中で育まれてきた品質、社会的評価等の特性を有する産品の名称を、地域の知的財産として保護する制度です。同制度は、国による登録によりそのGI産品の名称使用の独占が可能となり、模倣品が排除されるほか、産品の持つ品質、製法、評判、ものがたり等の潜在的な魅力や強みを「見える化」し、GIマークと相まって、効果的・効率的なアピール、取引における説明や証明、需要者の信頼の獲得を容易にするツールとして機能するものです。

　国内のGI登録産品については、令和5(2023)年度は新たに19産品が登録され、これまでに登録された国内産品は、同年度末時点で43都道府県の計145産品となりました(**図表3-9-4**)。

　また、日EU・EPAにより、日本側GI108産品、EU側GI121産品が相互に保護され、日英EPAにより、日本側GI77産品、英国側GI30産品が相互に保護されています。このほか、二国間の協力枠組みに基づき、タイとの間で日本側GI6産品、タイ側GI2産品、ベトナムとの間で日本側GI3産品、ベトナム側GI2産品が登録されています。

　農林水産省では、令和4(2022)年11月にGI保護制度の運用を見直し、農林水産物・食品の輸出拡大、所得や地域の活力向上に資するようGI保護制度の活用を推進しています。令和5(2023)年度にはこのような運用見直しの効果もあり、GI申請数の拡大が見られています。また、GIマークの活用とともに、GI産品と他業種とのコラボレーションを通じて、市場においてGIやGIマークを露出する機会を増やし、実需者の認知・価値を向上させていくこととしています。

図表3-9-4　令和5(2023)年度のGI登録産品

長崎からすみ(長崎県)
・艶やかな琥珀色で雑味がなく、魚卵そのものから醸し出される濃厚な旨味と香りを持つ。
・中国・オランダの文化と融合した卓袱料理での使用を始め、長崎県の食文化とのつながりも深い。江戸時代から天下三珍として珍重され、贈答品、高級土産、食通の愛用品としての需要が高い。

あら川の桃(和歌山県)
・外観に優れ良好な食味や数百年に及ぶ歴史と知名度の高さから、卸売市場では高価格で取引されている。
・開花期のピンク色の絨毯を敷き詰めたような桃源郷をも思わせる絶景は、多くの観光客が足を運び、この地域の季節を感じさせる風物詩となっている。

資料：農林水産省作成

昭和かすみ草(福島県)
・小花数が多く出荷後の観賞期間も長い。
・夏秋期の「かすみそう」として需要者から高く評価されており、高値で取引されている。

浜中養殖うに(北海道)
・身色がオレンジ色に近い濃い黄色で、色や大きさがそろった養殖のエゾバフンウニ
・クリーミーな口溶けに苦みや雑味のない濃厚な味わいといった市場等の評価に加え、養殖の強みを活かした生産・出荷戦略により、天然のエゾバフンウニより高値で取引されている。

鹿沼在来そば(栃木県)
・鹿沼地域の在来種であり、そば実は一般的なそば実と比較して約80%小粒細実(3.8〜4.2mm)。殻が薄いため、その分香り成分の基となる甘皮の割合が高くなり、剥き実は香りが豊か。
・麺にすると高いでん粉質により雑味のない甘さがあり、たんぱく質が低いため歯切れも良好

富田林の海老芋(大阪府)
・その名の由来とされる海老のような湾曲した形状と縞模様が特徴
・食味としてのほくほく感の指標である乾物率が他産地のものより高く、滑らかな舌触りから高級食材として、通常の里芋より高値で取引され、京都府や東京都の料亭等から重宝されている。

ぐしちゃんピーマン(沖縄県)
・大玉肉厚で光沢があり、りんごのような甘さとシャキシャキとした食感で、苦みが少なく生で食べてもおいしいと需要者から高く評価されている。
・農業産出額も増加しており、地域農業を牽引

大野豆(香川県)
・一般的な一寸そらまめと比べ、小粒で皮が薄く柔らかいため咀嚼しやすい。
・古くから郷土料理の「押し抜き寿司」や「しょうゆ豆」の原料として重宝され、地元に欠かせない産品

資料：農林水産省作成

第3章

図表3-9-4　令和5（2023）年度のGI登録産品（続き）

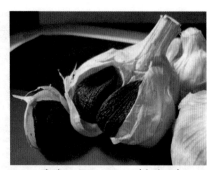

青森の黒にんにく（青森県）

・可食部は黒色をしており、ドライフルーツのような食感と甘酸っぱい食味を持ち、免疫や脳機能等に関与する機能性成分を多く含有
・加工技術の向上や製品の品質管理等に取り組み、国内外市場の拡大を図ることにより地域の重要な産業に成長

備前黒皮かぼちゃ（岡山県）

・濃緑色で、縦溝が深く、他の黒皮かぼちゃより、ややこぶが多い外観。果皮・果肉硬度が低く含水率が高いため、煮くずれしにくく滑らかな食感を持つ。
・近隣の地域にはない在来の日本カボチャとしての伝統や希少性から、高値で取引され、需要者から高く評価されている。

淡路島3年とらふぐ（兵庫県）

・一般的な養殖とらふぐの1.5〜2倍と大きく、引き締まった身質と歯ごたえ、濃厚な味等が需要者から評価され高値で取引されている。
・「とらふぐ」目当ての観光客が増えており、冬の淡路島を代表するブランドとして定着

西わらび（岩手県）

・太くて長いわらびで、水煮にすると「とろっ」とした食感で柔らかく、うま味成分が豊富でアクやスジが極めて少ない。
・他産地のわらびに比べ高値で取引され、需要者から高く評価されている。地域の食文化とのつながりも深い。

いしり・いしる*（石川県）

・原料が持つ天然の発酵力を活かして長期間発酵・熟成させる特色ある伝統的製法が、「いしり」の豊かな旨みと独特の風味を生み出しており、日本三大魚醤油の一つとして認知されている。
・「いしりの貝焼き」や「べん漬け」等の郷土料理等に欠かせない万能調味料として定着
＊「いか汁」や「魚汁」の言葉がなまって「いしる」等と呼ばれるようになったと言われている。

中城島にんじん（沖縄県）

・鮮やかな黄色の根色とごぼうのような細長い形状が特徴
・古くから沖縄県の薬膳料理や郷土料理に欠かせない食材として重宝されており、地域の食文化に深く浸透

資料：農林水産省作成

種子島レザーリーフファン(鹿児島県)

・ツヤのある濃緑の葉色と左右対称の形状を有し、葉の変色や欠けが少なく日持ちも良好

・国内産を牽引する随一の出荷量を誇り、品質の高さから格式が求められる冠婚葬祭等で重宝されている。

仙台せり(宮城県)

・葉茎の鮮やかな緑色と根の白さとのコントラストが美しく、爽やかな香りと豊かな味わい、シャキシャキとした歯切れのよい食感

・伝統行事や郷土料理に用いられ、地域の風習や食文化に欠かせない伝統食材として定着

水口かんぴょう(滋賀県)

・調理した際に、やわらかく、味がよく染み込むのが特徴

・江戸時代から「かんぴょう」の名産地とされ、郷土料理「宇川ずし」に欠かせない食材としてふんだんに使われている。地元の食材として代々受け継がれ、地域の食文化として根付いている。

やまえ栗(熊本県)

・甘みの強さや栗本来の風味や香り等がパティシエや料理人から高く評価されており、やまえ栗を使った菓子等が高級クルーズトレインや国際線ファーストクラスのデザートとして使われている。

・山江村の観光・経済を支える特産品となっている。

長州黒かしわ(山口県)

・適度な歯ごたえを残しながら柔らかく、うま味成分「イノシン酸」や疲労回復成分「イミダゾールジペプチド」を多く含んでいる。

・「焼き鳥のまち」長門市の観光における食の名物として浸透しているほか、山口県オリジナル地鶏として、その良好な食味から県内外の流通業者、飲食店、宿泊施設等で重宝されている。

知的財産・地域ブランド情報
URL：https://www.maff.go.jp/j/kanbo/tizai/brand/

資料：農林水産省作成

第3章

第10節　農業生産資材の安定確保と国産化の推進

　農業生産に必要な肥料や飼料等の農業生産資材については、価格高騰や原料供給国からの輸出の停滞等の安定供給を脅かす事態が生じるなど、食料安全保障上のリスクが増大しています。このため、輸入依存度の高い農業生産資材について、未利用資源の活用を始め、国内で生産できる代替物へ転換していくことが重要となっています。
　本節では、農業生産資材の安定確保に向けた取組や価格高騰への対応について紹介します。

（1）肥料原料の安定確保と肥料価格高騰への対応

（化学肥料原料は特定国からの輸入に大きく依存）

　主要な肥料原料の資源は、世界的に偏在しています。りん鉱石は、中国、モロッコ、エジプトの3か国で世界の経済埋蔵量の約8割を占めています。また、加里鉱石は、カナダ、ベラルーシの2か国で約7割を占めています。
　このような中、我が国では、りん酸アンモニウムや塩化加里のほぼ全量を、尿素は95%を海外産出国から輸入しています（**図表3-10-1**）。化学肥料原料の大部分を特定国からの輸入に依存している状況の下では、輸出国側の輸出制限や国際価格の影響を受けやすいことから、輸入の安定化や多角化、輸入原料から国内資源への代替を進めていく必要があります。

図表3-10-1　肥料原料の輸入相手国

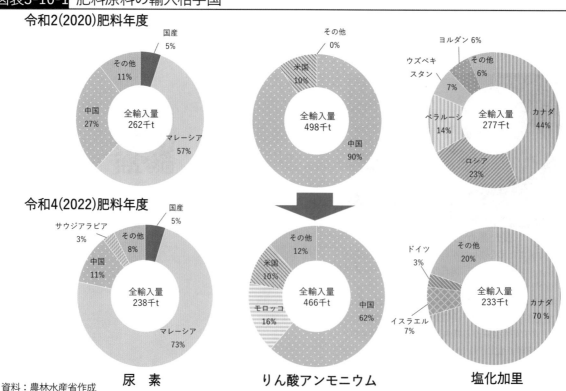

資料：農林水産省作成
注：1）肥料年度は、当該年の7月から翌年6月までの期間
　　2）全輸入量には、国産は含まれない。
　　3）工業用仕向けのものを除く。

令和3(2021)年秋以降、中国による肥料原料の輸出検査の厳格化やロシアによるウクライナ侵略の影響により、我が国の肥料原料の輸入が停滞したことを受け、りん酸アンモニウムのモロッコからの輸入割合の上昇を始めとして、調達国を多角化する動きも見られています。

(肥料原料の輸入通関価格は令和5(2023)年1月以降、下落基調に転換)

　肥料原料の輸入通関価格は、令和3(2021)年以降、上昇傾向にある中で、ロシアによるウクライナ侵略や為替相場の影響等の要因も重なり、尿素は令和4(2022)年4月に過去最高値となる11万7千円/t、りん酸アンモニウムは令和4(2022)年7月に過去最高値となる16万7千円/t、塩化加里は令和4(2022)年10月に過去最高値となる16万1千円/tとなるなどの価格上昇が見られました(**図表3-10-2**)。その後、国際的な需要の落ち着き等を背景として、令和5(2023)年1月以降は下落基調に転じています。

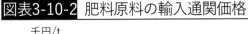

図表3-10-2　肥料原料の輸入通関価格

資料：財務省「貿易統計」を基に農林水産省作成
　注：月当たりの輸入量が5千t台以下の月は前月の価格を表記

　また、我が国の農業生産資材価格指数(肥料)は、令和3(2021)年以降、上昇傾向で推移していましたが、令和5(2023)年4月に155.3に達して以降は低下しています(**図表3-10-3**)。

　肥料価格の高騰は、農業経営にも影響を及ぼすことから、国際情勢等も踏まえ、今後も価格動向を注視していく必要があります。

図表3-10-3　農業生産資材価格指数(肥料)

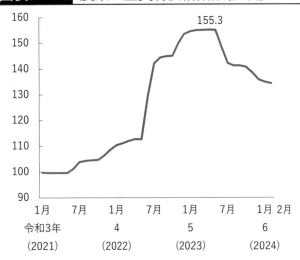

資料：農林水産省「農業物価統計調査」
　注：1) 令和2(2020)年の平均価格を100とした各年各月の数値
　　　2) 令和5(2023)、6(2024)年は概数値

（肥料原料の過度な輸入依存からの脱却に向け、肥料の国産化を推進）

　国際情勢に左右されにくい安定的な肥料の供給と持続可能な農業生産を実現することが求められている中、肥料原料の過度な輸入依存からの脱却に向け、国内資源を活用した肥料への転換を進めています。

　このため、農林水産省では、肥料の国産化を図るため、畜産業由来の堆肥や下水汚泥資源等の国内資源の肥料利用を推進することとしています。

　具体的には、肥料の原料供給事業者、肥料製造事業者、肥料利用者の連携による堆肥等の高品質化・ペレット化等に必要な施設整備、国内肥料資源の利用拡大に必要な圃場での効果実証や機械導入等を支援するとともに、地域によって偏在する家畜排せつ物を原料とした堆肥を有効活用するため、ペレット化し広域流通させる取組の実証を支援しています。

　さらに、肥料価格の高騰が農業経営に及ぼす影響の緩和を図るため、令和4(2022)年度の予備費を活用し、令和4(2022)年6月〜5(2023)年5月に販売された肥料を対象に、予算額788億円の規模で、化学肥料の使用量の低減に向けた取組を行う農業者に対し、前年度からの肥料コスト上昇分の7割を支援しました。

　また、肥料価格高騰対策と併せて、化学肥料の使用量低減に取り組む地域活動を支援する追加対策を実施し、土壌診断に基づく適正施肥や堆肥等の国内資源の利用等の取組を支援しました。

　くわえて、堆肥等の有機物は土壌の性質によって効果が異なり、供給コストも要することから、国内資源由来肥料についての効率的・効果的な利用と流通を推進するため、全国の農地土壌で地力調査を実施して、土壌の性質に応じた利用ポテンシャルを明らかにすることとしています。

（国内資源の肥料利用の拡大を推進）

　農林水産省は、国内資源の肥料利用の拡大に向け、原料供給から肥料製造、肥料利用に至るまで連携した取組を各地で創出していくことを目的として、令和5(2023)年2月に「国内肥料資源の利用拡大に向けた全国推進協議会」を設置しました。

　同協議会では、同年6月に、「国内肥料資源の利用拡大プロジェクト」を立ち上げ、(1)生産現場等における栽培実証データ等の知見の集約、(2)国内資源由来肥料に関する取組内容等の発信、(3)国内肥料資源推進ロゴマークの活用促進を図ることとしており、各地で国内資源由来肥料の利用拡大に取り組む「ヒト」や「情報」のネットワーク化を進め、各地域における取組をより一層後押しすることとしています。

国内肥料資源推進ロゴマーク

国内肥料資源の利用拡大プロジェクト
URL：https://www.maff.go.jp/j/seisan/sien/sizai/s_hiryo/
kokunaishigen/zenkokukyougikai/project.html

（下水汚泥資源の利用を促進）

　輸入依存度の高い肥料原料の価格が高騰する中で、持続可能な食料システムの構築に向け、下水汚泥資源の活用に対する関心が高まっています。

　国土交通省が実施した調査によると、令和4(2022)年時点で我が国の全汚泥発生量に占める肥料利用の割合は約1割となっています。下水汚泥資源中には肥料成分である窒素やりん等が含まれますが、これまでその多くが主に焼却灰として埋立てや建設資材等に活用されていることから、今後は肥料としての利用を更に拡大していくことが必要です。

　令和5(2023)年度においては、農林水産省と国土交通省が連携し、下水汚泥資源の肥料利用の促進に向けた技術実証や大規模案件の形成支援、シンポジウムによる情報発信等に取り組みました。

　このほか、農林水産省では、肥料成分を保証できる新たな公定規格である「菌体りん酸肥料」を創設し、令和5(2023)年10月に施行しました。肥料成分が保証可能となることで農業者にとって使いやすい肥料となるほか、他の肥料の原料としても利用可能になることから、汚泥資源を使用した新たな肥料の開発が進むことが期待されます。

（事例）未利用資源を活用した肥料の開発・販売を推進（福岡県）

　福岡県福岡市に所在する全国農業協同組合連合会福岡県本部（以下「JA全農ふくれん」という。）は、同市と連携し、未利用の下水汚泥資源を活用した肥料の開発・販売を推進しています。

　博多湾の環境保全を目的として、下水の高度処理を行っている同市の和白水処理センターでは、下水を浄化する過程でりんを回収し、「再生りん」として肥料原料に活用しています。令和4(2022)年度のりん回収量は、設備の更新により前年度の約10倍となる99tに増加しました。

　JA全農ふくれんでは、再生りんを肥料原料として活用し、県内JAグループの堆肥を使った有機質配合肥料を同年9月から製造・販売しており、令和5(2023)年度の販売量は1,320tとなっています。従来使用していた化学肥料と比べて収量・品質は同等であり、価格は約20～30%安いことから、肥料価格高騰の影響を受ける農業者の経営安定に寄与しています。

　一方で、肥料の需要は、施肥の時期に高まるため、オフシーズンは在庫の問題が生じるほか、水処理施設での一時保管場所の確保等の課題を解決する必要があります。

　下水から回収する再生りんは、安定的な供給が可能な都市資源であり、再生りんの有効活用は脱輸入依存や環境負荷の低減につながるため、JA全農ふくれんでは、今後とも同市と連携しながら、再生りんの有効活用の促進に取り組むこととしています。

回収された再生りん
資料：福岡市和白水処理センター

（肥料原料の備蓄の取組を支援）

　肥料は、我が国の食料安定供給に極めて重要な役割を果たしていますが、主要な化学肥料の原料となる資源は特定の地域に偏在しており、そのほとんどの供給を輸入に依存しています。また、世界的な穀物需要の増加や紛争の発生等の国際情勢の変化により、原料の供給途絶リスクが顕在化しています。

　このため、令和4(2022)年5月に成立した経済安全保障推進法[1]に基づく特定重要物資とし

---

[1] 正式名称は「経済施策を一体的に講ずることによる安全保障の確保の推進に関する法律」

て肥料を指定し、その安定供給に取り組む肥料原料の輸入事業者・肥料製造事業者による肥料の供給確保計画の認定を行い、肥料原料の備蓄の取組を支援することとしています。具体的には、令和9(2027)年度までにりん酸アンモニウム及び塩化加里について、それぞれの年間需要量の3か月分に相当する数量を備蓄する体制の構築に向けて、事業者の参画を進めており、令和6(2024)年3月末時点で、7事業者の供給確保計画を認定し、りん酸アンモニウムでは1.9か月分、塩化加里では2.8か月分の備蓄体制を構築しています。

(2) 国産飼料の生産・利用の拡大と飼料価格高騰への対応

(配合飼料価格は引き続き高い水準で推移)

家畜の餌となる配合飼料は、その原料使用量のうち約5割がとうもろこし、約1割が大豆油かすとなっています。我が国は原料の大部分を輸入に依存していることから、穀物等の国際相場の変動に価格が左右されます。とうもろこしの国際相場は、バイオエタノール向け需要の拡大や主産国における生産動向、ロシアによるウクライナ侵略等を背景に、高い水準で推移しています。配合飼料の工場渡価格は、令和4(2022)年10月に過去最高となる10万1千円/tとなって以降、とうもろこしの国際価格が下落したこと等を受け、やや低下傾向で推移していますが、依然として高水準にあることから、今後も価格動向を注視していく必要があります(図表3-10-4)。

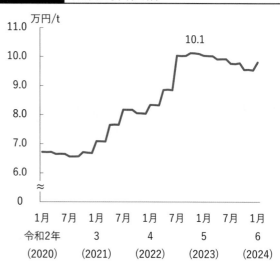

図表3-10-4　配合飼料価格

資料：公益社団法人配合飼料供給安定機構「飼料月報」を基に農林水産省作成
注：配合飼料価格は、工場渡しの全畜種の加重平均価格

(飼料の過度な輸入依存からの脱却に向け、国産飼料の生産・利用拡大を促進)

我が国の畜産経営において、令和4(2022)年の経営費に占める飼料費の割合を畜種別に見ると、約4～7割となっています。

農林水産省では、飼料価格高騰による畜産経営への影響を緩和するため、令和4(2022)年度において、国費総額で約1,900億円の予算を措置し、配合飼料価格安定制度等により生産者に補塡金を交付しました。また、令和5(2023)年度においては、配合飼料価格の高止まりが継続し、配合飼料価格安定制度の仕組み上、補塡が急減することによる、飼料コストの急増が懸念されたことから、一定期間にわたり連続で補塡が続いた後の配合飼料価格の高止まり等の場合に、飼料コストの急増を段階的に抑制する「緊急補塡」を制度内に設けて、必要な財源を措置しました。緊急補塡は、令和5(2023)年度第1四半期から第3四半期まで発動しています。

さらに、国産飼料の生産・利用拡大のため、耕畜連携、飼料生産組織の規模拡大、中山間地における地域ぐるみの取組、独立行政法人家畜改良センターにおける国内育成品種の供給能力強化、広域流通体制の構築、飼料の増産に必要な施設整備等を支援しています。

（事例）地域内耕畜連携による自給飼料の生産拡大と広域流通を推進（高知県）

高知県南国市の南国市耕畜連携協議会では、地域内の耕畜連携による自給飼料生産の拡大と広域流通を推進しています。

同市は、同県内における稲作の主要な生産地であり、輸入飼料価格の高騰を機に、耕種農家が飼料用稲を栽培・収穫・調製するとともに、酪農家が運搬・保管・給餌する取組を開始しました。

同協議会は、平成27（2015）年度に同市内の耕種農家及び畜産農家により設立され、令和5（2023）年11月末時点で、耕種農家9戸及び畜産農家3戸が構成員として活動しています。

同協議会では、平成27（2015）年に県の補助事業を活用して稲WCS*専用収穫機等を導入し、利用・供給体制の確立を進めてきました。また、構成員である畜産農家へ稲WCSを供給し、堆肥を耕種農家の圃場へ還元する体制の確立を進めてきました。

稲WCS収穫作業
資料：南国市耕畜連携協議会

これにより、水田で生産した稲WCSを牛に給餌し、牛ふん由来の堆肥を活用して稲WCSを生産する「耕畜連携」を通じた資源循環型農業の取組が拡大しています。稲WCSの作付・収穫面積については、令和5（2023）年は64.4haとなっており、平成28（2016）年と比べて2倍以上に拡大しています。稲WCSの生産拡大とともに、その供給先も周辺地域に拡大しており、国産飼料の広域流通に寄与しています。

同協議会では、今後とも耕畜連携による地域資源の有効活用を推進しながら、土づくりや肥料コストの削減、環境負荷の低減等を図っていくこととしています。

* 第3章第1節を参照

第3章

（耕畜連携への支援を強化）

生産現場においては、耕種農家の生産した国産飼料を畜産農家が利用する取組が増加しているほか、水田では、水稲の収穫に伴い、稲わらやもみ殻といった利用価値の高い副産物が産出され、家畜の飼料や敷料等の有用な資源として活用されています。また、家畜の飼養に伴い排出される家畜排せつ物は堆肥にすることにより、肥料や土壌改良資材等の有用な資源として活用されています。

農業生産資材価格が高騰し、耕種農家・畜産農家双方の経営に影響が見られる中、耕種農家と畜産農家が連携し、飼料作物と堆肥を循環させる「耕畜連携」の取組について、その重要性が一層高まっています。

農林水産省では、飼料作物を生産する耕種農家への飼料給与情報や飼料分析結果の提供のほか、耕畜連携協議会が行う畜産農家と耕種農家のマッチング活動といった国産飼料の生産・利用拡大のための取組を支援しています。

（エコフィードの製造数量は前年度に比べ増加）

　食品製造副産物等を利用して製造された飼料である「エコフィード[1]」の利用は、食品リサイクルによる資源の有効活用や国産飼料の生産・利用拡大等を図る上で重要な取組です。

　令和4(2022)年度のエコフィードの製造数量は、前年度に比べ2.5%増加し108万TDN[2]tとなり、濃厚飼料全体の5.4%に相当する水準となっています(図表3-10-5)。

　農林水産省では、地域の未利用資源を新たに飼料として活用するため、エコフィードの生産・利用を推進しています。

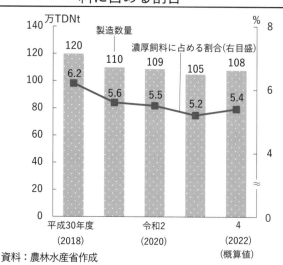

図表3-10-5　エコフィードの製造数量と濃厚飼料に占める割合

資料：農林水産省作成

(3) 燃料価格高騰への対応

（燃料価格の高騰に対し、施設園芸農家等に向けた支援策を実施）

　我が国の施設園芸経営において、令和4(2022)年の経営費に占める燃料費の割合は約2〜4割となっています。

　農業生産資材価格指数(光熱動力)は、令和3(2021)年以降、上昇傾向で推移し、令和5(2023)年9月には過去10年間で最高となる133.9となりました(図表3-10-6)。

　令和5(2023)年度においては計画的に省エネルギー化等に取り組む産地を対象に、施設園芸及び茶の農業者と国で基金を設け、燃油・ガスの価格が一定の基準を超えた場合に補塡金を交付しました。また、施設園芸農家向けのヒートポンプ等の導入を支援しました。

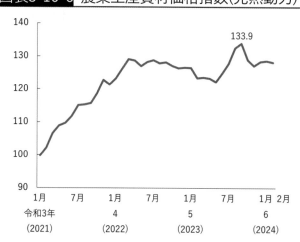

図表3-10-6　農業生産資材価格指数(光熱動力)

資料：農林水産省「農業物価統計調査」
注：1) 令和2(2020)年の平均価格を100とした各年各月の数値
　　2) 令和5(2023)、6(2024)年は概数値

（電気料金の高騰に対し、農業水利施設への支援を実施）

　食料の安定供給に不可欠な公共・公益性の高い農業水利施設は、維持管理費に占める電気料金の割合が大きく、エネルギー価格高騰による影響を受けやすくなっています。このため、農林水産省では、農業水利施設の省エネルギー化を進めるとともに、エネルギー価格高騰の影響を緩和するため、令和4(2022)年度から、農業水利施設の省エネルギー化に取り組む土地改良区等に対し、電気料金高騰分の一部を支援しています。なお、本支援は、エネルギー価格が低下してきたこと等を踏まえ、令和6(2024)年度をもって終了しますが、営農に配慮し、電力消費のピークを過ぎる同年9月まで実施することとしています。

---

[1] 食品製造副産物等を有効活用した飼料のこと。「環境にやさしい(ecological)」や「節約する(economical)」等を意味する「エコ(eco)」と飼料を意味する「フィード(feed)」を併せた造語
[2] 第3章第1節を参照

第11節 動植物防疫措置の強化

　食料の安定供給や農畜産業の振興を図るため、高病原性鳥インフルエンザ等の家畜伝染病や植物の病害虫に対し、侵入・まん延を防止するための対応を行っています。また、近年、近隣のアジア諸国・地域において継続的に発生している越境性動物疾病の侵入を防ぐためには、関係者が一丸となって取組を強化することが重要です。

　さらに、国内で継続的に発生が見られるヨーネ病等の家畜の慢性疾病や腐蛆病^{ふそびょう}等の蜜蜂の疾病への対策のほか、植物防疫法に基づく対策も重要となっています。

　本節では、動植物防疫措置の強化に向けた様々な取組について紹介します。

(1) 家畜防疫の推進

(高病原性鳥インフルエンザが継続的に発生)

　高病原性鳥インフルエンザは、その伝播力^{でんぱりょく}の強さや致死性の高さから、地域の養鶏産業に及ぼす影響が甚大であり、国民への鶏肉・鶏卵の安定供給を脅かしかねないだけでなく、鶏肉・鶏卵の輸出が一時的に停止するなどの影響が生じることから、引き続き発生予防とまん延防止を図る必要があります。

　令和4(2022)年シーズンにおいては、過去最大となる26道県84事例が発生し、およそ1,771万羽が殺処分対象となったことから、鶏卵の価格高騰や欠品が生じるまでの影響が見られました。

　令和5(2023)年シーズンにおいては、令和5(2023)年11月に佐賀県で高病原性鳥インフルエンザの発生が確認されて以降、令和6(2024)年3月末時点で9県10事例が確認されており、およそ79万3千羽が殺処分の対象となっています(**図表3-11-1**)。

第3章

| 図表3-11-1 | 令和5(2023)年シーズンにおける高病原性鳥インフルエンザの発生状況 |

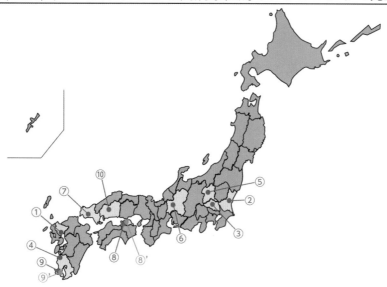

資料：農林水産省作成
　注：1) 令和6(2024)年3月末時点の発生状況
　　　2) 数字は発生の順を示す。赤字数字は令和5(2023)年シーズンにおける家きんでの発生農場。青字数字は赤字数字と同じ発生農場からの家きんの移動等から疑似患畜と判定し殺処分を行った農場等

(高病原性鳥インフルエンザの対策を強化)

　令和4(2022)年シーズンの高病原性鳥インフルエンザの発生を受け、農林水産省では、都道府県等と連携し、疫学調査等で得られた知見を踏まえ、農場における更なる発生予防対策のほか、高病原性鳥インフルエンザが発生した養鶏農家が早期に経営を再開できるよう、埋却地・焼却施設の確保や飼養衛生管理に関する指導を実施しました。

　また、飼養衛生管理の徹底による発生予防対策を基本としつつ、高病原性鳥インフルエンザや豚熱が発生した際に、殺処分頭羽数の低減を図るため、施設や飼養管理を分けることにより農場を複数に分割し、別農場として取り扱う「農場の分割管理」と呼ばれる取組の活用を推進しています。

　具体的には、発生時のリスクを低減するため、生産者が農場の分割管理を活用できるよう、令和5(2023)年9月に「飼養衛生管理指導等指針」を一部変更し、推奨される飼養衛生管理上の事項の一つとして位置付けるとともに、農場の分割管理についての基本的な考え方や取り組む際のポイントについて記載した「農場の分割管理に当たっての対応マニュアル」を策定しました。

(事例) 経営リスクの低減に向け、農場の分割管理を導入(青森県)

　青森県三沢市の採卵鶏事業者である有限会社東北ファームでは、経営リスクの低減に向け農場の分割管理を導入し、作業員や車両、施設等を別個に配置して飼養衛生管理を行う取組を推進しています。

　同社は、東北地方でも有数の飼養規模を誇る大規模農場として生産を行っていましたが、令和4(2022)年12月に高病原性鳥インフルエンザが発生し、家畜伝染病予防法に基づき139万羽全ての飼養鶏を殺処分しました。

　同社は、同様の被害を防ぐためには、飼養方法を根本から変える必要があるとの考えに至り、県や家畜保健衛生所と協議の上、新たな飼養管理体制の整備を進め、令和5(2023)年11月に、農場の分割管理を導入しました。

　具体的には、約40haの農場を高さ1.8mの鉄製のフェンスで三つに分割し、それぞれに消毒ゲートや従業員が入る管理棟、堆肥舎等を設け、人・物の動線を分けました。また、これまで開放型鶏舎を含めて47棟あった鶏舎を密閉型鶏舎に統一し計31棟にした上で、三つの農場に分けて管理しています。

　仮に三つのうち、いずれかの農場で高病原性鳥インフルエンザが発生しても、殺処分が当該農場に限定できる可能性が高まったことから、経営リスクの低減につながっています。

　同社は、同年6月以降、段階的にひなの導入を進めており、令和6(2024)年3月末時点では約101万羽の飼養規模となっています。今後は、既存施設の改修や新規施設の整備等を進め、全国のモデルケースとして農場の分割管理の取組を推進するとともに、分割管理のノウハウ等について積極的に情報発信を行っていくこととしています。

鶏舎群を区切る鉄製フェンス
資料：有限会社東北ファーム

密閉型鶏舎
資料：有限会社東北ファーム

さらに、令和5(2023)年シーズンの発生を受け、農林水産省では、都道府県に対し、飼養家きんの異状の早期発見や早期通報、発生予防、まん延防止の徹底等を改めて通知し、家きん農場における監視体制の強化を実施しました。

(養豚の主要産地である九州地方でも豚熱の感染事例が確認)

豚熱は、その伝播力の強さや致死性の高さから、地域の養豚業に及ぼす影響が甚大であり、国民への豚肉の安定供給を脅かしかねないだけでなく、豚熱の発生している地域等から豚肉の輸出ができなくなるなどの影響が生じることから、引き続き清浄化を目指していく必要があります。

我が国においては、平成30(2018)年に26年ぶりに国内で豚熱が確認されて以来、令和6(2024)年3月末時点において20都県で計90事例が発生し、約36万8千頭を殺処分しています(**図表3-11-2**)。令和5(2023)年8月には、佐賀県で豚熱の感染事例が確認されたことから、飼養頭数で全国の約3割を占める養豚の主要産地である九州地方においても豚熱対策の実施が急務となりました。

図表3-11-2 豚熱の発生状況

資料：農林水産省作成

注：令和6(2024)年3月末時点の発生状況

(関係者一体となって豚熱のまん延防止対策を推進)

九州地方において豚熱のまん延防止対策を早急に進めるため、これまでの他地域での経験や取組を活かして農林水産省・地方公共団体・生産者団体・生産者等が一体となって取り組んでいます。

具体的には、野生イノシシが豚熱に感染している可能性が否定できず、感染リスクが高まっている発生農場の周辺地域や出荷先地域との養豚生産上の関連性が強い九州7県については、いずれも豚熱ウイルスの農場への侵入リスクが増大しており、豚熱の感染が拡大する可能性があることから、九州7県をワクチン接種推奨地域に設定しました。ワクチン接種については、家畜防疫員、都道府県知事認定獣医師に加え、研修等の実施により接種が可能となった登録飼養衛生管理者を打ち手とし、速やかな実施に努めています。

また、豚熱の発生を防止するためには、日常的な飼養衛生管理の徹底が最も重要であることから、飼養衛生管理基準の遵守状況の再点検、豚の異常を発見した際の早期通報、埋却地の確保の徹底により、農場における飼養衛生管理を強化しています。

さらに、正確な感染状況の把握のため九州各県において、野生イノシシの捕獲・検査を強化しています。

（アフリカ豚熱の侵入リスクがかつてないほどに高まり）

アフリカ豚熱（以下「ASF[1]」という。）は、これまで我が国では発生が確認されていませんが、近年東アジアで感染が拡大しており、韓国においては北部から南部へと徐々に発生が拡大していた中で、令和5(2023)年12月以降、我が国への定期便が発着する釜山において、野生イノシシでの感染が相次いで確認されたことから、ASFの侵入リスクが、かつてないほど高まっています。ASFは有効なワクチンや治療法がなく、環境中に長く残ることから、一度侵入を許すと、我が国の畜産業に壊滅的な被害が生じることとなります。ASFの侵入リスクがかつてないほど

海外旅行者への注意喚起ポスター

高まっていることを踏まえ、海外からの侵入に対する警戒を怠ることなく、侵入防止や農場における発生予防に努めることが重要です。

海外からの越境性動物疾病の国内侵入を防ぐために、空港や海港において入国者の靴底消毒・車両消毒、旅客への注意喚起、検疫探知犬を活用した手荷物検査といった水際対策を徹底して実施しており、併せて関係団体等を通じ、ゴルフ場等における利用者のゴルフ用品の洗浄・消毒の実施を要請しています。また、万が一の侵入に備えた野生イノシシにおける死体処理等の防疫体制の構築を進めています。

また、越境性動物疾病対策は、国際的な協力が不可欠であるとの共通認識の下、G7の枠組み等も活用し、国際機関、獣医当局間及び研究機関間で連携した活動を行っています。さらに、越境性動物疾病が継続的に発生している近隣諸国・地域との連携を強化し、疾病情報の共有、防疫対策等の向上、診断法の開発を強力に推進することにより、アジア諸国・地域における疾病の発生拡大を防止し、我が国への侵入リスクの低減を図っています。

（飼養衛生管理向上に向けた取組を推進）

高病原性鳥インフルエンザや豚熱だけでなく、ヨーネ病や牛伝染性リンパ腫等の慢性疾病を含む家畜の伝染性疾病への対策の基本は、病原体を農場に入れないことと農場から出さないことであり、農場における適切な飼養衛生管理、消毒等による感染リスクの低減といった日頃からの取組が極めて重要になります。このため、農場における飼養衛生管理の向上や家畜の伝染性疾病のまん延防止・清浄化に向け、農場指導、検査、ワクチン接種や淘汰等の取組を推進しているほか、飼養衛生管理支援システムの構築を進めており、農場、都道府県の家畜保健衛生所、臨床獣医師や関係団体が連携した取組を支援しています。

また、蜂の幼虫が病原体を含む餌の摂取を通じて感染し、死亡する家畜伝染病である腐

---

[1] African Swine Feverの略

蛆病のまん延防止を推進しています。

(2) 植物防疫の推進

(植物の病害虫の侵入・まん延を防止)

　近年、気候変動等によりイネカメムシ等の病害虫の発生地域の拡大、発生時期の早期化、発生量の増加が確認されています。また、輸入禁止品の違法な持込件数も増加しており、これまでに国内で発生していなかった病害虫の侵入・まん延リスクが増大しています。また、中国において我が国が侵入を警戒している火傷病(かしょうびょう)の発生を確認したため、火傷病菌の宿主(しゅくしゅ)植物(花粉等)の輸入を停止しました。農林水産省では、植物防疫法に基づき、農業生産の安全や助長を図るため、病害虫の侵入防止のための輸入植物の検査等(輸入植物検疫)や輸出先国・地域の要求に応じた植物の検査等(輸出植物検疫)を実施しています。

　また、我が国への侵入を特に警戒している病害虫について侵入調査や防除等(国内植物検疫)のほか、対処法検討のための国際共同研究を行っています。

　さらに、近年、ECサイト等に出品された植物の移動による病害虫のまん延リスクが懸念されることから、農林水産省では、出所不明な植物の移動に対し、植物検疫・病害虫防除の観点から、注意喚起を行うWebサイトを令和5(2023)年10月に開設しました。

　このほか、植物防疫法に基づく、化学農薬のみに依存しない、発生予防に重点を置いた総合防除を推進するための基本指針を踏まえ、都道府県において地域の実情に応じた総合防除の実施に関する計画が策定されています。

　病害虫の侵入・まん延リスクが高まる中、農業の現場では、病害虫診断や防除指導等の病害虫防除体制の充実・強化を図る取組が進められています。

植物等の違法な持込みの注意喚起ポスター

植物等の移動規制について
URL：https://www.maff.go.jp/pps/j/introduction/
domestic/didoukisei/index.html

(植物防疫法に基づき緊急防除を実施)

　新たに国内に侵入した病害虫がまん延し、農作物に重大な損害を与えるおそれがあり、これを駆除する必要がある場合等には、植物防疫法に基づき緊急防除を実施しています。

　緊急防除では、防除を行う区域や期間を設定した上で、発生した病害虫の種類等に応じて、(1)寄主(宿主)植物の栽培の制限又は禁止、(2)植物等の移動制限又は禁止、(3)植物等の消毒、除去、廃棄等の措置等を実施することとしています。

　令和5(2023)年度は、ジャガイモシロシストセンチュウやテンサイシストセンチュウ、アリモドキゾウムシの緊急防除を継続して実施し、まん延防止に取り組んでいます。

第12節　農業を支える農業関連団体

　各種農業関連団体については、農業者等の経営発展や地域農業・農村の維持・発展等を図る取組を後押しするなどの役割を果たしていくことが期待されています。また、その役割の発揮のため、地域の実情に応じて、団体間や地方公共団体との連携の強化等を図ることが重要となっています。

　本節では、我が国の農業を支える各種農業関連団体の取組について紹介します。

（農業者の所得向上等に向けた取組を継続・強化）

　農協は協同組合の一つで、農業協同組合法に基づいて設立されています。農業者等の組合員により自主的に設立される相互扶助組織であり、農産物の販売や生産資材の供給、資金の貸付けや貯金の受入れ、共済、医療等の事業を行っています。

　農協系統組織においては、農業者の所得向上等に向け、農産物の有利販売や農業生産資材の価格引下げ等に主体的に取り組む自己改革に取り組んでいます。各農協では、組合員との対話を通じて農業者の所得向上に向けた自己改革を実践していくため、「自己改革実践サイクル」を構築し、これを前提として、農林水産省・都道府県が農協の自己改革の取組やJA全農等による支援がなされるよう助言・指導等を行っています。

　また、JA全農では、食農バリューチェーンの構築に向け、他業種企業との業務提携等により、物流の合理化、国産農畜産物の高付加価値化、多様な販売チャネルによる消費拡大等に取り組んでいます。

　このほか、不必要な共済契約に対する監督上の対応を図るため、令和5(2023)年1月に「共済事業向けの総合的な監督指針」を改正しました。

　総合農協の組合数、組合員数については減少傾向で推移しており、令和4(2022)年度はそれぞれ553組合、1,027万人となっています（図表3-12-1）。

農協について
URL：https://www.maff.go.jp/j/keiei/sosiki/kyosoka/k_kenkyu/

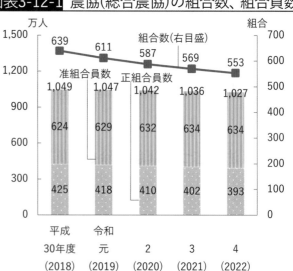

図表3-12-1　農協（総合農協）の組合数、組合員数

資料：農林水産省「農業協同組合及び同連合会一斉調査」
注：各組合事業年度末時点の数値

（事例）うめ加工品等の販売強化や青果等の輸出拡大により所得を増大（和歌山県）

和歌山県田辺市に本所を置く紀南農業協同組合（以下「JA紀南」という。）では、梅干し・うめ加工品の販売強化や青果・加工品の輸出拡大により組合員の農業所得の増大を実現しています。

JA紀南では、うめ・かんきつ等の生産拡大に向け、優良農地を維持・活用するため、担い手や新規就農者への農地の利用集積を促進しています。また、コスト低減に向け、化学肥料に国内資源である鶏ふん堆肥を混合して原料価格を抑制する取組を推進するとともに、組合員が指定した日に大型トラックから直接引き取る予約受付注文を行っており、流通コストの縮減により肥料価格を抑制しています。

さらに、青うめ・うめ加工品やかんきつ類（うんしゅうみかん・晩柑）・かんきつ加工品の販売拡大に向け、組合員と一体となってプロモーション活動を実施し、香港や台湾等への輸出を強化しています。

このほか、平成29(2017)年度には加工製造施設であるフルーツファクトリーを整備し、出荷時に上位等級にならず高値で売れない果実をドライフルーツに加工することで高付加価値化するなど、組合員の新たな所得確保にも取り組んでいます。

これらの取組により、例えばうめの部会員1人当たり販売品取扱高については、令和4(2022)年度は210万円となっており、平成30(2018)年度と比べ3.8%増加しています。JA紀南では、今後とも農業所得の向上を図るため、「果樹を基幹とした日本一魅力的な総合園芸産地づくり」に取り組んでいくこととしています。

JAを介して貸借されたうめ園地
資料：紀南農業協同組合

**マレーシアでの
青うめの輸出販売促進活動**
資料：紀南農業協同組合

（農地利用の最適化に向けた活動を推進）

農業委員会は、農地法等の法令業務や農地利用の最適化業務を行う行政委員会で、全国の市町村に設置されています。農業委員は農地の権利移動の許可等を審議し、農地利用最適化推進委員（以下「推進委員」という。）は現場で農地の利用集積や遊休農地の解消、新規参入の促進等の農地利用の最適化活動を担っています。

農業委員会系統組織では、地域計画の策定に向け、地域内の農地の出し手・受け手の情報を収集し、目標地図の素案を作成するとともに、農地中間管理機構への貸付け等を積極的に促進することとしています。また、農業委員の任命には、年齢、性別等に著しい偏りが生じないように配慮し、青年・女性の積極的な登用に努めることとしています。

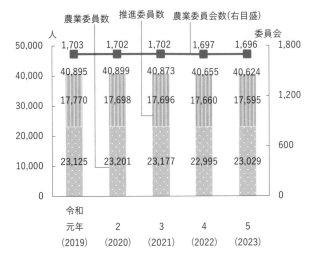

図表3-12-2 農業委員会数、農業委員数、推進委員数

資料：農林水産省作成
注：各年10月1日時点の数値

令和5(2023)年の農業委員会数は、1,696委員会となっています（**図表3-12-2**）。また、農業委員数は23,029人、推進委員数は17,595人で、合わせて40,624人となっています。

（農業保険の普及・利用拡大を推進）

農業共済団体は、農業保険制度の実施主体として農業保険法に基づき設立されており、農業共済組合及び農業共済事業を実施する市町村（以下「農業共済組合等」という。）、都道府県単位の農業共済組合連合会、国の3段階で運営されてきました。

近年、農業共済団体においては、業務効率化のため、農業共済組合等の合併により都道府県単位の農業共済組合を設立するとともに、農業共済組合連合会の機能を都道府県単位の農業共済組合が担うことにより、農業共済組合と国との2段階で運営できるよう、1県1組合化を推進しています。

農業経営のセーフティネットへの関心が高まる中、農業共済団体では、農業の生産現場での農業保険の普及・利用拡大に向けた取組を推進しています。

令和4(2022)年度における農業共済組合数は49組織、農業共済組合員数は206万人となっています（**図表3-12-3**）。

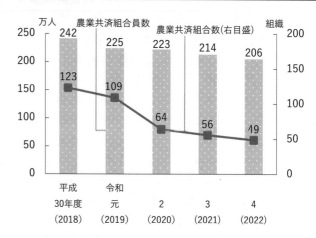

図表3-12-3 農業共済組合数、農業共済組合員数

資料：農林水産省作成
注：1) 農業共済組合数は各年度末時点の数値。令和3(2021)年度以前は、農業共済事業を実施する市町村の数値を含む。
　　2) 農業共済組合員数は、制度共済のほかに任意共済の加入者の数値を含む。令和3(2021)年度以前は、市町村が行う農業共済事業の加入者の数値を含む。

（農業水利施設等の安定的な維持管理を推進）

土地改良区は、圃場整備等の土地改良事業を実施するとともに、農業水利施設等の土地改良施設の維持管理等の業務を行っています。人口減少・高齢化が進む中、農業水利施設等に求められる機能を発揮していくため、農業水利施設等の安定的な維持管理を推進するとともに、引き続き土地改良区の再編整備等の促進を通じて運営体制の強化を図ることとしています。

令和4(2022)年度における土地改良区数は4,126地区、組合員数は340万人となっています（**図表3-12-4**）。

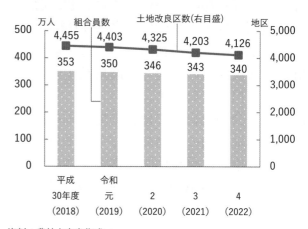

図表3-12-4 土地改良区数、組合員数

資料：農林水産省作成
注：各年度末時点の数値

第4章
農村の振興

第1節　農村人口の動向と地方への移住の促進

　我が国の農村では、人口減少と高齢化が並行して進行しており、特に農業集落は小規模化が進行するなど、その影響が強く表れています。このような中で、地方の活性化を図っていくためには、地方への移住・定住を促進し、都会から地方への人の流れを生み出すことが重要となっています。

　本節では、農村人口の動向や地方移住の促進に向けた取組等について紹介します。

(1) 農村人口の動向

(農村における人口減少と高齢化が進行)

　農村において人口減少と高齢化が並行して進行しています。総務省の国勢調査によると、令和2(2020)年の人口は、平成27(2015)年と比べ都市で1.6%増加したのに対し、農村では5.9%減少しています(**図表4-1-1**)。農村では生産年齢人口(15～64歳)、年少人口(14歳以下)が大きく減少しているほか、総人口に占める老年人口(65歳以上)の割合は、都市の25%に対し、農村では35%となっており、農村において高齢化が進んでいることがうかがわれます。

　また、国立社会保障・人口問題研究所が令和3(2021)年6月に実施した調査によると、令和3(2021)年の平均出生子ども数は、農村が1.97人となり、都市の1.74人を上回る状況にある一方、農村・都市ともに、平均出生子ども数は減少傾向で推移しています(**図表4-1-2**)。

図表4-1-1	農村・都市の年齢階層別人口

凡例：
■ 年齢不詳
■ 老年人口(65歳以上)
■ 生産年齢人口(15～64歳)
■ 年少人口(0～14歳)

百万人

都市(人口集中地区)
- 平成22年(2010)：86.1　老年18.0(21%)　生産55.9(65%)　年少11.3(13%)
- 27(2015)：86.9　老年21.0(24%)　生産53.7(62%)　年少10.9(13%)
- 令和2(2020)：88.3　老年22.2(25%)　生産52.8(60%)　年少10.7(12%)

農村(人口集中地区以外)
- 平成22年(2010)：41.9　老年11.2(27%)　生産25.1(60%)　年少5.5(13%)
- 27(2015)：40.2　老年12.5(31%)　生産22.6(56%)　年少4.9(12%)
- 令和2(2020)：37.9　老年13.1(35%)　生産20.1(53%)　年少4.3(11%)

資料：総務省「国勢調査」を基に農林水産省作成
注：国勢調査の人口集中地区(DID)を都市、人口集中地区以外を農村としている。

図表4-1-2	農村・都市の平均出生子ども数

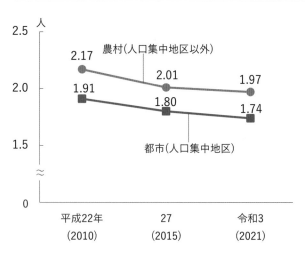

人
農村(人口集中地区以外)：平成22年(2010) 2.17　27(2015) 2.01　令和3(2021) 1.97
都市(人口集中地区)：平成22年(2010) 1.91　27(2015) 1.80　令和3(2021) 1.74

資料：国立社会保障・人口問題研究所「第16回出生動向基本調査(結婚と出産に関する全国調査)」を基に農林水産省作成
注：1) 妻の調査時年齢が45～49歳の初婚同士の夫婦を対象として、出生子ども数不詳を除き、8人以上子どもがいる場合は8人として平均値を算出
　　2) 平成22(2010)年及び平成27(2015)年は各年6月1日時点、令和3(2021)年は当年6月30日時点の数値

(特に中山間地域での人口減少と高齢化が顕著)

　農業地域類型別の人口構成の変化を見ると、中山間地域での人口減少と高齢化が顕著になっています。平成12(2000)年と令和2(2020)年を比較すると、山間農業地域で30%減少したほか、中間農業地域で18%減少、平地農業地域で10%減少しており、中山間地域の人口減少率が高くなっています(**図表4-1-3**)。

　また、令和2(2020)年の老年人口の割合は、山間農業地域で42%、中間農業地域で37%、平地農業地域で33%となっており、中山間地域で高齢化が進んでいます。

図表4-1-3　農業地域類型別の人口構成

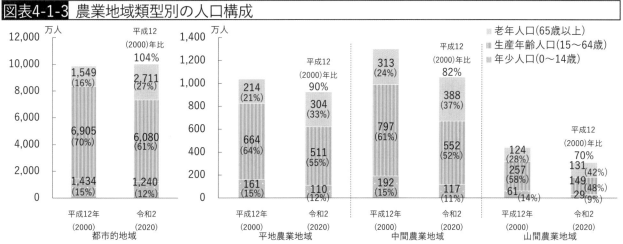

資料：農林水産政策研究所資料を基に農林水産省作成

　注：平成12(2000)年比は、年齢不詳を含めた総数の割合。年齢別構成比は、年齢不詳を除いた総数に対する割合

(農村では製造業や医療・福祉等の多様な産業が展開)

　総務省の国勢調査によると、令和2(2020)年の農村の産業別就業者数は、「製造業」が348万人で最も多く、次いで「医療、福祉」となっています(**図表4-1-4**)。一方、「農業、林業」は156万人で全体の8.6%となっており、農村では第一次産業に限らず多様な産業が展開しています。農村人口の減少・高齢化が進む中、人口減少を緩和し、農村での就業機会を確保するためには、農村における産業の振興や農村での起業を進めることが重要です。

図表4-1-4　農村の産業別就業者数

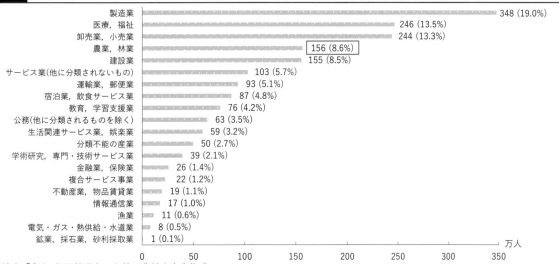

資料：総務省「令和2年国勢調査」を基に農林水産省作成

　注：国勢調査の人口集中地区(DID)以外を農村としている。

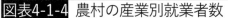

267

(2) 農業集落の動向

(農業集落の小規模化や混住化が進行)

　我が国の「地域の基礎的な社会集団」である農業集落は、地域に密着した水路・農道・ため池等の農業生産基盤や収穫期の共同作業・共同出荷といった農業生産面のほか、集落の寄り合い[1]等の協働の取組や伝統・文化の継承といった生活面にまで密接に結び付いた地域コミュニティとして機能しています。

　しかしながら、農業集落は小規模化が進行するなど、人口減少と高齢化の影響が強く表れており、総戸数が9戸以下の小規模な農業集落の割合については、令和2(2020)年は平成22(2010)年の6.6%と比べて1.2ポイント増加し7.8%となりました。また、農業集落に占める農家の割合を見ると、令和2(2020)年は5.8%にまで低下しており、混住化が大きく進展している様子がうかがわれます(**図表4-1-5**)。

　小規模な集落では、農地の保全等を含む集落活動の停滞のほか、買い物がしづらくなるといった生活環境の悪化により、単独で農業生産や生活支援に係る集落機能を維持することが困難になるとともに、集落機能の低下が更なる集落の人口減少につながり、集落の存続が困難になることが懸念されています。このため、広域的な範囲で支え合う組織づくりを進めるとともに、農業生産の継続と併せて生活環境の改善を図ることが重要です。集落機能の維持はその地域の農地の保全や農業生産活動の継続にも影響することから、農村における労働人口の確保やコミュニティ機能の維持は重要な課題となっています。

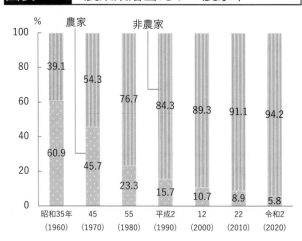

図表4-1-5　1農業集落当たりの農家率

資料：農林水産省「農林業センサス」

(高齢化が進む農業集落では生活の利便性が低い傾向)

　高齢化率別の農業集落の生活環境を見ると、老年人口の割合が高い農業集落では、生活の利便性が低い傾向にあります(**図表4-1-6**)。生活の利便性が低いと、更なる人口減少・高齢化につながり、集落存続の危機が深まります。このサイクルを断ち切るため、買い物や医療、教育等へのアクセスのほか、高齢者の見守り等の福祉サービスといった日々の生活に必要な生活環境の改善が重要になっています。

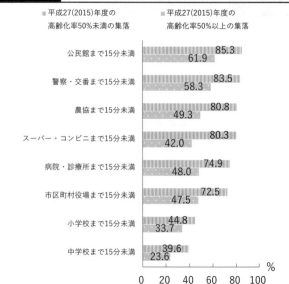

図表4-1-6　高齢化率別の農業集落の生活環境

資料：農林水産省「2015年農林業センサス」、「地域の農業を見て・知って・活かすDB」を基に作成

---

[1] 地域の諸課題への対応を随時検討する集会、会合等のこと

（農村人口の減少により営農継続が困難となるリスクが拡大）

農村のコミュニティ機能の低下に伴い、これらの集落に存在する農地での営農の継続が懸念されています。

令和32(2050)年の農地面積は、コミュニティとしての機能が失われる9人以下の小規模集落では31万ha、コミュニティ機能の維持が困難になる可能性の高い高齢化進行集落では67万ha、両方の条件を満たす存続危惧集落では26万9千haとなることが予測されています（**図表4-1-7**）。農村人口の減少により営農継続が困難となるリスクは拡大しており、食料安全保障の観点からも農村人口の維持・増加が課題となっています。

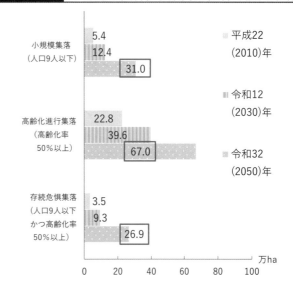

図表4-1-7 小規模集落、高齢化集落の農地面積

- 小規模集落（人口9人以下）: 5.4 / 12.4 / 31.0
- 高齢化進行集落（高齢化率50%以上）: 22.8 / 39.6 / 67.0
- 存続危惧集落（人口9人以下かつ高齢化率50%以上）: 3.5 / 9.3 / 26.9

凡例：■ 平成22(2010)年 ／ ■ 令和12(2030)年 ／ ■ 令和32(2050)年

（単位：万ha）

資料：農林水産政策研究所「人口減少下における集落の小規模化・高齢化と集落機能―農業集落を対象とした動態統計分析と将来予測から―」（平成26(2014)年10月公表）を基に農林水産省作成

注：令和12(2030)年及び令和32(2050)年の農地面積は、集落ごとのコーホート分析によって当該区分に該当すると予測された集落が有する平成22(2010)年時点での耕地面積(属地)

（農業集落の自立的な発展を目指す取組が各地で展開）

農業の停滞や過疎化・高齢化等により農村地域の活力の低下が見られる一方、地域住民が主体となって農業集落の自立的な発展を目指す取組も各地で進められています。

地域住民が地方公共団体や事業者、各種団体と協力・役割分担をしながら、行政施設や学校、郵便局等の分散する生活支援機能を集約・確保し、周辺集落との間をネットワークで結ぶ「小さな拠点」では、地域の祭りや公的施設の運営等の様々な活動に取り組んでいます。

総務省では、過疎地域を始めとした条件不利地域において、「集落ネットワーク圏」（小さな拠点）の形成に向けて、住民の暮らしを支える生活支援や、生業の創出を支援するとともに、優良事例を周知することとしています。

農林水産省では、地域の創意工夫による活動の計画づくりから農業者等を含む地域住民の就業の場の確保、農山漁村における所得の向上や雇用の増大に結び付ける取組に対し、取組の発展段階に応じて総合的に支援し、農林水産業に関わる地域コミュニティの維持と農山漁村の活性化や自立化を後押ししています。

「小さな拠点」を整備し、多世代の交流を促進
資料：滋賀県甲賀市

(3) 移住の促進

(農村への関心の高まりを背景として、地方移住の相談件数は増加傾向)

内閣府が令和5(2023)年9〜10月に実施した世論調査によると、5年前と比較して、農村地域への関心が高まったと回答した人は32.7%となっています(**図表4-1-8**)。

また、地方暮らしやUIJターンを希望する人のための移住相談を行っている認定NPO法人ふるさと回帰支援センター[1]への相談件数については、近年増加傾向で推移しており、令和5(2023)年は前年に比べ13%増加し、過去最高の5万9,276件となりました(**図表4-1-9**)。

図表4-1-8　農村地域への関心の変化

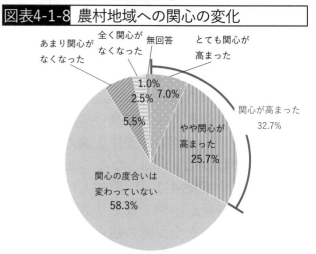

資料：内閣府「食料・農業・農村の役割に関する世論調査」(令和6(2024)年2月公表)を基に農林水産省作成

注：1) 令和5(2023)年9〜10月に実施した調査で、有効回収数は2,875人

2) 「あなたは、5年前と比較し、農村地域への関心の程度はどのように変化しましたか」の質問に対する回答結果

図表4-1-9　認定NPO法人ふるさと回帰支援センターへの相談件数

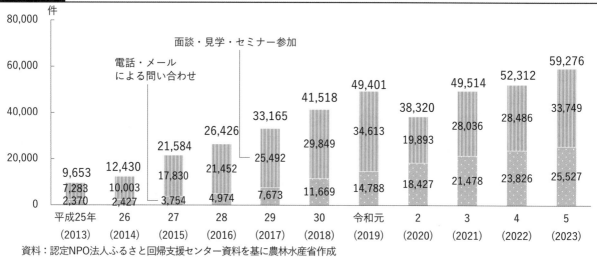

資料：認定NPO法人ふるさと回帰支援センター資料を基に農林水産省作成

地方への移住・交流の促進に向けて、内閣官房は、デジタル田園都市国家構想交付金(地方創生推進タイプ)により、東京圏外へ移住して起業・就業する者に対する地方公共団体の取組を支援しています。また、総務省は、就労・就農支援等の情報を提供する「移住・交流情報ガーデン」の利用を促進しています。

農林水産省は、農村関係人口の創出・拡大等に向け、(1)農繁期の手伝い等農山漁村での様々な活動に、都市部等からの多様な人材が関わる機会を創出する仕組みの構築、(2)多世代・多属性の人々が交流・参加する場である「ユニバーサル農園」の導入等を推進し、農業への関心層の獲得により、将来的な農村の活動を支える主体となり得る人材の確保を図っています。

---

[1] 正式名称は「特定非営利活動法人100万人のふるさと回帰・循環運動推進・支援センター」

（事例）島の日常の魅力を発信し、地域活性化や移住促進の取組を展開（鹿児島県）

鹿児島県薩摩川内市の「東シナ海の小さな島ブランド株式会社」は、東シナ海に位置する離島の甑島において、島の日常の魅力を発信し、地域ブランドの確立を図るとともに、地域の活性化や移住の促進を図る取組を展開しています。

同島では、人口減少や高齢化が進む中、集落コミュニティの維持・存続に困難を来し、集落の空き家問題も深刻化しています。このような課題の解決に向け、同社では、地域に根差した生活文化や環境を活かした事業を展開し、地域活性化や移住の促進に取り組んでいます。

同社は、豆腐の製造・販売からスタートし、その後、キビナゴや柑橘等の地場産品を利用した商品開発、古民家を改装したベーカリー、港の旧待合所を再開発したカフェレストランの運営等の多様な事業を展開しています。舟宿を改装した古民家ホステルでは、朝ごはんに地場産の豆腐や干物を提供するなど、宿泊客に島の日常の魅力を伝えています。

甑島への移住者
資料：東シナ海の小さな島ブランド株式会社

また、観光まちづくり組織として、玉石垣の再生活動に取り組みながら島内に豊富にある自然の魅力を伝える観光ガイドの取組や体験コンテンツ等を駆使した地域活性化にも取り組んでいます。

このような取組の結果、島の魅力に触れ、移住を希望する人が増加傾向にある一方、島で暮らしたいけれど誰を頼ったらいいのか分からないという移住希望者も見られています。同社では、移住者のスタッフも多数雇用していることから、実体験に基づいて相談に乗ることや、多様な事業活動の中で働く場を提供することにより、移住の促進に寄与しています。また、集落内の空き家を借り上げ、整備を行った上で移住者に貸し出すなど、空き家を壊すのではなく活かす方向で集落の活性化に取り組んでいます。

同社では、今後ともUIターン等の移住・定住や交流人口の拡大に向けた取組を推進するとともに、人材育成のための研修や街づくり関連のワークショップの開催といった地域づくり人材の育成を進め、同島の活性化に尽力していくこととしています。

（サテライトオフィスの開設数は拡大傾向で推移）

都市部の企業等が地方に、遠隔勤務のためのオフィスである「サテライトオフィス」を開設し、本社機能の一部移転や二地域居住のワークスタイルを実践するケースが増えてきています。また、地方においても雇用機会の創出や移住・定住の促進、新しい産業の創出に向けて、サテライトオフィスの誘致に取り組む地方公共団体が増えています。

令和4(2022)年10月に総務省が公表した調査によると、全国の地方公共団体が関わったサテライトオフィスの開設数については、近年増加傾向で推移しており、令和3(2021)年度は505か所開設され、累計では1,348か所となっています。

また、新たな企業が進出してきたことによる波及効果については、「移住者や二地域居住者の増加」、「地元人の雇用機会の創出」、「交流人口・関係人口の拡大」、「空き家・空き店舗の活用」、「地元企業との連携による新たなビジネスの創出」といった回答が挙げられています。

(事例)　「にぎやかな過疎の町」の実現に向け、サテライトオフィスを誘致(徳島県)

徳島県美波町では、「にぎやかな過疎の町」の実現に向け、地域課題を地域の資源と捉え、技術と起業のマインドを持った若者を誘致する「サテライトオフィス・プロジェクト」を推進しています。

同町では人口が6千人を切り、高齢化率は49%、空き家率は19%となるなど、地域課題が山積しています。このため、防災や空き家問題、地方創生等の地域課題についても資源として捉え、課題解決に関心を持つ企業の誘致につなげています。

役場内にはサテライトオフィスの誘致に取り組む担当者を置き、地域活性化支援事業を手掛ける「株式会社あわえ」とも連携しながら、サテライトオフィスの誘致と誘致後のサポートに積極的に取り組んでいます。

クリエイティブ複合施設
「at Teramae」
資料：株式会社あわえ

地域課題の解決に共に取り組むパートナーであるサテライトオフィス開設企業の取組は、認定こども園の高台移転、子供の安否確認、藻場の回復等多岐に渡っており、それぞれの企業が持つアイデアやノウハウを活かしながら、地域に貢献する動きが見られています。また、企業関係者による町内の祭りへの参加や、サテライトオフィスでの地元の子供たちの就労体験の実施等により、地域住民との関わりも広がっています。

サテライトオフィスへの関心が高まる中、同町では県内で最多となるサテライトオフィス企業の進出・集積や、若者移住者の増加といった地域活性化につながる変化が見られ、新たな「にぎわい」が生まれつつあります。

進出企業の協力による
小学生の就労体験
資料：株式会社あわえ

同町では、にぎやかな過疎の町を実現するため、「にぎやかそ」のキャッチフレーズの下に、関係者が一丸となって取組を進めており、今後とも、人口減少局面が続く厳しい現実にもしっかりと向き合いながら、サテライトオフィスの誘致や進出企業との連携により、にぎやかな町づくりを推進していくこととしています。

(農泊に取り組む地域におけるワーケーション需要への対応を推進)

リモートワークが普及する中、時間や場所にとらわれない働き方として「ワーケーション[1]」が注目されています。

近年、企業がワーケーションの滞在先として地方の農山漁村を選ぶケースが増えており、各地方公共団体でも農山漁村をワーケーションの受入地域として積極的に誘致することで地域の活性化を図るケースも増えています。

国土交通省の調査によると、従業員100人以上の企業におけるワーケーション制度の導入率については、令和5(2023)年は前年に比べ増加し17.0%となっています(**図表4-1-10**)。

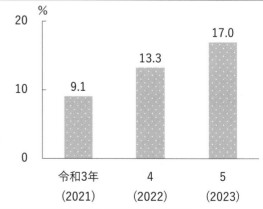

図表4-1-10　従業員100人以上の企業におけるワーケーション制度の導入率

令和3年(2021)	4(2022)	5(2023)
9.1	13.3	17.0

資料：国土交通省資料を基に農林水産省作成

---

[1] 「ワーク(仕事)」と「バケーション(休暇)」を組み合わせたもので、観光地やリゾート地や帰省先等でパソコン等を使って仕事をすること

また、ワーケーションの導入推進や利用促進のために、受入地域や施設に対して希望する環境やサービスとして、「セキュリティやスピード面が確保されたWi-Fi等の通信環境」が36.9%で最も多く、次いで「執務に必要な個室などのプライベートな空間」となっています。

農林水産省では、農泊に取り組む地域におけるワーケーション需要に対応するため、施設の改修、無線LAN環境の整備、オフィス環境の整備、企業等への情報発信等を支援しています。

(デジタル田園都市国家構想総合戦略に基づき人の流れを創出)

「デジタル田園都市国家構想」は、デジタル技術の活用によって、地域の個性を活かしながら、地方の社会課題の解決や魅力の向上を図り、地方活性化を加速させるものであり、高齢化や過疎化に直面する農山漁村こそ、地域資源を活用した様々な取組においてデジタル技術を活用し、地域活性化を図ることが期待されています。

デジタル田園都市国家構想
URL：https://www.cas.go.jp/jp/seisaku/digitaldenen/index.html

政府は、農村における人口減少を補うために、積極的に都市から農村への移住を進めることとしており、DX[1]を進めるための情報基盤の整備、デジタル技術を活用したサテライトオフィス等の整備を行い、地方公共団体間の連携を促進しつつ、移住を促進するための農村における環境整備を進めることとしています。

また、農林水産省では、魅力ある豊かな「デジタル田園」の創出に向けて、関係府省と連携し、中山間地域等におけるデジタル技術の導入・定着を推進する取組を支援するとともに、デジタル技術の活用に係る専門人材の派遣や起業家等とのマッチング、スマート農業やインフラ管理等に必要な情報通信環境の整備等を支援することとしています。

(新たな「国土形成計画(全国計画)」を策定)

国土交通省は、令和5(2023)年7月に、新たな「国土形成計画(全国計画)」を策定・公表しました。同計画では、未曽有の人口減少、少子高齢化の加速化といった時代の重大な岐路に立つ中、「新時代に地域力をつなぐ国土」の形成を目指し、国土の刷新に向けて、「デジタルとリアルが融合した地域生活圏の形成」、「持続可能な産業への構造転換」等の四つの重点テーマを掲げ、更にこれらを効果的に実行するため、「国土基盤の高質化」と「地域を支える人材の確保・育成」を分野横断的なテーマとして掲げています。

農林水産分野においては、地域生活圏の形成に資する取組として、地域資源とデジタル技術を活用した中山間地域の活性化を推進するとともに、持続可能な産業への構造転換に向けて、食料安全保障の強化を目指した農林水産業の活性化等を推進することとしています。

---

1 第3章第8節を参照

第2節　農村における所得と雇用機会の確保

　農山漁村を次の世代に継承していくためには、6次産業化の取組に加え、他分野との組合せにより農山漁村の地域資源をフル活用する「農山漁村発イノベーション」の取組により農村における所得と雇用機会の確保を図ることが重要です。

　本節では6次産業化、農泊、農福連携[1]等の農山漁村発イノベーションの取組について紹介します。

(1) 農山漁村発イノベーションの推進

(6次産業化の取組を発展させた農山漁村発イノベーションを推進)

　農山漁村において人口減少・高齢化が進む中、農林漁業関係者だけで地域の課題に対応することが困難になってきており、これまで農林漁業に携わっていなかった多様な主体を取り込み、農山漁村の活性化を図っていくことが重要となっています。

　農山漁村における所得向上に向けては、農林漁業所得と農林漁業以外の所得を合わせて一定の所得を確保できるよう、多様な就労機会を創出していくことが重要であることから、従来の6次産業化の取組を発展させ、農林水産物や農林水産業に関わる多様な地域資源を活用し、観光・旅行や福祉等の他分野と組み合わせて付加価値を創出する「農山漁村発イノベーション」の取組を推進しています（**図表4-2-1**）。

　農林水産省では、農林漁業者や地元企業等多様な主体の連携を促しつつ、商品・サービス開発等のソフト支援や施設整備等のハード支援を行うとともに、全国及び都道府県単位に設けた農山漁村発イノベーションサポートセンター等を通じて、専門家派遣等の伴走支援や企業とのマッチング等を支援しています。また、現場の優良事例を収集し、全国への横展開等を図ることとしています（**図表4-2-2**）。

図表4-2-1　農山漁村発イノベーションの概念図

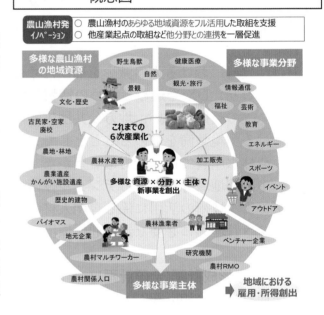

資料：農林水産省作成

農山漁村発イノベーションの推進
URL：https://www.maff.go.jp/j/nousin/inobe/

---

[1] トピックス6を参照

農産物、酒蔵 × 食品、観光 × 協議会	農産物 ×加工販売、観光 ×農業者、地元企業	農産物、文化 × 福祉 ×農業者、農協
SAKU酒蔵アグリツーリズム推進協議会（長野県佐久市）	**特定非営利活動法人美しい村・鶴居村観光協会（北海道鶴居村）**	**パーソルダイバース株式会社（東京都港区）とみおか繭工房妙義（群馬県富岡市）**
かつて蔵人が寝泊まりした古民家を「酒蔵ホテル」として改装し、酒造り体験とセットで提供することにより、インバウンドを誘致。日本酒文化の神秘性、繊細な製造プロセスの魅力を国内外に発信	「鶴居村農泊宣言。2,600人の小さな村で暮らす旅」をキャッチフレーズに、釧路湿原やタンチョウ等の自然資源と、主産業の酪農による乳製品等を活かした農泊を推進	国産シルク製品の製造に加え、廃棄される繭等を活用した石けん等の開発・販売により、養蚕における付加価値向上を実現。次世代への養蚕の継承、障害者雇用の拡大等に貢献

資料：農林水産省作成

（事例）農山漁村発イノベーションの取組により、多様な事業を展開（岡山県）

　岡山県西粟倉村の地域総合商社である株式会社エーゼログループは、「未来の里山づくり」をテーマとして、地域の農林水産物、廃校、空き家等の様々な地域資源を活用し、その実現に資する取組を、経済資本事業、社会関係資本事業、自然資本事業として展開しています。

　このうち自然資本の領域では、いちご農園や養蜂、ジビエのほか、養鰻、レストラン、木材加工流通等の事業を行っています。

　いちご農園事業では、木材加工品を製造する過程で発生する樹皮やおが粉等の木くずを培土に使用し、甘みを豊富に蓄えた完熟いちごを栽培し、新鮮な朝採れいちごとして販売するとともに、ジャムや菓子等の加工品の商品化を積極的に進めています。同社では、農園でのいちご摘み体験を開催するとともに、併設するカフェにおいて、いちごをふんだんに使ったスイーツを提供するなど、家族で楽しめる場づくりにも取り組んでいます。

　また、養蜂事業については、開墾した荒れ地や借り受けた山林を利用し、季節や場所を変えて採蜜を行うことで、味や香りが異なる蜂蜜作りを行っています。同社では、森から生まれ、森を産み出す自然蜂蜜を目指し、ギフト用として蜂蜜を商品化しているほか、蜂蜜グラノーラの開発・販売にも取り組んでいます。

　さらに、ジビエ事業については、猟師と連携しながら、吉井川水系の最上流部で育つシカを捕獲し、迅速に処理を行うことにより、鮮度の高い「森のジビエ」として販売しています。

いちご農園事業
資料：株式会社エーゼログループ

養蜂事業
資料：株式会社エーゼログループ

　同社では、人や自然の本来の価値を引き出しながら、地域の所得と雇用の機会を確保していくことを目指しており、今後は、これまで蓄積してきたノウハウを活かし、全国各地に事業を展開していくこととしています。

（農山漁村の活性化に向けた起業を支援）

　農村地域においては、急激な人口減少に伴う多様な課題がある中で、農村地域を将来にわたって維持していくためには、地域の「しごとづくり」を強化し、雇用や所得を確保する取組を推進していくことが必要です。

　農林水産省では、地域資源を活用した多様なビジネスの創出を支援するため、起業促進

プラットフォーム「INACOME」の運営を通じて、地域資源を活用したビジネスコンテストの開催、起業支援セミナーの開催、地域課題の解決を望む地方公共団体と企業とのマッチングイベント等の取組を実施しています。

(6次産業化による農業生産関連事業の年間総販売金額は2兆1,765億円)

地域の農林漁業者が、農林水産物等の生産に加え、加工・販売等を行う6次産業化の取組も引き続き推進しています。6次産業化に取り組む農業者等による加工・直売等の販売金額は、近年横ばい傾向で推移しています。令和4(2022)年度の農業生産関連事業の年間総販売(売上)金額は、農産加工等の増加により前年度に比べ1,099億円増加し2兆1,765億円となりました(**図表4-2-3**)。

また、六次産業化・地産地消法[1]に基づく総合化事業計画[2]の認定件数は、令和6(2024)年3月末時点の累計で2,642件となりました。

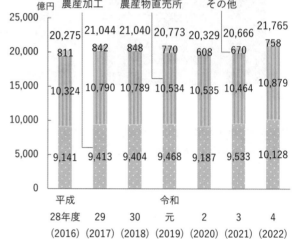

図表4-2-3　農業生産関連事業の年間総販売
(売上)金額

資料:農林水産省「6次産業化総合調査」
注:「その他」は、観光農園、農家民宿、農家レストランの合計

(農村への産業の立地・導入を促進)

農林水産省では、農業と産業の均衡ある発展と雇用構造の高度化に向けて、農村地域への産業の立地・導入を促進するため、農村産業法[3]に基づき、都道府県による導入基本計画、市町村による導入実施計画の策定を推進するとともに、税制等の支援措置の積極的な活用を促しています。

令和5(2023)年3月末時点の市町村による導入実施計画に位置付けられた計画面積は約1万8千haであり、同計画において、産業を導入すべき地区として定められた産業導入地区における企業立地面積は全国で約1万3,800ha、操業企業数は6,886社、雇用されている就業者は約46万人となっています。

(地域の稼ぐ力の向上を促進)

近年、特定の地域に拠点を置き、地域の特産品や観光資源を活用した商品・サービスの域外への販売を主たる事業とする「地域商社」と呼ばれる事業体が全国各地で見られており、地域経済の活性化や地域の稼ぐ力の向上に重要な役割を果たしています。

内閣官房及び内閣府では、地域産品の販売等に携わる地域商社やこれから地域商社としての取組を始める者と金融機関等の支援者との連携を促進するため、ポータルサイトを開設し、経営課題の解決に向けた優良事例の横展開や情報共有を支援しています。

また、農林水産省では、平成30(2018)年に「GFP[4]コミュニティサイト」を立ち上げ、

---

[1] 正式名称は「地域資源を活用した農林漁業者等による新事業の創出等及び地域の農林水産物の利用促進に関する法律」
[2] 六次産業化・地産地消法に基づき、農林漁業経営の改善を図るため、農林漁業者等が農林水産物や副産物(バイオマス等)の生産とその加工又は販売を一体的に行う事業活動に関する計画
[3] 正式名称は「農村地域への産業の導入の促進等に関する法律」
[4] 第1章第7節を参照

農林漁業者・食品事業者と地域商社の販路拡大支援や商材の紹介等を行っています。

（コラム）農村地域の産品を売り込む地域商社の取組が拡大

　　地域には、十分に活用されていない、あるいは、その価値を評価し得る市場に適切にアクセスできずに価値を発揮できていない地域資源(農林水産品、伝統工芸品、観光資源等)が数多く眠っています。このような地域資源の商材化やその販路開拓を行うことで、従来以上の収益を引き出し、そこで得られた知見や収益を生産者に還元していく地域商社事業の取組が拡大しています。

　　例えば高知県四万十町の株式会社四万十ドラマは、地域資源を活用した栗・芋・茶等の商品開発のほか、地元生産者・事業者と連携した6次産業化にも取り組む地域商社であり、「ローカル・ローテク・ローインパクト」をコンセプトに、四万十川に負担をかけないものづくりを実践しています。四万十川が有する「豊かな自然」等の良好なイメージをブランドの構築に活用するとともに、消費者の共感を呼ぶストーリーを発信することで、高付加価値の商品開発を行い、「しまんと地栗」等の力強い地域ブランドを育てています。

栗製品の製造工場
「SHIMANTO ZIGURI FACTORY」
資料：株式会社四万十ドラマ

山口県の「山」を家紋風にした
ブランドマーク
資料：地域商社やまぐち株式会社

　　また、山口県下関市の地域商社やまぐち株式会社は、地方銀行が地元企業をサポートするために設立した地域商社であり、金融機関ならではのノウハウを活かした事業を展開しています。同県の産品が持つ小ロット・多品種という特性に対応し、複数の産品を束ね、統一コンセプトでのブランディングにより商品に磨きをかけ、高付加価値化を図るとともに、市場ニーズを的確につかみ、マーケティングを強化することで、首都圏市場と県内生産者を戦略的につなぐ取組を推進しています。

　　地域商社は、地方創生における「地域の稼ぐ力」向上の担い手として期待されており、政府においても、地域商社事業を地域に育て、根付かせるため、様々な角度から支援活動を行っています。

---

(2) 農泊の推進

（農山漁村の所得向上と関係人口の創出を図る農泊を推進）

　近年、農山漁村において農家民宿や古民家を活用した宿泊施設等に滞在し、我が国ならではの伝統的な生活体験や農村の人々との交流を通じて、その土地の魅力に触れる農山漁村滞在型旅行である「農泊」への関心が高まっています。

　農林水産省では、農山漁村において「農泊」を持続的なビジネスとして推進し、農山漁村における所得の向上や雇用の増大を図るため、農泊に取り組もうとする地域に対し、体制整備、食事・体験に関する観光コンテンツの開発、古民家を活用した宿泊施設の整備等を支援しており、令和6(2024)年3月末までに全国で656の農泊地域[1]を創出しています。

　農泊を推進する狙いは、古民家・ジビエ・棚田といった農山漁村ならではの地域資源を活用した様々な観光コンテンツを提供し、農山漁村への長時間の滞在と消費を促すことにより、農山漁村における「しごと」を作り出し、持続的な収益を確保して地域に雇用を生み出すとともに、農山漁村への移住・定住も見据えた関係人口の創出の入口とすることにあります。

---

[1] 農山漁村振興交付金による農泊推進の支援に採択され、農泊に取り組んでいる地域

（農泊地域の延べ宿泊者数はコロナ禍以前を上回る水準）

　令和4（2022）年度における農泊地域の延べ宿泊者数は、前年度に比べ163万人泊増加し611万人泊となり、コロナ禍以前を上回る水準となりました（**図表4-2-4**）。また、訪日外国人旅行者の延べ宿泊者数は前年度に比べ14万人泊増加し15万人泊となりましたが、依然としてコロナ禍以前の水準を下回っています。

　政府の観光立国推進基本計画においては、「日本人の地方部延べ宿泊者数を3.0億人泊から3.2億人泊に約5%増」、「訪日外国人旅行者数の2019年水準超え」を目指していることから、農泊地域においても、新規に農泊に取り組む地域や訪日外国人旅行者の需要の増加を考慮して、令和7（2025）年度までに700万人泊とすることを目標としています。

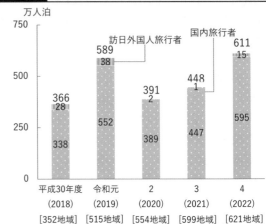

図表4-2-4　農泊地域の延べ宿泊者数

資料：農林水産省作成
注：[ ]内は、各年度までに採択した農泊地域数

（事例）「舟屋」の活用や「泊食分離」のビジネスモデル確立で農泊を推進（京都府）

　京都府伊根町の伊根浦地区農泊推進地区協議会では、船の収納庫の上に居住スペースを備えた「舟屋」と呼ばれる建築物の活用や「泊食分離」のビジネスモデルの確立を進め、農泊の取組拡大を図っています。

　同町では、空き家となっている舟屋を改修し、宿泊施設として開設する事業をリーディングモデルとして実施しており、地元の観光協会が運営を行っています。さらに、地域住民による新たな宿泊施設の開設には、食事提供が課題の一つとなっているため、同町が飲食施設を整備すること等により、泊食分離を推進しています。

　また、観光協会は、国内外の宿泊予約に対応できるよう宿泊予約サイトの構築を行い、舟屋での宿泊と漁港ならではの旅行商品を販売する窓口として機能するとともに、インバウンド対応や宿泊予約の取次ぎを行っています。

　このような取組により、令和4（2022）年の延べ宿泊者数は1万2,923人となり、平成29（2017）年の約2.1倍となっています。また、令和4（2022）年の宿泊消費額は約1億9千万円となっており、平成29（2017）年の約2.3倍となっています。

　同協議会では、もともとの町の暮らしを保存し、地域ならではの海や山を活用した体験の提供を重視しながら、町の規模や民宿数を踏まえ、受入れ可能な範囲でプロモーションを展開していくこととしています。

舟屋の町並み
資料：伊根浦地区農泊推進地区協議会

舟屋を活用した宿泊施設「伊根舟屋ステイ海凪」
資料：伊根浦地区農泊推進地区協議会

(農泊推進実行計画を策定)

　コロナ禍以降の地域状況や観光需要の変化を踏まえ、これからの農泊推進の方向性について検討するため、有識者から構成される「農泊推進のあり方検討会」が開催され、令和5(2023)年6月に、農泊推進の取組の方向性を取りまとめた「農泊推進実行計画」が策定されました。

　同計画では、地域自身が、地域の持続的な自立に資する事業を起こすことを目指す起業家精神「農山漁村アントレプレナーシップ」を持ち、「新規来訪者の獲得」、「来訪1回当たり平均泊数の延長」、「来訪者のリピーター化」に取り組むとともに、農林水産省が都道府県・事業者等と連携して広域的な課題解決に向けた支援を企画・実施することを通じ、目標の達成と農山漁村地域の持続性確保を目指すこととしています。

農泊推進実行計画
URL：https://www.maff.go.jp/j/nousin/kouryu/nouhakusuishin/arikata.html

(3) 農福連携の推進

(農福連携等応援コンソーシアムによる全国展開に向けた普及・啓発を推進)

　農林水産省では、厚生労働省等の関係省庁と連携して、国・地方公共団体、関係団体等のほか、経済界や消費者等の様々な関係者が参画する「農福連携等応援コンソーシアム」による取組の輪の拡大や農業現場において障害者が働きやすい環境整備等に取り組んでいます。

　同コンソーシアムは、イベントの開催、連携・交流の促進、情報提供等の国民的運動を通じた農福連携の普及・啓発を展開しています。また、農福関連の商品の価値をPRするノウフクマルシェや現場の課題解決を図るノウフク・ラボ等の取組を実施するとともに、令和6(2024)年2月には、農福連携に取り組む団体、企業等の優良事例24団体を「ノウフク・アワード2023」において表彰しました(**図表4-2-5**)。

図表4-2-5　「ノウフク・アワード2023」におけるグランプリ受賞団体

株式会社ウィズファーム(長野県松川町)
障害者が果実等の生産に従事し、
地域の中心的な担い手に成長

社会福祉法人青葉仁会(奈良県奈良市)
カフェの運営、地域ホテルの再生等の
多角的な事業を展開

資料：農林水産省作成

（初めての試みとしてノウフクウィークの取組を実施）

農福連携の取組が全国に広がり、各地で定着していくためには、農福連携の取組が一般に広く認知され、農福連携で生産された商品が消費者や企業に選ばれるような環境を作ることが重要です。農林水産省では、農福連携等応援コンソーシアムによる「ノウフク・アワード」において、これまでの4年間で延べ88件（40都道府県）の優良事例を表彰し、各地に横展開すること等を通じて、認知度の向上に努めています。また、令和5(2023)年10月に、初めての試みとして、農福連携に関するマルシェやフォーラム等のイベントを集中的に行う「ノウフクウィーク」の取組を、農福連携の事業者等と連携して全国30か所で実施しました。

今後とも消費者や企業を巻き込みながら、国民的運動として農福連携を推進していくことが重要となっています。

ノウフクウィークを
呼び掛けるポスター

（多世代・多属性の利用者が交流・参画するユニバーサル農園の整備・利用を推進）

「ユニバーサル農園」は、農業体験活動を通じて様々な社会的課題を解決するための取組であり、子供から高齢者までの多世代・多属性の者に対して、農業体験活動を通じた交流・参画する場の提供、高齢者や障害者の健康増進や生きがいづくり、精神的な不調を抱える若年層等の精神的健康の確保、生きづらさ・働きづらさを抱える者への職業訓練の場の提供等を目指すものです。このような取組を通じて、障害者等における農業現場での雇用・就労に対する意欲の高まりや農地の利用の維持・拡大効果も期待されています。

ユニバーサル農園での農業体験
資料：特定非営利活動法人たかつき

農林水産省では、障害者等の農林水産業に関する技術習得、障害者等が作業に携わる生産・加工・販売施設の整備への支援に加え、農業分野への就業を希望する障害者等に対し農作業体験を提供するユニバーサル農園の開設について支援を行っています。

第3節　農村に人が住み続けるための条件整備

　地域住民の生活や就業の場である農村地域においては、人口減少や高齢化により集落機能が低下し、農地・農業用水路等の保全や買い物・子育て等の集落の維持に不可欠な機能が弱体化する地域が増加していくことが懸念されています。

　本節では、農村に人が住み続けるための条件整備として、地域コミュニティ機能の維持・強化や生活インフラの確保に関する取組について紹介します。

(1) 地域コミュニティ機能の維持・強化
(集落機能を補完する農村RMOの形成が重要)

　中山間地域を始めとした農村地域では、商店やガソリンスタンドの撤退等による生活サービスの低下や集落の小規模化により、農業生産活動のみならず、農地・農業用水路等の保全や買い物・子育て等の生活支援等の取組を行うコミュニティ機能の弱体化が懸念されています。

　このため、複数の集落の機能を補完して、農用地の保全活動や農業を核とした経済活動と併せて、生活支援等の地域コミュニティの維持に資する取組を行う組織である「農村型地域運営組織」(以下「農村RMO[1]」という。)を形成していくことが重要となっています(図表4-3-1)。

図表4-3-1　農村RMOの形成に向けた推進体制

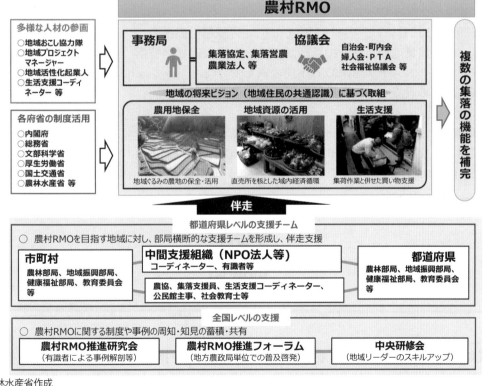

資料：農林水産省作成

---

[1] 特集第3節を参照

　農林水産省では、令和8(2026)年度までに農村RMOを100地区で形成する目標に向けて、農村RMOを目指す団体等が行う農用地の保全、地域資源の活用、生活支援に係る将来ビジョンの策定、これらに基づく調査、計画作成、実証事業等の取組に対して支援を行うこととしています。また、地方公共団体や農協、NPO法人等から構成される都道府県単位の支援チームや全国プラットフォームの構築を支援し、農村RMOの形成を後押ししています。

（事例）農村RMOを主体として地域の活性化に向けた活動を展開（岡山県）

　岡山県真庭市の苩地区では、「吉緣起村協議会」を主体として、特産品の開発・販売や無人店舗の設置といった地域の活性化に向けた活動を展開しています。

　中山間地に位置し過疎・高齢化の進む同地区では、小学校やバス路線の廃止を契機に、住民主体で自治会の枠を超えた話合いを開始し、平成30(2018)年12月に地域おこしグループである「吉緣起村」を設立しました。

　同グループでは、「相愛」、「寿老」といった縁起の良い地名等を活用することで地区の知名度を高めることを目標に、令和元(2019)年度から、県道沿いに設置したテントで農産物等の販売を開始しました。令和3(2021)年度には、県の支援を受けて、観光案内所や特産品製造・販売所の機能を併せ持つ、地域の拠点施設「吉緣起村立寄処」の整備を行いました。また、活動資金を確保し自立運営が可能な取組とするために、特産品の開発・販売を行うとともに、集落協定の広域化を契機として中山間地域等直接支払制度に関する事務を担っています。

住民によるワークショップ
資料：吉緣起村協議会

　令和4(2022)年12月には、農村RMOとして「吉緣起村協議会」を設立し、耕作放棄地の再生や拠点施設での小中学生向け学習指導、コンビニエンスストアを求める住民の声を受けたキャッシュレス型無人店舗の設置といった地域を活性化させる活動を展開しています。

　同地区では、今後とも地域が一体となり、拠点施設を交流やつながりの場として維持・発展させながら、住民の生きがいと幸福感の創造に向けた取組を推進していくこととしています。

無人店舗「スマート・縁起村」
資料：吉緣起村協議会

農村型地域運営組織（農村RMO）の推進
URL：https://www.maff.go.jp/j/nousin/nrmo/

（農村地域における交通・教育・医療・福祉等の充実を推進）

　地方では、地域経済の活性化や東京圏への過度の一極集中の是正、人口減少・少子高齢化への対応、教育の質の維持・向上、適切な医療水準の確保といった解決すべき社会課題はより複合的なものとなっています。

　このため、多岐にわたる地方の社会課題の解決に向け、デジタルの力等を活用した、地

方の自主的・主体的な取組の支援のほか、人口減少が進む農村においては、担い手の育成や農地の集積・集約化等の農業政策に加え、交通・教育・医療・福祉といった地域に定住するための条件を維持・確保する取組を促進することが重要となっています。

このような中、国や地方公共団体等においては、生活の利便性向上や地域交流に必要な道路等の整備を推進するとともに、活力ある学校づくりに向けたきめ細やかな取組を推進しています。また、へき地における医療の確保を図るとともに、住まい・医療・介護・予防・生活支援が包括的に確保される体制（地域包括ケアシステム）の構築を推進しています。

地方公共団体が運営委託する
予約型乗合タクシー

資料：北海道更別村

JA グループによる高齢者福祉活動

資料：愛知県厚生農業協同組合連合会

(2) 生活インフラ等の確保

（農業・農村における情報通信環境の整備を推進）

農業水利施設等の管理の省力化・高度化やスマート農業の実装、地域の活性化を図るため、ICT等の活用に向けた情報通信環境を整備することが重要な課題となっています。

農林水産省では、総務省と連携しつつ、農業・農村における情報通信環境の整備に取り組んでおり、行政、土地改良区、農協、民間企業等による官民連携の取組を通じて、普及・啓発や不足する知見・人材のサポート等を行っています。また、令和5(2023)年度は、全国21地区において、光ファイバ、無線基地局等の情報通信環境整備に係る調査、計画策定、施設整備を実施しました。

（標準耐用年数を超過した農業集落排水施設は全体の約8割）

農業集落排水施設は、農業用水の水質保全等を図るため、農業集落におけるし尿、生活雑排水の汚水等を処理するものであり、農村の重要な生活インフラとして稼働しています。

一方、供用開始後20年(機械類の標準耐用年数)を経過する農業集落排水施設の割合が令和6(2024)年3月末時点で80%となるなど、老朽化の進行や災害への脆弱性が顕在化するとともに、施設管理者である市町村の維持管理に係る負担が増加しています（**図表4-3-2**）。

このような状況を踏まえ、農林水産省では、農業集落排水施設が未整備の地域に関しては

図表4-3-2 農業集落排水施設の供用開始後の経過年数

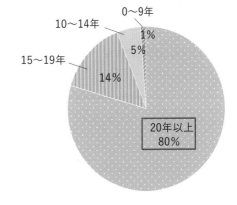

0～9年 1%
10～14年 5%
15～19年 14%
20年以上 80%

資料：農林水産省作成
注：令和6(2024)年3月末時点の推計値

引き続き整備を進めるとともに、既存施設に関しては、広域化・共同化による維持管理の効率化、長寿命化・老朽化対策を進めるため、地方公共団体による機能診断等の取組や更新整備等を支援しています。

また、国内資源である農業集落排水汚泥のうち、肥料等として再生利用されているものは、令和5(2023)年3月末時点で約7割となっています。みどり戦略の推進に向け、農業集落排水汚泥資源の再生利用を更に推進することとしています。

(農道の適切な保全対策を推進)

農道は、圃場への通作や営農資機材の搬入、産地から市場までの農産物の輸送等に利用され、農業の生産性向上等に資するほか、地域住民の日常的な移動に利用されるなど、農村の生活環境の改善を図る重要なインフラです。令和5(2023)年8月時点で、農道の総延長距離は17万793kmとなっています。一方、農道を構成している構造物については、同年4月時点で供用開始後20年を経過するものの割合が、橋梁で81%、トンネルで62%となっています(図表4-3-3)。経年的な劣化の進行も見られる中、構造物の保全対策を計画的・効率的に実施し、その機能を適切に維持していくためには、日常管理や定期点検、効率的な保全対策に取り組むことが重要です。

このため、農林水産省では、市町村や土地改良区等を対象に、非技術系の職員であっても容易に理解でき、直接点検等の実施にも役立つ手引案を作成し、保全対策の推進に取り組むとともに、農道の再編・強靱化や拡幅による高度化といった農業の生産性向上や農村生活を支えるインフラを確保するための取組を支援しています。

図表4-3-3　農道を構成している構造物の供用開始後の経過年数

(橋梁)

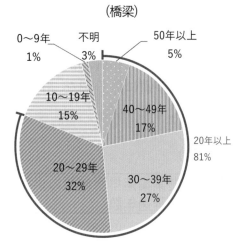

(トンネル)

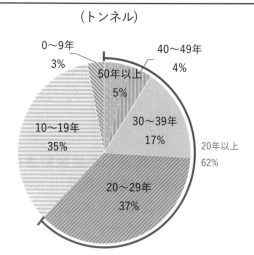

資料：農林水産省作成

注：令和5(2023)年4月1日時点の数値

第4節 農村を支える新たな動きや活力の創出

　持続可能な農村を形成していくためには、地域づくりを担う人材の養成等が重要となっています。また、都市住民も含め、農村地域の支えとなる人材の裾野を拡大し、活力の創出を図っていくためには、農村関係人口の創出・拡大や関係の深化を図っていくことが必要となっています。

　本節では、地域の支えとなる人材の裾野を拡大する取組や農村の魅力を発信する取組について紹介します。

(1) 都市と農山漁村の交流の推進

(農村地域との関わりを持っている人は約6割)

　内閣府が令和5(2023)年9～10月に実施した世論調査によると、今日の農村地域との関わりについて、「農村地域との関わりを持っていない」と回答した人は約4割となっており、約6割が何らかの関わりを持っていることがうかがわれます(図表4-4-1)。また、今後の農村地域との関わりの持ち方として、「農村地域の特産品の購入をしたい」と回答した人が約5割となっています。

　都市住民等が農業・農村に関わることで、農村のファンとも言うべき「農村関心層」を創出し、農村地域の関係人口である「農村関係人口」の創出・拡大や関係の深化を図っていくことが求められています。

図表4-4-1 今日と今後の農村地域との関わり

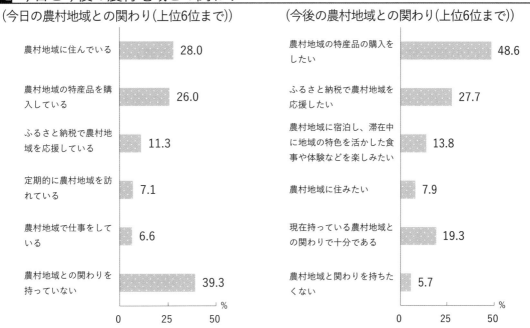

資料：内閣府「食料・農業・農村の役割に関する世論調査」(令和6(2024)年2月公表)
注：令和5(2023)年9～10月に実施した調査で、有効回収数は2,875人(複数回答)

285

（事例）オーナー制度を活用し、農村景観の保全や都市と農村の交流を推進(奈良県)

　奈良県明日香村では、村内の農業振興のため、オーナー制度を活用し、農村景観の保全や都市と農村の交流を図る取組を展開しています。

　豊かな自然と歴史遺産が調和する地域として知られる同村では、歴史的景観を支え続ける「農」を守り続けていくためには、農業者だけに任せるのではなく、その負担を「農」を通じて都市と分かち合うことが必要であるとの考えから、平成8(1996)年度から「あすかオーナー制度」に取り組んでいます。

　同制度は、事務局を務める一般財団法人明日香村地域振興公社が、実施主体となるNPO法人等と連携しながら、各地区で「棚田オーナー」や「いもほりオーナー」等のプログラムを実施しています。オーナーは会費を支払うことで、田植や稲刈り、収穫といった農作業等を体験できるほか、地元農業者の栽培指導を受けることもできます。

　同制度により、農山村の魅力を多くの人々に知ってもらうことができるほか、耕作放棄地や遊休農地の増加を防ぐことができ、地域の活性化にも役立っています。また、農作業等を通じて都市住民が継続的に同村と関わりを持てるようになっています。令和4(2022)年度においては、総計で約620口のオーナーが地域の垣根を越えて参加し、同制度を通じて同村の農業や自然を体感しつつ、地域と共同で村内の景観保全に取り組みました。

　同村では、都市住民との交流機会の拡大を更に図っていくため、プログラム拡充の検討やSNSによる情報発信等によりオーナー制度の充実・強化を図り、地域農業の継続的な発展を図っていくこととしています。

棚田オーナー制度の稲作体験
資料：一般財団法人明日香村地域振興公社

**いもほりオーナー制度の
さつまいも収穫体験**
資料：一般財団法人明日香村地域振興公社

（農村関係人口の裾野拡大に向けては複線型アプローチが必要）

　農村関係人口については、「農山漁村への関心」や「農山漁村への関与」の強弱に応じて多様な形があると考えられ、段階を追って徐々に農山漁村への関わりを深めていくことで、農山漁村の新たな担い手へとスムーズに発展していくことが期待されます。しかしながら、同時に、このような農山漁村への関わり方やその深め方は、人によって多様であることから、その裾野の拡大に向けては複線型のアプローチが重要となっています(**図表4-4-2**)。

　例えば農泊や農業体験により農山漁村に触れた都市住民が、援農ボランティアとして農山漁村での仕事に関わるようになり、二地域居住を経て、最終的には就農するために農山漁村に生活の拠点を移すといったケースも想定されます。

　また、都市農村交流を更に発展させ、都市に居住しながらも特定の農村に継続的に訪問することや、ボランティアに参加すること等により特定の農村と継続的に関わる者の増加を図り、当該地域における農産物・食品等の消費拡大や共同活動への参加を通じた集落機能の補完等を進めることも重要です。

　農林水産省では、農村関係人口を増加させるため、従来の都市と農村の交流に加え、食を始めとする農業や農村が有する様々な資源を活用して、二地域居住や農泊等を推進することとしています。

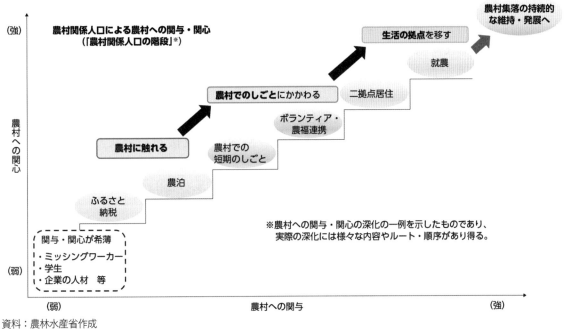

資料：農林水産省作成

（コラム）NFTを活用し、「デジタル村民」として地域との交流を深める取組が始動

　近年、「Non-Fungible Token（非代替性トークン）」（以下「NFT」という。）等のWeb3に関連した技術や仕組みを駆使して社会課題を解決しようとする動きが活発化しています。

　鳥取県智頭町と静岡県松崎町では、人口減少下の社会における新たな価値創造として、コミュニティへの貢献をNFTの発行により還元し、いわゆる「デジタル村民」として継続的に地域への関わりを深める人材を増やす取組を推進しています。

　両町では、広域的に連携し、内閣府の広域連携SDGsモデル事業として採択された「日本で最も美しい村デジタル村民の夜明け事業」を活用し、美しい村デジタル村民権が付与された「地域資源NFT」を販売する取組等を実施しています。

　地域資源NFTは、ブロックチェーンに記録される代替不可能なデジタルデータであるNFTに基づき発行されます。購入者には、宿泊割引や棚田デジタルオーナー会員券等のインセンティブのほか、地域の課題解決プロジェクト等に参画できる権利等が付与されています。

　令和5(2023)年度においては、NFT収入による事業の自走化に向けて、地域の祭りでイベント専用NFTを発行したほか、地域特産の栄久ぽんかんをNFTの仕組みを活用して販売するなど、共創型地方創生プラットフォームである「美しい村DAO*」を活用して、デジタル村民と地域住民が一体となって、未来の地域づくりを進める取組が始動しています。

NFT購入者が参加する
地域イベント
資料：鳥取県智頭町

地域資源NFTとして
発行されたデジタルアート
資料：静岡県松崎町

　デジタル村民という新たな関係人口の創出・拡大により、経済・社会・環境の相乗効果が発揮されるとともに、過疎地における新しい社会システムのモデルとなることが期待されています。

* Decentralized Autonomous Organizationの略で、分散型自律組織のこと

第4章

（子どもの農山漁村交流プロジェクトを推進）

　内閣官房、総務省、文部科学省、農林水産省、環境省は、子供の農山漁村での宿泊による農林漁業体験や自然体験活動等を行う「子ども農山漁村交流プロジェクト」を通じ、都市農村交流を推進しています。同プロジェクトは、子供たちの学ぶ意欲や自立心、思いやりの心、規範意識等を育み、力強い成長を支える教育活動として、農山漁村での長期宿泊体験活動を推進するものです。

　農林水産省では、農泊地域等の受入側（農山漁村）に対して、都市と農山漁村の交流を促進するための取組への支援や、交流促進施設等の整備への支援を行っています。

（事例）農業体験を中心とした子供農村交流体験活動を推進（滋賀県）

　滋賀県日野町（ひのちょう）の一般社団法人近江日野交流（おうみひのこうりゅう）ネットワークでは、農業体験を中心とした子供農村交流体験活動を推進しています。

　同法人は、町、観光協会、商工会、観光施設、受入家庭等でネットワークを構成し、体験型教育旅行やインバウンド、企業研修の受入れの中心的役割を担っています。

　体験型教育旅行では、子供たちが体験を通して交流を深め、人としての成長を促すことが最も大切であるとの考えの下、教室の中だけでは学ぶことが難しい「ひとりひとりが考え、行動する力」を養うことができる場を提供しています。

　参加する子供たちは、受入家庭ごとに4人程度のグループに分けられ、最大2泊3日の日程で農業体験を中心とした交流活動に臨みます。プログラムには、野菜の種まきや草取り、収穫作業のほか、稲刈りや竹林の整備、伝統料理の調理等があり、子供たちは、農村のありのままの暮らしを体験し、受入家庭との交流を深めていきます。

　参加者からは「都会では経験できない貴重な体験ができた」、「初対面の人と話すことに自信を持てるようになった」、「受入家庭との絆が生まれた」といった声が聞かれています。

　同法人では、近江商人（おうみしょうにん）の「三方よし」の考えにならい、「訪れる人々に心からの感動を、迎えるものに自信と誇りの回復を、地域に活力を」を合言葉に取組を進めており、今後とも、教育効果の高い受入活動が展開できるよう、地域一体となって取り組んでいくこととしています。

中学生による田植体験
資料：一般社団法人近江日野交流ネットワーク

伝統料理の調理体験
資料：一般社団法人近江日野交流ネットワーク

（2）多様な人材の活躍による地域課題の解決

（「半農半X」の取組が広がり）

　農業・農村への関わり方が多様化する中、都市から農村への移住に当たって、生活に必要な所得を確保する手段として、農業と別の仕事を組み合わせた「半農半X」の取組が広がりを見せています。

　半農半Xの一方は農業で、もう一方の「X」に当たる部分は会社員や農泊運営、レストラン経営等多種多様です。Uターンのような形で、本人又は配偶者の実家等で農地やノウハ

ウを継承して半農に取り組む事例、食品加工業、観光業等の様々な仕事を組み合わせて通年勤務するような事例も見られています。

　農林水産省では、新規就農の促進等のほか、関係府省等と連携し、半農半Xを実践する者等の増加に向けた方策として、「人口急減地域特定地域づくり推進法[1]」の仕組みの活用を推進しています。

(特定地域づくり事業協同組合の認定数は着実に増加)

　特定地域づくり事業協同組合制度は、人口急減地域特定地域づくり推進法に基づき、地域人口の急減に直面している地域において、農林水産業、商工業等の地域産業の担い手を確保するための特定地域づくり事業を行う事業協同組合に対して財政的、制度的な支援を行うものであり、令和6(2024)年3月末時点の特定地域づくり事業協同組合数は、前年同月末時点と比べ23件増加し95組合[2]となっています。本制度の活用により、安定的な雇用環境と一定の給与水準を確保した職場を作り出し、地域内外の若者等を呼び込むことができるようになるとともに、地域事業者の事業の維持・拡大を図ることが期待されています。

(地域おこし協力隊の隊員数は前年度に比べ増加)

　令和5(2023)年度の「地域おこし協力隊」の隊員数は前年度に比べ753人増加し7,200人となっています(**図表4-4-3**)。都市地域から過疎地域等に生活の拠点を移した隊員は、全国の様々な場所で地場産品の開発、販売、PR等の地域おこしの支援、農林水産業への従事、住民の生活支援等の地域協力活動を行いながら、その地域への定住・定着を図る取組を行っています。

　総務省は、地域おこし協力隊の推進に取り組む地方公共団体に対して、必要な財政上の措置を行うほか、都市住民の受入れの先進事例等の調査等を行っています。

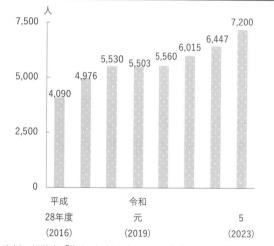

図表4-4-3　地域おこし協力隊の隊員数

資料：総務省「令和5年度地域おこし協力隊の隊員数等について」
(令和6(2024)年4月公表)

(3) 地域を支える体制・人材づくり

(地方公共団体における農林水産部門の職員数は減少傾向で推移)

　近年、地方公共団体の職員、特に農林水産部門の職員が減少しています。同部門の職員数については、令和5(2023)年は7万8,678人となっており、平成17(2005)年の10万2,887人と比較して2割以上減少しました[3](**図表4-4-4**)。

　また、地方公共団体は、農林水産業の振興等を図るため、生産基盤の整備や農林水産業に係る技術の開発・普及、農村の活性化等の施策を行っており、これらの諸施策に要する経費である農林水産業費の純計決算額は、令和4(2022)年度においては3兆3,624億円と、平成17(2005)年度の約8割の水準となっています(**図表4-4-5**)。

---

[1] 正式名称は「地域人口の急減に対処するための特定地域づくり事業の推進に関する法律」
[2] 人口急減地域特定地域づくり推進法に基づく認定を受け、特定地域づくり事業推進交付金の交付が決定されている組合の数値
[3] 総務省「地方公共団体定員管理調査結果」によると、令和5(2023)年の地方公共団体の職員数(280万1,596人)は、平成17(2005)年の職員数(304万2,122人)と比較して、約1割減少している。

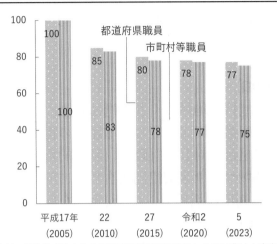

図表4-4-4 地方公共団体の農林水産部門の職員数（平成17(2005)年を100とする指数）

資料：総務省「地方公共団体定員管理調査結果」を基に農林水産省作成
注：1) 各年4月1日時点の数値
　　2) 「市町村等」とは、指定都市、指定都市を除く市、特別区、町村、一部事務組合等の総称

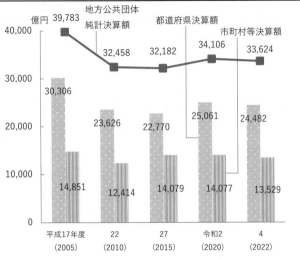

図表4-4-5 地方公共団体における農林水産業費

資料：総務省「地方財政の状況」を基に農林水産省作成
注：1) 「市町村等」とは、指定都市、指定都市を除く市、特別区、町村、一部事務組合等の総称
　　2) 都道府県決算額と市町村等決算額の合計額は地方公共団体純計決算額と一致しないことがある。

　農村地域においては、各般の地域振興施策を活用し、新しい動きを生み出すことができる地域とそうでない地域との差が広がり、いわゆる「むら・むら格差」の課題も顕在化しています。

　このような中、地方における農政の現場では、地域農業の持続的な発展に向け、地方公共団体等の職員がデジタル技術を活用して現地確認事務の効率化を図る取組、農業経営の改善をサポートする取組等が見られており、地域における農政課題の解決を図る動きが進展しています。

　農業現場の多様なニーズに対応することが困難となってきている中、地方公共団体においては、今後とも限られた行政資源を有効に活用しながら、それぞれの地域の特性に即した施策を講じていくことが重要となっています。

　農林水産省では、現場と農政を結ぶため、全国の地域拠点に地方参事官室を配置し、地方公共団体と連携しつつ、農政の情報を伝えるとともに、現場の声をくみ上げ、地域と共に課題を解決することにより、農業者等の取組を後押ししています。

（「農村プロデューサー」の養成が本格化）

　地域への愛着と共感を持ち、地域住民の思いをくみ取りながら、地域の将来像やそこで暮らす人々の希望の実現に向けてサポートする人材を育成するため、農林水産省は、「農村プロデューサー」養成講座を開催しています。オンラインの入門コース、オンラインと対面講義を併用した実践コースから成る同講座は、開講から3年目となる令和6(2024)年3月末時点で、地方公共団体の職員や地域おこし協力隊の隊員等267人が実践コースを受講しました。

　また、農林水産省は、農山漁村の現場で地域づくりに取り組む団体や市町村等を対象に相談を受け付け、取組を後押しするための窓口である「農山漁村地域づくりホットライン」を、本省を始め、全国の地方農政局等や地域拠点に開設しています。

(4) 農村の魅力の発信

(棚田地域振興法に基づく指定棚田地域は727に拡大)

　我が国においては、棚田を保全し、棚田地域の有する多面的機能の維持増進を図ることを目的とした棚田地域振興法に基づき、市町村や都道府県、農業者、地域住民等の多様な主体が参画する指定棚田地域振興協議会による棚田を核とした地域振興の取組を、関係府省横断で総合的に支援する枠組みを構築しています。農林水産大臣等の主務大臣は、令和5(2023)年度までに、同法に基づき累計で727地域を指定棚田地域に指定したほか、指定棚田地域において同協議会が策定した認定棚田地域振興活動計画は累計で194計画となっています。

　また、棚田の保全と地域振興を図る観点から、令和3(2021)年度には、「つなぐ棚田遺産〜ふるさとの誇りを未来へ〜」として、優良な棚田271か所を農林水産大臣が認定しました。

つなぐ棚田遺産〜ふるさとの誇りを未来へ〜
URL：https://www.maff.go.jp/j/nousin/tanada/tanadasen.html

(世界農業遺産に新たに2地域が認定)

　世界農業遺産は、社会や環境に適応しながら何世代にもわたり継承されてきた独自性のある伝統的な農林水産業システムをFAO[1]が認定する制度であり、令和5(2023)年7月に、新たに兵庫県兵庫美方地域と埼玉県武蔵野地域の2地域が認定され、国内の世界農業遺産認定地域は15地域となりました。

　また、日本農業遺産は、我が国において重要かつ伝統的な農林水産業を営む地域を農林水産大臣が認定する制度であり、認定地域は24地域となっています。

　令和5(2023)年度においては、農業遺産地域の魅力を広く発信し、地域活性化を図る取組の一環として、農業遺産地域の高校生による、複数の農業遺産地域の産品を使った食品のアイデアを競う「高校生とつながる！つなげる！ジーニアス農業遺産ふーどコンテスト」を開催しました。

兵庫県兵庫美方地域

埼玉県武蔵野地域

世界農業遺産のポスター

---

[1] 特集第2節を参照

（世界かんがい施設遺産に新たに4施設が登録）

　世界かんがい施設遺産は、歴史的・社会的・技術的価値を有し、かんがい農業の画期的な発展や食料増産に貢献してきたかんがい施設をICID[1]（国際かんがい排水委員会）が認定・登録する制度であり、令和5（2023）年11月に、我が国で新たに山形五堰（山形県山形市）、本宿用水（静岡県長泉町）、北山用水（静岡県富士宮市）及び建部井堰（岡山県岡山市）の4施設が登録され、国内登録施設数は51施設となりました。

山形五堰（山形県山形市）

本宿用水（静岡県長泉町）

北山用水（静岡県富士宮市）

建部井堰（岡山県岡山市）

（熊本県山都町の通潤橋が農業施設として初めて国宝に指定）

　令和5（2023）年9月に、熊本県山都町の通潤橋が、農業施設としては初めて国宝に指定されました。同施設は、農業用水として使用されている石橋で、新田開発史上で傑出した存在として評価されました。通潤橋は、我が国最大級の石造りアーチ水路橋で、橋の上部にサイホンを用いた3本の石の通水管が敷設され、今日でも地域の棚田を潤しています。

通潤橋
資料：熊本県山都町

---

[1] International Commission on Irrigation and Drainageの略

（「ディスカバー農山漁村の宝」に27団体と2人を選定）

　農林水産省と内閣官房は、「強い農林水産業」、「美しく活力ある農山漁村」の実現に向け、農山漁村の有するポテンシャルを引き出すことによる地域の活性化や所得向上に取り組んでいる優良な事例を「ディスカバー農山漁村の宝」として選定し、全国に発信することにより、農山漁村地域の活性化等に対する国民の理解の促進、優良事例の他地域への横展開を図るとともに、地域リーダーのネットワークの強化を推進しています。

　第10回の選定となる令和5(2023)年度は全国から27団体と2人を選定し、選定数は累計で315件となりました。また、第10回記念賞として、過去に選定された取組を対象に、選定後に著しい発展性がみられ、全国の模範となる事例として1団体を決定しました。

「大あなご」の地産地消を図る催し
（「ディスカバー農山漁村の宝」(第10回選定)のグランプリ受賞)

資料：大田商工会議所

ディスカバー農山漁村の宝
URL：https://www.discovermuranotakara.com

第4章

第5節　多面的機能の発揮と末端農業インフラの保全管理

　農村では人口減少や高齢化が進行する中、地域の共同活動や農業生産活動等の継続が困難となり、多面的機能の発揮や末端農業インフラの維持が困難となることが懸念されています。国民の大切な財産である多面的機能が適切に発揮されるよう、末端農業インフラの保全管理等を含む地域の共同活動や農業生産活動の継続等を図っていくことが重要となっています。

　本節では、多面的機能の発揮や末端農業インフラの保全管理に関する取組について紹介します。

(1) 多面的機能の発揮の促進

(農業・農村には多面的機能が存在)

　国土の保全、水源の涵養、自然環境の保全、良好な景観の形成、文化の伝承、癒しや安らぎをもたらす機能等の農村で農業生産活動が行われることにより生まれる様々な機能を「農業・農村の多面的機能」と言います(**図表4-5-1**)。多面的機能の効果は、農村の住民だけでなく国民の大切な財産であり、これを維持・発揮させるためにも農業生産活動の継続に加えて、共同活動により地域資源の保全を図ることが重要です。

図表4-5-1　農業・農村の多面的機能

洪水防止機能

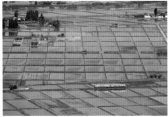

水田は多くの水を貯める
ことができます

土砂崩壊・土壌侵食防止機能

手入れされた農地は
土砂の流出を防ぎます

地下水涵養機能

水田の水は土中に浸透し、
地下水として蓄えられます

生物多様性保全機能

農村の多様な環境が
いろいろな生き物を育みます

良好な景観の形成機能

農業の営みが美しい
風景を作り出します

文化の伝承機能

農村は多くの伝統文化
を受け継いでいます

資料：農林水産省作成

注：農業・農村の多面的機能には、このほか、癒しや安らぎをもたらす機能、有機性廃棄物を分解する機能、地域社会を振興する機能、
　　体験学習と教育の場としての機能等がある。

農業・農村の多面的機能の維持・発揮を図るため、「農業の有する多面的機能の発揮の促進に関する法律」に基づき、日本型直接支払制度が実施されています。

同制度は、多面的機能支払制度、中山間地域等直接支払制度[1]、環境保全型農業直接支払制度[2]の三つから構成されています。

(多面的機能支払制度の認定農用地は前年度に比べ増加)

農業・農村の多面的機能の適切な発揮と、担い手の育成等構造改革の後押しを目的とする多面的機能支払制度は、水路の草刈りや泥上げといった多面的機能を支える共同活動を支援する「農地維持支払」と、農村環境保全活動や施設の長寿命化といった地域資源の質的向上を図る共同活動を支援する「資源向上支払」の二つから構成されています。

近年、同制度の認定農用地面積は微増傾向で推移しており、令和4(2022)年度は前年度に比べ1万ha増加し232万haとなりました(図表4-5-2)。また、全国の農用地面積[3]のうち同制度を活用している面積の割合は56.1%となりました。一方、多面的機能支払制度の活動組織数は前年度に比べ291組織減少し2万5,967組織となりました。

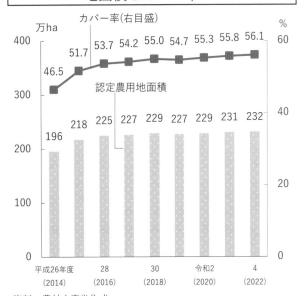

図表4-5-2 多面的機能支払制度の認定農用地面積とカバー率

資料：農林水産省作成
注：1) 各年度末時点の数値
　　2) 多面的機能支払のカバー率とは、各年度の農用地面積に対する認定農用地面積の割合

多面的機能支払制度の概要
URL：https://www.maff.go.jp/j/nousin/kanri/tamen_siharai.html

(地域資源の保全管理への参加者が減少)

これまで農地周辺の水路等を始めとした地域資源の保全管理については、小規模経営体を含む多数の農業者等の共同活動により行われてきましたが、社会構造の変化に伴う少数の大規模経営体への農業生産活動の集中等により、地域資源の保全活動への参加者が減少しています。また、人口減少・高齢化が進む中、共同活動の中核的役割を果たす者や事務処理を担当する者といった人材の確保が困難となるおそれがあります。

令和2(2020)年度の調査によると、多面的機能支払制度に基づく活動を終了する理由として、「事務処理担当がいない」が80%で最も多くなっています(図表4-5-3)。小規模な活動組織では、活動参加者の減少により、活動を継続できなくなることが懸念されています。

---

1 第4章第6節を参照
2 第2章第1節を参照
3 「令和3年の農用地区域内の農地面積」に「農用地区域内の採草放牧地面積」を加えた面積

第4章

図表4-5-3　多面的機能支払制度に基づく活動を終了する理由(上位5位まで)

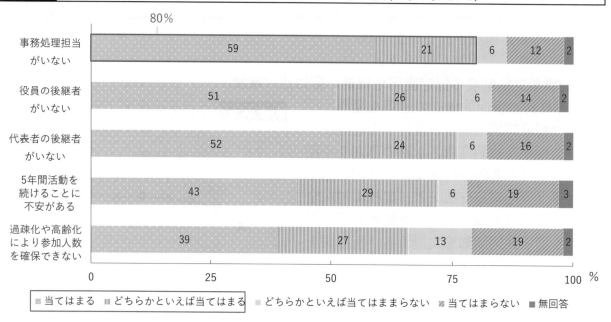

資料：農林水産省作成

注：1）令和3(2021)年3月時点の数値

　　2）活動を終了した組織に対する調査で、回答数は1,302組織

　一方、多面的機能支払制度の活動組織においては、農業者のほか、自治会、女性会、子供会等の非農業者も多数参画しています(図表4-5-4)。

　また、活動組織における非農業者の構成員割合については上昇傾向にあったものの、令和4(2022)年度は前年度に比べ0.4ポイント低下し34.6%となっています(図表4-5-5)。

　このほか、広域化組織[1]のカバー率については近年上昇傾向で推移しており、令和4(2022)年度は前年度に比べ1.3ポイント上昇し48.0%となっています(図表4-5-6)。

図表4-5-4　多面的機能支払制度の活動組織における各団体の参画割合

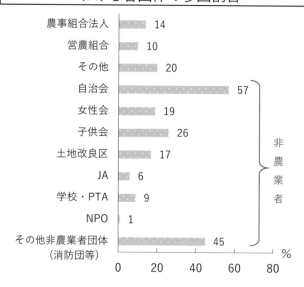

資料：農林水産省「多面的機能支払交付金の中間評価」(令和4(2022)年10月公表)を基に作成

[1] 広域活動組織又は、面積規模が200ha(北海道は3,000ha)以上となる組織

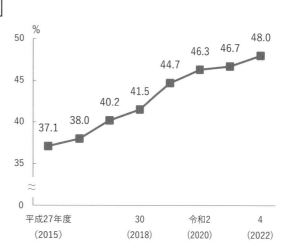

図表4-5-5 多面的機能支払制度の活動組織における非農業者の構成員割合

%
27.8　28.5　28.2　33.1　32.3　35.0　35.7　35.0　34.6

平成26年度　28　　　　30　　　　令和2　　　4
(2014)　(2016)　(2018)　(2020)　(2022)

資料：農林水産省作成
注：各年度末時点の数値

図表4-5-6 広域化組織のカバー率

%
37.1　38.0　40.2　41.5　44.7　46.3　46.7　48.0

平成27年度　　　　　30　　　　令和2　　　4
(2015)　　(2018)　(2020)　(2022)

資料：農林水産省作成
注：1）各年度末時点の数値
　　　2）農地面積ベースの割合

(2) 末端農業インフラの保全管理

(末端農業インフラの保全管理が課題)

　末端の農業インフラは、農業生産の基盤であるだけでなく雨水排水や交通等生活の基盤にもなっており、農業者やその地縁・血縁者を中心とした非農業者を含む地域住民によって、泥上げや草刈りといった共同活動を通じた保全管理が行われてきました。

　一方、農業集落の小規模化・高齢化に伴い、農業用用排水路の保全管理に関する集落活動は停滞する傾向にあります。特に集落人口9人以下の集落や高齢化率60%以上の集落では、その傾向が顕著になっています(**図表4-5-7**)。

　また、農村人口の減少によって、これまで集落による共同活動により保全・管理していた農業用用排水路や農道等の農業インフラ機能の維持が困難となる問題は、その地域で営農を継続する農業者の経営に直結するだけでなく、食料の安定供給にも関わるため、食料安全保障上のリスクとなっています。

図表4-5-7 人口規模・高齢化率別に見た、集落における農業用用排水路の保全管理状況

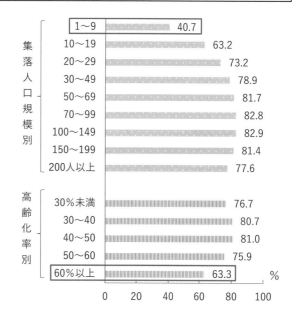

集落人口規模別
1〜9　40.7
10〜19　63.2
20〜29　73.2
30〜49　78.9
50〜69　81.7
70〜99　82.8
100〜149　82.9
150〜199　81.4
200人以上　77.6

高齢化率別
30%未満　76.7
30〜40　80.7
40〜50　81.0
50〜60　75.9
60%以上　63.3

%
0　20　40　60　80　100

資料：農林水産政策研究所「農村地域人口と農業集落の将来予測―西暦2045年における農村構造―」(令和元(2019)年8月公表)を基に農林水産省作成

(共同活動への非農業者・非農業団体の参画や作業の省力化を推進)

　農業集落の小規模化・高齢化、農村人口の減少、農地を所有している不在村者の増加や代替わりが進行する中、これまでの共同活動が困難となるなどのリスクを踏まえ、他地域から移住し農業生産活動に取り組みつつ農業以外の事業にも取り組む者、地域資源の保全・活用や地域コミュニティの維持に資する取組を行う者といった多様な形で農的活動に

第4章

　関わる者を確保することが必要となっています。また、各地域において保全管理の在り方を明確にしつつ、農業インフラの保全管理コストの低減を図ること等により、その機能を維持していくことも必要です。

　農林水産省では、このような地域において、集落間の連携、共同活動への非農業者・非農業団体の参画促進といった継続的な保全管理に向けた取組を推進するほか、最適な土地利用の姿を明確にした上で、開水路の管路化、法面の被覆等による作業の省力化やICTの導入等による作業の効率化等を推進することとしています。

（事例）NPO法人と協働し地域資源の適切な保全管理を推進（新潟県）

　新潟県十日町市の池谷入山多面的機能組合では、NPO法人と協働しながら、地域資源を適切に保全管理する取組を推進しています。

　同組合は、令和6(2024)年3月時点で農業者20人、非農業者22人、五つの団体により構成されており、多面的機能支払制度を活用しながら協定面積17.5haの保全管理を行っています。

　山あいの雪深い地域にある池谷・入山地区では、棚田での稲作を中心とした営農が展開されていますが、高齢化に伴う担い手不足により地域資源の適切な保全管理が行われないことが危惧されています。このため、同組合では、平成16(2004)年に発生した新潟県中越地震を契機として、同地区で地域おこし活動に取り組むNPO法人と連携しながら、農道・水路等の泥上げや草刈り、補修・更新、植栽といった地域資源を適切に保全管理する取組を推進しています。

　また、地域住民やNPO法人等の多様な関係者と「池谷の3年後を考える会」を開催して集落の課題を整理し、参加者同士が集落の現状と今後の在り方についての検討を行い、これから取り組むべき方向性について理解を深めています。

　さらに、棚田オーナーによる田植や草取り、稲刈り体験イベントを開催し、都市住民との交流を通じて地域の活性化や保全活動の継承に取り組んでいます。

　同組合では、今後とも地元住民だけでなく多様な主体の参画を得ながら、持続可能な地域づくりを進めていくこととしています。

NPO法人と連携した植栽活動
資料：池谷入山多面的機能組合

多様な関係者との意見交換
資料：池谷入山多面的機能組合

第6節	中山間地域の農業の振興と都市農業の推進

　中山間地域[1]は、食料生産の場として重要な役割を担う一方、傾斜地等の条件不利性とともに、人口減少や高齢化、担い手不足、荒廃農地[2]の発生、鳥獣被害の発生といった厳しい状況に置かれており、将来に向けて農業生産活動を維持するための活動を推進していく必要があります。

　一方、都市農業は、新鮮な農産物の供給のみならず、都市住民の良好な生活環境の保全にも寄与しており、その推進を図ることが必要です。

　本節では、中山間地域の農業や都市農業の振興を図る取組、荒廃農地の発生防止・解消に向けた対応について紹介します。

(1) 中山間地域農業の振興

(中山間地域の農業産出額は全国の約4割)

　我が国の人口の約1割、総土地面積の約6割を占める中山間地域は、農業経営体数、農地面積、農業産出額ではいずれも約4割を占めており、我が国の食料生産を担うとともに、国土の保全、水源の涵養（かんよう）、豊かな自然環境の保全や良好な景観の形成といった多面的機能の発揮においても重要な役割を担っています（**図表4-6-1**）。

中山間地域での
飼料用とうもろこしの生産
資料：農事組合法人ひまわり農場

図表4-6-1	中山間地域の主要指標

	全国	中山間地域	割合
人口(万人)	12,615	1,336	10.6%
農業経営体数(千経営体)	1,076	459	42.7%
農地面積(千ha)	4,372	1,666	38.1%
農業産出額(億円)	89,557	35,856	40.0%
総土地面積(千ha)	37,798	24,124	63.8%

資料：農林水産省作成

注：1) 人口は、総務省「令和2年国勢調査」の数値。ただし、中山間地域については農林水産省が推計した数値

　　2) 農業経営体数は、農林水産省「2020年農林業センサス」の数値

　　3) 農地面積は、農林水産省「令和2年耕地及び作付面積統計」の数値。ただし、中山間地域については農林水産省が推計した数値

　　4) 農業産出額は、農林水産省「令和2年生産農業所得統計」の数値。ただし、中山間地域については農林水産省が推計した数値

　　5) 総土地面積は、農林水産省「2020年農林業センサス」の数値

　　6) 農業地域類型区分は令和5(2023)年3月改定のもの

---

[1] 農業地域類型区分の中間農業地域と山間農業地域を合わせた地域のこと

[2] 第3章第5節を参照

第
4
章

　一方、中山間地域には傾斜地が多く存在し、圃場_{ほじょう}の大区画化や大型農業機械の導入、農地の集積・集約化等が容易ではないため、規模拡大等による生産性の向上が平地に比べ難しく、営農条件面で不利な状況にあります。

　経営耕地面積規模別の農業経営体数の割合を見ると、1.0ha未満については、平地農業地域で約4割であるのに対し、中間農業地域、山間農業地域では共に約6割となっています（**図表4-6-2**）。

　また、中山間地域では、このような営農条件の不利性に加え、人口減少・高齢化に伴う担い手の不足や鳥獣被害の発生といった厳しい条件に置かれており、農業生産活動を維持するために総合的な施策を講じる必要があります。

図表4-6-2　農業地域類型別の経営耕地面積規模別農業経営体数の割合

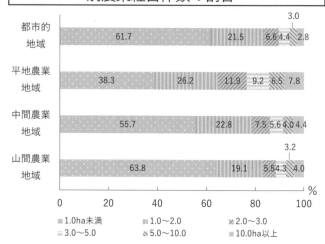

資料：農林水産省「2020年農林業センサス」を基に作成
注：1）農業地域類型区分は令和5(2023)年3月改定のもの
　　2）「経営耕地なし」の農業経営体を除く。

（中山間地域等の特性を活かした複合経営等を推進）

　中山間地域を振興していくためには、地形的制約等がある一方、清らかな水、冷涼な気候等を活かした農作物の生産が可能である点を活かし、需要に応じた市場性のある作物や現場ニーズに対応した技術の導入を進めるとともに、耕種農業のみならず畜産、林業を含めた多様な複合経営を推進することで、新たな人材を確保しつつ、小規模農家を始めとした多様な経営体がそれぞれにふさわしい農業経営を実現する必要があります（**図表4-6-3**）。

　このため、農林水産省では、中山間地域等直接支払制度により生産条件の不利を補正しつつ、中山間地農業ルネッサンス事業等により、多様で豊かな農業と美しく活力ある農山村の実現や、地域コミュニティによる農地等の地域資源の維持・継承に向けた取組を総合的に支援しています。また、米、野菜、果樹等の作物の栽培や畜産、林業も含めた多様な経営の組合せにより所得を確保する複合経営を推進するため、農山漁村振興交付金等により地域の取組を支援しています。

図表4-6-3　中山間地域における複合経営の取組例

有限会社ウッドベルファーム(長野県上田市)
高原の豊かな自然が広がる中山間地にて減農薬のぶどうや水稲等の複合経営を実施

資料：有限会社ウッドベルファーム

社会福祉法人小国町社会福祉協議会 サポートセンター悠愛(熊本県小国町)
山林が主体の農山村にて耕作放棄地を再生し、農福連携による大豆の栽培や養鶏、レストラン等の複合経営を実施

資料：社会福祉法人小国町社会福祉協議会 サポートセンター悠愛

（中山間地域等直接支払制度の協定数は前年度に比べ増加）

　中山間地域等直接支払制度は、農業の生産条件が不利な地域における農業生産活動を継続するため、国及び地方公共団体による支援を行う制度として平成12(2000)年度から実施してきており、平成27(2015)年度からは「農業の有する多面的機能の発揮の促進に関する法律」に基づいた措置として実施しています。

　令和2(2020)年度から始まった第5期対策では、人口減少や高齢化による担い手不足、集落機能の弱体化等に対応するため、制度の見直しを行い、新たな人材の確保や集落機能の強化、集落協定の広域化、棚田地域の振興を図る取組等に対して加算措置を設けています。

　令和4(2022)年度の同制度の協定数は前年度と比べ141協定増加し2万4千協定となり、協定面積は前年度と比べ4千ha増加し65万6千haとなりました（**図表4-6-4**）。

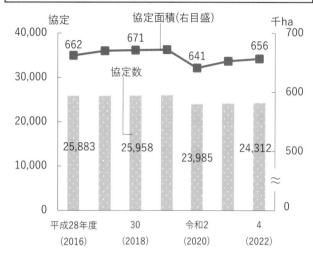

図表4-6-4 中山間地域等直接支払制度の協定数と協定面積

資料：農林水産省作成
注：1) 協定面積は、協定の対象となる農用地の面積
　　2) 各年度末時点の数値

（中山間地域等直接支払制度の実施により営農を下支え）

　令和5(2023)年8月に公表した「中山間地域等直接支払制度　第5期対策中間年評価書」によると、集落協定が実施している主な共同活動としては、「鳥獣害対策」を行う集落協定が60.2%で最も多く、次いで「協定農用地以外の農用地の保全活動」が51.9%となっています（**図表4-6-5**）。

　また、集落協定が同制度に取り組んだ効果としては、「水路・農道等の維持、環境の保全」、「荒廃農地の発生防止」と回答した集落協定がそれぞれ8割以上となっています（**図表4-6-6**）。

　一方、令和元(2019)年度で活動を廃止した集落協定の多くが小規模の協定であり、高齢化や担い手不足を理由に廃止しています。

　さらに、令和6(2024)年度末に活動を廃止する意向を持っている協定における廃止意向の理由については、「高齢化による体力や活動意欲低下」が84.8%で最も多く、次いで「活動の中心となるリーダーの高齢化」が64.0%、「地域農業の担い手がいない」が59.2%となっています（**図表4-6-7**）。廃止意向がある協定についても、その半数以上が小規模の協定となっています。

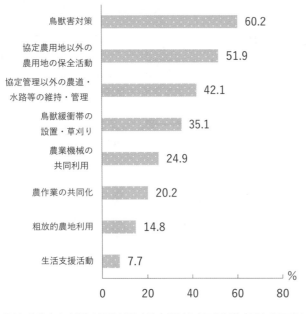

図表4-6-5　集落協定が実施している主な共同活動（上位8位まで）

資料：農林水産省「中山間地域等直接支払制度 第5期対策中間年評価書」（令和5(2023)年8月公表）を基に作成
注：令和4(2022)年度に実施した調査で、回答数は4,632協定（複数回答）

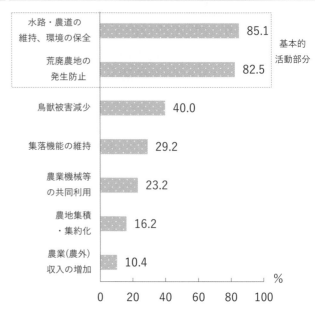

図表4-6-6　中山間地域等直接支払制度の実施による効果（上位7位まで）

資料：農林水産省「中山間地域等直接支払制度 第5期対策中間年評価書」（令和5(2023)年8月公表）を基に作成
注：令和4(2022)年度に実施した調査で、回答数は4,632協定（複数回答）

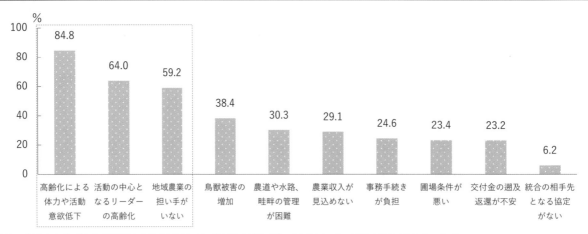

図表4-6-7　廃止意向の集落協定における協定廃止の理由（上位10位まで）

資料：農林水産省「中山間地域等直接支払制度 第5期対策中間年評価書」（令和5(2023)年8月公表）を基に作成
注：令和4(2022)年度に実施した調査で、回答数は廃止意向の1,657協定（複数回答）

　人口減少・高齢化の進行により、集落による共同活動の継続が困難になることが予想される中、周辺の協定や多様な組織、非農業者等の参画を促進し、共同活動が継続できる体制づくりを進めることが必要となっています。

（山村への移住・定住を定め、自立的発展を促す取組を推進）

　振興山村[1]は、国土の保全、水源の涵養、自然環境の保全や良好な景観の形成、文化の伝承等に重要な役割を担っているものの、人口減少や高齢化等が他の地域より進んでいることから、国民が将来にわたってそれらの恵沢を享受することができるよう、地域の特性を活かした産業の育成による就業機会の創出、所得の向上を図ることが重要となっています。

　農林水産省は、地域の活性化・自立的発展を促し、山村への移住・定住を進めるため、地域資源を活かした商品の開発等に取り組む地区を支援しています。

（コラム）FAOやEUでは山地ラベル認証制度を展開

　山地で暮らす人々が、生態系や天然資源を保全しつつ生計を営み続けられるように、農林漁業の持続可能性を高めることが、国際社会の課題となっています。この課題に応えるために注目されているのが、「山地ラベル認証制度」です。

　同制度は、山地で生産された農産物・食品に山地ラベルと呼ばれる認証ラベルを付して、消費者が識別できるようにする支援制度です。どの商品が山地で生産された産品なのかを消費者が見分けられるようにすることで、消費者が購買行動を通じて山地に住む人たちの生計や暮らしを応援することが可能となります。

　FAO[*]に設置されている組織「山地パートナーシップ」では、平成28(2016)年からイタリアのスローフード協会と共同で、ボリビアやインド等の山地の生産者が生産した産品を「山地パートナーシップ産品」として認証しています。FAOのWebサイトによると、令和6(2024)年3月時点で8か国35生産団体、生産者数約1万8千人が生産する45産品が登録されています。

　また、EUでは、山地で生産された農産物等に対して加盟各国が定める山地ラベルを付すことで、消費者が積極的に選んで購入することを後押ししています。

　山地で生産された農産物・食品を市場で差別化し、付加価値を高めることで、山地で暮らす人々の所得の向上や農林漁業の維持・発展につながることが期待されています。

*　特集第2節を参照

山地パートナーシップ産品認証制度の概要

区分	内容
認証団体	FAO 山地パートナーシップ／スローフード協会(二者認証、参加型認証)
開始年	平成28(2016)年
認証の対象	農産物、加工食品、工芸品
認証産品数(品目)	45産品(蜂蜜、米、豆、ドライフルーツ、コーヒー、茶、ハーブティ、ジャム、絹、毛糸、フェルト等)
認証産品の生産国	8か国(ボリビア、インド、キルギス、モンゴル、ネパール、パナマ、ペルー、フィリピン)

資料：FAO資料及び関根佳恵(愛知学院大学)教授資料を基に農林水産省作成

山地パートナーシップ産品の例

資料：©FAO/Mountain Partnership

（33道府県の55地域を「デジ活」中山間地域に登録）

　人口減少・高齢化が進行し条件不利な中山間地域等は、一方で豊かな自然や魅力ある多彩な地域資源・文化等を有し、次の時代につなぐ価値ある拠点としての可能性を秘めてい

---

[1] 山村振興法に基づき指定された区域。令和6(2024)年4月時点で、全市町村数の約4割に当たる734市町村において指定

ます。「デジ活」中山間地域は、基幹産業である農林水産業の「仕事づくり」を軸として、地域資源やデジタル技術を活用し、多様な内外の人材を巻き込みながら、社会課題解決に向けて取組を積み重ねることで活性化を図る地域であり、令和4(2022)年12月に閣議決定された「デジタル田園都市国家構想総合戦略」(令和5(2023)年12月改訂)におけるモデル地域ビジョンの一つとして位置付けられています。

　「デジ活」中山間地域として登録された地域においては、農林水産業に関する取組を中心に、高齢者の見守り、買い物支援、地域交通等の様々な分野の取組が計画されています。令和5(2023)年度には、33道府県の55地域を「デジ活」中山間地域に登録し、農林水産省を始めとした関係府省が連携して、職員による現地訪問、施策紹介、申請相談、関連施策による優遇措置等により、その取組を支援しています。

「デジ活」中山間地域について
URL：https://www.maff.go.jp/j/nousin/digikatsu/index.html

(事例)　「デジ活」中山間地域として、農用地の適切な保全等を推進(三重県)

　三重県多気町では、「デジ活」中山間地域として、農用地保全や資源の活用、子育て世代や高齢者サポートの充実等の活動を展開しています。

　同町の勢和地区では、人口減少やコロナ禍に伴う地域内のつながりの減少、離農、荒廃農地の増加等の課題に対応するため、令和4(2022)年に勢和農村RMO協議会を設立するとともに、同協議会を主体として獣害対策やスマート農業、生活支援サービス等の地域課題の解決や将来像の実現に向けた活動を展開しています。

　このうち獣害対策については、マイクロフォンを活用しシカの動きを分析するとともに、罠に掛かるとカメラで撮影し、スマートフォンにアラートを届ける仕組みを構築しています。今後は、実証活動の対象範囲を拡充しながら、実装につなげることとしています。

マイクロフォンによる
シカの発生地点推定
資料：京都先端科学大学

　また、スマート農業については、情報ネットワーク環境の構築、遠隔監視カメラや遠隔自動水門の活用により、水田の水位管理、洪水緩和等や作業時間の大幅な削減を図り、安全・安心な管理を実現しています。今後は、ランニングコストの問題を解消して実装につなげるとともに、効率的な維持管理や農用地の適切な保全等を図ることを目指しています。

　さらに、生活支援サービスについては、超小型モビリティの活用による見守りパトロールやデマンドタクシーの運営を行っています。

超小型モビリティの活用
による見回りパトロール
資料：勢和農村RMO協議会

　このような取組を踏まえ、同町は、令和5(2023)年6月に「デジ活」中山間地域に登録されたところであり、今後とも地域住民が協力し、地域資源やデジタル技術を活用しながら、自立型社会の実現に向けた取組を推進していくこととしています。

(2) 荒廃農地の発生防止・解消に向けた対応

（圃場が未整備の農地や土地条件が悪い農地を中心に、荒廃農地が発生）

荒廃農地の面積については、近年おおむね横ばい傾向で推移しており、令和4(2022)年は前年に比べ6千ha減少し25万3千haとなっています（**図表4-6-8**）。このうち再生利用が可能な農地は9万ha、再生が困難と見込まれる農地は16万3千haとなっています。

令和3(2021)年1月に実施した調査によると、荒廃農地の発生原因について、土地の条件に着目した要因としては、「山あいや谷地田<ruby>谷地田<rt>やちだ</rt></ruby>など、自然条件が悪い」の割合が25%で最も高く、次いで「基盤整備がされていない」、「区画が不整形」、「接道がない、道幅が狭い」がそれぞれ16%となっています（**図表4-6-9**）。また、所有者に着目した要因としては、「高齢化、病気」の割合が30%で最も高く、次いで「労働力不足」が19%、「地域内に居住していない」が17%となっています。土地・所有者以外に着目した要因としては、「農業機械の更新ができない」が29%で最も多くなっています。

このように、傾斜地や未整備地等の生産条件の不利な地域において、農業者の高齢化や労働力不足等を背景に、農業機械の更新等を契機として、離農を選択している状況がうかがわれます。さらに、離農後の農地についても、条件が悪いこと等を理由に引受け手が見つからず、荒廃農地の発生につながっているケースが多いことがうかがわれます。

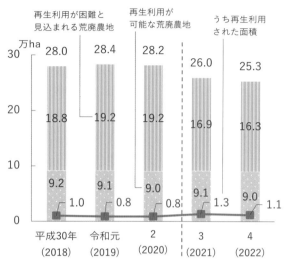

図表4-6-8 荒廃農地面積

資料：農林水産省作成

注：1) 令和3(2021)年調査より調査内容等の見直しを行ったことに伴い、特に再生利用が困難と見込まれる荒廃農地面積が減少したことから、令和3(2021)年調査以降の合計値は参考値としている。このため、令和2(2020)年以前の合計値との単純比較はできない。

2) 平成30(2018)〜令和2(2020)年は各年11月30日時点の数値。令和3(2021)年は令和4(2022)年3月30日時点の数値。令和4(2022)年は令和5(2023)年3月末時点の数値。

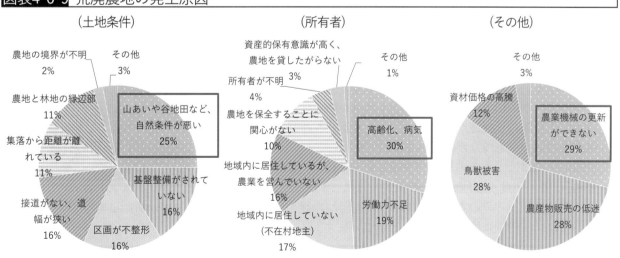

図表4-6-9 荒廃農地の発生原因

資料：農林水産省「荒廃農地対策に関する実態調査」を基に作成

注：令和3(2021)年1月に実施した全市町村を対象とした調査で、回収率は96%

（荒廃農地の発生防止と解消に向けた取組を推進）

　荒廃農地は周辺農地に悪影響を及ぼし、その解消には多額の費用を要することから、まずはその発生を防止することが重要です。このため、農林水産省では、農業経営基盤強化促進法に基づき、地域での協議により目指すべき将来の農地利用の姿を明確化する「地域計画」の策定を推進し、農地の適切な利用の確保を図っていくこととしています。あわせて、地域内外から農地の受け手を幅広く確保しつつ、農地中間管理機構を活用した農地の集積・集約化により、農地の効率的・総合的な利用を図ることとしています。また、荒廃のおそれのある農地は、区画が不整形、狭小、排水不良等のため、農地の条件が悪く、借り手が見つからない場合が多いことから、基盤整備により生産性向上を図るほか、水田の畑地化・汎用化による高収益作物の導入等により、適地適作を進めていくことも有効です。さらに、日本型直接支払制度による営農の下支え、スマート農業技術の活用、鳥獣被害対策の推進に加え、あらゆる政策努力を払ってもなお従来の農業生産活動が困難な場合にあっては、粗放的な利用による農地の維持・保全等に総合的に取り組むこととしています。

（事例）移住者等を巻き込み荒廃農地の粗放的利用を展開（富山県）

　富山県立山町の釜ヶ渕地区は、整備済の優良農地を集積するとともに、新規就農者の受入れや支援体制等を構築し、管理負担の大きい荒廃農地を粗放的に利用することにより、地域の活性化を図っています。

　同地区では、住宅が集まる中心部に未整備の農地が残っており、作付効率が悪いことから草刈り等の保全管理のみが行われている農地も多く、近年では農地所有者の高齢化に伴う荒廃化が懸念されています。また、山際の農地では、イノシシやサル等による獣害の対策に苦慮していました。

　このため、同町では、地域ぐるみの話合いにより、農地を「生産性向上エリア」と「粗放的管理エリア」に区分けした地域の将来像を作成しました。

　生産性向上エリアでは、条件の良い農地を新規就農者や担い手に集積するため、同町の仲介や地元農業者同士の協力による利用調整、農地の集約化が進められました。また、粗放的管理エリアでは、牧場やゲストハウスの経営を行う農業者や地域おこし協力隊等の移住者により、馬等の放牧や養蜂の利用、カモミール等の省力作物の作付けといった粗放的利用のための取組が進められました。

地域ぐるみの話合い
資料：富山県立山町

　このような取組の結果、荒廃農地の発生が防止されたほか、地域の活性化に向けた機運が高まり、農泊の実証や各種交流イベントの実施等の取組にもつながっています。

　同地区では、これらの取組が今後とも一体的に推進されるよう、令和5(2023)年度から地域計画の策定を進めているところであり、引き続き地域ぐるみの話合いを進め、荒廃農地の発生防止・有効活用、低コスト管理に取り組むこととしています。

作付けされたカモミール
資料：富山県立山町

　一方、耕作放棄された荒廃農地については、できる限り早期に解消することが重要であることから、農業委員会による所有者への利用の働き掛けにより荒廃農地の解消に取り組

むとともに、これらの取組による荒廃農地の解消事例を広く周知しています。これらの結果、令和4(2022)年度に再生利用された荒廃農地面積は1万1千haとなりました。

(3) 多様な機能を有する都市農業の推進

(市街化区域の農業産出額は全国の約1割)

　都市農業は、都市という消費地に近接する特徴から、新鮮な農産物の供給に加えて、農業体験・学習の場や災害時の避難場所の提供、都市住民の生活への安らぎの提供等の多様な機能を有しています。

　都市農業が主に行われている市街化区域内の農地の面積は、我が国の農地面積全体の1%である一方、農業経営体数と農業産出額ではそれぞれ全体の12%と7%を占めており、消費地に近いという条件を活かした、野菜を中心とした農業が展開されています(図表4-6-10)。

　農林水産省では、都市住民と共生する農業経営の実現のため、農業体験や農地の周辺環境対策、防災機能の強化等の取組を支援することにより、多様な機能を有する都市農業の振興に向けた取組を推進しています。

都市住民でにぎわう農業体験農園(東京都)
資料：特定非営利活動法人全国農業体験農園協会

図表4-6-10　都市農業の主要指標

	農業経営体数 (万経営体)	農地面積 (万ha)		農業産出額 (億円)
全国	107.6	429.7		90,147
市街化区域 (割合)	13.3 (12.4%)	5.8(1.3%)		5,898 (6.5%)
		うち生産緑地 1.2(0.3%)		

資料：農林水産省作成
　注：1) 全国の農業経営体数は、農林水産省「2020年農林業センサス」の数値
　　　2) 全国の農地面積は、農林水産省「令和5年耕地及び作付面積統計」の数値
　　　3) 全国の農業産出額は、農林水産省「令和4年生産農業所得統計」の数値
　　　4) 市街化区域の農業経営体数は、東京都及び一般社団法人全国農業会議所から提供を受けたデータを基に農林水産省が推計した数値
　　　5) 市街化区域の農地面積は、総務省「令和4年度固定資産の価格等の概要調書」の数値
　　　6) 生産緑地地区の面積は、国土交通省「令和4年都市計画現況調査」の数値
　　　7) 市街化区域の農業産出額は、東京都及び一般社団法人全国農業会議所から提供を受けたデータを基に農林水産省が推計した数値

(都市農地貸借法に基づき賃貸された農地面積は拡大傾向)

　生産緑地制度[1]は、良好な都市環境の形成を図るため、市街化区域内の農地の計画的な保全を図るものです。市街化区域内の農地面積が一貫して減少する中、生産緑地地区[2]の面積はほぼ横ばいで推移しており、令和4(2022)年の同面積は前年並みの1万2千haとなってい

---

[1] 三大都市圏特定市における市街化区域農地は宅地並に課税されるのに対し、生産緑地に指定された農地は軽減措置が講じられる。
[2] 市街化区域内の農地で、良好な生活環境の確保に効用があり、公共施設等の敷地として適している500㎡以上の農地

ます(**図表4-6-11**)。

　また、都市農業の振興を図るため、意欲ある農業者による耕作や市民農園の開設等による都市農地の有効活用を促進しています。農地所有者が、意欲ある農業者等に安心して農地を貸付けすることができるよう、都市農地貸借法[1]に基づき貸借が認定・承認された農地面積については、令和4(2022)年度は前年度に比べ23万8千㎡増加し101万3千㎡となりました(**図表4-6-12**)。

　農林水産省では、都市農地貸借法の仕組みの現場での円滑かつ適切な活用を通じ、貸借による都市農地の有効活用を図ることとしています。

図表4-6-11 市街化区域内農地面積

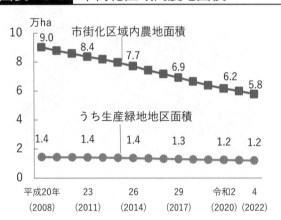

資料：総務省「固定資産の価格等の概要調書」、国土交通省「都市計画現況調査」を基に農林水産省作成

図表4-6-12 都市農地借地法による賃借面積

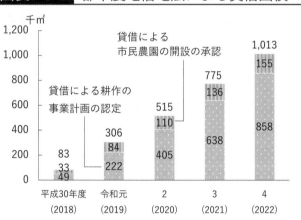

資料：農林水産省作成
注：各年度末時点の数値

都市農業について
URL：https://www.maff.go.jp/j/nousin/kouryu/tosi_nougyo/t_kuwashiku.html

[1] 正式名称は「都市農地の貸借の円滑化に関する法律」

第7節　鳥獣被害対策とジビエ利活用の促進

　野生鳥獣による農作物被害は、営農意欲の減退をもたらし耕作放棄や離農の要因になるなど、農山村に深刻な影響を及ぼしています。このため、地域の状況に応じた鳥獣被害対策を進めるとともに、マイナスの存在であった有害鳥獣をプラスの存在に変えていくジビエ利活用の取組を拡大していくことが重要です。

　本節では、鳥獣被害対策やジビエ利活用の取組について紹介します。

(1) 鳥獣被害対策等の推進

(野生鳥獣による農作物被害額は前年度に比べ増加)

　シカやイノシシ、サル等の野生鳥獣による農作物被害額は、平成22(2010)年度の239億円をピークに減少傾向で推移しています。令和4(2022)年度は、捕獲強化の取組等によりイノシシ等による被害額が減少したものの、生息域や生息頭数が増加しているシカの被害額が増加したこと等から、前年度に比べ5千万円増加し156億円となりました(**図表4-7-1**)。鳥獣種類別に見ると、シカによる被害額が65億円で最も多く、次いでイノシシが36億円、鳥類が28億円となっています。

図表4-7-1　野生鳥獣による農作物被害額

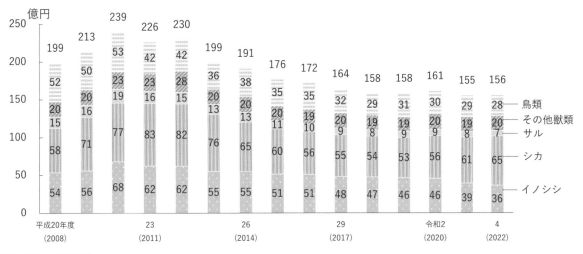

資料：農林水産省作成

　野生鳥獣の捕獲頭数については、令和4(2022)年度はシカが前年度に比べ8千頭減少し72万頭となっています(**図表4-7-2**)。一方、イノシシの捕獲頭数は前年度に比べ6万頭増加し59万頭となっています。

　全国各地で鳥獣被害対策が進められている一方、野生鳥獣の生息域の拡大や過疎化・高齢化による荒廃農地の増加等を背景として、鳥獣被害は継続的に発生しており、また、離農の要因ともなっていることから、更なる捕獲対策の強化を図っていく必要があります。

第4章

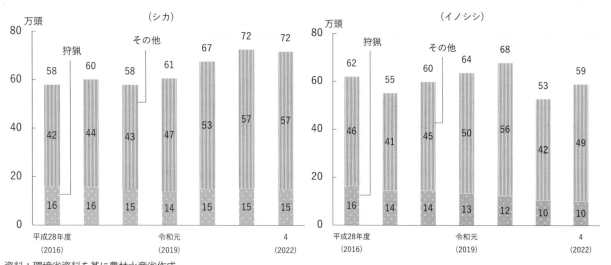

図表4-7-2 野生鳥獣の捕獲頭数

資料：環境省資料を基に農林水産省作成
注：1) 令和2(2020)～4(2022)年度は速報値
　　2)「その他」は、環境大臣、都道府県知事、市町村長による鳥獣捕獲許可の中の「被害の防止」、「第二種特定鳥獣管理計画に基づく鳥獣の数の調整」及び「指定管理鳥獣捕獲等事業」による捕獲数

（鳥獣の捕獲強化等に向けた取組を推進）

　鳥獣被害の防止に向けては、鳥獣の捕獲による個体数管理、柵の設置等の侵入防止対策、藪の刈払い等による生息環境管理を地域ぐるみで実施することが重要です。このため、鳥獣被害防止特措法[1]に基づき、市町村による被害防止計画の作成や鳥獣被害対策実施隊の設置・体制強化を推進するとともに、市町村が作成する被害防止計画に基づく鳥獣の捕獲体制の整備、捕獲機材の導入、侵入防止柵の設置、鳥獣の捕獲・追払いや、緩衝帯の整備を推進しています。

　令和5(2023)年4月末時点で、1,517市町村が被害防止計画を策定し、このうち1,246市町村が鳥獣被害対策実施隊を設置しているほか、その隊員数は4万2千人となっています。

　一方、農林水産省は、環境省と連携し、農林業や生態系等に深刻な被害を及ぼしているシカ、イノシシについて、生息頭数を平成23(2011)年度比で令和5(2023)年度末までに半減させることを目標として、全国で捕獲強化に取り組んできました。両獣種とも減少傾向にあるものの、シカは減少ペースが遅く目標達成が困難な状況にあるため、更なる捕獲強化を図り、令和10(2028)年度までに半減を目指すこととしています。

　また、シカの生息頭数が増えている地域等を対象に早急にシカの生息頭数を大きく減らすための捕獲対策を総合的に支援するとともに、シカの生息域の拡大といった周辺環境の変化等に対応するよう、広域的な侵入防止柵の整備を支援しています。

　さらに、シカやイノシシ等は、都府県や市町村をまたいで移動するため、広域的な捕獲が重要となっています。このため、複数の市町村や都府県にまたがる広域的な範囲において、市町村からの要請を受けた都道府県が生息状況調査や捕獲活動、広域捕獲を担う人材の育成を行っています。

　くわえて、高齢化が進む捕獲人材の育成・確保に向けて、現場での見学・体験を内容とするセミナーの開催を支援しているほか、狩猟免許取得時の研修・講習や狩猟免許取得後

---

[1] 正式名称は「鳥獣による農林水産業等に係る被害の防止のための特別措置に関する法律」

の経験の浅い者を対象としたOJT研修等の実施を支援しています。

（事例）ICT機器や複合柵等を活用した鳥獣被害対策を推進（宮城県）

宮城県七ヶ宿町の七ヶ宿町農作物有害鳥獣対策協議会では、ICTを活用したデータに基づく被害防止活動や、援農ボランティアの協力を得た侵入防止柵の設置を展開しています。

同協議会は、ニホンザルやイノシシ等による農作物被害が継続的に発生し、農業生産活動の重大な阻害要因となっている中、平成20（2008）年度に、同町を中心に、農協や農業改良普及センター、猟友会等を構成員として設立されました。同協議会では、地域の高齢化や担い手不足のため、捕獲や被害防止、環境整備に係る対策を工夫して実施しています。

「オリワナシステム」やセンサーカメラ、GPS機器等のICT機器を活用し、捕獲、追払い活動を行うとともに、被害農地の発生状況や捕獲罠・侵入防止柵の設置状況等の地図化、見回り活動の省力化等の取組を進めています。

また、同協議会では、緩衝帯の設置等の生息環境管理を行いながら、町内ほぼ全ての農地に電気柵とワイヤーメッシュ柵の複合柵を設置しています。町外からの援農ボランティアの協力を得て、設置を進めた結果、平成29（2017）年度から令和4（2022）年度までの侵入防止柵の総距離は約74kmとなっており、平成29（2017）年度の約5倍に拡大しています。

これらの取組により、取組開始時に比べ農作物被害額は減少傾向にあります。

同協議会では、県からの支援を受け、鳥獣被害対策分野でのDX計画書を作成している同町とも連携しつつ、今後とも地域外の人々の協力も得ながら、関係者が一体となって農作物等の被害防止対策を推進していくこととしています。

ICTを利用した捕獲罠
資料：宮城県七ヶ宿町

援農ボランティアの協力による侵入防止柵の設置
資料：宮城県七ヶ宿町

（クマ類における被害防止等に向けた対策）

クマ類による農作物被害額は、近年横ばい傾向で推移しています。一方、東北地方では、令和5（2023）年度はブナ科堅果類の結実状況等により、クマ類の市街地周辺への出没やクマ類による人身事故が増加しました。このため、農林水産省では、農業現場におけるクマ類の出没による人身被害、農作物被害等の防止に向けた注意喚起を行っています。

また、クマ類への対策としては、クマ類を農地に近づけないための、餌となる柿や栗の実の処分のほか、電気柵の整備や農地周辺での捕獲等の取組を推進しています。

（2）ジビエ利活用の拡大

（ジビエ利用量は前年度に比べ減少）

　食材となる野生鳥獣肉のことをフランス語でジビエ(gibier)と言います。我が国では、シカやイノシシによる農作物被害が大きな問題となる中、これらの捕獲が進められるとともに、ジビエとしての利用も全国的に広まっています。害獣とされてきた野生動物も、ジビエとして有効利用されることで食文化をより豊かにしてくれる味わい深い食材、あるいは農山村地域を活性化させ、農村の所得を生み出す地域資源となります。捕獲個体を無駄なく活用することにより、外食や小売、学校給食、ペットフード等の様々な分野においてジビエ利用の取組が広がっています。令和4(2022)年度のジビエ利用量は、新型コロナウイルス感染症の影響を受け需要が伸び悩んだこと等から、前年度に比べ2.0%減少し2,085tとなりました（図表4-7-3）。

　一方、ペットフード向けは、ジビエ利用量の約3割を占める664tまで増加しており、動物園では肉食獣の餌に利用されるなど、新たな試みも見られています。

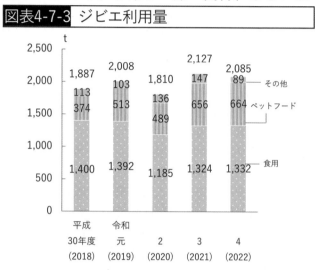

図表4-7-3　ジビエ利用量

資料：農林水産省「野生鳥獣資源利用実態調査」を基に作成
注：「その他」は、自家消費向け食肉、解体処理のみを請け負って依頼者へ渡した食肉

（外食産業・宿泊施設や小売業者向けのジビエ販売数量が増加）

　食肉処理施設からの販売先別のジビエ販売数量については、令和4(2022)年度は消費者への直接販売が減少に転じた一方、外食産業・宿泊施設や小売業者向けの販売数量が前年度に比べ増加しました（図表4-7-4）。

　ジビエの利用拡大に当たっては、より安全なジビエの提供と消費者のジビエに対する安心の確保を図ることが必要です。このため、農林水産省では、国産ジビエ認証制度に基づき、厚生労働省のガイドラインに基づく衛生管理の遵守やトレーサビリティの確保に取り組むジビエの食肉処理施設を認証しています。令和5(2023)年度末時点の認証施設数は31施設となっており、認証施設で処理されたジビエが大手外食事業者等によって加工・販売され、ジビエ利用量の拡大につながる事例も見られています。

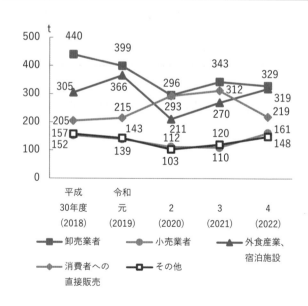

図表4-7-4　食肉処理施設からの販売先別のジビエ販売数量

資料：農林水産省「野生鳥獣資源利用実態調査」を基に作成
注：「その他」は、加工品製造業者、学校給食等

農林水産省では、捕獲個体の食肉処理施設への搬入促進や需要喚起のためのプロモーション等に取り組んでおり、ポータルサイト「ジビエト」では、ジビエを提供している飲食店等の情報を掲載しています。また、令和5(2023)年11月から令和6(2024)年2月において、全国ジビエフェアを開催し、特設Webサイトにてジビエメニューを提供する全国の飲食店等を紹介しました。

ジビエト
URL：https://gibierto.jp/about/

（事例）ジビエの利活用を通じ、山の価値を高める取組を展開（京都府）

京都府宮津市の上世屋獣肉店は、新たな地域資源としてのジビエを有効活用し、捕獲から食肉加工に至るまで徹底した品質・衛生管理を行うとともに、ジビエの提供を通じ、山の価値を高める取組を展開しています。

同店は、平成30(2018)年2月にジビエの処理加工施設を設置後、農林水産省の支援事業を活用して施設を改修し、令和4(2022)年3月に国産ジビエ認証施設として認証されました。同施設を活用し、捕獲現場での処理から精肉までを一貫して行うことで、豊かな山々で育まれたシカを高品質なジビエとして商品化しており、令和5(2023)年度は約300頭のシカを処理加工しています。

また、同店では、開業計画時から小規模施設での安定運営を目指し事業を計画していたこともあり、小規模の強みを活かし、衛生面の向上や高品質化を追求しています。また、地域の狩猟者と連携を図り、施設側が捕獲現場まで出向くことで、高齢化する狩猟者の負担軽減と肉質向上にも寄与しています。

さらに、同店では、過疎化の進む山間地に移住した若手醸造家や工芸作家等と連携し、地域ブランドの一つとして商品を展開しています。集落住民と連携し、地域の野生鳥獣被害の低減とともに、新たな移住者確保のための雇用の場づくりにも注力しています。

今後は、高品質なペットフードの開発を進め、未利用部位の有効活用を図るとともに、小規模施設ならではの利点を活かした丁寧で小回りの利くジビエの生産等を行うことで、農山村が抱える様々な課題の解決や、持続的な集落づくりに寄与していくこととしています。

国産ジビエ認証施設として
認証された上世屋獣肉店
資料：上世屋獣肉店

地域ブランドとして展開する商品
資料：上世屋獣肉店

第4章

（ジビエハンター育成研修制度等の新たな取組を開始）

有害鳥獣を捕獲しても、捕獲の方法によってはジビエに適さないため、捨てられてしまうケースもあることから、そのような個体を減らすことが必要です。このため、農林水産省では、ハンターがジビエに適した捕獲方法等の知識を学べるジビエハンター育成研修制度を令和5(2023)年度から開始しました。

また、近年ペットフードへの利用も注目される中、ペットフード原材料としてのジビエについても安全の確保が必要となっています。このため、農林水産省では、モデルとすべきジビエペットフード原料の衛生的処理加工方法等を整理したマニュアルを令和5(2023)年3月に作成し、処理施設等に周知しています。

第5章

災害からの復旧・復興や
防災・減災、国土強靱化等

第1節　東日本大震災からの復旧・復興

　平成23(2011)年3月11日に発生した東日本大震災では、岩手県、宮城県、福島県の3県を中心とした東日本の広い地域に東京電力福島第一原子力発電所(以下「東電福島第一原発」という。)の事故の影響を含む甚大な被害が生じました。

　政府は、令和3(2021)年度から令和7(2025)年度までの5年間を「第2期復興・創生期間」と位置付け、被災地の復興に向けて取り組んでいます。

　本節では、東日本大震災の地震・津波や原子力災害からの農業分野の復旧・復興の状況について紹介します。

(1) 地震・津波災害からの復旧・復興の状況

(営農再開が可能な農地は復旧対象農地の96%)

　東日本大震災による農業関係の被害額は、平成24(2012)年7月5日時点(農地・農業用施設等は令和6(2024)年3月末時点)で9,644億円、農林水産関係の合計では2兆4,436億円となっています(**図表5-1-1**)。これまでの復旧に向けた取組の結果、復旧対象農地1万9,640haのうち、令和6(2024)年3月末時点で1万8,870ha(96%)の農地で営農が可能となりました(**図表5-1-2**)。農林水産省は、引き続き農地・農業用施設等の復旧に取り組むこととしています。

図表5-1-1　農林水産関係の被害の状況

区分		被害額(億円)	主な被害
農業関係		9,644	
	農地・農業用施設等	9,009	農地、水路、揚水機、集落排水施設等
	農作物等	635	農作物、家畜、農業倉庫、ハウス、畜舎、堆肥舎等
林野関係		2,155	林地、治山施設、林道施設等
水産関係		12,637	漁船、漁港施設、共同利用施設等
合計		24,436	

資料:農林水産省作成

注:平成24(2012)年7月5日時点の数値
　　(農地・農業用施設等は令和6(2024)年3月末時点)

図表5-1-2　農地・農業用施設等の復旧状況

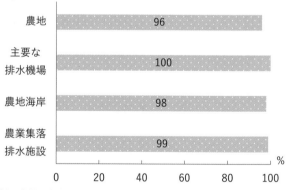

資料:農林水産省作成

注:1) 令和6(2024)年3月末時点の数値
　　2) 農地は、公共用地等への転用(見込みを含む。)が行われたものを除いた復旧対象農地1万9,640haに対するもの(福島県の770haを除き完了)
　　3) 主要な排水機場は、復旧が必要な96か所に対するもの
　　4) 農地海岸は、復旧が必要な122地区に対するもの(福島県の3地区を除き完了)
　　5) 農業集落排水施設は、被災した401地区に対するもの(復旧事業実施中の施設を含む。)

（事例）震災からの復興に向け、地域一体となった生産・加工・販売を展開（岩手県）

岩手県陸前高田市の農事組合法人広田半島と広田半島営農組合では、水田の大区画化や機械化のほか、地区の女性グループが主体となって地域農産物等を材料とした加工品の開発・販売に取り組み、多角的な経営を展開しています。

同組合は、農作業の共同化を通じた効率的な農業経営を実現し、農用地の利用集積を推進することを目的として平成21(2009)年に設立されましたが、平成23(2011)年の東日本大震災に伴う津波の影響により大きな被害を受けました。

沿岸部の水田、畑地約10haは、津波浸水等により被災したほか、同組合の農地も経営面積の3分の2が浸水し、農業機械や家屋、農産加工施設等が流失しました。

広田地区では、営農継続が懸念される状況でしたが、地域農業の担い手として中心的な役割を担う同組合では、同年度には、岩手県立農業大学校等の協力により試験栽培として主食用米の作付けを再開しました。平成24(2012)年産からは水稲の作付面積は順調に増加し、平成27(2015)年には農産部門を農事組合法人広田半島として独立させました。令和5(2023)年1月時点では、地区内農地の99%が同法人に集約され効率化が進んでおり、単位面積当たりの基幹作業に要する時間は約4割にまで削減されています。

再建した農産加工施設
資料：広田半島営農組合

また、農産加工施設は平成24(2012)年に高台に場所を移して再建され、地区の女性グループが主体となって菓子や味噌加工品の製造・販売を行っています。新商品開発や販路拡大にも力を入れており、地元のスーパーマーケットや道の駅での販売のほか、ふるさと納税の返礼品としても採用されています。

同地区では、今後とも高収益作物の生産や地域資源を活用した6次産業化の取組を地域一体となって進め、「住んでよし、来てよし」の魅力ある地域づくりを推進していくこととしています。

広田地区で生産された農産物等を加工した菓子
資料：広田半島営農組合

（地震・津波からの農地の復旧に合わせた圃場の大区画化の取組が進展）

岩手県、宮城県、福島県の3県では、地域の意向を踏まえ、地震・津波からの復旧に合わせた農地の大区画化に取り組んでいます。令和4(2022)年度末時点の整備計画面積については8,380haであり、整備完了面積は97%の8,160ha(このうち大区画化が完了した面積は6,790ha)となっており、地域農業の復興基盤の整備が進展しています。

（「創造的復興の中核拠点」となる福島国際研究教育機構が設立）

福島県を始め東北の復興を実現するための夢や希望となるとともに、我が国の科学技術力・産業競争力の強化を牽引し、経済成長や国民生活の向上に貢献する「創造的復興の中核拠点」を目指し、令和5(2023)年4月に福島国際研究教育機構(以下「F-REI」という。)が設立されました。

F-REIにおける農林水産業分野の研究開発では、現場が直面している課題の解消に資する現地実証や社会実装に向けた取組を推進する「農林水産分野の先端技術展開事業」に取り組むとともに、労働力不足や高度な資源循環といった福島県や我が国に共通する課題解

第5章

317

決を図るため、農林水産資源の超省力生産・活用による地域循環型経済モデルの実現に向けた実証研究等に取り組むこととしています。

(東日本大震災からの復旧・復興のために人的支援を実施)

　農林水産省は、東日本大震災からの復旧・復興や農地・森林の除染を速やかに進めるため、被災した地方公共団体との人事交流を行っています。また、被災地における災害復旧工事を迅速・円滑に実施するため、被災県からの支援要望に沿って、他の都道府県等とともに、専門職員を被災した地方公共団体に派遣しています。特に原子力被災12市町村[1]については、令和2(2020)年度から市町村それぞれの状況に応じて職員を派遣するなどの支援を実施しています。

(2) 原子力災害からの復旧・復興

(農畜産物の安全性確保のための取組を引き続き推進)

　生産現場では、市場に放射性物質の基準値を上回る農畜産物が流通することのないように、放射性物質の吸収抑制対策、暫定許容値以下の飼料の使用といった各々の品目に合わせた取組が行われています。このような生産現場における取組の結果、基準値超過が検出された割合については、全ての品目で平成23(2011)年以降低下し、平成30(2018)年度以降は、農畜産物[2]において基準値超過はありません[3]。

(原子力被災12市町村の営農再開農地面積は目標面積の約8割)

　原子力被災12市町村における営農再開農地面積は、令和4(2022)年度末時点で、前年度に比べ645ha増加し8,015haとなっています。一方、特に帰還困難区域を有する市町村の営農再開が遅れていることが課題となっています。農林水産省では、令和7(2025)年度までに、平成23(2011)年12月末時点で営農が休止されていた農地1万7,298haの約6割で営農が再開されることを目標としています。この目標に対する進捗割合は、令和4(2022)年度末時点で約8割となっています。

福島県葛尾村の畜産農家と
意見交換を行う農林水産副大臣

福島県富岡町のたまねぎ生産者と
意見交換を行う農林水産大臣政務官

---

[1] 福島県の田村市、南相馬市、川俣町、広野町、楢葉町、富岡町、川内村、大熊町、双葉町、浪江町、葛尾村、飯舘村
[2] 栽培・飼養管理が可能な品目
[3] 既に廃棄された圃場での産品等の特殊な事例3件を除く。

（農地整備の実施済み面積は2,120haに拡大）

原子力被災12市町村の農地については、営農休止面積1万7,298haのうち、営農再開のための整備が実施又は検討されている農地の面積は4,460haとなっています。このうち、令和4(2022)年度末時点で2,120haの農地整備が完了しました。

（原子力被災12市町村の農業産出額は被災前の約4割）

福島県の農業産出額は、県全体では東日本大震災前の平成22(2010)年が2,330億円であったのに対し、令和4(2022)年が1,970億円と約8割まで回復しています（**図表5-1-3**）。一方、原子力被災12市町村では、東日本大震災前の平成18(2006)年が391億円であったのに対し、令和4(2022)年が158億円と約4割にとどまっています。

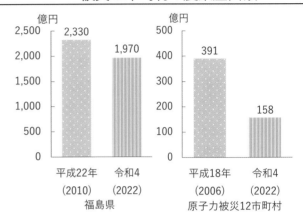

図表5-1-3 東日本大震災前と比較した原子力被災12市町村の農業産出額

資料：農林水産省「生産農業所得統計」、「令和4年市町村別農業産出額(推計)」を基に作成

（事例）被災地域の農業復興に向け、雇用と名産品を同時に創出（福島県）

福島県葛尾村の「かつらお胡蝶蘭合同会社」では、福島再生加速化交付金を活用し、雇用と名産品を同時に生み出すコチョウラン栽培の事業に取り組んでいます。

平成23(2011)年3月の東電福島第一原発事故により、同村では全域避難を余儀なくされました。平成28(2016)年6月に帰還困難区域を除いて避難指示が解除されましたが、農業の復興を目指す上では、放射性物質の影響に関する懸念を始め、多くの克服すべき課題がありました。

主要産業のほぼ全てが大きな打撃を受けた中で、同村ではコチョウラン栽培の実現に向け、平成29(2017)年1月に、かつらお胡蝶蘭合同会社を設立し、地域に雇用と名産品を同時に生み出すプロジェクトを始動させました。

同村が平成29(2017)年に福島再生加速化交付金を活用し建設した胡蝶蘭栽培施設を、同社は無償で借り受け、事業を開始しました。

コチョウランのハウス栽培
資料：かつらお胡蝶蘭合同会社

令和5(2023)年9月時点では、約10aの栽培ハウスが2棟あり、社員やパート従業員併せて13人のスタッフが毎月4,700株ほどの苗を仕入れ、6か月程度栽培し、美しく仕立てた上で、年間5万2千株のコチョウランを出荷しています。

同社のコチョウランは、同村と福島県の復興への願いを込めて「hope white」と命名されています。美しい純白の色合いで、大きく肉厚の花弁を持ち、花持ちが良い商品として、市場でも高い評価が得られています。同社では、今後ともコチョウランの産地として発展し、葛尾村の農業を再生させることを目指しています。

（営農再開に向け、地域外も含めた担い手の確保等が課題）

　農林水産省は、福島相双復興官民合同チームの営農再開グループに参加し、平成29(2017)年4月から令和5(2023)年12月にかけて、原子力被災12市町村の農業者を対象として営農再開状況及び意向に関する聞き取りを実施しました。その結果、「再開済み」が約4割、「再開意向あり」が約1割、「再開意向なし」が約4割、「再開意向未定」が約1割となりました（**図表5-1-4**）。また、「再開意向なし」又は「再開意向未定」である農業者のうち、「農地の出し手となる意向あり」と回答した農業者は約7割に上ることから、地域外も含めた担い手の確保や担い手とのマッチングが課題となっています。

　このため、新たな参入企業等の確保に向け、関係機関と連携し、地域外も含めた農業法人や建設業者の参入を促進するとともに、参入に関心のある企業等の現地案内や参入可能な農地へのマッチング支援を行いました。

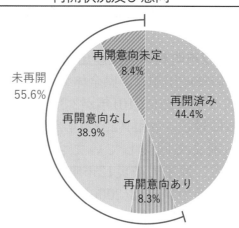

図表5-1-4　原子力被災12市町村における営農再開状況及び意向

再開意向未定 8.4%
再開済み 44.4%
未再開 55.6%
再開意向なし 38.9%
再開意向あり 8.3%

資料：福島相双復興官民合同チーム「原子力被災12市町村における農業者個別訪問活動結果」（令和6(2024)年1月公表）を基に農林水産省作成
注：平成29(2017)年4月〜令和5(2023)年12月に、原子力被災12市町村の農業者2,527者を対象として実施した営農再開状況及び意向に関する聞き取り調査結果

（放射性物質を理由に福島県産品の購入をためらう人の割合は減少傾向で推移）

　消費者庁が令和6(2024)年3月に公表した調査によると、放射性物質を理由に福島県産品の購入をためらう人の割合については、令和6(2024)年は4.9%となり、調査開始以来最低の水準となりました（**図表5-1-5**）。

　風評等が今なお残っていることを踏まえ、復興庁やその他関係府省は、平成29(2017)年12月に策定した「風評払拭・リスクコミュニケーション強化戦略」に基づく取組のフォローアップとして、「知ってもらう」、「食べてもらう」、「来てもらう」の三つを柱とする情報発信を実施し、風評の払拭に取り組んでいます。

　また、福島県の農林水産業の復興に向けて、同県ならではのブランドの確立と産地競争力の強化、GAP認証等の取得、放射性物質の検査、国内外の販売促進といった生産から流通・販売に至るまでの総合的な支

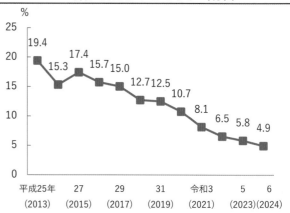

図表5-1-5　放射性物質を理由に福島県産品の購入をためらう人の割合

（%）

19.4　15.3　17.4　15.7　15.0　12.7　12.5　10.7　8.1　6.5　5.8　4.9

平成25年(2013)　27(2015)　29(2017)　31(2019)　令和3(2021)　5(2023)　6(2024)

資料：消費者庁「風評に関する消費者意識の実態調査」（令和6(2024)年3月公表）を基に農林水産省作成
注：1) 各年3月（令和3(2021)年は2月）に公表された結果の数値
　　2) 食品の生産地を気にする理由として「放射性物質の含まれていない食品を買いたいから」と回答した者に対して行った「食品を買うことをためらう産地（複数回答）」の質問への回答として「福島県」を選択した者の、全回答者5,176人に対する割合

援を行っています。

さらに、「食べて応援しよう！」のキャッチフレーズの下、消費者、生産者等の団体や食品事業者といった多様な関係者の協力を得て被災地産食品の販売フェアや社内食堂等での積極的な利用を進めており、引き続き被災地産食品の販売促進等の取組を推進することとしています。

（「魅力発見！三陸・常磐ものネットワーク」を立上げ）

三陸・常磐地域の水産業は、東日本大震災によって深刻な影響を受けましたが、今日においても、燃油価格の高騰、水産資源の減少、ALPS処理水[1]の放出に関する風評の懸念等様々な問題に直面しており、引き続き風評を抑制・払拭することに加え、三陸・常磐地域の水産業等の本格的な復興や持続的な発展を後押しすることが必要となっています。このため、経済産業省、復興庁、農林水産省において、令和4(2022)年12月に産業界、地方公共団体、政府関係機関から広く参加を募り、三陸・常磐地域の水産物等の「売り手」と「買い手」をつなげることで、「三陸・常磐もの」の魅力を発信し、消費拡大を推進するプロジェクトである「魅力発見！三陸・常磐ものネットワーク」を立ち上げました。

令和5(2023)年度においては、同ネットワークの取組の一環として、「三陸・常磐ウィークス」と称し、イベントの実施や、ネットワーク参加企業等による「三陸・常磐もの」の消費拡大を図る取組を実施しました。

三陸・常磐ものを食べて応援する内閣総理大臣
資料：内閣広報室

魅力発見！三陸・常磐ものネットワーク
URL：https://sjm-network.jp/

（EU等が食品輸入規制を撤廃）

令和5(2023)年8月に、EU等は、平成23(2011)年の東電福島第一原発の事故後に導入した日本産食品に対する輸入規制を撤廃しました。

科学的根拠に基づく規制撤廃の判断は、風評を抑制し、被災地の復興を後押しするものとなります。規制撤廃を機にEU向け輸出の更なる拡大を図るため、政府は、令和5(2023)年9月に、福島県と協力し、EU関係者等に向け、福島県産水産物や果実等の日本産食品を紹介するイベントを開催しました。今後、EUにおいて、福島県産品を始め、日本食の更なる普及が進展することが期待されています。

（農林漁業者等への損害賠償支払累計額は1兆262億円）

原子力損害の賠償に関する法律の規定により、東電福島第一原発の事故の損害賠償責任は東京電力ホールディングス株式会社が負っています。

同社によるこれまでの農林漁業者等への損害賠償支払累計額は、令和6(2024)年3月末時点で1兆262億円となっています[2]。

---

[1] トピックス3を参照
[2] 農林漁業者等の請求・支払状況について、関係団体等からの聞き取りから把握できたもの

第5章

第2節　大規模自然災害からの復旧・復興

　我が国は自然災害が発生しやすい環境下にあることから、発災そのものを抑制する「防災」、発生時の被害を小さくする「減災」、被災後速やかに同じ機能に戻す「復旧」、生活環境や経済を含め質的な向上等を目指す「復興」を効果的に連携させ、災害に対する国土の強靱性を高めることで、食料の安定供給を確保していくことが重要です。

　本節では、近年の大規模自然災害による被害の発生状況や災害からの復旧・復興に向けた取組について紹介します。

(1) 近年の大規模自然災害からの復旧・復興の状況

(近年は地震や大雨等による被害が継続的に発生)

　平成28(2016)年の熊本地震、平成30(2018)年の北海道胆振東部地震、令和元(2019)年に立て続けに本州に上陸した台風を始めとして、近年は毎年のように日本各地で大規模な自然災害が発生しています。我が国の農林水産業では農作物や農地・農業用施設等に甚大な被害が発生しており、特に平成28(2016)年や平成30(2018)年、令和元(2019)年の自然災害による農林水産関係の被害額は、過去10年で最大級となりました(**図表5-2-1**)。

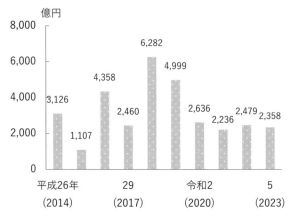

図表5-2-1 過去10年の農林水産関係の自然災害による被害額

資料：農林水産省作成
注：令和5(2023)年の被害額は、令和6(2024)年3月末時点の数値

(「令和2年7月豪雨」、「令和3年8月の大雨」等からの復旧・復興を推進)

　「令和2年7月豪雨」により被災した東北・東海・九州地方等の農地・農業用施設については、順次復旧工事が進み、令和6(2024)年3月末時点で、災害復旧事業の対象となる8,857件のうち約9割の8,316件で復旧が完了しました。また、被災した農業用機械や農業用ハウスについては復旧が全て完了しました。

　「令和3年7月1日からの大雨」、「令和3年8月の大雨」により被災した農地・農業用施設については、令和6(2024)年3月末時点で、災害復旧事業の対象となる7,244件のうち約9割の6,698件で復旧が完了しました。

　「令和4年8月3日からの大雨」、「令和4年台風第14号・第15号」等により被災した農地・農業用施設については、令和6(2024)年3月末時点で、災害復旧事業の対象となる4,582件のうち約8割の3,517件で復旧が完了しました(**図表5-2-2**)。

　農林水産省は、引き続き、関係する都道府県や市町村と連携し、復旧工法に関する技術的支援等を行い、早期復旧を目指していくこととしています。

図表5-2-2　令和4(2022)年度の自然災害からの復旧状況

(農業用施設の被災状況)

(復旧完了)

「令和4年8月3日からの大雨」による被災からの復旧(青森県)

(農地の被災状況)

(復旧完了)

「令和4年台風第14号」による被災からの復旧(鹿児島県)

資料：農林水産省作成

(事例)　「平成29年7月九州北部豪雨」からの営農再開を後押し(福岡県)

　福岡県朝倉市の「筑前あさくら農業協同組合」(以下「JA筑前あさくら」という。)は、農業に特化したボランティアセンターを設置し、被災農地の営農再開を後押ししています。

　同市では、平成29(2017)年7月に、停滞した梅雨前線に向かって暖かく非常に湿った空気が流れ込んだ影響等により、線状降水帯が形成・維持され、同じ場所に猛烈な雨を継続して降らせたことから、記録的な大雨となる「平成29年7月九州北部豪雨」が発生し、人的被害や家屋等の被害のほか、農林業にも甚大な被害を受けました。

　このような状況の中、JA筑前あさくらでは、同年11月から行政やNPO法人等と協力して「JA筑前あさくら農業ボランティアセンター」を開設し、一般ボランティアの協力による被災農家の営農再開に向けた支援活動を開始しました。

　同センターでは、被災農家のニーズ把握やボランティアの派遣調整等を行い、令和2(2020)年8月末時点で延べ約5,400人の一般ボランティアが被災農地の土砂撤去等の復旧作業に協力しました。

果樹園の土砂撤去を行う
農業ボランティア
資料：筑前あさくら農業協同組合

　また、JA筑前あさくらでは、令和5(2023)年7月の豪雨による被災時には、農協職員や行政機関職員等による農業ボランティアの派遣調整を行うなど、早期の営農再開に向けた復旧支援に取り組みました。

　大災害からの復興は長期間を要し、継続的な活動が求められることから、JA筑前あさくらでは、引き続き関係機関と連携しながら、地域農業の振興を図っていくこととしています。

第5章

（コラム）「令和4年5月からの雹害」を乗り越え、地域農業の再生が進展

　我が国は、その自然的、地形的条件から災害を極めて受けやすい状況にあり、降雨、洪水、暴風、地震等異常な自然現象により、全国各地で農地・農業用施設等の被害が見られています。そのような中、令和4(2022)年5～6月に発生した「令和4年5月からの雹害」については、東北・関東を中心に農作物等の被害が確認された一方で、降雹による被害を受けた農業者や食品事業者の中には、厳しい状況に直面しながらも、農業経営の立て直しや、地域農業の再生に向け、前向きな取組を展開している事例が見られています。

　例えば埼玉県本庄市の株式会社ファームサイドでは、ミニトマトの栽培ハウスの屋根に多数の大きな穴があき、張り替え工事が必要となったことから、クラウドファンディングを活用することで雹害からの復旧を図り、昔ながらの手法・技術と、最先端の技術・設備を融合させた新しい農業の実現に向けた取組を進めています。

　また、群馬県高崎市の梨生産農家で構成される里見梨シードル研究会では、醸造企業と協力して降雹被害を受けて販売できなくなった梨を醸造酒の原料として活用することにより、地域特産の「和梨のシードル」、「和梨のワイン」として深みと味わいのある商品を開発し、地域資源の有効活用や食品ロスの削減にも寄与する取組を進めています。

　このような事例のように、被災した農林漁業者等が、困難を乗り越え、将来への希望と展望をもって農林水産業の早期の復興を図ることは、地域経済や生活基盤の復興に直結するだけでなく、国民に対する食料の安定供給を確保する上でも、極めて重要な意義を有しています。

雹害により多数の穴の開いたビニールハウス
資料：株式会社ファームサイド

降雹被害を受けた梨を利用した
和梨のシードルと和梨のワイン
資料：里見梨シードル研究会

(2) 令和5(2023)年度における自然災害からの復旧

(令和5(2023)年は2,358億円の被害が発生)

　令和5(2023)年においては、「令和5年梅雨前線による大雨及び台風第2号」や「令和5年6月29日からの大雨」、「令和5年7月15日からの大雨」、「令和5年台風第7号」等により、広範囲で河川の氾濫等による被害が発生し、これらの災害による農林水産関係の被害額は1,926億円となりました（**図表5-2-3、図表5-2-4**）。

　このほか、大雪、大雨等による被害が発生したことから、令和5(2023)年に発生した主な自然災害による農林水産関係の被害額は2,358億円となりました。

図表5-2-3 令和5(2023)年の主な自然災害による農林水産関係の被害額

(単位：億円)

	農業関係	農作物等	農地・農業用施設	林野関係	水産関係	合計
令和5年梅雨前線による大雨及び台風第2号	229.6	61.8	167.8	127.3	6.5	363.4
令和5年6月29日からの大雨	772.4	80.8	691.5	283.6	7.1	1,063.0
令和5年7月15日からの大雨	122.7	33.3	89.4	74.6	0.7	198.0
令和5年台風第7号	134.8	6.4	128.3	162.2	5.1	302.1

資料：農林水産省作成
注：令和6(2024)年3月末時点の数値

図表5-2-4 令和5(2023)年の主な自然災害による農林水産関係の被害状況

	時期	地域	主な特徴と被害
令和5年梅雨前線による大雨及び台風第2号	6月1～3日	沖縄地方、四国地方、近畿地方、東海地方等の全国各地	・台風第2号が沖縄地方に接近し、沖縄・奄美に大雨。本州付近に停滞した前線に、台風周辺の非常に暖かく湿った空気が流れ込み、西日本から東日本の太平洋側を中心に大雨 ・農作物の冠水・倒伏、農地・農業用施設における土砂流入や破損、林地・林道施設における斜面の崩壊、漁港における泊地埋そくや養殖物のへい死等の被害が発生
令和5年6月29日からの大雨	6月29日～7月13日	九州地方、四国地方、北陸地方等の全国各地	・梅雨前線や上空の寒気の影響で、沖縄地方を除いて全国的に大雨 ・農作物の冠水、農地・農業用施設における土砂流入や破損、林地・林道施設における斜面の崩壊、漁港における泊地埋そくや養殖施設における浸水等の被害が発生
令和5年7月15日からの大雨	7月15～16日	東北地方	・東北地方に梅雨前線が停滞し、前線に向かって暖かく湿った空気が流れ込んだ影響で、東北地方の北部を中心に大雨 ・農作物の冠水、農地・農業用施設における土砂流入や破損、林地・林道施設における斜面の崩壊等の被害が発生
令和5年台風第7号	8月12～17日	中国地方、近畿地方等	・台風第7号が和歌山県に上陸した後、近畿地方を北上して日本海を北上。台風の経路に近い西日本を中心に大雨 ・農作物の冠水・倒伏、落果、農地・農業用施設における土砂流入や破損、林地・林道施設における斜面の崩壊、漁港施設における流木等漂着や養殖施設の破損等の被害が発生

資料：農林水産省作成

水田の土砂流入(鳥取県)
(令和5年台風第7号)

災害に関する情報(農林水産省)
URL：https://www.maff.go.jp/j/saigai/index.html

（激甚災害の指定により負担を軽減）

　令和5(2023)年に発生した災害については、「令和5年5月5日の地震による災害」や「令和5年5月28日から7月20日までの間の豪雨及び暴風雨による災害」、「令和5年8月12日から同月17日までの間の暴風雨による災害」、「令和5年9月4日から同月9日までの間の豪雨及び暴風雨による災害」が激甚災害に指定されました**(図表5-2-5)**。これにより、被災した地方公共団体等は財政面での不安なく、迅速に復旧・復興に取り組むことが可能になりました。また、農地・農業用施設等の災害復旧事業について、地方公共団体、被災農業者等の負担が軽減されました。

図表5-2-5 令和5(2023)年発生災害における激甚災害指定

災害の名称	発生日	激甚指定		事前公表	閣議決定	公布・施行
		区分	対象	（発災からの日数）		
令和5年5月5日の地震による災害	R5.5.5	早局	公共土木施設(1市)	R5.5.23 (18日間)	R5.6.9 (35日間)	R5.6.14 (40日間)
		局激	農地、農業用施設、林道、共同利用施設(1市)	－	R6.3.8	R6.3.13
令和5年5月28日から7月20日までの間の豪雨及び暴風雨による災害	R5.5.28〜7.20	本激	農地、農業用施設、林道、共同利用施設	R5.6.27 (30日間)	R5.8.25 (89日間)	R5.8.30 (94日間)
		本激	公共土木施設	R5.7.27 (60日間)		
令和5年8月12日から同月17日までの間の暴風雨による災害	R5.8.12〜8.17	本激	農地、農業用施設、林道	R5.9.22 (41日間)	R5.10.6 (55日間)	R5.10.12 (61日間)
令和5年9月4日から同月9日までの間の豪雨及び暴風雨による災害	R5.9.4〜9.9	早局	農地、農業用施設、林道(3市2町)	R5.10.13 (39日間)	R5.11.7 (64日間)	R5.11.10 (67日間)
		局激	農地・農業用施設、林道(1町)	－	R6.3.8	R6.3.13

資料：農林水産省作成

注：1）「本激」は、対象区域を全国として指定するもの。「局激(局地激甚災害)」は、対象区域を市町村単位で指定するもの。「早局(早期局地激甚災害)」は、局激のうち査定見込額が明らかに指定基準を超えるもの

　　2）本激と早局は災害発生後早期に指定。局激は通常年度末にまとめて指定

防災・減災、国土強靱化と大規模自然災害への備え

　自然災害が頻発化・激甚化する中、被害を最小化していくためには、農業水利施設等の防災・減災対策を講ずるとともに、災害への備えとして農業保険への加入や農業版BCP[1]の策定、食品の家庭備蓄の定着等を推進することが重要です。

　本節では、防災・減災や国土強靱化、災害への備えに関する取組について紹介します。

(1) 防災・減災、国土強靱化対策の推進

(改正国土強靱化基本法が成立し、新たな国土強靱化基本計画を策定)

　国土強靱化は、大規模自然災害から国民の生命・財産・暮らしを守り、サプライチェーンの確保を始めとした、経済活動を含む社会の重要な機能を維持するための政策であり、国民生活や社会経済活動の礎となる国土基盤の高質化にとっても、また、我が国の持続可能な発展を遂げる上でも欠かすことのできないものです。

　切迫する大規模地震災害、相次ぐ気象災害、火山災害、インフラの老朽化等に対処するためには、中長期的かつ明確な見通しの下、継続的・安定的に防災・減災、国土強靱化の取組を進めていくことが重要です。

　令和5(2023)年6月には、国土強靱化実施中期計画の策定や国土強靱化推進会議の設置を内容とする改正国土強靱化基本法[2]が成立し、同月に施行されました。

　また、同年7月には、近年の災害から得られた教訓や社会情勢の変化等を踏まえ、新たな「国土強靱化基本計画」を策定し、国土強靱化の取組の強化を図っています。同計画では、防災インフラの整備等に加え、「デジタル等新技術の活用による国土強靱化施策の高度化」、「地域における防災力の一層の強化」を新たな施策の柱とし、国土強靱化にデジタルと地域力を最大限活かすこととしています。

　農林水産省では、同計画に基づき、農用地の湛水被害を防止するための農業用用排水施設等の整備・改修、浸水被害リスクを軽減するための「田んぼダム」の推進、ため池等の農業水利施設の耐震化、防災重点農業用ため池のハザードマップ作成、農山漁村コミュニティの維持・活性化による地域防災力の向上等の防災・減災対策を推進しています(**図表5-3-1**)。

堰柱を拡幅し耐震補強された頭首工

　このほか、盛土等による災害から国民の生命・身体を守るため、盛土等を行う土地の用途やその目的にかかわらず、危険な盛土等を全国一律の基準で包括的に規制する措置を講ずる「宅地造成等規制法の一部を改正する法律」(盛土規制法[3])が同年5月に施行されました。農林水産省では、国土交通省等と連携し、都道府県等による規制が早期に開始されるよう、規制区域を指定するための調査等への支援を行っています。

---

[1] Business Continuity Planの略で、災害等のリスクが発生したときに重要業務が中断しないための計画のこと
[2] 正式名称は「強くしなやかな国民生活の実現を図るための防災・減災等に資する国土強靱化基本法の一部を改正する法律」
[3] 正式名称は「宅地造成及び特定盛土等規制法」

図表5-3-1 ため池の防災工事とハザードマップ作成の取組例

(嵩上げ工事前後のため池堤体)

資料：茨城県

(ため池のハザードマップ)

資料：茨城県大洗町

(「防災・減災、国土強靱化のための5か年加速化対策」に基づく対策を推進)

　農林水産省では、「防災・減災、国土強靱化のための5か年加速化対策」に基づき、「流域治水対策(農業水利施設・海岸の整備、水田の貯留機能向上)」、「防災重点農業用ため池の防災・減災対策」、「農業水利施設等の老朽化、豪雨・地震対策」、「卸売市場の防災・減災対策」、「園芸産地事業継続対策」等に取り組んでいます。

(2) 災害への備え

(農業者自身が行う自然災害への備えとして農業保険等の加入を推進)

　自然災害等の農業経営のリスクに備えるためには、農業者自身が農業用ハウスの保守管理、農業保険の利用等に取り組むことが重要です。

　台風、大雪等により園芸施設の倒壊等の被害が多発化する傾向にある中、農林水産省では、農業用ハウスが自然災害等によって受ける損失を補償する園芸施設共済に加え、収量減少や価格低下といった農業者の経営努力で避けられない収入減少を幅広く補償する収入保険への加入促進を重点的に行うなど、農業者自身が災害への備えを行うよう取り組んでいます。令和4(2022)年度の園芸施設共済の加入率は、前年度に比べ増加し73.8%となりました。

(災害に備え、農業版BCPの策定・普及を推進)

　農業版BCPは、インフラや経営資源等について、被害を事前に想定し、被災後の早期復旧・事業再開に向けた計画を定めるものであり、農業者自身に経験として既に備わっていることも含め、「見える化」することで、自然災害に備えるためのものです。

　農林水産省では、農業版BCPの普及に向け、パンフレットの配布等による周知を行っているほか、「自然災害等のリスクに備えるためのチェックリスト」や「農業版BCP」フォーマットの活用を促進しています。また、園芸産地における非常時の対応能力向上に向けた複数農業者によるBCPの策定等を支援しています。

　このほか、食品産業事業者によるBCPの策定や事業者、地方公共団体等の連携・協力体制の構築を推進しています。

(「食品の備蓄は行っていない」との回答が約4割)

今後起こり得る災害への備えとして、国民一人一人が、日頃から食料や飲料水等を備蓄しておくことが重要です。

令和5(2023)年3月に公表した調査によると、家庭で何かしらの食品の備蓄を行っている人の割合は63.0%、「食品の備蓄は行っていない」と回答した人の割合は37.1%となりました。また、ローリングストック[1]の認知・実施状況については、「考え方を知っており、実践している」と回答した人は約2割となっており、「考え方を知らなかったが、このようなことは実践している」と回答した人と合わせると、実践している人の割合は約4割となっています(**図表5-3-2**)。

大規模な自然災害等の発生に備え、家庭における備蓄量は、最低3日分、可能であれば1週間分の食品を人数分備蓄しておくことが望ましいとされています。

このため、農林水産省では、「災害時に備えた食品ストックガイド」やWebサイト「家庭備蓄ポータル」等による周知を行うとともに、食品の家庭備蓄の定着に向けて、企業や地方公共団体、教育機関等と連携しながら、ローリングストック等による日頃からの家庭備蓄の重要性とともに、乳幼児や高齢者、食物アレルギー患者等(以下「要配慮者」という。)に対応した備えの必要性に関する普及啓発を行っています。

図表5-3-2 ローリングストックの実施状況

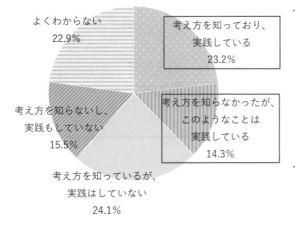

資料：農林水産省「食生活・ライフスタイル調査～令和4年度～」を基に作成
　注：令和4(2022)年11月に実施した調査で、回答総数は4千人

家庭備蓄ポータル
URL：https://www.maff.go.jp/j/zyukyu/foodstock/index.html

---

[1] ふだんから食品を少し多めに買い置きしておき、賞味期限を考えて古いものから消費し、消費した分を買い足すことで、常に一定量の食品が家庭に備蓄されている状態を保つ方法のこと

（コラム）要配慮者向けの備蓄食品の開発や在庫管理の取組が進展

　災害時の食事は、乳幼児や妊産婦、高齢者のほか、食べる機能（かむこと・飲み込むこと）が弱くなった人、慢性疾患や食物アレルギーの人等への配慮が必要となります。

　このような中、近年、要配慮者向けの備蓄食品を開発する取組や、デジタル技術を活用し備蓄食品の効率的な管理運営を行う取組が進展しています。

　東京都中央区のハウスギャバン株式会社では、具材の大きさや辛さを調整し、幼児や高齢者が食べやすいように工夫された備蓄用レトルトカレーを開発・販売しています。この商品は、賞味期限が5年と長期保管できることに加え、温めなくても滑らかなとろみが出るように設計されており、災害時に配慮した仕様となっています。

　一方、東京都新宿区のmilab株式会社では、備蓄食品の在庫管理等の最適化を支援する防災備蓄管理システムを開発し、被災時に配慮が必要となる人にも適切な食事や備品が行き渡るよう、避難所生活を支援するサービスを行っています。要配慮者のデータと在庫の入出状況のデータが結び付くことにより、配食や調達、在庫管理等を効率的に行うことが可能となっています

　我が国では、災害が頻発し、災害時の食に備えることが急務となっている中、要配慮者向けの備蓄食品についても更なる取組の強化を図っていくことが求められています。

備蓄用レトルトカレー
資料：ハウスギャバン株式会社

備蓄物資管理システムの使用イメージ
資料：milab株式会社

農業・農村の活性化を目指して
－令和5(2023)年度農林水産祭天皇杯等受賞者事例紹介－

　農林水産業者の技術改善・経営発展の意欲の高揚を図るため、効率的な農業経営や地域住民によるむらづくり等を行っている事例のうち、その内容が優れており、広く社会の称賛に値するものについては、毎年度、秋に開催される農林水産祭式典において天皇杯等が授与されています[1]。ここでは、令和5(2023)年度の天皇杯等の受賞者を紹介します。

農林水産祭天皇杯受賞者

令和5(2023)年度農林水産祭天皇杯受賞者

地域と共に「知覧茶」のブランド化と仕上茶販売による経営確立

○農産・蚕糸部門　○産物(茶)　○鹿児島県南九州市(みなみきゅうしゅうし)
○株式会社枦川製茶(はしかわせいちゃ)　（代表　枦川(はしかわ)　克可(かつか)さん）

　株式会社枦川製茶は、3世代にわたり50年以上各種茶品評会に連続出品し、上位入賞するなど、地域全体の技術レベルを引き上げるとともに、地域の生産者と一体となって「知覧茶(ちらんちゃ)」のブランド化に大きく貢献しています。

　荒茶をブレンド・乾燥した仕上茶の平均単価は、荒茶単価の約3倍と高く、自ら価格設定のできる仕上茶販売を主体とすることにより安定した経営が行われています。山間地の作業効率が低い圃場(ほじょう)の造成を行い、乗用型機械化体系の導入による省力化と低コスト生産を可能としているほか、摘採時期が集中しないように早中晩生品種を植栽し、摘採や荒茶加工の効率化に取り組んでいます。

消費者の求める「皮まで食べられるレモン」に特別栽培で取り組む

○園芸部門　○経営(レモン)　○広島県尾道市(おのみちし)
○せとだエコレモングループ　（代表　宮本(みやもと)　悟郎(ごろう)さん）

　せとだエコレモングループは、安定生産を基調として化学合成農薬・化学肥料の使用を低減したレモンの特別栽培に組織的に取り組んでおり、独自の栽培基準や栽培管理手法を確立し、消費者の安全・安心志向に対応した「皮まで食べられるレモン」の安定供給を実現しています。また、低温ハザードマップを活用し、収穫時期の寒波による被害を軽減する取組も進めています。

　一般栽培に比べて加工仕向けの割合が高いため、食品メーカー等と連携して付加価値の高い商品を開発するとともに、量販店と連携した情報発信、周年出荷の取組、商標登録によるブランド力強化を図ること等により安定的な販路の確保や高価格での取引を実現することで、生産者が安心して特別栽培に取り組める環境を築いています。

---

[1]　過去1年間(令和4(2022)年7月～令和5(2023)年6月)の農林水産祭参加表彰行事において、農林水産大臣賞を受賞した456点の中から決定。選賞部門は、掲載5部門のほか、林産部門、水産部門を加えた7部門

地域粗飼料資源フル活用による強靭な肉用牛繁殖・肥育一貫経営

○畜産部門　○経営(肉用牛一貫・酪農)　○熊本県球磨郡錦町
○株式会社有田牧場　(代表　有田　耕一さん)

　株式会社有田牧場は、肉用牛部門を中心に規模拡大するとともに、耕種農家と連携し稲WCS・稲わら・麦わらを収集するなど、作付延べ面積は396haに及んでおり、地域粗飼料資源をフル活用し、輸入飼料依存度を低減した強靭な経営を達成しています。

　子牛や肥育牛の健康管理、繁殖牛の発情分べん監視等に最適なICT機器を活用するとともに、低温殺菌ホルスタイン種初乳給与、超音波式加湿器の利用等で省力化と損耗防止を両立しています。

　従業員8人のうち4人が女性で、哺乳部門のリーダー等の役割を担い、的確な飼養管理による事故率の低減化を通じて経営に貢献しています。

香りの強いユズの特徴をいかした先駆的な6次産業化の実施

○多角化経営部門　○経営(ユズ)　○高知県安芸郡馬路村
○馬路村農業協同組合　(代表　北岡　雄一さん)

　馬路村農業協同組合は、6次産業化の取組が一般的ではなかった昭和50年代からユズの生産・加工・販売を一貫して行う体制を整え、馬路村のユズの特徴を活かした加工品を開発し、村の魅力と商品の魅力を消費者に伝える広報戦略を展開してきました。その結果、ユズとその加工品は村の特産品として全国的に認知されるようになっています。

　化学肥料や農薬を用いない有機農業やそれに準じる栽培を行うために指針を作り、全農家がその指針に則した栽培に取り組んでいます。

　また、ユズ加工品の生産過程において出た残さを、地域の製材所から排出される木の皮等の木材残さ等と混ぜて堆肥化し、農業者に無料配布するなど、循環型農業も実践しています。

地域課題を農業で解決！老若男女・農も福祉も、地域一丸「百姓百品」

○むらづくり部門　○むらづくり活動　○愛媛県西予市
○百姓百品グループ　(代表　和氣　數男さん)

　百姓百品グループでは、「地域の課題を農業で解決する」をミッションに、三つの組織が相互に機能を果たしながら、地元住民と共に地域の問題に取り組んでいます。

　「百姓百品株式会社」は、平成18(2006)年に生産者を株主として設立した組織であり、地区内に集荷場を複数設置し、インショップ等に農産物等の配送・販売を行っています。また、耕作放棄地の解消のため、「株式会社百姓百品村」を平成20(2008)年に設立し、青ネギの自社生産を開始したほか、農業の担い手確保と障害者の経済的自立支援のため、「株式会社野村福祉園」を平成25(2013)年に設立し、農福連携の取組を開始しました。

　農業を通じ、小規模農家の所得確保、女性・高齢者・障害者の活躍の場の創出、地域雇用、耕作放棄地の解消に寄与し、地域全体を巻き込みながら活動を展開しています。

令和5(2023)年度農林水産祭内閣総理大臣賞受賞者

部門	出品財	住所	氏名等
農産・蚕糸	経営(水稲・WCS用稲(稲発酵粗飼料)・そば)	島根県松江市	ライスフィールド有限会社(代表 吉岡 雅裕さん)
園芸	経営(有機野菜)	茨城県石岡市	JAやさと有機栽培部会(代表 田中 宏昌さん)
畜産	技術・ほ場(永年牧草)	北海道中川郡中川町	丸藤 英介さん* 丸藤 紗織さん*
多角化経営	経営(6次産業化)	愛知県常滑市	株式会社デイリーファーム(代表 市田 眞澄さん)
むらづくり	むらづくり活動	山形県鶴岡市	越沢自治会(代表 伊藤 治さん)

令和5(2023)年度農林水産祭日本農林漁業振興会会長賞受賞者

部門	出品財	住所	氏名等
農産・蚕糸	経営(葉たばこ・ミシマサイコ・水稲ほか)	熊本県球磨郡あさぎり町	片瀬 克徳さん* 片瀬 真由美さん*
園芸	経営(スイートピー)	愛知県田原市	JA愛知みなみスイートピー出荷連合(代表 小久保 禮次さん)
畜産	経営(養豚)	茨城県下妻市	倉持ピッグファウム株式会社(代表 倉持 勝さん)
多角化経営	経営(働き方改革)	愛媛県西宇和郡伊方町	株式会社ニュウズ(代表 土居 裕子さん)
むらづくり	むらづくり活動	愛知県豊田市	一般社団法人押井営農組合(代表 鈴木 辰吉さん)

令和5(2023)年度農林水産祭内閣総理大臣賞受賞者(女性の活躍)

部門	出品財	住所	氏名等
多角化経営	女性の活躍	新潟県小千谷市	新谷 梨恵子さん

令和5(2023)年度農林水産祭日本農林漁業振興会会長賞受賞者(女性の活躍)

部門	出品財	住所	氏名等
多角化経営	女性の活躍	熊本県熊本市	JA熊本市女性部(代表 瀬上 カチ子さん)

(注)氏名等の欄に*を付したのは、夫婦連名で表彰するもの

利用者のために

参考文献一覧

○　本資料で参照した参考文献の出典について、以下に記載しています。

・図表 特 2-9

IPCC, 2022: *Climate Change 2022: Mitigation of Climate Change. Contribution of Working Group III to the Sixth Assessment Report of the Intergovernmental Panel on Climate Change* [P.R. Shukla, J. Skea, R. Slade, A. Al Khourdajie, R. van Diemen, D. McCollum, M. Pathak, S. Some, P. Vyas, R. Fradera, M. Belkacemi, A. Hasija, G. Lisboa, S. Luz, J. Malley, (eds.)]. Cambridge University Press, Cambridge, UK and New York, NY, USA. doi: 10.1017/9781009157926

・図表 1-2-3

OECD/FAO (2023), *OECD-FAO Agricultural Outlook 2023-2032*, OECD Publishing, Paris, https://doi.org/10.1787/08801ab7-en.

・図表 2-1-4

OECD(2024), Agri-Environmental indicators : Nutrients , OECD.Stat. URL: https://stats.oecd.org/index.aspx?queryid=79764.
（アクセス日:2024 年 3 月 29 日）

・図表 2-1-6

FiBL(2024): Data on organic area in worldwide 2006-2022. The Statistics.FiBL.org website maintained by the Research Institute of Organic Agriculture (FiBL), Frick, Switzerland.URL: https://statistics.fibl.org/world/area-world.html.
（アクセス日:2024 年 3 月 29 日）

・図表 2-1-7

FiBL(2024): Data on Organic retail sales 2022. The Statistics.FiBL.org website maintained by the Research Institute of Organic Agriculture (FiBL), Frick, Switzerland. URL: https://statistics.fibl.org/world/retail-sales.html.
（アクセス日:2024 年 3 月 29 日）

用語の解説及び基本統計用語の定義

○　本資料に関連する用語の解説と基本統計用語の定義について、以下のページに掲載しています。

令和5年度 食料・農業・農村白書
URL：https://www.maff.go.jp/j/wpaper/w_maff/r5/index.html

第2部

令和5年度
食料・農業・農村施策

概説

1 施策の重点

「食料・農業・農村基本計画」(令和2(2020)年3月閣議決定)を指針として、食料自給率の向上等に向けた施策、食料の安定供給の確保に関する施策、農業の持続的な発展に関する施策、農村の振興に関する施策、食料・農業・農村に横断的に関係する施策等を総合的かつ計画的に展開しました。

また、「食料安全保障強化政策大綱」(令和5(2023)年12月改訂)に基づき、食料安全保障の強化に向け、過度な輸入依存からの脱却に向けた構造転換対策の継続的な実施に加え、スマート農林水産業等による成長産業化、農林水産物・食品の輸出促進、農林水産業のグリーン化を進めました。あわせて、「農林水産業・地域の活力創造プラン」(令和4(2022)年6月改訂)に基づく施策を展開しました。

さらに、「環太平洋パートナーシップに関する包括的及び先進的な協定」(CPTPP)、日EU・EPA、日米貿易協定、日英EPA及びRCEP(地域的な包括的経済連携)協定の効果を最大限に活用するため、「総合的なTPP等関連政策大綱」(令和2(2020)年12月改訂)(以下「TPP等政策大綱」という。)に基づき、強い農林水産業の構築、経営安定・安定供給のための備え等の施策を推進しました。あわせて、東日本大震災及び東京電力福島第一原子力発電所(以下「東電福島第一原発」という。)事故からの復旧・復興に向け、関係府省庁が連携しながら取り組みました。

くわえて、「食料・農業・農村基本法」(平成11年法律第106号)の検証・見直しに向けた検討については、食料・農業・農村政策審議会に設置された基本法検証部会において、関係各界各層からの意見を広く伺い、国民的コンセンサスを形成しながら、議論を進め、令和5(2023)年9月に同審議会において答申が取りまとめられました。

食料安定供給・農林水産業基盤強化本部では、令和5(2023)年6月に「食料・農業・農村政策の新たな展開方向」を決定しました。また、同年12月には「「食料・農業・農村政策の新たな展開方向」に基づく施策の工程表」及び「食料・農業・農村基本法の改正の方向性について」を決定しました。食料・農業・農村基本法の改正内容を実現するために必要な関連法案については、その見直し・検討を進めるとともに、工程表に基づく施策を進めていくこととしました。

これらを踏まえて、「食料安全保障の抜本的な強化」、「環境と調和のとれた産業への転換」及び「人口減少下における生産水準の維持・発展と地域コミュニティの維持」の観点から食料・農業・農村基本法の見直しを行い、第213回国会に「食料・農業・農村基本法の一部を改正する法律案」を提出しました。

2 財政措置

(1) 令和5(2023)年度農林水産関係予算額は、2兆2,683億円を計上しました。本予算においては、①食料安全保障の強化に向けた構造転換対策、②生産基盤の強化と経営所得安定対策の着実な実施、需要拡大の推進、③令和12(2030)年輸出5兆円目標の実現に向けた農林水産物・食品の輸出力強化、食品産業の強化、④環境負荷低減に資する「みどりの食料システム戦略」(以下「みどり戦略」という。)の実現に向けた政策の推進、⑤スマート農林水産業、eMAFF(農林水産省共通申請サービス)等によるデジタルトランスフォーメーション(DX)の推進、⑥食の安全と消費者の信頼確保、⑦農地の効率的な利用と人の確保・育成、農業農村整備、⑧農山漁村の活性化、⑨カーボンニュートラル実現に向けた森林・林業・木材産業によるグリーン成長、⑩水産資源の適切な管理と水産業の成長産業化、⑪防災・減災、国土強靱化と災害復旧等の推進に取り組みました。

また、令和5(2023)年度の農林水産関係補正予算額は、8,182億円を計上しました。

(2) 令和5(2023)年度の農林水産関連の財政投融資計画額は、7,727億円を計上しました。このうち主要なものは、株式会社日本政策金融公庫による借入れ7,630億円となりました。

3 立法措置

令和5(2023)年度において、以下の法律が施行されました。

・「植物防疫法の一部を改正する法律」(令和4年法律第36号)(令和5(2023)年4月施行)

・「農業経営基盤強化促進法等の一部を改正する法律」(令和4年法律第56号)(令和5(2023)年4月施行)

・「競馬法の一部を改正する法律」(令和4年法律第85号)(令和5(2023)年4月施行)

4　税制上の措置

以下を始めとする税制措置を講じました。

(1)農業経営基盤強化準備金制度について、対象となる農業用機械等から取得価額が30万円未満の資産を除外した上、2年延長しました。

［所得税・法人税］

(2)「農業競争力強化支援法」(平成29年法律第35号)に基づく事業再編計画の認定を受けた場合の事業再編促進機械等の割増償却について、割増償却率の見直しを行い、1社単独で取り組む事業再編に係る機械等を対象から除外した上、2年延長しました。

［所得税・法人税］

(3)農林漁業用A重油に対する石油石炭税(地球温暖化対策のための課税の特例による上乗せ分を含む。)の免税・還付措置を5年延長しました。

［石油石炭税］

(4)農用地利用集積等促進計画により農用地等を取得した場合の所有権の移転登記の税率の軽減措置を3年延長しました。

［登録免許税］

5　金融措置

政策と一体となった長期・低利資金等の融通による担い手の育成・確保等の観点から、農業制度金融の充実を図りました。

(1)株式会社日本政策金融公庫の融資

ア　農業の成長産業化に向けて、民間金融機関と連携を強化し、農業者等への円滑な資金供給に取り組みました。

イ　農業経営基盤強化資金(スーパーL資金)については、「農業経営基盤強化促進法」(昭和55年法律第65号)に規定する地域計画のうち目標地図に位置付けられたなどの認定農業者を対象に貸付当初5年間実質無利子化する措置を講じました。

(2)民間金融機関の融資

ア　民間金融機関の更なる農業融資拡大に向けて株式会社日本政策金融公庫との業務連携・協調融資等の取組を強化しました。

イ　認定農業者が借り入れる農業近代化資金について

は、貸付利率をスーパーL資金の水準と同一にする金利負担軽減措置を実施しました。また、TPP協定等による経営環境変化に対応して、新たに規模拡大等に取り組む農業者が借り入れる農業近代化資金については、農業経営基盤強化促進法に規定する地域計画のうち目標地図に位置付けられたなどの認定農業者を対象に貸付当初5年間実質無利子化するなどの措置を講じました。

ウ　農業経営改善促進資金(スーパーS資金)を低利で融通できるよう、都道府県農業信用基金協会が民間金融機関に貸付原資を低利預託するために借り入れた借入金に対し利子補給金を交付しました。

(3)農業法人への出資

「農林漁業法人等に対する投資の円滑化に関する特別措置法」(平成14年法律第52号)(以下「投資円滑化法」という。)に基づき、農業法人に対する投資育成事業を行う株式会社又は投資事業有限責任組合の出資原資を株式会社日本政策金融公庫から出資しました。

(4)農業信用保証保険

農業信用保証保険制度に基づき、都道府県農業信用基金協会による債務保証や当該保証に対し独立行政法人農林漁業信用基金が行う保証保険により補完等を行いました。

(5)被災農業者等支援対策

ア　甚大な自然災害等により被害を受けた農業者等が借り入れる災害関連資金について、貸付当初5年間実質無利子化する措置を講じました。

イ　甚大な自然災害等により被害を受けた農業者等の経営の再建に必要となる農業近代化資金の借入れについて、都道府県農業信用基金協会の債務保証に係る保証料を保証当初5年間免除するために必要な補助金を交付しました。

Ⅰ　食料自給率・食料自給力の維持向上に向けた施策

1　食料自給率・食料自給力の維持向上に向けた取組

食料自給率の向上等に向けて、以下の取組を重点的に推進しました。

(1)食料消費

ア　消費者と食と農とのつながりの深化

食育や国産農産物の消費拡大、地産地消、和食文

化の保護・継承、食品ロスの削減を始めとする環境
問題への対応等の施策を個々の国民が日常生活で
取り組みやすいよう配慮しながら推進しました。ま
た、農業体験、農泊等の取組を通じ、国民が農業・
農村を知り、触れる機会を拡大しました。

イ　食品産業との連携

　　食の外部化・簡便化の進展に合わせ、外食・中食
における国産農産物の需要拡大を図りました。

　　平成25(2013)年にユネスコ無形文化遺産に登録
された和食文化については、食育・価値共有、食に
よる地域振興等の多様な価値の創造等を進めると
ともに、その国内外への情報発信を強化しました。

　　フードサプライチェーンにおける様々な共通課
題の解決のため、官民が連携して課題とその解決策
を検討するとともに、幅広い関係者が課題解決策の
知見を共有するため、フードサプライチェーン官民
連携プラットフォームにおいて、セミナーや意見交
換会を開催しました。

（2）農業生産

ア　国内外の需要の変化に対応した生産・供給

（ア）優良品種の開発等による高付加価値化や生産コ
ストの削減を進めたほか、更なる輸出拡大を図る
ため、諸外国・地域の規制やニーズにも対応でき
る輸出産地づくりを進めました。

（イ）国や地方公共団体、農業団体等の後押しを通じ
て、生産者と消費者や事業者との交流、連携、協働
等の機会を創出しました。

イ　国内農業の生産基盤の強化

（ア）持続可能な農業構造の実現に向けた担い手の育
成・確保と農地の集積・集約化の加速化、経営発展
の後押しや円滑な経営継承を進めました。

（イ）農業生産基盤の整備、スマート農業の社会実装
の加速化による生産性の向上、品目ごとの課題の
克服、生産・流通体制の改革等を進めました。

（ウ）中山間地域等で耕作放棄が危惧される農地も含
め、地域で徹底した話合いを行った上で、放牧等
の少子高齢化・人口減少に対応した多様な農地利
用方策も含め、農地の有効活用や適切な維持管理
を進めました。

2　主要品目ごとの生産努力目標の実現に向けた施策

（1）米

ア　需要に応じた米の生産・販売の推進

（ア）産地・生産者と実需者が結び付いた事前契約や
複数年契約による安定取引の推進、水田活用の直
接支払交付金等による作付転換への支援、都道府
県産別、品種別等のきめ細かな需給・価格情報、販
売進捗情報、在庫情報の提供、都道府県別・地域別
の作付動向（中間的な取組状況）の公表等により需
要に応じた生産・販売を推進しました。

（イ）国が策定する需給見通し等を踏まえつつ生産者
や集荷業者・団体が主体的に需要に応じた生産・
販売を行うため、行政、生産者団体、現場が一体と
なって取り組みました。

（ウ）米の生産については、農地の集積・集約化による
分散錯圃の解消や作付けの団地化、直播等の省力
栽培技術やスマート農業技術等の導入・シェアリ
ングの促進、資材費の低減等による生産コストの
低減等を推進しました。

イ　コメ・コメ加工品の輸出拡大

　　「農林水産物・食品の輸出拡大実行戦略」（令和
5(2023)年12月改訂）（以下「輸出拡大実行戦略」とい
う。）で掲げた輸出額目標の達成に向けて、輸出ター
ゲット国・地域である香港、米国、中国、シンガポ
ール、台湾を中心とする輸出拡大が見込まれる国・
地域での海外需要開拓・プロモーションや海外規制
に対応する取組に対して支援するとともに、大ロッ
トで輸出用米の生産・供給に取り組む産地の育成等
の取組を推進しました。

（2）麦

ア　経営所得安定対策や強い農業づくり総合支援交付
金等による支援を行うとともに、作付けの団地化の
推進や営農技術の導入を通じた生産性向上や増産等
を推進しました。

イ　実需者ニーズに対応した新品種や栽培技術の導入
により、実需者の求める量・品質・価格の安定を支援
し、国産麦の需要拡大を推進しました。

ウ　更なる国内産麦の利用拡大に向けた新商品開発を
支援するとともに、実需の求める品質・量の供給に
向けた生産体制の整備を推進しました。

（3）大豆

ア　経営所得安定対策や強い農業づくり総合支援交付

金等による支援を行うとともに、作付けの団地化の推進や営農技術の導入を通じた生産性向上や増産等を推進しました。

イ　実需者ニーズに対応した新品種や栽培技術の導入により、実需者の求める量・品質・価格の安定を支援し、国産大豆の需要拡大を推進しました。

ウ　播種前入札取引の適切な運用等により、国産大豆の安定取引を推進しました。

エ　更なる国産大豆の利用拡大に向けた新商品開発を支援するとともに、実需の求める品質・量の供給に向けた生産体制の整備を推進しました。

（4）そば

ア　需要に応じた生産や安定供給の体制を確立するため、排水対策等の基本技術の徹底、湿害軽減技術の普及等を推進しました。

イ　国産そばを取り扱う製粉業者と農業者の連携を推進しました。

（5）かんしょ・ばれいしょ

ア　かんしょについては、共同利用施設の整備や省力化のための機械化体系の確立等への取組を支援しました。特にでん粉原料用かんしょについては、多収新品種への転換や生分解性マルチの導入等の取組を支援しました。また、輸出の拡大を目指し、安定的な出荷に向けた施設の整備等を支援しました。さらに、サツマイモ基腐病については、土壌消毒、健全な苗の調達等を支援するとともに、研究事業で得られた成果を踏まえつつ、防除技術の確立・普及に向けた取組を推進しました。このほか、サツマイモ基腐病と異なる腐敗症状を呈するかんしょが確認されたことから、オープンイノベーション研究・実用化推進事業の緊急対応課題として研究を実施しました。

イ　ばれいしょについては、生産コストの低減、品質の向上、労働力の軽減、ジャガイモシストセンチュウやジャガイモシロシストセンチュウの発生・まん延の防止を図るための共同利用施設の整備等を推進しました。また、収穫作業の省力化のための倉庫前集中選別への移行やコントラクター等の育成による作業の外部化への取組を支援しました。さらに、ジャガイモシストセンチュウやジャガイモシロシストセンチュウの抵抗性品種への転換を促進しました。

ウ　種子用ばれいしょ生産については、罹病率の低減や作付面積増加のための取組を支援するとともに、

原原種生産・配布において、選別施設や貯蔵施設の近代化や、配布品種数の削減による効率的な生産を推進することにより、種子用ばれいしょの品質向上と安定供給体制の構築を図りました。

エ　糖価調整制度に基づく交付金により、国内産いもでん粉の安定供給を推進しました。

（6）なたね

ア　播種前契約の実施による国産なたねを取り扱う搾油事業者と農業者の連携を推進しました。

イ　なたねのダブルロー品種の普及を推進しました。

（7）野菜

ア　データに基づき栽培技術・経営の最適化を図る「データ駆動型農業」の実践に向けた、産地としての取組体制の構築やデータ収集・分析機器の活用等を支援するとともに、より高度な生産が可能となる低コスト耐候性ハウスや高度環境制御栽培施設等の導入を支援しました。

イ　実需者からの国産野菜の安定調達ニーズに対応するため、加工・業務用向けの契約栽培に必要な新たな生産・流通体系の構築、作柄安定技術の導入等を支援しました。

ウ　加工・業務用野菜について、国産シェアを奪還するため、産地、流通、実需等が一体となったサプライチェーンの強靱化を図るための対策を総合的に支援しました。

エ　加工・業務用等の新市場のロット・品質に対応できる拠点事業者の育成に向けた貯蔵・加工施設等の整備や拠点事業者と連携した産地が行う生産・出荷体制の整備、生育予測等を活用した安定生産の取組等を支援しました。

オ　農業者と協働しつつ、①生産安定・効率化機能、②供給調整機能、③実需者ニーズ対応機能の三つの機能を具備又は強化するモデル性の高い生産事業体の育成を支援しました。

（8）果樹

ア　優良品目・品種への改植・新植やそれに伴う未収益期間における幼木の管理経費を支援しました。

イ　担い手の就農・定着のための産地の取組と併せて行う、小規模園地整備や部分改植等の産地の新規参入者受入体制の整備を一体的に支援しました。

ウ　平坦で作業性の良い水田等への新植や、労働生産性向上が見込まれる省力樹形の導入を推進すると

もに、まとまった面積での省力樹形や機械作業体系の導入等による労働生産性を抜本的に高めたモデル産地の育成を支援しました。

エ 省力樹形用苗木や国産花粉の安定生産・供給に向けた取組を支援しました。

オ 中国における火傷病（かしょうびょう）の発生に伴う中国産なし・りんごの花粉の輸入停止への対応として、剪定枝（せんていし）や未利用花を活用した花粉採取技術の実証等の花粉安定生産・供給に向けた産地の取組や、全国流通に向けた供給体制の構築等による国産花粉への切替え等を緊急的に支援しました。

（9）甘味資源作物

ア てんさいについては、省力化や作業の共同化、労働力の外部化、直播栽培体系の確立・普及等を推進しました。

イ さとうきびについては、自然災害からの回復に向けた取組を支援するとともに、地域ごとの「さとうきび増産計画」に定められた、地力の増進や新品種の導入、機械化一貫体系を前提とした担い手・作業受託組織の育成・強化等の取組を推進しました。また、分蜜糖工場における「働き方改革」への対応に向けて、工場診断や人員配置の改善の検討、施設整備等の労働効率を高める取組を支援しました。

ウ 糖価調整制度に基づく交付金により、国内産糖の安定供給を推進しました。

（10）茶

改植等による優良品種等への転換や茶園の若返り、輸出向け栽培体系や有機栽培への転換、てん茶等の栽培に適した棚施設を利用した栽培法への転換や直接被覆栽培への転換、担い手への集積等に伴う茶園整理、荒茶加工施設の整備を推進しました。また、海外ニーズに応じた茶の生産・加工技術や低コスト生産・加工技術の導入、スマート農業技術の実証、茶生産において使用される主要な農薬について輸出先国・地域に対し我が国と同等の残留農薬基準を新たに設定するための申請の支援を実施しました。

（11）畜産物

肉用牛については、優良な繁殖雌牛の増頭、繁殖性の向上による分べん間隔の短縮等の取組等を推進しました。酪農については、経営安定、高品質な生乳の生産等を通じ、多様な消費者ニーズに対応し

た牛乳・乳製品の供給等を推進しました。

また、温室効果ガス（GHG）排出削減の取組、労働力負担軽減・省力化に資するロボット、AI、IoT等の先端技術の普及・定着、外部支援組織等との連携強化等を図りました。

さらに、子牛や国産畜産物の生産・流通の円滑化に向けた家畜市場や食肉処理施設、生乳処理・貯蔵施設の再編等の取組を推進しました。

（12）飼料作物等

耕畜連携や飼料生産組織の作業効率化・運営強化、国産飼料の広域流通体制の構築、草地の基盤整備や不安定な気象に対応したリスク分散の取組等による生産性の高い草地への改良、国産濃厚飼料の生産拡大、放牧の活用、飼料用米等の利活用の取組等を推進しました。

Ⅱ 食料の安定供給の確保に関する施策

1 新たな価値の創出による需要の開拓

（1）新たな市場創出に向けた取組

ア 地場産農林水産物等を活用した介護食品の開発を支援しました。また、パンフレットや映像等の教育ツールを用いてスマイルケア食の普及を図りました。

イ 健康に資する食生活のビッグデータ収集・活用のための基盤整備を推進しました。また、農産物等の免疫機能等への効果に関する科学的エビデンス取得や食生活の適正化に資する研究開発を推進しました。

ウ 実需者や産地が参画したコンソーシアムを構築し、ニーズに対応した新品種の開発等の取組を推進しました。また、従来の育種では困難だった収量性や品質等の形質の改良等を短期間・低コストで実現する「スマート育種基盤」の構築を推進しました。

エ 国立研究開発法人、公設試験場、大学等が連携し、輸出先国・地域の規制等にも対応し得る防除等の栽培技術等の開発・実証を推進するとともに、輸出促進に資する品種開発を推進しました。

オ 日本版SBIR制度を活用し、農林水産・食品分野において、農業支援サービス事業体の創出やフードテック等の新たな技術の事業化を目指すスタートアップ・中小企業が行う研究開発・大規模技術実証等を切れ目なく支援しました。

カ フードテック官民協議会での議論等を通じて、課

題解決や新市場創出に向けた取組を推進するとともに、フードテック等を活用したビジネスモデルを実証する取組を支援しました。

（2）需要に応じた新たなバリューチェーンの創出

　　農山漁村発イノベーション等に取り組む農林漁業者、他分野の事業体等の多様な主体に対するサポート体制を整備するとともに、農林水産物や農林水産業に関わる多様な地域資源を活用した商品・サービスの開発や加工・販売施設等の整備を支援しました。

（3）食品産業の競争力の強化

ア　食品流通の合理化等

（ア）「食品等の流通の合理化及び取引の適正化に関する法律」（平成3年法律第59号）に基づき、食品等流通合理化計画の認定を行うこと等により、食品等の流通の合理化を図る取組を支援しました。特にトラックドライバーを始めとする食品流通に係る人手不足等の問題に対応するため、農林水産物・食品の物流標準化やサプライチェーン全体での合理化を推進しました。また、「我が国の物流の革新に関する関係閣僚会議」において策定された「物流革新に向けた政策パッケージ」を踏まえ、関係団体・事業者が物流の適正化・生産性向上に関する「自主行動計画」を作成し、早急に取組を進めるよう促すとともに、中継共同物流拠点の整備、標準仕様のパレットの導入、トラック予約システムの導入等を推進したほか、全国各地・各品目の農林水産業者等の物流確保に向けた取組への後押しや負担軽減を図るため、農林水産大臣を本部長とする「農林水産省物流対策本部」を設置しました。

　　また、「卸売市場法」（昭和46年法律第35号）に基づき、中央卸売市場の認定を行うとともに、施設整備に対する助成や卸売市場に対する指導監督を行いました。

　　さらに、食品等の取引の適正化のため、取引状況に関する調査を行い、その結果に応じて関係事業者に対する指導・助言を実施しました。

（イ）「食品製造業者・小売業者間における適正取引推進ガイドライン」の関係事業者への普及・啓発を実施しました。

（ウ）「商品先物取引法」（昭和25年法律第239号）に基づき、商品先物市場の監視・監督を行うとともに、

同法を迅速かつ適正に執行しました。

イ　労働力不足への対応

　　食品製造等の現場におけるロボット、AI、IoT等の先端技術のモデル実証、低コスト化や小型化のための改良、先端技術をHACCPに沿って現場に実装するための衛生管理ガイドラインの作成により、食品産業全体の生産性向上に向けたスマート化の取組を支援しました。

　　また、食品産業の現場で特定技能制度による外国人材を円滑に受け入れるため、試験の実施や外国人が働きやすい環境の整備に取り組むなど、食品産業特定技能協議会等を活用し、地域の労働力不足克服に向けた有用な情報等を発信しました。

ウ　規格・認証の活用

　　産品の品質や特色、事業者の技術や取組について、訴求力の高いJASの制定・活用等を進めるとともに、JASの国内外への普及、JASと調和のとれた国際規格の制定等を推進しました。

　　また、輸出促進に資するよう、GFSI（世界食品安全イニシアティブ）の承認を受けたJFS規格（日本発の食品安全マネジメント規格）の国内外での普及を推進しました。

（4）食品ロス等を始めとする環境問題への対応

ア　食品ロスの削減

　　「食品ロスの削減の推進に関する法律」（令和元年法律第19号）に基づく「食品ロスの削減の推進に関する基本的な方針」に則して、事業系食品ロスを平成12(2000)年度比で令和12(2030)年度までに半減させる目標の達成に向けて、事業者、消費者、地方公共団体等と連携した取組を進めました。

　　個別企業等では解決が困難な商慣習の見直しに向けたフードチェーン全体の取組を含め、民間事業者等が行う食品ロス削減等に係る新規課題等の解決に必要な経費を支援しました。また、フードバンクの活動強化に向けた食品供給元の確保等の課題解決に資する専門家派遣を行いました。さらに、消費者が商品を購入してすぐに食べる場合に、商品棚の手前にある販売期限の迫った商品を積極的に選ぶ「てまえどり」を始め、食品関連事業者と連携した消費者への働き掛けを推進しました。

イ　食品産業分野におけるプラスチックごみ問題への

対応

「容器包装に係る分別収集及び再商品化の促進等に関する法律」（平成7年法律第112号）に基づく再商品化義務の履行の促進、容器包装廃棄物の排出抑制のための取組として、食品関連事業者への点検指導や食品小売事業者からの定期報告の提出の促進に取り組みました。

また、「プラスチック資源循環戦略」、「プラスチックに係る資源循環の促進等に関する法律」（令和3年法律第60号）等に基づき、食品産業におけるプラスチック資源循環の取組を推進しました。

ウ　気候変動リスクへの対応
（ア）食品産業の持続可能な発展に寄与する地球温暖化防止・省エネルギー対策等の優れた取組を表彰するとともに、低炭素社会実行計画の進捗状況の点検等を実施しました。
（イ）食品産業の持続性向上に向けて、環境や人権に配慮した原材料調達等を支援しました。

2　グローバルマーケットの戦略的な開拓
（1）農林水産物・食品の輸出促進
　　　農林水産物・食品の輸出額を令和7(2025)年までに2兆円、令和12(2030)年までに5兆円とする目標の達成に向けて、輸出拡大実行戦略に基づき、マーケットインの体制整備を行いました。輸出重点品目について、輸出産地の育成・展開、「農林水産物及び食品の輸出の促進に関する法律」（令和元年法律第57号）（以下「輸出促進法」という。）に基づく認定農林水産物・食品輸出促進団体（以下「認定品目団体」という。）の組織化等を支援しました。さらに、以下の取組を行いました。
ア　輸出阻害要因の解消等による輸出環境の整備
（ア）輸出促進法に基づき、農林水産省に設置している「農林水産物・食品輸出本部」の下で、輸出阻害要因に対応して輸出拡大を図る体制を強化し、同本部で作成した実行計画に従い、放射性物質に関する輸入規制の撤廃、動植物検疫協議を始めとした食品安全等の規制等に対する輸出先国・地域との協議の加速化、輸出先国・地域の基準や検疫措置の策定プロセスへの戦略的な対応、輸出向けの施設整備と登録認定機関制度を活用した施設認定の迅速化、輸出手続の迅速化、意欲ある輸出事業

者の支援、輸出証明書の申請・発行の一元化、輸出相談窓口の利便性向上、輸出先国・地域の衛生基準や残留農薬基準への対応強化といった貿易交渉による関税撤廃・削減を速やかに輸出拡大につなげるための環境整備を進めました。
（イ）東電福島第一原発事故を受けて、未だ日本産食品に対する輸入規制が行われている国・地域に対して、関係省庁が協力し、あらゆる機会を捉えて輸入規制の早期撤廃に向けた働き掛けを実施しました。
（ウ）日本産農林水産物・食品等の安全性や魅力に関する情報を諸外国・地域に発信したほか、海外におけるプロモーション活動の実施により、日本産農林水産物・食品等の輸出回復に取り組みました。
（エ）我が国の実情に沿った国際基準の速やかな策定、策定された国際基準の輸出先国・地域での適切な実施を促進するため、国際機関の活動支援やアジア・太平洋地域の専門家の人材育成等を行いました。
（オ）輸出先国・地域が求める衛生基準に対応したHACCP、輸出先の事業者等から求められる食品安全マネジメント規格、GAP(農業生産工程管理)等の認証の新規取得を促進しました。また、国際的な取引にも通用する、コーデックス委員会が定めるHACCPをベースとしたJFS規格の国際標準化に向けた取組を支援しました。さらに、JFS規格やASIAGAPの国内外への普及に向けた取組を推進しました。
（カ）産地が抱える課題に応じた専門家を産地に派遣し、輸出先国・地域の植物検疫条件や残留農薬基準を満たす栽培方法、選果等の技術的指導を行うなど、輸出に取り組もうとする産地を支援しました。
（キ）輸出先国・地域の規制等に対応したHACCP等の基準等を満たすため、食品製造事業者等の施設の改修・新設や機器の整備に対して支援しました。
（ク）地域の中小食品製造事業者等が連携して輸出に取り組む加工食品について、必要な施設・設備の整備、海外のニーズに応える新商品の開発等により輸出拡大を図りました。
（ケ）植物検疫上、輸出先国・地域が要求する種苗等に対する検査手法の開発・改善、輸出先国・地域が侵

入を警戒する病害虫に対する国内における発生実態の調査を進めるとともに、輸出解禁協議を迅速化するため、我が国における病害虫管理等に係るビジュアル・マテリアルの作成、産地等のニーズに対応した新たな検疫措置の確立等に向けた科学的データを収集、蓄積する取組を推進しました。

（コ）輸出先国・地域の検疫条件に則した防除体系、栽培方法、選果等の技術を確立するためのサポート体制を整備するとともに、卸売市場や集荷地等での輸出検査を行うことにより、産地等の輸出への取組を支援しました。

（サ）投資円滑化法に基づき、輸出に取り組む事業者等への資金供給を後押ししました。

（シ）輸出先国・地域の規制に対応した食品添加物の代替利用を促進するため、課題となっている複数の食品添加物の早見表を作成しました。

（ス）食料供給のグローバル化に対応し、我が国の農林水産物・加工食品の輸出促進と、国内で販売される輸入食品も含めた食料消費の合理的な選択の双方に資するため、食品表示制度について、国際基準（コーデックス規格）との整合性の観点も踏まえた見直しの検討に向け、有識者から成る「食品表示懇談会」を開催し、今後の議論の方向性に関する取りまとめを行いました。

イ　海外への商流構築、プロモーションの促進

（ア）GFP等を通じた輸出促進

a　農林水産物・食品輸出プロジェクト（GFP）のコミュニティを通じ、農林水産省が中心となり輸出の可能性を診断する輸出診断やそのフォローアップ、輸出に向けた情報の提供、登録者同士の交流イベントの開催、輸出のスタートアップの掘り起こしやその伴走支援等を行いました。また、輸出事業計画の策定、生産・加工体制の構築、事業効果の検証・改善等の取組を支援しました。さらに、都道府県版GFPを組織化するとともに、輸出支援プラットフォームとの連携の下、輸出重点品目の生産を大ロット化し、旗艦的な輸出産地モデルの形成を支援しました。

b　日本食品海外プロモーションセンター（JFOODO）による認定品目団体等と連携したプロモーション、複数品目を組み合わせた品目横断的な取組、食文化の発信体制の強化等を含めた戦略的プロモーションを支援しました。

c　独立行政法人日本貿易振興機構（JETRO）による国内外の商談会の開催、海外見本市への出展、サンプル展示ショールームの設置、セミナーの開催、オンラインを含めた専門家による相談対応等を支援しました。

d　新市場の獲得も含め、輸出拡大が期待される新規性や先進性を重視した分野・テーマについて、民間事業者等による海外販路の開拓・拡大を支援しました。

e　認定品目団体等が行う業界全体の輸出力強化に向けた取組を支援しました。

（イ）日本食・食文化の魅力の発信

a　海外に活動拠点を置く日本料理関係者等の「日本食普及の親善大使」への任命、海外における日本料理の調理技能の認定を推進するための取組等への支援、外国人料理人等に対する日本料理講習会・日本料理コンテストの開催を通じ、日本食・食文化の普及活動を担う人材の育成を推進しました。また、海外の日本食・食文化の発信拠点である「日本産食材サポーター店」の認定を推進するための取組への支援、認定飲食店・小売店と連携した海外向けプロモーションへの支援を通じ、日本食・食文化の魅力を発信しました。

b　農泊と連携しながら、地域の「食」や農林水産業、景観等の観光資源を活用して訪日外国人旅行者をもてなすための地域の取組を「SAVOR JAPAN（セイバー ジャパン）」として認定し、一体的に海外に発信しました。

c　訪日外国人旅行者の主な観光目的である「食」と滞在中の多様な経験を組み合わせ、「食」の多様な価値を創出するとともに、帰国後もレストランや越境ECサイトでの購入等を通じて我が国の食を再体験できる機会を提供することにより輸出拡大につなげていくため、「食かけるプロジェクト」の取組を推進しました。

ウ　食産業の海外展開の促進

（ア）海外展開による事業基盤の強化

a　海外展開における阻害要因の解決を図るとともに、グローバル人材の確保、我が国の規格・認証の普及・浸透に向け、食関連企業やASEAN（東南アジア諸国連合）各国の大学と連携し、食品加工・流

通、食品安全マネジメント、分析等に関する教育を行う取組等を推進しました。

　　　b　JETROにおいて、輸出先国・地域における商品トレンドや消費動向等を踏まえた現場目線の情報提供、事業者との相談対応等のサポートを行うとともに、現地バイヤーの発掘や事業者とのマッチング支援等の輸出環境整備に取り組みました。

　（イ）生産者等の所得向上につながる海外需要の獲得
　　　食産業の戦略的な海外展開を通じて広く海外需要を獲得し、国内の生産者・事業者の販路や収益の拡大を図るため、輸出拡大実行戦略に基づき、農林水産物・食品の輸出に係るサプライチェーンの各段階におけるコスト・利益構造の分析、海外現地における投資案件の形成への支援等を行いました。

（2）知的財産等の保護・活用

　ア　その地域ならではの自然的、人文的、社会的な要因の中で育まれてきた品質、社会的評価等の特性を有する産品の名称を、地域の知的財産として保護する地理的表示（GI）保護制度について、農林水産物・食品の輸出拡大や所得・地域の活力の向上に更に貢献できるよう、令和4(2022)年11月に行った審査基準等の見直しを踏まえ、制度の周知と円滑な運用を図るとともに、更なるGI登録を推進しました。また、市場におけるGI産品の露出拡大につなげるよう、百貨店フェア等による情報発信を支援するとともに、外食、食品産業、観光等の他業種と連携した付加価値向上と販路拡大の取組を推進しました。他方、GIの保護に向け、厳正な取締りを行いました。

　イ　農業・食品産業関係者の知財意識向上に向け、都道府県や学生等を対象に研修や講義を実施するとともに、農林水産省と特許庁が協力しながら、知的財産に関する有益な情報や各制度の普及・啓発を行いました。また、独立行政法人工業所有権情報・研修館（INPIT）が各都道府県に設置するINPIT知財総合支援窓口において、特許、商標や営業秘密のほか、GIや植物品種の育成者権等の相談やセミナーを実施しました。

　ウ　植物新品種の育成者権者に代わって、海外への品種登録や戦略的なライセンスにより品種保護をより実効的に行うとともに、ライセンス収入を品種開発投資に還元するサイクルを実現するため、育成者権

管理機関の取組を推進しました。また、国内農業の振興や輸出促進に寄与する戦略的な海外ライセンスを行うための海外ライセンス指針を策定しました。さらに、品種保護に必要となるDNA品種識別法の開発等の技術課題の解決、東アジアにおける品種保護制度の整備を促進するための協力活動等を推進しました。

　エ　「家畜改良増殖法」（昭和25年法律第209号）及び「家畜遺伝資源に係る不正競争の防止に関する法律」（令和2年法律第22号）に基づき、家畜遺伝資源の適正な流通管理の徹底や知的財産としての価値の保護を推進するため、法令遵守の徹底を図ったほか、全国の家畜人工授精所への立入検査を実施するとともに、家畜遺伝資源の利用者の範囲等について制限を付す売買契約の普及や家畜人工授精用精液等の流通を全国的に管理するシステムの運用・機能強化等を推進しました。

　オ　国際協定による諸外国・地域とのGIの相互保護を推進するとともに、相互保護を受けた海外での執行の確保を図りました。また、海外における我が国のGIの不正使用状況調査の実施、生産者団体によるGIに対する侵害対策等の支援により、海外における知的財産侵害対策の強化を図りました。

　カ　「農林水産省知的財産戦略2025」に基づき、農林水産・食品分野における知的財産の戦略的な保護と活用に向け、総合的な知的財産マネジメントを推進するなど、施策を一体的に進めました。

3　消費者と食・農とのつながりの深化

（1）食育や地産地消の推進と国産農産物の消費拡大

　ア　国民運動としての食育

　（ア）「第4次食育推進基本計画」等に基づき、関係府省庁が連携しつつ、様々な分野において国民運動として食育を推進しました。

　（イ）子供の基本的な生活習慣を育成するための「早寝早起き朝ごはん」国民運動を推進しました。

　（ウ）食育活動表彰を実施し受賞者を決定するとともに、新たな取組の募集を行いました。

　イ　地域における食育の推進

　　　郷土料理を始めとした地域の食文化の継承や農林漁業体験機会の提供、和食給食の普及、共食機会の提供、地域で食育を推進するリーダーの育成とい

った地域で取り組む食育活動を支援しました。

ウ　学校における食育の推進

　　家庭や地域との連携を図るとともに、学校給食を活用しつつ、学校における食育の推進を図りました。

エ　国産農産物の消費拡大の促進

（ア）食品関連事業者と生産者団体、国が一体となって、食品関連事業者等における国産農産物の利用促進の取組等を後押しするなど、国産農産物の消費拡大に向けた取組を実施しました。

（イ）消費者と生産者の結び付きを強化し、我が国の「食」と「農林漁業」についての魅力や価値を国内外にアピールする取組を支援しました。

（ウ）地域の生産者等と協働し、日本産食材の利用拡大や日本食文化の海外への普及等に貢献した料理人を顕彰する制度である「料理マスターズ」を実施しました。

（エ）生産者と実需者のマッチング支援を通じて、外食・中食向けの米の安定取引の推進を図りました。また、米飯学校給食の推進・定着に加え、業界による主体的取組を応援する運動「やっぱりごはんでしょ！」の実施等のSNSを活用した取組、「米と健康」に着目した情報発信等により、米消費拡大の取組の充実を図りました。

（オ）砂糖に関する正しい知識の普及・啓発に加え、砂糖の需要拡大に資する業界による主体的取組を応援する運動「ありが糖運動」の充実を図りました。

（カ）地産地消の中核的施設である農産物直売所の運営体制強化のための検討会の開催、観光需要向けの商品開発や農林水産物の加工・販売のための機械・施設等の整備を支援するとともに、施設給食の食材として地場産農林水産物を安定的に生産・供給する体制の構築に向けた取組やメニュー開発等の取組を支援しました。

（2）和食文化の保護・継承

　　地域固有の多様な食文化を地域で保護・継承していくため、各地域が選定した伝統的な食品の調査・データベース化や普及等を行いました。また、子供たちや子育て世代に対して和食文化の普及活動を行う中核的な人材を育成するとともに、子供たちを対象とした和食文化普及のための取組を通じて和食文化の次世代への継承を図りました。さらに、官民協働の「Let's！和ごはんプロジェクト」の取組を

推進するとともに、文化庁における食の文化的価値の可視化の取組と連携し、和食が持つ文化的価値の発信を進めました。くわえて、外食・中食事業者におけるブランド野菜・畜産物等の地場産食材の活用促進を図りました。

（3）消費者と生産者の関係強化

　　消費者・食品関連事業者・生産者団体を含めた官民協働による、食と農とのつながりの深化に着目した国民運動「食から日本を考える。ニッポンフードシフト」として、地域の農業・農村の価値や生み出される農林水産物の魅力を伝える交流イベントを始め、消費者と生産者の関係強化に資する取組を実施しました。

4　国際的な動向等に対応した食品の安全確保と消費者の信頼の確保

（1）科学の進展等を踏まえた食品の安全確保の取組の強化

　　科学的知見に基づき、国際的な枠組みによるリスク評価、リスク管理及びリスクコミュニケーションを実施しました。

（ア）食品安全に関するリスク管理を一貫した考え方で行うための標準手順書に基づき、農畜水産物や加工食品、飼料中の有害化学物質・有害微生物の調査や安全性向上対策の策定に向けた試験研究を実施しました。

（イ）試験研究や調査結果の科学的解析に基づき、施策・措置を企画・立案し、生産者・食品事業者に普及するとともに、その効果を検証し、必要に応じて見直しました。

（ウ）情報の受け手を意識して、食品安全に関する施策の情報を発信しました。

（エ）食品中に残留する農薬等に関するポジティブリスト制度導入時に残留基準を設定した農薬等や新たに登録等の申請があった農薬等について、農薬等を適正に使用した場合の作物残留試験結果や食品健康影響評価結果等を踏まえた残留基準の設定や見直しを推進しました。

（オ）食品の安全性等に関する国際基準の策定作業への積極的な参画や、国内における情報提供や意見交換を実施しました。

（カ）関係府省庁の消費者安全情報総括官等による情

報の集約・共有を図るとともに、食品安全に関する緊急事態等における対応体制を点検・強化しました。
（キ）食品関係事業者の自主的な企業行動規範等の策定を促すなど、食品関係事業者のコンプライアンス確立のための各種取組を促進しました。

ア　生産段階における取組

生産資材（肥料、飼料・飼料添加物、農薬及び動物用医薬品）の適正使用を推進するとともに、科学的知見に基づく生産資材の使用基準、有害物質等の基準値の設定・見直し、薬剤耐性菌のモニタリングに基づくリスク低減措置等を行い、安全な農畜水産物の安定供給を確保しました。

（ア）肥料については、「肥料の品質の確保等に関する法律」（昭和25年法律第127号）に基づき、肥料事業者等に対する原料管理制度等の周知を進めました。
（イ）農薬については、「農薬取締法」（昭和23年法律第82号）に基づき、農薬の使用者や蜜蜂への影響等の安全性に関する審査を行うとともに、最新の科学的知見に基づく農薬の再評価を順次進めました。
（ウ）飼料・飼料添加物については、家畜の健康影響や畜産物を摂取した人の健康影響のリスクが高い有害化学物質等の汚染実態データ等を優先的に収集し、有害化学物質等の基準値の設定・見直し等を行い、飼料の安全確保を図りました。飼料関係事業者における飼料のGMP（適正製造規範）の導入推進や技術的支援により、より効果的・効率的に飼料の安全確保を図りました。
（エ）動物用医薬品については、薬剤耐性菌のモニタリングがより統合的なものとなるよう見直し等を行いました。また、モニタリング結果を関係者に共有し、意見交換を行い、畜種別の課題に応じた薬剤耐性対策を検討しました。さらに、動物用抗菌剤の農場単位での使用実態を把握できる仕組みの検討を進めました。

イ　製造段階における取組

（ア）HACCPに沿った衛生管理を行う事業者が輸出に取り組むことができるよう、HACCPの導入に必要な一般衛生管理の徹底、輸出先国・地域ごとに求められる食品安全管理に係る個別条件への理解促進、HACCPに係る民間認証の取得等のための研修会の開催等の支援を実施しました。

（イ）食品等事業者に対する監視指導や事業者自らが実施する衛生管理を推進しました。
（ウ）食品衛生監視員の資質向上や検査施設の充実等を推進しました。
（エ）長い食経験を考慮し使用が認められている既存添加物について、安全性の検討を推進しました。
（オ）いわゆる「健康食品」について、事業者の安全性の確保の取組を推進しました。
（カ）SRM（特定危険部位）の除去・焼却、BSE（牛海綿状脳症）検査の実施等により、食肉の安全を確保しました。

ウ　輸入に関する取組

輸出国政府との二国間協議や在外公館を通じた現地調査等の実施、情報等を入手するための関係府省の連携の推進、監視体制の強化等により、輸入食品の安全性の確保を図りました。

（2）食品表示情報の充実や適切な表示等を通じた食品に対する消費者の信頼の確保

ア　食品表示の適正化等

（ア）「食品表示法」（平成25年法律第70号）を始めとする関係法令等に基づき、関係府省が連携した監視体制の下、適切な表示を推進しました。また、外食・中食における原料原産地表示については、「外食・中食における原料原産地情報提供ガイドライン」に基づく表示の普及を図りました。
（イ）輸入品以外の全ての加工食品に対して義務付けられた原料原産地表示制度については、消費者への普及・啓発を行い、理解促進を図りました。
（ウ）米穀等については、「米穀等の取引等に係る情報の記録及び産地情報の伝達に関する法律」（平成21年法律第26号）（以下「米トレーサビリティ法」という。）により産地情報伝達の徹底を図りました。
（エ）栄養成分表示について、消費者への普及・啓発を行い、健康づくりに役立つ情報源としての理解促進を図りました。
（オ）保健機能食品（特定保健用食品、栄養機能食品及び機能性表示食品）の制度について、消費者への普及・啓発を行い、理解促進を図りました。

イ　食品トレーサビリティの普及啓発

（ア）食品のトレーサビリティに関し、事業者が自主的に取り組む際のポイントを解説するテキスト等を策定しました。あわせて、策定したテキスト等

を用いて、普及・啓発に取り組みました。

（イ）米穀等については、米トレーサビリティ法に基づき、制度の適正な運用に努めました。

（ウ）国産牛肉については、「牛の個体識別のための情報の管理及び伝達に関する特別措置法」（平成15年法律第72号）による制度の適正な実施が確保されるよう、DNA分析技術を活用した監視等を実施しました。

ウ　消費者への情報提供等

（ア）フードチェーンの各段階で事業者間のコミュニケーションを円滑に行い、食品関係事業者の取組を消費者まで伝えていくためのツールの普及等を進めました。

（イ）「消費者の部屋」等において、消費者からの相談を受け付けるとともに、展示等を開催し、農林水産行政や食生活に関する情報を幅広く提供しました。

5　食料供給のリスクを見据えた総合的な食料安全保障の確立

（1）食料安全保障の強化に向けた構造転換対策

食料安全保障強化政策大綱に基づき、食料安全保障の強化に向けた構造転換対策として、以下の取組を推進しました。

・水田を畑地化し、高収益作物やその他の畑作物の定着等を図る取組等を支援しました。

・麦・大豆の増産を目指す産地に対し、水田・畑地を問わず、作付けの団地化、ブロックローテーション、営農技術の導入等を支援しました。

・担い手への農地集積や農業の高付加価値化を図るため、農地中間管理機構との連携等により、水田の畑地化・汎用化や農地の大区画化等の基盤整備を推進しました。

・米粉の利用拡大に向け、製粉業者や食品製造事業者による米粉・米粉製品の製造、施設整備や製造設備の増設を支援しました。また、米粉の利用拡大が期待されるパン・麺用の米粉専用品種の増産に向け、必要な種子生産のための施設整備を支援しました。

・食品産業を持続可能なものとするため、国産原材料切替えによる新商品開発や輸入原材料の使用量節減、環境負荷低減等に配慮した取組等を支援し

ました。

・実需者ニーズに対応した、園芸作物の生産・供給を拡大するため、加工・業務用向け野菜の大規模契約栽培に取り組む産地の育成等を支援しました。

・肥料原料の輸入が途絶した場合にも生産現場への肥料の供給を安定的に行うことができるよう、肥料原料の備蓄やこれに要する保管施設の整備を支援しました。

・耕畜連携や飼料の安定生産のための草地改良、飼料生産組織の運営強化、国産飼料の広域流通体制の構築、放牧や未利用資源の活用等の国産飼料の一層の増産・利用のための体制整備、公共牧場等が有する広大な草地等のフル活用による国産飼料の生産・供給等の取組を支援し、飼料生産基盤に立脚した畜産経営の推進を図りました。

・みどり戦略の実現に向け、化学肥料等の使用量低減と高い生産性を両立する革新的な新品種を迅速に開発するため、スマート育種技術を低コスト化・高精度化するとともに、多品目に利用できるスマート育種基盤を構築しました。

・農業の持続的な発展と農業の有する多面的機能の発揮を図るとともに、みどり戦略の実現に向けて、農業生産に由来する環境負荷を低減する取組と合わせて行う地球温暖化防止や生物多様性保全等に効果の高い農業生産活動を支援しました。

・化学肥料・化学農薬の使用低減、有機農業の拡大、ゼロエミッション化等の推進に向けて、みどり戦略の推進に必要な施設の整備等を支援しました。

（2）不測時に備えた平素からの取組

生産・流通・消費や法律・リスク管理等の幅広い分野の有識者や関係省庁から成る「不測時における食料安全保障に関する検討会」を開催し、不測時の基本的な対処方針や法令で新たに措置すべき事項、関係省庁の役割分担等を検討・整理した上で、不測時の食料安全保障の強化のための新たな法的枠組みを創設するため、第213回国会に「食料供給困難事態対策法案」を提出しました。

また、大規模災害等に備えた家庭備蓄の普及のため、家庭での実践方法をまとめたガイドブックやWebサイト等での情報発信を行いました。

（3）国際的な食料需給の把握、分析

省内外において収集した国際的な食料需給に係

る情報を一元的に集約するとともに、我が国独自の短期的な需給変動要因の分析、中長期の需給見通しを国民に分かりやすく発信しました。

また、衛星データを活用し、食料輸出国や途上国等における気象や主要農作物の作柄のデータの提供を行いました。

（4）輸入穀物等の安定的な確保

ア　輸入穀物の安定供給の確保

（ア）麦の輸入先国との緊密な情報交換等を通じ、安定的な輸入を確保しました。

（イ）政府が輸入する米麦について、残留農薬等の検査を実施しました。

（ウ）輸入依存度の高い小麦について、港湾ストライキ等により輸入が途絶した場合に備え、外国産食糧用小麦需要量の2.3か月分を備蓄し、そのうち政府が1.8か月分の保管料を助成しました。

（エ）輸入依存度の高い飼料穀物について、不測の事態における海外からの一時的な輸入の停滞、国内の配合飼料工場の被災に伴う配合飼料の急激な逼迫(ひっぱく)等に備え、配合飼料メーカー等が事業継続計画(BCP)に基づいて実施する飼料穀物の備蓄、不測の事態により配合飼料の供給が困難となった地域への配合飼料の緊急運搬、関係者の連携体制の強化の取組に対して支援しました。

イ　港湾の機能強化

（ア）ばら積み貨物の安定的かつ安価な輸入を実現するため、大型船に対応した港湾機能の拠点的確保や企業間連携の促進等による効率的な海上輸送網の形成に向けた取組を推進しました。

（イ）国際海上コンテナターミナルや国際物流ターミナルの整備といった港湾の機能強化を推進しました。

ウ　遺伝資源の収集・保存・提供機能の強化

国内外の遺伝資源を収集・保存するとともに、有用特性等のデータベース化に加え、幅広い遺伝変異をカバーした代表的品種群(コアコレクション)の整備を進めることで、植物・微生物・動物遺伝資源の更なる充実と利用者への提供を促進しました。

特に海外植物遺伝資源については、二国間共同研究等を推進し、「食料及び農業のための植物遺伝資源に関する国際条約(ITPGR)」を踏まえた相互利用を進めることにより、アクセス環境を整備しました。

また、国内植物遺伝資源については、公的研究機関等が管理する国内在来品種を含む我が国の遺伝資源をワンストップで検索できる統合データベースの整備を進めるなど、オールジャパンで多様な遺伝資源を収集・保存・提供する体制の強化を推進しました。

エ　肥料の供給の安定化

（ア）肥料原料の海外からの安定調達を進めつつ、土壌診断による適正な肥料の施用、堆肥や下水汚泥資源等の利用拡大を促進し、過度に輸入に依存する構造からの転換を進めました。

また、肥料原料の備蓄やそれに必要な保管施設の整備を支援しました。

（イ）メタン発酵バイオ液肥等の肥料利用に関する調査・実証等の取組を通じて、メタン発酵バイオ液肥等の地域での有効利用を行うための取組を支援しました。また、下水汚泥資源の肥料としての活用推進に取り組むため、農業者、地方公共団体、国土交通省等の関係者との連携を進めました。

（5）国際協力の推進

ア　世界の食料安全保障に係る国際会議への参画等

令和5(2023)年4月にG7宮崎農業大臣会合を、同年10月に日ASEAN農林大臣会合を開催し、議長国として、世界の食料安全保障の強化に向けて議論をリードしました。また、G7広島サミット、G20農業大臣会合やG20サミット、日ASEAN首脳会議及びその関連会合、APEC(アジア太平洋経済協力)食料安全保障担当大臣会合、ASEAN+3農林大臣会合、FAO(国際連合食糧農業機関)総会、国連食料システムサミット2年後フォローアップ会合、CFS(世界食料安全保障委員会)、FAOアジア・太平洋地域総会、OECD(経済協力開発機構)農業委員会等の世界の食料安全保障に係る国際会議に積極的に参画し、農業の生産拡大と持続可能性の両立及び多様な農業の共存に向けて国際的な議論に貢献しました。さらに、「気候のための農業イノベーション・ミッション」(AIM for Climate)等に参画し、国際的な農業研究の議論に貢献しました。

くわえて、フードバリューチェーンの構築が農産物の付加価値を高め、農家・農村の所得向上と食品ロス削減に寄与し、食料安全保障を向上させる上で重要であることを発信しました。

イ　飢餓、貧困、栄養不良への対策

（ア）研究開発等に関するセミナーの開催や情報発信等を支援しました。また、官民連携の栄養改善事業推進プラットフォームを通じて、途上国・新興国の人々の栄養状態の改善に取り組みつつビジネス展開を目指す食品企業等を支援しました。

（イ）飢餓・貧困、気候変動等の地球規模の課題に対応するため、途上国に対する農業生産等に関する研究開発を支援しました。

ウ　アフリカへの農業協力

アフリカ農業の発展に貢献するため、農業生産性の向上や持続可能な食料システム構築等の様々な支援を行いました。

また、対象国のニーズを捉え、我が国の食文化の普及や農林水産物・食品の輸出に取り組む企業の海外展開を推進しました。

エ　ウクライナ支援

ウクライナ農業政策・食料省とともに「日ウクライナ農業復興戦略合同タスクフォース(JTF)」を設置し、ウクライナの農業復興の協力に関する議論を行いました。また、日本企業のウクライナ農業復興への参画を促し、農業生産力の回復を通じ、ウクライナ復興支援に貢献するために必要な取組を進めました。

オ　気候変動や越境性動物疾病等の地球規模の課題への対策

（ア）パリ協定を踏まえた森林減少・劣化抑制、農地土壌における炭素貯留等に関する途上国の能力向上、耐塩性・耐干性イネやGHG排出削減につながる栽培技術の開発等の気候変動対策を推進しました。また、①気候変動緩和に資する研究、②越境性病害の我が国への侵入防止に資する研究、③アジアにおける口蹄疫、高病原性鳥インフルエンザ、アフリカ豚熱等の越境性動物疾病、薬剤耐性の対策等を推進しました。さらに、アジアモンスーン地域で共有できる技術情報の収集・分析・発信、アジアモンスーン各地での気候変動緩和等に資する技術の応用のための共同研究を推進しました。くわえて、気候変動対策として、アジア開発銀行(ADB)と連携し、農業分野の二国間クレジット制度(JCM)の案件創出を促進させる取組を開始しました。

（イ）東アジア地域における食料安全保障の強化と貧困の撲滅に向け、大規模災害等の緊急時に備えるため、ASEAN＋3緊急米備蓄(APTERR)の取組を推進しました。

（6）動植物防疫措置の強化

ア　世界各国における口蹄疫、高病原性鳥インフルエンザ、アフリカ豚熱等の発生状況、新たな植物病害虫の発生等を踏まえ、国内における家畜の伝染性疾病や植物の病害虫の発生予防、まん延防止対策、発生時の危機管理体制の整備等を実施しました。また、国際的な連携を強化し、アジア地域における防疫能力の向上を支援しました。

豚熱や高病原性鳥インフルエンザ等の家畜の伝染性疾病については、早期通報や野生動物の侵入防止といった生産者による飼養衛生管理が徹底されるよう、都道府県と連携して指導を行いました。特に豚熱については、野生動物の侵入防止柵の設置や飼養衛生管理の徹底に加え、ワクチン接種推奨地域での予防的なワクチン接種の実施、野生イノシシ対策としての捕獲強化や経口ワクチンの散布を実施しました。

植物の病気については、中国において我が国が侵入を警戒している火傷病が発生していることを確認したため、令和5(2023)年8月に中国産の火傷病菌の宿主植物(花粉等)の輸入を停止しました。また、都道府県等と連携し、輸入業者等からの中国産花粉の在庫について聞き取り調査を行い、調査で判明した中国産花粉について回収・廃棄を進めたほか、在庫花粉の検定、中国産花粉を使用した園地での調査を実施し、都道府県における農薬の備蓄を進めました。

イ　化学農薬のみに依存せず、予防・予察に重点を置いた総合防除を推進するため、産地に適した技術の検証、栽培マニュアルの策定等の取組を支援しました。また、AI等を活用した精度の高い発生予察を行い、迅速に情報を発出するための実証試験を支援しました。さらに、病害虫の薬剤抵抗性の発達等により、防除が困難となっている作物に対する緊急的な防除体系の確立を支援しました。

ウ　家畜防疫官・植物防疫官や検疫探知犬の適切な配置等による検査体制の整備・強化により、水際対策を適切に行うとともに、家畜の伝染性疾病や植物病害虫の侵入・まん延防止のための取組を推進しまし

た。

エ　重要病害虫の侵入の早期発見・早期防除、植物の移動規制を強化するとともに、既に侵入したジャガイモシロシストセンチュウ等の重要病害虫の定着・まん延防止を図るため、「植物防疫法」(昭和25年法律第151号)に基づく緊急防除を実施しました。また、緊急防除の対象となり得る病害虫の侵入が確認されたことから、発生範囲の特定や薬剤散布等の初動防除を実施しました。

オ　遠隔診療の適時・適切な活用を推進するための情報通信機器を活用した産業動物診療の効率化、産業動物分野における獣医師の中途採用者を確保するための就業支援、女性獣医師等を対象とした職場復帰・再就職に向けたスキルアップのための研修や中学生・高校生等を対象とした産業動物獣医師の業務について理解を深めるセミナー等の実施による産業動物獣医師の育成等を支援しました。

　　また、地域の産業動物獣医師への就業を志す獣医大学の地域枠入学者・獣医学生に対する修学資金の給付、獣医学生を対象とした産業動物獣医師の業務について理解を深めるための臨床実習、産業動物獣医師を対象とした技術向上のための臨床研修を支援しました。

6　TPP等新たな国際環境への対応、今後の国際交渉への戦略的な対応

　　「新しい資本主義のグランドデザイン及び実行計画2023改訂版」(令和5(2023)年6月閣議決定)等に基づき、グローバルな経済活動のベースとなる経済連携を進めました。

　　また、各種経済連携協定交渉やWTO(世界貿易機関)農業交渉等の農産物貿易交渉において、我が国農産品のセンシティビティに十分配慮しつつ、我が国の農林水産業が今後とも国の基として重要な役割を果たしていけるよう、交渉を行うとともに、我が国農産品の輸出拡大につながる交渉結果の獲得を目指し、取り組みました。

　　さらに、TPP等政策大綱に基づき、体質強化対策や経営安定対策を着実に実施しました。

III　農業の持続的な発展に関する施策

1　力強く持続可能な農業構造の実現に向けた担い手の育成・確保

(1) 認定農業者制度や法人化等を通じた経営発展の後押し

ア　担い手への重点的な支援の実施

(ア) 認定農業者等の担い手が主体性と創意工夫を発揮して経営発展できるよう、担い手に対する農地の集積・集約化の促進や経営所得安定対策、出資や融資、税制等により、経営発展の段階や経営の態様に応じた支援を行いました。

(イ) 地域の農業生産の維持への貢献という観点から、担い手への支援の在り方について検討しました。

イ　農業経営の法人化の加速と経営基盤の強化

(ア) 経営意欲のある農業者が創意工夫を活かした農業経営を展開できるよう、都道府県が整備する農業経営・就農支援センターによる経営相談・経営診断、課題を有する農業者の掘り起こしや専門家派遣の支援により、農業経営の法人化を促進しました。

(イ) 担い手が少ない地域においては、地域における農業経営の受け皿として、集落営農の組織化を推進するとともに、これを法人化に向けての準備・調整期間と位置付け、法人化を推進しました。また、地域外の経営体や販売面での異業種との連携等を促進しました。さらに、農業法人等が法人幹部や経営者となる人材を育成するために実施する実践研修への支援等を行いました。

(ウ) 集落営農について、法人化に向けた取組の加速化や地域外からの人材確保、地域外の経営体との連携や統合・再編等を推進しました。

ウ　青色申告の推進

　　農業者年金の政策支援、農業経営基盤強化準備金制度等を通じ、農業者による青色申告を推進しました。

(2) 経営継承や新規就農、人材の育成・確保等

ア　次世代の担い手への円滑な経営継承

(ア) 地域計画の策定の推進、人と農地に関する情報のデータベースの活用により、経営移譲希望者と就農希望者のマッチングを行うなど、第三者への

353

継承を推進したほか、都道府県が整備する農業経営・就農支援センターによる相談対応や専門家による経営継承計画の策定支援等を行うとともに、地域の中心となる担い手の後継者による経営継承後の経営発展に向けた取組を支援しました。

（イ）園芸施設・畜産関連施設、樹園地等の経営資源について、第三者機関・組織も活用しつつ、再整備・改修等のための支援により円滑な継承を促進しました。

イ　農業を支える人材の育成のための農業教育の充実

（ア）農業高校や農業大学校等の農業教育機関において、先進的な農業経営者等による出前授業や現場研修といった就農意欲を喚起するための取組を推進しました。また、スマート農業に関する教育の推進を図るとともに、農業教育の高度化に必要な農業機械・設備等の導入を推進しました。

（イ）農業高校や農業大学校等における教育カリキュラムの強化や教員の指導力向上といった農業教育の高度化を推進しました。

（ウ）国内の農業高校と海外の農業高校の交流を推進するとともに、海外農業研修の実施を支援しました。

（エ）幅広い世代の新規就農希望者に対し、農業教育機関における実践的なリカレント教育の実施を支援しました。

ウ　青年層の新規就農と定着促進

（ア）次世代を担う農業者となることを志向する者に対し、就農前の研修(2年以内)の後押しと就農直後(3年以内)の経営確立に資する資金の交付を行いました。

（イ）初期投資の負担を軽減するための機械・施設等の取得に対する地方と連携した支援、無利子資金の貸付け等を行いました。

（ウ）就農準備段階から経営開始後まで、地方公共団体や農業協同組合、農業者、農地中間管理機構、民間企業等の関係機関が連携し一貫して支援する地域の就農受入体制の充実を図りました。

（エ）雇用就農者の労働時間の管理、休日・休憩の確保、更衣室や男女別トイレ等の整備、キャリアパスの提示やコミュニケーションの充実といった誰もがやりがいを持って働きやすい職場環境整備を行う農業法人等を支援することにより、農業の「働き方改革」を推進しました。

（オ）職業としての農業の魅力や就農に関する情報について、民間企業等とも連携して、就農情報ポータルサイト「農業をはじめる.JP」やSNS、就農イベント等を通じた情報発信を強化しました。

（カ）自営や法人就農、短期雇用等の様々な就農相談等にワンストップで対応できるよう都道府県の就農専属スタッフへの研修を行い、相談体制を強化しました。

（キ）農業者の生涯所得の充実の観点から、農業者年金への加入を推進しました。

エ　女性が能力を発揮できる環境整備

（ア）農業経営における女性の地位や責任を明確化する認定農業者制度における農業経営改善計画の共同申請、女性の活躍推進に向けた補助事業等の活用を通じ、女性の農業経営への参画を推進しました。

（イ）地域のリーダーとなり得る女性農業経営者の育成、女性グループの活動、女性が働きやすい環境づくり、女性農業者の活躍事例の普及等の取組を支援しました。

（ウ）「農業委員会等に関する法律」(昭和26年法律第88号)及び「農業協同組合法」(昭和22年法律第132号)における、農業委員や農業協同組合の理事等の年齢や性別に著しい偏りが生じないように配慮しなければならない旨の規定を踏まえ、委員・理事等の任命・選出に当たり、女性の参画拡大に向けた取組を促進しました。

（エ）女性農業者の知恵と民間企業の技術、ノウハウ、アイデア等を結び付け、新たな商品やサービスの開発等を行う「農業女子プロジェクト」における企業・教育機関との連携強化、地域活動の推進により女性農業者が活動しやすい環境を作るとともに、これらの活動を発信し、若い女性新規就農者の増加に取り組みました。

オ　企業の農業参入
　　農地中間管理機構を中心としてリース方式による企業の参入を促進しました。

2　農業現場を支える多様な人材や主体の活躍
（1）中小・家族経営等多様な経営体による地域の下支え
　　農業現場においては、中小・家族経営等の多様な

経営体が農業生産を支えている現状と、地域において重要な役割を果たしていることに鑑み、現状の規模にかかわらず、生産基盤の強化に取り組むとともに、品目別対策や多面的機能支払制度、中山間地域等直接支払制度等により、産業政策と地域政策の両面から支援しました。

（2）次世代型の農業支援サービスの定着

生産現場における人手不足や生産性向上等の課題に対応し、農業者が営農活動の外部委託を始め、様々な農業支援サービスを活用することで経営の継続や効率化を図ることができるよう、ドローンや自動走行農機等の先端技術を活用した作業代行、シェアリングやリース、食品事業者と連携した収穫作業の代行等の次世代型の農業支援サービスの育成・普及を推進しました。

（3）多様な人材が活躍できる農業の「働き方改革」の推進

ア　労働環境の改善に取り組む農業法人等における雇用就農の促進を支援することにより、農業経営者が、労働時間の管理、休日・休憩の確保、更衣室や男女別トイレ等の整備、キャリアパスの提示やコミュニケーションの充実といった誰もがやりがいがあり、働きやすい環境づくりに向けて計画を作成し、従業員と共有することを推進しました。

イ　農繁期等における産地の短期労働力を確保するため、他産業、大学、他地域との連携等により多様な人材とのマッチングを行う産地の取組や農業法人等における労働環境の改善を推進する取組を支援するとともに、労働環境の整備といった農業の「働き方改革」の先進的な取組事例の発信・普及を図りました。

ウ　特定技能制度による農業現場での外国人材の円滑な受入れに向けて、技能試験を実施するとともに、就労する外国人材が働きやすい環境の整備等を支援しました。

エ　人口急減に直面している地域において、「地域人口の急減に対処するための特定地域づくり事業の推進に関する法律」（令和元年法律第64号）（以下「人口急減地域特定地域づくり推進法」という。）の仕組みを活用し、地域内の様々な事業者をマルチワークにより支える人材の確保やその活躍を推進することを通じ、地域社会の維持や地域経済の活性化を図るため、モデルを示しつつ、制度の周知を図りました。

3　担い手等への農地集積・集約化と農地の確保

（1）担い手への農地集積・集約化の加速化

農業経営基盤強化促進法等の一部を改正する法律に基づき、「人・農地プラン」を土台に目指すべき将来の農地利用の姿を明確化する地域計画の策定・実行を推進しました。

また、農地中間管理機構のフル稼働については、農地中間管理機構を経由した転貸等を集中的に実施するとともに、遊休農地も含め、幅広く引き受けるよう運用の見直しに取り組みました。

さらに、所有者不明農地に係る制度の利用促進、農業委員会向けの研修会を実施したほか、令和5(2023)年4月以降順次施行されている新たな民事基本法制の仕組みを踏まえ、関係省庁と連携して所有者不明農地の有効利用を図りました。

（2）荒廃農地の発生防止・解消、農地転用許可制度等の適切な運用

ア　農業委員会の農地の利用状況調査及び遊休農地の所有者等に対する意向調査の実施を通じて荒廃農地の再生を促しました。

イ　多面的機能支払制度及び中山間地域等直接支払制度による地域・集落の共同活動、農地中間管理事業による農地の集積・集約化の促進、「農山漁村の活性化のための定住等及び地域間交流の促進に関する法律」（平成19年法律第48号）に基づく活性化計画、最適土地利用総合対策による地域の話合いを通じた荒廃農地の有効活用や低コストな肥培管理による農地利用（粗放的な利用）、基盤整備の活用等による荒廃農地の発生防止・解消に努めました。

ウ　農地の転用規制や農業振興地域制度の適正な運用を通じ、優良農地の確保に努めました。

4　農業経営の安定化に向けた取組の推進

（1）収入保険制度や経営所得安定対策等の着実な推進

ア　収入保険の普及促進・利用拡大

自然災害や価格下落等の様々なリスクに対応し、農業経営の安定化を図るため、収入保険の普及を図りました。現場ニーズ等を踏まえた改善等を行うとともに、地域において農業共済組合や農業協同組合等の関係団体等が連携して普及体制を構築し、普及活動や加入支援の取組を進めました。

イ　経営所得安定対策等の着実な実施

　「農業の担い手に対する経営安定のための交付金の交付に関する法律」(平成18年法律第88号)に基づく畑作物の直接支払交付金及び米・畑作物の収入減少影響緩和交付金、「畜産経営の安定に関する法律」(昭和36年法律第183号)に基づく肉用牛肥育・肉豚経営安定交付金(牛・豚マルキン)及び加工原料乳生産者補給金、「肉用子牛生産安定等特別措置法」(昭和63年法律第98号)に基づく肉用子牛生産者補給金、「野菜生産出荷安定法」(昭和41年法律第103号)に基づく野菜価格安定対策等の措置を安定的に実施しました。

（2）総合的かつ効果的なセーフティネット対策の在り方の検討等

　収入保険については、令和4(2022)年12月に、農業保険法の施行後4年を迎えた収入保険の今後の取組方針を決定したことを踏まえ、①甚大な気象災害による影響を緩和する特例、②青色申告1年分のみでの加入、③保険方式のみで9割まで補償する新たな補償タイプの創設について、令和6(2024)年に保険期間が始まる収入保険の加入者から実施できるよう措置しました。

5　農業の成長産業化や国土強靱化に資する農業生産基盤整備

（1）農業の成長産業化に向けた農業生産基盤整備

ア　農地中間管理機構等との連携を図りつつ、農地の大区画化等を推進しました。

イ　高収益作物に転換するための水田の畑地化・汎用化や畑地・樹園地の高機能化を推進しました。

ウ　麦・大豆等の海外依存度の高い品目の生産拡大を促進するため、排水改良等による水田の畑地化・汎用化、畑地かんがい施設の整備等による畑地の高機能化、草地整備等を推進しました。

エ　ICT水管理等の営農の省力化に資する技術の活用を可能にする農業生産基盤の整備を推進しました。

オ　農業・農村インフラの管理の省力化・高度化やスマート農業の実装を図るとともに、地域活性化を促進するための情報通信環境の整備を推進しました。

（2）農業水利施設の戦略的な保全管理

ア　農業水利施設の点検、機能診断・監視を通じた適切なリスク管理の下での計画的かつ効率的な補修、

更新等により、徹底した施設の長寿命化とライフサイクルコストの低減を図りました。

イ　農業水利施設の機能が安定的に発揮されるよう、施設の更新に合わせ、集約、再編、統廃合等によるストックの適正化を推進しました。

ウ　農業水利施設の保全管理におけるロボット、AI等の利用に関する研究開発・実証調査を推進しました。

（3）農業・農村の強靱化に向けた防災・減災対策

ア　基幹的な農業水利施設の改修等のハード対策と機能診断等のソフト対策を組み合わせた防災・減災対策を実施しました。

イ　「農業用ため池の管理及び保全に関する法律」(平成31年法律第17号)(以下「ため池管理保全法」という。)に基づき、ため池の決壊による周辺地域への被害の防止に必要な措置を進めました。

ウ　「防災重点農業用ため池に係る防災工事等の推進に関する特別措置法」(令和2年法律第56号)(以下「ため池工事特措法」という。)に基づき、都道府県が策定した推進計画に則し、優先度の高いものから防災工事等に取り組むとともに、ハザードマップの作成、監視・管理体制の強化等を行うなど、これらの対策を適切に組み合わせ、ため池の防災・減災対策を推進しました。

エ　大雨により水害が予測される際には、①事前に農業用ダムの水位を下げて雨水を貯留する「事前放流」、②水田に雨水を一時的に貯留する「田んぼダム」、③ため池への雨水の一時的な貯留、④農作物への被害のみならず、市街地や集落の湛水被害も防止・軽減させる排水施設の整備といった流域治水の取組を通じた防災・減災対策の強化に取り組みました。

オ　土地改良事業の実施に当たっての排水の計画基準に基づき、農業水利施設等の排水対策を推進しました。

カ　津波、高潮、波浪のほか、海水や地盤の変動による被害等から農地等を防護するため、海岸保全施設の整備等を実施しました。

（4）農業・農村の構造の変化等を踏まえた土地改良区の体制強化

　土地改良区の組合員の減少、ICT水管理等の新技術や管理する土地改良施設の老朽化に対応するため、准組合員制度や施設管理准組合員制度の導入・活用等により、土地改良区の運営基盤の強化を推進

しました。また、土地改良事業団体連合会等による支援を強化したほか、多様な人材の参画を図る取組を推進しました。

6 需要構造等の変化に対応した生産基盤の強化と流通・加工構造の合理化

（1）肉用牛・酪農の生産拡大等畜産の競争力強化

ア　生産基盤の強化

（ア）牛肉、牛乳・乳製品等の畜産物の国内需要への対応と輸出拡大に向けて、肉用牛については、肉用繁殖雌牛の増頭、繁殖性の向上による分べん間隔の短縮等の取組等を推進しました。酪農については、経営安定、高品質な生乳の生産等を通じ、多様な消費者ニーズに対応した牛乳・乳製品の供給を推進しました。また、生乳については、需給ギャップの解消を通じた適正な価格形成の環境整備により、酪農経営の安定を図るため、脱脂粉乳等の在庫低減の取組や生乳生産の抑制に向けた取組を支援しました。

（イ）労働負担軽減・省力化に資するロボット、AI、IoT等の先端技術の普及・定着、牛の個体識別番号と当該牛に関連する生産情報等を併せて集約し、活用する体制の整備、GAP、アニマルウェルフェアの普及・定着を図りました。

（ウ）子牛や国産畜産物の生産・流通の円滑化に向けた家畜市場や食肉処理施設、生乳処理・貯蔵施設の再編等の取組を推進し、肉用牛等の生産基盤を強化しました。あわせて、米国・EU等の輸出先国・地域の衛生基準を満たす輸出認定施設の認定の取得や輸出認定施設を中心として関係事業者が連携したコンソーシアムによる輸出促進の取組を推進しました。

（エ）畜産経営の安定に向けて、以下の施策等を実施しました。

a　畜種ごとの経営安定対策

（a）酪農関係では、①加工原料乳に対する加工原料乳生産者補給金や集送乳調整金の交付、②加工原料乳の取引価格が低落した場合の補填金の交付等の対策を安定的に実施しました。

（b）肉用牛関係では、①肉用子牛対策として、子牛価格が保証基準価格を下回った場合に補給金を交付する肉用子牛生産者補給金制度等を、②

肉用牛肥育対策として、標準的販売価格が標準的生産費を下回った場合に交付金を交付する肉用牛肥育経営安定交付金（牛マルキン）を安定的に実施しました。

（c）養豚関係では、標準的販売価格が標準的生産費を下回った場合に交付金を交付する肉豚経営安定交付金（豚マルキン）を安定的に実施しました。

（d）養鶏関係では、鶏卵の標準取引価格が補填基準価格を下回った場合に補填金を交付するなどの鶏卵生産者経営安定対策事業を安定的に実施しました。

b　飼料価格安定対策

配合飼料価格が高い状況が続いた場合に飼料コストの急増を段階的に抑制するため、配合飼料価格安定制度に、価格の高止まり時にも補填ができやすくなるよう「緊急補填」を設け、第1～3四半期に補填が発動するとともに、耕畜連携等の国産飼料の生産・利用拡大のための取組等を推進しました。

イ　生産基盤強化を支える環境整備

（ア）家畜排せつ物の土づくりや肥料利用を促進するため、家畜排せつ物処理施設の機能強化、堆肥のペレット化等を推進しました。また、国産飼料の生産・利用の拡大のため、耕畜連携、飼料生産組織の運営強化、国産飼料の広域流通体制の構築、草地整備・改良、放牧や未利用資源の活用等の体制整備、公共牧場等が有する広大な草地等のフル活用、子実用とうもろこし等の国産濃厚飼料の増産や安定確保に向けた指導・研修、飼料作物種子の備蓄等を推進しました。

（イ）和牛について、家畜遺伝資源の適切な流通管理や知的財産としての価値の保護を推進するための法令順守の徹底を図ったほか、家畜遺伝資源の利用者の範囲等について制限を付す売買契約の普及を行うとともに、全国の家畜人工授精所への立入検査を実施しました。また、家畜人工授精用精液等の流通を全国的に管理するシステムの運用・機能強化等を推進するとともに、和牛の血統の信頼を確保するため、遺伝子型の検査によるモニタリング調査を推進する取組を支援しました。

（ウ）「畜舎等の建築等及び利用の特例に関する法律」

（令和3年法律第34号）に基づき、都道府県等と連携し、畜舎建築利用計画の認定制度の円滑な運用を行いました。

（2）新たな需要に応える園芸作物等の生産体制の強化

ア　野菜

（ア）既存ハウスのリノベーションを支援しました。また、環境制御・作業管理等の技術習得に必要なデータ収集・分析機器の導入といったデータを活用して生産性・収益向上につなげる体制づくり等を支援するとともに、より高度な生産が可能となる低コスト耐候性ハウスや高度環境制御栽培施設等の導入を支援しました。

（イ）実需者からの国産野菜の安定調達ニーズに対応するため、加工・業務用向けの契約栽培に必要な新たな生産・流通体系の構築、作柄安定技術の導入等を支援しました。

（ウ）加工・業務用野菜について、国産シェアを奪還するため、産地、流通、実需等が一体となったサプライチェーンの強靱化を図るための対策を総合的に支援しました。

（エ）加工・業務用等の新市場のロット・品質に対応できる拠点事業者の育成に向けた貯蔵・加工施設等の整備や拠点事業者と連携した産地が行う生産・出荷体制の整備等を支援しました。

（オ）農業者と協働しつつ、①生産安定・効率化機能、②供給調整機能、③実需者ニーズ対応機能の三つの機能を具備し、又は強化するモデル性の高い生産事業体の育成を支援しました。

イ　果樹

（ア）優良品目・品種への改植・新植やそれに伴う未収益期間における幼木の管理経費を支援しました。

（イ）担い手の就農・定着のための産地の取組と併せて行う、小規模園地整備や部分改植といった産地の新規参入者の受入体制の整備を一体的に支援しました。

（ウ）平坦で作業性の良い水田等への新植、労働生産性向上が見込まれる省力樹形の導入を推進するとともに、まとまった面積での省力樹形や機械作業体系の導入等による労働生産性を抜本的に高めたモデル産地の育成を支援しました。

（エ）省力樹形用苗木や国産花粉の安定生産・供給に向けた取組を支援しました。

（オ）中国における火傷病の発生に伴う中国産なし・りんごの花粉の輸入停止への対応として、剪定枝や未利用花を活用した花粉採取技術の実証等の花粉安定生産・供給に向けた産地の取組、全国流通に向けた供給体制の構築等による国産花粉への切替え等を緊急的に支援しました。

ウ　花き

（ア）「物流の2024年問題」に対応するため、流通の効率化に資する検討や技術実証を支援するとともに、生産性の向上等の花き産地の課題解決に資する検討や実証等の取組を支援しました。

（イ）減少傾向にある花き需要の回復に向けて、需要拡大が見込まれる品目等への転換や新たな需要開拓、花きの利用拡大に向けたPR活動等の取組を支援しました。

（ウ）カタールのドーハで開催された国際園芸博覧会において、輸出促進等を目的として日本の花きや花き文化の紹介を行いました。また、日本国政府出展が屋内出展で「金賞」、屋外出展で「銅賞」を受賞するなどの表彰を受けました。さらに、令和9（2027）年に神奈川県横浜市で開催される「2027年国際園芸博覧会」（GREEN×EXPO 2027）への参加と来場を促しました。

エ　茶、甘味資源作物等の地域特産物

（ア）茶

　「茶業及びお茶の文化の振興に関する基本方針」に基づき、消費者ニーズへの対応や輸出の促進等に向け、新たな茶商品の生産・加工技術の実証や機能性成分等の特色を持つ品種の導入、有機栽培への転換、てん茶等の栽培に適した棚施設を利用した栽培法への転換、直接被覆栽培への転換、スマート農業技術の実証、残留農薬分析等を支援しました。

（イ）砂糖・でん粉

　「砂糖及びでん粉の価格調整に関する法律」（昭和40年法律第109号）に基づき、さとうきび・でん粉原料用かんしょの生産者、国内産糖・国内産いもでん粉の製造事業者に対して、経営安定のための支援を行いました。

（ウ）薬用作物

　地域の取組として、産地と実需者（漢方薬メーカー等）が連携した栽培技術の確立のための

実証圃の設置等を支援しました。また、全国的な取組として、事前相談窓口の設置や技術アドバイザーの派遣等の栽培技術の指導体制の確立、技術拠点農場の設置に向けた取組を支援しました。

（エ）こんにゃくいも等

こんにゃくいも等の特産農産物について、付加価値の創出、新規用途の開拓、機械化・省力作業体系の導入等を推進するとともに、安定的な生産に向けた体制整備等を支援しました。

（オ）繭・生糸

養蚕・製糸業と絹織物業者等が提携して取り組む、輸入品と差別化された高品質な純国産絹製品づくりやブランド化を推進するとともに、生産者、実需者等が一体となって取り組む、安定的な生産に向けた体制整備等を支援しました。

（カ）葉たばこ

国産葉たばこについて、種類別・葉分タイプ別価格により、日本たばこ産業株式会社(JT)が全量買い入れました。

（キ）いぐさ

輸入品との差別化やブランド化に取り組むいぐさ生産者の経営安定を図るため、国産畳表の価格下落影響緩和対策の実施、実需者や消費者のニーズを踏まえた産地の課題を解決するための技術実証等の取組を支援しました。

（3）米政策改革の着実な推進と水田における高収益作物等への転換

ア　消費者・実需者の需要に応じた多様な米の安定供給

（ア）需要に応じた米の生産・販売の推進

a　産地・生産者と実需者が結び付いた事前契約や複数年契約による安定取引の推進、水田活用の直接支払交付金等による作付転換への支援、都道府県産別、品種別等のきめ細かな需給・価格情報、販売進捗情報、在庫情報の提供、都道府県別・地域別の作付動向(中間的な取組状況)の公表等により需要に応じた生産・販売を推進しました。

b　国が策定する需給見通し等を踏まえつつ生産者や集荷業者・団体が主体的に需要に応じた生産・販売を行うため、行政や生産者団体、現場が一体となって取り組みました。

c　米の生産について、農地の集積・集約化による

分散錯圃の解消や作付けの団地化、直播等の省力栽培技術やスマート農業技術等の導入・シェアリングの促進、資材費の低減等による生産コストの低減等を推進しました。

（イ）戦略作物の生産拡大

水田活用の直接支払交付金等により、麦、大豆、米粉用米といった戦略作物の本作化を進めるとともに、地域の特色ある魅力的な産品の産地づくりや水田を畑地化して畑作物の定着を図る取組を支援しました。

（ウ）コメ・コメ加工品の輸出拡大

輸出拡大実行戦略で掲げた、コメ・パックご飯・米粉及び米粉製品の輸出額目標の達成に向けて、輸出ターゲット国・地域である香港や米国、中国、シンガポール、台湾を中心とする輸出拡大が見込まれる国・地域での海外需要開拓・プロモーションや海外規制に対応する取組に対して支援するとともに、大ロットで輸出用米の生産・供給に取り組む産地の育成等の取組を推進しました。

（エ）米の消費拡大

業界による主体的取組を応援する運動「やっぱりごはんでしょ！」の実施等のSNSを活用した取組、「米と健康」に着目した情報発信等により、新たな需要の取り込みを進めました。

イ　麦・大豆

国産麦・大豆について、需要に応じた生産に向け、作付けの団地化の推進やブロックローテーション、営農技術の導入等の支援を通じた産地の生産体制の強化、生産の効率化、実需者の求める量・品質・価格の安定に向けた取組を支援しました。

ウ　高収益作物への転換

水田農業高収益化推進計画に基づき、国のみならず地方公共団体等の関係部局が連携し、水田における高収益作物への転換、水田の畑地化・汎用化のための基盤整備、栽培技術や機械・施設の導入、販路確保等の取組を計画的かつ一体的に推進しました。

エ　米粉用米・飼料用米

生産者と実需者の複数年契約による長期安定的な取引を推進するとともに、「米穀の新用途への利用の促進に関する法律」(平成21年法律第25号)に基づき、米粉用米、飼料用米の生産・利用の拡大や必要な機械・施設の整備等を総合的に支援しました。

（ア）米粉用米

　　　米粉製品のコスト低減に資する取組事例や新たな米粉加工品の情報発信等の需要拡大に向けた取組を実施し、生産者と実需者の複数年契約による長期安定的な取引の推進に資する情報交換会を開催するとともに、「ノングルテン米粉の製造工程管理JAS」の普及を推進しました。また、米粉を原料とした商品の開発・普及や製粉企業等の施設整備、米粉専用品種の種子増産に必要な機械・施設の導入等を支援しました。

（イ）飼料用米

　　　地域に応じた省力・多収栽培技術の確立・普及を通じた生産コストの低減やバラ出荷による流通コストの低減に向けた取組を支援しました。

オ　米・麦・大豆等の流通

　　　農業競争力強化支援法等に基づき、生産・流通・加工業界の再編に係る取組の支援等を実施しました。また、物流合理化を進めるため、生産者や関係事業者等と協議を行い、課題を特定し、それらの課題解決に取り組みました。特に米については、玄米輸送のフレキシブルコンテナバッグ利用の推進、精米物流の合理化に向けた商慣行の見直し等による「ホワイト物流」推進運動に取り組みました。

（4）農業生産工程管理の推進と効果的な農作業安全対策の展開

ア　農業生産工程管理の推進

　　　農産物においては、「我が国における国際水準GAPの推進方策」に基づき、国際水準GAPガイドラインを活用した指導や産地単位の取組等を推進しました。

　　　畜産物においては、JGAP畜産やGLOBALG.A.P.の認証取得の拡大を図りました。

　　　また、農業高校や農業大学校等における教育カリキュラムの強化等により、農業教育機関におけるGAPに関する教育の充実を図りました。

イ　農作業等安全対策の展開

（ア）都道府県段階、市町村段階の関係機関が参画した推進体制を整備するとともに、農業機械作業に係る死亡事故が多数を占めていることを踏まえ、以下の取組を強化しました。

　a　農業者を取り巻く地域の人々が、農業者に対して、農業機械の転落・転倒対策を呼び掛ける「声かけ運動」の展開を推進しました。

　b　農業者を対象とした「農作業安全に関する研修」の開催を推進しました。

（イ）大型特殊自動車免許等の取得機会の拡大、作業機を装着した状態での公道走行に必要な灯火器類の設置等を促進しました。

（ウ）「農作業安全対策の強化に向けて（中間とりまとめ）」に基づき、都道府県、農業機械メーカーや農業機械販売店等を通じて収集した事故情報の分析等を踏まえ、農業機械の安全性検査制度の見直しに向けた検討を行いました。

（エ）GAPの団体認証取得による農作業事故等の産地リスクの低減効果の検証を行うとともに、労災保険の特別加入団体の設置と農業者の加入促進、熱中症対策の強化を図りました。

（オ）農林水産業・食品産業の作業安全対策について、「農林水産業・食品産業の作業安全のための規範」やオンライン作業安全学習教材も活用し、効果的な作業安全対策の検討・普及や関係者の意識啓発のための取組を実施しました。

（5）良質かつ低廉な農業資材の供給や農産物の生産・流通・加工の合理化

ア　「農業競争力強化プログラム」及び農業競争力強化支援法に基づき、良質かつ低廉な農業資材の供給や農産物流通等の合理化に向けた取組を行う事業者の事業再編や事業参入を進めました。

イ　「農産物検査規格・米穀の取引に関する検討会」において見直しを行った農産物検査規格について、現場への周知を進めました。また、スマート・オコメ・チェーンの構築を支援するとともに、フードチェーン情報公表農産物JASについて、新たに米の規格を制定しました。

ウ　施設園芸や茶において、計画的に省エネルギー化等に取り組む産地を対象に価格が高騰した際に補塡金を交付することにより、燃料価格高騰に備えるセーフティネット対策を講じました。

7　情報通信技術等の活用による農業生産・流通現場のイノベーションの促進

（1）スマート農業の加速化等農業現場でのデジタル技術の利活用の推進

ア　スマート農業実証プロジェクトから得られた成果

と課題を踏まえ、我が国の食料供給の安定化を図るために必要な技術の開発・改良から実証、実装に向けた情報発信に至るまで総合的に取り組みました。

イ　農業機械メーカー、金融、保険等の民間企業が参画したプラットフォームにおいて、農業機械のリース・シェアリングやドローン操作の代行サービス等の新たな農業支援サービスの創出が進むよう、業者間の情報共有やマッチング等を進めました。

ウ　現場実装に際して安全上の課題解決が必要なロボット技術の安全性の検証や安全性確保策の検討に取り組みました。

エ　生産から加工・流通・販売・消費に至るまでデータの相互活用が可能なスマートフードチェーンプラットフォームを構築し、ユースケースの創出を支援しました。また、オープンAPIの整備・活用に必要となるルールづくりや異なる種類・メーカーの機器から取得されるデータの連携実証への支援、生育・出荷等の予測モデルの開発・実装によりデータ活用を推進しました。

オ　スマート農業の加速化に向けた施策の方向性を示した「スマート農業推進総合パッケージ」（令和4(2022)年6月改訂）を踏まえ、スマート農業技術の実証・分析、農業支援サービス事業体の育成・普及、更なる技術の開発・改良、技術対応力・人材創出の強化、実践環境の整備、スマート農業技術の海外展開等の施策を推進しました。

カ　営農データの分析支援を始め、農業支援サービスを提供する企業が活躍できる環境整備、農産物のサプライチェーンにおけるデータ・物流のデジタル化、農村地域の多様なビジネス創出等を推進しました。

（2）　農業施策の展開におけるデジタル化の推進

ア　農業現場と農林水産省が切れ目なくつながり、行政手続に係る農業者等の負担を大幅に軽減し、経営に集中できるよう、徹底した行政手続の簡素化の促進を行うとともに、農林水産省が所管する法令や補助金等の行政手続をオンラインで申請することができるeMAFFのオンライン利用率の向上と利用者の利便性向上に向けた取組を進めました。

イ　農林水産省の農林漁業者向けスマートフォン・アプリケーション（MAFFアプリ）について、eMAFF等との連動を進め、個々の農業者の属性・関心に応じた営農・政策情報を提供しました。

ウ　eMAFFの利用を進めながら、デジタル地図を活用して農地台帳や水田台帳等の現場の農地情報を統合し、農地の利用状況の現地確認等の抜本的な効率化・省力化を図るための「農林水産省地理情報共通管理システム(eMAFF地図)」の開発を進めました。

エ　「農業DX構想」に基づき、農業DXの実現に向けて、農業・食関連産業の「現場」、農林水産省の「行政実務」、現場と農林水産省をつなぐ「基盤」の整備に関する多様なプロジェクトを推進しました。また、令和6(2024)年2月に「農業DX構想2.0」を公表しました。

（3）イノベーション創出・技術開発の推進

みどり戦略の実現に向け、化学肥料等の使用量低減と高い生産性を両立する革新的な新品種の早期開発を推進し、スマート育種基盤を低コスト化・高精度化するとともに、多品目に利用できるスマート育種基盤の構築を推進しました。また、農林漁業者等のニーズに対応する研究開発として、子実用とうもろこしを導入した高収益・低投入型大規模ブロックローテーション体系の構築、有機栽培に対応した病害虫対策技術の構築等を推進しました。さらに、産学官が連携して異分野のアイデア・技術等を農林水産・食品分野に導入し、重要施策の推進や現場課題の解決に資する革新的な技術・商品サービスを生み出す研究を支援しました。

ア　研究開発の推進

（ア）研究開発の重点事項や目標を定める「農林水産研究イノベーション戦略」を策定するとともに、内閣府の「戦略的イノベーション創造プログラム(SIP)」や「研究開発とSociety5.0との橋渡しプログラム(BRIDGE)」等も活用して研究開発を推進しました。また、SIPにおいて新たな課題「豊かな食が提供される持続可能なフードチェーンの構築」を立ち上げ、食料安全保障や農業の環境負荷低減をミッションとした研究開発に取り組みました。

（イ）総合科学技術・イノベーション会議が決定したムーンショット目標5「2050年までに、未利用の生物機能等のフル活用により、地球規模でムリ・ムダのない持続的な食料供給産業を創出」を実現するため、困難だが実現すれば大きなインパクトが期待される挑戦的な研究開発(ムーンショット型研究開発)を推進しました。

（ウ）Society5.0の実現に向け、産学官と農業の生産現場が一体となって、オープンイノベーションを促進するとともに、人材・知・資金が循環するよう農林水産業分野での更なるイノベーションの創出を計画的・戦略的に推進しました。

イ　国際農林水産業研究の推進

　国立研究開発法人農業・食品産業技術総合研究機構や国立研究開発法人国際農林水産業研究センターにおける海外研究機関等との積極的な研究協定覚書(MOU)の締結や拠点整備の取組を支援しました。また、海外の農業研究機関や国際農業研究機関の優れた知見や技術を活用し、戦略的に国際共同研究を推進しました。

ウ　科学に基づく食品安全、動物衛生、植物防疫等の施策に必要な研究の更なる推進

（ア）「安全な農畜水産物の安定供給のためのレギュラトリーサイエンス研究推進計画」で明確化した取り組むべき調査研究の内容や課題について、情勢の変化や新たな科学的知見を踏まえた見直しを行いました。また、農林水産省が所管する国立研究開発法人のほか、大学、民間企業、関係学会等への情報提供や研究機関との意見交換を行い、研究者の認識や理解の醸成とレギュラトリーサイエンスに属する研究を推進しました。

（イ）研究開発部局と規制担当部局が連携して食品中の危害要因の分析や低減技術の開発、家畜の伝染性疾病を防除・低減する技術や資材の開発、植物病害虫等の侵入・まん延防止のための検査技術の開発や防除体系の確立といったリスク管理に必要な調査研究を推進しました。

（ウ）レギュラトリーサイエンスに属する研究事業の成果を国民に分かりやすい形で公表しました。また、行政施策・措置とその検討・判断に活用された科学的根拠となる研究成果を紹介する機会を設け、レギュラトリーサイエンスへの理解の醸成を推進しました。

エ　戦略的な研究開発を推進するための環境整備

（ア）「農林水産研究における知的財産に関する方針」(令和4(2022)年12月改訂)を踏まえ、農林水産業・食品産業に関する研究に取り組む国立研究開発法人や都道府県の公設試験場等における知的財産マネジメントの強化を図るため、専門家による指導・助言等を行いました。また、知的財産戦略や侵害対応マニュアルを策定するなど、知的財産マネジメントの実践に取り組もうとする公的研究機関等を対象に重点的に支援しました。

（イ）締約国としてITPGRの運営に必要な資金拠出を行うとともに、海外遺伝資源の取得・利用の円滑化に向けて、遺伝資源利用に係る国際的な議論や各国制度等の動向を調査し、入手した最新情報等について我が国の遺伝資源利用者に対し周知活動等を実施しました。

（ウ）最先端技術の研究開発・実用化に向けて、消費者への分かりやすい情報発信、意見交換を行い、当該技術の理解の醸成を図りました。特にゲノム編集技術等の育種利用については、オープンラボ交流会により、実際の研究現場を見てもらうなど、サイエンスコミュニケーション等の取組を強化しました。

オ　開発技術の迅速な普及・定着

（ア）「橋渡し」機能の強化

a　多様な分野のアイデア・技術等を農林水産・食品分野に導入し、イノベーションの創出に向けて、基礎から実用化段階までの研究開発を切れ目なく推進しました。

　また、創出された成果について海外で展開する際の市場調査や現地における開発、実証試験を支援しました。

b　大学、民間企業等の地域の関係者による技術開発から改良、開発までの取組を切れ目なく支援しました。

c　日本版SBIR制度を活用し、農林水産・食品分野において、農業支援サービス事業体の創出やフードテック等の新たな技術の事業化を目指すスタートアップ・中小企業が行う研究開発・大規模技術実証等を切れ目なく支援しました。

d　「「知」の集積と活用の場 産学官連携協議会」において、ポスターセッション、セミナー、ワークショップ等を開催し、技術シーズ・ニーズに関する関係者間の情報交換やマッチングを行うとともに、研究成果の社会実装・事業化等を支援しました。

e　研究機関、生産者、社会実装の担い手等が行うイノベーションの創出に向けて、研究成果の展示

会、相談会等により、技術交流を推進しました。

f　コーディネーターを全国に配置し、技術開発ニーズ等の収集、研究シーズとのマッチング支援や商品化・事業化に向けた支援等を行い、研究の企画段階から産学官が密接に連携し、早期に成果を創出できるよう支援しました。

g　みどり戦略で掲げた各目標の達成に貢献し、現場への普及が期待される技術を「「みどりの食料システム戦略」技術カタログ」として紹介しました。また、同カタログに掲載された技術をテーマとして、農業者・関係者が持つ技術情報を共有・議論・発展させる「みどり技術ネットワーク会議」を全国レベル・地域レベルで開催しました。

（イ）効果的・効率的な技術・知識の普及指導

国と都道府県が協同して、高度な技術・知識を持つ普及指導員を設置し、普及指導員が試験研究機関や民間企業等と連携して直接農業者に接して行う技術・経営指導等を推進しました。また、効果的・効率的な普及指導活動の実施に向けて、普及指導員による新技術や新品種の導入等に係る地域の合意形成、新規就農者の支援、地球温暖化や自然災害への対応といった公的機関が担うべき分野についての取組を強化しました。さらに、計画的に研修等を実施し、普及指導員の資質向上を推進しました。

8　みどりの食料システム戦略の推進

（1）みどり戦略の実現に向けた施策の展開

みどり戦略の実現に向け、「環境と調和のとれた食料システムの確立のための環境負荷低減事業活動の促進等に関する法律」（令和4年法律第37号）（以下「みどりの食料システム法」という。）に基づき、化学肥料や化学農薬の使用低減等に係る計画の認定を受けた事業者に対し、税制特例や融資制度等の支援措置を講じました。また、みどり戦略の実現に資する研究開発、必要な施設の整備といった環境負荷低減と持続的発展に向けた地域ぐるみのモデル地区を創出するとともに、関係者の行動変容と相互連携を促す環境づくりを支援しました。

（2）みどり戦略の実現に向けた技術開発の推進

みどり戦略の実現に向け、化学肥料等の使用量低減と高い生産性を両立する革新的な新品種の早期開発を推進し、スマート育種基盤を低コスト化・高精度化するとともに、多品目に利用できるスマート育種基盤の構築を推進しました。また、農林漁業者等のニーズに対応する研究開発として、子実用とうもろこしを導入した高収益・低投入型大規模ブロックローテーション体系の構築、有機栽培に対応した病害虫対策技術の構築等を推進しました。

（3）有機農業の更なる推進

ア　有機農業指導員の育成や新たに有機農業に取り組む農業者の技術習得等による人材育成、オーガニック産地育成等による有機農産物の安定供給体制の構築を推進しました。

イ　流通・加工・小売事業者等と連携した需要喚起の取組を支援し、バリューチェーンの構築を進めました。

ウ　遊休農地等を活用した農地の確保とともに、有機農業を活かして地域振興につなげている市町村等のネットワークづくりを進めました。

エ　有機農業の生産から消費まで一貫して推進する取組や体制づくりを支援し、有機農業推進のモデル的先進地区の創出を進めました。

オ　有機JAS認証の取得を支援するとともに、諸外国・地域との有機同等性の交渉を推進しました。また、有機JASについて、消費者がより合理的な選択ができるよう必要な見直しを行いました。

（4）農業の自然循環機能の維持増進とコミュニケーション

ア　有機農業や有機農産物について消費者に分かりやすく伝える取組を推進しました。

イ　官民協働のプラットフォームである「あふの環2030プロジェクト〜食と農林水産業のサステナビリティを考える〜」における勉強会・交流会、情報発信や表彰等の活動を通じて、持続可能な生産消費を促進しました。

（5）農村におけるSDGsの達成に向けた取組の推進

農山漁村の豊富な資源をバイオマス発電や小水力発電等の再生可能エネルギーとして活用し、農林漁業経営の改善や地域への利益還元を進め、農山漁村の活性化に資する取組を推進しました。

9　気候変動への対応等環境政策の推進

（1）気候変動や越境性動物疾病等の地球規模の課題へ

の対策

パリ協定を踏まえた森林減少・劣化抑制、農地土壌における炭素貯留等に関する途上国の能力向上、耐塩性・耐干性イネやGHG排出削減につながる栽培技術の開発等の気候変動対策を推進しました。また、①気候変動緩和に資する研究や、②越境性病害の我が国への侵入防止に資する研究、③アジアにおける口蹄疫、高病原性鳥インフルエンザ、アフリカ豚熱等の越境性動物疾病及び薬剤耐性の対策等を推進しました。さらに、アジアモンスーン地域で共有できる技術情報の収集・分析・発信、アジアモンスーン各地での気候変動緩和等に資する技術の応用のための共同研究を推進しました。くわえて、気候変動対策として、アジア開発銀行と連携し、農業分野の二国間クレジット制度の案件創出を促進させる取組を開始しました。

（2）気候変動に対する緩和・適応策の推進

ア　「農林水産省地球温暖化対策計画」に基づき、農林水産分野における地球温暖化対策技術の開発、マニュアル等を活用した省エネ型の生産管理の普及・啓発や省エネ設備の導入等による施設園芸の省エネルギー対策、施肥の適正化、J-クレジット制度の利活用等を推進しました。

イ　農地からのGHGの排出・吸収量の国際連合（以下「国連」という。）への報告に必要な農地土壌中の炭素量等のデータを収集する調査を行いました。また、家畜由来のGHG排出量の国連への報告の算出に必要な家畜の消化管由来のメタン発生量等のデータを収集する調査を行いました。

ウ　環境保全型農業直接支払制度により、堆肥の施用やカバークロップといった地球温暖化防止等に効果の高い営農活動に対して支援しました。また、バイオ炭の農地施用に伴う影響評価、炭素貯留効果と土壌改良効果を併せ持つバイオ炭資材の開発等に取り組みました。

エ　バイオマスの変換・利用施設等の整備等を支援し、農山漁村地域におけるバイオマス等の再生可能エネルギーの利用を推進しました。

オ　廃棄物系バイオマスの利活用については、「廃棄物の処理及び清掃に関する法律」（昭和45年法律第137号）に基づく廃棄物処理施設整備計画を踏まえ、施設整備を推進するとともに、市町村等における生ごみ

のメタン化等の活用方策の導入検討を支援しました。

カ　GHGの排出を削減し、東南アジアの農家が実践可能で直接的なメリットが得られる、イネ栽培管理技術や家畜ふん尿処理技術の開発を推進しました。

キ　GHGの削減効果を把握するための簡易算定ツールの品目拡大、消費者に分かりやすい等級ラベル表示による伝達手法の実証を踏まえたガイドラインの策定等を通じ、フードサプライチェーンにおける脱炭素化の実践とその「見える化」を推進しました。

ク　「農林水産省気候変動適応計画」に基づき、農林水産分野における気候変動の影響への適応に関する取組を推進するため、以下の取組を実施しました。

（ア）中長期的な視点に立った我が国の農林水産業に与える気候変動の影響評価や適応技術の開発を行うとともに、国際機関への拠出を通じた国際協力により、生産性・持続性・頑強性向上技術の開発等を推進しました。

（イ）農業者等が自ら行う気候変動に対するリスクマネジメントを推進するため、リスクの軽減に向けた適応策等の情報発信を行うとともに、都道府県の普及指導員等を通じて、リスクマネジメントの普及啓発に努めました。

（ウ）地域における気候変動による影響や適応策に関する科学的知見について情報提供を実施しました。

ケ　科学的なエビデンスに基づいた緩和策の導入・拡大に向けて、研究者、農業者、地方公共団体等の連携による技術の開発・最適化を推進するとともに、農業者等の地球温暖化適応行動・温室効果ガス削減行動を促進するための政策措置に関する研究を実施しました。

コ　国連気候変動枠組条約等の地球環境問題に係る国際会議に参画し、農林水産分野における国際的な地球環境問題に対する取組を推進しました。

（3）生物多様性の保全及び利用

ア　「農林水産省生物多様性戦略」（令和5(2023)年3月改定）に基づき、農山漁村が育む自然の恵みを活かし、環境と経済がともに循環・向上する社会の実現に向けた各種の施策を推進しました。

イ　生物多様性保全効果の取組を温室効果ガス削減と合わせて等級ラベルで表示する「見える化」を開始しました。

ウ　環境保全型農業直接支払制度により、有機農業や

冬期湛水管理といった生物多様性保全等に効果の高い営農活動に対して支援しました。

エ 「遺伝子組換え生物等の使用等の規制による生物の多様性の確保に関する法律」(平成15年法律第97号)に基づき、遺伝子組換え作物について、生物多様性に及ぼす影響についての科学的な評価、生態系への影響の監視等を継続し、栽培用種苗を対象に輸入時のモニタリング検査を行いました。また、特定の生産地・植物種について、輸入者に対し輸入に先立つ届出や検査を義務付ける生物検査を実施しました。

（4）土づくりの推進

ア 都道府県の土壌調査結果の共有を進めるとともに、堆肥等の活用を促進しました。また、土壌診断における簡便な処方箋サービスの創出を目指し、AIを活用した土壌診断技術の開発を推進しました。

イ 好気性強制発酵による堆肥の高品質化やペレット化による広域流通等の取組を推進しました。

（5）農業分野におけるプラスチックごみ問題への対応
農畜産業における廃プラスチックの排出抑制や循環利用の推進に向けた先進的事例調査、生分解性マルチの導入、プラスチックを使用した被覆肥料に関する調査を推進しました。

Ⅳ 農村の振興に関する施策

1 地域資源を活用した所得と雇用機会の確保

（1）中山間地域等の特性を活かした複合経営等の多様な農業経営の推進

ア 中山間地域等直接支払制度により生産条件の不利を補正しつつ、中山間地農業ルネッサンス事業等により、多様で豊かな農業と美しく活力ある農山村の実現、地域コミュニティによる農地等の地域資源の維持・継承に向けた取組を総合的に支援しました。

イ 米、野菜、果樹等の作物の栽培や畜産、林業も含めた多様な経営の組合せにより所得を確保する複合経営を推進するため、地域の取組を支援しました。

ウ 地域のニーズに応じて、農業生産を支える水路、圃場等の総合的な基盤整備と生産・販売施設等との一体的な整備を推進しました。

（2）地域資源の発掘・磨き上げと他分野との組合せ等を通じた所得と雇用機会の確保

ア 農村発イノベーションを始めとした地域資源の高

付加価値化の推進

（ア）農林水産物や農林水産業に関わる多様な地域資源を活用した商品・サービスの開発や加工・販売施設等の整備を支援しました。

（イ）農林水産業・農山漁村に豊富に存在する資源を活用した付加価値の創出に向け、農林漁業者等と異業種の事業者との連携による新技術等の研究開発成果の利用を促進するための導入実証や試作品の製造・評価等の取組を支援しました。

（ウ）農林漁業者と中小企業者が有機的に連携して行う新商品・新サービスの開発や販路開拓等に係る取組を支援しました。

（エ）活用可能な農山漁村の地域資源を発掘し、磨き上げた上で、これまでにない他分野と組み合わせる取組を始め、農山漁村の地域資源を最大限活用し、新たな事業や雇用を創出する取組である「農山漁村発イノベーション」の推進に向け、農山漁村で活動する起業者等が情報交換を通じてビジネスプランの磨き上げを行えるプラットフォームの運営といった多様な人材が農山漁村の地域資源を活用して新たな事業に取り組みやすい環境を整備し、現場の創意工夫を促しました。また、現場発の新たな取組を抽出し、全国で応用できるよう積極的な情報提供を行いました。

イ 農泊の推進

（ア）農山漁村の活性化と所得向上を図るため、地域における実施体制の整備、食や景観を活用した観光コンテンツの磨き上げ、ワーケーション対応等の利便性向上、国内外へのプロモーション等を支援するとともに、古民家等を活用した滞在施設、体験施設の整備等を一体的に支援しました。

（イ）地域の関係者が連携し、地域の幅広い資源を活用し地域の魅力を高めることにより、国内外の観光客が2泊3日以上の滞在交流型観光を行うことができる「観光圏」の整備を促進しました。

（ウ）関係府省が連携し、子供の農山漁村での宿泊体験等を推進するとともに、農山漁村を都市部の住民との交流の場等として活用する取組を支援しました。

ウ ジビエ利活用の拡大

（ア）ジビエ未利用地域への処理加工施設や移動式解体処理車等の整備等の支援、安定供給体制の構築

に向けたジビエ事業者や関係者の連携強化、ジビエ利用に適した捕獲・搬入技術を習得した捕獲者や処理加工現場における人材の育成、ペットフード等の多様な用途での利用、ジビエの全国的な需要拡大のためのプロモーション等の取組を推進しました。

（イ）「野生鳥獣肉の衛生管理に関する指針(ガイドライン)」の遵守による野生鳥獣肉の安全の確保、国産ジビエ認証制度等の普及や加工・流通・販売段階の衛生管理の高度化の取組を推進しました。

エ　農福連携の推進

農福連携等推進ビジョンに基づき、農福連携の一層の推進に向け、障害者等の農林水産業に関する技術習得、農業分野への就業を希望する障害者等に対し農業体験を提供する「ユニバーサル農園」の開設、障害者等が作業に携わる生産・加工・販売施設の整備、全国的な展開に向けた普及啓発、都道府県による専門人材の育成等を支援しました。また、障害者の農業分野での定着を支援する専門人材である「農福連携技術支援者」の育成研修を実施しました。さらに、関係省庁や全国の地方公共団体・事業者と共に関連イベントを連携して行う「ノウフクウィーク」を初めて実施しました。

オ　農村への農業関連産業の導入等

（ア）「農村地域への産業の導入の促進等に関する法律」(昭和46年法律第112号)及び「地域経済牽引事業の促進による地域の成長発展の基盤強化に関する法律」(平成19年法律第40号)を活用した農村への産業の立地・導入を促進するため、これらの法律による基本計画等の策定や税制等の支援措置の積極的な活用を推進しました。

（イ）農村で活動する起業者等が情報交換を通じてビジネスプランを磨き上げることができるプラットフォームの運営を始め、多様な人材が農村の地域資源を活用して新たな事業に取り組みやすい環境の整備等により、現場の創意工夫を促進しました。

（ウ）地域が森林資源を活用した多様なコンテンツの複合化・上質化に向けて取り組めるよう、健康づくり、人材育成、生産性向上等に取り組もうとする企業等に対するニーズ調査やマッチング機会の創出を実施しました。

（3）地域経済循環の拡大

ア　バイオマス・再生可能エネルギーの導入、地域内活用

（ア）バイオマスを基軸とする新たな産業の振興

a　バイオマス活用推進基本計画に基づき、素材、熱、電気、燃料等への変換技術を活用し、より経済的な価値の高い製品等を生み出す高度利用等の取組を推進しました。また、関係府省の連携の下、地域のバイオマスを活用した産業化を推進し、地域循環型の再生可能エネルギーの強化と環境に優しく災害に強いまち・むらづくりを目指す「バイオマス産業都市」の構築に向けた取組を支援しました。

b　バイオマスの効率的な利用システムの構築を進めるため、以下の取組を実施しました。

（a）「農林漁業有機物資源のバイオ燃料の原材料としての利用の促進に関する法律」(平成20年法律第45号)に基づく事業計画の認定を行い、支援措置を講じました。

（b）家畜排せつ物等の地域に存在するバイオマスを活用し、エネルギーの地産地消を推進するため、バイオガスプラントの導入を支援しました。

（c）バイオマスである下水汚泥資源等の利活用を図るため、エネルギー利用、りん回収・利用等を推進しました。

（d）バイオマス由来の新素材開発を推進しました。

（イ）農村における地域が主体となった再生可能エネルギーの生産・利用

a　「農林漁業の健全な発展と調和のとれた再生可能エネルギー電気の発電の促進に関する法律」(平成25年法律第81号)を積極的に活用し、農林地等の利用調整を適切に行いつつ、再生可能エネルギーの導入と併せて、地域の農林漁業の健全な発展に資する取組や農山漁村における再生可能エネルギーの地産地消の取組を促進しました。

b　農山漁村における再生可能エネルギーの導入に向けて、現場のニーズに応じた専門家による相談対応、様々な課題解決に向けた取組事例について情報収集し、再エネ設備導入の普及支援を行ったほか、地域における営農型太陽光発電のモデル的取組や小水力等発電施設の調査設計、施設整備等の取組を支援しました。

イ　農畜産物や加工品の地域内消費

　　施設給食の食材として地場産農林水産物を安定的に生産・供給する体制の構築やメニュー開発等の取組を支援するとともに、農産物直売所の運営体制強化のための検討会の開催や観光需要向けの商品開発、農林水産物の加工・販売のための機械・施設等の整備を支援しました。

ウ　農村におけるSDGsの達成に向けた取組の推進

（ア）農山漁村の豊富な資源をバイオマス発電や小水力発電等の再生可能エネルギーとして活用し、農林漁業経営の改善や地域への利益還元を進め、農山漁村の活性化に資する取組を推進しました。

（イ）森林資源をエネルギーとして地域内で持続的に活用するため、行政、事業者、住民等の地域の関係者の連携の下、エネルギー変換効率の高い熱利用・熱電併給に取り組む「地域内エコシステム」の構築・普及に向け、関係者による協議会の運営や小規模な技術開発に加え、先行事例の情報提供や多様な関係者の交流促進、計画作成支援等のためのプラットフォームの構築等を支援しました。

（4）多様な機能を有する都市農業の推進

　　都市住民の理解の促進を図りつつ、都市農業の振興に向けた取組を推進しました。

　　また、「都市農地の貸借の円滑化に関する法律」（平成30年法律第68号）に基づく制度が現場で円滑かつ適切に活用されるよう、農地所有者と都市農業者、新規就農者等の多様な主体とのマッチング体制の構築を促進しました。

　　さらに、計画的な都市農地の保全を図る生産緑地、田園住居地域等の積極的な活用を促進しました。

2　中山間地域等を始めとする農村に人が住み続けるための条件整備

（1）地域コミュニティ機能の維持や強化

ア　世代を超えた人々による地域のビジョンづくり

　　中山間地域等直接支払制度の活用により農用地や集落の将来像の明確化を支援したほか、農村が持つ豊かな自然や食を活用した地域の活動計画づくり等を支援しました。

　　また、人口の減少、高齢化が進む農山漁村において、農用地の保全等により荒廃防止を図りつつ、活性化の取組を推進しました。

イ　「小さな拠点」の形成の推進

（ア）生活サービス機能等を基幹集落へ集約した「小さな拠点」の形成に資する地域の活動計画づくりや実証活動を支援しました。また、農産物販売施設、廃校施設といった特定の機能を果たすために生活インフラとして設置された施設を多様化するとともに、生活サービスが受けられる環境の整備を関係府省と連携して推進しました。

（イ）地域の実情を踏まえつつ、小学校区等の複数の集落が集まる地域において、生活サービス機能等を集約・確保し、周辺集落との間をネットワークで結ぶ「小さな拠点」の形成に向けた取組を推進しました。

ウ　地域コミュニティ機能の形成のための場づくり

　　地域住民の身近な学習拠点である公民館等を活用して、特定非営利活動法人（NPO法人）や企業、農業協同組合等の多様な主体と連携した地域における人材の育成・活用や地域活性化を図るための取組を推進しました。

（2）多面的機能の発揮の促進

　　日本型直接支払制度（多面的機能支払制度、中山間地域等直接支払制度及び環境保全型農業直接支払制度）や森林・山村多面的機能発揮対策を推進しました。

ア　多面的機能支払制度

（ア）地域共同で行う、農業・農村の有する多面的機能を支える活動や地域資源（農地、水路、農道等）の質的向上を図る活動を支援しました。

（イ）広域化や土地改良区との連携による活動組織の体制強化と事務の簡素化・効率化を進めました。

イ　中山間地域等直接支払制度

（ア）条件不利地域において、中山間地域等直接支払制度に基づく支援を実施しました。

（イ）棚田地域における振興活動や集落の地域運営機能の強化といった将来に向けた活動を支援しました。

ウ　環境保全型農業直接支払制度

　　化学肥料・化学合成農薬の使用を原則5割以上低減する取組と併せて行う地球温暖化防止や生物多様性保全等に効果の高い営農活動に対して支援しました。

エ　森林・山村多面的機能発揮対策

　地域住民等が集落周辺の里山林において行う、中山間地域における農地等の維持保全にも資する森林の保全管理活動等を推進しました。

（3）生活インフラ等の確保

ア　住居、情報基盤、交通等の生活インフラ等の確保

（ア）住居等の生活環境の整備

　a　住居・宅地等の整備

（a）人口減少や高齢化が進行する農村において、農業・生活関連施設の再編・整備を推進しました。

（b）農山漁村における定住や都市と農山漁村の二地域居住を促進する観点から、関係府省が連携しつつ、計画的な生活環境の整備を推進しました。

（c）優良田園住宅による良質な住宅・宅地供給を促進し、質の高い居住環境整備を推進しました。

（d）地方定住促進に資する地域優良賃貸住宅の供給を促進しました。

（e）都市計画区域の定めのない町村において、スポーツ、文化、地域交流活動の拠点となり、生活環境の改善を図る特定地区公園の整備を推進しました。

　b　汚水処理施設の整備

（a）地方創生等の取組を支援する観点から、地方公共団体が策定する「地域再生計画」に基づき、関係府省が連携して道路や汚水処理施設の整備を効率的・効果的に推進しました。

（b）下水道、農業集落排水施設、浄化槽等について、未整備地域の整備とともに、より一層の効率的な汚水処理施設の整備のために、社会情勢の変化を踏まえた都道府県構想の見直しの取組について、関係府省が密接に連携して支援しました。

（c）下水道や農業集落排水施設においては、既存施設について、維持管理の効率化や長寿命化・老朽化対策を進めるため、地方公共団体による機能診断等の取組や更新整備等を支援しました。

（d）農業集落排水施設と下水道との連携等による施設の再編、農業集落排水施設と浄化槽との一体的な整備を推進しました。

（e）農村地域における適切な資源循環を確保するため、農業集落排水施設から発生する汚泥と処理水の循環利用を推進しました。

（f）下水道を含む汚水処理の広域化・共同化に係る計画策定から施設整備までを総合的に支援する下水道広域化推進総合事業、従来の技術基準にとらわれず地域の実情に応じた低コスト・短期間で機動的な整備が可能な新たな整備手法の導入を図る「下水道クイックプロジェクト」等により、効率的な汚水処理施設の整備を推進しました。

（g）地方部において、より効率的な汚水処理施設である浄化槽の整備を推進しました。特に循環型社会・低炭素社会・自然共生社会の同時実現を図るとともに、環境配慮型の浄化槽の整備や公的施設に設置されている単独処理浄化槽の集中的な転換を推進しました。

（イ）情報通信環境の整備

　高度情報通信ネットワーク社会の実現に向けて、河川、道路や下水道において公共施設管理の高度化を図るため、光ファイバやその収容空間を整備するとともに、施設管理に支障のない範囲で国の管理する河川・道路管理用光ファイバやその収容空間の開放を推進しました。

（ウ）交通の整備

　a　交通事故の防止や交通の円滑化を確保するため、歩道の整備や交差点の改良等を推進しました。

　b　生活の利便性向上や地域交流に必要な道路、都市まで安全かつ快適な移動を確保するための道路の整備を推進しました。

　c　日常生活の基盤としての市町村道から国土構造の骨格を形成する高規格幹線道路に至る道路ネットワークの強化を推進しました。

　d　多様な関係者の連携により、地方バス路線、離島航路・航空路等の生活交通の確保・維持を図るとともに、バリアフリー化や地域鉄道の安全性向上に資する設備の整備といった快適で安全な公共交通の構築に向けた取組を支援しました。

　e　地域住民の日常生活に不可欠な交通サービスの維持・活性化、輸送の安定性の確保等のため、島しょ部等における港湾整備を推進しました。

　f　農産物の海上輸送の効率化を図るため、船舶の大型化等に対応した複合一貫輸送ターミナルの整

備を推進しました。

g 「道の駅」の整備により、休憩施設と地域振興施設を一体的に整備し、地域の情報発信と連携・交流の拠点形成を支援しました。

h 食料品の購入や飲食に不便や苦労を感じる、いわゆる「買い物困難者」の問題について、全国の地方公共団体を対象としたアンケート調査や食品アクセスの確保に向けたモデル実証の支援のほか、取組の優良事例や関係省庁の各種施策をワンストップで閲覧可能なポータルサイトを通じた情報発信を行いました。

(エ) 教育活動の充実

地域コミュニティの核としての学校の役割を重視しつつ、地方公共団体における学校規模の適正化や小規模校の活性化等に関する更なる検討を促すとともに、各市町村における検討に資する「公立小学校・中学校の適正規模・適正配置等に関する手引」の更なる周知、優れた先行事例の普及等による取組モデルの横展開といった活力ある学校づくりに向けたきめ細やかな取組を推進しました。

(オ) 医療・福祉等のサービスの充実

a 「第7次医療計画」に基づき、へき地診療所等による住民への医療提供を始め、農村やへき地等における医療の確保を推進しました。

b 介護・福祉サービスについて、地域密着型サービス施設等の整備等を推進しました。

(カ) 安全な生活の確保

a 山腹崩壊、土石流等の山地災害を防止するための治山施設の整備、流木被害の軽減・防止を図るための流木捕捉式治山ダムの設置、農地等を飛砂害や風害、潮害から守るなど、重要な役割を果たす海岸防災林の整備等を通じて地域住民の生命・財産や生活環境の保全を図るとともに、流域治水の取組との連携を図りました。

b 治山施設の設置等のハード対策と併せて、地域における避難体制の整備等の取組と連携した、山地災害危険地区に係る監視体制の強化や情報提供等のソフト対策を一体的に実施しました。

c 高齢者や障害者といった自力避難の困難な者が入居する要配慮者利用施設に隣接する山地災害危険地区等において治山事業を計画的に実施しました。

d 激甚な水害の発生や床上浸水の頻発により、国民生活に大きな支障が生じた地域等において、被害の防止・軽減を目的として、治水事業を実施しました。

e 市町村役場、重要交通網、ライフライン施設等が存在する土砂災害の発生のおそれのある箇所において、砂防堰堤等の土砂災害防止施設の整備や警戒避難体制の充実・強化といったハード・ソフト一体となった総合的な土砂災害対策を推進しました。また、近年、死者を出すなどの甚大な土砂災害が発生した地域における再度災害の防止対策を推進しました。

f 南海トラフ地震や首都直下地震等による被害の発生や拡大、経済活動への甚大な影響の発生等に備え、防災拠点、重要交通網、避難路等に影響を及ぼすほか、孤立集落発生の要因となり得る土砂災害の発生のおそれのある箇所において、土砂災害防止施設の整備を戦略的に推進しました。

g 「土砂災害警戒区域等における土砂災害防止対策の推進に関する法律」(平成12年法律第57号)に基づき、土砂災害警戒区域等の指定を促進し、土砂災害のおそれのある区域についての危険の周知、警戒避難体制の整備や特定開発行為の制限を実施しました。

h 農村地域における災害を防止するため、農業水利施設の改修等のハード対策に加え、防災情報を関係者が共有するシステムの整備、減災のための指針づくり等のソフト対策を推進し、地域住民の安全な生活の確保を図りました。

i 橋梁の耐震対策、道路斜面や盛土等の防災対策、災害のおそれのある区間を回避する道路整備を推進しました。また、冬期の道路ネットワークを確保するため、道路の除雪や防雪、凍雪害防止を推進しました。

イ 定住条件整備のための総合的な支援

(ア) 中山間地域や離島等の定住条件が不十分な地域の医療、交通、買い物等の生活サービスを強化するためのICT利活用を始め、定住条件の整備のための取組を支援しました。

(イ) 中山間地域等において、農業生産基盤の総合的な整備と農村振興に資する施設の整備を一体的に

推進し、定住条件を整備しました。

（ウ）水路等への転落を防止する安全施設の整備を始め、農業水利施設の安全対策を推進しました。

（4）鳥獣被害対策等の推進

ア　「鳥獣による農林水産業等に係る被害の防止のための特別措置に関する法律」（平成19年法律第134号）に基づき、市町村による被害防止計画の作成や鳥獣被害対策実施隊の設置・体制強化を推進しました。

イ　関係府省庁が連携・協力し、個体数等の削減に向けて、被害防止対策を推進しました。特にシカ・イノシシについては、令和5(2023)年度までに平成23(2011)年度比で生息頭数を半減させる目標に向けて取り組んできましたが、どちらも生息頭数は減少傾向にあるものの、シカについては目標の達成が困難なことから、期限を令和10(2028)年度までに延長し、関係府省庁等と連携しながら、捕獲の強化を推進することとしました。

ウ　市町村が作成する被害防止計画に基づく鳥獣の捕獲体制の整備、捕獲機材の導入、侵入防止柵の設置、鳥獣の捕獲・追払いや緩衝帯の整備を推進しました。

エ　都道府県における広域捕獲等を推進しました。

オ　東日本大震災や東電福島第一原発事故に伴う捕獲活動の低下による鳥獣被害の拡大を抑制するための侵入防止柵の設置等を推進しました。

カ　鳥獣被害対策のアドバイザーを登録・紹介する取組を推進するとともに、地域における技術指導者の育成を図るための研修を実施しました。

キ　ICT等を活用した被害対策技術の開発・普及を推進しました。

3　農村を支える新たな動きや活力の創出

（1）地域を支える体制及び人材づくり

ア　地域運営組織の形成等を通じた地域を持続的に支える体制づくり

（ア）複数の集落機能を補完する「農村型地域運営組織(農村RMO)」の形成について、関係府省と連携し、県域レベルの伴走支援体制も構築しつつ、地域の取組を支援しました。

（イ）中山間地域等直接支払制度における集落戦略の推進や加算措置等により、集落協定の広域化や地域づくり団体の設立に資する取組等を支援しました。

イ　地域内の人材の育成及び確保

（ア）地域への愛着と共感を持ち、地域住民の思いをくみ取りながら、地域の将来像やそこで暮らす人々の希望の実現に向けてサポートする人材(農村プロデューサー)を養成する取組を推進しました。

（イ）社会教育士について、社会教育人材として地域の人材や資源等をつなぐ専門性が適切に評価され、行政やNPO法人等の各所で活躍するよう、制度の周知を図りました。

（ウ）人口急減に直面している地域において、人口急減地域特定地域づくり推進法の仕組みを活用し、地域内の様々な事業者をマルチワークにより支える人材の確保やその活躍を推進することを通じ、地域社会の維持や地域経済の活性化を図るためにモデルを示しつつ、制度の周知を図りました。

ウ　関係人口の創出・拡大や関係の深化を通じた地域の支えとなる人材の裾野の拡大

（ア）就職氷河期世代を含む多様な人材が農林水産業や農山漁村における様々な活動を通じて、農山漁村への理解を深めることにより、農山漁村に関心を持ち、多様な形で地域と関わる関係人口を創出する取組を支援しました。

（イ）関係人口の創出・拡大等に取り組む市町村について、地方交付税措置を行いました。

（ウ）子供の農山漁村での宿泊体験や農林漁業体験等を行うための受入環境の整備を行いました。

（エ）居住・就農を含む就労・生活支援等の総合的な情報をワンストップで提供する相談窓口である「移住・交流情報ガーデン」の活用を推進しました。

エ　多様な人材の活躍による地域課題の解決

「農泊」をビジネスとして実施する体制を整備するため、地域外の人材の活用に対して支援しました。また、民間事業者と連携し、技術を有する企業や志ある若者等の斬新な発想を取り入れた取組、特色ある農業者や地域課題の把握、対策の検討等を支援する取組等を推進しました。

（2）農村の魅力の発信

ア　副業・兼業等の多様なライフスタイルの提示

農村で副業・兼業等の多様なライフスタイルを実現するための支援の在り方について検討しました。また、地方での「お試し勤務」の受入れを通じて、

都市部の企業等のサテライトオフィスの誘致に取り組む地方公共団体を支援しました。

イ　棚田地域の振興と魅力の発信

「棚田地域振興法」（令和元年法律第42号）に基づき、関係府省で連携して棚田の保全と棚田地域の振興を図る地域の取組を総合的に支援しました。

ウ　様々な特色ある地域の魅力の発信

（ア）「「子どもの水辺」再発見プロジェクト」の推進や水辺の整備等により、河川における交流活動の活性化を支援しました。

（イ）「歴史的砂防施設の保存活用ガイドライン」に基づき、歴史的砂防施設やその周辺環境一帯において、環境整備を行うなどの取組を推進しました。

（ウ）「エコツーリズム推進法」（平成19年法律第105号）に基づき、エコツーリズム推進全体構想の認定・周知、技術的助言、情報の収集、普及・啓発、広報活動等を総合的に実施しました。

（エ）エコツーリズム推進全体構想の作成、魅力あるプログラムの開発、ガイド等の人材育成といった地域における活動の支援を行いました。

（オ）農用地、水路等の適切な保全管理により、良好な景観形成と生態系保全を推進しました。

（カ）河川において、湿地の保全・再生や礫河原の再生といった自然再生事業を推進しました。

（キ）河川等に接続する水路との段差解消により水域の連続性の確保、生物の生息・生育環境を整備・改善する魚のすみやすい川づくりを推進しました。

（ク）「景観法」（平成16年法律第110号）に基づく景観農業振興地域整備計画や「地域における歴史的風致の維持及び向上に関する法律」（平成20年法律第40号）に基づく歴史的風致維持向上計画の認定制度の活用を通じ、特色ある地域の魅力の発信を推進しました。

（ケ）「文化財保護法」（昭和25年法律第214号）に基づき、農村に継承されてきた民俗文化財に関して、特に重要なものを重要有形民俗文化財や重要無形民俗文化財に指定するとともに、その修理や伝承事業等を支援しました。

（コ）保存や活用が特に必要とされる民俗文化財について登録有形民俗文化財や登録無形民俗文化財に登録するとともに、保存箱等の修理・新調や解説書等の冊子整備を支援しました。

（サ）棚田や里山等の文化的景観や歴史的集落等の伝統的建造物群のうち、特に重要なものをそれぞれ重要文化的景観、重要伝統的建造物群保存地区として選定し、修理・防災等の保存や活用に対して支援しました。

（シ）地域の歴史的魅力や特色を通じて我が国の文化・伝統を語るストーリーを「日本遺産」として認定し、魅力向上に向けて必要な支援を行いました。

（3）多面的機能に関する国民の理解の促進等

地域の伝統的な農林水産業の継承、地域経済の活性化等につながる「世界農業遺産」、「日本農業遺産」の認知度向上、維持・保全や新規認定に向けた取組を推進しました。また、歴史的・技術的・社会的価値を有する「世界かんがい施設遺産」の認知度向上や新規認定に向けた取組を推進しました。さらに、農山漁村が潜在的に有する地域資源を引き出して地域の活性化や所得向上に取り組む優良事例を選定し、全国へ発信する「ディスカバー農山漁村の宝」を通じて、国民への理解の促進、普及等を図るとともに、農業の多面的機能の評価に関する調査、研究等を進めました。

4　Ⅳ1～3に沿った施策を継続的に進めるための関係府省で連携した仕組みづくり

農村の実態や要望について、直接把握し、関係府省とも連携して課題の解決を図る「農山漁村地域づくりホットライン」を運用し、都道府県や市町村、民間事業者等からの相談に対し、課題の解決を図る取組を推進しました。また、中山間地域等において、地域の基幹産業である農林水産業を軸として、地域資源やデジタル技術の活用により、課題解決に向けて取組を積み重ねることで活性化を図る地域を「「デジ活」中山間地域」として登録し、関係府省が連携しつつ、その取組を後押ししました。

Ⅴ　東日本大震災からの復旧・復興と大規模自然災害への対応に関する施策

1　東日本大震災からの復旧・復興

「「第2期復興・創生期間」以降における東日本大震災からの復興の基本方針」等に沿って、以下の取組を推進しました。

（1）地震・津波災害からの復旧・復興
ア　農地等の生産基盤の復旧・整備
　　被災した農地、農業用施設等の着実な復旧を推進しました。
イ　経営の継続・再建
　　東日本大震災により被災した農業者等に対して、速やかな復旧・復興のために必要となる資金が円滑に融通されるよう利子助成金等を交付しました。
ウ　農山漁村対策
（ア）福島県を始め、東北の復興を実現するため、労働力不足や環境負荷低減等の課題解決に向け、スマート農業技術を活用した超省力生産システムの確立、再生可能エネルギーを活用した地産地消型エネルギーシステムの構築、農林水産資源を用いた新素材・製品の産業化に向けた技術開発等を進め、若者から高齢者まで誰もが取り組みやすい超省力・高付加価値で持続可能な先進農業の実現に向けた取組を推進しました。
（イ）福島イノベーション・コースト構想に基づき、ICTやロボット技術等を活用して農林水産分野の先端技術の開発を行うとともに、状況の変化等に起因して新たに現場が直面している課題の解消に資する現地実証や社会実装に向けた取組を推進しました。

（2）原子力災害からの復旧・復興
ア　食品中の放射性物質の検査体制及び食品の出荷制限
（ア）食品中の放射性物質の基準値を踏まえ、検査結果に基づき、都道府県に対して食品の出荷制限・摂取制限の設定・解除を行いました。
（イ）都道府県等に食品中の放射性物質の検査を要請しました。また、都道府県の検査計画策定の支援、都道府県等からの依頼に応じた民間検査機関での検査の実施、検査機器の貸与・導入等を行いました。さらに、都道府県等が行った検査の結果を集約し、公表しました。
（ウ）独立行政法人国民生活センターと共同して、希望する地方公共団体に放射性物質検査機器を貸与し、消費サイドで食品の放射性物質を検査する体制の整備を支援しました。
イ　稲の作付再開に向けた支援
　　令和5（2023）年産稲の農地保全・試験栽培区域に

おける稲の試験栽培、作付再開準備区域における実証栽培等の取組を支援しました。
ウ　放射性物質の吸収抑制対策
　　放射性物質の農作物への吸収抑制を目的とした資材の施用、品種・品目転換等の取組を支援しました。
エ　農業系副産物の循環利用体制の再生・確立
　　放射性物質の影響から、利用可能であるにもかかわらず循環利用が寸断されている農業系副産物の循環利用体制の再生・確立を支援しました。
オ　避難区域等の営農再開支援
（ア）避難区域等において、除染完了後から営農が再開されるまでの間の農地等の保全管理、鳥獣被害防止緊急対策、放れ畜対策、営農再開に向けた作付・飼養実証、避難先からすぐに帰還できない農家の農地の管理耕作、収穫後の汚染防止対策、水稲の作付再開、新たな農業への転換や農業用機械・施設、家畜等の導入を支援しました。
（イ）福島相双復興官民合同チームの営農再開グループが農業者を個別に訪問し、要望調査や支援策の説明を行いました。
（ウ）原子力被災12市町村に対し、福島県や農業協同組合と連携して人的支援を行い、営農再開を加速化しました。
（エ）原子力被災12市町村において、営農再開の加速化に向けて、「福島復興再生特別措置法」（平成24年法律第25号）による特例措置等を活用した農地の利用集積、生産と加工等が一体となった高付加価値生産を展開する産地の創出を支援しました。
カ　農産物等輸出回復
　　東電福島第一原発事故を受け、未だ日本産食品に対する輸入規制が行われている国・地域に対し、関係省庁が協力し、あらゆる機会を捉えて輸入規制の早期撤廃に向けた働き掛けを実施しました。
キ　福島県産農産物等の風評の払拭
　　福島県の農業の再生に向けて、生産から流通・販売に至るまで、風評の払拭を総合的に支援しました。
ク　農産物等の消費拡大の推進
　　被災地や周辺地域で生産された農林水産物、それらを活用した食品の消費拡大を促すため、生産者や被災地の復興を応援する取組を情報発信するとともに、被災地産食品の販売促進を始め、官民の連携

による取組を推進しました。

ケ　農地土壌等の放射性物質の分布状況等の推移に関する調査

　　今後の営農に向けた取組を進めるため、農地土壌等の放射性核種の濃度を測定し、農地土壌の放射性物質濃度の推移を把握しました。

コ　放射性物質対策技術の開発

　　被災地の営農再開のため、農地の省力的管理や生産力回復を図る技術開発を行いました。また、農地の放射性セシウムの移行低減技術を開発し、農作物の安全性を確保する技術開発を行いました。

サ　ため池等の放射性物質のモニタリング調査、ため池等の放射性物質対策

　　放射性物質のモニタリング調査等を行いました。また、市町村等がため池の放射性物質対策を効果的・効率的に実施できるよう技術的助言等を行いました。

シ　東電福島第一原発事故で被害を受けた農林漁業者への賠償等

　　東電福島第一原発事故により農林漁業者等が受けた被害については、東京電力ホールディングス株式会社から適切かつ速やかな賠償が行われるよう、関係省庁、関係都道府県、関係団体、東京電力ホールディングス株式会社等との連絡を密にし、必要な情報提供や働き掛けを実施しました。

ス　食品と放射能に関するリスクコミュニケーション

　　関係省庁、各地方公共団体、消費者団体等が連携した意見交換会等のリスクコミュニケーションの取組を促進しました。

セ　福島再生加速化交付金

（ア）農地・農業用施設の整備、農業水利施設の保全管理、ため池の放射性物質対策等を支援しました。

（イ）生産施設等の整備を支援しました。

（ウ）地域の実情に応じ、農地の畦畔除去による区画拡大、暗渠排水整備等の簡易な基盤整備を支援しました。

（エ）被災市町村が農業用施設・機械を整備し、被災農業者に貸与すること等により、被災農業者の農業経営の再開を支援しました。

（オ）木質バイオマス関連施設、木造公共建築物等の整備を支援しました。

2　大規模自然災害への備え

（1）災害に備える農業経営の取組の全国展開等

ア　自然災害等の農業経営へのリスクに備えるため、農業用ハウスの保守管理の徹底や補強、低コスト耐候性ハウスの導入、農業保険等の普及促進・利用拡大、農業版BCPの普及といった災害に備える農業経営に向けた取組を全国展開しました。

イ　地域において、農業共済組合や農業協同組合等の関係団体等による推進体制を構築し、作物ごとの災害対策に係る農業者向けの研修やリスクマネジメントの取組事例の普及、農業高校、農業大学校等における就農前の啓発の取組等を推進しました。

ウ　卸売市場における防災・減災のための施設整備等を推進しました。

（2）異常気象等のリスクを軽減する技術の確立・普及

　　地球温暖化に対応する品種・技術を活用し、「強み」のある産地形成に向け、生産者・実需者等が一体となって先進的・モデル的な実証や事業者のマッチング等に取り組む産地を支援しました。

（3）農業・農村の強靱化に向けた防災・減災対策

ア　基幹的な農業水利施設の改修等のハード対策と機能診断等のソフト対策を組み合わせた防災・減災対策を実施しました。

イ　ため池管理保全法に基づき、ため池の決壊による周辺地域への被害の防止に必要な措置を進めました。

ウ　ため池工事特措法に基づき都道府県が策定した推進計画に則し、優先度の高いものから防災工事等に取り組むとともに、ハザードマップの作成、監視・管理体制の強化等を行うなど、ハード対策とソフト対策を適切に組み合わせて、ため池の防災・減災対策を推進しました。

エ　大雨により水害が予測される際には、①事前に農業用ダムの水位を下げて雨水を貯留する「事前放流」、②水田に雨水を一時的に貯留する「田んぼダム」、③ため池への雨水の一時的な貯留、④農作物への被害のみならず、市街地や集落の湛水被害も防止・軽減させる排水施設の整備といった流域治水の取組を通じた防災・減災対策の強化に取り組みました。

オ　土地改良事業の実施に当たっての排水の計画基準に基づき、農業水利施設等の排水対策を推進しました。

カ　津波、高潮、波浪のほか、海水や地盤の変動による

被害等から農地等を防護するため、海岸保全施設の整備等を実施しました。

（4）初動対応を始めとした災害対応体制の強化

ア　地方農政局等と農林水産省本省との連携体制の構築を促進するとともに、地方農政局等の体制を強化しました。

イ　国からの派遣人員（MAFF-SAT）の充実を始め、国の応援体制の充実を図りました。

ウ　被災者支援のフォローアップの充実を図りました。

（5）不測時における食料安定供給のための備えの強化

ア　食品産業事業者によるBCPの策定や事業者、地方公共団体等の連携・協力体制を構築しました。また、卸売市場における防災・減災のための施設整備等を促進しました。

イ　米の備蓄運営について、米の供給が不足する事態に備え、100万t程度（令和5（2023）年6月末時点）の備蓄保有を行いました。

ウ　輸入依存度の高い小麦について、外国産食糧用小麦需要量の2.3か月分を備蓄し、そのうち政府が1.8か月分の保管料を助成しました。

エ　輸入依存度の高い飼料穀物について、不測の事態における海外からの一時的な輸入の停滞、国内の配合飼料工場の被災に伴う配合飼料の急激な逼迫等に備え、配合飼料メーカー等がBCPに基づいて実施する飼料穀物の備蓄の取組に対して支援しました。

オ　食品の家庭備蓄の定着に向けて、企業、地方公共団体や教育機関等と連携しつつ、ローリングストック等による日頃からの家庭備蓄の重要性、乳幼児、高齢者、食物アレルギー等を有する人への配慮の必要性に関する普及啓発を行いました。

（6）その他の施策

地方農政局等を通じ、台風等の暴風雨、高温、大雪等による農作物等の被害防止に向けた農業者等への適切な技術指導が行われるための通知を発出したほか、MAFFアプリ、SNS等を活用し農林漁業者等に向けて予防減災に必要な情報の発信を行いました。

3　大規模自然災害からの復旧

令和5（2023）年度は、豪雨や台風等により、農作物、農業用機械、農業用ハウス、農林水産関係施設等に大きな被害が発生したことから、以下の施策を講じました。

また、「令和6年能登半島地震」に係る農林水産業関係の被害に対して特別対策を講じました。

（1）災害復旧事業の早期実施

ア　被災した地方公共団体等へMAFF-SATを派遣し、迅速な被害の把握や被災地の早期復旧を支援しました。

イ　地震、豪雨等の自然災害により被災した農業者の早期の営農・経営再開を図るため、図面の簡素化を始め、災害査定の効率化を進めるとともに、査定前着工制度の活用を促進し、被災した農林漁業関係施設等の早期復旧を支援しました。

（2）激甚災害指定

被害が特に大きかった「令和5年5月28日から7月20日までの間の豪雨及び暴風雨による災害」、「令和5年8月12日から同月17日までの間の暴風雨による災害」及び「令和6年能登半島地震による災害」については、激甚災害に指定し、災害復旧事業費に対する地方公共団体等の負担の軽減を図りました。

（3）被災農林漁業者等の資金需要への対応

被災農林漁業者等に対する資金の円滑な融通、既貸付金の償還猶予等が図られるよう、関係機関に対して依頼通知を発出しました。

（4）共済金の迅速かつ確実な支払

迅速かつ適切な損害評価の実施、共済金の早期支払体制の確立、収入保険に係るつなぎ融資の実施等が図られるよう、都道府県及び農業共済団体に通知しました。

（5）特別対策の実施

令和6年能登半島地震による被災農林漁業者への支援

令和6年能登半島地震により、北陸地方を中心に、農地・農業用施設、畜舎や山林施設等の損壊、大規模な山腹崩壊、海底地盤の隆起等による漁港、漁場等の損壊等が発生し、地域の農林水産業に甚大な被害をもたらしたことから、農林水産省では、令和6（2024）年1月1日に「農林水産省緊急自然災害対策本部」を設置するとともに、被災農林漁業者が一日も早い生業（なりわい）の再建に取り組めるように、同月25日に「被災者の生活と生業支援のためのパッケージ（農林水産関係）」を決定・公表しました。

具体的には、①災害復旧事業の促進、②共済金等

の早期支払等の実施、③災害関連資金の特例措置、④農業用機械、農業用ハウス・畜舎、共同利用施設等の再建・修繕への支援、⑤営農再開に向けた支援、⑥被災農業法人等の雇用の維持のための支援、⑦農地・農業用施設等の早期復旧等の支援、⑧林野関係被害に対する支援、⑨水産関係被害に対する支援、⑩食品事業者に対する支援、⑪災害廃棄物処理事業の周知、⑫地方財政措置による支援等を行いました。

Ⅵ 団体に関する施策

ア 農業協同組合系統組織

農業協同組合法及びその関連通知に基づき、農業者の所得向上に向けた自己改革を実践していくサイクルの構築を促進しました。

また、「農水産業協同組合貯金保険法の一部を改正する法律」(令和3年法律第55号)に基づき、金融システムの安定に係る国際的な基準への対応を促進しました。

イ 農業委員会系統組織

農地利用の最適化活動を行う農業委員・農地利用最適化推進委員の具体的な目標の設定、最適化活動の記録・評価等の取組を推進しました。

ウ 農業共済団体

農業保険について、行政機関、農業協同組合等の関係団体、農外の専門家等と連携した推進体制を構築しました。また、農業保険を普及する職員の能力強化、全国における1県1組合化の実現、農業被害の防止に係る情報・サービスの農業者への提供や広域被害等の発生時における円滑な保険事務等の実施体制の構築を推進しました。

エ 土地改良区

土地改良区の運営基盤の強化を図るため、広域的な合併や土地改良区連合の設立に対する支援、准組合員制度の導入・活用等に向けた取組を推進しました。施策の推進に当たっては、国、都道府県、土地改良事業団体連合会等で構成される協議会を各道府県に設置し、土地改良区が直面する課題や組織・運営体制の差異に応じたきめ細かな対応策を検討・実施しました。

Ⅶ 食と農に関する国民運動の展開等を通じた国民的合意の形成に関する施策

食と環境を支える農業・農村への国民の理解の醸成を図るため、消費者・食品関連事業者・生産者団体を含めた官民協働による、食と農のつながりの深化に着目した国民運動「食から日本を考える。ニッポンフードシフト」を展開し、農林漁業者による地域の様々な取組や地域の食と農業の魅力の発信を行うとともに、地域の農業・農村の価値や生み出される農林水産物の魅力を伝える交流イベント等を実施しました。

Ⅷ 新型コロナウイルス感染症を始めとする新たな感染症への対応

新型コロナウイルス感染症について、農林漁業者の資金繰りに支障が生じないよう、農林漁業セーフティネット資金等の実質無利子・無担保化等の措置を実施するとともに、「感染症の予防及び感染症の患者に対する医療に関する法律」(平成10年法律第114号)上の位置付け変更後も、自主的な感染対策について必要となる情報提供を行うなど、農林漁業者や食品関連事業者、農泊関連事業者等の取組を支援しました。

Ⅸ 食料、農業及び農村に関する施策を総合的かつ計画的に推進するために必要な事項

1 国民視点や地域の実態に即した施策の展開
(1)幅広い国民の参画を得て施策を推進するため、国民との意見交換等を実施しました。
(2)農林水産省Webサイト等の媒体による意見募集を実施しました。
(3)農林水産省本省の意図・考え方等を地方機関に浸透させるとともに、地方機関が把握している現場の状況を適時に本省に吸い上げ、施策立案等に反映させるため、地方農政局長等会議を開催しました。

2 EBPMと施策の進捗管理及び評価の推進
(1)施策の企画・立案に当たっては、達成すべき政策目的を明らかにした上で、合理的根拠に基づく施策の

立案(EBPM)を推進しました。

（2）「行政機関が行う政策の評価に関する法律」(平成13年法律第86号)に基づき、主要な施策について達成すべき目標を設定し、定期的に実績を測定すること等により評価を行い、結果を施策の改善等に反映しました。また、行政事業レビューの取組により、事業等について実態把握・点検を実施し、結果を予算要求等に反映しました。さらに、政策評価書やレビューシート等については、農林水産省Webサイトで公表しました。

政策評価
URL：https://www.maff.go.jp/j/assess/

（3）施策の企画・立案段階から決定に至るまでの検討過程において、施策を科学的・客観的に分析し、その必要性や有効性を明らかにしました。

（4）農政の推進に不可欠な情報インフラを整備し、的確に統計データを提供しました。

ア　農林水産施策の企画・立案に必要となる統計調査を実施しました。

イ　統計調査の基礎となる筆ポリゴンを活用し各種農林水産統計調査を効率的に実施するとともに、オープンデータとして提供している筆ポリゴンについて、利用者の利便性向上に向けた取組を実施しました。

ウ　地域施策の検討等に資するため、「市町村別農業産出額(推計)」を公表しました。

エ　専門調査員の活用等により、調査の外部化を推進し、質の高い信頼性のある統計データの提供体制を確保しました。

3　効果的かつ効率的な施策の推進体制

（1）地方農政局等の地域拠点を通じて、地方公共団体や関係団体等と連携強化を図り、各地域の課題やニーズを捉えた的確な農林水産施策を推進しました。

（2）SNS等のデジタル媒体を始めとする複数の広報媒体を効果的に組み合わせた広報活動を推進しました。

4　行政のデジタルトランスフォーメーションの推進

以下の取組を通じて、農業政策や行政手続等の事務についてもデジタルトランスフォーメーション(DX)を推進しました。

（1）eMAFFの構築と併せた法令に基づく手続や補助金・交付金の手続における添付書類の削減、デジタル技術の活用を前提とした業務の抜本見直し等を促進しました。

（2）データサイエンスを推進するため、データ活用人材の養成・確保や職員の能力向上を図るとともに、得られたデータを活用したEBPMや政策評価を積極的に実施しました。

5　幅広い関係者の参画と関係府省の連携による施策の推進

食料自給率の向上に向けた取組を始め、政府一体となって実効性のある施策を推進しました。

6　SDGsに貢献する環境に配慮した施策の展開

みどり戦略の実現に向け、みどりの食料システム法に基づき、化学肥料や化学農薬の使用低減等に係る計画の認定を受けた事業者に対し、税制特例や融資制度等の支援措置を講じました。また、みどり戦略の実現に資する研究開発、必要な施設の整備といった環境負荷低減と持続的発展に向けた地域ぐるみのモデル地区を創出するとともに、関係者の行動変容と相互連携を促す環境づくりを支援しました。

7　財政措置の効率的かつ重点的な運用

厳しい財政事情の下で予算を最大限有効に活用する観点から、既存の予算を見直した上で、「食料・農業・農村政策の新たな展開方向」に基づき、新たな食料・農業・農村政策を着実に実行するための予算に重点化を行い、財政措置を効率的に運用しました。

令和 6 年度
食料・農業・農村施策

第 213 回国会（常会）提出

目次

概説

1 施策の重点

食料安定供給・農林水産業基盤強化本部で決定された「食料・農業・農村政策の新たな展開方向」(令和5(2023)年6月本部決定)、「食料・農業・農村基本法の改正の方向性について」(令和5(2023)年12月本部決定)等に基づき、「食料安全保障の抜本的な強化」、「環境と調和のとれた産業への転換」及び「人口減少下における生産水準の維持・発展と地域コミュニティの維持」に向けた施策を展開します。また、「「食料・農業・農村政策の新たな展開方向」に基づく施策の工程表」を踏まえ、施策を着実に展開します。さらに、「食料安全保障強化政策大綱」(令和5(2023)年12月改訂)に基づき、食料安全保障の強化のための対策に加え、スマート農林水産業等による成長産業化、農林水産物・食品の輸出促進、農林水産業のグリーン化についての施策を展開します。

あわせて、「食料・農業・農村基本計画」(令和2(2020)年3月閣議決定)に基づき、食料自給率の向上等に向けた施策、食料の安定供給の確保に関する施策、農業の持続的な発展に関する施策、農村の振興に関する施策、食料・農業・農村に横断的に関係する施策等を総合的かつ計画的に展開します。

このほか、「環太平洋パートナーシップに関する包括的及び先進的な協定」(CPTPP)、日EU・EPA、日米貿易協定、日英EPA及びRCEP(地域的な包括的経済連携)協定の効果を最大限に活用するため、「総合的なTPP等関連政策大綱」(令和2(2020)年12月改訂)(以下「TPP等政策大綱」という。)に基づき、強い農林水産業の構築、経営安定・安定供給のための備え等の施策を推進します。

あわせて、東日本大震災及び東京電力福島第一原子力発電所(以下「東電福島第一原発」という。)事故からの復旧・復興に向け、関係府省庁と連携しながら取り組みます。

2 財政措置

(1) 令和6(2024)年度農林水産関係予算額は、2兆2,686億円を計上しています。本予算においては、①食料の安定供給の確保、②農業の持続的な発展、③農村の振興(農村の活性化)、④「みどりの食料システム戦略」(以下「みどり戦略」という。)による環境負荷低減に向けた取組強化、⑤多面的機能の発揮等に取り組みます。

(2) 令和6(2024)年度の農林水産関連の財政投融資計画額は、7,300億円を計上しています。このうち主要なものは、株式会社日本政策金融公庫による借入れ7,235億円となっています。

3 立法措置

第213回国会に以下の法律案を提出したところです。
・「食料・農業・農村基本法の一部を改正する法律案」
・「食料供給困難事態対策法案」
・「食料の安定供給のための農地の確保及びその有効な利用を図るための農業振興地域の整備に関する法律等の一部を改正する法律案」
・「農業の生産性の向上のためのスマート農業技術の活用の促進に関する法律案」
・「特定農産加工業経営改善臨時措置法の一部を改正する法律案」

4 税制上の措置

以下を始めとする税制措置を講じます。

(1) 「農業の生産性の向上のためのスマート農業技術の活用の促進に関する法律」の制定を前提に、同法の生産方式革新実施計画の認定を受けた農業者等が、生産方式革新事業活動用資産等の取得等をして、生産方式革新事業活動の用に供した場合には、その取得価額の32%(建物等については16%)の特別償却ができる措置等を創設します。

また、同法の開発供給実施計画の認定を受けた者が、その開発供給実施計画に基づき行う登記について税率を軽減する措置を創設します。
[所得税・法人税、登録免許税]

(2) 「環境と調和のとれた食料システムの確立のための環境負荷低減事業活動の促進等に関する法律」(令和4年法律第37号)(以下「みどりの食料システム法」という。)に基づく実施計画の認定を受けた場合の環境負荷低減事業活動用資産等の特別償却について、対象資産の確認等に係る所要の見直しを行った上、その適用期限を2年延長します。
[所得税・法人税]

（3）「農林水産物及び食品の輸出の促進に関する法律」（令和元年法律第57号）（以下「輸出促進法」という。）に基づく輸出事業計画の認定を受けた場合の輸出事業用資産の割増償却について、対象資産に係る所要の見直しを行った上、その適用期限を2年延長します。
[所得税・法人税]

（4）農林漁業等に係る軽油引取税の課税免除の特例措置の適用期限を3年延長します。
[軽油引取税]

5　金融措置

政策と一体となった長期・低利資金等の融通による担い手の育成・確保等の観点から、農業制度金融の充実を図ります。

（1）株式会社日本政策金融公庫の融資

ア　農業の成長産業化に向けて、民間金融機関と連携を強化し、農業者等への円滑な資金供給に取り組みます。

イ　農業経営基盤強化資金(スーパーL資金)については、「農業経営基盤強化促進法」（昭和55年法律第65号）に規定する地域計画のうち目標地図に位置付けられたなどの認定農業者を対象に貸付当初5年間実質無利子化する措置を講じます。

（2）民間金融機関の融資

ア　民間金融機関の更なる農業融資拡大に向けて株式会社日本政策金融公庫との業務連携・協調融資等の取組を強化します。

イ　認定農業者が借り入れる農業近代化資金については、貸付利率をスーパーL資金の水準と同一にする金利負担軽減措置を実施します。また、TPP協定等による経営環境変化に対応して、新たに規模拡大等に取り組む農業者が借り入れる農業近代化資金については、農業経営基盤強化促進法に規定する地域計画のうち目標地図に位置付けられたなどの認定農業者を対象に貸付当初5年間実質無利子化するなどの措置を講じます。

ウ　農業経営改善促進資金(スーパーS資金)を低利で融通できるよう、都道府県農業信用基金協会が民間金融機関に貸付原資を低利預託するために借り入れた借入金に対し利子補給金を交付します。

（3）農業法人への出資

「農林漁業法人等に対する投資の円滑化に関する特別措置法」（平成14年法律第52号）（以下「投資円滑化法」という。）に基づき、農業法人に対する投資育成事業を行う株式会社又は投資事業有限責任組合の出資原資を株式会社日本政策金融公庫から出資します。

（4）農業信用保証保険

農業信用保証保険制度に基づき、都道府県農業信用基金協会による債務保証や当該保証に対し独立行政法人農林漁業信用基金が行う保証保険により補完等を行います。

（5）被災農業者等支援対策

ア　甚大な自然災害等により被害を受けた農業者等が借り入れる災害関連資金について、貸付当初5年間実質無利子化する措置を講じます。

イ　甚大な自然災害等により被害を受けた農業者等の経営の再建に必要となる農業近代化資金の借入れについて、都道府県農業信用基金協会の債務保証に係る保証料を保証当初5年間免除するために必要な補助金を交付します。

Ⅰ　食料自給率の向上等に向けた施策

1　食料自給率の向上等に向けた取組

食料自給率の向上等に向けて、以下の取組を重点的に推進します。

（1）食料消費

ア　消費者と食と農とのつながりの深化

食育や国産農産物の消費拡大、地産地消、和食文化の保護・継承、食品ロスの削減を始めとする環境問題への対応等の施策を個々の国民が日常生活で取り組みやすいよう配慮しながら推進します。また、農業体験、農泊等の取組を通じ、国民が農業・農村を知り、触れる機会を拡大します。

イ　国産農産物の消費拡大の促進

国産農産物の消費拡大の取組を促進します。

ウ　食品産業との連携

食の外部化・簡便化の進展に合わせ、外食・中食における国産農産物の需要拡大を図ります。

平成25(2013)年にユネスコ無形文化遺産に登録された和食文化については、食育・価値共有、食による地域振興等の多様な価値の創造等を進めるとともに、その国内外への情報発信を強化します。

フードサプライチェーンにおける様々な共通課題の解決のため、官民が連携して課題とその解決策を検討するとともに、幅広い関係者が課題解決策の知見を共有するため、フードサプライチェーン官民連携プラットフォームにおいて、セミナーや意見交換会を開催します。

（2）農業生産

ア　国内外の需要の変化に対応した生産・供給

（ア）優良品種の開発等による高付加価値化や生産コストの削減を進めるほか、更なる輸出拡大を図るため、諸外国・地域の規制やニーズにも対応できる輸出産地づくりを進めます。

（イ）国や地方公共団体、農業団体等の後押しを通じて、生産者と消費者や事業者との交流、連携、協働等の機会を創出します。

イ　国内農業の生産基盤の強化

（ア）持続可能な農業構造の実現に向けた担い手の育成・確保と農地の集積・集約化の加速化、経営発展の後押しや円滑な経営継承を進めます。

（イ）農業生産基盤の整備、スマート農業の社会実装の加速化による生産性の向上、品目ごとの課題の克服、生産・流通体制の改革等を進めます。

（ウ）中山間地域等で耕作放棄が危惧される農地も含め、地域で徹底した話合いを行った上で、放牧等の少子高齢化・人口減少に対応した多様な農地利用方策も含め、農地の有効活用や適切な維持管理を進めます。

2　主要品目ごとの生産努力目標の実現に向けた施策

（1）米

ア　需要に応じた米の生産・販売の推進

（ア）産地・生産者と実需者等が結び付いた播種前契約や複数年契約の拡大による安定取引に向けた支援、水田活用の直接支払交付金等による作付転換への支援、都道府県産別、品種別等のきめ細かな需給・価格情報、販売進捗情報、在庫情報の提供、都道府県別・地域別の作付動向（中間的な取組状況）の公表等により需要に応じた生産・販売を推進します。

（イ）国が策定する需給見通し等を踏まえつつ生産者や集荷業者・団体が主体的に需要に応じた生産・販売を行うため、行政、生産者団体、現場が一体となって取り組みます。

（ウ）米の生産については、農地の集積・集約化による分散錯圃の解消や作付けの団地化、直播等の省力栽培技術やスマート農業技術等の導入・シェアリングの促進、資材費の低減等による生産コストの低減等を推進します。

イ　コメ・コメ加工品の輸出拡大

「農林水産物・食品の輸出拡大実行戦略」（令和5(2023)年12月改訂）（以下「輸出拡大実行戦略」という。）で掲げた輸出額目標の達成に向けて、輸出ターゲット国・地域である香港、米国、中国、シンガポール、台湾を中心とする輸出拡大が見込まれる国・地域での海外需要開拓・プロモーションや海外規制に対応する取組に対して支援するとともに、大ロットで輸出用米の生産・供給に取り組む産地の育成等の取組を推進します。

（2）麦

ア　経営所得安定対策や強い農業づくり総合支援交付金等による支援を行うとともに、作付けの団地化の推進や営農技術の導入を通じた生産性向上や増産等を推進します。

イ　実需者ニーズに対応した新品種や栽培技術の導入により、実需者の求める量・品質・価格の安定を支援し、国産麦の需要拡大を推進します。

ウ　更なる国内産麦の利用拡大に向けた新商品開発を支援するとともに、実需の求める品質・量の供給に向けた生産体制の整備を推進します。

（3）大豆

ア　経営所得安定対策や強い農業づくり総合支援交付金等による支援を行うとともに、作付けの団地化の推進や営農技術の導入を通じた生産性向上や増産等を推進します。

イ　実需者ニーズに対応した新品種や栽培技術の導入により、実需者の求める量・品質・価格の安定を支援し、国産大豆の需要拡大を推進します。

ウ　播種前入札取引の適切な運用等により、国産大豆の安定取引を推進します。

エ　更なる国産大豆の利用拡大に向けた新商品開発を支援するとともに、実需の求める品質・量の供給に向けた生産体制の整備を推進します。

（4）かんしょ・ばれいしょ

ア　かんしょについては、共同利用施設の整備や省力

3

化のための機械化体系の確立等への取組を支援します。特にでん粉原料用かんしょについては、多収新品種への転換や生分解性マルチの導入、作業受委託体制の構築等の取組を支援します。また、サツマイモ基腐病（もとぐされびょう）については、土壌消毒、健全な苗の調達等を支援するとともに、研究事業で得られた成果を踏まえつつ、防除技術の確立・普及に向けた取組を推進します。さらに、輸出の拡大を目指し、安定的な出荷に向けた施設の整備等を支援します。

イ　ばれいしょについては、生産コストの低減、品質の向上、労働力の軽減、ジャガイモシストセンチュウやジャガイモシロシストセンチュウの発生・まん延の防止を図るための共同利用施設の整備等を推進します。また、収穫作業の省力化のための倉庫前集中選別への移行やコントラクター等の育成による作業の外部化への取組を支援します。さらに、ジャガイモシストセンチュウやジャガイモシロシストセンチュウの抵抗性品種への転換を促進します。

ウ　種子用ばれいしょ生産については、罹病率（りびょうりつ）の低減や作付面積増加のための取組を支援するとともに、原原種生産・配布において、配布品種数の削減による効率的な生産を推進することにより、種子用ばれいしょの品質向上と安定供給体制の構築を図ります。

エ　いもでん粉の高品質化に向けた品質管理の高度化等を支援します。

オ　糖価調整制度に基づく交付金により、国内産いもでん粉の安定供給を推進します。

（5）野菜

ア　データに基づき栽培技術・経営の最適化を図る「データ駆動型農業」の実践に向けた、産地としての取組体制の構築やデータ収集・分析機器の活用等を支援するとともに、より高度な生産が可能となる低コスト耐候性ハウスや高度環境制御栽培施設等の導入を支援します。

イ　実需者からの国産野菜の安定調達ニーズに対応するため、加工・業務用向けの契約栽培に必要な新たな生産・流通体系の構築、作柄安定技術の導入等を支援します。

ウ　加工・業務用野菜について、国産シェアを奪還するため、産地、流通、実需等が一体となったサプライチェーンの強靱化（きょうじんか）を図るための対策を総合的に支援します。

エ　加工・業務用等の新市場のロット・品質に対応できる拠点事業者の育成に向けた貯蔵・加工施設等の整備や拠点事業者と連携した産地が行う生産・出荷体制の整備等を支援します。

（6）果樹

ア　省力樹形や優良品目・品種への改植・新植やそれに伴う未収益期間における幼木の管理経費を支援します。

イ　担い手の就農・定着のための産地の取組と併せて行う、小規模園地整備や部分改植等の産地の新規参入者受入体制の整備を一体的に支援します。

ウ　スマート農業技術導入を前提とした樹園地の環境整備や流通事業者等との連携等により、作業合理化、省力栽培技術・品種の導入、人材確保等を図り、生産性を飛躍的に向上させた生産供給体制モデルを構築する都道府県等コンソーシアムの実証等の取組を支援します。

エ　省力樹形用苗木や国産花粉の安定生産・供給に向けた取組を支援します。

（7）甘味資源作物

ア　てんさいについては、直播栽培の拡大や肥料投入量の低減、気候変動に対応する栽培技術の確立等を通じ、生産コストの低減や安定生産を推進します。

イ　さとうきびについては、自然災害からの回復に向けた取組を支援するとともに、地域ごとの「さとうきび増産計画」に定められた、地力の増進や新品種の導入、機械化一貫体系を前提とした担い手・作業受託組織の育成・強化等の取組を推進します。また、分蜜糖工場における労働力不足への対応に向けて、工場診断や人員配置の改善の検討、施設整備等の労働効率を高める取組を支援します。

ウ　糖価調整制度に基づく交付金により、国内産糖の安定供給を推進します。

（8）茶

改植等による優良品種等への転換や茶園の若返り、輸出向け栽培体系や有機栽培への転換、てん茶等の栽培に適した棚施設を利用した栽培法への転換や直接被覆栽培への転換、担い手への集積等に伴う茶園整理、荒茶加工施設の整備を推進します。また、海外ニーズに応じた茶の生産・加工技術や低コスト生産・加工技術の導入、スマート農業技術の実証、茶生産において使用される主要な農薬について

輸出先国・地域に対し我が国と同等の残留農薬基準を新たに設定するための申請に向けた取組を後押しします。

（9）畜産物

　肉用牛については、優良な繁殖雌牛への更新、繁殖性の向上による分べん間隔の短縮等の取組等を推進します。酪農については、長命連産性能力の高い乳用牛への牛群の転換、経営安定、高品質な生乳の生産等を通じ、多様な消費者ニーズに対応した牛乳・乳製品の供給等を推進します。

　また、温室効果ガス(GHG)排出削減の取組、労働力負担軽減・省力化に資するロボット、AI、IoT等の先端技術の普及・定着、外部支援組織等との連携強化等を図ります。

　さらに、子牛や国産畜産物の生産・流通の円滑化に向けた家畜市場や食肉処理施設、生乳処理・貯蔵施設の再編等の取組を推進します。

（10）飼料作物等

　国産飼料の生産・利用拡大のため、耕畜連携、飼料生産組織の運営強化、国産濃厚飼料の生産技術実証・普及、広域流通体制の構築、飼料の増産に必要な施設整備、草地整備等を推進するとともに、飼料作物を含めた地域計画の策定を促進します。

（11）そば

ア　経営所得安定対策や強い農業づくり総合支援交付金等による支援を行うとともに、湿害対策技術の導入等を通じた安定生産を推進します。

イ　複数年の契約取引の拡大、産地と実需が連携した国産そばの新規需要拡大の取組等を支援し、高品質なそばの安定供給等を推進します。

ウ　国産そばを取り扱う製粉業者と農業者の連携を推進します。

（12）なたね

　経営所得安定対策や強い農業づくり総合支援交付金等による支援を行うとともに、なたねのダブルロー品種の普及を推進します。

Ⅱ　食料安全保障の確保に関する施策

1　新たな価値の創出による需要の開拓

（1）新たな市場創出に向けた取組

ア　地場産農林水産物等を活用した介護食品の開発を支援します。また、パンフレットや映像等の教育ツールを用いてスマイルケア食の普及を図ります。

イ　健康に資する食生活のビッグデータ収集・活用のための基盤整備を推進します。また、農産物等の免疫機能等への効果に関する科学的エビデンス取得や食生活の適正化に資する研究開発を推進します。

ウ　実需者や産地が参画したコンソーシアムを構築し、ニーズに対応した新品種の開発等の取組を推進します。また、従来の育種では困難だった収量性や品質等の形質の改良等を短期間・低コストで実現する「スマート育種基盤」の構築を推進します。

エ　国立研究開発法人、公設試験場、大学等が連携し、輸出先国・地域の規制等にも対応し得る防除等の栽培技術等の開発・実証を推進するとともに、輸出促進に資する品種開発を推進します。

オ　日本版SBIR制度を活用し、農林水産・食品分野において、農業支援サービス事業体の創出やフードテック等の新たな技術の事業化を目指すスタートアップ・中小企業が行う研究開発・大規模技術実証等を切れ目なく支援します。

カ　フードテック官民協議会での議論等を通じて、課題解決や新市場創出に向けた取組を推進するとともに、フードテック等を活用したビジネスモデルを実証する取組を支援します。

キ　投資円滑化法に基づき、スマート農業技術やフードテックのスタートアップ等への資金供給を後押しします。

（2）需要に応じた新たなバリューチェーンの創出

　都道府県又は市町村段階に、行政、農林漁業者、商工業者、金融機関等の関係機関で構成される「農山漁村発イノベーション・地産地消推進協議会」を設置し、農山漁村発イノベーション等の取組に関する戦略を策定する取組を支援します。

　また、農山漁村発イノベーション等に取り組む農林漁業者、他分野の事業体等の多様な主体に対するサポート体制を整備するとともに、農林水産物や農林水産業に関わる多様な地域資源を活用した商品・サービスの開発や加工・販売施設等の整備を支援します。

（3）食品産業の競争力の強化

ア　食品流通の合理化等

（ア）「食品等の流通の合理化及び取引の適正化に関

する法律」(平成3年法律第59号)に基づき、食品等流通合理化計画の認定を行うこと等により、食品等の流通の合理化を図る取組を支援します。特にトラックドライバーを始めとする食品流通に係る人手不足等の問題に対応するため、農林水産物・食品の物流標準化やサプライチェーン全体での合理化を推進します。また、「我が国の物流の革新に関する関係閣僚会議」において策定された「物流革新に向けた政策パッケージ」を踏まえ、関係団体・事業者が物流の適正化・生産性向上に関する「自主行動計画」に基づく取組を早急に進めるよう促すとともに、中継共同物流拠点の整備、標準仕様のパレットの導入、トラック予約システムの導入等を推進するほか、農林水産大臣を本部長とする「農林水産省物流対策本部」により、全国各地・各品目の農林水産業者等の物流確保に向けた取組への後押しや負担軽減を図ります。

また、「卸売市場法」(昭和46年法律第35号)に基づき、中央卸売市場の認定を行うとともに、施設整備に対する助成や卸売市場に対する指導監督を行います。

さらに、食品等の取引の適正化のため、取引状況に関する調査を行い、その結果に応じて関係事業者に対する指導・助言を実施します。

(イ)「食品製造業者・小売業者間における適正取引推進ガイドライン」の関係事業者への普及・啓発を実施します。

(ウ)「商品先物取引法」(昭和25年法律第239号)に基づき、商品先物市場の監視・監督を行うとともに、同法を迅速かつ適正に執行します。

イ　労働力不足への対応

食品製造等の現場におけるロボット、AI、IoT等の先端技術の実証・改良に加え、管理部門や製造工程等の合理化を推進し、食品産業全体の生産性向上に向けた取組を支援します。

また、食品産業の現場で特定技能制度による外国人材を円滑に受け入れるため、試験の実施や外国人が働きやすい環境の整備に取り組むなど、食品産業特定技能協議会等を活用し、地域の労働力不足克服に向けた有用な情報等を発信します。

ウ　規格・認証の活用

産品の品質や特色、事業者の技術や取組について、訴求力の高いJASの制定・活用等を進めるとともに、JASの国内外への普及、JASと調和のとれた国際規格の制定等を推進します。

また、輸出促進に資するよう、GFSI(世界食品安全イニシアティブ)の承認を受けたJFS規格(日本発の食品安全マネジメント規格)の国内外での普及を推進します。

(4) 食品ロス等を始めとする環境問題への対応

ア　食品ロスの削減

「食品ロスの削減の推進に関する法律」(令和元年法律第19号)に基づく「食品ロスの削減の推進に関する基本的な方針」に則して、事業系食品ロスを平成12(2000)年度比で令和12(2030)年度までに半減させる目標の達成に向けて、事業者、消費者、地方公共団体等と連携した取組を進めます。

個別企業等では解決が困難な商慣習の見直しに向けたフードチェーン全体の取組を含め、民間事業者等が行う食品ロス削減等に係る新規課題等の解決に必要な経費を支援します。また、フードバンクの活動強化に向けた食品供給元の確保等の課題解決に資する専門家派遣を行います。さらに、消費者が商品を購入してすぐに食べる場合に、商品棚の手前にある販売期限の迫った商品を積極的に選ぶ「てまえどり」を始め、食品関連事業者と連携した消費者への働き掛けを推進します。

イ　食品産業分野におけるプラスチックごみ問題への対応

「容器包装に係る分別収集及び再商品化の促進等に関する法律」(平成7年法律第112号)に基づく再商品化義務の履行の促進、容器包装廃棄物の排出抑制のための取組として、食品関連事業者への点検指導や食品小売事業者からの定期報告提出の促進に取り組みます。

また、「プラスチック資源循環戦略」、「プラスチックに係る資源循環の促進等に関する法律」(令和3年法律第60号)等に基づき、食品産業におけるプラスチック資源循環の取組を推進します。

ウ　気候変動リスクへの対応

(ア)食品産業の持続可能な発展に寄与する地球温暖化防止・省エネルギー対策等の優れた取組を表彰するとともに、低炭素社会実行計画の進捗状況の点検等を実施します。

（イ）食品産業の持続性向上に向けて、環境や人権に配慮した原材料調達等を支援します。

2　グローバルマーケットの戦略的な開拓
（1）農林水産物・食品の輸出促進

農林水産物・食品の輸出額を令和7(2025)年までに2兆円、令和12(2030)年までに5兆円とする目標の達成に向けて、輸出拡大実行戦略に基づき、マーケットインの体制整備を行います。輸出重点品目について、輸出産地の育成・展開、輸出促進法に基づく認定農林水産物・食品輸出促進団体(以下「認定品目団体」という。)の組織化等を支援します。さらに、以下の取組を行います。

ア　輸出阻害要因の解消等による輸出環境の整備
（ア）輸出促進法に基づき、農林水産省に設置している「農林水産物・食品輸出本部」の下で、輸出阻害要因に対応して輸出拡大を図る体制を強化し、同本部で作成した実行計画に従い、放射性物質に関する輸入規制の撤廃、動植物検疫協議を始めとした食品安全等の規制等に対する輸出先国・地域との協議の加速化、輸出先国・地域の基準や検疫措置の策定プロセスへの戦略的な対応、輸出向けの施設整備と登録認定機関制度を活用した施設認定の迅速化、輸出手続の迅速化、意欲ある輸出事業者の支援、輸出証明書の申請・発行の一元化、輸出相談窓口の利便性向上、輸出先国・地域の衛生基準や残留農薬基準への対応強化といった貿易交渉による関税撤廃・削減を速やかに輸出拡大につなげるための環境整備を進めます。
（イ）東電福島第一原発事故を受けて、未だ日本産食品に対する輸入規制が行われていることから、関係省庁が協力し、あらゆる機会を捉えて輸入規制の早期撤廃に向けた働き掛けを実施します。
（ウ）日本産農林水産物・食品等の安全性や魅力に関する情報を諸外国・地域に発信するほか、海外におけるプロモーション活動の実施により、日本産農林水産物・食品等の輸出回復に取り組みます。
（エ）我が国の実情に沿った国際基準の速やかな策定、策定された国際基準の輸出先国・地域での適切な実施を促進するため、国際機関の活動支援やアジア・太平洋地域の専門家の人材育成等を行います。
（オ）輸出先国・地域が求める衛生基準に対応した

HACCP、輸出先の事業者等から求められる食品安全マネジメント規格、GAP(農業生産工程管理)等の認証の新規取得を促進します。また、国際的な取引にも通用する、コーデックス委員会が定めるHACCPをベースとしたJFS規格の国際標準化に向けた取組を支援します。さらに、JFS規格やASIAGAPの国内外への普及に向けた取組を推進します。
（カ）産地が抱える課題に応じた専門家を産地に派遣し、輸出先国・地域の植物検疫条件や残留農薬基準を満たす栽培方法、選果等の技術的指導を行うなど、輸出に取り組もうとする産地を支援します。
（キ）輸出先国・地域の規制等に対応したHACCP等の基準等を満たすため、食品製造事業者等の施設の改修・新設や機器の整備に対して支援します。
（ク）複数の食品製造事業者等が連携して輸出に取り組む加工食品について、PRやテストマーケティング、輸出先国・地域の規制等に対応した商品開発に必要な機械導入等により輸出拡大を図ります。
（ケ）植物検疫上、輸出先国・地域が要求する種苗等に対する検査手法の開発・改善、輸出先国・地域が侵入を警戒する病害虫に対する国内における発生実態の調査を進めるとともに、産地等のニーズに対応した新たな検疫措置の確立等に向けた科学的データを収集、蓄積する取組を推進します。
（コ）輸出先国・地域の検疫条件に則した防除体系、栽培方法、選果等の技術を確立するためのサポート体制を整備するとともに、卸売市場や集荷地等での輸出検査を行うことにより、産地等の輸出への取組を支援します。
（サ）投資円滑化法に基づき、輸出に取り組む事業者等への資金供給を後押しします。
（シ）輸出先国・地域の規制に対応した食品添加物の代替利用を促進するため、課題となっている複数の食品添加物の早見表を作成します。
（ス）食料供給のグローバル化に対応し、我が国の農林水産物・加工食品の輸出促進と、国内で販売される輸入食品も含めた食料消費の合理的な選択の双方に資するため、食品表示制度について、国際基準(コーデックス規格)との整合性の観点も踏まえた見直しの検討に向け、食品表示懇談会の分科会を立ち上げ、具体的な議論を進めます。

イ　海外への商流構築、プロモーションの促進
（ア）GFP等を通じた輸出促進
　　a　農林水産物・食品輸出プロジェクト（GFP）のコ
　　　ミュニティを通じ、農林水産省が中心となり輸出
　　　の可能性を診断する輸出診断やフォローアップ等
　　　の伴走支援、人材育成機関と連携した輸出人材の
　　　育成、人材マッチングによるニーズに合った輸出
　　　人材の確保等を進めます。
　　b　海外の規制・ニーズに対応した生産・流通体系
　　　への転換を通じた大規模輸出産地のモデル形成等
　　　を支援するとともに、海外の規制・ニーズに対応
　　　した農林水産物を、求められる量で継続的に輸出
　　　する産地を「フラッグシップ輸出産地」として選
　　　定・公表します。
　　c　日本食品海外プロモーションセンター
　　　（JFOODO）による認定品目団体等と連携したプ
　　　ロモーション、複数品目を組み合わせた品目横断
　　　的な取組、食文化の発信体制の強化等を含めた戦
　　　略的プロモーションを支援します。
　　d　独立行政法人日本貿易振興機構（JETRO）による
　　　国内外の商談会の開催、海外見本市への出展、サ
　　　ンプル展示ショールームの設置、セミナーの開催、
　　　オンラインを含めた専門家による相談対応等を支
　　　援します。
　　e　新市場の獲得も含め、輸出拡大が期待される新
　　　規性や先進性を重視した分野・テーマについて、
　　　民間事業者等による海外販路の開拓・拡大を支援
　　　します。
　　f　認定品目団体等が行う業界全体の輸出力強化に
　　　向けた取組を支援します。
（イ）日本食・食文化の魅力の発信
　　a　海外に活動拠点を置く日本料理関係者等の「日
　　　本食普及の親善大使」への任命、海外における日
　　　本料理の調理技能の認定を推進するための取組、
　　　外国人料理人等に対する日本料理講習会・日本料
　　　理コンテストの開催等への支援を通じ、日本食・
　　　食文化の普及活動を担う人材の育成を推進します。
　　　また、海外の日本食・食文化の発信拠点である「日
　　　本産食材サポーター店」の認定を推進するための
　　　取組への支援、認定飲食店・小売店と連携した海
　　　外向けプロモーションへの支援を通じ、日本食・
　　　食文化の魅力を発信します。

　　b　農泊と連携しながら、地域の「食」や農林水産業、
　　　景観等の観光資源を活用して訪日外国人旅行者を
　　　もてなすための地域の取組を「SAVOR JAPAN」
　　　として認定し、一体的に海外に発信します。
ウ　食産業の海外展開の促進
（ア）海外展開による事業基盤の強化
　　a　海外展開における阻害要因の解決を図るととも
　　　に、グローバル人材の確保、我が国の規格・認証
　　　の普及・浸透に向け、食関連企業やASEAN（東南ア
　　　ジア諸国連合）各国の大学と連携し、食品加工・流
　　　通、食品安全マネジメント、分析等に関する教育
　　　を行う取組等を推進します。
　　b　JETROにおいて、輸出先国・地域における商品
　　　トレンドや消費動向等を踏まえた現場目線の情報
　　　提供、事業者との相談対応等のサポートを行うと
　　　ともに、現地バイヤーの発掘や事業者とのマッチ
　　　ング支援等に取り組みます。
（イ）生産者等の所得向上につながる海外需要の獲得
　　　　食産業の戦略的な海外展開を通じて広く海外
　　　需要を獲得し、国内の生産者・事業者の販路や収
　　　益の拡大を図るため、輸出拡大実行戦略に基づき、
　　　農林水産物・食品の輸出に係るサプライチェーン
　　　の各段階におけるコスト・利益構造の分析、海外
　　　現地における投資案件の形成への支援等を行い
　　　ます。
（2）知的財産等の保護・活用
ア　その地域ならではの自然的、人文的、社会的な要
　　因の中で育まれてきた品質、社会的評価等の特性を
　　有する産品の名称を、地域の知的財産として保護す
　　る地理的表示（GI）保護制度について、農林水産物・
　　食品の輸出拡大や所得・地域の活力の向上に更に貢
　　献できるよう、制度の周知と円滑な運用を図り、GI
　　登録を推進します。また、市場におけるGI産品の露
　　出拡大につなげる情報発信等を支援するとともに、
　　外食、食品産業、観光等の他業種と連携した付加価
　　値向上と販路拡大の取組を推進します。
イ　GIの保護に向け、厳正な取締りを行います。
ウ　国際協定による諸外国・地域とのGIの相互保護を
　　推進するとともに、相互保護を受けた海外での執行
　　の確保を図ります。また、海外における我が国のGI
　　の不正使用状況調査の実施、生産者団体によるGIに
　　対する侵害対策等の支援により、海外における知的

財産侵害対策の強化を図ります。

エ　農業・食品産業関係者の知的財産に関する意識向上、農業分野の知的財産専門人材の育成・確保に向け、セミナー等を実施するとともに、農林水産省と特許庁が協力しながら、知的財産の保護・活用の普及・啓発等に取り組みます。

オ　新品種の適切な管理による我が国の優良な植物品種の流出防止を始め、育成者権の保護・活用を図ります。あわせて、植物新品種の育成者権者に代わって、海外への品種登録や戦略的なライセンスにより品種保護をより実効的に行うとともに、ライセンス収入を品種開発投資に還元するサイクルを実現するため、育成者権管理機関の取組を推進します。また、ECサイトにおける登録品種の個人間取引の増大を始め、昨今の取引実態の変化に対応し得る管理モデルの構築に向け、国内ライセンス指針を策定するとともに、品種保護に必要となるDNA品種識別法の開発等の技術課題の解決、東アジアにおける品種保護制度の整備を促進するための協力活動等を推進します。

カ　「家畜改良増殖法」(昭和25年法律第209号)及び「家畜遺伝資源に係る不正競争の防止に関する法律」(令和2年法律第22号)に基づき、家畜遺伝資源の適正な流通管理の徹底や知的財産としての価値の保護を推進するため、法令遵守の徹底を図るほか、全国の家畜人工授精所への立入検査を実施するとともに、家畜遺伝資源の利用者の範囲等について制限を付す売買契約の普及や家畜人工授精用精液等の流通を全国的に管理するシステムの運用・機能強化等を推進します。

キ　「農林水産省知的財産戦略2025」に基づき、農林水産・食品分野における知的財産の戦略的な保護と活用に向け、総合的な知的財産マネジメントを推進するなど、施策を一体的に進めます。

3　消費者と食・農とのつながりの深化
(1)　食育や地産地消の推進と国産農産物の消費拡大
ア　国民運動としての食育の推進
　(ア)　「第4次食育推進基本計画」等に基づき、関係府省庁が連携しつつ、様々な分野において国民運動として食育を推進します。
　(イ)　子供の基本的な生活習慣を育成するための「早寝早起き朝ごはん」国民運動を推進します。
　(ウ)　食育活動表彰を実施し受賞者を決定するとともに、新たな取組の募集を行います。
イ　地域における食育の推進
　郷土料理を始めとした地域の食文化の継承や農林漁業体験機会の提供、和食給食の普及、共食機会の提供、地域で食育を推進するリーダーの育成といった地域で取り組む食育活動を支援します。
ウ　学校における食育の推進
　家庭や地域との連携を図るとともに、学校給食を活用しつつ、学校における食育の推進を図ります。
エ　国産農産物の消費拡大の促進
　(ア)　食品関連事業者と生産者団体、国が一体となって食品関連事業者等における国産農産物の利用促進の取組等を後押しするなど、国産農産物の消費拡大に向けた取組を実施します。
　(イ)　消費者と生産者の結び付きを強化し、我が国の「食」と「農林漁業」についての魅力や価値を国内外にアピールする取組を支援します。
　(ウ)　地域の生産者等と協働し、日本産食材の利用拡大や日本食文化の海外への普及等に貢献した料理人を顕彰する制度である「料理マスターズ」を実施します。
　(エ)　生産者と実需者のマッチング支援を通じて、外食・中食向けの米の安定取引の推進を図ります。また、米飯学校給食の推進・定着に加え、業界による主体的取組を応援する運動「やっぱりごはんでしょ!」の実施等のSNSを活用した取組、米と健康に着目した情報発信等により、米消費拡大の取組の充実を図ります。
　(オ)　砂糖に関する正しい知識の普及・啓発に加え、砂糖の需要拡大に資する業界による主体的取組を応援する運動「ありが糖運動」の充実を図ります。
　(カ)　地産地消の中核的施設である農産物直売所の運営体制強化のための検討会の開催、観光需要向けの商品開発や農林水産物の加工・販売のための機械・施設等の整備を支援するとともに、施設給食の食材として地場産農林水産物を安定的に生産・供給する体制の構築に向けた取組やメニュー開発等の取組を支援します。
(2)　和食文化の保護・継承
　地域固有の多様な食文化を地域で保護・継承して

いくため、各地域が選定した伝統的な食品の調査・データベース化や普及等を行います。また、子供たちや子育て世代に対して和食文化の普及活動を行う中核的な人材を育成するとともに、子供たちを対象とした和食文化普及のための取組を通じて和食文化の次世代への継承を図ります。さらに、官民協働の「Let's！和ごはんプロジェクト」の取組を推進するとともに、文化庁における食の文化的価値の可視化の取組と連携し、和食が持つ文化的価値の発信を進めます。くわえて、外食・中食事業者におけるブランド野菜・畜産物等の地場産食材の活用促進を図ります。

（3）消費者と生産者の関係強化

　　消費者・食品関連事業者・生産者団体を含めた官民協働による、食と農とのつながりの深化に着目した国民運動「食から日本を考える。ニッポンフードシフト」として、地域の農業・農村の価値や生み出される農林水産物の魅力を伝える交流イベントを始め、消費者と生産者の関係強化に資する取組を実施します。

4　国際的な動向等に対応した食品の安全確保と消費者の信頼の確保

（1）科学の進展等を踏まえた食品の安全確保の取組の強化

　　科学的知見に基づき、国際的な枠組みによるリスク評価、リスク管理やリスクコミュニケーションを実施します。

（ア）食品安全に関するリスク管理を一貫した考え方で行うための標準手順書に基づき、農畜水産物や加工食品、飼料中の有害化学物質・有害微生物の調査や安全性向上対策の策定に向けた試験研究を実施します。

（イ）試験研究や調査結果の科学的解析に基づき、施策・措置を企画・立案し、生産者・食品事業者に普及するとともに、その効果を検証し、必要に応じて見直します。

（ウ）情報の受け手を意識して、食品安全に関する施策の情報を発信します。

（エ）食品中に残留する農薬等に関するポジティブリスト制度導入時に残留基準を設定した農薬等や新たに登録等の申請があった農薬等について、農薬等を適正に使用した場合の作物残留試験結果や食品健康影響評価結果等を踏まえた残留基準の設定や見直しを推進します。

（オ）食品の安全性等に関する国際基準の策定作業への積極的な参画、国内における情報提供や意見交換を実施します。

（カ）関係府省庁の消費者安全情報総括官等による情報の集約・共有を図るとともに、食品安全に関する緊急事態等における対応体制を点検・強化します。

（キ）食品関係事業者の自主的な企業行動規範等の策定を促すなど、食品関係事業者のコンプライアンス確立のための各種取組を促進します。

ア　生産段階における取組

　　生産資材（肥料、飼料・飼料添加物、農薬及び動物用医薬品）の適正使用を推進するとともに、科学的知見に基づく生産資材の使用基準、有害物質等の基準値の設定・見直し、薬剤耐性菌のモニタリングに基づくリスク低減措置等を行い、安全な農畜水産物の安定供給を確保します。

（ア）肥料については、国内資源を活用した肥料の利用拡大に向け、令和5(2023)年度に創設した「菌体りん酸肥料」の周知を進めます。

（イ）農薬については、「農薬取締法」（昭和23年法律第82号）に基づき、農薬の使用者や蜜蜂への影響等の安全性に関する審査を行うとともに、全ての農薬について順次、最新の科学的知見に基づく再評価を進めます。

（ウ）飼料・飼料添加物については、家畜の健康影響や畜産物を摂取した人の健康影響のリスクが高い有害化学物質等の汚染実態データ等を優先的に収集し、有害化学物質等の基準値の設定・見直し等を行い、飼料の安全確保を図ります。飼料関係事業者における飼料のGMP(適正製造規範)の導入推進や技術的支援により、より効果的・効率的に飼料の安全確保を図ります。

（エ）動物用医薬品については、モニタリング結果を関係者に共有の上、意見交換を行うほか、治療に抗菌薬を多用する疾病の制御や予防法の技術伝達といった畜種別の課題に応じた薬剤耐性対策を検討します。さらに、動物用抗菌剤の農場単位での使用実態を把握できる仕組みの検討を進めます。

イ　製造段階における取組

（ア）HACCPに沿った衛生管理を行う事業者が輸出に取り組むことができるよう、HACCPの導入に必要な一般衛生管理の徹底、輸出先国・地域ごとに求められる食品安全管理に係る個別条件への理解促進、HACCPに係る民間認証の取得等のための研修会の開催等の支援を実施します。

（イ）食品等事業者に対する監視指導や事業者自らが実施する衛生管理を推進します。

（ウ）食品衛生監視員の資質向上や検査施設の充実等を推進します。

（エ）長い食経験を考慮し使用が認められている既存添加物について、安全性の検討を推進します。

（オ）いわゆる「健康食品」について、事業者の安全性の確保の取組を推進します。

（カ）SRM（特定危険部位）の除去・焼却、BSE（牛海綿状脳症）検査の実施等により、食肉の安全を確保します。

ウ　輸入に関する取組

輸出国政府との二国間協議や在外公館を通じた現地調査等の実施、情報等を入手するための関係府省の連携の推進、監視体制の強化等により、輸入食品の安全性の確保を図ります。

（2）食品表示情報の充実や適切な表示等を通じた食品に対する消費者の信頼の確保

ア　食品表示の適正化等

（ア）「食品表示法」（平成25年法律第70号）を始めとする関係法令等に基づき、関係府省が連携した監視体制の下、適切な表示を推進します。また、外食・中食における原料原産地表示については、「外食・中食における原料原産地情報提供ガイドライン」に基づく表示の普及を図ります。

（イ）輸入品以外の全ての加工食品に対して義務付けられた原料原産地表示制度については、引き続き消費者への普及・啓発を行い、理解促進を図ります。

（ウ）米穀等については、「米穀等の取引等に係る情報の記録及び産地情報の伝達に関する法律」（平成21年法律第26号）（以下「米トレーサビリティ法」という。）により産地情報伝達の徹底を図ります。

（エ）栄養成分表示について、消費者への普及・啓発を行い、健康づくりに役立つ情報源としての理解促進を図ります。

（オ）保健機能食品（特定保健用食品、栄養機能食品及び機能性表示食品）の制度について、消費者への普及・啓発を行い、理解促進を図ります。

イ　食品トレーサビリティの普及啓発

（ア）食品のトレーサビリティに関し、事業者が自主的に取り組む際のポイントを解説するテキスト等を活用して普及・啓発に取り組みます。

（イ）米穀等については、米トレーサビリティ法に基づき、制度の適正な運用に努めます。

（ウ）国産牛肉については、「牛の個体識別のための情報の管理及び伝達に関する特別措置法」（平成15年法律第72号）による制度の適正な実施が確保されるよう、DNA分析技術を活用した監視等を実施します。

ウ　消費者への情報提供等

（ア）フードチェーンの各段階で事業者間のコミュニケーションを円滑に行い、食品関係事業者の取組を消費者まで伝えていくためのツールの普及等を進めます。

（イ）「消費者の部屋」等において、消費者からの相談を受け付けるとともに、展示等を開催し、農林水産行政や食生活に関する情報を幅広く提供します。

5　食料供給のリスクを見据えた総合的な食料安全保障の確立

（1）食料の安定供給の確保に向けた構造転換

食料安全保障強化政策大綱に基づき、海外依存の高い品目の生産拡大の推進や安定的な輸入の確保のため、以下の取組を推進します。

・水田での麦・大豆、米粉用米等の戦略作物の本作化、畑地化による高収益作物、麦・大豆、飼料作物等の導入・定着や地域の特色を活かした魅力的な産地づくり、新市場開拓に向けた米等の低コスト生産の取組を支援します。

・高収益作物の導入・定着を図るため、国、地方公共団体等が連携し、水田での高収益作物への転換、水田の畑地化・汎用化のための基盤整備、栽培技術や機械・施設の導入、販路の確保等を一体的に推進します。

・麦・大豆の国産シェアを拡大するため、作付けの団地化、ブロックローテーション、機械・技術の

導入による畑地化・汎用化の推進、ストックセンターの整備や民間主体の一定期間の保管による供給量の安定化、商品開発等による需要拡大に向けた取組を支援します。

・加工・業務用野菜等の国産シェアを拡大するため、契約栽培に必要な新たな生産・流通体系の構築や作柄安定技術の導入、サプライチェーンの強靱化に向けた農業機械・技術等の導入、野菜加工施設の整備等を支援します。

・耕畜連携、飼料生産組織の運営強化、国産濃厚飼料の生産技術実証・普及、広域流通体制の構築、飼料の増産に必要な施設整備、草地整備等を支援するとともに、飼料作物を含めた地域計画の策定を促進し、飼料生産に立脚した畜産経営の推進を図ります。

・野菜種子について、より盤石な安定供給体制を構築するため、国内外の採種地開拓や国内における効率的な採種技術の開発・実証等を支援します。

（2）不測時に備えた平素からの取組

大規模災害等に備えた家庭備蓄の普及のため、家庭での実践方法をまとめたガイドブックやWebサイト等での情報発信を行います。

（3）国際的な食料需給の把握、分析

省内外において収集した国際的な食料需給に係る情報を一元的に集約するとともに、我が国独自の短期的な需給変動要因の分析、中長期の需給見通しを策定し、これらを国民に分かりやすく発信します。

また、衛星データを活用し、食料輸出国や途上国等における気象や主要農作物の作柄のデータの提供を行います。

（4）輸入穀物等の安定的な確保

ア　輸入穀物の安定供給の確保

（ア）麦の輸入先国との緊密な情報交換等を通じ、安定的な輸入を確保します。

（イ）政府が輸入する米麦について、残留農薬等の検査を実施します。

（ウ）輸入依存度の高い小麦について、港湾ストライキ等により輸入が途絶した場合に備え、外国産食糧用小麦需要量の2.3か月分を備蓄し、そのうち政府が1.8か月分の保管料を助成します。

（エ）輸入依存度の高い飼料穀物について、不測の事態における海外からの一時的な輸入の停滞、国内

の配合飼料工場の被災に伴う配合飼料の急激な逼迫等に備え、配合飼料メーカー等が事業継続計画（BCP）に基づいて実施する飼料穀物の備蓄、不測の事態により配合飼料の供給が困難となった地域への配合飼料の緊急運搬、関係者の連携体制の強化の取組に対して支援します。

イ　港湾の機能強化

（ア）ばら積み貨物の安定的かつ安価な輸入を実現するため、大型船に対応した港湾機能の拠点的確保や企業間連携の促進等による効率的な海上輸送網の形成に向けた取組を推進します。

（イ）国際海上コンテナターミナルや国際物流ターミナルの整備といった港湾の機能強化を推進します。

ウ　遺伝資源の収集・保存・提供機能の強化

国内外の遺伝資源を収集・保存するとともに、有用特性等のデータベース化に加え、幅広い遺伝変異をカバーした代表的品種群（コアコレクション）の整備を進めることで、植物・微生物・動物遺伝資源の更なる充実と利用者への提供を促進します。

特に海外植物遺伝資源については、二国間共同研究等を推進し、「食料及び農業のための植物遺伝資源に関する国際条約（ITPGR）」を踏まえた相互利用を進めることにより、アクセス環境を整備します。また、国内植物遺伝資源については、公的研究機関等が管理する国内在来品種を含む我が国の遺伝資源をワンストップで検索できる統合データベースの整備を進めるなど、オールジャパンで多様な遺伝資源を収集・保存・提供する体制の強化を推進します。

エ　肥料の供給の安定化

（ア）肥料原料の海外からの安定調達を進めつつ、土壌診断による適正な肥料の施用、堆肥や下水汚泥資源等の利用拡大を推進し、過度に輸入に依存する構造から転換を進めます。

また、肥料原料の備蓄やそれに必要な保管施設の整備を支援します。

（イ）メタン発酵バイオ液肥等の肥料利用に関する調査・実証等の取組を通じて、メタン発酵バイオ液肥等の地域での有効利用を行うための取組を支援します。また、下水汚泥資源の肥料としての活用推進に取り組むため、農業者、地方公共団体、国土交通省等の関係者との連携を進めます。

（5）国際協力の推進

ア　世界の食料安全保障に係る国際会議への参画等

　　G7農業大臣会合やG20農業大臣会合において、議長国を務めたG7宮崎農業大臣会合での成果も踏まえつつ、強靱で持続可能な農業・食料システムの構築に向けた議論に貢献します。また、APEC（アジア太平洋経済協力）食料安全保障担当大臣会合、ASEAN＋3農林大臣会合、CFS（世界食料安全保障委員会）、OECD（経済協力開発機構）農業委員会等の国際会議に積極的に参画し、世界の食料安全保障に係る議論に貢献します。さらに、「気候のための農業イノベーション・ミッション」（AIM for Climate）等に参画し、国際的な農業研究の議論に貢献します。

　　くわえて、フードバリューチェーンの構築が農産物の付加価値を高め、農家・農村の所得向上と食品ロス削減に寄与し、食料安全保障を向上させる上で重要であることを発信します。

イ　飢餓、貧困、栄養不良への対策

（ア）研究開発等に関するセミナーの開催や情報発信等を支援します。また、官民連携の栄養改善事業推進プラットフォームを通じて、途上国・新興国の人々の栄養状態の改善に取り組みつつビジネス展開を目指す食品企業等を支援します。

（イ）飢餓・貧困、気候変動等の地球規模の課題に対応するため、途上国に対する農業生産等に関する研究開発を支援します。

ウ　アフリカへの農業協力

　　アフリカ農業の発展に貢献するため、農業生産性の向上や持続可能な食料システム構築等の様々な支援を引き続き行います。

　　また、対象国のニーズを捉え、我が国の食文化の普及や農林水産物・食品の輸出に取り組む企業の海外展開を引き続き推進します。

エ　ウクライナ支援

　　「日ウクライナ農業復興戦略合同タスクフォース（JTF）」において、ウクライナの農業復興の協力に関する議論を行います。また、日本企業のウクライナ農業復興への参画を促し、農業生産力の回復を通じ、ウクライナ復興支援に貢献するために必要な取組を進めます。

オ　東アジア地域における取組の強化

　　東アジア地域における食料安全保障の強化と貧困の撲滅に向け、大規模災害等の緊急時に備えるため、ASEAN＋3緊急米備蓄（APTERR）の取組を推進します。

（6）動植物防疫措置の強化

ア　世界各国における口蹄疫、高病原性鳥インフルエンザ、アフリカ豚熱等の発生状況、植物病害虫の発生状況等の最新情報に基づくリスク分析を行うとともに、国内における家畜の伝染性疾病や植物病害虫の発生予防、まん延防止対策、発生時の危機管理体制の整備等を実施します。また、国際的な連携を強化し、アジア地域における防疫能力の向上を支援します。

　　豚熱や高病原性鳥インフルエンザ等の家畜の伝染性疾病については、早期通報や野生動物の侵入防止といった生産者による飼養衛生管理が徹底されるよう、都道府県と連携して指導を行います。特に豚熱については、野生動物の侵入防止柵の設置や飼養衛生管理の徹底に加え、ワクチン接種推奨地域での予防的なワクチン接種の実施、野生イノシシ対策としての捕獲強化や経口ワクチンの散布を実施します。

　　植物の病気については、中国において発生を確認した火傷病を国内に持ち込ませないための措置を引き続き推進します。また、都道府県等と連携し、中国産花粉の回収・廃棄、中国産花粉を使用した園地での調査、都道府県における農薬の備蓄を進めます。

イ　化学農薬のみに依存せず、予防・予察に重点を置いた総合防除を推進するため、産地に適した技術の検証、栽培マニュアルの策定等の取組を支援します。また、より高度な発生予察調査の実施に向け、遺伝子検定手法等を活用した、新たな発生予察の調査手法の確立に取り組みます。さらに、病害虫の薬剤抵抗性の発達等により、防除が困難となっている作物に対する緊急的な防除体系の確立を支援します。

ウ　家畜防疫官・植物防疫官や検疫探知犬の適切な配置等による検査体制の整備・強化により、水際対策を適切に行うとともに、家畜の伝染性疾病や植物病害虫の侵入・まん延防止のための取組を推進します。

エ　重要病害虫の侵入の早期発見・早期防除、植物の移動規制を強化するとともに、既に侵入したジャガイモシロシストセンチュウ等の重要病害虫の定着・まん延防止を図るため、「植物防疫法」（昭和25年法律第151号）に基づく緊急防除を実施します。また、

緊急防除の対象となり得る病害虫の侵入が確認された場合に、発生範囲の特定や薬剤散布等の初動防除を実施します。

オ　遠隔診療の適時・適切な活用を推進するための情報通信機器を活用した産業動物診療の効率化、産業動物分野における獣医師の中途採用者を確保するための就業支援、女性獣医師等を対象とした職場復帰・再就職に向けたスキルアップのための研修や中学生・高校生等を対象とした産業動物獣医師の業務について理解を深めるセミナー等の実施による産業動物獣医師の育成等を支援します。

また、地域の産業動物獣医師への就業を志す獣医大学の地域枠入学者・獣医学生に対する修学資金の給付、獣医学生を対象とした産業動物獣医師の業務について理解を深めるための臨床実習、産業動物獣医師を対象とした技術向上のための臨床研修を支援します。

6　円滑な食品アクセスの確保と合理的な価格の形成に向けた対応

（1）円滑な食品アクセスの確保に向けた対応

ア　地域から消費地までの幹線物流の効率化とともに、地域の関係者が連携して食品アクセスの確保に取り組む体制づくりを支援します。また、ラストワンマイル配送に向けた物流体制の構築やフードバンク・こども食堂等の取組を後押しします。

イ　食料品の購入や飲食に不便や苦労を感じる、いわゆる「買い物困難者」の問題について、全国の地方公共団体を対象としたアンケート調査や食品アクセスの確保に向けたモデル実証の支援のほか、取組の優良事例や関係省庁の各種施策をワンストップで閲覧可能なポータルサイトを通じた情報発信を行います。

（2）合理的な価格の形成に向けた対応

適正取引を推進するための仕組みづくりに向けて、関係者が協調して議論し、各段階のコストの実態を明らかにすること等により、①新たな仕組みを設ける必要性の理解醸成、②実態に合ったコスト指標の検討、③コスト指標を活用した価格形成方法の具体化等を推進します。

また、価格形成に関する理解が消費者を始めとするより多くの関係者に一層広がるよう、主な品目の生産、流通、小売等の段階別の価格形成の実態について

いての効果的な情報発信を実施します。

7　TPP等新たな国際環境への対応、今後の国際交渉への戦略的な対応

「新しい資本主義のグランドデザイン及び実行計画2023改訂版」（令和5(2023)年6月閣議決定）等に基づき、グローバルな経済活動のベースとなる経済連携を進めます。

また、各種経済連携協定交渉やWTO(世界貿易機関)農業交渉等の農産物貿易交渉において、我が国農産品のセンシティビティに十分配慮しつつ、我が国の農林水産業が今後とも国の基として重要な役割を果たしていけるよう、交渉を行うとともに、我が国農産品の輸出拡大につながる交渉結果の獲得を目指します。

さらに、TPP等政策大綱に基づき、体質強化対策や経営安定対策を着実に実施します。

III　環境と調和のとれた食料システムの確立に関する施策

1　みどりの食料システム戦略の推進

（1）みどり戦略の実現に向けた施策の展開

みどり戦略の実現に向けて、みどりの食料システム法に基づき、化学肥料や化学農薬の使用低減等に係る計画の認定を受けた事業者に対し、税制特例や融資制度等の支援措置を講じます。また、みどり戦略の実現に資する研究開発、必要な施設の整備といった環境負荷低減と持続的発展に向けた地域ぐるみのモデル地区を創出するとともに、関係者の行動変容と相互連携を促す環境づくりを支援します。

（2）みどり戦略の実現に向けた技術開発の推進

ア　みどり戦略の実現に向け、気候変動やスマート農業技術に対応した新品種の開発を推進し、低コスト・高精度で多品目に利用できるスマート育種基盤を構築します。また、川上から川下までが参画した現場のニーズに対応する研究開発として、和牛肉の持続的な生産を実現するための飼料利用性の改良等を推進します。

イ　みどり戦略で掲げた各目標の達成に貢献し、現場への普及が期待される技術を「「みどりの食料システム戦略」技術カタログ」として紹介します。また、同カタログに掲載された技術をテーマとして、農業者・

関係者が持つ技術情報を共有・議論・発展させる「みどり技術ネットワーク会議」を全国レベル・各地域レベルで開催します。

（3）有機農業の更なる推進

ア　有機農業指導員の育成や新たに有機農業に取り組む農業者の技術習得等による人材育成、産地における販売戦略の企画・提案・助言を行う専門家の派遣等による有機農産物の安定供給体制の構築を推進します。

イ　流通・加工事業者等が行う国産原料を使用した有機加工食品の生産拡大等の取組を支援し、有機農産物の販路拡大と新規需要開拓を促進します。

ウ　有機農業を活かして地域振興につなげている市町村等のネットワークづくりを進めます。

エ　有機農業の生産から消費まで一貫して推進する取組や体制づくりを支援し、有機農業推進のモデル的先進地区の創出を進めます。

オ　有機JAS認証の取得を支援するとともに、諸外国・地域との有機同等性の交渉を推進します。また、有機JASについて、消費者がより合理的な選択ができるよう必要な見直しを行います。

（4）農業の自然循環機能の維持増進とコミュニケーション

ア　有機農業や有機農産物について消費者に分かりやすく伝える取組を推進します。

イ　官民協働のプラットフォームである「あふの環2030プロジェクト〜食と農林水産業のサステナビリティを考える〜」における勉強会・交流会、情報発信や表彰等の活動を通じて、持続可能な生産消費を促進します。

（5）農村におけるSDGsの達成に向けた取組の推進

農山漁村の豊富な資源をバイオマス発電や小水力発電等の再生可能エネルギーとして活用し、農林漁業経営の改善や地域への利益還元を進め、農山漁村の活性化に資する取組を推進します。

2　気候変動への対応等環境政策の推進

（1）気候変動や越境性動物疾病等の地球規模の課題への対策

ア　パリ協定を踏まえた森林減少・劣化抑制、農地土壌における炭素貯留等に関する途上国の能力向上、耐塩性・耐干性イネやGHG排出削減につながる栽培技術の開発等の気候変動対策を推進します。また、アジアモンスーン地域で共有できる技術情報の収集・分析・発信、アジアモンスーン各地での気候変動緩和等に資する技術の応用のための共同研究を推進します。くわえて、気候変動対策として、アジア開発銀行(ADB)と連携し、農業分野の二国間クレジット制度(JCM)の案件創出を促進させる取組を促進します。

イ　①気候変動緩和に資する研究、②越境性病害の我が国への侵入防止に資する研究、③アジアにおける口蹄疫、高病原性鳥インフルエンザ、アフリカ豚熱等の越境性動物疾病・薬剤耐性の対策等を推進します。

（2）気候変動に対する緩和・適応策の推進

ア　「農林水産省地球温暖化対策計画」に基づき、農林水産分野における地球温暖化対策技術の開発、マニュアル等を活用した省エネ型の生産管理の普及・啓発や省エネ設備の導入等による施設園芸の省エネルギー対策、施肥の適正化、J-クレジット制度の利活用等を推進します。

イ　農地からのGHGの排出・吸収量の国際連合(以下「国連」という。)への報告に必要な農地土壌中の炭素量等のデータを収集する調査を行います。また、家畜由来のGHG排出量の国連への報告の算出に必要な家畜の消化管由来のメタン発生量等のデータを収集する調査を行います。

ウ　環境保全型農業直接支払制度により、堆肥の施用やカバークロップといった地球温暖化防止等に効果の高い営農活動に対して支援します。また、バイオ炭の農地施用に伴う影響評価、炭素貯留効果と土壌改良効果を併せ持つバイオ炭資材の開発等に取り組みます。

エ　バイオマスの変換・利用施設等の整備等を支援し、農山漁村地域におけるバイオマス等の再生可能エネルギーの利用を推進します。

オ　廃棄物系バイオマスの利活用については、「廃棄物の処理及び清掃に関する法律」（昭和45年法律第137号)に基づく廃棄物処理施設整備計画を踏まえ、施設整備を推進するとともに、市町村等における生ごみのメタン化等の活用方策の導入検討を支援します。

カ　GHGの排出を削減し、東南アジアの農家が実践可能で直接的なメリットが得られる、イネ栽培管理技

術や家畜ふん尿処理技術の開発を推進します。

キ　農産物については、ガイドラインに即した環境負荷低減の取組を評価する「見える化」の等級ラベル表示の普及を図ります。また、畜産物については、温室効果ガス簡易算定ツールの作成・実証を推進します。

ク　「農林水産省気候変動適応計画」に基づき、農林水産分野における気候変動の影響への適応に関する取組を推進するため、以下の取組を実施します。

（ア）中長期的な視点に立った我が国の農林水産業に与える気候変動の影響評価や適応技術の開発を行うとともに、国際機関への拠出を通じた国際協力により、生産性・持続性・頑強性向上技術の開発等を推進します。

（イ）農業者等が自ら行う気候変動に対するリスクマネジメントを推進するため、リスクの軽減に向けた適応策等の情報発信を行うとともに、都道府県の普及指導員等を通じて、リスクマネジメントの普及啓発に努めます。

（ウ）地域における気候変動による影響や適応策に関する科学的知見について情報提供を実施します。

ケ　科学的なエビデンスに基づいた緩和策の導入・拡大に向けて、研究者、農業者、地方公共団体等の連携による技術の開発・最適化を推進するとともに、農業者等の地球温暖化適応行動・温室効果ガス削減行動を促進するための政策措置に関する研究を実施します。

コ　国連気候変動枠組条約等の地球環境問題に係る国際会議に参画し、農林水産分野における国際的な地球環境問題に対する取組を推進します。

（3）生物多様性の保全及び利用

ア　「農林水産省生物多様性戦略」（令和5(2023)年3月改定）に基づき、農山漁村が育む自然の恵みを活かし、環境と経済がともに循環・向上する社会の実現に向けた各種の施策を推進します。

イ　生物多様性保全効果の取組を温室効果ガスと合わせて等級ラベルで表示する「見える化」を推進します。

ウ　環境保全型農業直接支払制度により、有機農業や冬期湛水管理といった生物多様性保全等に効果の高い営農活動に対して支援します。

エ　「遺伝子組換え生物等の使用等の規制による生物

の多様性の確保に関する法律」（平成15年法律第97号）に基づき、遺伝子組換え農作物について、生物多様性に及ぼす影響についての科学的な評価、生態系への影響の監視等を継続し、栽培用種苗を対象に輸入時のモニタリング検査を行います。また、特定の生産地・植物種について、輸入者に対し輸入に先立つ届出や検査を義務付ける生物検査を実施します。

（4）土づくりの推進と農業分野におけるプラスチックごみ問題への対応

ア　都道府県の土壌調査結果の共有を進めるとともに、堆肥等の活用を促進します。また、土壌診断における簡便な処方箋サービスの創出を目指し、AIを活用した土壌診断技術の開発を推進します。

イ　好気性強制発酵による堆肥の高品質化やペレット化による広域流通等の取組を推進します。

ウ　農畜産業における廃プラスチックの排出抑制や循環利用の推進に向けた先進的事例調査、生分解性マルチの導入、プラスチックを使用した被覆肥料に関する調査を推進します。

IV　農業の持続的な発展に関する施策

1　力強く持続可能な農業構造の実現に向けた担い手の育成・確保

（1）認定農業者制度や法人化等を通じた経営発展の後押し

ア　担い手への重点的な支援の実施

（ア）認定農業者等の担い手が主体性と創意工夫を発揮して経営発展できるよう、担い手に対する農地の集積・集約化の促進や経営所得安定対策、出資や融資、税制等により、経営発展の段階や経営の態様に応じた支援を行います。

（イ）地域の農業生産の維持への貢献という観点から、担い手への支援の在り方について検討します。

イ　農業経営の法人化の加速と経営基盤の強化

（ア）経営意欲のある農業者が創意工夫を活かした農業経営を展開できるよう、都道府県が整備する農業経営・就農支援センターによる経営相談・経営診断、課題を有する農業者の掘り起こしや専門家派遣の支援により、農業経営の法人化を促進します。

（イ）担い手が少ない地域においては、地域における

農業経営の受け皿として、集落営農の組織化を推
進するとともに、これを法人化に向けての準備・
調整期間と位置付け、法人化を推進します。また、
地域外の経営体や販売面での異業種との連携等を
促進します。さらに、農業法人等が法人幹部や経
営者となる人材を育成するために実施する実践研
修への支援等を行います。

（ウ）集落営農について、法人化に向けた取組の加速
化や地域外からの人材確保、地域外の経営体との
連携や統合・再編等を推進します。

ウ　青色申告の推進
　農業者年金の政策支援、農業経営基盤強化準備金
制度等を通じ、農業者による青色申告を推進します。

（2）経営継承や新規就農、人材の育成・確保等

ア　次世代の担い手への円滑な経営継承

（ア）地域計画の策定の推進、人と農地に関する情報
のデータベースの活用により、経営移譲希望者と
就農希望者のマッチングを行うなど、第三者への
継承を推進するほか、都道府県が整備する農業経
営・就農支援センターによる相談対応や専門家に
よる経営継承計画の策定支援等を行うとともに、
地域の中心となる担い手の後継者による経営継承
後の経営発展に向けた取組を支援します。

（イ）園芸施設・畜産関連施設、樹園地等の経営資源に
ついて、第三者機関・組織も活用しつつ、再整備・
改修等のための支援により円滑な継承を促進しま
す。

イ　農業を支える人材の育成のための農業教育の充実

（ア）農業高校や農業大学校等の農業教育機関におい
て、先進的な農業経営者等による出前授業や現場
研修といった就農意欲を喚起するための取組を推
進します。また、スマート農業に関する教育の推
進を図るとともに、農業教育の高度化に必要な農
業機械・設備等の導入を推進します。

（イ）農業高校や農業大学校等における教育カリキュ
ラムの強化や教員の指導力向上といった農業教育
の高度化を推進します。

（ウ）国内の農業高校と海外の農業高校の交流を推進
するとともに、海外農業研修の実施を支援します。

（エ）農業者のリ・スキリング機会の充実のため、スマ
ート農業等の新たな技術を学び直す研修を支援し
ます。

ウ　青年層の新規就農と定着促進

（ア）次世代を担う農業者となることを志向する者に
対し、就農前の研修（2年以内）の後押しと就農直後
（3年以内）の経営確立に資する資金の交付を行い
ます。

（イ）初期投資の負担を軽減するための機械・施設等
の取得に対する地方と連携した支援、無利子資金
の貸付け等を行います。

（ウ）就農準備段階から経営開始後まで、地方公共団
体や農業協同組合、農業者、農地中間管理機構、民
間企業等の関係機関が連携し一貫して支援する地
域の就農受入体制の充実を図ります。

（エ）雇用就農者の労働時間の管理、休日・休憩の確
保、更衣室や男女別トイレ等の整備、キャリアパ
スの提示やコミュニケーションの充実といった誰
もがやりがいを持って働きやすい職場環境整備を
行う農業法人等を支援することにより、農業の「働
き方改革」を推進します。

（オ）職業としての農業の魅力や就農に関する情報に
ついて、民間企業等とも連携して、就農情報ポー
タルサイト「農業をはじめる.JP」やSNS、就農イ
ベント等を通じた情報発信を強化します。

（カ）自営や法人就農、短期雇用等の様々な就農相談
等にワンストップで対応できるよう、都道府県の
就農専属スタッフへの研修を行い、相談体制を強
化します。

（キ）農業者の生涯所得の充実の観点から、農業者年
金への加入を推進します。

エ　女性が能力を発揮できる環境整備

（ア）農業経営における女性の地位や責任を明確化す
る認定農業者制度における農業経営改善計画の共
同申請、女性の活躍推進に向けた補助事業等の活
用を通じ、女性の農業経営への参画を推進します。

（イ）地域のリーダーとなり得る女性農業経営者の育
成、女性グループの活動、女性が働きやすい環境
整備、女性農業者の活躍事例の普及等の取組を支
援します。

（ウ）「農業委員会等に関する法律」（昭和26年法律第
88号）及び「農業協同組合法」（昭和22年法律第132
号）における、農業委員や農業協同組合の理事等の
年齢や性別に著しい偏りが生じないように配慮し
なければならない旨の規定を踏まえ、委員・理事

等の任命・選出に当たり、女性の参画拡大に向けた取組を促進します。

（エ）女性農業者の知恵と民間企業の技術、ノウハウ、アイデア等を結び付け、新たな商品やサービスの開発等を行う「農業女子プロジェクト」における企業・教育機関との連携強化、地域活動の推進により女性農業者が活動しやすい環境を作るとともに、これらの活動を発信し、若い女性新規就農者の増加に取り組みます。

オ　企業の農業参入

農地中間管理機構を中心としてリース方式による企業の参入を促進します。

2　農業現場を支える多様な人材や主体の活躍

（1）中小・家族経営等多様な経営体による地域の下支え

農業現場においては、中小・家族経営等の多様な経営体が農業生産を支えている現状と、地域において重要な役割を果たしていることに鑑み、現状の規模にかかわらず、生産基盤の強化に取り組むとともに、品目別対策や多面的機能支払制度、中山間地域等直接支払制度等により、産業政策と地域政策の両面から支援します。

（2）次世代型の農業支援サービスの定着

生産現場における人手不足や生産性向上等の課題に対応し、農業者が営農活動の外部委託を始め、様々な農業支援サービスを活用することで経営の継続や効率化を図ることができるよう、ドローンや自動走行農機等の先端技術を活用した作業代行、シェアリングやリース、食品事業者と連携した収穫作業の代行等の次世代型の農業支援サービスの育成・普及を推進します。

（3）多様な人材が活躍できる農業の「働き方改革」の推進

ア　雇用就農者の労働時間の管理、休日・休憩の確保、更衣室や男女別トイレ等の整備、キャリアパスの提示やコミュニケーションの充実といった誰もがやりがいを持って働きやすい職場環境整備を行う農業法人等を支援することにより、農業の「働き方改革」を推進します。

イ　農繁期等における産地の短期労働力を確保するため、他産業、大学、他地域との連携等により多様な人材とのマッチングを行う産地の取組や農業法人等に

おける労働環境の改善を推進する取組を支援するとともに、労働環境の整備といった農業の「働き方改革」の先進的な取組事例の発信・普及を図ります。

ウ　特定技能制度による農業現場での外国人材の円滑な受入れに向けて、技能試験を実施するとともに、就労する外国人材が働きやすい環境の整備等を支援します。

エ　人口急減に直面している地域において、「地域人口の急減に対処するための特定地域づくり事業の推進に関する法律」（令和元年法律第64号）（以下「人口急減地域特定地域づくり推進法」という。）の仕組みを活用し、地域内の様々な事業者をマルチワークにより支える人材の確保やその活躍を推進することを通じ、地域社会の維持や地域経済の活性化を図るため、モデルを示しつつ、制度の周知を図ります。

3　担い手等への農地集積・集約化と農地の確保

（1）担い手への農地集積・集約化の加速化

「農業経営基盤強化促進法等の一部を改正する法律」（令和4年法律第56号）に基づき、「人・農地プラン」を土台に目指すべき将来の農地利用の姿を明確化する地域計画の策定・実行を推進します。

また、農地中間管理機構のフル稼働については、農地中間管理機構を経由した転貸等を集中的に実施するとともに、遊休農地も含め、幅広く引き受けるよう運用の見直しに取り組みます。

さらに、所有者不明農地に係る制度の利用を促すほか、令和5（2023）年4月以降順次施行されている新たな民事基本法制の仕組みを踏まえ、関係省庁と連携して所有者不明農地の有効利用を図ります。

（2）荒廃農地の発生防止・解消、農地転用許可制度等の適切な運用

ア　「農地法」（昭和27年法律第229号）に基づく遊休農地に関する措置、多面的機能支払制度及び中山間地域等直接支払制度による地域・集落の共同活動、農地中間管理事業による農地の集積・集約化の促進、「農山漁村の活性化のための定住等及び地域間交流の促進に関する法律」（平成19年法律第48号）に基づく活性化計画や最適土地利用総合対策による地域の話合いを通じた荒廃農地の有効活用や低コストな肥培管理による農地利用（粗放的な利用）、基盤整備の活用等による荒廃農地の発生防止・解消に努めます。

イ　農地の転用規制や農業振興地域制度の適正な運用を通じ、優良農地の確保に努めます。

4　農業経営の安定化に向けた取組の推進
（1）収入保険の普及促進・利用拡大
　　　自然災害や価格下落等の様々なリスクに対応し、農業経営の安定化を図るため、収入保険の普及を図ります。現場ニーズ等を踏まえた改善等を行うとともに、地域において農業共済組合や農業協同組合等の関係団体等が連携して普及体制を構築し、普及活動や加入支援の取組を引き続き進めます。
（2）経営所得安定対策等の着実な実施
　　　「農業の担い手に対する経営安定のための交付金の交付に関する法律」（平成18年法律第88号）に基づく畑作物の直接支払交付金及び米・畑作物の収入減少影響緩和交付金、「畜産経営の安定に関する法律」（昭和36年法律第183号）に基づく肉用牛肥育・肉豚経営安定交付金（牛・豚マルキン）及び加工原料乳生産者補給金、「肉用子牛生産安定等特別措置法」（昭和63年法律第98号）に基づく肉用子牛生産者補給金、「野菜生産出荷安定法」（昭和41年法律第103号）に基づく野菜価格安定対策等の措置を安定的に実施します。

5　農業の成長産業化や国土強靱化に資する農業生産基盤整備
（1）農業の成長産業化に向けた農業生産基盤整備
　ア　農地中間管理機構等との連携を図りつつ、農地の大区画化等を推進します。
　イ　高収益作物に転換するための水田の畑地化・汎用化や畑地・樹園地の高機能化を推進します。
　ウ　麦・大豆等の海外依存度の高い品目の生産拡大を促進するため、排水改良等による水田の畑地化・汎用化、畑地かんがい施設の整備等による畑地の高機能化、草地整備等を推進します。
　エ　ICT水管理等の営農の省力化に資する技術の活用を可能にする農業生産基盤の整備を推進します。
　オ　農業・農村インフラの管理の省力化・高度化やスマート農業の実装を図るとともに、地域活性化を促進するための情報通信環境の整備を推進します。
（2）農業水利施設の戦略的な保全管理
　ア　農業水利施設の点検、機能診断・監視を通じた適

切なリスク管理の下での計画的かつ効率的な補修、更新等により、徹底した施設の長寿命化とライフサイクルコストの低減を図ります。
　イ　農業水利施設の機能が安定的に発揮されるよう、施設の更新に合わせ、集約、再編、統廃合等によるストックの適正化を推進します。
　ウ　農業水利施設の保全管理におけるロボット、AI等の利用に関する研究開発・実証調査を推進します。
（3）農業・農村の強靱化に向けた防災・減災対策
　ア　基幹的な農業水利施設の改修等のハード対策と機能診断等のソフト対策を組み合わせた防災・減災対策を実施します。
　イ　「農業用ため池の管理及び保全に関する法律」（平成31年法律第17号）（以下「ため池管理保全法」という。）に基づき、ため池の決壊による周辺地域への被害の防止に必要な措置を進めます。
　ウ　「防災重点農業用ため池に係る防災工事等の推進に関する特別措置法」（令和2年法律第56号）（以下「ため池工事特措法」という。）に基づき、都道府県が策定した推進計画に則し、優先度の高いものから防災工事等に取り組むとともに、ハザードマップの作成、監視・管理体制の強化等を行うなど、これらの対策を適切に組み合わせ、ため池の防災・減災対策を推進します。
　エ　大雨により水害が予測される際には、①事前に農業用ダムの水位を下げて雨水を貯留する「事前放流」、②水田に雨水を一時的に貯留する「田んぼダム」、③ため池への雨水の一時的な貯留、④農作物への被害のみならず、市街地や集落の湛水被害も防止・軽減させる排水施設の整備といった流域治水の取組を通じた防災・減災対策の強化に取り組みます。
　オ　土地改良事業の実施に当たっての排水の計画基準に基づき、農業水利施設等の排水対策を推進します。
　カ　津波、高潮、波浪のほか、海水や地盤の変動による被害等から農地等を防護するため、海岸保全施設の整備等を実施します。
（4）農業・農村の構造の変化等を踏まえた土地改良区の体制強化
　　　土地改良区の組合員の減少、土地改良施設の老朽化に加え、今後の人口減少に対応する観点から、スマート農業や需要に応じた生産に対応した基盤整備、農業生産の基盤の保全管理や防災・減災、国土

強靱化を推進するため、広域的な合併、土地改良区連合の設立、安定的な経営を実現するための貸借対照表の活用等により、土地改良区の運営基盤の強化を推進します。

6　需要構造等の変化に対応した生産基盤の強化と流通・加工構造の合理化

（1）肉用牛・酪農の生産拡大等畜産の競争力強化

ア　生産基盤の強化

（ア）牛肉、牛乳・乳製品等の畜産物の国内需要への対応と輸出拡大に向けて、肉用牛については、肉用繁殖雌牛の更新、繁殖性の向上による分べん間隔の短縮等の取組等を推進します。酪農については、長命連産性能力の高い乳用牛への牛群の転換、経営安定、高品質な生乳の生産等を通じ、多様な消費者ニーズに対応した牛乳・乳製品の供給を推進します。また、生乳については、需給ギャップの解消を通じた適正な価格形成の環境整備により、酪農経営の安定を図るため、脱脂粉乳等の在庫低減の取組や生乳生産の抑制に向けた取組を支援します。

（イ）労働負担軽減・省力化に資するロボット、AI、IoT等の先端技術の普及・定着、牛の個体識別番号と当該牛に関連する生産情報等を併せて集約し、活用する体制の整備、GAP、アニマルウェルフェアの普及・定着を図ります。

（ウ）子牛や国産畜産物の生産・流通の円滑化に向けた家畜市場や食肉処理施設、生乳処理・貯蔵施設の再編等の取組を推進し、肉用牛等の生産基盤を強化します。あわせて、米国・EU等の輸出先国・地域の衛生基準を満たす輸出認定施設の認定の取得や輸出認定施設を中心として関係事業者が連携したコンソーシアムによる輸出促進の取組を推進します。

（エ）畜産経営の安定に向けて、以下の施策等を実施します。

　a　畜種ごとの経営安定対策

（a）酪農関係では、①加工原料乳に対する加工原料乳生産者補給金や集送乳調整金の交付、②加工原料乳の取引価格が低落した場合の補塡金の交付等の対策を安定的に実施します。

（b）肉用牛関係では、①肉用子牛対策として、子牛価格が保証基準価格を下回った場合に補給金を交付する肉用子牛生産者補給金制度等を、②肉用牛肥育対策として、標準的販売価格が標準的生産費を下回った場合に交付金を交付する肉用牛肥育経営安定交付金(牛マルキン)を安定的に実施します。

（c）養豚関係では、標準的販売価格が標準的生産費を下回った場合に交付金を交付する肉豚経営安定交付金(豚マルキン)を安定的に実施します。

（d）養鶏関係では、鶏卵の標準取引価格が補塡基準価格を下回った場合に補塡金を交付するなどの鶏卵生産者経営安定対策事業を安定的に実施します。

　b　飼料価格安定対策

配合飼料価格安定制度を適切に運用するとともに、耕畜連携等の国産飼料の生産利用拡大のための取組等を推進します。

イ　生産基盤強化を支える環境整備

（ア）家畜排せつ物の土づくりや肥料利用を促進するため、家畜排せつ物処理施設の機能強化、堆肥のペレット化等を推進します。また、国産飼料の生産・利用拡大のため、耕畜連携、飼料生産組織の運営強化、国産濃厚飼料の生産技術実証・普及、広域流通体制の構築、飼料増産に必要な施設整備、草地整備等を支援するとともに、飼料作物を含めた地域計画を促進します。

（イ）和牛について、家畜遺伝資源の流通管理の徹底、知的財産としての価値の保護を推進するため、法令順守の徹底を図るほか、全国の家畜人工授精所への立入検査を実施するとともに、家畜遺伝資源の利用者の範囲等について制限を付す売買契約の普及を図ります。また、家畜人工授精用精液等の流通を全国的に管理するシステムの運用・機能強化等を推進するとともに、和牛の血統の信頼を確保するため、遺伝子型の検査によるモニタリング調査を推進する取組を支援します。

（ウ）「畜舎等の建築等及び利用の特例に関する法律」（令和3年法律第34号）に基づき、都道府県等と連携し、畜舎建築利用計画の認定制度の円滑な運用を行います。

（2）新たな需要に応える園芸作物等の生産体制の強化

ア　野菜

（ア）既存ハウスのリノベーションを支援します。また、環境制御・作業管理等の技術習得に必要なデータ収集・分析機器の導入といったデータを活用して生産性・収益向上につなげる体制づくり等を支援するとともに、より高度な生産が可能となる低コスト耐候性ハウスや高度環境制御栽培施設等の導入を支援します。

（イ）実需者からの国産野菜の安定調達ニーズに対応するため、加工・業務用向けの契約栽培に必要な新たな生産・流通体系の構築、作柄安定技術の導入等を支援します。

（ウ）加工・業務用野菜について、国産シェアを奪還するため、産地、流通、実需が一体となったサプライチェーンの強靱化を図るための対策を総合的に支援します。

（エ）加工・業務用等の新市場のロット・品質に対応できる拠点事業者の育成に向けた貯蔵・加工施設等の整備や拠点事業者と連携した産地が行う生産・出荷体制の整備等を支援します。

イ　果樹

（ア）省力樹形や優良品目・品種への改植・新植やそれに伴う未収益期間における幼木の管理経費を支援します。

（イ）担い手の就農・定着のための産地の取組と併せて行う、小規模園地整備や部分改植といった産地の新規参入者の受入体制の整備を一体的に支援します。

（ウ）スマート農業技術の導入を前提とした樹園地の環境整備や流通事業者等との連携等により、作業の合理化、省力栽培技術・品種の導入、人材確保等を図り、生産性を飛躍的に向上させた生産供給体制モデルを構築する都道府県等コンソーシアムの実証等の取組を支援します。

（エ）省力樹形用苗木や国産花粉の安定生産・供給に向けた取組を支援します。

ウ　花き

（ア）「物流の2024年問題」に対応した花き流通の効率化に資する検討や技術実証を支援するとともに、異常気象や病害虫被害の低減等の花き産地の課題解決に資する検討や実証等の取組を支援します。

（イ）減少傾向にある花き需要の回復に向けて、需要拡大が見込まれる品目等への転換や新たな需要開拓、花きの利用拡大に向けたPR活動等の取組を支援します。

（ウ）令和9(2027)年に神奈川県横浜市で開催される「2027年国際園芸博覧会」（GREEN×EXPO 2027)の円滑な実施に向けて、主催団体や地方公共団体、関係省庁と連携し準備を進めます。

エ　茶、甘味資源作物等の地域特産物

（ア）茶

「茶業及びお茶の文化の振興に関する基本方針」に基づき、消費者ニーズへの対応や輸出の促進等に向け、新たな茶商品の生産・加工技術の実証や機能性成分等の特色を持つ品種の導入、有機栽培への転換、てん茶等の栽培に適した棚施設を利用した栽培法への転換、直接被覆栽培への転換、スマート農業技術の実証、残留農薬分析等を支援します。

（イ）砂糖・でん粉

「砂糖及びでん粉の価格調整に関する法律」(昭和40年法律第109号)に基づき、さとうきび・でん粉原料用かんしょの生産者、国内産糖・国内産いもでん粉の製造事業者に対して、経営安定のための支援を行います。

（ウ）薬用作物

地域の取組として、産地と実需者(漢方薬メーカー等)が連携した栽培技術の確立のための実証圃の設置、省力化のための農業機械の改良等を支援します。また、全国的な取組として、事前相談窓口の設置や技術アドバイザーの派遣等の栽培技術の指導体制の確立、技術拠点農場の設置に向けた取組を支援します。

（エ）こんにゃくいも等

こんにゃくいも等の特産農産物について、付加価値の創出、新規用途の開拓、機械化・省力作業体系の導入等を推進するとともに、安定的な生産に向けた体制整備等を支援します。

（オ）繭・生糸

養蚕・製糸業と絹織物業者等が提携して取り組む、輸入品と差別化された高品質な純国産絹製品づくりやブランド化を推進するとともに、生産者、実需者等が一体となって取り組む、安定的な生産

に向けた体制整備等を支援します。

（カ）葉たばこ

国産葉たばこについて、種類別・葉分タイプ別価格により、日本たばこ産業株式会社(JT)が全量買い入れます。

（キ）いぐさ

輸入品との差別化やブランド化に取り組むいぐさ生産者の経営安定を図るため、国産畳表の価格下落影響緩和対策の実施、実需者や消費者のニーズを踏まえた産地の課題を解決するための技術実証等の取組を支援します。

（3）米政策改革の着実な推進と水田における高収益作物等への転換

ア　消費者・実需者の需要に応じた多様な米の安定供給

（ア）需要に応じた米の生産・販売の推進

a　産地・生産者と実需者等が結び付いた播種前契約や複数年契約の拡大による安定取引に向けた取組の推進、水田活用の直接支払交付金等による作付転換への支援、都道府県産別、品種別等のきめ細かな需給・価格情報、販売進捗情報、在庫情報の提供、都道府県別・地域別の作付動向（中間的な取組状況）の公表等により需要に応じた生産・販売を推進します。

b　国が策定する需給見通し等を踏まえつつ生産者や集荷業者・団体が主体的に需要に応じた生産・販売を行うため、行政や生産者団体、現場が一体となって取り組みます。

c　米の生産について、農地の集積・集約化による分散錯圃の解消や作付けの団地化、直播等の省力栽培技術やスマート農業技術等の導入・シェアリングの促進、資材費の低減等による生産コストの低減等を推進します。

（イ）戦略作物の生産拡大

水田活用の直接支払交付金等により、麦、大豆、米粉用米といった戦略作物の本作化を進めるとともに、地域の特色ある魅力的な産品の産地づくりや水田を畑地化して畑作物の定着を図る取組を支援します。

（ウ）コメ・コメ加工品の輸出拡大

輸出拡大実行戦略で掲げた、コメ・パックご飯・米粉及び米粉製品の輸出額目標の達成に向けて、

輸出ターゲット国・地域である香港や米国、中国、シンガポール、台湾を中心とする輸出拡大が見込まれる国・地域での海外需要開拓・プロモーションや海外規制に対応する取組に対して支援するとともに、大ロットで輸出用米の生産・供給に取り組む産地の育成等の取組を推進します。

（エ）米の消費拡大

業界による主体的取組を応援する運動「やっぱりごはんでしょ！」の実施等のSNSを活用した取組、「米と健康」に着目した情報発信等により、新たな需要の取り込みを進めます。

イ　麦・大豆

国産麦・大豆については、需要に応じた生産に向け、作付けの団地化の推進やブロックローテーション、営農技術の導入等の支援を通じた産地の生産体制の強化、生産の効率化、実需者の求める量・品質・価格の安定に向けた取組を支援します。

ウ　高収益作物への転換

水田農業高収益化推進計画に基づき、国のみならず地方公共団体等の関係部局が連携し、水田における高収益作物への転換、水田の畑地化・汎用化のための基盤整備、栽培技術や機械・施設の導入、販路確保等の取組を計画的かつ一体的に推進します。

エ　米粉用米・飼料用米

生産者と実需者の複数年契約による長期安定的な取引を推進するとともに、「米穀の新用途への利用の促進に関する法律」（平成21年法律第25号）に基づき、米粉用米、飼料用米の生産・利用の拡大や必要な機械・施設の整備等を総合的に支援します。

（ア）米粉用米

米粉製品のコスト低減に資する取組事例や新たな米粉加工品の情報発信等の需要拡大に向けた取組を実施し、生産者と実需者の複数年契約による長期安定的な取引の推進に資する情報交換会を開催するとともに、「ノングルテン米粉の製造工程管理JAS」の普及を推進します。また、米粉を原料とした商品の開発・普及や製粉企業等の施設整備、米粉専用品種の種子増産に必要な機械・施設の導入等を支援します。

（イ）飼料用米

地域に応じた省力・多収栽培技術の確立・普及を通じた生産コストの低減やバラ出荷による流

通コストの低減に向けた取組を支援します。

オ　米・麦・大豆等の流通

「農業競争力強化支援法」(平成29年法律第35号)等に基づき、生産・流通・加工業界の再編に係る取組の支援等を実施します。また、物流合理化を進めるため、生産者や関係事業者等と協議を行い、課題を特定し、それらの課題解決に取り組みます。特に米については、玄米輸送のフレキシブルコンテナバッグ利用の推進、精米物流の合理化に向けた商慣行の見直し等による「ホワイト物流」推進運動に取り組みます。

(4) 農業生産工程管理の推進と効果的な農作業安全対策の展開

ア　農業生産工程管理の推進

農産物においては、「我が国における国際水準GAPの推進方策」に基づき、国際水準GAPガイドラインを活用した指導や産地単位の取組等を推進します。

畜産物においては、JGAP畜産やGLOBALG.A.P.の認証取得の拡大を図ります。

また、農業高校や農業大学校等における教育カリキュラムの強化等により、農業教育機関におけるGAPに関する教育の充実を図ります。

イ　農作業等安全対策の展開

(ア) 農業者を対象とした正しい知識の習得のための「農作業安全に関する研修」や「熱中症対策研修」の開催を推進します。

(イ) 都道府県段階、市町村段階の関係機関が参画した推進体制を整備するとともに、農業者を取り巻く地域の人々が、農業者に対して、農業機械の転落・転倒対策を呼び掛ける注意喚起を推進します。

(ウ) 大型特殊自動車免許等の取得機会の拡大、作業機を装着した状態での公道走行に必要な灯火器類の設置等を促進します。

(エ)「農作業安全対策の強化に向けて(中間とりまとめ)」に基づき、都道府県、農業機械メーカーや農業機械販売店等を通じて収集した事故情報の分析等を踏まえ、引き続き農業機械の安全性検査制度の見直しに向けた検討を行います。

(オ) GAPの団体認証取得による農作業事故等の産地リスクの低減効果の検証を行うとともに、労災保険の特別加入団体の設置と農業者の加入促進、熱中症対策の強化を図ります。

(カ) 農林水産業・食品産業の作業安全対策について、「農林水産業・食品産業の作業安全のための規範」やオンライン作業安全学習教材も活用し、効果的な作業安全対策の検討・普及や関係者の意識啓発のための取組を実施します。

(5) 良質かつ低廉な農業資材の供給や農産物の生産・流通・加工の合理化

ア　農業競争力強化支援法等に基づき、良質かつ低廉な農業資材の供給や農産物流通等の合理化に向けた取組を行う事業者の事業再編や事業参入を進めます。

イ　施設園芸や茶において、計画的に省エネルギー化等に取り組む産地を対象に価格が高騰した際に補填金を交付することにより、燃料価格高騰に備えるセーフティネット対策を講じます。

7　情報通信技術等の活用による農業生産・流通現場のイノベーションの促進

(1) スマート農業の加速化等農業現場でのデジタル技術の利活用の推進

ア　スマート農業実証プロジェクトから得られた成果と課題を踏まえ、開発が不十分な分野での技術開発や現場実装に向けた情報発信、実証参加者による他産地への実地指導に取り組みます。

イ　農業機械メーカー、金融、保険等の民間企業が参画したプラットフォームにおいて、農業機械のリース・シェアリングやドローン操作の代行サービス等の新たな農業支援サービスの創出が進むよう、業者間の情報共有やマッチング等を進めます。

ウ　現場実装に際して安全上の課題解決が必要なロボット技術の安全性の検証や安全性確保策の検討に取り組みます。

エ　生産から加工・流通・販売・消費に至るまでデータの相互活用が可能なスマートフードチェーンプラットフォームを構築し、農業データの川下とのデータ連携実証を支援します。また、オープンAPI整備・活用に必要となるルールづくりや異なる種類・メーカーの機器・システムから取得されるデータの連携実証への支援、生育・出荷等の予測モデルの開発・実装によりデータ活用を推進します。さらに、これまで実装・公開したオープンAPIを活用した新たなサービスの開発によるサービス事業体の育成や機能強化

に取り組みます。

オ　スマート農業の加速化に向けた施策の方向性を示した「スマート農業推進総合パッケージ」(令和4(2022)年6月改訂)を踏まえ、スマート農業技術の実証・分析、農業支援サービス事業体の育成・普及、更なる技術の開発・改良、技術対応力・人材創出の強化、実践環境の整備、スマート農業技術の海外展開等の施策を推進します。

カ　営農データの分析支援を始め、農業支援サービスを提供する企業が活躍できる環境整備、農産物のサプライチェーンにおけるデータ・物流のデジタル化、農村地域の多様なビジネス創出等を推進します。

（2）農業施策の展開におけるデジタル化の推進

ア　農業現場と農林水産省が切れ目なくつながり、行政手続に係る農業者等の負担を大幅に軽減し、経営に集中できるよう、徹底した行政手続の簡素化の促進を行うとともに、農林水産省が所管する法令や補助金等の行政手続をオンラインで申請することができる「農林水産省共通申請サービス(eMAFF)」のオンライン利用率の向上と利用者の利便性向上に向けた取組を進めます。

イ　農林水産省の農林漁業者向けスマートフォン・アプリケーション(MAFFアプリ)について、eMAFF等との連動を進め、個々の農業者の属性・関心に応じた営農・政策情報を提供します。

ウ　eMAFFの利用を進めながら、デジタル地図を活用して農地台帳や水田台帳等の現場の農地情報を統合し、農地の利用状況の現地確認等の抜本的な効率化・省力化を図るための「農林水産省地理情報共通管理システム(eMAFF地図)」の取組を進めます。

エ　令和6(2024)年2月に公表した「農業DX構想2.0」を踏まえ、農業・食関連産業等の様々な現場において、デジタル人材の確保・育成、データの利活用等を含め、農業DXの実現に向けた取組を推進します。

（3）イノベーション創出・技術開発の推進

みどり戦略の実現に向け、気候変動やスマート農業技術に対応した新品種の開発を推進し、低コスト・高精度で多品目に利用できるスマート育種基盤を構築します。また、川上から川下までが参画した現場のニーズに対応する研究開発として、和牛肉の持続的な生産を実現するための飼料利用性の改良等を推進します。さらに、産学官が連携して異分野のアイデア・技術等を農林水産・食品分野に導入し、重要施策の推進や現場課題の解決に資する革新的な技術・商品サービスを生み出す研究を支援します。

ア　研究開発の推進

（ア）研究開発の重点事項や目標を定める「農林水産研究イノベーション戦略」を策定するとともに、内閣府の「戦略的イノベーション創造プログラム(SIP)」や「研究開発とSociety5.0との橋渡しプログラム(BRIDGE)」等も活用して食料安全保障や農業の環境負荷低減をミッションとした研究開発を推進します。

（イ）総合科学技術・イノベーション会議が決定したムーンショット目標5「2050年までに、未利用の生物機能等のフル活用により、地球規模でムリ・ムダのない持続的な食料供給産業を創出」を実現するため、困難だが実現すれば大きなインパクトが期待される挑戦的な研究開発(ムーンショット型研究開発)を推進します。

（ウ）Society5.0の実現に向け、産学官と農業の生産現場が一体となって、オープンイノベーションを促進するとともに、人材・知・資金が循環するよう農林水産業分野での更なるイノベーションの創出を計画的・戦略的に推進します。

イ　国際農林水産業研究の推進

国立研究開発法人農業・食品産業技術総合研究機構や国立研究開発法人国際農林水産業研究センターにおける海外研究機関等との積極的な研究協定覚書(MOU)の締結等の取組を支援します。また、海外の農業研究機関や国際農業研究機関の優れた知見や技術を活用し、戦略的に国際共同研究を推進します。

ウ　科学に基づく食品安全、動物衛生、植物防疫等の施策に必要な研究の更なる推進

（ア）「安全な農畜水産物の安定供給のためのレギュラトリーサイエンス研究推進計画」で明確化した取り組むべき調査研究の内容や課題について、情勢の変化や新たな科学的知見を踏まえた見直しを行います。また、農林水産省が所管する国立研究開発法人のほか、大学、民間企業、関係学会等への情報提供や研究機関との意見交換を行い、研究者の認識や理解の醸成とレギュラトリーサイエンスに属する研究を推進します。

（イ）研究開発部局と規制担当部局が連携して食品中の危害要因の分析や低減技術の開発、家畜の伝染性疾病を防除・低減する技術や資材の開発、植物病害虫等の侵入・まん延防止のための検査技術の開発や防除体系の確立といったリスク管理に必要な調査研究を推進します。

（ウ）レギュラトリーサイエンスに属する研究事業の成果を国民に分かりやすい形で公表します。また、行政施策・措置とその検討・判断に活用された科学的根拠となる研究成果を紹介する機会を設け、レギュラトリーサイエンスへの理解の醸成を推進します。

（エ）行政施策・措置の検討・判断に当たり、その科学的根拠となる優れた研究成果を挙げた研究者を表彰します。

エ　戦略的な研究開発を推進するための環境整備

（ア）「農林水産研究における知的財産に関する方針」（令和4(2022)年12月改訂）を踏まえ、農林水産業・食品産業に関する研究に取り組む国立研究開発法人や都道府県の公設試験場等における知的財産マネジメントの強化を図るため、専門家による指導・助言等を行います。また、知的財産戦略や侵害対応マニュアルを策定するなど、知的財産マネジメントの実践に取り組もうとする公的研究機関等を対象に重点的に支援します。

（イ）締約国としてITPGRの運営に必要な資金拠出を行うとともに、海外遺伝資源の取得・利用の円滑化に向けて遺伝資源利用に係る国際的な議論や各国制度等の動向を調査し、入手した最新情報等について我が国の遺伝資源利用者に対し周知活動等を実施します。

（ウ）最先端技術の研究開発・実用化に向けて、消費者への分かりやすい情報発信、意見交換を行い、当該技術の理解の醸成を図ります。特にゲノム編集技術等の育種利用については、より多くの消費者に情報発信等ができるよう出前講座やオープンラボ交流会の拡充を図るなど、サイエンスコミュニケーション等の取組を強化します。

オ　開発技術の迅速な普及・定着

（ア）「橋渡し」機能の強化

a　多様な分野のアイデア・技術等を農林水産・食品分野に導入し、イノベーションの創出に向けて、基礎から実用化段階までの研究開発を切れ目なく推進します。

b　大学、民間企業等の地域の関係者による技術開発から改良、開発までの取組を切れ目なく支援します。

c　日本版SBIR制度を活用し、農林水産・食品分野において、農業支援サービス事業体の創出やフードテック等の新たな技術の事業化を目指すスタートアップ・中小企業が行う研究開発・大規模技術実証等を切れ目なく支援します。

d　「「知」の集積と活用の場 産学官連携協議会」において、ポスターセッション、セミナー、ワークショップ等を開催し、技術シーズ・ニーズに関する関係者間の情報交換やマッチングを促すとともに、研究成果の社会実装・事業化等を支援します。

e　研究機関、生産者、社会実装の担い手等が行うイノベーションの創出に向けて、研究成果の展示会、相談会等により、技術交流を推進します。

f　コーディネーターを全国に配置し、技術開発ニーズ等の収集、研究シーズとのマッチング支援や商品化・事業化に向けた支援等を行い、研究の企画段階から産学官が密接に連携し、早期に成果を創出できるよう支援します。

（イ）効果的・効率的な技術・知識の普及指導

国と都道府県が協同して、高度な技術・知識を持つ普及指導員を設置し、普及指導員が試験研究機関や民間企業等と連携して直接農業者に接して行う技術・経営指導等を引き続き推進します。

また、効率的・効果的な普及指導活動の実施に向けて、普及指導員による新技術や新品種の導入等に係る地域の合意形成、新規就農者の支援、地球温暖化や自然災害への対応といった公的機関が担うべき分野についての取組を強化します。さらに、計画的に研修等を実施し、普及指導員の資質向上を推進します。

Ⅴ　農村の振興に関する施策

1　地域資源を活用した所得と雇用機会の確保

（1）中山間地域等の特性を活かした複合経営等の多様な農業経営の推進

ア　中山間地域等直接支払制度により生産条件の不利

を補正しつつ、中山間地農業ルネッサンス事業等により、多様で豊かな農業と美しく活力ある農山村の実現、地域コミュニティによる農地等の地域資源の維持・継承に向けた取組を総合的に支援します。

イ　米、野菜、果樹等の作物の栽培や畜産、林業も含めた多様な経営の組合せにより所得を確保する複合経営を推進するため、地域の取組を支援します。

ウ　地域のニーズに応じて、農業生産を支える水路、圃場(ほじょう)等の総合的な基盤整備と生産・販売施設等との一体的な整備を推進します。

（2）地域資源の発掘・磨き上げと他分野との組合せ等を通じた所得と雇用機会の確保

ア　農村発イノベーションを始めとした地域資源の高付加価値化の推進

（ア）農林水産物や農林水産業に関わる多様な地域資源を活用した商品・サービスの開発や加工・販売施設等の整備を支援します。

（イ）農林水産業・農山漁村に豊富に存在する資源を活用した付加価値の創出に向け、農林漁業者等と異業種の事業者との連携による新技術等の研究開発成果の利用を促進するための導入実証や試作品の製造・評価等の取組を支援します。

（ウ）農林漁業者と中小企業者が有機的に連携して行う新商品・新サービスの開発や販路開拓等に係る取組を支援します。

（エ）活用可能な農山漁村の地域資源を発掘し、磨き上げた上で、これまでにない他分野と組み合わせる取組を始め、農山漁村の地域資源を最大限活用し、新たな事業や雇用を創出する取組である「農山漁村発イノベーション」の推進に向け、農山漁村で活動する起業者等が情報交換を通じてビジネスプランの磨き上げを行えるプラットフォームの運営といった多様な人材が農山漁村の地域資源を活用して新たな事業に取り組みやすい環境を整備し、現場の創意工夫を促します。また、現場発の新たな取組を抽出し、全国で応用できるよう積極的な情報提供を行います。

イ　農泊の推進

（ア）農山漁村の所得の向上と関係人口の創出を図るため、農泊地域の実施体制の整備や経営の強化、食や景観の観光コンテンツとしての磨き上げ、国内外へのプロモーション、古民家を活用した滞在

施設の整備等を一体的に支援します。

（イ）地域の関係者が連携し、地域の幅広い資源を活用し地域の魅力を高めることにより、国内外の観光客が2泊3日以上の滞在交流型観光を行うことができる「観光圏」の整備を促進します。

（ウ）関係府省が連携し、子供の農山漁村での宿泊体験等を推進するとともに、農山漁村を都市部の住民との交流の場等として活用する取組を支援します。

ウ　ジビエ利活用の拡大

（ア）ジビエ未利用地域への処理加工施設や移動式解体処理車を含む搬入機器等の整備等の支援、安定供給体制の構築に向けたジビエ事業者や関係者の連携強化、ジビエ利用に適した捕獲・搬入技術を習得した捕獲者や処理加工現場における人材の育成、ペットフード等の多様な用途での利用、ジビエの全国的な需要拡大のためのプロモーション等の取組を推進します。

（イ）「野生鳥獣肉の衛生管理に関する指針(ガイドライン)」の遵守による野生鳥獣肉の安全の確保、国産ジビエ認証制度等の普及や加工・流通・販売段階の衛生管理の高度化の取組を推進します。

エ　農福連携の推進

「農福連携等推進ビジョン」に基づき、農福連携の一層の推進に向け、障害者等の農林水産業に関する技術習得、農業分野への就業を希望する障害者等に対し農業体験を提供する「ユニバーサル農園」の開設、障害者等が作業に携わる生産・加工・販売施設の整備、全国的な展開に向けた普及啓発、都道府県による専門人材の育成等を支援します。また、障害者の農業分野での定着を支援する専門人材である「農福連携技術支援者」の育成研修を実施します。さらに、関係省庁や全国の地方公共団体・事業者と共に関連イベントを連携して行う「ノウフクウィーク」の取組を実施します。

オ　農村への農業関連産業の導入等

（ア）「農村地域への産業の導入の促進等に関する法律」(昭和46年法律第112号)及び「地域経済牽引事業の促進による地域の成長発展の基盤強化に関する法律」(平成19年法律第40号)を活用した農村への産業の立地・導入を促進するため、これらの法律による基本計画等の策定や税制等の支援措置の

積極的な活用を推進します。

（イ）農山漁村で活動する起業者等が情報交換を通じてビジネスプランを磨き上げることができるプラットフォームの運営を始め、多様な人材が農村の地域資源を活用して新たな事業に取り組みやすい環境の整備等により、現場の創意工夫を促進します。

（ウ）地域が森林資源を活用した多様なコンテンツの複合化・上質化に向けて取り組めるよう、健康づくり、人材育成、生産性向上等に取り組もうとする企業等に対するニーズ調査やマッチング機会の創出を実施します。

（3）地域経済循環の拡大

ア　バイオマス・再生可能エネルギーの導入、地域内活用

（ア）バイオマスを基軸とする新たな産業の振興

a　バイオマス活用推進基本計画に基づき、素材、熱、電気、燃料等への変換技術を活用し、より経済的な価値の高い製品等を生み出す高度利用等の取組を推進します。また、関係府省の連携の下、地域のバイオマスを活用した産業化を推進し、地域循環型の再生可能エネルギーの強化と環境に優しく災害に強いまち・むらづくりを目指す「バイオマス産業都市」の構築に向けた取組を支援します。

b　バイオマスの効率的な利用システムの構築を進めるため、以下の取組を実施します。

（a）「農林漁業有機物資源のバイオ燃料の原材料としての利用の促進に関する法律」（平成20年法律第45号）に基づく事業計画の認定を行い、支援措置を講じます。

（b）家畜排せつ物等の地域に存在するバイオマスを活用し、エネルギーの地産地消を推進するため、バイオガスプラントの導入を支援します。

（c）バイオマスである下水汚泥資源等の利活用を図るため、エネルギー利用、りん回収・利用等を推進します。

（d）バイオマス由来の新素材開発を推進します。

（イ）農村における地域が主体となった再生可能エネルギーの生産・利用

a　「農林漁業の健全な発展と調和のとれた再生可能エネルギー電気の発電の促進に関する法律」（平

成25年法律第81号）を積極的に活用し、農林地等の利用調整を適切に行いつつ、再生可能エネルギーの導入と併せて、地域の農林漁業の健全な発展に資する取組や農山漁村における再生可能エネルギーの地産地消の取組を促進します。

b　農山漁村における再生可能エネルギーの導入に向けて、現場のニーズに応じた専門家による相談対応、様々な課題解決に向けた取組事例について情報収集し、再エネ設備導入の普及を支援するほか、地域における営農型太陽光発電のモデル的取組や小水力等発電施設の調査設計、施設整備等の取組を支援します。

イ　農畜産物や加工品の地域内消費

施設給食の食材として地場産農林水産物を安定的に生産・供給する体制の構築やメニュー開発等の取組を支援するとともに、農産物直売所の運営体制強化のための検討会の開催や観光需要向けの商品開発、農林水産物の加工・販売のための機械・施設等の整備を支援します。

ウ　農村におけるSDGsの達成に向けた取組の推進

（ア）農山漁村の豊富な資源をバイオマス発電や小水力発電等の再生可能エネルギーとして活用し、農林漁業経営の改善や地域への利益還元を進め、農山漁村の活性化に資する取組を推進します。

（イ）森林資源をエネルギーとして地域内で持続的に活用するため、行政、事業者、住民等の地域の関係者の連携の下、エネルギー変換効率の高い熱利用・熱電併給に取り組む「地域内エコシステム」の構築・普及に向け、関係者による協議会の運営や小規模な技術開発に加え、先行事例の情報提供や多様な関係者の交流促進、計画作成支援等のためのプラットフォームの構築等を支援します。

（4）多様な機能を有する都市農業の推進

都市住民の理解の促進を図りつつ、都市農業の振興に向けた取組を推進します。

また、「都市農地の貸借の円滑化に関する法律」（平成30年法律第68号）に基づく制度が現場で円滑かつ適切に活用されるよう、農地所有者と都市農業者、新規就農者等の多様な主体とのマッチング体制の構築を促進します。

さらに、計画的な都市農地の保全を図る生産緑地、田園住居地域等の積極的な活用を促進します。

2　中山間地域等を始めとする農村に人が住み続けるための条件整備

（1）地域コミュニティ機能の維持や強化

ア　世代を超えた人々による地域のビジョンづくり

中山間地域等直接支払制度の活用により農用地や集落の将来像の明確化を支援するほか、農村が持つ豊かな自然や食を活用した地域の活動計画づくり等を支援します。

また、人口の減少、高齢化が進む農山漁村において、農用地の保全等により荒廃防止を図りつつ、活性化の取組を推進します。

イ　「小さな拠点」の形成の推進

（ア）生活サービス機能等を基幹集落へ集約した「小さな拠点」の形成に資する地域の活動計画づくりや実証活動を支援します。また、農産物販売施設、廃校施設といった特定の機能を果たすために生活インフラとして設置された施設を多様化するとともに、生活サービスが受けられる環境の整備を関係府省と連携して推進します。

（イ）地域の実情を踏まえつつ、小学校区等の複数の集落が集まる地域において、生活サービス機能等を集約・確保し、周辺集落との間をネットワークで結ぶ「小さな拠点」の形成に向けた取組を推進します。

ウ　地域コミュニティ機能の形成のための場づくり

地域住民の身近な学習拠点である公民館等を活用して、特定非営利活動法人(NPO法人)や企業、農業協同組合等の多様な主体と連携した地域における人材の育成・活用や地域活性化を図るための取組を推進します。

（2）多面的機能の発揮の促進

日本型直接支払制度(多面的機能支払制度、中山間地域等直接支払制度及び環境保全型農業直接支払制度)や森林・山村多面的機能発揮対策を推進します。

ア　多面的機能支払制度

（ア）地域共同で行う、農業・農村の有する多面的機能を支える活動や地域資源(農地、水路、農道等)の質的向上を図る活動を支援します。

（イ）広域化や土地改良区との連携による活動組織の体制強化と事務の簡素化・効率化を進めます。

イ　中山間地域等直接支払制度

（ア）条件不利地域において、中山間地域等直接支払制度に基づく支援を実施します。

（イ）棚田地域における振興活動や集落の地域運営機能の強化といった将来に向けた活動を支援します。

ウ　環境保全型農業直接支払制度

化学肥料・化学合成農薬の使用を原則5割以上低減する取組と併せて行う地球温暖化防止や生物多様性保全等に効果の高い営農活動に対して支援します。

エ　森林・山村多面的機能発揮対策

地域住民等が集落周辺の里山林において行う、中山間地域における農地等の維持保全にも資する森林の保全管理活動等を推進します。

（3）生活インフラ等の確保

ア　住居、情報基盤、交通等の生活インフラ等の確保

（ア）住居等の生活環境の整備

a　住居・宅地等の整備

（a）人口減少や高齢化が進行する農村において、農業・生活関連施設の再編・整備を推進します。

（b）農山漁村における定住や都市と農山漁村の二地域居住を促進する観点から、関係府省が連携しつつ、計画的な生活環境の整備を推進します。

（c）優良田園住宅による良質な住宅・宅地供給を促進し、質の高い居住環境整備を推進します。

（d）地方定住促進に資する地域優良賃貸住宅の供給を促進します。

（e）都市計画区域の定めのない町村において、スポーツ、文化、地域交流活動の拠点となり、生活環境の改善を図る特定地区公園の整備を推進します。

b　汚水処理施設の整備

（a）地方創生等の取組を支援する観点から、地方公共団体が策定する「地域再生計画」に基づき、関係府省が連携して道路や汚水処理施設の整備を効率的・効果的に推進します。

（b）下水道、農業集落排水施設、浄化槽等について、未整備地域の整備とともに、より一層の効率的な汚水処理施設の整備のために、社会情勢の変化を踏まえた都道府県構想の見直しの取組について、関係府省が密接に連携して支援します。

（c）下水道や農業集落排水施設においては、既存施設について、維持管理の効率化や長寿命化・老朽化対策を進めるため、地方公共団体による機能診断等の取組や更新整備等を支援します。

（d）農業集落排水施設と下水道との連携等による施設の再編、農業集落排水施設と浄化槽との一体的な整備を更に推進します。

（e）農村地域における適切な資源循環を確保するため、農業集落排水施設から発生する汚泥と処理水の循環利用を推進します。

（f）下水道を含む汚水処理の広域化・共同化に係る計画策定から施設整備までを総合的に支援する下水道広域化推進総合事業、従来の技術基準にとらわれず地域の実情に応じた低コスト・短期間で機動的な整備が可能な新たな整備手法の導入を図る「下水道クイックプロジェクト」等により、効率的な汚水処理施設の整備を推進します。

（g）地方部において、より効率的な汚水処理施設である浄化槽の整備を推進します。特に循環型社会・低炭素社会・自然共生社会の同時実現を図るとともに、環境配慮型の浄化槽の整備や公的施設に設置されている単独処理浄化槽の集中的な転換を推進します。

（イ）情報通信環境の整備

　高度情報通信ネットワーク社会の実現に向けて、河川、道路や下水道において公共施設管理の高度化を図るため、光ファイバやその収容空間を整備するとともに、施設管理に支障のない範囲で国の管理する河川・道路管理用光ファイバやその収容空間の開放を推進します。

（ウ）交通の整備

a　交通事故の防止や交通の円滑化を確保するため、歩道の整備や交差点の改良等を推進します。

b　生活の利便性向上や地域交流に必要な道路、都市まで安全かつ快適な移動を確保するための道路の整備を推進します。

c　日常生活の基盤としての市町村道から国土構造の骨格を形成する高規格幹線道路に至る道路ネットワークの強化を推進します。

d　多様な関係者の連携により、地方バス路線、離島航路・航空路等の生活交通の確保・維持を図る

とともに、バリアフリー化や地域鉄道の安全性向上に資する設備の整備といった快適で安全な公共交通の構築に向けた取組を支援します。

e　地域住民の日常生活に不可欠な交通サービスの維持・活性化、輸送の安定性の確保等のため、島しょ部等における港湾整備を推進します。

f　農産物の海上輸送の効率化を図るため、船舶の大型化等に対応した複合一貫輸送ターミナルの整備を推進します。

g　「道の駅」の整備により、休憩施設と地域振興施設を一体的に整備し、地域の情報発信と連携・交流の拠点形成を支援します。

（エ）教育活動の充実

　地域コミュニティの核としての学校の役割を重視しつつ、地方公共団体における学校規模の適正化や小規模校の活性化等に関する更なる検討を促すとともに、各市町村における検討に資する「公立小学校・中学校の適正規模・適正配置等に関する手引」の更なる周知、優れた先行事例の普及等による取組モデルの横展開といった活力ある学校づくりに向けたきめ細やかな取組を推進します。

（オ）医療・福祉等のサービスの充実

a　「第8次医療計画」に基づき、へき地診療所等による住民への医療提供を始め、農村やへき地等における医療の確保を推進します。

b　介護・福祉サービスについて、地域密着型サービス施設等の整備等を推進します。

（カ）安全な生活の確保

a　山腹崩壊、土石流等の山地災害を防止するための治山施設の整備、流木被害の軽減・防止を図るための流木捕捉式治山ダムの設置、農地等を飛砂害や風害、潮害から守るなど、重要な役割を果たす海岸防災林の整備等を通じて地域住民の生命・財産や生活環境の保全を図るとともに、流域治水の取組との連携を図ります。

b　治山施設の設置等のハード対策と併せて、地域における避難体制の整備等の取組と連携した、山地災害危険地区に係る監視体制の強化や情報提供等のソフト対策を一体的に実施します。

c　高齢者や障害者といった自力避難の困難な者が入居する要配慮者利用施設に隣接する山地災害危

険地区等において治山事業を計画的に実施します。

d　激甚な水害の発生や床上浸水の頻発により、国民生活に大きな支障が生じた地域等において、被害の防止・軽減を目的として、治水事業を実施します。

e　市町村役場、重要交通網、ライフライン施設等が存在する土砂災害の発生のおそれのある箇所において、砂防堰堤等の土砂災害防止施設の整備や警戒避難体制の充実・強化といったハード・ソフト一体となった総合的な土砂災害対策を推進します。また、近年、死者を出すなどの甚大な土砂災害が発生した地域における再度災害の防止対策を推進します。

f　南海トラフ地震や首都直下地震等による被害の発生や拡大、経済活動への甚大な影響の発生等に備え、防災拠点、重要交通網、避難路等に影響を及ぼすほか、孤立集落発生の要因となり得る土砂災害の発生のおそれのある箇所において、土砂災害防止施設の整備を戦略的に推進します。

g　「土砂災害警戒区域等における土砂災害防止対策の推進に関する法律」(平成12年法律第57号)に基づき、土砂災害警戒区域等の指定を促進し、土砂災害のおそれのある区域についての危険の周知、警戒避難体制の整備や特定開発行為の制限を実施します。

h　農村地域における災害を防止するため、農業水利施設の改修等のハード対策に加え、防災情報を関係者が共有するシステムの整備、減災のための指針づくり等のソフト対策を推進し、地域住民の安全な生活の確保を図ります。

i　橋梁の耐震対策、道路斜面や盛土等の防災対策、災害のおそれのある区間を回避する道路整備を推進します。また、冬期の道路ネットワークを確保するため、道路の除雪や防雪、凍雪害防止を推進します。

イ　定住条件整備のための総合的な支援

（ア）中山間地域や離島等の定住条件が不十分な地域の医療、交通、買い物等の生活サービスを強化するためのICT利活用を始め、定住条件の整備のための取組を支援します。

（イ）中山間地域等において、農業生産基盤の総合的な整備と農村振興に資する施設の整備を一体的に

推進し、定住条件を整備します。

（ウ）水路等への転落を防止する安全施設の整備を始め、農業水利施設の安全対策を推進します。

（4）鳥獣被害対策等の推進

ア　「鳥獣による農林水産業等に係る被害の防止のための特別措置に関する法律」(平成19年法律第134号)に基づき、市町村による被害防止計画の作成や鳥獣被害対策実施隊の設置・体制強化を推進します。

イ　関係府省庁が連携・協力し、個体数等の削減に向けて、被害防止対策を推進します。特にシカ・イノシシについては、令和10(2028)年度までに平成23(2011)年度比で生息頭数を半減させる目標の達成に向けて、関係府省庁等と連携しながら、捕獲の強化を推進します。

ウ　市町村が作成する被害防止計画に基づく鳥獣の捕獲体制の整備、捕獲機材の導入、侵入防止柵の設置、鳥獣の捕獲・追払いや緩衝帯の整備を推進します。

エ　都道府県における広域捕獲等を推進します。

オ　鳥獣被害対策のアドバイザーを登録・紹介する取組を推進するとともに、地域における技術指導者の育成を図るための研修を実施します。

カ　ICT等を活用した被害対策技術の開発・普及を推進します。

3　農村を支える新たな動きや活力の創出

（1）地域を支える体制及び人材づくり

ア　地域運営組織の形成等を通じた地域を持続的に支える体制づくり

（ア）複数の集落機能を補完する「農村型地域運営組織(農村RMO)」の形成について、関係府省と連携し、県域レベルの伴走支援体制も構築しつつ、地域の取組を支援します。

（イ）中山間地域等直接支払制度における集落戦略の推進や加算措置等により、集落協定の広域化や地域づくり団体の設立に資する取組等を支援します。

イ　地域内の人材の育成及び確保

（ア）地域への愛着と共感を持ち、地域住民の思いをくみ取りながら、地域の将来像やそこで暮らす人々の希望の実現に向けてサポートする人材(農村プロデューサー)を養成する取組を推進します。

（イ）社会教育士について、社会教育人材として地域の人材や資源等をつなぐ専門性が適切に評価され、

行政やNPO法人等の各所で活躍するよう、制度の周知を図ります。

（ウ）人口急減に直面している地域において、人口急減地域特定地域づくり推進法の仕組みを活用し、地域内の様々な事業者をマルチワークにより支える人材の確保やその活躍を推進することを通じ、地域社会の維持や地域経済の活性化を図るため、モデルを示しつつ、制度の周知を図ります。

ウ　関係人口の創出・拡大や関係の深化を通じた地域の支えとなる人材の裾野の拡大

（ア）就職氷河期世代を含む多様な人材が農林水産業や農山漁村における様々な活動を通じて、農山漁村への理解を深めることにより、農山漁村に関心を持ち、多様な形で地域と関わる関係人口を創出する取組を支援します。

（イ）関係人口の創出・拡大等に取り組む市町村について、地方交付税措置を行います。

（ウ）子供の農山漁村での宿泊体験や農林漁業体験等を行うための受入環境の整備を行います。

（エ）居住・就農を含む就労・生活支援等の総合的な情報をワンストップで提供する相談窓口である「移住・交流情報ガーデン」の活用を推進します。

エ　多様な人材の活躍による地域課題の解決

「農泊」をビジネスとして実施する体制を整備するため、地域外の人材の活用に対して支援します。また、民間事業者と連携し、技術を有する企業や志ある若者等の斬新な発想を取り入れた取組、特色ある農業者や地域課題の把握、対策の検討等を支援する取組等を推進します。

（2）農村の魅力の発信

ア　副業・兼業等の多様なライフスタイルの提示

農村で副業・兼業等の多様なライフスタイルを実現するための支援の在り方について検討します。また、地方での「お試し勤務」の受入れを通じて、都市部の企業等のサテライトオフィスの誘致に取り組む地方公共団体を支援します。

イ　棚田地域の振興と魅力の発信

「棚田地域振興法」（令和元年法律第42号）に基づき、関係府省で連携して棚田の保全と棚田地域の振興を図る地域の取組を総合的に支援します。

ウ　様々な特色ある地域の魅力の発信

（ア）「「子どもの水辺」再発見プロジェクト」の推進

や水辺の整備等により、河川における交流活動の活性化を支援します。

（イ）「歴史的砂防施設の保存活用ガイドライン」に基づき、歴史的砂防施設やその周辺環境一帯において、環境整備を行うなどの取組を推進します。

（ウ）「エコツーリズム推進法」（平成19年法律第105号）に基づき、エコツーリズム推進全体構想の認定・周知、技術的助言、情報の収集、普及・啓発、広報活動等を総合的に実施します。

（エ）エコツーリズム推進全体構想の作成、魅力あるプログラムの開発、ガイド等の人材育成といった地域における活動の支援を行います。

（オ）農用地、水路等の適切な保全管理により、良好な景観形成と生態系保全を推進します。

（カ）河川において、湿地の保全・再生や礫河原の再生といった自然再生事業を推進します。

（キ）河川等に接続する水路との段差解消により水域の連続性の確保、生物の生息・生育環境を整備・改善する魚のすみやすい川づくりを推進します。

（ク）「景観法」（平成16年法律第110号）に基づく景観農業振興地域整備計画や「地域における歴史的風致の維持及び向上に関する法律」（平成20年法律第40号）に基づく歴史的風致維持向上計画の認定制度の活用を通じ、特色ある地域の魅力の発信を推進します。

（ケ）「文化財保護法」（昭和25年法律第214号）に基づき、農村に継承されてきた民俗文化財に関して、特に重要なものを重要有形民俗文化財や重要無形民俗文化財に指定するとともに、その修理や伝承事業等を支援します。

（コ）保存や活用が特に必要とされる民俗文化財について登録有形民俗文化財や登録無形民俗文化財に登録するとともに、保存箱等の修理・新調や解説書等の冊子整備を支援します。

（サ）棚田や里山等の文化的景観や歴史的集落等の伝統的建造物群のうち、特に重要なものをそれぞれ重要文化的景観、重要伝統的建造物群保存地区として選定し、修理・防災等の保存や活用に対して支援します。

（シ）地域の歴史的魅力や特色を通じて我が国の文化・伝統を語るストーリーを「日本遺産」として認定し、魅力向上に向けて必要な支援を行います。

（3）多面的機能に関する国民の理解の促進等

　　地域の伝統的な農林水産業の継承、地域経済の活性化等につながる「世界農業遺産」、「日本農業遺産」の認知度向上、維持・保全や新規認定に向けた取組を推進します。また、歴史的・技術的・社会的価値を有する「世界かんがい施設遺産」の認知度向上や新規認定に向けた取組を推進します。さらに、農山漁村が潜在的に有する地域資源を引き出して地域の活性化や所得向上に取り組む優良事例を選定し、全国へ発信する「ディスカバー農山漁村の宝」を通じて、国民への理解の促進、普及等を図るとともに、農業の多面的機能の評価に関する調査、研究等を進めます。

4　農村振興施策を継続的に進めるための関係府省で連携した仕組みづくり

　　農村の実態や要望について、直接把握し、関係府省とも連携して課題の解決を図る「農山漁村地域づくりホットライン」を運用し、都道府県や市町村、民間事業者等からの相談に対し、課題の解決を図る取組を推進します。また、中山間地域等において、地域の基幹産業である農林水産業を軸として、地域資源やデジタル技術の活用により、課題解決に向けて取組を積み重ねることで活性化を図る地域を「「デジ活」中山間地域」として登録し、関係府省が連携しつつ、その取組を後押しします。

VI　東日本大震災からの復旧・復興と大規模自然災害への対応に関する施策

1　東日本大震災からの復旧・復興

　　「「第2期復興・創生期間」以降における東日本大震災からの復興の基本方針」等に沿って、以下の取組を推進します。

（1）地震・津波災害からの復旧・復興

ア　農地等の生産基盤の復旧・整備

　　被災した農地、農業用施設等の着実な復旧を推進します。

イ　経営の継続・再建

　　東日本大震災により被災した農業者等に対して、速やかな復旧・復興のために必要となる資金が円滑に融通されるよう利子助成金等を交付します。

ウ　農山漁村対策

（ア）福島県を始め、東北の復興を実現するため、労働力不足や環境負荷低減等の課題解決に向け、スマート農業技術を活用した超省力生産システムの確立、再生可能エネルギーを活用した地産地消型エネルギーシステムの構築、農林水産資源を用いた新素材・製品の産業化に向けた技術開発等を進め、若者から高齢者まで誰もが取り組みやすい超省力・高付加価値で持続可能な先進農業の実現に向けた取組を推進します。

（イ）福島イノベーション・コースト構想に基づき、ICT等を活用して農林水産分野の先端技術の開発を行うとともに、状況の変化等に起因して新たに現場が直面している課題の解消に資する現地実証や社会実装に向けた取組を推進します。

（2）原子力災害からの復旧・復興

ア　食品中の放射性物質の検査体制及び食品の出荷制限

（ア）食品中の放射性物質の基準値を踏まえ、検査結果に基づき、都道府県に対して食品の出荷制限・摂取制限の設定・解除を行います。

（イ）都道府県等に食品中の放射性物質の検査を要請します。また、都道府県の検査計画策定の支援、都道府県等からの依頼に応じた民間検査機関での検査の実施、検査機器の貸与・導入等を行います。さらに、都道府県等が行った検査の結果を集約し、公表します。

（ウ）独立行政法人国民生活センターと共同して、希望する地方公共団体に放射性物質検査機器を貸与し、消費サイドで食品の放射性物質を検査する体制の整備を支援します。

イ　稲の作付再開に向けた支援

　　令和6(2024)年産稲の農地保全・試験栽培区域における稲の試験栽培、作付再開準備区域における実証栽培等の取組を支援します。

ウ　放射性物質の吸収抑制対策

　　放射性物質の農作物への吸収抑制を目的とした資材の施用、品種・品目転換等の取組を支援します。

エ　農業系副産物の循環利用体制の再生・確立

　　放射性物質の影響から、利用可能であるにもかかわらず循環利用が寸断されている農業系副産物の循環利用体制の再生・確立を支援します。

オ 避難区域等の営農再開支援

（ア）避難区域等において、除染完了後から営農が再開されるまでの間の農地等の保全管理、鳥獣被害防止緊急対策、放れ畜対策、営農再開に向けた作付・飼養実証、避難先からすぐに帰還できない農家の農地の管理耕作、収穫後の汚染防止対策、水稲の作付再開、新たな農業への転換や農業用機械・施設、家畜等の導入を支援します。

（イ）福島相双復興官民合同チームの営農再開グループが農業者を個別に訪問し、要望調査や支援策の説明を行います。

（ウ）原子力被災12市町村に対し、福島県や農業協同組合と連携して人的支援を行い、営農再開を加速化します。

（エ）原子力被災12市町村において、営農再開の加速化に向けて、「福島復興再生特別措置法」（平成24年法律第25号）による特例措置等を活用した農地の利用集積、生産と加工等が一体となった高付加価値生産を展開する産地の創出を支援します。

カ 農産物等輸出回復

東電福島第一原発事故を受け、未だ日本産食品に対する輸入規制が行われている国・地域に対し、関係省庁が協力し、あらゆる機会を捉えて輸入規制の早期撤廃に向けた働き掛けを実施します。

キ 福島県産農産物等の風評の払拭

福島県の農業の再生に向けて、生産から流通・販売に至るまで、風評の払拭を総合的に支援します。

ク 農産物等の消費拡大の推進

被災地や周辺地域で生産された農林水産物、それらを活用した食品の消費拡大を促すため、生産者や被災地の復興を応援する取組を情報発信するとともに、被災地産食品の販売促進を始め、官民の連携による取組を推進します。

ケ 農地土壌等の放射性物質の分布状況等の推移に関する調査

今後の営農に向けた取組を進めるため、農地土壌等の放射性核種の濃度を測定し、農地土壌の放射性物質濃度の推移を把握します。

コ 放射性物質対策技術の開発

被災地の営農再開のため、農地の省力的管理や生産力回復を図る技術開発を行います。また、農地の放射性セシウムの移行低減技術を開発し、農作物の

安全性を確保する技術開発を行います。

サ ため池等の放射性物質のモニタリング調査、ため池等の放射性物質対策

放射性物質のモニタリング調査等を行います。また、市町村等がため池の放射性物質対策を効果的・効率的に実施できるよう技術的助言等を行います。

シ 東電福島第一原発事故で被害を受けた農林漁業者への賠償等

東電福島第一原発事故により農林漁業者等が受けた被害については、東京電力ホールディングス株式会社から適切かつ速やかな賠償が行われるよう、関係省庁、関係都道府県、関係団体、東京電力ホールディングス株式会社等との連絡を密にし、必要な情報提供や働き掛けを実施します。

ス 食品と放射能に関するリスクコミュニケーション

関係府省、各地方公共団体、消費者団体等が連携した意見交換会等のリスクコミュニケーションの取組を促進します。

セ 福島再生加速化交付金

（ア）農地・農業用施設の整備、農業水利施設の保全管理、ため池の放射性物質対策等を支援します。

（イ）生産施設等の整備を支援します。

（ウ）地域の実情に応じ、農地の畦畔除去による区画拡大、暗渠排水整備等の簡易な基盤整備を支援します。

（エ）被災市町村が農業用施設・機械を整備し、被災農業者に貸与すること等により、被災農業者の農業経営の再開を支援します。

（オ）木質バイオマス関連施設、木造公共建築物等の整備を支援します。

2 大規模自然災害への備え

（1）災害に備える農業経営の取組の全国展開等

ア 自然災害等の農業経営へのリスクに備えるため、農業用ハウスの保守管理の徹底や補強、低コスト耐候性ハウスの導入、農業保険等の普及促進・利用拡大、農業版BCPの普及といった災害に備える農業経営に向けた取組を引き続き全国展開します。

イ 地域において、農業共済組合や農業協同組合等の関係団体等による推進体制を構築し、作物ごとの災害対策に係る農業者向けの研修やリスクマネジメントの取組事例の普及、農業高校、農業大学校等にお

ける就農前の啓発の取組等を引き続き推進します。

ウ　卸売市場における防災・減災のための施設整備等を推進します。

（2）異常気象等のリスクを軽減する技術の確立・普及
地球温暖化に対応する品種・技術を活用し、「強み」のある産地形成に向け、生産者・実需者等が一体となって先進的・モデル的な実証や事業者のマッチング等に取り組む産地を支援します。

（3）農業・農村の強靱化に向けた防災・減災対策

ア　基幹的な農業水利施設の改修等のハード対策と機能診断等のソフト対策を組み合わせた防災・減災対策を実施します。

イ　ため池管理保全法に基づき、ため池の決壊による周辺地域への被害の防止に必要な措置を進めます。

ウ　ため池工事特措法に基づき都道府県が策定した推進計画に則し、優先度の高いものから防災工事等に取り組むとともに、ハザードマップの作成、監視・管理体制の強化等を行うなど、ハード対策とソフト対策を適切に組み合わせて、ため池の防災・減災対策を推進します。

エ　大雨により水害が予測される際には、①事前に農業用ダムの水位を下げて雨水を貯留する「事前放流」、②水田に雨水を一時的に貯留する「田んぼダム」、③ため池への雨水の一時的な貯留、④農作物への被害のみならず、市街地や集落の湛水被害も防止・軽減させる排水施設の整備といった流域治水の取組を通じた防災・減災対策の強化に取り組みます。

オ　土地改良事業の実施に当たっての排水の計画基準に基づき、農業水利施設等の排水対策を推進します。

カ　津波、高潮、波浪のほか、海水や地盤の変動による被害等から農地等を防護するため、海岸保全施設の整備等を実施します。

（4）初動対応を始めとした災害対応体制の強化

ア　地方農政局等と農林水産省本省との連携体制の構築を促進するとともに、地方農政局等の体制を強化します。

イ　国からの派遣人員（MAFF-SAT）の充実を始め、国の応援体制の充実を図ります。

ウ　被災者支援のフォローアップの充実を図ります。

（5）不測時における食料安定供給のための備えの強化

ア　食品産業事業者によるBCPの策定や事業者、地方公共団体等の連携・協力体制を構築します。また、卸売市場における防災・減災のための施設整備等を促進します。

イ　米の備蓄運営について、米の供給が不足する事態に備え、100万t程度（令和6（2024）年6月末時点）の備蓄保有を行います。

ウ　輸入依存度の高い小麦について、外国産食糧用小麦需要量の2.3か月分を備蓄し、そのうち政府が1.8か月分の保管料を助成します。

エ　輸入依存度の高い飼料穀物について、不測の事態における海外からの一時的な輸入の停滞、国内の配合飼料工場の被災に伴う配合飼料の急激な逼迫等に備え、配合飼料メーカー等がBCPに基づいて実施する飼料穀物の備蓄の取組に対して支援します。

オ　食品の家庭備蓄の定着に向けて、企業、地方公共団体や教育機関等と連携しつつ、ローリングストック等による日頃からの家庭備蓄の重要性、乳幼児、高齢者、食物アレルギー等を有する人への配慮の必要性に関する普及啓発を行います。

3　大規模自然災害からの復旧

（1）被災した地方公共団体等へMAFF-SATを派遣し、迅速な被害の把握や被災地の早期復旧を支援します。

（2）地震、豪雨等の自然災害により被災した農業者の早期の営農・経営再開を図るため、図面の簡素化を始め、災害査定の効率化を進めるとともに、査定前着工制度の活用を促進し、被災した農林漁業関係施設等の早期復旧を支援します。

Ⅶ　団体に関する施策

ア　農業協同組合系統組織

農業協同組合法及びその関連通知に基づき、農業者の所得向上に向けた自己改革を実践していくサイクルの構築を促進します。

また、「農水産業協同組合貯金保険法」（昭和48年法律第53号）に基づき、金融システムの安定に係る国際的な基準への対応を促進します。

イ　農業委員会系統組織

農地利用の最適化活動を行う農業委員・農地利用最適化推進委員の具体的な目標の設定、最適化活動の記録・評価等の取組を推進します。

ウ　農業共済団体

　　農業保険について、行政機関、農業協同組合等の関係団体、農外の専門家等と連携した推進体制を構築します。また、農業保険を普及する職員の能力強化、全国における1県1組合化の実現、農業被害の防止に係る情報・サービスの農業者への提供や広域被害等の発生時における円滑な保険事務等の実施体制の構築を推進します。

エ　土地改良区

　　土地改良区の運営基盤の強化を図るため、広域的な合併や土地改良区連合の設立に対する支援、安定的な経営を実現するための貸借対照表の活用等を推進します。施策の推進に当たっては、国、都道府県、土地改良事業団体連合会等で構成される協議会により、土地改良区が直面する課題や組織・運営体制の差異に応じたきめ細かな対応策を検討・実施します。

Ⅷ　食と農に関する国民運動の展開等を通じた国民的合意の形成に関する施策

　食と環境を支える農業・農村への国民の理解の醸成を図るため、消費者・食品関連事業者・生産者団体を含めた官民協働による、食と農のつながりの深化に着目した国民運動「食から日本を考える。ニッポンフードシフト」を展開し、農林漁業者による地域の様々な取組や地域の食と農業の魅力の発信を行うとともに、地域の農業・農村の価値や生み出される農林水産物の魅力を伝える交流イベント等を実施します。

Ⅸ　食料、農業及び農村に関する施策を総合的かつ計画的に推進するために必要な事項

1　国民視点や地域の実態に即した施策の展開
（1）幅広い国民の参画を得て施策を推進するため、国民との意見交換等を実施します。
（2）農林水産省Webサイト等の媒体による意見募集を実施します。
（3）農林水産省本省の意図・考え方等を地方機関に浸透させるとともに、地方機関が把握している現場の状況を適時に本省に吸い上げ施策立案等に反映させるため、必要に応じて地方農政局長等会議を開催しま

す。

2　EBPMと施策の進捗管理及び評価の推進
（1）施策の企画・立案に当たっては、達成すべき政策目的を明らかにした上で、合理的根拠に基づく施策の立案(EBPM)を推進します。
（2）「行政機関が行う政策の評価に関する法律」（平成13年法律第86号）に基づき、主要な施策について達成すべき目標を設定し、定期的に実績を測定すること等により評価を行い、結果を施策の改善等に反映します。また、行政事業レビューの取組により、事業等について実態把握・点検を実施し、結果を予算要求等に反映します。さらに、政策評価書やレビューシート等については、農林水産省Webサイト等で公表します。
（3）施策の企画・立案段階から決定に至るまでの検討過程において、施策を科学的・客観的に分析し、その必要性や有効性を明らかにします。
（4）農政の推進に不可欠な情報インフラを整備し、的確に統計データを提供します。
　ア　農林水産施策の企画・立案に必要となる統計調査を実施します。
　イ　統計調査の基礎となる筆ポリゴンを活用し各種農林水産統計調査を効率的に実施するとともに、オープンデータとして提供している筆ポリゴンについて、利用者の利便性向上に向けた取組を実施します。
　ウ　地域施策の検討等に資するため、「市町村別農業産出額(推計)」を公表します。
　エ　専門調査員の活用等により、調査の外部化を推進し、質の高い信頼性のある統計データの提供体制を確保します。

3　効果的かつ効率的な施策の推進体制
（1）地方農政局等の地域拠点を通じて、地方公共団体や関係団体等と連携強化を図り、各地域の課題やニーズを捉えた的確な農林水産施策の推進を実施します。
（2）SNS等のデジタル媒体を始めとする複数の広報媒体を効果的に組み合わせた広報活動を推進します。

4　行政のデジタルトランスフォーメーションの推進
　　以下の取組を通じて、農業政策や行政手続等の事務についてもデジタルトランスフォーメーション(DX)

を推進します。

（1）eMAFFの構築と併せた法令に基づく手続や補助金・交付金の手続における添付書類の削減、デジタル技術の活用を前提とした業務の抜本見直し等を促進します。

（2）データサイエンスを推進するため、データ活用人材の養成・確保や職員の能力向上を図るとともに、得られたデータを活用したEBPMや政策評価を積極的に実施します。

5　幅広い関係者の参画と関係府省の連携による施策の推進

　食料自給率の向上に向けた取組を始め、政府一体となって実効性のある施策を推進します。

6　SDGsに貢献する環境に配慮した施策の展開

　みどり戦略の実現に向け、みどりの食料システム法に基づき、化学肥料や化学農薬の使用低減等に係る計画の認定を受けた事業者に対し、税制特例や融資制度等の支援措置を講じます。また、みどり戦略の実現に資する研究開発、必要な施設の整備といった環境負荷低減と持続的発展に向けた地域ぐるみのモデル地区を創出するとともに、関係者の行動変容と相互連携を促す環境づくりを支援します。

7　財政措置の効率的かつ重点的な運用

　厳しい財政事情の下で予算を最大限有効に活用する観点から、既存の予算を見直した上で「「食料・農業・農村政策の新たな展開方向」に基づく施策の工程表」を踏まえ、新たな食料・農業・農村政策を着実に実行するための予算に重点化を行い、財政措置を効率的に運用します。

「食料・農業・農村白書」についてのご質問等は、下記までお願いします。

農林水産省大臣官房広報評価課情報分析室
　電　話：03-3501-3883
　H　P：https://www.maff.go.jp/j/wpaper/w_maff/r5/index.html

令和6年版　食料・農業・農村白書

2024年6月28日　発行　　　　　　定価は表紙に表示してあります。

編　集　　**農　林　水　産　省**
〒100-8950
東京都千代田区霞が関1-2-1
電　話　　（03）3502-8111（代表）
URL　　https://www.maff.go.jp/

発　行　　**日経印刷株式会社**
〒102-0072
東京都千代田区飯田橋2-15-5
電　話　　（03）6758-1011

発　売　　**全国官報販売協同組合**
〒100-0013
東京都千代田区霞が関1-4-1
日土地ビル1F
電　話　　（03）5512-7400

※落丁・乱丁はお取り替え致します。

ISBN978-4-86579-423-6